局机关集中收看党的十九大开幕式（宣传中心 高群 10 月 18 日摄）

市水务局学习贯彻市第十一次党代会精神主题宣讲会（宣传中心 高群 6 月 20 日摄）

市水务局 2017 年党委扩大会议（宣传中心 高群 1 月 22 日摄）

市水务局领导班子成员 2017 年度述责述廉会议（宣传中心 孙亮 12 月 28 日摄）

党建工作 ▶▶▶

中国共产党天津市水务局党员代表大会（宣传中心　高群　5月2日摄）

市水务局学习贯彻党的十九大精神全面净化政治生态座谈会（宣传中心　高群　11月29日摄）

市水务局牢固树立"四个意识"主题宣讲会（宣传中心　王延　4月19日摄）

市水务局领导干部警示教育大会（宣传中心　王延　7月21日摄）

中心城区防汛工作推动会暨应急抢险实战演练（宣传中心　王延　6 月 22 日摄）

紧急排除低洼路段积水（排管处供稿 8 月 9 日摄）

于桥水库防汛抢险演练（于桥处供稿　7 月 10 日摄）

东丽区在无瑕街无瑕泵站举行防汛抢险实战演练（东丽区水务局供稿　7 月 24 日摄）

水生态环境 ▶▶▶

局党委书记孙宝华检查中心城区水环境质量
（宣传中心　孙亮　4月26日摄）

全运会水上项目海河赛道（排管处供稿
8月摄）

北大港湿地（宣传中心供稿　9月28日摄）

芦苇湿地单元（于桥处供稿）

湿地岛屿区荷花种植（于桥处供稿）

海堤口门封堵、海挡外移道路治理应急度汛工程——塘沽海滨浴场
段施工现场（海堤处　张扬　3 月 12 日摄）

于桥水库大坝坝基加固工程 1 标施工现场
（建管中心　张汜维　11 月 17 日摄）

东赵各庄泄洪闸除险加固工程——下游消
力池基础施工（建管中心供稿　3 月 10 日摄）

引入"旁听庭审""以案讲法"等培训模式（水政处供稿
11月9日摄）

大清河河道清障（水政监察总队　田丰
5月12日摄）

隧洞工程观测（隧洞处供稿　9月16日摄）

于桥水库机械化水草打捞（于桥水库
张鹏　5月20日摄）

宝坻区第二污水处理厂提标改造效果显著（宣传中心 王延 6月8日摄）

蓟州区大仇泵站更新改造施工现场（蓟州区水务局供稿 6月19日摄）

宁河区节水灌溉低压出水管理（农水处供稿 6月摄）

灌溉渠道维修养护——蓟州区穿芳峪镇（农水处供稿 11月摄）

文体活动

田径比赛——男子短跑

田径比赛——女子短跑

天津市水务局第三届职工运动会机关运动员合影

田径比赛——跳远项目

田径比赛——铅球项目

跳棋比赛

象棋比赛

台球比赛

乒乓球比赛

天津水务年鉴

ALMANAC OF TIANJIN WATER AFFAIRS

天津市水务局 编

中国水利水电出版社
www.waterpub.com.cn

·北京·

图书在版编目（ＣＩＰ）数据

天津水务年鉴. 2018年 / 天津市水务局编. -- 北京：
中国水利水电出版社，2018.9
ISBN 978-7-5170-6920-1

Ⅰ. ①天… Ⅱ. ①天… Ⅲ. ①城市用水－水资源管理
－天津－2018－年鉴 Ⅳ. ①TU991.31-54

中国版本图书馆CIP数据核字(2018)第219521号

策划编辑　王　丽

责任编辑　王晓惠　蒋　学

书　　　名	**天津水务年鉴（2018 年）** TIANJIN SHUIWU NIANJIAN (2018 NIAN)
作　　　者	天津市水务局　编
出 版 发 行	中国水利水电出版社 （北京市海淀区玉渊潭南路 1 号 D 座　100038） 网址：www. waterpub. com. cn E - mail：sales@ waterpub. com. cn 电话：(010) 68367658（营销中心）
经　　　售	北京科水图书销售中心（零售） 电话：(010) 88383994、63202643、68545874 全国各地新华书店和相关出版物销售网点
排　　　版	中国水利水电出版社微机排版中心
印　　　刷	北京印匠彩色印刷有限公司
规　　　格	210mm×285mm　16 开本　30.25 印张　809 千字　4 插页
版　　　次	2018 年 9 月第 1 版　2018 年 9 月第 1 次印刷
印　　　数	001—800 册
定　　　价	**300.00 元**

凡购买我社图书，如有缺页、倒页、脱页的，本社营销中心负责调换

《天津水务年鉴》编纂委员会

主 任 委 员 张志颀

副主任委员 张文波　　　刘学功　　　丛　英（女）

委　　　员（按姓氏笔画为序）

于　强	王太忠	王永强	王立义	王志高
王丽梅（女）	王朝阳	邓百平	石敬皓	宁云龙
冯新民	邢　华	刘　威	刘　爽	刘太民
刘玉宝	孙　轶	孙建山	李　刚	李　桐
李　悦	李帅青（女）	李向东	李国良	李保国
李宪文	杨国彬	宋志谦	张　玮	张化亮
张林华	张绍庆	武文术	范书长	范继红
金　锐	周　军	周建芝（女）	周潮洪（女）	孟令国
孟庆海	孟祥和	赵万忠	赵天佑	赵考生
赵金会（女）	赵宝骏	胡　宇	顾世刚	徐宝山
高广忠	高孟川	高雅双（女）	阎凤寨	隋　涛
廉铁辉	蔡淑芬（女）	魏素清（女）		

主　　　编 丛　英（女）

《天津水务年鉴》编辑人员名单

特约编辑 （按姓氏笔画为序）

于 谧(女)	于兰凤(女)	王 杨(女)	王书侠(女)	王学美(女)
王皓怡(女)	叶建辉	成振楠(女)	吕振立	朱邦旭
朱学芳(女)	刘 宁(女)	刘 超	刘永媛(女)	刘丽敬(女)
孙 智	孙长利	孙瑀璠(女)	杜双双(女)	李 华
李 悦(女)	李 清(女)	李树鑫	李晓伟(女)	李晓琳(女)
李焕青	杨 军(女)	杨立赏	肖 翊(女)	吴 颖(女)
宋福瑜(女)	张 平(女)	张 欣(女)	张 洋	张 倩(女)
张爱静(女)	陆 阳(女)	陈 佳(女)	周 震	郑晓萌(女)
赵 岩	赵 娜(女)	赵 燚	赵应明	赵静静(女)
谢 扬(女)	贾 喆(女)	徐 相	高阔永	郭 江
郭敏娇(女)	陶 蕾(女)	笪志祥	商 涛	程漠思(女)
焦 娜(女)	靳 颖(女)	蔡 怡(女)	翟金立	薄金慧(女)

文稿编辑 丛 英(女) 艾虹汕(女) 王振杰

摄影编辑 艾虹汕(女) 高 群

校 核 丛 英(女) 艾虹汕(女) 王振杰

编 辑 说 明

一、《天津水务年鉴》(简称《年鉴》)是反映天津市水务事业发展的综合性工具书，1997 年创刊，逐年出版，内部发行，旨在为现实服务，也为续修水务志积累资料。本卷为第 22 卷。

二、《年鉴》由天津市水务局主管，编委会主办，编办室负责编纂及日常工作。

三、《年鉴》(2018 年)记述 2017 年发生的事实，但首次出现的条目为保持历史的连续性和完整性，其内容追溯至事实发端。

四、《年鉴》编写内容采用分类编辑法，共设综述、重要文献、政策法规、水文水资源、水生态环境、城市供水、防汛抗旱、农村水利、规划计划、工程建设与管理、工程管理、引滦工程管理、南水北调工程、科技信息化、财务审计、人力资源及社会保障、综合管理、党建工团、各区水务、大事记、水务统计指标、附录、索引 23 个栏目，栏目下设分目，分目下设条目记述具体内容。

五、《年鉴》编写采用语体文记述体，中华人民共和国法定计量单位。以记述为主，附图、表及照片穿插其中。机构名称中局属单位用简称。

六、《年鉴》文稿由各单位、各部门提供，实行文责自负，文中部分数据由于测量方法、统计口径、起止时间不同，尚存差异。文稿由特约编辑负责组织汇总或撰写，各单位、各部门领导审核把关，编办室编校，编委会组织评审专家审定。

七、《年鉴》在编纂过程中，得到各级领导、编委会委员和特约编辑及撰稿人的大力支持，在此深表谢意。

八、限于编辑水平，本《年鉴》难免有不足之处，敬请各级领导和广大读者提出宝贵意见，以便改进工作。

编 者

2018 年 9 月

目　录

综　述

2017 年天津水务发展综述 ……………… 1

重要文献

重要文件……………………………… 4

关于印发天津市水务局深化水务改革工作
会议制度（试行）和天津市水务局深化
水务改革工作督察制度（试行）的通知 … 4

市水务局关于成立推进河长制工作领导
小组的通知…………………………… 7

市水务局关于印发天津市水务建设质量
工作考核办法的通知…………………… 8

市水务局 市环保局 关于印发《〈天津市清水
河道行动水环境治理考核和责任追究办法
（试行）〉实施细则（试行）》的通知 … 10

领导讲话……………………………… 15

市委书记李鸿忠在天津市防汛抗旱工作
会议上的讲话（2017 年 6 月 14 日）…… 15

市长王东峰在天津市防汛抗旱工作会议
上的讲话（2017 年 6 月 14 日）
……………………………………… 17

局党委书记孙宝华在学习贯彻党的十九大
精神全面净化政治生态座谈会上的讲话
（2017 年 11 月 29 日）……………… 21

局党委书记孙宝华在局领导班子“维护核心
铸就忠诚 担当作为 抓实支部”主题教育

实践活动第三专题交流讨论会上的讲话
（2017 年 12 月 28 日）……………… 28

局党委书记孙宝华在 2018 年局党委扩大会
议上的讲话（2018 年 2 月 2 日）……… 31

政策法规

规范性文件…………………………… 42

市水务局关于废止和修改部分行政规范性
文件的通知…………………………… 42

市水务局关于印发天津市建设项目取用水
论证管理规定的通知………………… 43

市水务局关于印发天津市地源热泵系统
管理规定的通知……………………… 46

天津市人民政府办公厅转发市水务局关于
进一步加强水资源管理工作实施意见
的通知……………………………… 48

天津市人民政府办公厅关于转发市水务局
市发展改革委拟定的天津市“十三五”水
资源消耗总量和强度双控行动方案的通知
……………………………………… 53

政策研究…………………………… 57

概述………………………………… 57

组织推动…………………………… 57

政研成果…………………………… 57

水务体制改革……………………… 57

水法治建设 ……………………… 58
 概述 ……………………………… 58
 依法行政考核 …………………… 58
 水行政立法 ……………………… 59
 水法制宣传 ……………………… 60
 水行政执法 ……………………… 61
 水行政执法监督 ………………… 61
 水政监察规范化建设 …………… 63
 行政复议和行政应诉 …………… 63
 行政许可 ………………………… 63
 权责清单 ………………………… 64

水文水资源

水文 ……………………………… 73
 概述 ……………………………… 73
 雨情、水情 ……………………… 73
 水文测验 ………………………… 74
 水质监测 ………………………… 75
 水文站网建设 …………………… 77
 水文行业管理 …………………… 77
 水文业务培训 …………………… 78
 水文重点工程项目建设 ………… 78
水资源管理 ……………………… 78
 概述 ……………………………… 78
 水资源开发利用 ………………… 78
 非常规水资源利用 ……………… 79
 最严格水资源管理考核 ………… 79
 水资源论证 ……………………… 80
 取水许可管理 …………………… 80
 地下水资源管理 ………………… 80
 饮用水水源保护 ………………… 81
节水型社会建设 ………………… 81
 概述 ……………………………… 81
 计划用水 ………………………… 81
 依法节水 ………………………… 82
 科技节水 ………………………… 82
 节水系列创建工作 ……………… 82
 节水文化宣传 …………………… 82

用水监控 ………………………… 83

水生态环境

水环境保护 ……………………… 84
 概述 ……………………………… 84
 水功能区监督管理 ……………… 84
 入河排污口监督管理 …………… 84
 水生态文明试点建设 …………… 84
 中心城区河道水体生态修复 …… 84
 全运会水环境保障 ……………… 85
 中心城区河道水循环 …………… 86
 建成区黑臭水体整治 …………… 87
 水污染事件应急管理 …………… 87
 水污染防治 ……………………… 87
河长制管理 ……………………… 87
 概述 ……………………………… 87
 河长制工作方案 ………………… 88
 组织体系 ………………………… 88
 制度建设 ………………………… 88
 监督检查和考核评估 …………… 88
控沉管理 ………………………… 88
 概述 ……………………………… 88
 地面沉降监测 …………………… 88
 控沉考核工作 …………………… 89
 控沉预审制度 …………………… 89
 基坑备案制度 …………………… 89
 控沉执法巡查 …………………… 89
 控沉宣传 ………………………… 89
排水管理 ………………………… 89
 概述 ……………………………… 89
 排水规划 ………………………… 90
 排水设施工程建设 ……………… 91
 排水设施养护管理 ……………… 91
 执法管理 ………………………… 91
 排水服务保障 …………………… 91
 污水处理及污泥处置 …………… 93
 海绵城市建设 …………………… 94

城市供水

原水供水 ·················· 95
　概述 ·················· 95
　城市供水量 ·················· 95
　区域供水 ·················· 95
　城区环境供水 ·················· 96
　引滦调水供水 ·················· 96
　南水北调调水供水 ·················· 96
　应急调供水 ·················· 97
村镇集中供水 ·················· 97
　概述 ·················· 97
　村镇供水量及水质 ·················· 97
　农村饮水 ·················· 97
　农村供水基础性工作 ·················· 97
供水管理 ·················· 97
　概述 ·················· 97
　供水水质监管 ·················· 98
　安全供水监管 ·················· 98
　二次供水管理 ·················· 98
　行业服务标准化 ·················· 99
　供水行业节能降耗 ·················· 99

防汛抗旱

防汛 ·················· 100
　概述 ·················· 100
　防汛组织 ·················· 100
　防汛预案 ·················· 101
　抢险队伍建设 ·················· 101
　防汛物资 ·················· 102
　防汛措施 ·················· 103
　防汛应急处置 ·················· 104
　汛期雨情 ·················· 105
　汛期水情 ·················· 105
　洪水调度 ·················· 107
　防御风暴潮 ·················· 107
　蓄滞洪区安全建设 ·················· 108
　应急度汛工程 ·················· 108

　中心城区防汛排沥 ·················· 109
　河库闸站防汛责任落实 ·················· 110
　农村除涝 ·················· 111
抗旱 ·················· 111
　概述 ·················· 111
　农业旱情 ·················· 111
　抗旱物资储备 ·················· 111
　农业抗旱 ·················· 111
　抗旱统计 ·················· 111

农村水利

农村水利建设 ·················· 112
　概述 ·················· 112
　农村水利前期工作 ·················· 112
　农村水利投入 ·················· 112
　扬水站更新改造 ·················· 112
　农用桥闸涵改造 ·················· 112
　小型农田水利竞争立项建设项目 ·················· 112
　中小河流重点县建设工程 ·················· 113
　节水灌溉工程 ·················· 113
　一般农村水利建设项目 ·················· 113
　小型农田水利维修养护项目 ·················· 113
农村水利管理 ·················· 113
　概述 ·················· 113
　中小型水库管理 ·················· 114
　农村坑塘污染治理 ·················· 114
　农村骨干河道管理 ·················· 114
　大沽排水河管理 ·················· 114
　国有扬水站管理 ·················· 114
　农水科技推广 ·················· 115
　农村水利改革 ·················· 115
水土保持 ·················· 115
　概述 ·················· 115
　水土流失治理 ·················· 115
　水土保持监测 ·················· 115
　水土保持监督管理 ·················· 115
　水土保持宣传 ·················· 116

规 划 计 划

规划设计 …………………………………… 117

概述 ………………………………………… 117

规划设计管理工作 ………………………… 117

主要前期工作 ……………………………… 117

重点规划的主要内容 ……………………… 118

重点工程项目设计审批 …………………… 123

水利勘测成果 ……………………………… 125

规划设计成果 ……………………………… 127

获奖项目 …………………………………… 130

计划统计 …………………………………… 131

概述 ………………………………………… 131

计划管理工作 ……………………………… 131

建设项目投资 ……………………………… 132

中央水利投资 ……………………………… 135

水务统计 …………………………………… 136

工 程 建 设 与 管 理

工程建设项目 ……………………………… 137

概述 ………………………………………… 137

东赵各庄泄洪闸除险加固工程 …………… 137

中泓排洪闸除险加固工程 ………………… 137

潮白新河治理工程（乐善橡胶坝至宁车
　沽防潮闸段） …………………………… 137

北京排污河治理工程（狼儿窝退水闸至
　东堤头防潮闸段） ……………………… 138

天津市大黄堡洼蓄滞洪区工程与安全建设
　………………………………………………… 138

新开河调蓄池工程 ………………………… 139

先锋河调蓄池工程 ………………………… 139

中心城区水环境提升近期工程 …………… 140

南水北调天津市内配套工程 ……………… 144

蓟运河治理工程（宝坻八门城至宝宁交
　界段） …………………………………… 148

独流减河宽河槽湿地改造工程 …………… 149

赤龙河治理工程 …………………………… 149

南运河治理工程（津冀交界至独流

　减河段） …………………………………… 150

海河口泵站工程 …………………………… 150

于桥水库入库河口湿地工程 ……………… 151

老旧排水管网及泵站改造工程 …………… 151

建设管理 …………………………………… 153

概述 ………………………………………… 153

水务工程建设行业管理 …………………… 153

项目法人制 ………………………………… 154

建设监理制 ………………………………… 154

合同管理制 ………………………………… 154

招标投标制 ………………………………… 154

有形市场管理 ……………………………… 154

质量监督与安全生产 ……………………… 155

水利建设工程质量检测 …………………… 156

大气污染综合治理 ………………………… 156

建设项目检查 ……………………………… 157

建设项目稽查 ……………………………… 157

验收管理 …………………………………… 157

水利工程管理协会工作 …………………… 159

工 程 管 理

河道闸站管理 ……………………………… 160

概述 ………………………………………… 160

水管体制改革 ……………………………… 160

行洪河道工程维修维护 …………………… 160

涉河建设项目许可与监督 ………………… 166

水利工程生态用地保护管理 ……………… 166

市区河道保洁治理 ………………………… 166

水利风景区建设 …………………………… 167

工程管理考核 ……………………………… 167

河道巡视巡查 ……………………………… 168

河道保水护水 ……………………………… 168

绿化工作 …………………………………… 169

河道日常重点段管理 ……………………… 170

国家及市级水管单位建设 ………………… 171

永定河管理 ………………………………… 171

海河管理 …………………………………… 176

北三河管理 ………………………………… 177

　　大清河管理 …………………………… 180
　　海堤管理 ……………………………… 183
北大港水库管理 …………………………… 186
　　概述 …………………………………… 186
　　日常管理 ……………………………… 186
　　水质监测 ……………………………… 187
　　水库绿化工作 ………………………… 187
　　水政执法 ……………………………… 187
　　日常维修养护工程 …………………… 187
　　专项工程 ……………………………… 187
　　应急度汛工程 ………………………… 188
　　洋闸维修及闸区环境提升工程 ……… 188
　　水库视频监控系统建设 ……………… 188
　　水库防汛 ……………………………… 189
　　安全生产 ……………………………… 189
移民安置和后期扶持 ……………………… 189
　　概述 …………………………………… 189
　　水库移民后期扶持 …………………… 189
　　基础设施建设项目 …………………… 190
　　监测评估 ……………………………… 190
　　后期扶持相关规划编制 ……………… 190
　　水库移民项目实施效果 ……………… 190

引滦工程管理

引滦综合管理 ……………………………… 192
　　概述 …………………………………… 192
　　调度计量管理 ………………………… 192
　　供水安全管理 ………………………… 192
　　维修工程项目管理 …………………… 193
　　工程管理与考核 ……………………… 198
　　水环境建设与管理 …………………… 199
泵站管理 …………………………………… 199
　　概述 …………………………………… 199
　　潮白河泵站管理 ……………………… 199
　　尔王庄泵站管理 ……………………… 200
　　大张庄泵站管理 ……………………… 200
　　滨海新区供水泵站管理 ……………… 201

明暗渠道管理 ……………………………… 202
　　概述 …………………………………… 202
　　隧洞管理 ……………………………… 202
　　引滦黎河管理 ………………………… 204
　　明渠管理 ……………………………… 207
　　暗渠管理 ……………………………… 209
供水管道管理 ……………………………… 210
　　概述 …………………………………… 210
　　管道管理 ……………………………… 210
　　输水管道维修 ………………………… 210
于桥水库管理 ……………………………… 211
　　概述 …………………………………… 211
　　蓄水供水 ……………………………… 211
　　水质监测 ……………………………… 212
　　水政执法 ……………………………… 212
　　日常维护 ……………………………… 212
　　维修工程 ……………………………… 212
　　水环境治理 …………………………… 214
　　库区封闭管理 ………………………… 215
　　水库防汛 ……………………………… 215
　　前置库运行维护 ……………………… 216
　　安全生产 ……………………………… 216
尔王庄水库管理 …………………………… 217
　　概述 …………………………………… 217
　　科学调度 ……………………………… 217
　　蓄水供水 ……………………………… 217
　　水质监测 ……………………………… 217
　　水草治理 ……………………………… 217
　　水政执法 ……………………………… 218
　　水环境治理 …………………………… 218
　　维修工程 ……………………………… 218
　　日常维护 ……………………………… 218
　　水库防汛 ……………………………… 218
　　安全生产 ……………………………… 218

南水北调工程

工程建设 …………………………………… 219
　　概述 …………………………………… 219

前期工作 …………………………… 219

投资计划 …………………………… 220

建设管理 …………………………… 220

征地拆迁 …………………………… 221

运行管理 …………………………… 223

概述 ………………………………… 223

机构调整 …………………………… 223

制度制定 …………………………… 223

调水供水 …………………………… 224

配套工程 …………………………… 224

委托管理 …………………………… 224

调度管理 …………………………… 224

项目管理 …………………………… 225

工程监管 …………………………… 225

巡视巡查监管 ……………………… 225

调水安全管理 ……………………… 226

信息网络建设 ……………………… 226

考核工作 …………………………… 226

曹庄泵站管理 …………………… 226

概述 ………………………………… 226

建章立制 …………………………… 227

交接工作 …………………………… 227

运行管理 …………………………… 227

日常巡查养护 ……………………… 227

专项维修 …………………………… 227

应急抢险 …………………………… 227

安全生产 …………………………… 227

水源保护宣传 ……………………… 227

考核管理 …………………………… 228

信息网络建设 ……………………… 228

西河泵站管理 …………………… 228

概述 ………………………………… 228

建章立制 …………………………… 228

交接工作 …………………………… 228

运行管理 …………………………… 228

水质保护 …………………………… 228

泵站建设 …………………………… 229

日常巡查养护 ……………………… 229

专项维修 …………………………… 229

应急抢险 …………………………… 229

安全生产 …………………………… 229

信息网络建设 ……………………… 230

王庆坨水库管理 ………………… 230

概述 ………………………………… 230

水库工程建管 ……………………… 230

安全生产 …………………………… 230

北塘水库管理 …………………… 231

概述 ………………………………… 231

水库工程建管 ……………………… 231

安全生产 …………………………… 231

调度运行 …………………………… 231

科 技 信 息 化

水利科学研究与科技推广 ……… 232

概述 ………………………………… 232

科技管理工作 ……………………… 232

科研项目 …………………………… 233

国家级科研项目 …………………… 233

部市级科研项目 …………………… 233

科研成果及获奖情况 ……………… 237

水利科技成果推广 ………………… 239

知识产权 …………………………… 242

专利项目 …………………………… 242

科技服务 ………………………… 244

泵站安全鉴定 ……………………… 244

院士专家工作站 …………………… 244

国际合作与交流 …………………… 245

市水利学会活动 …………………… 245

信息化项目建设 ………………… 245

电子政务信息化建设 ……………… 245

水务业务管理平台建设 …………… 247

防汛抗旱信息化建设 ……………… 247

水资源信息化建设 ………………… 248

排水信息化建设 …………………… 248

信息化管理 ……………………… 248

电子政务系统运维与管理 ………… 248

防汛抗旱信息系统运维与管理 …………… 249
水资源信息系统维护与管理 …………… 250
排水信息系统运维与管理 …………… 250
网络信息安全与保障 …………… 250

财 务 审 计

财务 …………… 252
  概述 …………… 252
  预决算管理 …………… 252
  资金监管 …………… 253
  国有资产 …………… 254
  涉水价费 …………… 254
  企业监督管理 …………… 254
  其他财务管理 …………… 255
审计 …………… 255
  概述 …………… 255
  经济责任审计 …………… 255
  预算执行审计 …………… 255
  工程管理审计 …………… 255
  专项审计 …………… 255
  其他审计工作 …………… 256
  资金监管联席会议 …………… 256
  外部审计协调 …………… 256

人力资源及社会保障

机构人员 …………… 257
  概述 …………… 257
  机构编制 …………… 257
  队伍现状 …………… 258
人力资源管理 …………… 262
  概述 …………… 262
  职称评聘 …………… 262
  人员调配 …………… 263
  公务员管理 …………… 263
  工资福利 …………… 263
  人事档案管理 …………… 264
人物 …………… 264

新任局领导 …………… 264
专家学者 …………… 264
先进集体、先进个人 …………… 265
教育培训 …………… 266
  概述 …………… 266
  继续教育 …………… 266
  技能比武 …………… 267

综 合 管 理

行政管理 …………… 268
  概述 …………… 268
  公文管理 …………… 268
  档案管理 …………… 268
  督促检查 …………… 268
  建议提案办理 …………… 269
  信访工作 …………… 269
  水务信息 …………… 269
  新闻宣传和舆论监督 …………… 270
  政府信息公开 …………… 270
  应急管理 …………… 270
  绩效考评 …………… 270
  年度考核 …………… 271
安全监督 …………… 271
  概述 …………… 271
  安全标准化建设 …………… 271
  安全生产监督管理 …………… 271
  安全隐患排查治理 …………… 272
  安全生产教育培训 …………… 272
  内部安全保卫 …………… 272
治安管理 …………… 272
  概述 …………… 272
  维护社会稳定 …………… 273
  执法能力建设 …………… 273
  民警队伍建设 …………… 273
修志工作 …………… 274
  概述 …………… 274
  续志工作 …………… 274
  年鉴编纂 …………… 274

中国大百科全书条目编纂 ·········· 275

后勤管理 ······························ 275

概述 ································· 275

节能减排 ························· 275

办公用房管理 ················· 275

消防安全管理 ················· 275

交通安全 ························· 276

公车治理 ························· 276

公务用车管理 ················· 276

局办公楼设施改造 ·········· 276

党 建 工 团

干部工作 ······························ 277

概述 ································· 277

市水务局负责人 ··············· 277

局机关处室及局属单位负责人变化情况

································· 277

干部队伍建设 ················· 280

干部交流 ························· 280

党员队伍管理 ················· 280

帮扶困难村镇（街） ······ 281

干部教育 ························· 281

人才管理 ························· 282

组织工作 ······························ 283

概述 ································· 283

基层党组织建设 ·············· 283

基层党建巡查 ················· 283

机关党建 ························· 283

"两学一做"学习教育活动 ······ 283

"双万双服"工作 ··········· 284

党组织生活 ··················· 285

双责双查双促 ················· 285

思想政治工作 ···················· 285

概述 ································· 285

政工队伍建设 ················· 285

精神文明创建 ················· 285

保密工作 ······························ 285

概述 ································· 285

组织推动 ························· 286

宣传教育 ························· 286

督促检查 ························· 286

党风廉政建设 ···················· 286

概述 ································· 286

警示教育 ························· 286

机关纪委 ························· 287

主体责任 ························· 287

述责述廉 ························· 288

作风建设 ························· 288

廉政宣传教育 ················· 288

纪检信访案件 ················· 288

纪检队伍建设 ················· 288

巡察工作 ························· 288

工会工作 ······························ 289

概述 ································· 289

组织建设 ························· 289

职工维权 ························· 290

素质工程 ························· 290

文化体育 ························· 291

帮扶解困 ························· 291

工会改革 ························· 291

共青团工作 ························· 292

概述 ································· 292

思想教育 ························· 292

组织建设 ························· 292

青年文体活动 ················· 292

先进典型培训宣传 ·········· 292

共青团改革 ··················· 293

老干部工作 ························· 293

概述 ································· 293

落实中央文件精神 ·········· 293

正能量活动 ··················· 293

落实各项待遇 ················· 293

老干部活动中心 ·············· 294

统战工作 ······························ 294

概述 ·················· 294
民主党派 ·················· 295
侨务、民族工作 ·················· 295

各 区 水 务

滨海新区水务局 ·················· 296
概述 ·················· 296
水资源开发利用 ·················· 296
水资源节约与保护 ·················· 296
水生态环境建设 ·················· 297
防汛防潮抗旱 ·················· 298
农田水利 ·················· 300
水土保持 ·················· 301
工程建设 ·················· 301
供水工程建设与管理 ·················· 301
排水工程建设与管理 ·················· 302
水政监察执法 ·················· 302
河长制湖长制 ·················· 302
队伍建设 ·················· 303
东丽区水务局 ·················· 304
概述 ·················· 304
水资源开发利用 ·················· 304
水资源节约与保护 ·················· 305
水生态环境建设 ·················· 305
水务规划 ·················· 306
防汛抗旱 ·················· 306
农业供水与节水 ·················· 308
村镇供水 ·················· 308
农田水利 ·················· 308
水土保持 ·················· 308
工程建设 ·················· 308
排水工程建设与管理 ·················· 309
科技教育 ·················· 309
水政监察 ·················· 309
工程管理 ·················· 310
河长制 ·················· 310
水务改革 ·················· 312
精神文明建设 ·················· 312

队伍建设 ·················· 312
西青区水务局 ·················· 313
概述 ·················· 313
水资源开发利用 ·················· 313
水资源节约与保护 ·················· 314
水生态环境建设 ·················· 314
水务规划 ·················· 322
防汛抗旱 ·················· 322
农业供水与节水 ·················· 324
村镇供水 ·················· 324
农田水利 ·················· 324
水土保持 ·················· 324
工程建设 ·················· 324
供水、排水工程建设与管理 ·················· 326
科技教育 ·················· 328
水政监察 ·················· 329
工程管理 ·················· 329
河长制湖长制 ·················· 330
水务改革 ·················· 332
水务经济 ·················· 333
精神文明建设 ·················· 333
队伍建设 ·················· 333
津南区水务局 ·················· 334
概述 ·················· 334
水资源开发利用 ·················· 334
水资源节约与保护 ·················· 334
水生态环境建设 ·················· 335
水务规划 ·················· 335
防汛抗旱 ·················· 335
农业供水与节水 ·················· 337
农田水利 ·················· 337
工程建设 ·················· 337
科技教育 ·················· 337
水政监察 ·················· 337
工程管理 ·················· 338
河长制 ·················· 338
水务改革 ·················· 339
精神文明建设 ·················· 340

队伍建设 ……………………………… 340

北辰区水务局 ……………………… 341

概述 ………………………………… 341

水资源开发利用 …………………… 341

水资源节约与保护 ………………… 342

水生态环境建设 …………………… 343

水务规划 …………………………… 344

防汛抗旱 …………………………… 344

农业供水 …………………………… 346

村镇供水 …………………………… 346

农田水利 …………………………… 346

水土保持 …………………………… 347

工程建设 …………………………… 347

供水工程建设与管理 ……………… 347

排水工程建设与管理 ……………… 348

科技教育 …………………………… 348

水政监察 …………………………… 349

工程管理 …………………………… 349

河长制 ……………………………… 350

水务改革 …………………………… 353

水务经济 …………………………… 354

精神文明建设 ……………………… 354

队伍建设 …………………………… 355

武清区水务局 ……………………… 355

概述 ………………………………… 355

水资源开发利用 …………………… 356

水资源节约与保护 ………………… 356

水生态环境建设 …………………… 357

水务规划 …………………………… 358

防汛抗旱 …………………………… 358

农业供水与节水 …………………… 360

村镇供水 …………………………… 360

农田水利 …………………………… 361

水土保持 …………………………… 361

工程建设 …………………………… 361

供水工程建设与管理 ……………… 362

排水工程建设与管理 ……………… 362

科技教育 …………………………… 362

水政监察 …………………………… 362

工程管理 …………………………… 363

河长制 ……………………………… 364

水务改革 …………………………… 365

水务经济 …………………………… 365

精神文明建设 ……………………… 365

队伍建设 …………………………… 366

宝坻区水务局 ……………………… 368

概述 ………………………………… 368

水资源开发利用 …………………… 368

水资源节约与保护 ………………… 369

水生态环境建设 …………………… 370

水务规划 …………………………… 370

防汛抗旱 …………………………… 370

农业供水与节水 …………………… 373

村镇供水 …………………………… 373

农田水利 …………………………… 373

工程建设 …………………………… 374

供水工程设施建设与管理 ………… 375

排水工程设施建设与管理 ………… 375

科技教育 …………………………… 375

水政监察 …………………………… 377

工程管理 …………………………… 377

河长制 ……………………………… 379

水务改革 …………………………… 381

水务经济 …………………………… 381

精神文明建设 ……………………… 381

队伍建设 …………………………… 382

宁河区水务局 ……………………… 383

概述 ………………………………… 383

水资源开发利用 …………………… 384

水资源节约与保护 ………………… 384

水生态环境建设 …………………… 384

水务规划 …………………………… 385

防汛抗旱 …………………………… 385

农业供水与节水 …………………… 386

农田水利 …………………………… 387

工程建设 …………………………… 387

供水工程设施建设与管理 …………… 387

排水工程设施建设与管理 …………… 388

科技教育 ………………………………… 388

水政监察 ………………………………… 388

工程管理 ………………………………… 389

河长制湖长制 …………………………… 389

党建和精神文明建设 …………………… 391

队伍建设 ………………………………… 392

静海区水务局 ………………………… 392

概述 ……………………………………… 392

水资源开发利用 ………………………… 393

水资源节约和保护 ……………………… 394

水生态环境建设 ………………………… 394

水务规划 ………………………………… 395

防汛抗旱 ………………………………… 395

农业供水与节水 ………………………… 398

村镇供水 ………………………………… 398

农田水利 ………………………………… 398

水土保持 ………………………………… 399

工程建设 ………………………………… 399

供水工程建设与管理 …………………… 399

排水工程建设与管理 …………………… 400

科技教育 ………………………………… 400

水政监察 ………………………………… 400

工程管理 ………………………………… 401

河长制湖长制 …………………………… 403

水务经济 ………………………………… 404

水务改革 ………………………………… 404

精神文明建设 …………………………… 405

队伍建设 ………………………………… 405

蓟州区水务局 ………………………… 407

概述 ……………………………………… 407

水资源开发利用 ………………………… 407

水资源节约与保护 ……………………… 407

水生态环境建设 ………………………… 408

水务规划 ………………………………… 408

防汛抗旱 ………………………………… 408

农业供水与节水 ………………………… 409

村镇供水 ………………………………… 409

农田水利 ………………………………… 410

水土保持 ………………………………… 410

工程建设 ………………………………… 410

供水工程建设与管理 …………………… 411

排水工程建设与管理 …………………… 411

科技教育 ………………………………… 412

水政监察 ………………………………… 412

工程管理 ………………………………… 412

河长制湖长制 …………………………… 413

水务改革 ………………………………… 414

水务经济 ………………………………… 415

精神文明建设 …………………………… 415

队伍建设 ………………………………… 415

大 事 记

2017 年天津水务大事记 ……………… 417

水 务 统 计 指 标

2017 年水务综合指标（按区分） ………… 440

附 录

已修改规范性文件 ……………………… 447

批示 ……………………………………… 447

批复 ……………………………………… 451

通知 ……………………………………… 455

索 引

索引 ……………………………………… 458

综 述

2017 年天津水务发展综述

2017 年，市水务局深入学习贯彻党的十九大和市第十一次党代会精神，认真落实中央和市委决策部署，加强顶层设计，科学配置水资源，不断改善水环境，严格确保水安全，推进全面从严治党向纵深发展，为天津经济社会发展提供了坚实的水务保障。

一、加强顶层设计

深刻领会习近平新时代中国特色社会主义思想的丰富内涵，全面贯彻落实党的十九大和市委、市政府决策部署，切实强化对绿色发展理念和生态文明建设的认识，牢固树立"绿水青山就是金山银山"的理念，围绕科学配置水资源、不断改善水环境、严格确保水安全，研究提出了实施调水、蓄水、排水、节水、清水、活水六项工程，实现缺能引、沥能用、涝能排、旱能补、污能治、水能动"六能"目标的发展思路。一是实施调水工程，实施北大港水库功能提升、于桥水库综合治理和南水北调东线市内工程，建设王庆坨水库，实现"缺能引"。二是实施蓄水工程，提升湿地、行洪河道、蓄滞洪区蓄水能力，实现"沥能用"。三是实施排水工程，筑牢防洪屏障，提升中心城区排水能力，加强海堤建设，推进北部山区防山洪工作，实现"涝能排"。四是实施节水工程，充分利用雨洪水，提高再生水利用率，加快海绵城市建设，积极发展节水灌溉，实现"旱能补"。五是实施清水工程，坚持依法治污、铁腕治污、科学治污，实施河道生态修复，全面落实河长制，实现"污能治"。六是实施活水工程，建设完善北水南调、中心城区、海河南北局部区域水循环体系，实现"水能动"。围绕这一思路目标，强化顶层设计，抽调精兵强将，研究制定了全市水资源统筹利用与保护、北大港水库功能提升、于桥水库综合治理、重要湿地水源保障、再生水利用等规划方案，为实施六项工程、实现"六能"目标奠定坚实基础。

二、科学配置水资源

主动协调外调水。引江、引滦向天津市供水 11.43 亿立方米，保证了城市供水安全。建成引江向尔王庄水库连通工程、王庆坨水库主体工程、于桥水库入库河口湿地，引江水质水量安全稳定，引滦水质实现好转。

充分利用雨洪水。累计承接上游来水 8.46 亿立方米，先后为北运河、潮白新河等河道，七里海、北大港等湿地湖库实施生态调水补水，在确保防汛安全的同时，有力改善了水环境面貌。

提标利用再生水。环外各区 105 座污水处理厂全部完成提标改造，出水水质主要指标基本达到准Ⅳ类水平。推进高耗水行业和市政园林、城市景观领域优先使用再生水，年利用再生水 3.5437 亿立方米。

大力压采地下水。全面完成我市国家地下水监测工程，加强取水许可审批和事中事后监管，严控地下水超采，积极推进水源转换，压采深层地下水 1615 万立方米。

积极发展淡化水。将淡化海水作为战略水源储备,沿海项目优先配置利用淡化海水,重点发展点对点直供工业,年利用淡化海水 0.3457 亿立方米。

三、不断改善水环境

全面提升治理标准。以 2017 年中央环保督察反馈意见整改落实为契机,切实加强水污染治理、水环境保护和水生态修复,采取曝气增氧、生态浮床、生物制剂、换水补水、人工打捞五项综合措施,全力改善海河、外环河及中心城区二级河道水质,为第十三届全运会的顺利举行提供了良好的水环境保障。至 2017 年年底,全市国考断面水质优良比例达到 35%,比上年同期提高 15 个百分点;劣 V 类水质比例降至 40%,比上年同期下降 10 个百分点。

全面落实河长制。天津市委、市政府印发实施《天津市关于全面推行河长制的实施意见》,全市 16 个区全部印发区级河长制工作方案,268 个镇(街、乡)均已出台本级实施方案,市、区、镇(街、乡)、村四级河长实现全覆盖。市河长制办公室制定了任务考核、督察督办、责任追究、社会监督等 12 项工作制度,推动开展河湖水环境大排查大治理大提升行动,推动各级河长巡河,实施问题、整改、任务、责任、效果"五个清单"管理,河湖水环境面貌有效改善。

全面落实"水十条"。建成区 25 条黑臭水体全部治理完成,城镇污水集中处理率提高到 92.5%,城镇污水处理厂出水水质主要指标达标率保持在 90% 以上,污泥无害化处理处置率提高到 87%。大力推进节水型社会建设,万元 GDP 用水量 15.09 立方米,万元工业增加值用水量 6.90 立方米,农田灌溉水有效利用系数 0.695。

四、严格确保水安全

提高政治站位。把确保防汛安全作为讲政治"知行合一"、践行"四个意识"具体体现,认真贯彻落实李鸿忠书记"无雨当有雨防、小雨当大雨防"指示,在防的同时抓好蓄水工作的指示要

求,坚持上防洪水、中防沥涝、下防海潮、北防山洪,先后 5 次启动防汛Ⅳ级预警响应,超前防范部署,提前集结防汛物资和抢险队伍,有力、有序、有效应对处置多次强降雨过程。

提高工作标准。派出 10 个工作组督促落实群众转移安置措施,确保了水不进、墙不倒、房不塌、人不伤。及时启动 51 处易积水地区和 18 座地道"一处一预案",基本做到大雨 2 小时、暴雨 5 小时排除,确保了市民出行安全。指导落实 25 处泥石流滑坡隐患点位专人值守和防御措施,确保了群众生命财产安全。逐一消除行洪河道 158 处险工险段安全隐患,确保了安全平稳度过汛期。

提高调蓄能力。科学调度入境洪水,着力在"防得住、排得快、蓄得好"上下功夫,尽最大可能有效利用雨洪资源。累计向河道水库调水蓄水 3.42 亿立方米,向七里海等湿地调水补水 2.48 亿立方米,地表总蓄水量 13 亿立方米,保障了农业和生态用水需求。

提高处置水平。坚持统一指挥,严格落实 24 小时防汛值班和领导在岗带班制度,上下政令畅通,各项防御处置措施及时有效落实。坚持快速反应,及时启动预案和预警响应,紧急调拨物资,落实人员队伍,迅速有效应对雨情汛情。坚持科学调度,合理利用河道水库、坑塘洼淀等水利工程,调度配置雨洪资源。坚持现场督导,及时派出工作组赶赴蓟州山区、易积水地区等薄弱环节现场指导,切实提高应急处置水平。坚持重点推动,落实全运村等重点区域、地下空间、险工险段的防汛排水保障措施,以点带面提升防汛减灾整体水平。

五、推进全面从严治党向纵深发展

在"严格"上下功夫,确保中央和市委决策部署落地见效。严格落实领导职责,局党委成立全面从严治党领导小组,制定局、处两级领导班子、主要负责人和班子成员主体责任清单、任务清单,建立主体责任纪实手册填报制度,开展"双责双查双促"活动。严格规范决策机制,全局性重大事项经过局党委会议集体讨论决定,局属

各单位重大事项经过本单位党组织会议研究决定；修订党委会议事规则，制定加强和规范"三重一大"决策工作实施意见。严格基层党组织设置，开展集中换届选举，重新任命党组织书记，配齐领导班子。严格遵守党的纪律，召开全局领导干部警示教育大会，组织局、处两级领导干部参观"利剑高悬　警钟长鸣"警示教育主题展，观看专题片《巡视利剑》，层层组织学习讨论。

在"深入"上下功夫，形成全局风清气正弊绝的良好氛围。深入贯彻落实党的十九大精神，制定学习贯彻十九大精神工作方案，做到全局党员干部群众全覆盖。深入净化政治生态，制定肃清黄兴国恶劣影响、进一步净化政治生态工作的实施方案，召开学习贯彻党的十九大精神全面净化政治生态座谈会；深化中央巡视"回头看"反馈意见整改落实，深入整治圈子文化和好人主义等问题；抓好选人用人导向，严把政治首关和动议关、民主推荐关、组织考察关、任用决策关、任前公示关，加大干部交流力度，强化干部队伍

建设。深入落实中央八项规定精神，对隐形变异"四风"保持高压态势；深入开展领导干部经济责任审计、重点水务工程廉政建设检查和全面清理局属单位"三产"工作。

在"突出"上下功夫，推进管党治党从宽松软迈向严紧硬。突出强化监督执纪问责，运用监督执纪"四种形态"处置51人。突出发挥巡察利器作用，调整巡察工作领导小组，充实巡察办工作力量，建立巡察与驻局纪检组、组织、人事、审计和工程稽查等部门的联席会议工作机制；全力推进巡察整改工作，严肃处理问题相关责任人；抽调精干队伍组成5个巡察组，利用11月和12月两个月时间对未被巡察过的局属单位进行巡察，实现年底前26个局属单位巡察全覆盖。突出解决不作为不担当问题，成立不作为不担当问题专项治理领导小组和作风纪律专项整治领导小组，分别制订实施方案，建立整改任务台账，共查摆问题300余个，问责处理干部7人。

（文　静）

重要文献

重 要 文 件

关于印发天津市水务局深化水务改革工作会议制度（试行）和天津市水务局深化水务改革工作督察制度（试行）的通知

津水党发〔2017〕65号

局属各单位、机关各处室、市调水办各处：

现将《天津市水务局深化水务改革工作会议制度（试行)》和《天津市水务局深化水务改革工作督察制度（试行)》印发给你们，请认真贯彻执行。

市水务局党委　市水务局
2017 年 9 月 20 日

天津市水务局深化水务改革工作会议制度（试行）

第一章　总　则

第一条　为进一步规范和推进深化水务改革工作，切实发挥局深化水务改革机构职能作用，结合工作实际，现制定深化水务改革工作会议制度。

第二条　本制度包括领导小组会议、专业组会议和改革办会议。

第二章　领导小组会议

第三条　领导小组会议由领导小组组长主持召开。出席人员：领导小组全体成员，其他出席人员由领导小组组长根据需要确定。

第四条　会议原则上每季度召开一次。根据工作需要，经领导小组组长同意，可另行召开。

第五条　会议由局改革办按程序报请领导小组组长确定召开，由局改革办组织筹备。

第六条　会议研究的主要内容：传达贯彻中央、我市和水利部关于改革的重大方针政策和部署安排，研究局深化水务改革的年度工作要点、重要制度和决策；审议重大改革方案；总结深化水务改革工作进展情况，研究部署下一阶段工作；协调解决深化水务改革中遇到的重大问题；由局改革办提请领导小组审议的其他重要事项。

第七条　会议议定事项由相关处室按照责任分工落实，局改革办负责组织督导。

第三章　专业组会议

第八条　专业组会议由专业组组长主持。出席人员：专业组组长、牵头处室和有关处室主要负责同志。

第九条　会议根据需要不定期召开。

第十条　会议由专业组牵头处室按程序报请专业组组长确定召开，并由牵头处室组织筹备。

第十一条　会议研究的主要内容：贯彻落实领导小组会议的议定事项；专题研究专业组改革工作中存在的问题，研究部署下一阶段工作；协调解决专业组改革中遇到的问题；经专业组组长同意研究的其他事项。

第十二条　会议议定事项由专业组牵头处室协调有关处室完成，局改革办负责组织督导。

第四章　改革办会议

第十三条　改革办会议由局改革办主任主持召开。出席人员：局改革办主任和各专业组牵头处室分管负责同志。

第十四条　会议根据需要不定期召开。

第十五条　会议由局改革办提出，按程序报请分管局领导确定，并由局改革办筹备。

第十六条　会议研究的主要内容：传达贯彻中央、我市和水利部关于改革的重要精神；贯彻落实领导小组会议要求；组织推动深化水务改革任务以及协调有关工作；需要研究的其他事项。

第十七条　会议议定事项由有关处室按责任分工落实。

第五章　附　则

第十八条　本制度由局改革办负责解释。

第十九条　本制度自印发之日起执行。

天津市水务局深化水务改革工作督察制度（试行）

第一条　为进一步加大深化水务改革工作督察力度，促进各项改革任务落实到位、见到实效，结合工作实际，特制定本制度。

第二条　督察工作要坚持实事求是、客观公正的原则；坚持突出重点、点面结合的原则；坚持问题导向、注重实效的原则；坚持全面督察和专项督察相结合的原则。

第三条　依据市委、市政府和水利部年度改革工作重点，以及局深化水务改革工作要求，市委、市政府主要领导关于水务改革的重要批示指示，督察有关部门和处室深化水务改革工作完成情况、主要负责同志抓改革落实情况、领导批示指示落实情况以及检查发现问题的整改落实情况。

第四条　督察工作由局改革办负责组织。

第五条　督察分为全面督察和专项督察。

全面督察由局改革办和各专业组牵头处室有关人员组成联合督察组，原则上每半年安排一次。

专项督察由专业组牵头处室提出，由局改革办会同专业组牵头处室有关人员组成专项督察组，根据需要不定期开展专项督察。

第六条　督察方式包括书面督察和现场督察。现场督察采取听取汇报、座谈交流、查阅资料和实地查看、随机抽查等方式进行，全面了解水务改革情况。

第七条　督察工作结束后，督察组要根据督察内容形成书面督察报告，并向局深化水务改革领导小组组长汇报。专项督察报告要同时报送专业组组长。

第八条　督察中发现的问题和意见建议，由局改革办或专业组牵头处室直接反馈给被督察的有关部门和处室，重大问题要上报局深化水务改革领导小组组长决策。

第九条　实行深化水务改革督察"清单制"，督促被督察的有关部门和处室查摆问题原因，限期整改落实到位。

第十条　涉及整改的有关部门和处室，要按要求组织整改，并及时将整改落实情况上报局改革办。局改革办负责逐项跟踪督促。

第十一条　局改革办要将问题整改情况作为下一次督察的内容，进行跟踪督办。

第十二条　在规定时间内未完成改革任务的，应及时将工作进展、存在问题和下一步打算书面反馈局改革办，由局改革办上报局深化水务改革领导小组组长。对无正当理由未完成水务改革任务的，经局深化水务改革领导小组组长同意后，在一定范围内通报。

第十三条　本制度由局改革办负责解释。

第十四条　本制度自印发之日起执行。

市水务局关于成立推进河长制工作领导小组的通知

津水发〔2017〕1 号

局属各单位、机关各处室：

为贯彻落实党中央国务院关于全面推行河长制的重大决策部署，有效推进我市河长制工作，经研究，决定成立天津市水务局推进河长制工作领导小组（以下简称领导小组）及领导小组办公室。现将有关事项通知如下：

一、主要职责

领导小组负责贯彻落实党中央国务院、市委市政府关于全面推行河长制的决策部署，加强对我局推进河长制工作的组织领导，拟定和审议全面推行河长制的重大措施，指导各处室和部门落实开展河长制相关工作，协调解决局内落实河长制工作中的重大问题，加强河长制重要事项落实情况的检查督导等。

二、组成人员

组　长：景　悦　局长

副组长：李文运　副局长

　　　　李树根　副局长

　　　　闫学军　副局长（负责日常工作）

　　　　梁宝双　副巡视员

成　员：张贤瑞　办公室主任

　　　　刘　威　水政处处长

　　　　金　锐　水资源处处长

　　　　王立义　工程管理处处长

　　　　李　悦　水土保持处处长

　　　　聂荣智　水土保持处调研员

　　　　顾世刚　排监处处长

　　　　汪绍盛　农水处处长

　　　　宋志谦　引滦工管处处长

三、工作机构

领导小组办公室设在水保处，承担领导小组的日常工作。闫学军兼任办公室主任，李悦、金锐、王立义担任办公室副主任。

天津市水务局

2017 年 1 月 22 日

市水务局关于印发天津市水务建设质量工作
考核办法的通知

津水发〔2017〕6 号

各区水务局：

为加强我市水务建设工程质量工作，提高水务建设质量水平，根据《国务院关于印发质量发展纲要（2011—2020 年）的通知》（国发〔2012〕9 号）、《国务院办公厅关于印发质量工作考核办法的通知》（国办发〔2013〕47 号）、《水利建设质量工作考核办法》（水建管〔2014〕351 号）等规定，市水务局结合水务建设实际，制定了《天津市水务建设质量工作考核办法》。现予以印发，请遵照执行。

附件：天津市水务建设质量工作考核办法

天津市水务局
2017 年 5 月 22 日

天津市水务建设质量工作考核办法

第一条　为加强水务建设质量工作，落实质量责任，提高水务建设质量水平，根据《国务院关于印发质量发展纲要（2011—2020 年）的通知》（国发〔2012〕9 号）、《国务院办公厅关于印发质量工作考核办法的通知》（国办发〔2013〕47 号）和《水利建设质量工作考核办法》（水建管〔2014〕351 号）等规定，天津市水务局（下简称市水务局）结合水务建设实际，制定本办法。

第二条　考核工作坚持客观公正、科学管理、突出重点、统筹兼顾、因地制宜的原则。

第三条　考核对象为各区水务局。每年 6 月 1 日至次年 5 月 31 日为一个考核年度。

第四条　考核工作由天津市水务工程建设质量与安全监督中心站（下简称监督站）牵头，会同天津市水务基建管理处和市水务局相关部门专家组成考核工作组负责组织实施。

第五条　考核内容包括水务建设质量工作总体考核和水务建设质量工作项目考核两部分。考核要点、评分细则在年度质量考核工作中另行制定。

第六条　考核评定采用评分法，满分为 100 分。考核结果分 4 个等级，分别为：A 级（90 分及以上）、B 级（80～89 分）、C 级（60～79 分）、D 级（59 分及以下）。发生重（特）大质量事故的，考核等次一律为 D 级。

第七条　考核采取以下步骤：

（一）发布细则。市水务局根据考核要点和年度质量工作进展，于每年年初发布年度水务建设质量工作考核评分细则。

（二）自我评价。各区水务局按照本办法和年度评分细则，结合本地区质量工作的目标、任务和特点，于每年 5 月 31 日前将上年度质量工作情况自评报告报市水务局。

（三）实地核查。考核工作组通过现场核查和重点抽查等方式，对各区水务局水务建设质量工作情况进行考核评价，其中水务建设质量工作总体情况得分占考核总分的60%；选取1~2个在建工程项目，对项目质量工作进行考核评价，得分占考核总分的40%。

（四）综合考核。考核工作组根据各区水务局自评情况、实地核查及相关数据进行全面考核，提出各区水务局的考核等级，形成综合考核评价报告。

（五）结果认定。监督站会同相关部门对考核结果进行复核和汇总，形成初步考核结果，并于7月底前报市水务局审定。

第八条　考核结果经市水务局审定后，将考核结果报天津市质量工作领导小组办公室。各被考核单位的得分将直接按比例计入年度市政府对区政府质量考核得分，并通报各区水务局，抄送各区人民政府，在天津市水务信息网公告。

第九条　考核结果在水务系统内进行通报。对考核结果为D级的，区水务局应在考核结果通报后一个月内向市水务局作出书面报告，提出限期整改措施；市水务局在评优、项目和资金安排等方面适度收紧或暂停。

第十条　对在质量工作考核中瞒报、谎报情况的，予以通报批评；对直接责任人员依法依规追究责任。

第十一条　本办法由市水务局负责解释。

第十二条　本办法自印发之日起施行。

市水务局 市环保局 关于印发《〈天津市清水河道行动水环境治理考核和责任追究办法（试行）〉 实施细则（试行）》的通知

津水发〔2017〕10 号

各区人民政府、市有关部门：

为切实加大水污染防治力度，有效保障全市水环境安全，根据《中共天津市委办公厅 天津市人民政府办公厅关于印发〈天津市清水河道行动水环境治理考核和责任追究办法（试行）〉的通知》（津党厅〔2017〕22 号）的要求，结合工作实际，制定了《〈天津市清水河道行动水环境治理考核和责任追究办法（试行）〉实施细则（试行）》。经市领导同意，现予以印发，请各单位、各区政府遵照执行。

附件：《天津市清水河道行动水环境治理考核和责任追究办法（试行）》实施细则（试行）

市水务局　市环保局
2017 年 12 月 30 日

《天津市清水河道行动水环境治理考核和责任追究办法（试行）》实施细则（试行）

第一章　总　　则

第一条　为切实加大水污染防治力度，有效保障全市水环境安全，根据《中共天津市委办公厅 天津市人民政府办公厅关于印发〈天津市清水河道行动水环境治理考核和责任追究办法（试行）〉的通知》（津党厅〔2017〕22 号）的要求，结合工作实际，制定本实施细则。

第二条　本细则适用于对各市级责任部门、区委区政府负责的水环境质量目标达标情况，水污染防治重点工作完成情况的季度考核和年终考核。

第三条　考核工作以实现全市水环境质量目标为目的，坚持统一协调与分工负责相结合、定量评价与定性评估相结合、日常检查与年终抽查相结合、行政考核与社会监督相结合的原则。

第二章　考核内容

第四条　区委区政府年度考核内容如下：

1. 区水环境治理管理机构设置、人员配备、经费落实情况。

2. 水环境治理制度建设情况，对下属机构（部门）落实属地管理责任的检查考核情况。

3. 水环境治理资金和管理费用纳入区财政及部门预算情况。

4. 区委、区政府主要负责同志组织制定责任清单和任务清单情况，组织推动工作情况。

5. 区委、区政府分管负责同志研究、布置、检查工作情况。

6. 领导干部联系点制度建设情况，协调、指导、推动工作效果情况。

7. 辖区年度水环境质量改善目标、任务完成情况。

8. 辖区年度水污染防治实施计划完成情况。

9. 水环境治理人防、物防、技防措施落实情况，巡查和监督管理情况。

10. 信访举报办理及问题整改情况。

第五条 区委区政府季度考核内容如下：

1. 辖区湖库、二级以上河道水质优良比例，劣Ⅴ类水体控制比例。

2. 辖区黑臭水体消除比例。

3. 辖区集中式饮用水水源水质达到或优于Ⅲ类水体比例。

4. 辖区地下水质量极差控制比例。

5. 辖区城镇污水处理厂出水水质达标率。

6. 辖区农村坑塘沟渠劣Ⅴ类水体控制比例。

7. 辖区近岸海域水质状况。

8. 与上述水环境质量目标相关的水污染防治重点工作完成情况。

第六条 市级责任部门年度考核内容如下：

1. 本部门对水环境治理工作的组织领导、任务分解、责任落实情况。

2. 主要负责同志履行主体责任情况，分管负责同志研究、布置、检查工作情况。

3. 本部门水环境治理年度任务、重点工作完成情况。

4. 履行《天津市水污染防治条例》、《天津市河道管理条例》等规定的法定职责情况。依法查处违法违规行为情况。

5. 本部门开展水环境专项整治和重点检查情况，考核问责执行情况。

6. 本部门水环境治理工作人力、物力、财力落实情况。

7. 信访举报处置情况。

8. 水环境质量管理重点工作纳入市政府对市级责任部门年度绩效考核时，也可不再进行考核。

第七条 《天津市河长制考核办法》（津河长办〔2017〕42号）已于2017年9月26日颁布实施，不再列入考核细则内容。

第三章 职责与分工

第八条 市委组织部、市水务局、市环保局及市级相关部门负责考核的组织实施。

第九条 市委组织部、市纪委市监察局负责对存在失职、失责等行为的有关责任人进行执纪问责。

第十条 市水务局、市环保局牵头组织对区委区政府的考核评估工作，处理和解决考核中出现的具体问题。

第十一条 市级责任部门依据职责制定专项考核办法，并按分工对区委区政府进行季度考核。

1. 市水务局负责河湖水质、黑臭水体考核工作。

2. 市环保局牵头、市国土房管局参与地下水考核工作。

3. 市环保局、市水务局负责饮用水水源考核工作。

4. 市水务局、市环保局负责城镇污水处理厂考核工作。

5. 市水务局、市环保局和市农委负责农村坑塘水质考核工作。

6. 市环保局、市海洋局负责近岸海域水质考核工作。

第十二条 市水务局、市环保局负责确定全市水环境质量目标和水污染防治重点工作考核项目及权重系数。

第四章 考核程序

第十三条 区委区政府季度考核采取以下步骤：

1. 上报材料 市级责任部门每季度末向市水务局、市环保局提供牵头负责的各区水环境质量目标及水污染防治重点工作季度考核结果。

2. 汇总初审 市水务局、市环保局组织汇总各区各专项季度考核结果，评定考核分值，确定考评等级，核算奖惩金额，提出考核初步意见。

3. 审核审定　考核意见由市委组织部审核后，报市政府审定。

4. 结果发布　市水务局、市环保局会同市政府新闻办负责在媒体上向社会公布考核结果。

第十四条　市级责任部门、区委区政府年度考核采取以下步骤：

1. 自查评分　各市级责任部门、区委区政府对照考核办法在年底前进行全面自查和自评打分，于转年1月中旬将上年度自查报告报送市水务局、市环保局。

2. 组织审查　市水务局、市环保局牵头组织对各市级责任部门、区委区政府水环境质量管理工作进行审查，并于2月上旬形成审查意见。

3. 抽查复验　市水务局、市环保局会同有关部门采取随机抽查方式，根据各市级责任部门、区委区政府自查报告、审查意见和督查情况，进行实地考核，于3月上旬形成抽查意见。

4. 综合评价　市水务局、市环保局对审查和抽查情况进行汇总，做出综合评价，于每年3月底前形成考核结果，报市委组织部审核、市政府审定。

5. 结果发布　市水务局、市环保局会同市政府新闻办负责在媒体上向社会公布考核结果。

第五章　评 分 标 准

第十五条　季度考核、年度考核采用评分法，满分100分。

第十六条　除明确规定外，区委区政府、市级责任部门不涉及的考核项目不扣分，以满分计。

第十七条　考核中不达标项目最小扣分单位为0.1分，每项考核内容最低分值为0分。

第十八条　区委区政府年度考核评分标准：

1. 未设立水环境治理管理机构，人员配备不合理、办公经费未纳入财政预算，最高可扣4分。

2. 未制定水环境日常监管、考核等规章制度，对下属机构（部门）落实属地管理责任未进行定期考核，最高可扣4分。

3. 清水河道水环境治理资金和管理费用未纳入区财政及部门预算，最高可扣3分。

4. 区委、区政府主要负责同志未组织研究区水环境治理工作，制定责任清单和任务清单，最高可扣2分。

5. 区委、区政府分管负责同志研究、布置、检查、推动水环境治理工作不实、效果不好，最高可扣2分。

6. 未建立领导干部联系点制度，或协调、指导、推动工作未取得实效，最高可扣4分。

7. 未实现年度水环境质量改善目标，最高可扣25分（参照第四季度考核结果确定）。

8. 未按时间节点完成年度水污染防治实施计划建设任务，最高可扣25分（参照第四季度考核结果确定）。

9. 未建立水环境治理人防、物防、技防保障措施，或工作落实不到位，最高可扣3分。

10. 对群众举报、媒体曝光的水污染事件，不能及时处置，未在规定时限整改，每次最高可扣2分，分值累计，最高可扣6分。

11. 被挂牌督办每次扣1分。未及时进行整改，或整改不到位，每次扣2分。分值累计，最高可扣10分。

12. 被限期整改每次扣2分，通报批评每次扣3分，约谈每次扣4分，责任追究每次扣5分，分值累计，最高可扣12分。

第十九条　区委区政府季度考核评分标准：

1. 辖区湖库、二级以上河道水质优良比例，劣Ⅴ类水体控制比例达不到规定要求，最高可扣30分（市内六区最高可扣70分）。

2. 辖区黑臭水体消除比例下降或达不到规定要求，最高可扣20分。

3. 辖区集中式饮用水水源水质达到或优于Ⅲ类水体比例下降，最高可扣10分（市内六区不参评）。

4. 辖区地下水质量极差控制比例下降，最高可扣5分。

5. 辖区城镇污水处理厂出水水质达标率下降，最高可扣10分（市内六区不参评）。

6. 辖区农村坑塘沟渠劣Ⅴ类水体控制比例达

不到规定要求，最高可扣 20 分（市内六区不参评）。

7. 与上述水环境质量目标相关的水污染防治重点工作未按按年度计划实施，存在规定节点未开工、竣工问题，最高可扣 5 分。

8. 辖区近岸海域水质状况暂不列入考核。

第二十条　市级责任部门年度考核评分标准：

1. 清水河道水环境治理任务未纳入部门中心工作，或没有具体部门负责监管和落实，最高可扣 5 分。

2. 主要负责同志不安排部署清水河道行动水环境治理相关工作，不组织制定年度责任清单和任务清单。最高可扣 8 分。

3. 分管负责同志深入一线调研、检查、协调、指导工作不够，遗留问题较多，最高可扣 8 分。

4. 本系统水环境管理、目标考核等规章制度不健全，未按制度规定履行监管职责。最高可扣 6 分。

5. 履行《天津市水污染防治条例》、《天津市河道管理条例》等规定的法定职责不全面。依法查处违法违规行为不严格，最高可扣 10 分。

6. 未能实现年度水环境质量改善目标，最高可扣 10 分。

7. 未制定本系统年度水污染防治实施计划，或未按要求完成建设任务。最高可扣 8 分。

8. 与水环境治理有关的人力、物力、财力保障落实不到位。最高可扣 5 分。

9. 牵头工作被群众举报、媒体曝光，未及时督导责任单位进行整改，每次扣 1 分，分值累计，最高可扣 8 分。

10. 牵头工作（含项目）被挂牌督办 1 次扣 1 分，未及时进行整改，或整改不到位，最高扣 2 分，分值累计，最高可扣 12 分。

11. 牵头工作（含项目）被限期整改 1 次扣 1 分，通报批评 1 次扣 2 分，约谈 1 次扣 3 分，责任追究 1 次扣 4 分。分值累计，最高可扣 20 分。

第六章　考 核 评 定

第二十一条　考核划分四个等级，90 分及以上为优秀，80～89 分为良好，60～79 分为合格，60 分以下为不合格。

第二十二条　市级责任部门只评定考核等级，对区政府除评定考核等级外，同时进行经济奖惩。

第二十三条　季度考核中水污染防治重点工作存在未按时开工、竣工问题，不能评为优秀等级。

第二十四条　季度考核在下季度第一个月进行，年度考核在转年第一季度进行。

第二十五条　考核中发现被考核单位（部门）通过伪造数据、捏造事实完成目标任务的，除依法依纪追究问责外，考核结果按不合格处理。

第七章　经 济 奖 惩

第二十六条　按照《天津市水环境区域补偿办法（试行）》执行。

第八章　问题处置及责任追究

第二十七条　问题处置及责任追究对象为市级责任部门、区委区政府及所属职能部门工作人员。

第二十八条　问题处置及责任追究分为限期整改、通报批评、约谈和责任追究四类方式。

第二十九条　存在下列情形之一的，由市水务局、市环保局下达整改通知，并向市政府报告整改落实情况。

1. 区委区政府未建立水环境治理考核和责任追究制度、未建立有效的干部联系点制度的，导致责任落实不到位的，限一周内整改落实到位。

2. 区政府、市级责任部门自然月内出现 2 次因履行监管职责不到位导致工作拖延或失误的，限 10 个工作日内整改落实到位。

3. 市级责任部门水环境治理日常监管和处罚配套制度不健全，对依法依规处罚造成严重影响的，限一周内整改落实到位。

4. 区政府管辖区域内，年内地表水环境质量月排名累计位列末位 2 次的（当月水环境质量改善率排名位列全市前三位的，不累计次数），限 1 个月内整改完成。

5. 区政府或市级责任部门管辖的污水处理厂

排水水质月监测出现超标现象的,限1个月内整改完成。

第三十条 存在下列情形之一的,由市水务局、市环保局报请市政府进行通报批评,并报市委组织部备案。

1. 区政府、市级责任部门自然月内发生4次因履行监督管理职责不到位导致工作拖延或失误的。

2. 区政府、市级责任部门未经批准擅自调整重点工作和交办事项,年内累计出现2次未按时限和要求完成任务的。

3. 区政府管辖区域内,年内地表水环境质量月排名累计位列末位3次的(当月水环境质量改善率排名位列全市前三位的,不累计次数)。

4. 区政府或市级责任部门管辖的污水处理厂排水水质月监测达标率累计2次排名最后2位的。

5. 区政府管辖区域内,地表水环境质量同比变化率上半年或年终排名位列末位的(水环境质量排名位列全市前3位的,本条款不再适用)。

6. 区委区政府、市级责任部门在收到整改通知后,未按规定时限完成整改任务的。

第三十一条 存在下列情形之一的,由市委组织部报请市政府领导同志进行约谈。

1. 区政府、市级责任部门自然月内发生6次因履行监督管理职责不到位导致工作拖延或失误的。约谈分管负责同志;自然月发生10次及以上的,约谈主要负责同志。

2. 区政府管辖区域内,年度地表水环境质量未达到目标的,约谈党政主要负责同志。

3. 区政府、市级责任部门未经批准擅自调整重点工作和交办事项,年内累计出现4次未按时限要求完成任务的,约谈分管负责同志。

4. 区政府、市级责任部门未经批准,未按时限和要求完成年度任务的,约谈主要负责同志。

5. 区委区政府、市级责任部门在被通报批评后工作不立即取得实效的,约谈主要负责同志。

第三十二条 存在下列情形之一的,由主管部门调查处置并提出问责建议后,按程序移交市委组织部、市纪委监察局对有关责任人进行执纪问责。

1. 区委区政府、市级责任部门有关责任人在水环境治理与保护工作中存在失职、失责行为的。

2. 区委区政府、市级责任部门有关责任人因工作不力、作风不实,弄虚作假和查处案件不到位,造成严重后果和社会影响的。

3. 区委区政府、市级责任部门有关责任人因履行监督管理职责不到位、主体责任不落实,导致重大损失的。构成犯罪的,依法追究刑事责任。

第九章 附 则

第三十三条 本实施细则自发布之日起施行。

第三十四条 本细则由市水务局、市环保局负责解释。

领 导 讲 话

市委书记李鸿忠在天津市防汛抗旱工作会议上的讲话

（2017 年 6 月 14 日）

（根据录音整理）

从明天起，我市将进入汛期，今天，我们召开防汛抗旱工作会议，十分及时，十分必要。刚才，东峰同志作了部署，讲得很全面，要认真抓好落实。市水务局、市气象局、滨海新区、红桥区、武清区、蓟州区的负责同志作了发言，讲得都很好。应该说，全市防汛抗旱已经形成严阵以待的氛围。下面，我强调三点。

一、要高度重视防汛抗旱工作

党的十八大以来，以习近平同志为核心的党中央高度重视防灾减灾工作。习近平总书记围绕防灾减灾救灾多次发表重要讲话，作出重要指示，强调防灾减灾救灾事关人民生命财产安全，事关社会和谐稳定，是衡量执政党领导力、检验政府执行力、评判国家动员力、体现民族凝聚力的一个重要方面，深刻阐明了防灾减灾救灾工作的重大意义。我们要深入学习领会习近平总书记关于防灾减灾的重要要求，深刻认识做好防汛抗旱工作的极端重要性。

防汛抗旱，关键在防。水火无情，无论是2015 年发生的"8·12"事故，还是 2016 年的"7·20"强降雨，我们在吸取事故教训、总结处置经验时，都突出了一个"防"字。在"防"的问题上，我们绝不可掉以轻心。有一种错误观念，认为水多的地方才有大灾，水少的地方充其量是小灾，对防御不那么重视。前 30 年我在广东、湖北工作，广东年均降雨量达到 1800 毫米，湖北是 1200 毫米，天津是 540 毫米。我感到，水多水少和灾大灾小之间是辩证关系，不是水多的地方就

会有大灾，水少的地方就没有大灾，很大程度上取决于对防御的重视程度。去年湖北遭遇百年不遇大水，因为防御有经验了，灾害损失减少到最低限度。而有一个地方，降雨总量并不大，但集中在一个很短时间内，形成瞬时间的洪流，造成非常严重的灾难，损失惨重。天津年均降雨量少，但如果出现强降雨、大暴雨，比如两三个小时降一二百毫米，就可能形成一定灾害。天津地处九河下梢，海河流域 75% 的洪水从我们这里入海，别看上游有的河流已经断流了，一旦集中暴发洪水冲过来，如果我们猝不及防、防得不够、防不住，就可能酿成大的灾害。所以，洪水的总量、时空分布和集中程度对灾大灾小都起着重大影响。我们绝不能因为天津年均降雨量少，就失之于防、失之于高度重视。

天津特殊的地理位置、地形特点、汛情状况决定了防汛抗旱工作与其他地方的不同之处，就在于上防洪水、中防沥涝、下防海潮"三防"任务叠加。天津的地形特点体现在山区、平原、海域"三交汇"，这在全国是少有的。海河流域河道上大下小、源短流急，洪水从太行山、燕山山脉冲下来，直奔渤海，一旦某条河、某一段有点问题，就容易造成严重损失。一般的地区只需防洪，把河堤加固，筑成铜墙铁壁，洪峰安全通过就行了。天津全年降雨集中于夏季，洪水往往与内涝和强潮遭遇。如果渤海水平面高于内陆河流，潮水顶托，就会导致泄洪不畅，洪水就下不去。一旦我们遇上了，不要说大洪水，就算是中等洪水，

也会造成大灾大难。对此，我们必须高度重视，准确把握我市防汛抗旱工作特点，严阵以待，立足于防，切实做好防洪防涝防潮的准备，确保人民群众生命财产安全。

二、确保思想认识、工程准备、责任系统"三防"到位

打好防汛抗旱这场硬仗，"防"是根本、是关键，必须坚持"防"字当先，以"防"为主，重点要筑牢三道防线：

一是筑牢思想认识之"防"。一个地区在防汛抗旱上出现问题，往往不是外在因素造成的，而是垮在思想堤坝没有筑牢，是不够重视、忧患意识不强造成的。天有不测风云，人有旦夕祸福。我们绝不能因为近年来没有出现大的洪涝灾害就放松警惕，这几年无大汛并不意味着今后无大汛，绝不能因为预测今年降雨量总体少于去年，就认为胜券在握。人类对于大自然的认识是一个发展过程，现在气候变化异常，不确定性越来越大，我们对大自然要有敬畏心理，必须克服麻痹松懈思想。老话讲，仗可百年不打，兵不可一日不备，这虽然是从军事上讲的，但从防洪来看是同样的道理。我们宁可十防九空，也绝不可一次不防，就是说我们为防洪准备十次，九次都没有用到，看似动员了很大力量，人力物力财力都浪费了，实际上是防患于未然。如果有一次没有防到位，产生了洪涝灾害，那造成的损失将是投入的人力物力财力的几倍、十几倍甚至几十倍，这算的还仅仅是经济账。如果从政治账的角度讲，影响更大，损失更大，将动摇人民群众对党和政府领导能力的信心，影响我们党的执政基础。因此，我们一定要筑牢思想的堤坝，牢固树立底线思维，增强忧患意识，宁可信其有、不可信其无，宁可防其大、不可疏其小，宁可备而无汛、不可汛而不备。

二是筑牢工程准备之"防"。进入汛期，工程、物资、人员等准备要抓紧就绪，这是做好防汛抗旱工作的基础和保障。各项准备工作都要围绕"防"字展开，立足于防"大"、防"早"、防"全"。防"大"，就是要做好防大汛、抗大旱、抢大险、救大灾的准备。历史上，天津洪、涝、潮灾害非常频繁。据史料记载，17世纪以来，海河流域就发生了26次大水灾，平均20年一次，其中8次淹及天津。虽然海河流域已有50多年未发生流域性大洪水，1996年的洪水距今也有20多年，但我们要按照最大洪水的可能来做准备，立足于大防，切实做到有备无患。防"早"，就是要早谋划、早动员、早部署、早行动，保证关口前移。我们计划是6月底完成河道清理，确保各项城防措施到位，这实际上已经不早了。有时，很可能话音刚落，水就到了。过去我在湖北工作的时候，为了和洪水抢时间，防洪工程设备造出来，油都没上就运到一线了。因此，我们一切准备工作都要往前赶，细化极端天气应急预案，搞好防汛物资采购储备，加快完成河道清障任务，加强防洪除涝工程建设，健全应急管理机制，确保尽快到位。防"全"，就是要全面防、系统防，不疏漏任何一个环节，形成覆盖全面的城市防洪体系。漏洞就是隐患，隐患就是事故，就会造成灾害。千里之堤毁于蚁穴。在防汛抗旱工作中，有一个环节出现漏洞、发生问题，都可能造成不可挽回的后果。我们要全面布防、全方位布防，坚持人防、物防、技防相结合，切实增强城市防灾、减灾能力。现在已经是互联网时代，什么事情都讲"互联网＋"，防汛抗旱也要运用"互联网＋"技术，配备现代化装备，畅通信息交流渠道，提高监测预测水平，把握防汛抗旱的主动权。

三是筑牢责任系统之"防"。做好防汛抗旱工作，必须建立组织严密的指挥系统，健全防汛抗旱责任制，确保工作职责到位、组织指挥到位、措施实施到位。各区各部门要明确各自承担的防汛抗旱责任，落实行政首长负责制、部门责任制和岗位责任制，分兵把口，守土尽责，形成一级服从一级的组织指挥网络，切实把本地区本部门的任务落实好。要牢固树立"一盘棋"思想，增强全局观念。过去我们讲"龙江精神"，实质上就是顾全大局、舍己为人、无私奉献的精神，"龙江精神"永不过时。各区要发扬"龙江精神"，加强协作，密切配合，需要付出什么、牺牲什么，都要坚决服从全市统一安排。同时，要加强与京冀晋等省市的联防联动，及时沟通情况，掌握上游水情，落实好区域防洪责任。

三、狠抓防汛抗旱工作责任制落实

防汛抗旱是事关人民群众生命财产安全的大事，是事关天津长远发展的大事。我们必须以全面从严治党的力度，以勇于担当的精神，结合全市正在开展的"维护核心、铸就忠诚、担当作为、抓实支部"主题教育实践活动，严密、严格、严厉地落实防汛抗旱责任制，以铁的纪律保证各项工作落到实处。一要把做好防汛抗旱工作作为讲政治"知行合一"、践行"四个意识"的具体体现。越是在大事面前、关键时刻、具体工作中，越能考验我们是否真正讲政治，是否真正践行"四个意识"。在紧急情况面前，需要有的区从大局出发，牺牲一点局部利益，如果在这个时候还推三阻四、扭扭捏捏，不敢担当，不愿担险，何谈讲政治？防汛抗旱这项工作，就是对我们讲政治、增强"四个意识"、与以习近平同志为核心的党中央保持高度一致的最直接、最现实检验。在这个问题上，我们务必保持清醒。二要确保防汛抗旱指挥系统高效运转。防汛抗旱工作就如同作战，指挥系统是半军事化的，一旦汛期来到，一旦启动应急响应机制，那就进入了战时状态。天地不

分南北，物资不分公私，该征用就征用，这是国家法律规定的。市委、市政府下达的指令就是命令、军令，军令如山，必须坚决执行，这也是对我们动员能力、组织能力、领导能力、执行能力的实际检验。在关键时刻，最能识别干部、考验干部、锻炼干部。各级党政主要负责同志要负起第一责任人的责任，挂帅出征，冲锋在前，身体力行，尽职尽责，分管领导要具体抓，其他领导要配合抓，发挥好军民、警民联防联控的独特优势，形成一级抓一级、齐抓共管的强大合力。我特别强调一点，最近市里发生几起事故，上报不及时，要吸取教训，有灾害有问题及时报告，便于市委、市政府统筹全局，不要等到顶不住了再报告，那就为时已晚了，相应付出的代价也会更大。三要强化监督问责。我们做了充分的预案准备，建立了明晰的责任体系，关键还要以严格的监督问责倒逼责任落实。要加强对防汛抗旱工作的督促检查，严格落实奖罚赏惩机制，坚决防止出现人员空当、责任空当，对领导不力、擅离岗位、工作疏忽、推诿扯皮、不担当不作为的，要严肃追责问责，绝不姑息。

同志们，防汛抗旱是一场恶战、苦战、鏖战，任务艰巨、责任重大。让我们更加紧密地团结在以习近平同志为核心的党中央周围，全力以赴、共同努力把防汛抗旱工作做好，为经济社会平稳健康发展营造良好环境，以优异成绩迎接党的十九大胜利召开！

市长王东峰在天津市防汛抗旱工作会议上的讲话
（2017 年 6 月 14 日）

今天的会议十分重要，主要是深入贯彻习近平总书记系列重要讲话精神特别是关于防灾减灾工作的重要指示精神以及中央决策部署，全面贯彻落实国家防总 2017 年第一次全体会议和市第十一次党代会精神，深入分析我市当前防汛抗旱面临的形势，全面部署今年防汛抗旱各项准备工作，

动员全社会各方面力量，齐心协力，确保安全度汛。刚才，市水务局、市气象局、滨海新区、红桥区、武清区、蓟州区负责同志作了发言，一会儿，鸿忠同志还要讲话，我们要深入学习领会，认真抓好贯彻落实。

防汛抗旱工作是保护人民生命财产安全的重

要任务，也是保障经济社会持续健康发展和社会安全稳定的必然要求。市委、市政府和鸿忠同志高度重视防汛抗旱工作，始终把防汛抗旱工作摆在改革发展和安全稳定全局的重要位置，采取了一系列有力有效措施，树起同志组织协调市水务局等部门和各区协同推动，各级、各部门、各单位不断加大气象预测、预报预警、工程建设、应急调度指挥等方面工作力度，做了大量艰苦细致的工作，经受了去年"7·20"强降雨应急处置和防汛抢险考验，国家防总专程发来慰问电，对我市工作给予充分肯定。今年防汛抗旱工作形势更加严峻，任务更加艰巨，各区、各部门、各单位和天津警备区、武警总队等方面要坚持抗大旱、防大汛、抢大险和救大灾的各项准备，超前部署，有力、有序、有效地做好各项防汛抗旱工作，确保我市安全度汛。下面，我讲几点意见。

一、深入贯彻落实习近平总书记系列重要讲话精神和中央决策部署，切实增强责任感、紧迫感和忧患意识

（1）充分认识防汛抗旱工作的极端重要性，切实增强政治意识和使命担当。党中央、国务院高度重视防汛抗旱工作。习近平总书记强调："必须牢固树立灾害风险管理和综合减灾理念，坚持以防为主、防抗救相结合，坚持常态减灾与非常态救灾相统一，努力实现从注重灾后救助向注重灾前预防转变，从减少灾害损失向减轻灾害风险转变，从应对单一灾种向综合减灾转变。"习近平总书记的重要指示是对长期防御自然灾害实践经验的深刻总结，也是做好新时期防汛抗旱减灾工作的根本遵循。李克强总理指出："按照落实新发展理念的要求，针对存在的薄弱环节和突出问题，进一步深化防灾减灾救灾体制机制改革，健全完善防汛抗旱减灾体系。"具有很强的针对性和指导性。我们要切实把思想认识和行动统一到习近平总书记重要讲话精神和中央决策部署上来，从讲政治的高度充分认识做好防汛抗旱工作的极端重要性，今年我市将承办召开全运会，我们党将召开党的十九大，防汛工作将面临着"七下八上"的

集中降雨季节，防汛任务十分艰巨，我们要坚持以人民为中心的发展思想，立足于防大汛、抗大旱、抢大险、救大灾，提高思想认识，筑牢思想防线，坚决打赢防汛抗旱这场硬仗。

（2）充分认识防汛抗旱形势的严峻性复杂性，切实增强忧患意识和底线思维。近年来，受全球性气候变化影响，极端天气事件明显增多，局地突发强对流天气形成的暴雨洪水等极端事件明显增多，重大、特大水旱灾害的突发性和不可预见性日益突出，灾害影响日益加剧。从我市这几年汛期降雨情况来看，强降雨往往与沿海涨潮叠加，进一步加大了洪水下泄、城市内涝外排的难度。同时，由于年年防汛，年年无大汛，一些干部群众防汛意识淡薄，存在一定程度的侥幸心理。我们必须深刻认识我市"上防洪水、中防沥涝、下防海潮"多重防汛任务的复杂性和艰巨性，尽管市气象局分析今年雨量偏少，但也要坚决消除麻痹大意思想，宁可十防九空、防大来小，切不可汛而无备，要从最坏处着想，向最好处努力，做好应对各种极端灾害的思想准备和工作准备，始终紧绷防大汛、抗大洪这根弦不放松。

（3）充分认识我市防汛抗旱工作的突出问题和短板，切实增强责任意识和防灾减灾救灾能力。虽然我市防汛减灾综合能力不断提高，但与防大汛的要求相比，还存在一定差距。城市防洪圈缺乏有效防御设施和措施，一些河流险工险段没有得到全面治理，有的山洪灾害防御基础十分薄弱；13个蓄滞洪区分布在全市8个行政区，涉及104.2万人，安全建设滞后，难以有效发挥滞洪蓄洪作用，转移撤离任务艰巨，有的缺乏完善的应急预案和强有力的保障措施。同时，中心城区排水设施设计标准较低，有的排水设施仅为1年一遇，城乡排水设施建设滞后，中心城区不少区域雨污没有分流，58座三类农村国有扬水站尚未治理，农村除涝仅部分达到10年一遇标准；围海造陆外围海堤达标建设进展缓慢，大部分新建海堤防潮标准不足50年一遇，距市委、市政府要求的标准差距较大，有些海堤破损沉降严重，严重影响防潮安全；

低洼地棚户区和危房群众安置方案及人、财、物保障落得不实，危房排查覆盖面不足，缺乏有效的安置措施等。我们要坚持问题导向，聚焦重点难点，着力解决防汛抗旱工作中的突出问题和薄弱环节，全面提升水旱灾害综合防御能力，牢牢把握防汛抗旱工作的主动权。

二、全力抓好防汛抗旱工作，确保安全度汛和人民群众生命财产安全

现在汛期已到，全市上下要立即动员和行动起来，坚持兴利除害相结合、防灾减灾并重、治标治本兼顾、党政齐抓共管、社会各方有效协同，扎实做好汛期安全防范工作，实现"五个确保"目标，即：确保安全度汛和人民群众生命财产安全、确保主要河流行洪畅通和滞洪区有效发挥作用、确保正常道路交通秩序、确保群众正常生产生活、确保低洼地和危房住户及时搬迁。要重点做好以下几个方面工作：

（1）以城市防洪圈和城市排涝基础设施建设为重点，狠抓防汛抗旱工程建设和防范措施落实。完善的水利工程体系是提高防汛抗旱能力的重要基础，功在当代、利在千秋。要加大重点水利工程建设力度，推动蓄滞洪区规划建设，实施蓟运河、潮白新河等骨干行洪河道治理工程，加快河道障碍物的清除工作，凡有住户和临时用房的所有人员6月底前全部撤离，全面排查落实到位，对55项应急度汛、除险加固工程，要倒排工期、节点控制，务必在6月底前落实到位。要进一步推进城市防洪圈工程建设，加高加固南遥堤、九里横堤、方官堤、十里横堤、中亭堤等河道堤防，强化东部沿海围海造陆外围海堤达标改造，建设好新开河、先锋河地下调蓄池，进一步提升城市防洪圈防洪标准和防洪能力。要加快排水设施工程建设进度，实施中心城区7片合流制地区排水设施雨污分流改造，推动津河、卫津河等9条二级河道清淤和水生态修复，不断增强排水能力。要积极建设海绵城市，加快打造解放南路、中新生态城两个试点片区，充分发挥城市绿地、道路、水系等对雨水的吸纳、蓄渗、缓释和净化作用，通过新

建透水路面、增加小区绿地面积、治理初期雨水等措施，有效缓解城市内涝。

（2）以全面排查防汛安全隐患为重点，狠抓整改落实。各级各部门各单位要坚持汛期不过、检查不止，持续开展全方位、多层次的防汛检查，以检查促落实、促整改，真正把防汛任务和措施落到实处。要全面排查治理防汛安全隐患，树立"隐患就是事故、事故就要处理"的理念，对所属防洪工程、城市防洪圈、测报预警设施、转移避险措施、重点防汛部位、重要防汛设施及防汛应急处置能力进行全面排查，对存在问题有针对性地提出处理意见，限时整改，不留死角，做到万无一失。要认真落实易积水棚户区、低洼地区等重点部位的应急排涝安全措施检查，加强险工险段治理，实行属地负责，严格落实地下空间、低洼地带、危陋房屋和市区二级河道等重点部位防护措施，针对去年强降雨期间暴露出的中心城区51处低洼地区和18处积水路段，实行分类处置、一处一策，超前防范和落实，确保群众生命安全和正常道路交通秩序。加强街镇、园区、农田排沥工作，全力保障汛期排水畅通。要全方位检查排水设备运转情况，做好排涝设施维修养护指导工作，确保汛期设备真正发挥作用，特别是海河入海泵站要扩大排水能力，确保正常运转，并清理河道任何障碍物，确保行洪畅通。对涉农地区要抓紧对农村排涝设备进行检查，加强维护，及时排除农田积水。要加强沿海防潮和防范山洪工作检查，落实风暴潮防御预案和转移避险措施，强化现有海堤、围海造陆和涉堤工程的监督管理，加大山区中小水库、塘坝、山洪沟等检查力度，及时发现消除风险隐患，确保群众安全。

（3）以提升应急处置能力为重点，狠抓工作方案和应急预案的完善及有效实施。我市地处海河流域下游，河流众多，一旦发生汛情，应对难度很大，扎实做好防汛应急处置尤为重要。要完善防汛预案和健全组织体系，科学调度指挥。各区各部门各单位要抓紧完善细化防汛工作方案和应急预案，健全组织和指挥机制。既要全面分析

本区域防汛形势和重点区域、重点部位，又要全市上下一盘棋，协同作战。坚持上拦下泄，市水务局和相关区要加强与北京、河北的联防联控，发挥上游沿线蓄滞洪区的作用，确保超前分流；对几条入海河流要提升沿线蓄滞能力，特别要防止海水倒灌。同时，蓟州区作为全市山地最为集中的地区，要逐级落实区、乡镇、村三级山洪灾害防御责任，完善山洪灾害监测、通信和预警系统，做到"一村一预案"，有效防范泥石流、滑坡等地质灾害，将防御工作落到实处。要健全气象预测监测和预报，超前撤离和疏散群众。要密切监测预测天气和汛情变化趋势，根据雨量和上游雨情及水位警戒提前预警预报，合理调度永定新河、蓟运河、潮白新河等河口闸站和重要河道水量，科学调整河道水位，降低洪水对城市防洪圈的影响，坚持水进人退，超前组织群众撤离和疏散，并妥善安置。要加强防汛抗旱专业队伍建设，优化人员配置，强化专业技能培训，适时开展实战演练，不断提高应战能力。要做好防汛物资储备和管理，切实做好人、财、物的保障工作。及时增储大型移动泵车、抢险泵、发电机、照明灯、编织袋、沙袋、木桩、运输车辆、医疗救护等物资和措施，积极引进新材料、新技术、新工艺，进一步强化物资紧急调运能力，全力保证防汛抢险需要。

（4）以全面加强水资源保护和利用为重点，狠抓城市供水全面安全保障。要全面推行河长制管理。加快建立市、区、乡镇（街道）、村四级河长制组织体系，实行"一河一策"制度，主汛期前各区一定要实现内域河湖管理保护全覆盖。强化河长考核问责，加强水生态环境管理保护，大力开展污染源头和流域治理，坚决消除城市和建成区黑臭水体，为美丽天津建设提供安全水资源保障。要坚持防汛抗旱两手抓，加强与国家水利部以及上游省市的联系，及时分析供水形势，优化水源调度方案，科学实施引滦引江联合调度，千方百计争取引江水指标，积极推进雨水收集和汛期水资源调蓄工程建设，进一步提高城市

供水应急保障和调蓄能力。要加快推进供水配套基础设施建设，下大力气抓好老旧小区二次供水设施改造，加强水厂运行管理和供水管网检修维护，确保满足城乡居民生活、工农业生产、生态环境等方面的用水需求。要高度重视和全力保障居民饮水安全，建立健全优质高效的供水管理系统，加快推进农村饮水提质增效工程、示范小城镇基础设施建设、城市化提升工程等，在2019年年底前，切实全面解决好农村一些区域居民饮水氟超标等问题，在过渡期要采取多种方式保障群众饮水安全，严密防范突发性水污染事件，全力保障全运会用水安全。市水务局和各区要抓紧制定和完善工作方案，严格责任制度，限期落实到位。

三、加大组织推动力度，确保各项任务措施落到实处

（1）强化组织领导，层层落实责任。各级、各部门、各单位要把防汛抗旱工作作为重要政治任务，坚持"党政同责、一岗双责"，主要领导亲自抓，既挂帅又出征，分管领导具体抓，全力以赴推动落实，确保思想认识到位、任务责任到位、组织推动到位、工作措施到位、物资保障到位、检查落实到位。要加强与天津警备区和武警总队的军地协同防汛抗洪工作。要尽快制定和完善具体实施方案，列出任务清单、责任清单、问题清单、整改清单，明确时间表和路线图，将任务层层分解，逐一细化河道、水库、蓄滞洪区、闸涵泵站等防洪工程行政、管护、技术责任人，做到全覆盖、无盲区、无死角，切实筑牢防汛抗旱的"责任大堤"。

（2）强化协调联动，形成工作合力。各区和市级各部门各单位必须服务大局、密切协作、形成合力。市水务局作为防汛抗旱工作的主管部门，要积极履行牵头抓总职责，建立健全统一指挥、分工负责的工作机制和联合会商制度，加强对防汛抗旱工作的组织协调。各成员单位要坚决服从防汛抗旱指挥部的统一指挥，按照职责分工，主动担当尽责，在工程建设、险情抢护、物资运输、

生活救助等方面相互支持、相互配合，形成工作合力。要进一步加强军地联动，强化与警备区、武警总队的联训联演和资源共享，充分发挥驻津部队在防灾减灾中的重要作用。

（3）强化督查检查，严格考核问责。要进一步完善督促检查、考核评价和奖惩机制，健全随机督查和定期联查制度，对防汛抗旱重点工作实施全过程监督，并及时通报督查结果。要加大对防汛纪律执行情况的检查力度，督导各级各部门各单位严格落实24小时防汛值班和领导在岗带班制度，保障24小时通信联络畅通，及时掌握水情、

雨情、工情、险情等信息，对责任不落实、措施不到位和玩忽职守、失职渎职的单位及负责人，要依法依规依纪严肃追责，切实将各项任务落到实处，确保全市安全度汛。

同志们，防汛抗旱工作，责任重于泰山。我们要更加紧密地团结在以习近平同志为核心的党中央周围，认真落实中央决策部署和市委、市政府要求，同心协力，扎实工作，奋力夺取2017年防汛抗旱工作的全面胜利，为经济社会持续健康发展提供有力保障，以优异成绩迎接党的十九大胜利召开。

局党委书记孙宝华在学习贯彻党的十九大精神全面净化政治生态座谈会上的讲话

（2017年11月29日）

同志们：

今天我们召开学习贯彻党的十九大精神、全面净化政治生态座谈会，意义非常重大，开得也很好。现在全党都在深入学习贯彻党的十九大精神，我们收听收看了习近平总书记作的十九大报告，局领导班子成员深入进行了宣讲，处级单位党组织主要负责同志和班子成员也对我们全体党员干部、职工进行了宣讲，下一步还要按照市委要求，层层进行培训，就是要把十九大精神学懂弄通做实。刚才，文波同志传达了中央有关文件精神，一个是加强党的集中统一领导的规定，另一个是中央政治局落实中央八项规定的实施细则，这两个文件按照中央的要求，要口头传达到处级以上领导干部，通过传达我们也感觉到，加强党的集中统一领导是十九大关于加强党的全面领导、全面从严治党的重要要求，在全党传达贯彻落实八项规定也是摆在全党面前的重要政治任务。党的十八大以后确定的八项规定改变了中国，十九大后又重新确定了八项规定实施细则，比原来更具体、更严格，释放了全面从严治党永远在路上、越来越严的政治信号，我们要深入学习好、领会

好。我们这次的会议主题就是全面净化政治生态，7个单位的主要负责同志进行了十九大精神和全面净化政治生态的表态发言，都非常好，从不同侧面反映了我们全局各部门、各单位深入学习十九大精神的情况，同时也表明了我们全局上下全面净化政治生态的决心和有力举措，这也必将收到好的效果。下面我就学习贯彻十九大精神、全面净化政治生态再讲三点意见。

一、充分认识净化政治生态工作的重要意义

第一，净化政治生态是检验管党治党是否有力的重要标尺。习近平总书记强调指出，加强党的建设，必须营造一个良好从政环境，也就是要有一个好的政治生态。政治生态污浊，从政环境就恶劣，政治生态清明，从政环境就优良。政治生态和自然生态一样，稍不注意就很容易受到污染，一旦出现问题，再想恢复就要付出很大代价。严肃党内政治生活、净化党内政治生态是伟大斗争、伟大工程的题中应有之义，要增强党内政治生活的政治性、时代性、原则性、战斗性，全面净化党内政治生态。鸿忠书记在市委净化政治生态工作座谈会上指出，政治生态的内涵就是党的

组织生活状态，是党内法规纪律、规章制度尤其是政治纪律、政治规矩的执行状态，是党员领导干部的作风状态，是党中央大政方针政策、工作部署贯彻落实的状况。评判一个地方政治生态如何，不能简单化，要具体到每个人，是对每个领导干部的检验。

一是检验我们"四个意识"强不强，对核心、对领袖的忠诚度。检验我们的政治立场、政治观点、政治方向，立场是否坚定、观点是否正确、方向是否明确；检验我们的政治素养、政治敏锐性，是否善于从政治角度发现问题、观察问题、分析问题，政治站位是否高；检验我们对党是否真忠诚，是否做到知行合一。其中，最核心的是检验我们对以习近平同志为核心的党中央权威的维护捍卫，对习近平总书记作为党中央核心、全党核心的认同、维护、拥戴，这是检验一个地方政治生态的元点、根本。

二是检验我们对党章、党规、党纪的执行力。对党章、党规、党纪的执行力，是政治生态良与劣的重要标志，也是检验的重要标准。"七个有之"的问题，妄议中央大政方针，搞上有政策下有对策，不找组织找个人，任人唯亲、任人唯帮、任人唯圈，破坏民主集中制，把"三重一大"原则抛到脑后，搞"一言堂"等，都是目无规矩、目无法纪的表现。

三是检验我们的政治氛围是否浓厚。政治宣传氛围、党内政治文化关键在于"化"的功夫，"化"就要由内而外，既要化于心、化于魂，更要体现于行，体现出行的彰显度、行的力度。对党绝对忠诚，首先要发自内心、发自肺腑，同时也要见诸言行，有所表达、有所宣示、有所行动。我们能够感觉到天津这一年多来的变化，我们在一些重要的、标志性的地方，把维护习近平同志为核心的党中央，不忘初心、继续前行，维护核心、铸就忠诚、担当作为、抓实支部等内容表明出来、展示出来，广而告之，让群众干部耳濡目染、渗入心灵，这就是营造政治氛围，也属于政治生态的一部分。实际我们局把政治要求悬挂于食堂、楼道，本身就是营造这种氛围，这些举动在过去也可能被认为是"左"，但是我们是党的人，党有要求我们就要有行动，把章程、宗旨、党中央的要求既要外化于形，又要内化于心。

第二，净化政治生态是落实全面从严治党的重要举措。党中央对净化政治生态工作高度重视。党的十九大报告提出，要坚持全面从严治党，把党的政治建设摆在首位，严肃党内政治生活，严明党的纪律，强化党内监督，发展积极健康的党内政治文化，全面净化党内政治生态，坚决纠正各种不正之风，以零容忍态度惩治腐败，不断增强党自我净化、自我完善、自我革新、自我提高的能力，始终保持党同人民群众的血肉联系。党的十九大闭幕仅一周，习近平总书记就带领中央政治局常委专程前往上海和浙江嘉兴，瞻仰上海中共一大会址和浙江嘉兴南湖红船，回顾建党历史，重温入党誓词，宣誓新一届党中央领导集体的坚定政治信念。10月27日，第十九届中共中央政治局召开会议，研究部署学习宣传贯彻党的十九大精神，审议了《中共中央政治局贯彻落实中央八项规定的实施细则》，强调指出，作风建设永远在路上，贯彻执行中央八项规定是关系我们党会不会脱离群众、能不能长期执政、能不能很好履行执政使命的大问题，党的十九大对持之以恒正风肃纪作出新部署，必须坚持以上率下，巩固和拓展落实中央八项规定精神成果，坚持不懈改作风转作风，让党的作风全面好起来。一个制度能不能落实到位，一是要以上率下，党中央、习近平总书记作出了表率，全党上下就要推而广之；二是要严格严厉，严格执行、严厉追究；三是要全面落实，每一名领导干部、每一名党员都要全面落实八项规定和全面从严治党的每一条措施。

自2016年10月以来，市委大力推进政治生态修复和净化工作，引导各级党组织和广大党员干部增强"四个意识"，严肃党内政治生活，抓党内政治文化建设，加大反腐败斗争和党风廉政建设；着力肃清黄兴国恶劣影响，在全市开展圈子文化和好人主义专项整治；推进"两学一做"学习教育常态化制度化，开展"维护核心、铸就忠诚、担当作为、抓实支部"主题教育实践活动，以及不担当不作为和作风建设专项整治；开展专项督查，事先不打招呼，直奔基层点位，现场就测，见了真章。9月28日，市委又专门召开净化政治生态工作座谈会，鸿忠书记在会上作了重要讲话，强调要深入贯彻落实习近平总书记系列重要讲话精神特别是"7·26"重要讲话精神，强化"四个意识"，进一步肃清黄兴国恶劣影响，锲而不舍、驰而不息净化我市政治生态，推动我市全面从严治党取得新成效。一年多来，市委持续深入狠抓净化政治生态工作，前段时间市纪委又对31个地区和单位进行专项督查，说明了这项工作的重要性，所以我们必须高度重视，认真抓实抓好。

第三，良好政治生态是凝心聚力谋发展的重要保证。政治生态好，人心就顺、正气就足；政治生态不好，就会人心涣散、弊病丛生。营造良好的政治生态，事关党的先进性和纯洁性，事关改革发展稳定大局，全局有一个良好的政治生态，就能够凝聚正能量、提振精气神，对我们凝心聚力、干事创业具有重要作用。

一是净化作用。这和自然生态一样，像七里海湿地，只要不破坏它的生态机理，即使有点污水进去了，也能依靠自身的净化能力去污出清。近朱者赤，近墨者黑，一个单位政治生态良好，个别人或有些人有点小毛病可以及时改正；大的环境不好，个人就容易随波逐流、走歪门邪道。可以说，这种"净化器"的功能，对我们的干部有很强的塑造作用。

二是导向作用。政治生态就像雕塑家的刻刀一样，可以校正塑型，这也是总书记讲的"熔炉"作用。政治生态好了，依规正常选拔的干部都是群众公认的，用好一个人就会影响一大片。黄兴国既是政治生态不健康的创造者，也是政治生态不好的受害者，在一种浑浊的政治生态下，他可以任人唯亲、罗织亲信、结党营私，他本人也被自己编织的这个圈子网住、网死，自毁其身，不仅受到了法律制裁，全市各部门、各区因他而受

处理、被法办的也有很多人。要改变这种状况，必须从根上治，以净化政治生态匡正选人用人导向。

三是纠偏作用。良好的政治生态具有正弦纠偏的功能，也就是说即使有些偏差，也可以纠正过来。"蓬生麻中，不扶自直；白沙在涅，与之俱黑"，整个一片森林状态良好，有一两棵歪苗也成不了什么气候。这说的是整体，但是另一方面如果说有这种病树，不修剪、不治理、不拔掉，也会造成病虫害蔓延，在党风廉政建设上也要建好树、拔烂树，这样才能把整个森林护好，所以环境是非常重要的。古代"孟母三迁"，就是为给孟子找一个好的成长环境，以免孟子学坏。人如果长期处在良好的大环境，耳濡目染，再加上严格的自律，自然而然会行得正、站得端。

四是祛邪作用。我们通过看警示片，看见了一些不信马列信鬼神的例子，比如原津南区区委书记吕福春；还有就是不信组织信骗子，比如黄兴国就曾听信于骗子荆毅，在天津干部中，荆毅这个骗子的名字大家耳熟能详，其实这个骗子的骗术并不高明，为什么能够大行其道？在某种程度上讲，这是天津不良政治生态"养"出来的，是特殊的水土"养"出来的。所谓红顶商人、政治掮客之所以有市场，说明他们很适应这方水土。如果政治生态好，迷信、风水这些东西根本不会有生存的土壤，更不可能成气候。

二、切实增强不断净化政治生态的动力和自觉性

政治生态极为重要，一个部门、一个单位政治生态的方圆、清浊、良劣决定全局，一清全清、一浊全浊。改造政治生态不能简单处理几个人、开几次会、简单讲一讲、认识认识就完了，就像改造盐碱地一样，必须从深处挖起、从根上抓起，将其作为一项长期而艰巨的任务，按照永远在路上的理念，久久为功、持续用力。

第一，深刻认识政治生态恶化的严重危害。政治生态遭到破坏，对党的肌体健康，对一个部门、一个单位的工作全局的危害是极大的。一是

裂解党的集中统一领导，在不良政治生态之下，有些干部忘记了"四个服从"，代之以山头主义、宗派主义、圈子文化、码头文化，凌驾于党的组织之上、高于党的集中统一。我们看警示教育片，原市委副秘书长刘剑刚就提到，他认为在天津黄兴国就是最大的政治靠山，跟紧他了就一切都有了，他说的话就是最高指令。二是败坏风气、败坏干部作风，不良政治生态会使一个部门、一个单位是非混淆、正邪不分，对歪风邪气、歪门邪道习以为常、麻木不仁、见怪不怪。在恶劣的政治生态下，潜规则大行其道、很有市场，而坚持原则的同志反而成了少数，比如辽宁贿选案就是典型，带坏了一方、祸害了一方。三是破坏政治纪律、政治规矩，政治生态不健康，党的政治纪律、政治规矩被视为儿戏，制度、规则废弛，有的甚至胆大妄为、妄议中央，像黄兴国就是典型的妄议中央，对京津冀协同发展战略落实不坚决、不彻底，也没有按照习近平总书记提出来的"三个着力"要求来谋划好天津的工作，阻碍了党的事业发展。四是导致选人用人上的歪风邪气，任人唯亲、任人唯圈、任人唯帮，选人用人上的不正之风盛行，是因为有圈子文化，想进班子先得进圈子，进了圈子就有好处、就得利益、就能提拔、就能重用，没有党委集体领导，没有党管干部原则，连起码的规矩都没有。五是导致干部不担当不作为，一入圈子就能提拔重用，就能得到利益，谁还好好干工作，干好工作了也无济于事，就是形成了这种氛围，或者在某种程度上形成了"干的不如看的，看的不如说的"，这就造成在困难的地方、关键的岗位需要干部的时候，没有可用之人，解决专业问题没有精明强干之人，面对挑战没有勇于担当之人，关键时刻没有冲锋陷阵之人。所以说这些危害影响是非常大的，我们都要深刻地认识清楚。

第二，充分肯定净化政治生态取得的成效。去年以来，按照市委、市政府的统一部署，我们从加强党的建设和防止歪风邪气两方面发力，在全局范围内大力推动净化政治生态工作。局党委制定了肃清黄兴国恶劣影响、进一步净化政治生态工作的实施方案，明确了工作目标、工作重点、责任分工和工作要求，包括五个方面、28项重点任务，并逐一明确了牵头部门和责任单位。一年多来，我们严肃党内政治生活，开展圈子文化和好人主义专项整治，多措并举肃清黄兴国恶劣影响，开展"维护核心、铸就忠诚、担当作为、抓实支部"主题教育实践活动，筑牢了净化政治生态之基。我们扎实开展不作为不担当专项治理和作风纪律专项整治，深入推进"双责双查双促"活动，凝聚了净化政治生态之力。我们严格规范选人用人，强化干部队伍建设，匡正了净化政治生态之本。我们层层压实全面从严治党主体责任，切实推进党风廉政建设，深入开展巡察，严肃执纪问责，亮出了净化政治生态之剑。截至目前，共完成3轮、6个局属单位党组织巡察，发现问题50个，向驻局纪检组移交问题线索18个，政纪处分1人、诫勉谈话5人、批评教育5人、廉政警示谈话1人、辞退外聘人员1人、调离岗位1人，巡察效应不断扩大，监督作用得到切实发挥。通过全局上下共同努力，我局净化政治生态工作取得了明显成效。

政治生态的优化能够促进水务各项事业发展，因为有了好班子才能带出好队伍，才能从事好的事业，所以我们提出科学配置水资源、不断改善水环境、严格确保水安全三个方面都非常有成效。我们现在的水务事业是前所未有受到高度重视的时候，是大有可为、不断作为的时候，也是收到好效果的时候，我们在顶层设计上，按照实施六项工程、实现"六能"目标的要求，水资源统筹利用与保护规划、于桥水库综合治理方案、北大港水库功能提升规划、再生水利用规划、四个湿地水资源保障规划等都已制定，提交了市政府。我们在水环境方面严格落实中央环保督察提出来的要求，水环境质量不断改善，1—10月水质优良比例达到35%，比去年同期（15%）提高20个百分点，劣V类比例降至40%，比去年同期（35%）下降10个百分点。这一时期，我们迎接了各种检查，无论是黑臭水体的检查，还是节水型城市的复验，也包括河长制的检查，都得到了水利部和建设部的认可和肯定，尤其是建筑质量的检查评比，我们从过去的"良"、排在全国十几位甚至是后进的位置，今年跃升到"优"、排名冲到全国的第7位，实际也包括工程建设、资金保障、安全、消防、稳定等工作，都收到了好的效果。在中心城区河道治理、农村节水灌溉和坑塘治理，尤其是在行洪安全上，不仅做到了防，而且我们还蓄了6.9亿立方米雨洪水，存蓄到湿地和各个河道，保证了用水需求。我们也都创造了很多好的经验，得到了市委、市政府主要领导的充分肯定。这些成果就是我们全面从严治党，加强班子建设、队伍建设，全面净化政治生态收到的好效果。

第三，净化政治生态工作依然是一项长期任务。近年来，天津发生的黄兴国、武长顺等反面典型和真实案例，无不鲜明地昭示我们，诱惑的陷阱无处不在，一旦放松思想警惕、放松自我约束，就有可能坠入深渊，走上不归之路。总体上看，我局整体上的政治生态氛围是不错的，大的方面没有问题，不存在小团体、小圈子的现象，但在一些细节上仍有欠缺，也发生过违法违纪问题。比如阚兴起案件，实质上就是没有处理好与企业之间的亲、清关系，拿了不该拿的钱，落得一个可悲的下场，不但丢了公职，还要在监狱里蹲几年，害人害己害家庭，而且危害组织、危害社会。比如通过前段时间的巡察发现，一些单位存在党组织弱化、党的活动不经常开展、党的作用发挥不到位、主体责任不落实等问题，个别单位还有违规发放补贴补助、财经纪律执行不严格、违反中央八项规定等行为。再比如受惯性思维的影响，有的干部在对外协调方面存在畏难情绪，不敢协调、不善协调，遇到难题就往上推；有的干部担当作为精神不够，不想管事、不愿担责；也有极少数人无所事事，工作没干多少，工资奖金一分都不少拿，到评职称的时候还要求论资排辈，主要的精力都放在评职称上，高职称、低风险、优待遇。我们在水环境、水资源、水安全方

面还面临着一系列的挑战，都需要我们担当作为。上述这些问题，从小处看影响一个单位的工作秩序、精神面貌，从大处讲就会危害我们党的形象，影响执政基础，说明我们在廉政教育、制度建设、强化监管等方面依然存在一些漏洞，需要切实汲取教训，从严加快整改。

三、落实全面从严治党责任，持续深入净化党内政治生态

水务事业发展离不开良好的政治生态，政治生态好了，干部队伍素质就高、能力就强，就能担当作为、干事创业，如果政治生态不好，就会人心涣散、一盘散沙、邪气盛行、一事无成，其他方面的工作就很难做好。当前水务事业正处在加快发展的关键时期，局党委提出了实施六项工程、实现"六能"目标的发展思路，要实现这一发展目标，就要营造一个风清气正的良好政治生态。我们要把净化政治生态作为全面从严治党、加强班子队伍建设、推动水务事业发展的一项重要举措，切实抓实抓好。

第一，提高政治站位，切实担起净化政治生态的主体责任。政治生态建设是全面从严治党的一项重要内容、一项重要任务，主体责任在各级党组织。在主体责任当中，关键少数虽然人数少，但在政治生态的营造建设中却起关键作用，甚至起决定性作用。全局的关键少数是局领导班子，各个处级单位的关键少数就是我们今天参加会议的副处级以上的领导干部，全局4000多人，今天参加会议的180人左右，我们要深刻认识到自身所处的位置。政治生态的营造建设，都是自上而下形成的，上有所好，下必甚焉；上有所恶，下必不为；上面松一寸，下面松一尺，甚至一丈。党的十八大以来，以习近平同志为核心的党中央，在人民群众中有这么高的威望、威信，就是因为从党中央、从中央政治局、从中央政治局常委、从总书记开始以上率下。

作为关键少数、领导干部，水务系统各部门、各单位的主要负责同志，就是影响一个部门、一个单位政治生态的源头，或者成为清的源头，或

者成为浊的源头。主要负责人是带头执纪的关键位置，你的一言一行、权力运用、影响力发挥，受到整个单位的关注，就像"领头羊"一样，你往哪里领大家就往哪里跟。所以说，"一把手"的政治素养决定一个单位的政治环境，是决定一个部门、一个单位政治生态的关键，上级怎么做、下级怎么看，班子怎么做、基层怎么看，要清清一片、要浊浊一片，上行下效、上率下随。今天在座的很多都是各部门、各单位的主要负责同志，也是净化政治生态的第一责任人，一定要切实提高政治站位，增强政治意识，与以习近平同志为核心的党中央保持高度一致，敢于坚持原则，敢于横刀立马，敢抓敢管、严抓严管，起到"一夫当关、万夫莫开"的作用。一定要坚定"四个服从"，个人服从组织、少数服从多数，就是要坚决贯彻落实党组织的部署和要求，确保第一时间快速有效落实到位；下级组织服从上级组织，全党各个组织和全体党员服从党的全国代表大会和中央委员会，就是要坚决贯彻落实中央和市委的决策部署，深刻领会坚持绿色发展理念、加强生态文明建设、全面推行河长制、统筹山水林田湖草系统治理等涉水决策部署，党有所呼、我有所应，中央有要求立即就要有行动，千方百计抓好落实、抓出成效。一定要坚持集体研究决定，各项工作都是党的工作，各项事业都是党的事业，抓各项工作都要充分体现党的领导核心作用，都要充分体现党组织的全面有效坚强领导，涉及"三重一大"事项，都要通过党组织会议来研究决策，体现党的领导、党的地位、党的形象。我们过去讲，班子会也是开，党组织会也是开，就以党组织会议的名义出现，这是党组织、党的纪律的要求。这次市委巡视市政府组成部门"三重一大"是怎么坚持的，就是检查党委或者党组的会议纪要，重要的事项都要拿到党组织会议上来集体研究决定。一定要坚持民主集中制，民主就是要集思广益、全面调研、充分征求意见、深入开展可行性论证，集中就是要聚集全体智慧、凝聚各方力量，统一思想、统一意志、统一行动，重大问题和重要事项都要按照民主集中制的原则，由党组织决策，由高素质的干部队伍落实。

第二，加强思想政治建设，培育积极健康、富有生机活力的党内政治文化。党内政治文化与政治生活、政治生态相辅相成，对政治生态有潜移默化的影响，一个单位的党内政治文化如何，直接关系到这个单位的政治生态，既是表现，又是根基。充分体现中国共产党党性的政治文化，对净化党内政治生态，增强党的创造力、凝聚力、战斗力具有不可替代的作用。一是要把学习贯彻党的十九大精神作为当前和今后一个时期的首要政治任务，切实抓紧抓实抓好。要认真学习领会习近平新时代中国特色社会主义思想，深刻把握新时代新使命新征程，真正把十九大精神入耳入脑入心，学懂弄通做实。二是要把理想信念教育作为思想政治建设的首要任务，始终保持理想追求上的政治定力。要持续深入学习习近平总书记系列重要讲话精神，深思细悟笃行，用讲话精神武装头脑、陶冶情操、规范言行、指导实践。三是要突出政治文化的导向作用，培育清清爽爽的上下级关系。不能像黄兴国在位时期，或者是他本人那样，上级与下级之间不是人身依附、不是盲目服从，而是要互相尊重、互相理解、互相支持，都是为了党和人民的事业走到一起来的，只是分工不同，要互相理解、互相支持。上级要有政治素养、有人格魅力，起到以上率下的作用；下级要担当作为、团结协作，落实好上级的部署和要求。上级还要在规定范围内关心下级的政治、工作和生活，为完成好工作创造条件，而不能拿原则做交易，怕丢选票盲目买好。

过去天津的政治文化就是一个反面教材，关系学、官场术、厚黑学等一些庸俗腐朽的政治文化，不仅严重误导党员干部，而且影响败坏党风政风。我们要认真反省是否存在这些庸俗腐朽的政治文化，坚决抵制这些庸俗腐朽的政治文化，着力培育马克思主义信仰和共产主义信念，着力强化马克思主义中国化系列成果的理论武装，着力弘扬忠诚老实、公道正派、实事求是、清正廉洁等共产党人价值观，着力践行全心全意为人民服务的宗旨意识，着力坚持和发扬党的优良传统与作风，着力形成严守党的纪律和规矩的高度自觉，着力砥砺共产党人的党性修养和政治品格，着力培养志存高远、改革开放、创新竞进、担当作为的时代精神，着力弘扬清廉从政道德和良好社会风尚，着力打造正气充盈、拒腐防变的廉洁文化。

第三，坚持从严标准，落实好净化政治生态工作任务。严管就是厚爱，各级党员干部都要严管下级，保护整体，政治上的关心是最大的关心，工作上的支持是最大的支持，同时自身还要严格遵守，做到讲政治从严、提高政治站位从严、抓工作从严。要坚决反对圈子文化和好人主义，既不能入圈子也不能搞圈子，摒弃你好我好大家好的好人主义做法，充分发挥批评与自我批评的作用，打破一团和气，强化担当作为，共同担当、合力攻坚，形成互相支持、互相关心、互相理解的氛围。过去主要提"好人主义""圈子文化"，这次十九大又提出"码头文化""分散主义"等内容，我们既要不断肃清黄兴国恶劣影响，同时还要细化完善之前制定的整改方案，进一步查找原因，建立台账，制订整改计划，从严抓好落实。

要充分发挥好巡察"利器"作用。全局上下无论是领导班子、处级干部还是广大职工，都是讲政治、顾大局、守纪律的，这是非常好的一面，但是也存在一些问题。今年上半年第一次巡察时局党委会听了两个单位情况汇报，要求抓实整改，并专门下发文件，要求所有处级单位引以为戒、进行整改，随后又开警示教育大会，再次对巡察整改工作提出要求。第二次巡察发现，有些单位还有同样的问题，务必要按照局党委会提出的"严格监督、严肃整改、严密规范、严厉问责"的"四严"要求来落实整改，利用好年底一个多月时间，实现巡察全覆盖，把解决存在问题作为净化政治生态的主要内容抓好落实。这段时间我们面临的一些问题，比如经商办企业的问题，前些年鼓励办，并且我们办起来了，这叫"令行"；但是现在从中央到市委、市政府提出来要停、要刹车，我们就要"禁止"。局党委已经作出决定要抓紧清理，各有关部门不能找任何理由，要全面整改上次市委巡视提出来的问题，微利的、亏损的年底之前要彻底解决，实现一半以上，甚至70%的整改目标，这样我们就有行动、有效果了。还有出租房屋的问题，我们已经解决了60余家，但还有118家出租房屋没有清退，存在安全消防风险、国有资产流失风险，现在国有资产流失超过30万元就要追究法律责任；还有廉政风险，北京大兴出租屋火灾事故，造成19人死亡，出租房屋持有者和租房户都被追究刑事责任。因此，事业单位举办企业和出租房屋的清理两项工作，一定要严格落实中央有关要求和市委巡视整改意见，按照局党委会的部署，抓紧进行清理、注销。同时，还要严格遵守财务制度，规范补贴津贴发放工作。

第四，严肃党内政治生活，严守党的政治纪律和政治规矩。要建立健全各项制度，我们对"圈子文化""好人主义"的治理，实际就是要让党内政治生活正常起来。黄兴国带坏了政治风气，他搞小圈子，谁跟他亲近、谁给他好处，谁就能提拔、就能重用；还有好人主义的一些倾向，事不关己高高挂起，你好我好大家好，就是事业不好、党的形象不好。严肃党内政治生活，就要向这些问题开刀，充分发挥党内政治生活的净化器、大熔炉、金钥匙"三大作用"，不断增强党内政治生活的政治性、时代性、原则性和战斗性，避免党内政治生活随意化、平淡化、庸俗化。要落实好民主集中制、重要工作互相通报机制、党员干部谈心谈话机制、党风廉政建设监督检查机制，坚持重大事项集体研究、集体讨论、集体决定。要开好民主生活会，充分发挥批评与自我批评的作用，互相批评要有战斗性、有辣味，但不能无中生有、恶语伤人，要坚持有话讲在明处、开诚布公、不留情面，充分体现"严是爱、宽是害"，会上不说、私下乱说才伤感情，有问题不指出、欲擒故纵才会让干部真正受伤害。

很多腐败分子都是从违反制度、违反规定、违反党的政治纪律和政治规矩开始的，我们要以案为鉴，严明党的纪律，严守党的政治纪律和政治规矩，让党章党纪党规硬起来，让被扭曲、被废弛、被松懈的严起来、紧起来。有了良好的制度，就有了是与非、曲与直、正与邪的标准，凡事就要依党章、依制度、依规矩来办。作为党员领导干部，要时刻检点自身言行，加强自身修养，不受利益诱惑，真正全身心地投入到党的事业和党的工作中。全局上下各级领导干部，都要严格落实好主体责任、监督责任和一岗双责，抓班子带队伍坚持六个从严，管理好每一级组织、每一名党员、每一名干部。各单位的纪检组织要把党的纪律和规矩挺在前面，把日常监督贯彻到关键岗位、重点部门和廉政风险点，督办落实巡察整改，用好谈话提醒、约谈函询，用好监督执纪"四种形态"，抓早抓小抓苗头，发现线索及时核查，发现问题坚决查处，绝不姑息。同时，各级领导干部要主动自觉接受监督，纪检组检查是给我们提醒、提要求，给我们及时改正错误的机会，这是对我们政治上的极大关心，要像对待亲人那样对待纪检监察组织，如果纪检组不发挥作用了，那法院检察院就该发挥作用了。

第五，抓好选人用人导向，培养选拔党和人民需要的好干部。习近平总书记对好干部作出过这样的概括：信念坚定、为民服务、勤政务实、敢于担当、清正廉洁。我们水务系统也要严格落实这些要求。首先就是突出政治首关，把讲政治作为第一道关。鸿忠书记讲，首关不过、余关莫论，政治出问题，一剑封喉。我们要做讲政治的知行合一者，要维护核心、尊崇核心、敬爱核心，不该说的话不能说，不能做的事不能做，真正在思想上行动上和以习近平同志为核心的党中央保持高度一致。同时要注重实绩，干好工作要靠能力、靠素质、靠担当、靠责任心。想干事要有强烈的责任感，站位高、谋得准、落得实，考虑市情水情、群众需求、区域实际，多干关乎长远、体现大局、服务民生的事。会干事要求我们积极争取、主动作为，面对困难和问题，开拓思路、创新方法，出新招、出实招解决难题，不达目的不罢休。干成事就要整体推进，问题不是孤立的，解决问题也不能靠单打独斗，要敢于协调、善于协调，动员各方面力量齐抓共管、攻坚克难。不出事就是要确保公正廉洁、安全稳定，不能一个工程建起来、一批干部倒下去，还要注意排查隐患、防范风险，这样才能不出事。

同志们，净化政治生态和保护自然生态一样，是大环境、大系统的改造，只有不断净化，才能达到山清水秀、海晏河清。我们要深入学习宣传贯彻党的十九大精神，认真落实市委、市政府决策部署，持续推进净化政治生态，以实际行动落实全面从严治党永远在路上的责任，推动水务事业发展再上新水平，为全市经济社会持续健康发展作出应有贡献。

局党委书记孙宝华在局领导班子"维护核心 铸就忠诚 担当作为 抓实支部"主题教育实践活动 第三专题交流讨论会上的讲话

（2017 年 12 月 28 日）

刚才，各位局领导结合自己的思想和工作实际进行了发言，讲得都非常好。下面我谈三点体会，既和大家一起交流，同时也对学习贯彻落实好党的十九大精神提三点要求。

第一，要用习近平新时代中国特色社会主义思想武装头脑、统一意志。党的十九大胜利召开两个多月以来，全党上下采取多种方式展开学习，从全局的辅导到层层宣讲交流，我和大家一样，越学习收获越大，越学习认识越深刻。如何深入学习贯彻好党的十九大精神，需要做好几个"求"。

一是带着任务学，求知。学懂弄通做实十九大精神是党中央和习近平总书记提出的重要部署和指示要求，十九大精神博大精深，是政治宣言、是思想灯塔、是行动纲领，作为一名党员领导干部，要把学懂弄通做实十九大精神作为重要政治任务，持续地学、不断地学。在学习过程中，要带着任务把十九大精神学深悟透，既要知道从哪里来，又要知道向哪里去，以此坚定理想信念、坚定政治信仰、坚定正确的政治方向，不断增强宗旨意识。我在处级干部培训班宣讲时讲到了"新、高、实、严"四个体会，思想新、新思想引领新征程，站位高、高站位凸显高标准，谋划实、实谋划务求见实效，要求严、严要求推进全面从严治党，这些体会也是一个不断深化的过程，都需要我们不断地加深理解。

二是带着困惑学，求解。党的十九大把习近平新时代中国特色社会主义思想确立为党的指导思想，这是马克思主义中国化不断创新发展过程中的最新成果，是党的思想理论的又一次创新和飞跃。确立新思想、进入新时代、指出新矛盾、明确新目标、提出新要求，这些方面都会面临很多新问题，需要我们多问几个为什么，带着困惑、带着思考去学习、理解、应用，才能做到学深悟透。

三是带着问题学，求计。中国特色社会主义进入新时代，我国社会主要矛盾由"人民日益增长的物质文化需要同落后的社会生产之间的矛盾"转化为"人民日益增长的美好生活需要和不平衡不充分的发展之间的矛盾"，这一变化涉及一系列的问题，涉及一系列新的要求，包括我们在工作中如何解决水资源短缺问题、如何改善水环境质量、如何体现以人民为中心的发展思想等，通过学习才能找到答案、提高思想认识，实现思想的自觉和行动的自觉。

四是带着使命学，求责。党的十九大报告和习近平新时代中国特色社会主义思想提到了"四个伟大"，进行伟大斗争、建设伟大工程、推进伟大事业、实现伟大梦想，"四个伟大"紧密联系、相互贯通、相互作用，起决定性作用的是党的建设新的伟大工程。要通过学习领会"四个伟大"部署要求，感受到党员领导干部自身肩负的责任，从执政为民的角度履职尽责，进一步增强紧迫感、责任感、使命感。

五是带着担当学，求为。党的十九大报告和习近平新时代中国特色社会主义思想中对生态文明建设的部署要求，阐述了以水定产、以水定城、水城融合等绿色发展理念，也包括了以人民为中心的发展思想，怎样让人民喝上清洁干净的水、吃上绿色安全的食品，都需要我们转变过去的思想观念和工作方式，进一步强化主动担当、积极作为。

通过这段时间的学习，感觉到用习近平新时代中国特色社会主义思想来武装头脑，要在思想上高度认同、政治上坚决拥护、组织上自觉服从、行动上紧紧跟随，这样才能落实好党的十九大精神，把学习传达贯彻的各项任务做实。

第二，要用习近平新时代中国特色社会主义思想指导实践、推动工作。习近平新时代中国特色社会主义思想内容丰富、系统全面，这次中央经济工作会议提出了习近平新时代中国特色社会主义经济思想，以及重点抓好防范化解重大风险、精准脱贫、污染防治三大攻坚战，加快推进生态文明建设等部署，要结合水务工作实际，坚持问题导向，认真学习领会，切实抓好落实。刚才大家提到了一些问题，总体上可以归结为三句话：一是科学配置水资源，"引得进"上，包括争取南水北调东线建设，实施北大港水库功能提升和于桥水库综合治理；"留得住"上，要实现于桥、尔王庄、北塘、王庆坨、北大港五库联调，实现引滦、引江中线、引江东线三水共用；"用得好"上，要统筹调度、合理配置各种水资源，保生活、保生态、保发展，要坚持底线思维、木桶原理，解决这些方面的问题和短板。二是严格确保水安全，今年汛期积水少、排得快，实现了积水不入户、山洪不伤人、交通基本畅通、生产生活秩序良好,一方面源于客观上降雨不集中、强度没有特殊年份那么大,另一方面也得益于我们统一指挥、科学调度、深入实地、有力有序有效应对。如果发生2016年、2012年、1996年的雨情水情,或者发生1963年、1939年的洪水,应该如何应对?另外我们要求坚持高标准,在排的同时做好蓄,尽最大可能利用雨洪水资源;市区雨沥水不能轻易排入海河,尽最大可能保障水生态环境,这些问题也需要研究解决。三是不断改善水环境,这是摆在我们面前最严峻、最迫切的问题,2016年全市国考断面水质优良比例20%、劣Ⅴ类水体比例50%、水功能区达标率为零,到2020年,国家考核要求水功能区达标率提高到61%,需要相当一部分河道水质达到Ⅳ类,难度非常大,迫切需要采取有力措施。

无论是水资源、水安全,还是水环境方面存在的问题,问题都摆在我们面前,通过今年以来的实践看,问题并不可怕,只要坚持高标准去干,就一定能够收到好效果。比如河长制推行难,但是几个关键问题都得到了解决,机构编制已经批准,16个区、269个乡镇街道(园区)的方案全部出台,大排查大治理大提升"三大行动"深入推进,水利部对我市推行河长制进行了三次检查,结果一次比一次好。水利中央投资计划执行考核我市排名全国第三,工程建设质量考核排名全国第七,从B级上升到A级;另外在节水型城市复查、黑臭水体治理检查、迎全运水环境保障等工作,都收到了良好效果,得到了上级部门的肯定和认可。下一步,还要继续坚持高标准,从以下四个方面入手来破解难题:

一是加大组织推动力度。新时代有新部署和新要求,要强化抓协调、抓推动,理顺体制机制,完善管理模式,提升管理手段,形成比较优势,改变以往单打独斗的局面。习近平总书记高度重视生态文明建设、高度重视水环境保护、高度重视水污染治理,我们就要把河长制、清水分指办、重点工程指挥部等体制机制运用好,使手臂延长、力量增加、

管理手段科学化,才能加大组织推动力度。

二是提升规划带动水平。前段时间,我们制定了水资源统筹利用和保护、湿地水源保障、北大港水库功能提升、于桥水库综合治理、再生水利用、农村饮水安全等一系列规划方案,要把规划上升到市政府决策层面,然后把规划变为计划,把计划变成项目,项目变成工程,工程保证实施发挥作用。落实局党委确定的实施六项工程、实现"六能"目标,也要坚持规划的高标准、计划的深落实、工程的高质量,带动整体工作上水平。

三是发挥政策驱动效益。规划项目能不能上升到市委市政府决策层面,需要靠重视,能不能得到资金保障,需要靠政策。过去可以通过水投集团融资,现在不允许,要充分用好地方政府债券、企业投资、社会投资,拓宽投融资渠道,包括政府和社会资本合作模式,打造多元化投资主体,保证工程的顺利实施。

四是增强改革撬动决心。面对新形势新要求,很多方面都要改革。比如"三产"企业和出租房屋,在特定的历史时期做出了贡献,但也面临着消防、安全、稳定等问题,相当于"腰缠万贯绑炸弹",一旦发生事故就是一票否决,需要抓紧清理、抓紧解决。比如水环境管理手段和方式,要制定工作标准,建立管理平台,实行手机定位,发现污染拍照上传到平台,通过平台下达指令给相关单位解决,解决情况再反馈到平台,把巡视检查、问题处置的工作轨迹、流程、效果都记录下来,作为考核依据。要把科学的数据、科学的手段、科学的技术、科学的产品应用于水安全、水环境,提升科技信息化水平,该由政府管的事情管理好,该由市场办的坚决交给市场。

第三,要用全面从严治党的决心和力度担当作为、加快发展。学习贯彻党的十九大精神,关键看落实,关键看干部,关键是发挥干部的能动作用。要从严抓班子、从实带队伍,事事讲担当、处处肯作为,以全面从严治党的决心和力度,以强有力的班子和高素质的干部队伍,保障水务事业加快发展。

一要做好关键少数，带头提高政治站位。各级领导干部要按照习近平总书记提出的"想干事、能干事、敢担当、善作为"的要求，时时刻刻讲政治、讲大局，讲忠诚、讲担当，在行动上紧跟紧随，统一意志、统一行动，保持步调一致前进，做讲政治的知行合一者。要在执行上坚定坚决，不讲条件、不打折扣、不搞变通，不折不扣贯彻执行中央和市委决策部署，不折不扣贯彻落实局党委工作安排，心往一处想、劲往一处使，切实做到政令畅通、执行到位。

二要贯彻群众路线，带头协调解决问题。深入基层、深入一线、到现场去是我们的工作作风，各级领导干部都要落实"一线工作法"，扑下身子实地检查、实地协调、实地推动、实地解决问题。

要坚持"谁主管谁负责、谁牵头谁协调"，主要领导亲自抓、负总责，分管领导具体抓、抓具体，层层落实责任，层层组织推动，确保决策部署落地生根、见到实效。

三要坚持创新竞进，带头转变工作作风。新形势和新任务要求我们必须不断创新，摒弃传统的思维、传统的习惯，主动适应高的标准、严的要求，用创新的思维、创新的方法，更好地化解矛盾、解决问题、推进发展。各级领导干部要把该担的责任担起来，用科学的数据体现新的治理手段，用全面从严治党的决心和力度体现担当作为，用党的十九大精神武装头脑、指导实践、推动工作，使实施六项工程、实现"六能"目标落地见效，使水务各项工作迈上新水平。

局党委书记孙宝华在 2018 年局党委扩大会议上的讲话

（2018 年 2 月 2 日）

同志们：

今天我们召开局党委扩大会议，主要目的是全面贯彻落实党的十九大精神和习近平新时代中国特色社会主义思想，深入落实市委、市政府决策部署，总结 2017 年水务工作，部署 2018 年重点任务，动员全市水务系统广大干部职工，不忘初心，牢记使命，砥砺奋进，奋力谱写新时代天津水务发展新篇章，为全市经济社会高质量发展提供坚实水务保障。下面，我讲四点意见。

一、充分肯定 2017 年水务工作成绩

刚刚过去的一年，是天津水务发展史上不平凡的一年。一年来，我们坚持以习近平新时代中国特色社会主义思想武装头脑、指导实践、推动工作，认真落实中央和市委、市政府决策部署，科学配置水资源，不断改善水环境，严格确保水安全，以全面从严治党的决心和力度推动水务事业发展，圆满完成了全年各项目标任务。

第一，提高政治站位，水务发展思路目标进一步明确。

我们坚持以习近平新时代中国特色社会主义思想统领水务事业发展，从加强生态文明建设和服务全市经济社会发展大局出发，精心谋划了实施调水、蓄水、排水、节水、清水、活水六项工程，实现缺能引、沥能用、涝能排、旱能补、污能治、水能动"六能"目标的水务发展思路。这一思路目标准确把握了党的十九大关于生态文明建设、绿色发展理念、满足人民美好生活需要的新部署新要求，充分贯彻了市第十一次党代会关于全面建成高质量小康社会、加快建设五个现代化天津的总体部署，为今后一个时期水务事业发展提供了科学指南和根本遵循。我们立足市情水情，坚持问题导向，组织制定了全市水资源统筹利用与保护、城市供水、北大港水库功能提升、于桥水库综合治理、重要湿地水源保障、再生水利用、农村饮水提质增效等规划方案，为实施六项工程、实现"六能"目标奠定了坚实基础。

第二，统筹五水共用，水资源配置能力进一步优化。

我们围绕优化配置水资源，坚持主动协调外调水、充分利用雨洪水、提标利用再生水、大力

压采地下水、积极发展淡化水，有力保障了全市经济社会发展用水需求。全年用水总量28.3亿立方米，万元GDP用水量控制在16立方米，万元工业增加值取水量控制在7.5立方米，农田灌溉水有效利用系数提高到0.696。

一是主动协调外调水。南水北调全年向我市供水10.29亿立方米，创通水以来最高纪录；建成引江向尔王庄水库供水连通工程，引江供水覆盖范围扩大到14个区，910万城乡居民受益。切实加大引滦水源保护力度，潘大水库养鱼网箱全面清理，黎河河道综合治理工程圆满完成，于桥水库入库河口湿地建成运行，引滦水质达到地表水Ⅲ类标准，自2016年停供以来，2017年成功恢复向城市供水2.09亿立方米。

二是充分利用雨洪水。科学实施跨河系调水补水，先后为北运河、蓟运河、滨海新区黄港一库、二库等重点河道水库调水2.69亿立方米，为七里海、北大港、大黄堡、团泊四大湿地补水2.48亿立方米，满足了河湖湿地生态用水需求。

三是提标利用再生水。圆满完成环外各区105座污水处理厂提标改造任务，出水水质主要指标达到新地标，全年城镇污水集中处理率提高到92.5%，城镇污水处理厂出水水质主要指标达标率保持90%以上，为提高再生水利用效率打下良好基础。

四是大力压采地下水。积极推进城市供水延伸和地下水水源转换，严控地下水超采，全年压采深层地下水1398万立方米，超额完成年度压采任务。

五是积极发展淡化水。编制北疆电厂淡化海水配置利用方案，对具备条件的新改扩建项目，在水资源论证中优先配置直接利用海水或淡化海水，全年利用淡化海水3700万立方米。

第三，实施系统治理，水生态环境质量进一步改善。

我们牢牢把握中央环保督察反馈意见整改契机，下大决心大气力推进水污染治理、水环境保护和水生态修复，城乡水生态环境面貌显著提升。

2017年全市国考断面水质优良比例35%、同比提高20个百分点；劣Ⅴ类水体比例40%、同比下降15个百分点。

一是全面落实河长制。认真落实党中央、国务院《关于推行河长制的意见》和我市实施意见，全市河流湖库、坑塘沟渠分级分段设立河长5152名，建立起市、区、镇、村四级河长组织体系，河长制相关工作方案、配套制度、监督检查、考核评估等全部到位，实现河长制管理全覆盖。全年纳管河道水质达到Ⅲ类的同比上升19.9%，达到Ⅳ类的同比上升6.6%，劣Ⅴ类的同比下降19.4%；重要江河湖泊水功能区水质达标率达到15.1%，同比实现了零的突破。

二是全面推进"三大行动"。开展河湖水环境大排查大治理大提升"三大行动"，对全市河流湖库、坑塘沟渠进行全覆盖排查、系统性治理、全方位提升，建立工作台账，实施问题、整改、任务、责任、效果"五个清单"管理，累计排查问题8712个，河湖水环境面貌有效改善。

三是全面落实"水十条"。圆满完成城市建成区25条黑臭水体治理任务，坚持工程治理与长效养管相结合，实施控源、截污、畅流、修复综合治理，4项考核指标全部达到国家考核标准，全市建成区黑臭水体基本消除。

四是全面提升中心城区水质。突出生态修复理念，实施曝气增氧、生态浮床、生物制剂、补水换水、人工打捞五措并举，全力改善中心城区一、二级河道及外环河水质，有效遏制了蓝藻暴发，以优美的水环境保障了第十三届全运会顺利举行。

第四，突出防蓄结合，水安全保障水平进一步提升。

今年汛期，全市平均降雨量375.5毫米，与常年基本持平，共出现11次较大降雨过程，其中大到暴雨量级2次、中到大雨量级6次。我们牢固树立以人民为中心的发展思想，早安排、早动手，提前落实各项备汛措施，全力应对强降雨过程，确保了全市防汛安全。

一是提高处置能力。坚持无雨当有雨防、小雨当大雨防，先后5次启动防汛Ⅳ级预警响应，及时调度会商，加强应急值守，强化督促指导，有力有序有效应对处置了历次强降雨过程，确保了积水不入户、山洪不伤人、交通基本畅通、生产生活秩序良好。

二是提高工作标准。先后派出10个工作组赴16个区，督促落实群众转移安置措施，保证了易积水低洼地危房群众安全。落实51处易积水地区和18座地道"一处一预案"，基本做到大雨2小时、暴雨5小时排除。指导落实蓟州区25处泥石流滑坡隐患点位防御措施，保证了山洪灾害的科学防御。明确158处河道险工险段责任人，全面落实了抢险队伍和物资。

三是提高调蓄能力。科学调度入境洪水和本地产水，着力在防得住、排得快、蓄得好上下工夫，累计承接上游来水8.46亿立方米，保障了湿地生态用水需求，改善了南部缺水地区生态环境。全市地表水存蓄总量达到13亿立方米，为近几年来最高，为后续生态环境和农业灌溉储备了充足的水源。

第五，坚持全面从严治党，水务事业发展得到坚强保证。

我们坚定不移推进全面从严治党向纵深发展，狠抓全面从严治党主体责任落实，着力在深入、严格、突出、见效上下功夫，为水务事业发展提供了坚强保证。

一是在深入上下工夫。深入学习贯彻党的十九大精神，举办处级干部专题培训班，层层开展宣讲695场次、组织学习讨论1168次。深入推进"两学一做"学习教育常态化制度化，局、处两级班子带头参加双重组织生活，常态化指导学习讨论。深入开展不作为不担当问题专项治理和作风纪律专项整治，全局党员干部担当作为、攻坚克难的意识进一步提高，党支部的战斗堡垒作用和党员的先锋模范作用得到较好发挥。深入净化政治生态，深化中央巡视"回头看"反馈意见整改落实，整治圈子文化和好人主义，坚决肃清黄兴国恶劣影响。深入落实中央八项规定精神，对暴露出的违反规定精神、隐形变异"四风"问题，持续用力坚决整改。

二是在严格上下工夫。坚决贯彻落实中央和市委决策部署，第一时间传达上级会议精神，研究贯彻落实措施，做到党有所呼、我有所应。严格落实民主集中制，坚持局、处两级重大事项全部经局党委和处党组织会议集体讨论决定。严格压实党建责任，坚持党建和业务工作同部署同谋划同落实，统筹推进全面从严治党和水务事业发展。同时，在基层党组织设置、落实监督制度、双责双查双促等方面也都体现出严的标准。

三是在突出上下工夫。突出强化监督执纪问责，主动接受驻局纪检组监督，充分运用监督执纪"四种形态"，依纪依规处置59人，持续释放了从严执纪的强烈信号。突出严明党的纪律，召开全局领导干部警示教育大会，对党员干部进行再警醒、再教育。突出发挥巡察利器作用，实现局属单位巡察全覆盖，在全局范围内开展巡察问题专项整改，制定完善了行政事业单位内部控制等一批务实管用的制度。

四是在见效上下工夫。一年来，广大水务干部职工以昼夜奋战的精神迎全运、保全运，以舍我其谁、主动担当的精神治理水环境，以辛苦我一个、安全千万家的精神抓好防汛除涝，以解决人的生存和生活质量而努力的精神抓好调水供水蓄水，得到了市委、市政府的充分肯定和社会广泛认可。中央水利投资计划执行年度综合考核位列全国第一，水利建设质量工作考核全国排名第七，由B级跨入A级先进行列。高效节水灌溉排在全国第一位，全国奖励12个河长制推行先进省市，我们位列其中；固定资产投入和其他行业比处于领先位次，我们的工作得到了市委、市政府，包括主要领导的多次批示和表扬。

同志们，水务各项工作成绩的取得，是市委、市政府正确领导的结果，是市有关部门和各区大力支持的结果，是全市水务系统广大干部职工苦干实干的结果。我到水务局工作9个多月，深深感受到水务干部职工队伍是一支能吃苦、能战斗、讲作为、敢担当的队伍。借此机会，我代表局党委和局领导班子全体成员，向大家表示衷心的感谢！

二、准确把握当前水务工作面临的形势

当前和今后一个时期，是全面建成小康社会、加快建设五个现代化天津的关键时期，在这个大背景下，水务事业发展面临着难得机遇和广阔空间。做好水务工作，必须抢抓机遇、把握大势、主动作为，切实增强责任感和使命感，敢于正视存在问题和不足，牢牢把握加快发展的主动权，有两个方面我们要深刻理解、准确把握。

一方面，认真领会中央和市委、市政府决策部署。

党的十九大对决胜全面建成小康社会、夺取新时代中国特色社会主义伟大胜利作出战略部署，习近平总书记高度重视治水兴水，强调要牢固树立绿水青山就是金山银山的理念，坚持以水定人、以水定产、水城共融、绿色发展，亲自研究部署全面落实河长制等工作。

市第十一次党代会明确提出加快建设生态宜居现代化天津的目标，要求坚持保护优先、自然恢复为主，实施山水林田湖生态修复工程，保护好河流湿地，构建蓝绿交织、水城共融的绿色城市。鸿忠书记主动要求出席全市防汛工作会议，多次到河流湿地湖库调研，对做好天津水务工作多次提出要求；国清市长虽然到天津时间不长，先后就全面落实河长制、北大港水库综合治理等工作作出批示，今年的政府工作报告也对水务工作作出明确部署，充分体现出市委、市政府对水务工作的标准越来越高、要求越来越严。

认真领会、全面落实中央和市委、市政府决策部署，必须提高政治站位，在战略定位上、治水思路上、发展理念上与中央保持高度一致，充分认识水务的重要地位和重大作用，切实增强水忧患意识、水危机意识，科学把握治水规律，把新时期治水方针全面贯彻落实到水务实践中去。必须坚持问题导向，统筹解决水资源短缺、水环境污染、水生态恶化、水安全隐患等不足和短板，坚持山水林田湖草系统治理，全面提升水务对经济社会发展的支撑保障作用。必须把握民生热点焦点，紧紧抓住人民最关心最直接最现实的涉水问题，加快建设完善城乡供水、防汛排水、水资源配置、水环境保障等水务基础设施网络，让水务发展成果更多惠及民生。

另一方面，充分认识水务存在的不足和短板。

在水资源配置方面，一是水资源严重短缺，引滦水质尚未实现根本性好转，引江调蓄能力依然不足，解决缺水问题依然摆在首位。二是雨洪水利用能力不强，河道渠系连通不够，短时间内很难将北部地区相对丰富的雨洪水调到南部缺水地区。三是非常规水资源利用不足，我们完成了105座污水处理厂提标改造，出水水质有了大幅提高，但是在运行中是不是真正达标排放，还需要我们做艰苦的努力。尤其是中心城区5座污水处理厂提标改造刚刚启动，占全市污水处理量的55%；淡化海水现状产能30万吨每日，但是日均利用量仅10万吨左右，需要尽快理顺价格、降低成本、消化产能。

在水环境治理方面，一是中央环保督察问题整改仍需加大力度，8项涉水整改任务问题已完成4项，仍需长期坚持，其余4项任务还需加大力度，确保按期完成。二是水生态环境改善依然任重道远，点源、面源污染问题依然存在，废水直排偷排现象时有发生，于桥水库、海河和中心城区二级河道蓝藻问题还在困扰着我们，劣Ⅴ类水体占比还比较大，国家给我们限定的标准是国考断面水质优良率25%，劣Ⅴ类水体比例60%，我们通过去年一年的努力，优良率达到了35%，劣Ⅴ类水体比例降到了40%，自己跟自己相比，成效非常明显。但是和全国比，全国的水质优良率是70%，劣Ⅴ类水体比例是8%，我们还有差距，尤其是长江以南这些区域，有的劣Ⅴ类水体比例是零。当然，我们在气候条件和资源禀赋方面和南方没有可比性，但是我们和海河流域、北方地区应该能够相比。从目前的情况看，我们在水功能区和国考断面上，同河北、河南基本处在同一档次，略好于这两个省。2016年水环境排名，基本是在30名左右，2017年有所改善，但也是仅仅提高了一两个位次。水功能区达标率距国家要求的2020年达到61%还有很大差距。三是水质监测能力和水环境治理水平有待提高，国考断面、水功能区、重要河流湖库的水质监测底数依然不清，实时监测水平不高，国考断面没有完全纳入水务监测范围，治理手段、治理方法不够科学、不成体系，没有跟上实际工作需求，还停留在用人治、用眼看、用鼻子闻、用腿量，科学治理还没有纳入正常轨道。

在水安全保障方面，一是防汛排水工程滞后，部分一级河道没有达标治理，蓄滞洪区安全建设不配套、启用困难；中心城区排水设施仍有短板，排水出路比较单一，利用一、二级河道分泄雨沥水的分流体系不够完善。二是排水设施老化失修，有的区域排水能力不足，有的河道按景观河道设计，有的设备还是20世纪的标准水平，急需更新换代。三是社会整体参与度偏低，相关部门防大汛、抢大险、救大灾的思想准备不够。四是应急处置能力不足，中心城区39处易积水地区和18处涵洞、蓟州山区的山洪灾害防御能力还比较弱，还有上万户的家庭在山坡、山沟居住，面临安全风险，沿海防潮也存在不同程度的短板。这就是我们在水资源、水环境、水安全方面存在的一些不足，尤其是水环境，习近平总书记提出"绿水青山就是金山银山"、生态文明建设的思想，全国上下都在高效落实，全国整体水环境质量都在提升。市委、市政府高度重视水环境治理，今天下午鸿忠书记带队，四套班子一把手到宝坻区进行调研，宝坻区提出5个问题，其中就涉及潮白河水环境治理。潮白河是天津市一级河道里治理得最好的，即便是治理得最好，一年大部分月份水质还是处在劣V类状态，这既有上游来水本身就是劣V类的原因，也有我们自身的原因，主要指标氮磷超标。上游是北京、河北氮磷超标，如果我们这个区域也是氮磷超标，那就看超标多少；如

果北京、河北只有氮磷超标，那我们还有高锰酸盐、化学需氧量等指标超标，这就说明我们这个区域又恶化了，这些都是需要我们深思的问题。但是有的月份，我们要比北京、河北潮白河的水质好，去年8月要好于北京、河北，去年11、12月和今年1月，上游是V类，我们有的是Ⅳ类，有的是Ⅲ类。所以，我们要分析，8月正值汛期，宝坻下了一场200毫米的雨，河水下泄，说明水动起来了，水质就会改善。那么去年11、12月和今年1月又变好了，说明湿地公园和水生植物等生态治理见效果了。但是，最根本的还是治污截污，去年我们把于桥水库的水往下泄入蓟运河，两个月内蓟运河水质从劣V类变成Ⅲ类，在末梢测试是Ⅲ类，但是两个月后又回到了劣V类，说明有污染源。这些问题需要我们高度重视、认真对待，采取有力措施加快治理、彻底治理。

三、全力推进水务事业发展再上新水平

今年是贯彻党的十九大精神的开局之年，是决胜全面建成小康社会的关键一年，我们要全面贯彻党的十九大精神，以习近平新时代中国特色社会主义思想为统领，认真落实中央和市委、市政府各项工作部署，紧紧围绕局党委确定的实施六项工程、实现"六能"目标发展思路，凝心聚力、攻坚克难、创新发展，全力推动水务事业发展再上新水平，为加快建设五个现代化天津、决胜全面建成高质量小康社会提供坚实水务保障。

第一，围绕"缺能引"，实施调水工程，引好用好外调水源。

一是大力度协调争取外调水源，确保引得进。统筹利用引江、引滦水源，确保9亿立方米引江水、3亿立方米引滦水足额到位。全面建成王庆坨水库和武清、宁汉供水工程，积极推动国家将北大港水库功能提升纳入引江东线规划。积极推动上游实施潘大水库污染源治理，加强引滦输水沿线、于桥水库周边水源保护监管执法，充分利用黎河河道、于桥水库前置库改善来水水质，千方百计推动引滦水质持续好转。

尤其在于桥水库生态治理上，对沿线污染治

理要再下力量。刚才说今年引江调水9亿立方米，引滦调水3亿立方米，这主要是用来保饮用和生活，我们还要拿出3亿立方米来保生态用水，按照引滦水价，就是花费1亿多元，这些生态水就能够有效改善天津一些河道的水质，为农业生产创造条件。大家设想一下，我们每年在水环境治理上投入大量资金，搞大量工程，如果维持的是不达标、受污染、劣Ⅴ类，甚至失去功能的水，那就完全没有意义。在引得进这方面，潘大水库现在的水量20多亿，主要是向天津供水为主，我们要把它看作是天津的水库，是天津源源不断的水源。前段时间我们和海委引滦局进行了对接，今年3月开始，我们就要实施调水，要为全市饮用水、生态用水和农业发展用水创造条件。

二是高标准实施于桥水库综合治理，确保留得住。构筑水库所有权、经营权、管理权、生态保护权"四权落实"的管理防线，解决水库封闭遗留问题，加强水库封闭区生态修复。构筑截封并重的封闭防线，科学合理建设环库截污沟道、防护林缓冲带，打造堤路林一体化防线。构筑污染治理的工程防线，分引滦源头、输水沿线、水库周边三个层面，推动治理水库周边养殖场和黎河、沙河以及入库沟道，减少污染输入。构筑水质净化的生态防线，实施水库清淤和前置库绿化提升，建设环库生态带和入库河口人工湿地，改善库区生态环境。我们一定要在留得住方面下工夫，否则再暴发蓝藻、水质恶化，我们就要被严厉问责，就得承担责任。

三是全方位推进城乡供水管理，确保用得好。报批城市供水规划，推进城市供水厂网水质在线监测系统建设，继续实施中心城区老旧小区及远年住房二次供水设施改造，高标准开展水质监测和日常巡查，提升自来水厂工艺水平，确保水质安全稳定。深入开展城市供水、二次供水、村镇供水水质督察，推动改造城市老旧供水管网，降低管网漏损率。高标准完成农村饮水提质增效工程，进一步推进城乡供水一体化。

在"缺能引"上，我们要着力把握引得进、

留得住、用得好，同时还要积极主动地配合相关各区开展工作，一方面搞好生态补偿机制，特别是对蓟州区；另一方面，要开展联合治理，在资金上给予支持，充分调动蓟州区开展治理的积极性，形成齐抓共管的格局，这也是我们水务部门应有的姿态。

在农村饮水安全方面，一方面，水厂和加压站的连接线，可以靠吸纳社会投资、企业投资来解决；另一方面，从加压站到村的管网建设，原本是由市里来投资，但根据市财政规定，市级负责只能匹配50%，不能超过这个比例，那么我们再拿出另外50%，加大对村里供水管网的匹配和支持力度，加快推进农村饮水提质增效工程，既解决好40多万人饮水不安全的问题，也解决另外100多万人吃水困难的问题。

第二，围绕"沥能用"，实施蓄水工程，提高入境水利用效率。

一是加强雨洪水科学调度。密切监控上游来水情况，立足防蓄结合，依托防汛工程体系，积极拦蓄雨洪水资源，尽最大可能多蓄水、蓄好水。制定完善河流湿地补水方案，全力保障河湖湿地生态用水和周边区域农业用水。积极改善入境水质，研究建设相关截流设施，将水质差的上游来水进行缓冲或湿地处理，降低劣Ⅴ类水体比例，提高入境水利用效率。

二是提升雨洪水存蓄能力。提升湿地蓄水能力，认真落实湿地保护1+4规划，实施渠系连通、水体净化、补水循环，增加湿地蓄水量，解决湿地生态水源单一、水量不足等问题。提升河道蓄水能力，通过河道扩挖、新建闸坝、截污治污、置换水体等措施，增加行洪河道蓄水。提升蓄滞洪区蓄水能力，结合永定河泛区、大黄堡洼等蓄滞洪区安全建设，建设围堤隔埝、分区滞洪，相机调蓄雨洪水，为生态和农业储备水源。

第三，围绕"涝能排"，实施排水工程，提升防汛排水能力。

一是上防洪水。继续完善防洪工程体系，推进蓟运河、州河、北京排污河治理，实施永定河泛区、大黄堡泛区安全建设，提高洪水防御能力。科学精准实施调度，完善京津冀防汛联防联控机制，强化上下游协调联动，加强三省市沟通会商，做到水情、雨情、汛情接受迅速，信息准确、应对及时、措施到位。严格落实防汛责任，督促各级防汛责任人现场督导、联线、指挥、调度、处理，确保突发汛情及时应对、妥善处置。

二是中防沥涝。提升排水能力，以中心城区39片积水片为重点，完成南门外大街等6处积水片改造，推动实施12处设施改造。优化排水调度，完善中心城区排水分流体系，针对降雨情况利用污水系统代排雨水，逐步实现中小雨不进海河。落实应急抢险措施，充实设备，完善预案，加强在线监控和现场隐患排查。

三是下防海潮。完善风暴潮预警预报设施，落实分级负责、层层覆盖的防潮责任体系，增强应急处置能力。结合滨海新区实际推进海堤建设，采取消、挡、导、蓄、排不同措施，提高海潮防御能力。

四是北防山洪。夯实山洪灾害防御工程基础，梳理鉴定山区小水库和塘坝，推进蓟州区山洪沟治理。强化各项非工程措施，继续完善山洪灾害监测、通信和预警预报系统，落实转移安置预案，确保人民群众生命安全。尤其在蓟州山洪灾害防治方面，下一步要结合蓟州区实际情况，结合生态补偿机制，大力推进小城镇建设，既要把水库边上的6个村纳入其中，还要把山沟里、山坡上受山洪灾害威胁的村庄都纳入小城镇建设，这样才能彻底解决心腹之患。在这方面既要争取市委、市政府的大力支持，还要让蓟州区有积极性，有责任感，特别要做好资金保障，确保快速、高标准实施。

第四，围绕"旱能补"，实施节水工程，建设节水型社会。

一是增强农业用水保障。大力推进农田水利基础设施建设，因地制宜建设中小型蓄水工程，调蓄利用上游入境水和本地自产水，最大程度保障农业灌溉需求。继续实施高效节水灌溉建设和规模化节水配套改造，农田灌溉水有效利用系数提高到0.7。

二是加大非常规水利用。报批实施再生水利用规划，推动各区落实再生水利用量指标；完善中心城区再生水管网，推进高耗水行业和市政园林等领域优先使用再生水；建设中心城区河道湿地再生水配置工程，增加农业、生态再生水利用量。抓紧编制淡化海水利用规划，严格落实配置原则，重点消化北疆电厂淡化海水产能，提高淡化海水利用量。

三是深化节水型社会建设。严格控制用水总量，加强取水许可和水资源论证事中事后监管，继续推进深层地下水压采和水源转换，严控地下水超采。努力提高用水效率，编制节水型城市规划，全市万元GDP用水量控制在16立方米，万元工业增加值取水量控制在7.5立方米，节水型企业单位和居民小区覆盖率分别提高到49%和26%。

第五，围绕"污能治"，实施清水工程，改善水生态环境。

一是在深入落实河长制湖长制上持续用力。召开市河长制工作领导小组会议，制定出台我市湖长制实施意见，实施重点湖库河长、湖长"双长制"管理。建立河湖水环境管护协调联动机制，强化市、区、镇、村四级河长管理体系，形成水务、环保、公安等部门和属地政府联防联治工作格局。强化监督考核和追责问责，建立水环境考核奖惩机制，引入第三方对各区河湖进行水质监测评价；落实好"互联网＋河长制"信息化建设要求，畅通信息渠道，加强公众参与和宣传力度，营造全民治水的良好氛围。

河长制是抓好河道治理的有力抓手，在机构方面，今年我们成立了市河长制事务中心，新增加了35个编制；在制度方面，市、区、街镇河长制工作方案、实施方案以及配套制度和政策措施全部落实到位；在监督考核方面，我们大力推动河湖水环境大排查大治理大提升"三大行动，研究制订了考核办法，严格执行追责问责。深入推进河长制关键是抓落实，今年年初我们把河长制一年来的落实情况向市委、市政府做了报告，对存在问题的各区没有点名，但是鸿忠书记、国清市长明确批示，对存在问题的，就要点名道姓，就得追究问责。前天，树起副市长主动提出要对河长制落实情况进行明查暗访，先后去了两个区，发现的问题比比皆是，极为严重，有的监督电话无人接听，有的河长不知道自己是河长，有的公示牌上河长电话被涂掉，有的河坡垃圾遍地，有的区域排污口还在直排，还有的在河道堤面上修车，油污随时可能流入河道污染水质。所以在河长制、湖长制落实上，各区一定要加大力度，否则也和环保一样，面临问责。

二是在深入开展三大行动上持续用力。开展全面排查、实时监测，以国考断面、市考断面、跨界断面、入河口门、水功能区为重点，全面、实时、科学排查各类水环境问题，加强污染治理前后、降雨前后等特殊时段的水质监测，增加人员、资金、设备投入，做到排查全、监测准、底数清。实施系统治理、清单管理，强化对污染源、水质数据等排查监测内容的分析研究，制定有针对性的系统治理措施，加快编制"一河湖一策"治理方案，强化依法治理、科学治理、生态治理。提升管理水平、整体面貌，协调推动中心城区5座污水处理厂提标改造，加强城镇污水处理厂运行监管，加大出水水质监测力度，确保达标排放；推动各区发挥以水带城作用，面源治理、河道截污、生态修复、补水换水、绿化美化净化多措并举，依托河流水系建设生态廊道、做活水文章。

三是在科学治水上持续用力。启动中心城区一、二级河道排水治理，开工建设新开河、先锋河地下调蓄池，落实好现有直排口门降污措施，降低入河污染。完善中心城区水循环体系，新改扩建三元村等取水换水泵站，打通八里台节制闸等水循环卡口节点，进一步缩短补水换水时间和水循环周期。常态化实施生态修复，固化曝气增氧、生态浮床、生物制剂、补水换水、人工打捞五大举措，对中心城区20条、162.8千米河道开展生态修复和清淤治理，开工建设大沽河净水厂

一期工程，持续改善水环境面貌。

2017年水环境治理取得了明显成效，水质优良率提升了20个百分点，劣Ⅴ类水体比例下降了15个百分点，如果说这些成绩的取得是全市各部门和各区加大工作力度的结果，那么2018年我们还要继续加大力度，特别要加大科学治理的力度，充分利用科学的数据、科学的手段、科学的仪器、科学的管控措施，这样才能使我们的水环境和水安全得到不断的改善和提升。今年局里拿出了1000万元加强信息化建设，河长办也拿出500万元加强科学管理设施的应用，如果投入不够还要追加，一定要使科学管理水平上一个台阶，彻底改变过去脚步量、眼睛看、鼻子闻的落后手段。要坚持用数据说话，改变我们的治理思维，要坚持靠科学仪器监测，延长工作手臂，加快工作步伐，否则全市几千千米的河道无法保障治理效果。

今年我们采取这些有力措施，一定要确保国考断面水质优良比例保持25%以上，符合国家确定的标准，力争达到40%以上，比去年再提高5个百分点，即使每年提高5个百分点，以我们的现状水平，还得7年才能达到全国平均水平，如果每年提高10个百分点，也要3年半才能达到，这是我们需要深入思考的问题；劣Ⅴ类水体比例要低于60%，这是国家定的标准，我们要力争降至35%，在去年40%的基础上再降5个百分点，按照一年降5个百分点的速度，需要五年时间才能降到10%、略高于全国平均水平。开始降容易，越往后越难，目前国考断面主要集中在于桥水库和海河沿线，这两处就占了60%~70%，其他分布在潮白河、永定新河、蓟运河、北运河，以及独流减河以南与河北省交接的区域，市考断面主要是河道点位增加、范围适当的扩大。在水功能区达标率上，水利部要求到2020要达到61%，我们去年是15.1%，这个难度是最大的。因此，我们工作的重中之重就是保障国考断面水质，要坚持"一个断面一策"，采取有力措施解决，偏远的国考断面要按照蓟州区州河那种方法来治理，其他河道断面可以利用引江水进行补水换水；于桥水

库的断面必须得到有效保障，要实施水库污染底泥清淤，及时调水换水，今年汛期我们宁可不从水库调水，也要科学处置，保障好于桥水库断面质量。

要大力推进北水南调工程，不能把潮白河的劣Ⅴ类水送到独流减河去，而要把于桥水库的优质水输送到独流减河和团泊水库去，对补水沿线所有河道逐一进行换水补水，既解决农业用水不足的问题，又解决生态用水、改善水质的问题。当然，一切工作的前提是必须截污治污，不能像蓟运河补水那样，由于没有截污治污，仅仅两个月的时间，水质就从Ⅲ类变成劣Ⅴ类，所以在这一点上还得继续下大力量，工夫下到了，科学治理实施了，完成这些指标就不困难，否则再抱有"治理水环境赶着算"的想法，水环境质量只会越来越恶化。以潮白河为例，前几年修建橡胶坝，把水截住，解决了蓄水的问题，但也存在弊端，好水截留时间长了也会被污染，所以说"流水不腐"，就是这个道理，我们要在水体流动问题上深入研究。

第六，围绕"水能动"，实施活水工程，加强水系连通循环。

一是建设北水南调连通体系。统筹考虑调水、供水、蓄水和水质改善诸多因素，实施北水南调工程，有效解决北水多、南水少问题，改善南部地区水源短缺和水质差的状况。优先实施中线工程，实施港北连接渠治理，打通青龙湾减河、北运河连接通道，缓解潮白新河行洪局限和水源存蓄压力。有序推进北线工程，适时建设柳河—黄沙河连接线，有效保障北运河整体抬高水位，满足通航需求。积极实施生态补水，充分利用于桥水库和北部河系水源实施补水，改善北水南调沿线河道水质，实现南北区域水系连通、水体循环。实施北水南调工程，应该充分发挥潘大水库作用，潘大水库现有20亿多的水量，要把引滦水调到独流减河等南部缺水地区，这方面要实施工程，按现在的设计标准只有15个流量，往静海输送6000万立方米水需要20多天，如果是进行补水换水，

必须加大流量、缩短周期，否则换水的质量就会受到影响。中心城区过去补水需要7天，现在要提速到2~3天，一些断面窄的河道，要做到一夜就能实现换水。

二是完善海河南北水循环体系。充分发挥七里海、北大港湿地净化作用，进一步巩固海河南部水循环系统，打通海河北部循环系统。完善南部水循环系统，建设复兴河、南运河、光华桥等临时泵站，提高海河南部水系取水能力，提高水体循环效率。打通北部循环系统，建设月牙河、红星桥、护仓河等临时泵站，治理青排渠、北丰产河，推动七里海湿地水域连通，打通海河、七里海湿地水循环系统。

三是建设局部区域水循环体系。继续实施外环河分段提升改造工程，增设溢流坝等工程设施，分段抬高地势较高段的河水水位，通过提水、跌水促循环，提高水体流动性。制定实施区域水循环方案，推动各区编制水体循环方案，落实工程措施，促进全市整体水循环。改善农村渠系连通状况，推动实施坑塘沟渠连通工程，积极采取生物措施治理污染，逐步实现坑塘沟渠水清、水活、水流动。尤其是在生态治理上要下力量，2017年蓝藻暴发，主要分布在海河和与海河相连的外环河及中心城区二级河道，以及于桥水库。再看其他区域，砌坡的地方有蓝藻暴发，自然河坡或生态条件良好的地方没有蓝藻，这就是自然净化在发挥作用，所以生态修复一定要作为治本的措施来实施。全市上下都要加大生态修复治理力度，恢复河湖自然面貌，这方面我们要统筹考虑，把这项工作规划好、设计好、建设好、实施好。

四、坚定不移推进全面从严治党，为水务事业发展提供坚强政治保证

党的十九大就新时代全面从严治党作出重大战略部署，为推进党的建设新的伟大工程指明了方向。全市水务系统各级党组织要全面贯彻新时代党的建设总要求和重要任务，牢固树立"四个意识"，切实履行好管党治党政治责任，扎实推进全面从严治党向纵深发展。

第一，坚持旗帜鲜明讲政治，始终高举习近平新时代中国特色社会主义思想伟大旗帜。

一是深刻领会习近平新时代中国特色社会主义思想。把习近平新时代中国特色社会主义思想作为指导一切工作的根本指针，认真领会总书记关于绿水青山就是金山银山，以水定城、以水定产、水城共融、绿色发展等重要指示精神，在原汁原味学的基础上，学以致用、融会贯通，真正做到思想上高度认同、政治上坚决拥护、组织上自觉服从、行动上紧紧跟随。

二是扎实开展"不忘初心、牢记使命"主题教育。用党的创新理论武装头脑，巩固"维护核心、铸就忠诚、担当作为、抓实支部"主题教育实践活动成果，深入推进"两学一做"学习教育常态化制度化，要按照中央和市委的要求扎实开展"不忘初心 牢记使命"主题教育活动，在学做结合、知行合一上持续用力，厚植理想信念，强化"四个意识"，坚定"四个自信"，激发党员干部不忘初心、牢记使命、维护核心、忠诚担当、创新竞进的强大热情。

第二，层层压实主体责任，全力构建全面从严治党闭环式责任体系。

一是狠抓关键少数。一把手要认真履行第一责任人责任，做到重要工作亲自部署、重大问题亲自过问、重要环节亲自协调、重要事项亲自督办。在执行上坚定坚决，不讲条件、不打折扣、不搞变通，不折不扣贯彻执行中央和市委决策部署，不折不扣贯彻落实局党委工作安排，心往一处想、劲往一处使，切实做到政令畅通、执行到位。

二是狠抓主体责任。认真落实民主集中制和"三重一大"制度，深入开展"双责双查双促"活动，提炼工作特色，扩大有效成果，推动各部门、各单位"一把手"和班子成员认真履行一岗双责。把党建工作列入各级党组织会议常态化议题，将党建检查、廉政履职谈话、落实上级文件要求等党建工作纳入督办系统，发挥督促办理的作用。今年我们开展领导干部述责述廉，做得非常好，

我们要坚持有诺必践行，立知立改，要作为一种常态长效的机制抓紧做好。

第三，坚决打赢巡视巡察整改政治硬仗，努力营造风清气正的良好政治生态。

一是严格监督。切实发挥好巡察利器作用，敢于监督、善于监督，做到巡察精准快速，监督落地到位，充分发挥各级纪检监察组织监督职能，坚决执行各项监督检查机制。紧密结合净化政治生态与不作为不担当问题专项治理、作风纪律专项整治，坚决肃清黄兴国恶劣影响，深挖在理想信念、宗旨意识、责任担当等方面的差距和不足，确保各项整改措施见底见效。

二是严肃整改。坚持"改了就是好同志，不改就要严肃问责、严肃处理"的原则，加大巡察整改力度，严肃整改错误行为，健全巡察联席会议工作机制，切实解决党的领导弱化、党的建设缺失、全面从严治党不力等各类问题。深入开展市纪委考核组反馈我局落实全面从严治党主体责任问题整改，确保整改工作真到位、全到位。

三是严密规范。通过整改存在问题促进"两个责任""一岗双责"等各项工作上水平，进一步规范党的建设、党的生活、党的领导、党的制度、党的规矩和纪律，做到检查深入、靶向精准、震慑明显。结合水务工作实际强化建章立制，扎牢织密从严管党治党制度笼子。广泛开展党章党规党纪宣传教育和警示教育，让红脸出汗、咬耳扯袖成为常态。

四是严厉问责。坚持无禁区、全覆盖、零容忍，严肃查处顶风违纪行为，坚决惩治各类腐败问题，对待违规违纪行为要敢于执纪、敢于问责，不能姑息养奸，不能任其泛滥。要强化监督执纪问责，用好"四种形态"，切实增强问题线索处置的能力和水平，做到常问、敢问、实问、善问，以"失责必问"促进"有责必尽"。

第四，坚持主动作为勇于担当，树立水务真抓实干良好形象。

一是驰而不息纠"四风"。牢固树立作风建设永远在路上的理念，持之以恒贯彻落实中央八项

规定精神，对标对表、以身作则，巩固拓展作风建设成果，以钉钉子精神持续整治"四风"问题，力戒形式主义、官僚主义，将表态多调门高、行动少落实差以及"这也没治、那也不行""工作赶着走、干着看"等情况作为纠"四风"的具体内容，督促各级党组织及时发现和纠正存在的问题。

二是创新竞进上水平。加大组织推动力度，理顺体制机制，完善管理模式，提升管理手段，改变以往单打独斗的局面，使手臂延长、力量增加、管理手段科学化。提升规划带动水平，加快各项规划方案编制进程，使规划变为计划，计划变成项目，项目变成工程，工程保证实施发挥作用。发挥政策驱动效益，充分用好地方政府债券、企业投资、社会投资，拓宽投融资渠道，打造多元化投资主体，保证工程的顺利实施。增强改革撬动决心，坚决摒弃传统的思维和习惯，以改革激发活力，用创新的思维和方法，更好地化解矛盾和问题。尤其要加强工作轨迹管理，2018 年要全面展开，做到一线检查要有轨迹，发现问题要有传输，解决问题要留痕迹，监督考核要有依据，确保轨迹管理落实到位。

三是狠抓落实转作风。各级领导干部都要深入基层、深入一线，扑下身子实地检查、实地协调、实地推动、实地解决问题。坚持"谁主管谁负责、谁牵头谁协调"，层层落实责任，层层组织推动，确保决策部署落地生根、见到实效。要做

好精准扶贫，把"帮扶村"建设成为强宗旨、转作风的工作阵地，以点带面，推动全局形成务实高效为民的工作作风，既要把"帮扶村"变成工作阵地，还要把我们的工作一线变成转作风的基地，要到项目当中去，到工程当中去，到污染现场去，到有矛盾有问题的地方去，这样我们的工作作风才能转变，要发扬迎全运保障中心城区水环境的那种精气神和工作干劲，切实把污染的问题解决好，把水资源的问题解决好，把水环境、水安全的问题解决好。

四是培树人才带队伍。坚持党管干部原则和好干部标准，把好政治首关，突出事上练、事中看，选优配强"一把手"和关键岗位领导干部。加大优秀年轻干部培养选拔力度，加强干部交流轮岗和教育培训，注重培养专业能力、专业精神，着力打造一支政治过硬、作风优良、干事成事的水务干部队伍。

同志们，做好今年水务各项工作，任务艰巨，责任重大。我们要更加紧密地团结在以习近平同志为核心的党中央周围，以习近平新时代中国特色社会主义思想为引领，深入贯彻落实党的十九大精神和市委、市政府决策部署，高标准、高质量、持之以恒推进水务事业发展，为全市经济社会高质量发展做出新的更大贡献。在新春到来之际，我代表局党委和局领导班子全体成员，给大家拜早年，祝大家身体健康、阖家欢乐、万事如意！

政 策 法 规

规 范 性 文 件

市水务局关于废止和修改部分行政规范性文件的通知

津水规范〔2017〕1 号

局属各单位、机关各处室、市调水办各处、各区水务局：

为了依法推进简政放权、放管结合、优化服务改革，促进生态文明建设和环境保护，按照市政府法制办有关专项清理工作要求，市水务局对现行局发规范性文件进行了全面清理，经 2017 年 12 月 25 日第 12 次局长办公会议研究同意，决定对 1 部局发规范性文件予以废止，对 2 部局发规范性文件予以部分修改，对 2 部局发规范性文件予以全面修改。

一、废止的局发规范性文件

《市水务局关于印发天津市外调水用水计划管理办法的通知》（津水资〔2013〕4 号）

二、部分修改的局发规范性文件

（一）将《市水务局关于印发〈天津市重要工程地面沉降专项监测技术规定（试行）〉的通知》（津水综〔2015〕36 号）7.3 修改为："监测完成后应编制地面沉降专项监测成果文件，并组织或委托具有相应能力的质量检验机构进行验收。"

（二）将《天津市二次供水设施清洗消毒管理规定》（津水综〔2015〕51 号）第八条中的"未经备案的，不得从事二次供水设施清洗消毒工作"删去。

三、全面修改的局发规范性文件

（一）《市水务局关于印发天津市水利建设市场主体信用信息管理暂行办法的通知》（津水基〔2013〕4 号）

（二）《市节水办关于印发天津市水平衡测试管理办法的通知》（津节水办〔2013〕17 号）

本通知自公布之日起生效。

天津市水务局

2017 年 12 月 26 日

市水务局关于印发天津市建设项目取用水论证管理规定的通知

津水资〔2017〕15 号

各区水务局、各有关单位：

为贯彻落实国务院深化行政审批制度改革的要求，促进我市水资源合理配置和可持续利用，保障建设项目的合理用水要求，依据《取水许可和水资源费征收管理条例》、《建设项目水资源论证管理办法》等法规规定，市水务局对《天津市建设项目取用水论证管理暂行规定》进行了修订。现将《天津市建设项目取用水论证管理规定》印发给你们，请遵照执行。

附件：天津市建设项目取用水论证管理规定

天津市水务局

2017 年 2 月 23 日

附件

天津市建设项目取用水论证管理规定

第一条 为促进水资源的优化配置和可持续利用，优化我市的社会经济发展环境，保障建设项目的合理用水要求，加强水资源的保护。根据国务院《取水许可和水资源费征收管理条例》、《天津市实施〈中华人民共和国水法〉办法》和水利部、国家计委《建设项目水资源论证管理办法》等相关法规规章，制定本规定。

第二条 凡本市行政区域内新建、改建、扩建的建设项目需要取用水的，应按照本规定编制建设项目水资源论证报告书或用水报告书。

第三条 直接从河道、湖泊、渠道、水库或地下取用水的建设项目，建设项目业主单位应当依法进行建设项目水资源论证，提交建设项目水资源论证报告书。水行政主管部门应当组织有关专家对建设项目水资源论证报告书进行审查。

第四条 下列情况可适用简易程序，填报建设项目水资源论证报告表：

（一）利用已有机井年取水量在 1 万立方米以下的；

（二）已有取水许可证，地下水利用原有机井新增年许可水量 1 万立方米以下的；

（三）建筑施工期临时取用地下水年取水量低于 5 万立方米的。

第五条 取用公共自来水的建设项目，办理用水计划指标时，应当提交建设项目用水报告书。

取用公共自来水月用水量小于 500 吨的，可适用简易程序，填报用水登记表。

第六条 建设项目水资源论证报告书（表）和建设项目用水报告书应当按照《建设项目水资源论证导则》《天津市建设项目用水报告书编制导则》要求编制和审查。

第七条 水行政主管部门负责报告书（表）的审查工作。报告书（表）的审查权限原则上与取水许可和计划指标审批权限相一致。跨区取水或对相邻区及重点工程用水有影响的取水论证的报告书（表）应由市水行政主管部门组织审查。

第八条　报告书应当由水行政主管部门组织专家审查，论证报告表由水行政主管部门负责组织有关单位审查。审查通过的报告书（表）及书面审查意见应作为取水许可和计划指标审批的技术依据。

第九条　业主单位应向具有报告书（表）审查权的水行政主管部门提出书面审查申请，申请时应附具以下材料：

（一）报告书一式十份或报告表一式五份；

（二）建设项目取用水论证工作委托合同或协议；

（三）水行政主管部门认为应提交的与审查工作有关的其他材料。

第十条　水行政主管部门应严格依据国家发布的有关技术标准、规程和规范，按照客观、公正、合理的原则，组织报告书（表）审查工作。若未达到审查要求，水行政主管部门提出书面修改补充意见，达到审查要求后，按程序组织专家或有关单位进行审查。

第十一条　对重要建设项目水行政主管部门应组织专家和有关单位进行现场查勘。对存在重大问题的，水行政主管部门应提出专门调查报告。

第十二条　报告书审查一般采取会审方式，由水行政主管部门组织有关专家和单位代表召开报告书审查会，业主单位应派代表参加会议。

对取水规模较小、技术较为简单或遇特殊情况不能召开审查会的，可采取书面函审方式，由水行政主管部门书面征求有关专家和单位的意见。

第十三条　评审专家应提出署名的专家评审意见，填写专家评审表。审查会讨论形成审查意见及专家组评分表，水行政主管部门将专家组审查意见和专家个人意见清单提供业主单位，业主单位应按照意见组织修改，编写意见采纳说明。

第十四条　业主单位将修改后的报告书送水行政主管部门。经水行政主管部门和专家组长审核后，专家组长签署审查意见。

第十五条　参加审查工作的专家和单位代表应维护建设单位和报告书编制单位的知识产权和技术秘密，妥善保存有关技术资料。审查工作结束后，应将报告书等有关资料退回报告书编制单位。

第十六条　报告书（表）审查通过后，有下列情况之一的，建设项目业主单位应向水行政主管部门重新申请审查：

（一）建设项目的性质、规模、地点或取水指标发生重大变化的；

（二）水资源情况发生重大变化，严重影响自身及周边取水的；

（三）建设项目的退水、排水情况发生重大变化的；

（四）已取得取水许可证，因法定事由须重新办理取水许可证的。

第十七条　各区水行政主管部门应于每年年初将水资源论证工作情况统计表报市水行政主管部门。

第十八条　市水行政主管部门负责对区水行政主管部门水资源论证工作进行检查监督，检查内容为审查的水资源论证报告书是否符合要求。检查结果通报各区水行政主管部门，并作为考核区县水资源管理工作的内容之一。

第十九条　禁止水行政主管部门越权审查。越权审查的，由上级水行政主管部门予以通报批评；连续两次越权审查的，由上级水行政主管部门责令其进行限期整改，情节严重的，依法给予行政处分。

越权审查的报告书审查意见无效，从事越权审查的水行政主管部门应当对越权审查引起的后果承担责任。

第二十条　对于水行政主管部门的工作人员在报告书（表）审查过程中弄虚作假、把关不严、审查通过的报告书（表）质量低劣，应给予通报批评。

第二十一条　从事论证报告书审查工作的评审专家徇私舞弊，弄虚作假，玩忽职守的，由水行政主管部门停止其审查活动。其中属于水利部水资源论证评审专家库中的专家，报水利部按有关规定处理。

第二十二条　论证报告书编制单位及其执业人员应当严格遵守国家有关规定，按照独立、客观、公正、诚信的原则，恪守执业规则和职业道德，依法提供行政许可要件，并承担相应责任。

第二十三条　水行政主管部门应当按照《天津市中介机构提供行政许可要件管理办法》、《天津市中介机构提供行政许可要件评价考核办法》、《天津市水务局关于对中介机构提供水行政许可要件的指导意见》等规定加强对论证报告编制单位的管理。

第二十四条　本规定自 2017 年 2 月 28 日起施行，至 2022 年 2 月 27 日废止。2011 年 1 月 13 日市水务局发布的《天津市建设项目取用水论证管理暂行规定》（津水资〔2011〕4 号）同时废止。

市水务局关于印发天津市地源热泵系统管理规定的通知

津水资〔2017〕17 号

各区县水务局、各有关单位：

为合理开发利用和保护地下水资源，规范地源热泵系统管理，依据《中华人民共和国水法》、《取水许可和水资源费征收管理条例》及《天津市实施〈中华人民共和国水法〉办法》等法律法规规定，市水务局对《天津市地源热泵系统管理规定》进行了修订，现印发给你们，请遵照执行。

附件：天津市地源热泵系统管理规定

天津市水务局
2017 年 2 月 23 日

附件

天津市地源热泵系统管理规定

第一条　为合理开发利用和保护地下水资源，促进地源热泵系统在我市健康有序地发展，依据《中华人民共和国水法》、《取水许可和水资源费征收管理条例》及《天津市实施〈中华人民共和国水法〉办法》等法律法规规定，结合本市实际，制定本规定。

第二条　凡在本市建设和使用竖直地埋管地源热泵系统和地下水地源热泵系统的单位和个人均应遵守本规定。

第三条　市水行政主管部门负责全市地源热泵系统凿井和取用水的管理和监督工作。

区水行政主管部门按照职责分工，负责本行政区域内市管以外的地源热泵系统凿井和取用水的管理和监督工作。

第四条　地源热泵系统的建设及应用应当坚持统一管理、综合利用、注重效益和开发与环境保护并重的原则。

市水行政主管部门负责制定全市地源热泵管理技术规范并监督实施。

第五条　建设地下水地源热泵系统需要取用地下水的单位和个人应当向水行政主管部门申请办理取水许可手续，并按规定进行建设项目水资源论证。

第六条　地下水地源热泵系统取水申请批准后凿井和建设竖直地埋管地源热泵系统需要凿井的单位和个人，应当向水行政主管部门办理凿井手续，并报送以下材料：

（一）凿井申请书；

（二）凿井施工方案；

（三）凿井施工单位技术等级证明文件；

（四）有关土地使用权的证明文件。

建设地下水地源热泵系统的还需报送含计量监测设施的管网设计图。

区水行政主管部门审批的地源热泵系统凿井

工程应报市水行政主管部门备案。

第七条　在地下水饮用水水源地范围内禁止兴建地源热泵系统。

第八条　建设地下水地源热泵系统，有下列情况之一的不予批准：

（一）项目产权、管理主体不明确的；

（二）地面沉降区内申请项目所在地1公里范围内加权平均沉降量超过30毫米/年的地区；

（三）深层地下水含水组单层厚度小于10米或含水组中砂层总厚度小于20米，出水量低于60立方米/小时的地区；

（四）采灌地下水井不在同一含水组、井距不在合理的影响半径之内的；

（五）采用的地源热泵系统提取温差低于10℃的；

（六）位于沿海防潮堤两侧各1公里范围内以及围海造陆的全部陆域的；

（七）位于高速铁路沿线两侧各1公里范围内的；

（八）法律法规规章规定的其他情形。

第九条　申请凿井的单位和个人应按照水行政主管部门审查同意的施工方案进行施工，不得擅自变更施工方案，确需变更的，应经水行政主管部门审查同意。

水行政主管部门应当对工程实施情况进行监督检查。违反前款规定的，由水行政主管部门依照《天津市实施〈中华人民共和国水法〉办法》相关规定处罚。

第十条　地源热泵系统与地下水接触的部件应当采用对地下水无污染的耐腐蚀材料，防止污染地下水资源。

第十一条　承揽取用地下水地源热泵项目凿井工程的单位应具有相应技术等级。

地下水地源热泵系统井工程竣工后，取水单位和个人应当在15个工作日内向水行政主管部门提交水文地质柱状图、电测曲线图及抽水和回灌的试验报告、竣工报告、水质分析报告等验收材料。水行政主管部门应在接到验收材料15个工作日内组织对井工程进行验收。

取水单位和个人应当在井工程验收通过后30个工作日内，在取水、回灌及排水管路的适当位置按技术规范要求安装计量水表，实现水量实时在线监测；按要求安装地下水水位、水温、地面沉降等监测设施，经水行政主管部门验收合格核发取水许可证并办理用水计划指标后方可取水。

第十二条　竖直地埋管地源热泵系统井工程竣工后，申请凿井的单位和个人应当在15个工作日内向水行政主管部门提交竣工报告、水文地质柱状图及电测曲线图等资料。

第十三条　地下水地源热泵系统抽水、回灌过程应当采取密闭措施。禁止将地下水取水管、回灌管与公共供水、排水管道连接。

第十四条　取水单位和个人应当对地下水地源热泵系统井工程的日常运行加强管理，保证采灌井各项设施正常运行。取水单位应加强操作人员的技术培训。

第十五条　地下水地源热泵系统井工程在运行过程中，取水单位和个人应当采取必要的措施，保证回灌水不得恶化地下水水质，地源热泵系统冬夏两季采取的冷热量达到平衡，避免对地下水环境造成热污染。

第十六条　地下水地源热泵系统灌采比应不低于95%，取水单位和个人应当对回扬水回收利用。

第十七条　地下水地源热泵系统的取水单位和个人应当定期将井的水位、水温、水质、开采量及回灌量情况报送水行政主管部门。其中水质应当在每个运行季节使用完毕后委托有资质的单位进行全分析化验并报送；运行期间水位、水温、开采量及回灌量情况应当每月报送。

水行政主管部门应当在地下水地源热泵系统运行期间定期对运行情况进行检查监督，按规定征收地下水资源费。

第十八条　违反本规定的按照国家和本市有关规定进行处罚。

第十九条　本规定自2017年2月28日起施行，至2022年2月27日废止。

天津市人民政府办公厅转发市水务局关于进一步加强水资源管理工作实施意见的通知

津政办发〔2017〕10 号

各区人民政府，各委、局，各直属单位：

市水务局《关于进一步加强水资源管理工作的实施意见》已经市人民政府同意，现转发给你们，请照此执行。

天津市人民政府办公厅
2017 年 1 月 18 日

关于进一步加强水资源管理工作的实施意见
市水务局

党的十八大以来，党中央、国务院高度重视水资源工作，全面部署实行最严格水资源管理制度，习近平总书记提出了"节水优先、空间均衡、系统治理、两手发力"新时期的治水方针，中央对实行水资源消耗总量和强度双控行动提出了明确要求。为贯彻落实党中央、国务院关于水资源工作的部署要求，进一步加强全市水资源管理，强化水资源环境承载能力刚性约束，促进经济发展方式和用水方式转变，为实现中央对天津定位、加快建成"一基地三区"提供水安全保障，根据相关法规制度和水利部对"十三五"水资源管理工作的部署，结合我市实际，现就"十三五"期间进一步加强全市水资源管理工作提出如下实施意见：

一、现状和意义

近年来，我市积极落实最严格水资源管理制度，确立了水资源管理"三条红线"，着力强化用水需求和用水过程管理，建立并逐步完善了考核制度体系，水资源管理工作不断取得新突破。但水资源工作仍存在一些突出问题：南水北调中线工程通水后，我市实现了双水源保障的工程条件，但由于引滦水质持续下降，城市供水的脆弱性依然存在；本地水资源匮乏，农业和生态缺水问题未得到有效解决；节约用水还存在薄弱环节，尚未建立节水激励机制，节水内生动力不足，以政府投资推动节水为主的现状未根本转变，耗水农作物种植比重过大；水功能区限制纳污制度、水功能区监测评价体系仍不完善，水功能区达标率难以达到国家的考核要求，不能满足美丽天津的建设需求。为此，需要进一步提升水资源刚性约束作用，建立节水激励和约束机制，推进多水源综合利用，建立水资源保护长效监督机制，以水资源可持续利用支撑全市经济社会又好又快发展。

二、总体要求

（一）指导思想。全面贯彻党的十八大和十八届三中、四中、五中、六中全会精神，深入学习贯彻习近平总书记系列重要讲话精神，紧紧围绕统筹推进"五位一体"总体布局和协调推进"四个全面"战略布局，以"创新、协调、绿色、开放、共享"五大发展理念为指导，认真落实"节水优先、空间均衡、系统治理、两手发力"新时期水利发展方针，以水定城，以水定产，强化最严格水资源管理制度，以水资源消耗总量和强度双控行动为重点，构建高效完善的水资源管理和河湖健康保障体系。

（二）基本原则。坚持因水制宜，量水而行，促进区域经济社会发展与水资源承载能力相适应；坚持统筹兼顾，实行多水源优化配置，高效利用外调水，大力开发地表水，有步骤压采地下水，充分利用再生水，合理发展海水淡化，实现优水优用分质供水；坚持改革创新，构建系统完备、科学规范、运行高效的水资源管理制度。

（三）总体目标。到"十三五"末，水资源统一配置更加高效，用水效率继续保持国内领先，城乡用水得到有效保障，生态水量大幅增加，水资源管理能力显著提升，全市年用水总量控制在38亿立方米以内，万元工业增加值用水量控制在7立方米左右，万元国内生产总值用水量控制在14立方米左右，地表水水源地水质达到地表水Ⅲ类以上标准，重要河湖生态水量得到基本保障，重要江河湖泊水功能区水环境质量明显改善。

三、工作内容

"十三五"期间，紧紧围绕贯彻落实最严格水资源管理制度，以水资源消耗总量和强度双控行动为重点，以水资源承载能力监测预警为抓手，强化水资源刚性约束；以节水型社会建设为平台，推进水资源社会化管理进程；以水资源计量监控能力和基层水资源管理能力提升为依托，夯实水资源管理基础；以建立完善水功能区限制纳污预警和分类管理制度及水环境养护长效机制为核心，强化水资源和水生态保护。

（一）严格总量控制，强化刚性约束。

1. 强化规划水资源论证，落实以水定城、以水定产的要求。开展天津市和滨海新区城市总体规划水资源专题研究，其他区城乡总体规划、城镇总体规划编列规划水资源论证篇章。重大建设

项目布局规划，主要包括工业园区、经济技术开发区、高新技术产业开发区、生态园区等各类开发区规划，编制规划水资源论证报告书，确保与区域水资源条件相适应。

2. 严格取水许可和建设项目水资源论证。严格标准，用先进的定额标准核定取用水量；严格把关，切实将不符合产业政策、与当地水资源条件不相适应的项目拒之门外；严格管理，强化事中事后监管，充分发挥各区"一个部门管审批"的优势，同时深入研究堵塞审批和管理衔接的漏洞；严格限批，对取用水量已达到或超出控制指标的区域，必须暂停审批新增取水。

3. 建立水资源承载能力监测预警机制。摸清全市和各区水资源承载能力，核算现状经济社会对水资源的承载负荷，划定超载、临界、不超载区域。研究建立水资源承载能力监测预警机制，探索对水资源超载区域实行有针对性的管控措施，引导各区根据水资源承载能力谋划经济社会发展。

4. 加强水资源监控能力建设。全面实施国家水资源监控系统二期项目建设，补充水量、水质监测点，大幅提高各类取用水计量监控率。完善水资源监控系统功能，与实际业务工作紧密结合，切实加强项目建设管理和运行维护，保障系统充分发挥效益。

（二）严管用水强度，深化节水型社会建设。

1. 加强重点用水单位监管。确定国家和市级重点监控用水单位名录，依托水资源管理系统建设，对重点监控用水单位一级计量设施全面监控。水行政主管部门应加强对重点监控用水单位的取用水计量设施检查、监控数据统计与分析、水平衡测试和计划用水等日常监督管理工作，督促重点监控用水单位健全节水管理制度，加快节水技术研发。

2. 严格用水定额和计划管理。逐步完善高耗水行业取水定额标准，力争全面覆盖全市主要用水行业。对定额实行跟踪评估、动态修订。为计划用水管理提供支撑，实现用水精细化管理。

3. 开展水效领跑者引领行动。在用水产品、

重点用水行业和灌区开展水效领跑者引领行动，开展遴选工作，树立节水标杆。

4. 加强农业节水。推进全市大中型灌区实行农业取水许可管理。科学核定灌区取水许可水量，明确审批主体和对象，从严发放取水许可证。强化日常监督管理，严格农业用水年度计划管理，将农业取水许可管理纳入最严格水资源管理制度考核。

（三）抓好统筹配置，有序利用水资源。

1. 严格配置利用。高效利用引江、引滦外调水，主要配置于城乡生活和工业生产，兼顾城市生态环境。大力开发地表水，主要用于农业生产和生态环境。有步骤压采地下水，深层地下水在近期主要用于不具备地表水源供水条件的农村生活，水源地的地下水作为应急储备水源，浅层地下水逐步减采。充分利用再生水，深处理再生水主要用于工业和市政杂用，粗制再生水主要用于生态。合理发展淡化水，主要用于临海就近的滨海新区高耗水产业，以工业点对点直用为主，同时作为城市补充水源和战略储备。

2. 强化水资源用途管制。按照"统筹生活、生产和生态用水，优先保证生活用水，确保生态基本需水，保障粮食生产合理需水，优化配置生产经营用水"的原则，健全用水总量控制指标体系。统筹考虑城镇化发展、粮食安全、产业布局等因素，将用水总量控制指标细化到生活、农业、工业等主要用水行业，合理保障经济社会发展各行业及基本生态用水需求。

3. 严格地下水开发利用管控和水源转换。各区人民政府要切实履行好本辖区地下水压采工作和水源转换工作主体责任，按照时间节点要求，精心组织好水源转换。统筹考虑城镇化建设、农村饮水提质增效工程建设和再生水回用农业，全力推动地下水压采，确保完成2020年全市地下水压采任务。严格地下水超采区综合治理，禁止工农业生产及服务业新增取用地下水。公共供水管网覆盖范围以外且不具备近期通水条件的地区，申请消防用水和少量生活用水的，在地面沉降中

心区范围以外的可酌情审批取用地下水。公共供水管网覆盖范围内的地下水用户一律全部停止使用地下水。对地下水压采任务未完成的区，不再批准其引进新项目。严格对各区地下水的管理考核，重点突出控制地面沉降在地下水管理中"风向标"作用，实行地面沉降量、地下水位、地下水开采量"三元"控制。

4. 合理利用非常规水源。把非常规水源纳入区域水资源统一配置，在水资源论证审查和取水许可审批中优先配置使用非常规水源。着力消化北疆电厂一期淡化海水产能，按照以需定产的思路，发展新增产能，坚持淡化海水点对点直供工业的原则，主要配置给坐落在淡化海水供水半径内的电子、精细化工、精密制造等重大项目，以需定产，优水优用，实现淡化海水的高效合理配置。编制出台全市再生水利用规划，加强再生水厂网建设，重点完善供水管网，扩大供水覆盖范围，大力发展深处理再生水用于工业生产、城市绿化、道路清扫、建筑施工以及生态景观等方面；完善河道输配、调度体系，在完成河道截污治污工作基础上，充分利用污水处理厂出水提标的良好条件，本着达标安全原则，将污水处理厂达标出水普遍用于河道生态、湿地及农业用水。结合海绵城市建设，推进雨水资源利用，发挥开源和减涝双重作用。

（四）发挥市场作用，深化体制机制创新。

1. 加快水价机制创新。推进农业水价综合改革，按照国家关于农业水价综合改革要求，合理确定农业用水价格水平，促进农业用水方式由粗放式向集约式转化。全面推行城镇居民用水阶梯水价制度，充分发挥水价在节水中的杠杆作用。

2. 探索水权分配制度。研究各区之间外调水初始水权分配制度，分清所有权、使用权及使用量，探索建立外调水水权交易制度，充分发挥市场对水资源的配置作用，促进节水。

3. 推行合同节水管理。结合我市实际情况，研究探索重点用水行业合同节水管理模式，积极推动合同节水产业化发展，加强节水服务企业

管理。

（五）强化水资源保护和水生态修复。

1. 进一步完善水功能区划。根据我市社会经济发展水平以及水资源、水环境形势，对现有水功能区划进行复核和调整，加强饮用水水源保护和生态景观功能。制定水功能区监督管理办法，合理划分水功能区监督管理权限，提出入河排污口审批的区域限制意见，划定禁止审批区、严格限制区、一般限制区，明确各区域各项管控措施。

2. 进一步完善水功能区水质评价体系。完善水质监测工作，合理布设水质监测站点，加强对重要江河湖泊水功能区、设置了区界断面的水功能区的监测，建立和完善水质监测网络，制定水功能区水质达标评价技术细则。各区水务部门应因地制宜，逐步开展水功能区水质监测工作。

3. 实行水功能区水质达标管理。在开展水资源论证、取水许可、入河排污口设置论证等工作中，要把水功能区水质是否达标作为一项重要的评价和审核标准。对涉及河道清淤、打坝等可能对水功能区有影响的新建、改建、扩建的建设项目，应在提交的河道管理范围内建设项目申请有关文件中，分析建设项目施工和运行期间对水功能区水质、水量的影响，并提出有针对性的解决措施。

4. 严格入河排污口监督管理。严格按照有关法律、法规、规章的要求，做好管辖权限范围内的入河排污口监督管理工作。定期组织对水功能区内已经设置的入河排污口情况进行调查，对管辖范围内设置的入河排污口建立档案制度和统计制度，对治理完成后保留的排污口要定期巡视检查，建立台账，确保治理成效。要制定管理办法，规范入河排污口设置审批程序，严格控制新建、扩建入河排污口，重点抓好新建污水处理厂入河排污口设置审批、论证工作。对上一年度污染物入河量超出水功能区限制排污总量的区，将停止或限制其审批新建、扩建入河排污口。

5. 开展水功能区限制纳污预警管理。加强水功能区区界断面、主要入河排污口水质的监督性监测，及时通报水质情况，着手建立水功能区限制纳污预警制度，对水功能区水质实行分级预警管理。水务管理部门应当加强对水功能区的日常巡查，发现水功能区水质有异常情况或水污染事故的，应当启动相关应急预案。水务管理部门应按照水功能区达标和限制排污总量意见的要求，以水功能区为单元，查明水质超标影响因素，有针对性地编制水质达标建设工作方案，提出入河排污口布设、排污控制、水生态修复、生态水量保障等措施，并组织实施。

6. 进一步加强水生态保护与修复。在水利工程前期工作、建设实施、运行调度等各环节，加强对水生态的保护。实施水系连通工程，加强各类水源调配，增加生态水量，完善水系连通工程运行调度制度，充分发挥生态用水效益。建设河道绿色走廊，修复河道湿地生态系统，使河流恢复自身生态功能，提高河流水体自净能力。建立水生态修复工程长效运行机制，保障管护资金持续投入，加强社会化、市场化管理，确保工程发挥效益。

7. 加强饮用水水源地保护。切实加强全市范围内饮用水水源地安全保障工作，将北塘水库、王庆坨水库纳入水源地名录，全市国家级、市级饮用水水源地全部划定饮用水水源保护区，并开展达标建设。建立健全农村饮用水水源保护措施，推进农村水源保护区或保护范围划定工作。开展水源地水生物监测和水生物环境保护修复工作。进一步提高饮用水水源地应急处置能力和水质综合分析能力，建立健全我市城市饮用水水源地应急管理体系。

四、保障措施

（一）强化合作机制。水务、发展改革、工业和信息化、财政、规划、建设、环保、市容、农村、市场监管、行政审批等相关部门及水务集团等相关单位要加强沟通协调，建立完善部门分工协作和行业协调联动机制，形成推动合力。

（二）完善经费保障。拓宽水资源管理工作经费渠道，落实水资源配置、节约、保护和管理等各项水资源管理工作专项工作经费，建立完善的水资源工作经费保障制度，保障各项水资源管理工作顺利开展。

（三）加强行政执法。对各类水事违法行为依法及时进行查处，做到违法立案及时、行政处罚到位，建立良好水资源管理秩序。

（四）加大宣传力度。充分利用各种媒体，通过多种形式，深入开展水资源节约保护宣传教育，在全社会树立水忧患意识和水资源节约保护意识，营造良好社会舆论氛围。

天津市人民政府办公厅关于转发市水务局市发展改革委拟定的天津市"十三五"水资源消耗总量和强度双控行动方案的通知

津政办发〔2017〕49号

各区人民政府，各委、局，各直属单位：

市水务局、市发展改革委拟定的《天津市"十三五"水资源消耗总量和强度双控行动方案》已经市人民政府同意，现转发给你们，请照此执行。

天津市人民政府办公厅

2017年3月30日

天津市"十三五"水资源消耗总量和强度双控行动方案
市水务局　市发展改革委

为贯彻落实《水利部国家发展改革委关于印发〈"十三五"水资源消耗总量和强度双控行动方案〉的通知》（水资源〔2016〕379号），加快推进我市生态文明建设，进一步控制水资源消耗，实施水资源消耗总量和强度双控行动，根据《天津市国民经济和社会发展第十三个五年规划纲要》（津政发〔2016〕2号）、《天津市实行最严格水资源管理制度考核办法》（津政办发〔2016〕53号）、《关于进一步加强水资源管理工作的实施意见》（津政办发〔2017〕10号），制定本方案。

一、总体要求

（一）指导思想。全面贯彻党的十八大和十八届三中、四中、五中、六中全会精神，深入贯彻习近平总书记系列重要讲话精神和对天津工作"三个着力"重要要求，紧紧围绕统筹推进"五位一体"总体布局和协调推进"四个全面"战略布局，牢固树立创新、协调、绿色、开放、共享的发展理念，认真贯彻落实党中央、国务院和市委、市政府决策部署，坚持节水优先、空间均衡、系统治理、两手发力，切实落实最严格水资源管理制度，控制水资源消耗总量，强化水资源承载能力刚性约束，促进经济发展方式和用水方式转变，控制水资源消耗强度，深化节水型社会建设，把节约用水贯穿于经济社会发展和生态文明建设全过程，为实现中央对天津的定位、加快建成"一基地三区"提供水安全保障。

（二）基本原则。坚持双控与转变经济发展方式相结合。以水定需，量水而行，因水制宜，促进人口经济与资源环境相均衡，以水资源利用效率和效益的全面提升推动经济增长和转型升级。

坚持政府主导与市场调节相结合。加强对双控行动的规范和引导，强化政府目标责任考核。完善市场机制，营造良好市场环境，充分发挥市场机制作用，提高水资源配置效率。

坚持制度创新和公众参与相结合。制定完善配套政策，创新激励约束机制，形成促进高效用水的制度体系。加强水情宣传教育，推动形成全社会爱水护水节水的良好风尚。

坚持统筹兼顾与分类推进相结合。统筹考虑区域水资源条件、产业布局、用水结构和水平，科学合理逐级分解双控目标任务。分类推进各行业、各领域重点任务落实。

（三）总体目标。到2020年，水资源消耗总量和强度双控管理制度基本完善，双控措施有效落实，双控目标全面完成，初步实现城镇发展规模、人口规模、产业结构和布局等经济社会发展要素与水资源协调发展。全市用水总量得到有效控制，完成地下水超采区综合治理，全市年用水总量控制在38亿立方米以内，深层地下水开采总量控制在0.89亿立方米，万元GDP用水量降至13.5立方米以下，万元工业增加值取水量保持7.0立方米以下水平，农田灌溉水有效利用系数提高到0.72。

二、明确目标责任

（四）健全指标体系。严格总量和强度指标管理，《天津市实行最严格水资源管理制度考核办法》确定的各区2020年用水总量、万元GDP用水量、万元工业增加值取水量和节水灌溉工程面积率控制指标，作为各区水资源消耗总量和强度双控行动控制目标，确保按期完成。有序推进河流水量分配，在国家批复蓟运河、潮白河、北运河等跨省河流水量分配方案的基础上，启动相应河流的跨区水量分配工作。统筹考虑城镇化发展、粮食安全、产业布局等因素，将用水总量控制指标落实到水源，细化到用水行业，合理保障经济社会发展及基本生态用水需求。建立覆盖主要农作物、工业产品和生活服务行业的先进用水定额体系，实行定额动态修订。研究用水定额和计划管理相结合，强化行业和产品用水强度控制。（市水务局牵头，市市场监管委配合）

（五）强化目标考核和责任追究。狠抓实行最严格水资源管理制度考核，落实各区人民政府主要负责人对本行政区域水资源管理和保护负总责的要求，各区人民政府主要负责人对水资源消耗总量和强度双控行动控制目标负总责，双控行动控制目标纳入实行最严格水资源管理制度考核，考核结果作为对各区人民政府主要负责人和领导班子综合考核评价的重要依据。适时调整《天津市实行最严格水资源管理制度考核办法实施细则》（津水源办〔2016〕3号），突出双控要求，强化节水考核。建立用水总量和强度双控责任追究制，严格责任追究，对落实不力的区，采取通报方式予以督促，对因盲目决策和渎职、失职造成水资源浪费、水环境破坏等不良后果的相关责任人，依法依纪追究责任。（市水务局牵头，市发展改革委、市工业和信息化委、市环保局、市统计局配合）

三、落实重点任务

（六）强化水资源承载能力刚性约束。逐年开展以区为单元的水资源承载能力评价工作，识别承载能力状况，分析超载成因，研究建立水资源承载能力监测预警机制。（市水务局牵头，市发展改革委配合）

加快推进规划水资源论证制度建设，深化我市开展规划水资源论证工作方案，研究开展城市总体规划水资源论证工作，加强工业园区、经济技术开发区、高新技术产业开发区、生态园区等各类开发区规划水资源论证工作，确保与区域水资源条件相适应。对取用水总量已达到或超过控制指标的区，暂停审批其建设项目新增取水许可。（市水务局牵头，市发展改革委、市规划局配合）

（七）全面推进各行业节水。大力推进农业、工业、城镇节水，建设节水型社会，编制实施节水型社会建设规划。（市水务局牵头）

强化农业节水，以转变农田灌溉用水方式、提高灌溉水利用效率为核心，大力发展和推广喷微灌、低压管道输水等高效节水灌溉技术，大幅度提高节水灌溉率，全力打造节水高效现代农业。到2020年，全市节水灌溉工程面积达到385万亩。

（市水务局牵头，市农委、市发展改革委、市财政局、市国土房管局配合）

强化工业节水，落实工业和信息化部高耗水工艺和技术装备淘汰目录、高耗水行业取水定额标准。加强节水新技术、新工艺、新设备、新产品的推广应用，对火电、钢铁、石化、化工、印染、造纸、食品等高耗水行业开展节水技术改造，推广循环用水、串联用水、"零排放"等节水技术。继续推进工业用户的节水型企业创建，研究开展节水型工业园区创建工作。加强节水型行业创建，力争到2020年，80%高耗水行业达到节水型行业标准。严格用水定额管理，针对耗水量大的企业建立节水监控管理平台，推动开展节水措施建设和管理工作，到2020年使高耗水行业达到先进定额标准。（市工业和信息化委、市水务局牵头，市发展改革委配合）

强化城镇节水，对使用超过50年和材质落后的供水管网进行更新改造，全市改造管网680公里，到2017年公共供水管网漏损率控制在12%以内，到2020年控制在10%以内。开展供水管网独立分区计量管理。继续发布节水型产品名录，推广普及节水型器具。通过节水型行业创建等手段，推进学校、医院、宾馆、餐饮、洗浴等重点行业节水技术改造。继续加强节水型居民小区和节水型单位创建，到2020年，节水型企业（单位）和节水型居民小区覆盖率分别达到50%和25%，全面建成节水型公共机构。严格落实国家节水型城市标准要求，完成国家节水型城市复查。（市水务局牵头，市建委、市市场监管委、市发展改革委、市工业和信息化委配合）

（八）加快地下水超采区综合治理。严格落实《天津市地下水压采方案》和《天津市地下水水源转换实施方案》，各区人民政府要切实履行好本行政区域地下水压采工作和水源转换工作主体责任，按照时间节点要求，精心组织好水源转换。严格地下水超采区综合治理，禁止工农业生产及服务业新增取用地下水。公共供水管网覆盖范围内的地下水用户一律全部停止使用地下水。到2020年，深层地下水开采总量控制在0.89亿立方米。积极配合完成全国地下水监测工程，完善地下水监测网络，实现对地下水动态有效监测。（市水务局牵头，市发展改革委、市农委、市财政局配合）

（九）统筹配置和有序利用水资源。高效利用引江、引滦外调水，主要配置于城乡生活和工业生产，兼顾城市生态环境。大力开发地表水，主要用于农业生产和生态环境。有步骤压采地下水，深层地下水在近期主要用于不具备地表水源供水条件的农村生活，水源地的地下水作为应急储备水源，浅层地下水逐步减采。充分利用再生水，深处理再生水主要用于工业和市政杂用，粗制再生水主要用于生态。合理发展淡化水，主要用于临海就近的滨海新区高耗水产业，以工业点对点直用为主，同时作为城市补充水源和战略储备。通过多水源综合利用、优化配置，实现优水优用分质供水，生活、生产、生态用水统筹协调，生态用水合理保障。（市水务局）

（十）推进水权制度建设。以开展外调水初始使用权区域间分配为突破口，结合全国水权试点工作经验，探索研究建立水权初始分配制度，有序开展其他水源初始水权确权。积极探索区域间、行业间、用水户间等多种形式水权交易，搭建水权交易平台，有效发挥市场配置水资源的作用。（市水务局）

（十一）加快理顺价格税费。落实《关于推进我市农业水价综合改革的实施意见》（津政办发〔2016〕113号），建立健全我市农业水价形成机制，建立精准补贴和节水奖励机制。2017年，有农业的区至少选择2个以上行政村或1个乡镇作为试点，率先开展农业水价综合改革；到2020年，至少有2个以上的乡镇率先实现改革目标；到2025年全面完成改革任务。全面推行城镇居民用水阶梯水价制度，充分发挥水价在节水中的杠杆作用。积极推进水资源税费改革。（市发展改革委、市农委、市财政局、市水务局按职责分工负责）

（十二）加强水资源监控能力建设。全面实施国家水资源监控系统二期项目建设，补充水量、水质监测点，大幅提高各类取用水计量监控率。完善水资源监控系统功能，与实际业务工作紧密结合，切实加强项目建设管理和运行维护，保障系统充分发挥效益。结合大中型灌区建设与节水配套改造、小型农田水利设施建设，完善灌溉用水计量设施，提高农业灌溉用水定额管理和科学计量水平。（市水务局）

（十三）加强重点用水单位监管。确定国家和市级重点监控用水单位名录，依托水资源管理系统建设，对重点监控用水单位一级计量设施全面监控。加强对重点监控用水单位的取用水计量设施检查、监控数据统计与分析、水平衡测试和计划用水等日常监督管理工作。督促重点监控用水单位健全节水管理制度，实施节水技术改造，提高内部节水管理水平。（市水务局牵头，市工业和信息化委配合）

（十四）加快推进体制机制创新。结合我市实际情况，确定推行合同节水管理的重点行业，研究探索合同节水管理模式，积极推动合同节水产业化发展，加强节水服务企业管理。在用水产品、重点用水企业和灌区开展水效领跑者引领行动，开展遴选工作，公布水效领跑者名单，树立节水标杆。（市水务局、市发展改革委、市工业和信息化委按职责分工负责）

四、保障措施

（十五）加强统筹协调。各区、各部门要依据任务分工，抓紧抓好落实，市水务局与市发展改革委切实加强统筹协调，强化组织指导和监督检查，各相关部门要加强沟通，密切配合，建立协调联动机制，形成推动合力，共同推进各项工作任务落实。

（十六）创新支持方式。各相关部门要积极筹措资金，落实相关优惠政策，支持重大节水工程建设、节水型社会建设、取用水计量监控等工作任务的落实。探索合同节水管理等新模式，利用政府和社会资本合作（PPP）模式，鼓励社会资本进入节水等领域。

（十七）夯实管理基础。加强基层水资源管理能力建设，健全管理队伍，加大培训力度，规范取水许可审批、计划用水管理等基础水资源管理业务流程。积极落实国家出台的各项水资源管理法规制度，制定完善本市相关规章制度，推进水资源管理法制化进程。

（十八）强化公众参与。充分利用各种媒体，通过多种形式，深入开展水资源节约保护宣传教育，在全社会树立水忧患意识和水资源节约保护意识，营造良好社会舆论氛围。大力推进水资源管理科学决策和民主决策，完善公众参与机制，依法公开水资源信息，及时发布水资源管理政策，进一步提高决策透明度。

政 策 研 究

【概述】 2017 年，天津市水务政策研究工作牢牢把握中央和天津市加快水利改革发展战略部署，深入贯彻党的十九大、市第十一次党代会精神，结合天津水务工作实际，开展调查研究，丰富和完善治水思路，以完善加快水利改革发展的政策措施上取得新突破为目标，着力推进水务重点领域和关键环节改革攻坚，为天津市水务事业又好又快地发展提供了有力保障。

【组织推动】 2017 年，局重点研究课题分别由主管局长作为课题组长，相关处室负责，研究内容涉及深化节水管理、青年干部队伍建设、中心城区防汛能力提升等 14 个方面。

制定并印发《天津市水务局深化水务改革工作会议制度（试行）》《天津市水务局深化水务改革工作督导检查制度（试行）》。确定 2017 年局改革任务分解表，涉及河长制改革、水务重点工程建设指挥部和大型泵站设备运行及维修养护管理机制等 8 项改革任务，每项任务均明确了主要改革内容、分管领导、牵头部门、重要时间节点及成果、预计取得效果等。年中按照天津市全面深化改革任务台账要求，制定了《2017 年水务改革工作要点》，改革任务进行调整，将改革任务增加到 16 项，加上已经完成的共计 20 项，并对水务改革工作提出了明确要求。组织召开 2 次局深化水务改革领导小组会议和深化水务改革督导检查会，对下一步工作提出明确要求。完成《市水务局学习贯彻落实〈李鸿忠同志在市委常委会传达学习习近平总书记在中央全面深化改革领导小组第 33 次会议上重要讲话精神时的讲话〉情况的报告》《涉水改革试点工作总结》《十八届三中全会以来全面深化改革重点任务落实情况报告》，按时报送市委改革办；完成《天津市深化水务改革重点任务落实情况自查报告》。对照《关于印发〈关于各区和市级有关部门党委（党组）主要负责同志抓改革

落实情况的督察报告〉的通知》（津改办发〔2017〕7 号）要求，完成《主要负责同志抓改革落实情况的整改方案》，制定《2017 年水务改革工作要点》，重新梳理 2017 年水务改革任务，明确了任务分工和时间节点。

【政研成果】 2017 年，完成《关于进一步发挥节水办职能的对策建议》《关于加强市局与各区联系的几点建议》。针对水政执法难问题，局政研室在与水政处、供水处、排管处、水政监察总队和有关河系处座谈的基础上，分析水政执法中存在的问题，完成《关于进一步加强水政执法工作的对策研究》，就加强水政执法提出对策建议。按照市委要求，完成《市第十次党代会以来水务发展情况的调研报告》。

【水务体制改革】

1. 河长制改革

2017 年 5 月印发天津市全面推行河长制的实施意见。组织推动各区编制河长制实施方案。全市 16 个区区级河长制工作方案已全部由各区委、区政府联合印发，269 个镇（街、乡）及园区出台河长制实施方案。制定了市水务局推动河长制工作督导检查制度。开展河湖水环境问题大排查。编制了关于组建市河长制办公室的建议方案。印发了天津市河长制会议制度、河长制考核办法、河长制责任追究办法等制度，为全面推行河长制提供了制度保障。编制完成天津市河长制信息平台建设工作方案和实施方案，落实互联网 + 河长制，明确一河一档数据库建设，正在组织实施。

2. 水务工程建设和管理体制改革

排水管网建设管理。组织推动《天津市排水专项规划》修编。初步建立与建设主管部门协调沟通机制，印发《市水务局市建委关于印发排水设施管理移交工作联系会议制度的通知》，明确工作组架构、联席会任务及工作流程。

实施排水设施养护维修政府购买服务试点项目。成立重大公益性水务工程建设指挥部。推进

大型泵站设备运行和维修养护管理机制的改革。
开展小型农田水利工程管理体制改革工作。

3. 水行政管理职能转变

规范行政许可事项事中事后监管。出台《天津市水务局关于加强行政许可事项市中事后监管的实施方案》。加强相对集中许可权改革工作，加快全市统一的公共资源交易电子平台整合。

4. 水资源管理体制改革

组织编制全市再生水利用规划，完成滨海新区2座再生水厂建设，1座在建，已完成中心城区和环城四区14.7千米再生水管网建设。推动已具备使用条件的用水大户使用深处理再生水，提高现有深处理再生水厂产能利用率。提高淡化海水设施利用率。工业点对点直用为主，协调推动玖龙纸业使用北疆电厂淡化海水，研究制定北疆电厂一期淡化海水配置方案和天津市淡化海水政策方案。完成外调水初始水权分配。组织编制天津市外调水初始水权分配方案（试行）。出台天津市"十三五"水资源消耗总量和强度双控方案。结合实行最严格水资源管理制度和水污染行动计划，明确工作目标，深化用水总量和用水效率管控措施。

5. 水务投入稳定增长机制

新型水务工程投资模式建设。规范资金使用和管理，组织各部门做好项目储备工作，加强与市发展改革委、市财政局等部门沟通，落实市级资金。着手对中央水利发展资金和水务建设项目的管理及资金使用制定相关管理办法。积极推进政府和社会资本合作（PPP）示范项目，对列入PPP项目库的2017年中心城区水环境提升工程的大沽河净水厂项目开展PPP项目试点。

6. 水生态文明制度建设

用市场机制解决水环境问题。通过市政府采购、公开招标的方式择优选择保洁队伍。完成了推进海绵城市试点示范工作。印发《天津市水务局关于配合做好海绵城市建设的工作方案》，全面实施大气污染、水污染防治行动。

（蔡　怡）

水法治建设

【概述】 2017年，市水务局深入贯彻落实党的十八大、十九大和十八届历次全会精神，凝心聚力、开拓创新，深入分析发展要求，努力提升水法治服务水平。以问题为导向，扎实做好水法规立改废工作；抓重点求实效，大力推进执法监督工作；创新工作方法，努力提升依法行政水平，为深化水务改革发展提供强有力的法治保障。

【依法行政考核】

1. 依法行政考核

召开依法行政工作会议两次，研究部署依法行政考核工作。印发《2017年度市水务局依法行政考核工作责任分解目录》，将51项考核指标分解到责任部门，把依法行政督促和考核工作做细、做实。年底按照市全面推进依法行政工作领导小组办公室要求，对2017年度依法行政工作任务落实情况逐项进行认真总结，提交了依法行政工作报告、执法工作报告和申报创新加分项目请示。

截至2016年，市水务局连续9年被市政府评为依法行政考核优秀单位。

2. 法治政府建设

按照市政府法制办《关于转发国务院法制办〈关于对法治政府建设实施纲要（2015—2020年）等重要改革举措贯彻落实情况进行督察的通知〉的函》要求，部署安排相关迎检工作，并将相关要求转发至全市水务系统。在认真梳理总结贯彻落实情况基础上，形成《市水务局关于贯彻落实〈法治政府建设实施纲要（2015—2020年）〉等重要改革举措情况的报告》，于9月20日报市政府法制办，并按要求向住建部报送市水务局法治政府建设有关经验总结。

3. 政府法律顾问制度

制定《天津市水务局兼职政府法律顾问工作规定》（津水政〔2017〕4号），设定局兼职政府法律顾问遴选、聘任条件和程序，加强对局兼职政府法律顾问的管理和考核。建立了局兼职政府法律顾问工作台账，及时、准确记录局兼职政府法律顾问履职数量和工作内容，注重顾问工作留痕，每季度对法律顾问制度建立和实施情况进行总结分析。顾问团队 2017 年参与局重大决策、行政行为、行政诉讼、行政复议案件等共计 43 件次，提供咨询、法律意见、代理、培训等多方面法律服务。在重大水事违法案件查处过程中，出具了专项法律意见书，为领导决策提供法治参考。在安全生产涉及局属单位出租房屋（场地）相关民事诉讼中，提出民商事法律咨询意见。

【水行政立法】

1. 生态文明建设领域重点项目立法

围绕破解节水管理难题，推动市人大尽快启动《天津市节约用水条例》修正程序，对有关中水洗车条款进行修改，几次向市人大常委会农业与农村办专题汇报，并结合市政府法规专项清理工作，上报了对《天津市节约用水条例》有关条款的修正意见。针对《天津市城市供水用水条例》的"疑难"条款，向市人大常委会农业与农村办专题汇报，提出修改建议；结合市人大常委会开展的涉及生态文明建设和环境保护的地方性法规进行清理自查工作，上报对《天津市城市供水用水条例》有关条款的修改意见，全力推动相关地方性法规修改启动进程。

组织开展《天津市取水许可管理规定》立法后评估工作，委托第三方咨询机构承担评估任务，对《天津市取水许可管理规定》实施绩效评价，提出存在的主要问题、全面修订方向、思路和实施路径，全力做好立法前期调研论证工作。结合市政府法制办开展的"放管服"改革专项法规规章清理工作，组织开展《天津市取水许可管理规定》专题研究及审修会议，比照"放管服"改革清理要求进行研究修改，并多次与市政府法制办协调沟通，修改结果已上报市政府法制办，并通过初步审核。

完成水利部、市政府办公厅、市法制办及有关部门法律法规征求意见稿，如国家《地下水管理条例》《水污染防治法》和天津市林业局关于对《天津市湿地保护与修复工作实施方案》等回复 43 件。

2. 规范性文件监督管理

2017 年，组织拟定并下达《2017 年度水务规范性文件制定计划》。开展规范性文件制定培训会，对机关有关处室、有规范性文件立法任务的局属单位和局兼职政府法律顾问团队进行业务培训。对 2015 年、2016 年水务规范性文件制定及合法性审查工作进行总结并报送市政府法制办。

按照中央和本市关于规范性文件实施统一登记、统一编号、统一印发的"三统一"制度工作要求，印发《市水务局关于对局发规范性文件实施"三统一"管理的通知》，凡新制定的市水务局发规范性文件，发文编号统一为"津水规范〔年份〕××号"，并进行登记、印发、公开。

按照《天津市行政规范性文件管理规定》要求，严格执行规范性文件局法制机构法律审核制度，强化规范性文件制定的全过程监督管理。2017 年报请市政府出台市政府规范性文件 2 件，分别为《关于进一步加强水资源管理工作的实施意见》（津政办发〔2017〕10 号）、《天津市"十三五"水资源消耗总量和强度双控行动方案》（津政办发〔2017〕49 号）。出台局发规范性文件 3 件，分别为《天津市建设项目取用水论证管理规定》（津水资〔2017〕15 号）、《天津市地源热泵系统管理规定》（津水资〔2017〕17 号）、《市水务局关于废止和修改部分行政规范性文件的通知》（津水规范〔2017〕1 号）。对已出台的局发规范性文件按时完成了向市政府法制办备案工作，报备率达到 100%。

3. 水法规规章规范性文件清理

按照《天津市人民政府办公厅关于开展规章规范性文件清理工作的通知》《关于开展规章规范性文件清理工作的补充通知》《天津市人民政府法制办关于做好生态文明建设和环境保护法规、规章规范性文件清理工作的函》等要求，开展"放

管服"改革、生态文明建设和环境保护以及公平
竞争审查等3项清理工作。局水政处组织3个执法
机构专门成立局清理工作组,对部署、梳理、清
理、公布等各个阶段工作分别做出安排并组织实
施。在对市水务局起草或者执行的11部行政法规、
8部地方性法规、6部政府规章和45部规范性文件
提出152项初步清理意见基础上,多次召开研究协
调会议,经逐项分析、确认,提出清理建议继续
有效32部;建议修改27部,提出修改意见101
项;建议失效8部,废止3部。按期向市政府法制
办分别报送了3项清理结果。

市政府以《天津市人民政府关于修改和废止
"放管服"改革涉及行政规范性文件的通知》(津
政发〔2017〕44号)以及《市政府办公厅、市政
府法制办关于做好"放管服"改革涉及行政规范
性文件全面修改工作的通知》文件,公布了市政
府规范性文件清理结果,其中涉及水务全面修改2
部,修正4部,废止5部。市水务局以《市水务局
关于废止和修改部分行政规范性文件的通知》(津
水规范〔2017〕1号)公布了水务局发规范性文件
清理结果,全面修改2部,修正2部,废止1部。

按照市人大常委会农业与农村办公室以及市
人大常委会城建环保办公室工作部署,开展生态
文明建设和环境保护的现行地方性法规清理2项自
查工作。对11部市水务局起草或者执行的现行地
方性法规以及涉及市水务局管理职责的环保等地
方性法规进行了梳理自查,提出17条修改意见,
清理情况按要求分别上报两办。

按照市政府法制办《关于梳理与〈国务院关
于修改和废止部分行政法规的决定〉(国务院令
第676号)不一致的地方性法规的通知》《关于
梳理与〈国务院关于修改部分行政法规的决定〉
(国务院令第687号)不一致的地方性法规的通
知》工作部署,开展法规规章规范性文件2项专
项清理工作。对市水务局执行的地方性法规8
部、政府规章6部、规范性文件50部有关内容进
行全面清理,并分别将地方性法规清理结果、政
府规章和市政府规范性文件清理目录和文本上报

市政府法制办。

(李晓琳)

【水法制宣传】 周密部署"世界水日""中国水
周"宣传活动。围绕"全面落实河长制 推进生态
文明建设"这一主题,会同宝坻区政府在潮白河
国家湿地公园举办主题宣传活动启动仪式和"河
长制"经验交流活动。市水务局副局长闫学军和
部分区水务部门相关负责人向在场群众介绍了河
长制的建设情况和主要成效,水务职工代表向全
社会发出保护河道水环境倡议,并发放了宣传资
料。市水务局有关处室、水务治安分局、局属有
关单位和部分区水务局负责人及执法人员等共计
200余人参加。

领导干部年度学法用法工作。以局党委理论
中心组学习(扩大)会的形式开展法治专题学习,
2017年6月特邀天津市第一中级人民法院行政审
判庭副庭长、高级法官讲授《行政诉讼法》;11月
特邀全国人大常委会法工委民法室参与立法起草
的有关负责人讲授《民法总则》。4—5月连续举办
三期处级领导干部培训班,组织局兼职政府法律
顾问进行法治专题授课。

重点打造水务普法新亮点。不断创新培训方
式方法,引入"旁听庭审""法官说法""以案讲
法"等培训模式,推进法治实务教育。6月组织机
关各处室赴和平法院旁听庭审,行政庭庭长现场
进行"以案说法",切实强化职权法定意识、程序
合法意识、法律风险意识,提升依法行政能力和
水平;11月组织局属单位人事干部到和平法院旁
听与人事工作有关案件的庭审。组建水务普法讲
师团,进一步夯实普法骨干队伍建设,为全市水
务系统各层级单位开展法制宣传教育提供师资。
组织参加市司法局举办的全市精准普法"十大品
牌"推选活动,推荐供水处和节水中心代表市水
务局分别参加"法律进单位"和"法治文化"两
个品牌的推选活动,微信投票环节结束后,供水
处和节水中心分别排列各自参评品牌的第一位和
第二位,目前均已通过市法建办的实地考察。

【**水行政执法**】 2017 年，累计立案查处水事违法案件 31 起，作出罚款 30.8 万元，挽回经济损失 1532 万元。

严肃查处玖龙纸业（天津）有限公司未经批准擅自取水案。配合局水政处、水资源处，会同水文水资源中心、宁河区水务局加快查处进度，在法定期限内，以最快的速度、最短的时间固定违法证据，作出罚款 5 万元的行政处罚决定，并责令限期封填取水井，一周之内处置完毕。违法当事人缴纳罚款后，在执法人员监督下自行封填了全部 12 眼违法取水井。

采取多种途径和方式，有效处置汇森房地产开发有限公司未经批准擅自打井案。该公司依法履行行政罚款的处罚决定后，拒不采取封填措施，后经河北区人民法院审查，准予强制执行。在执行过程中，考虑到小区居民取暖和社会稳定等因素，水政监察总队多次联系违法当事人讲明法律后果和利害关系，并变换执法方式，报请局水政处联系市有关部门，多方发力，形成震慑，促使当事人态度发生重大转变，由消极抵触到积极配合，主动提出解决方案，并按要求多次修改。在多方努力下，该公司与市水务局签订了执行和解协议，在水政执法人员的监督下，将未经批准擅自开凿的 12 眼地源热泵机井进行了封填处理，剩余 6 眼在技术改造后也将按要求全部封填。此案的成功处置，开阔了执法思路。

组织开展"清理积压案件，确保河道安全"专项行动，成功解决 3 起河道违法取土非诉执行积压案件。根据副局长闫学军在与市高院执行局座谈中提出的按照"一案一策"研究推动涉河非诉案件执行的工作要求，重点选取永定河管理范围内造甲城砖厂等 3 起非法取土案件，通过多次向当事人讲明其违法行为对河道堤防的危害后果和拒不执行人民法院裁判文书的法律后果，并协调当地村干部对涉案当事人进行规劝。最终，违法当事人均自行对相关河道进行了恢复，积压近 5 年的案件办结。在此基础上，其他 20 余起涉河积压案件也正在处置当中。

按照水利部统一要求，组织开展全市河湖专项执法检查工作。全市各级执法队伍累计巡查河道长度 19.12 万千米，巡查水域面积 3.55 万平方千米，巡查监管对象 2721 个，出动执法人员 7.35 万人次，车辆 1.94 万次，船只 1.07 万次，立案查处各类案件 59 件。对拒不服从执法人员管理的违法行为从严、从重、从快进行处理。塘沽区村民吴某违法占压河道、影响重点水利工程建设，市水务局依法对其进行立案处理，并将此案件上报水利部建管司，列为重点督办案件。为尽快处理此违法行为，市水务局制定了详细周密的即时代履行方案，准备依法对其进行强制清除阻碍。案件处理过程中，受到法律威严和市水务局强有力的震慑作用，违法当事人自行清除了障碍物品，使重点水利工程得以如期进行。

发挥"工管、水政、公安"三位一体联合巡控法工作模式，依法对一起破坏河道堤防案件进行移送。针对违法当事人在南运河河道管理范围内违法建房破坏堤防情节严重、已经涉嫌刑事犯罪等情况，主动联系水务治安分局，沟通案情、交换意见。在固定证据后，将该案件进行了移送处理，进一步震慑涉河违法人员的嚣张气焰。

（吕振立）

【**水行政执法监督**】

1. 行政执法监督体系

不断完善水务执法监督各项管理制度，印发《天津市水务局行政执法监督办法》，从监督方式、案卷评查、执法人员资格管理等多个方面规范水务系统行政执法监督工作。建立水务执法监督"月通报、季分析、年考核"制度，对局有执法职能的单位按月通报水务执法和执法监督机构抽检情况，利用大数据对市级水务执法情况进行季度分析，提出下一步执法监督工作重点。组织统一规范全市水务系统水利、供水、排水执法巡查文书，从统一巡查记录格式入手，推进执法文书规范化建设。组织执法机构对现有的执法职权按照不同执法检查类别、特定对象和检查内容进行细化，制定格式化分类表单，实现执法巡查规范录入。针对其他行政部门、媒体等渠道转来的案件线索，及时指导、督办执法单位做好有关调查和处理，确保做到有案必查、有查必果。按市政府要求，落实好全市水务系统行政执法情况统计任务；按照市督查问责组和市整改办要求，按期报送全市水务系统每周和每月涉及环保行政执法情况。

2. 水务执法监督

利用天津市行政执法监督平台开展水务执法监督，对局3个执法机构录入监督平台的执法检查、执法案件、人员信息、履职率等信息实施在线动态监督，严格规范各执法单位的统计和填报工作。3个执法机构共向市执法监督平台上传执法检查信息9512条，执法案件31件。一是开展主动抽样监督。水政处（执法监督处）共抽取局3个执法机构行政执法检查信息3020条，按照市依法行政考核指标要求，各委局执法监督机构主动抽样率应不低于5%，2017年抽检率已达31.7%。下达《市水务局行政执法监督通知书》2件，指导相关单位做好执法监督工作线索查办工作。二是履行重大案件法制审核制度。对水政监察总队报请审核7件重大行政处罚案件进行法制审核，提出了法制审核意见，并对进一步完善执法程序和措施提出整改意见，督促执法机构及时整改。三是督促提升水务行政执法职权履职率和人均执法量。组织执法单位对市水务局321项行政执法职权进行多次梳理，确保压实各管理单位行政职权。督促水政监察总队严格审核把关执法人员资格；组织3个执法机构梳理、更新行政执法监督平台执法人员信息。2017年12月31日人均执法量已达17件。四是开展水务系统行政执法监督平台职权与权责清单对应统一工作，建立行政处罚职权同权责清单中相关行政职权的对应关系，为提升行政执法监督平台功能打下基础，促进水务系统依法履职尽责。

3. 执法监督

采取个案督导和专项执法监督检查方式开展

执法监督。指导水政监察总队查处重大水事违法案件，实施闪电行动、以重拳出击，玖龙纸业擅自建设取水工程案一周内办结；采取多措并举、形成合力，成功调解汇森擅自凿井案，在法律震慑下违法企业签订执行协议，并主动封填机井；推动津冀执法协调联动，初步移交河北省管辖的子牙新河挡潮闸管理范围及安全区内违法案件。建立与河北省界河各段管理单位的联系机制，加强涉河管理与执法的沟通对接。推动河道管理非诉行政案件执行工作，促成与市高院执行局召开非诉执行案件专题座谈会，抓紧对2011年以来25个未能执行的非诉执行案件做进一步梳理和分析，按照"一案一策"要求制订工作方案。根据《水利部关于开展河湖执法检查活动的通知》要求，结合2017年水政执法监督工作安排，组织工管处、水保处、水政监察总队开展入河排污口管理专项执法监督检查工作，采取"随机抽查"方式，对16个口门的设置审批资料、日常管理资料、现场情况等进行检查，并总结检查过程中发现的问题，提出下一步工作建议。按照局主要负责人在"主要河道水环境分析和综合治理措施汇报会"指示要求，印发《天津市水务局关于开展入河排污口专项执法监督检查回头看活动的工作方案》，组织相关处室对重点口门再次进行随机抽查。结合市水务局保障第十三届全运会水上项目工作任务要求，专门成立执法监督检查组，对海河管理单位涉及全运会的相关河段执法情况开展了专项执法监督检查。11月初，通过水利部检查组对天津市2017年河湖执法检查活动开展情况的督查。

4. 执法队伍建设管理监督

组织3个执法机构重新修订《天津市水行政处罚裁量执行标准》，规范和约束行政执法行为。与市第一中级人民法院行政审判庭党支部联合开展法治教育主题党日活动，局法制机构组织3个执法机构党员代表、执法骨干参加，提升执法人员政治素质和业务素养。

5. 水行政执法"三项制度"试点工作

按照《天津市人民政府办公厅印发关于推行

行政执法公示制度执法全过程记录制度重大执法决定法制审核制度试点工作实施方案的通知》要求，印发市水务局《关于推行行政执法公示制度执法全过程记录制度重大执法决定法制审核制度试点工作实施方案》。落实天津市行政执法"三项制度"试点工作部署会议要求，市水务局作为全市"行政强制"试点单位之一，积极总结、摸索行政强制工作经验和做法，配合市政府法制办完善了"行政强制工作流程图"。同时，定期发掘试点工作中好的做法、经验和取得的阶段成果，并筛选有价值的信息定期报送市政府法制办，《天津市推行行政执法"三项制度"试点工作简报》第9期刊登、推广了市水务局的经验做法。年底对市水务局"三项制度"试点工作开展情况进行了书面总结，上报市政府法制办。

（李晓琳）

【水政监察规范化建设】　2017年，举办全市水务系统执法骨干培训班。围绕水务专业法应用和水行政执法案件办理技巧组织专题讲座，邀请和平区人民法院行政审判庭和市综合执法局有关负责人分别就参与行政诉讼以及违法现场实施行政强制措施等内容进行授课，另外还邀请蓝天救援队共同开展了涉水自救与施救的应急救援演练。局属有关单位、各区水务局水政科长、执法骨干等共计95人参加。

出台《天津市水务局执法记录仪使用和管理规定》，从执法记录仪的使用程序、执法记录仪的配备标准和使用规范、执法记录仪的日常管理和资料存查使用及相关责任追究等4个方面对执法记录仪的使用和管理进行了规范。同时，专门筹措资金，新购置2台无人机用于执法现场证据摄录，并针对违法当事人夜间施工等特点，专项购置7台用于夜间拍摄的执法记录仪，以满足科技化、现代化执法办案的需要。

在2016年清理执法证件工作基础上，摸清全市持证执法人员底数。规范建立管理工作信息台账，切实提高执法队伍的履职能力。经核查，全市持有执法证件的水政监察人员共计1247人，其中市水务局管理持证人员644人，各区水务局管理持证人员603人，已全部实现持证上岗。

在局属有关单位开展水政监察证件年度审验注册工作，共45名执法人员考试合格，另对29名因调离岗位、退休等原因不再从事执法工作的人员，将其执法证件予以注销。

（吕振立）

【行政复议和行政应诉】
1. 行政复议

按照行政复议工作相关规定，认真办理行政复议案件，严格履行法定程序，提高行政复议案件办理质量，同时积极、主动配合上级行政复议机关的案件办理工作。2017年发生行政复议案件8起，其中复议案件5起、被复议案件3起，案件主要集中在信息公开、行政不作为类别。

2. 行政应诉

按照应诉工作程序和期限要求，做好证据收集和应诉材料准备工作，严格落实行政机关负责人依法出庭应诉制度，两位局领导代表市水务局出庭应诉。2017年发生以市水务局为被告的行政诉讼7起（含2016年结转案件3起），其中信息公开类3起，市水务局作为行政复议机关被诉案件2起，案件类型包括不作为案件1起，确认违法案件1件。

根据市水务局印发《关于贯彻落实〈市政府办公厅关于加强和改进行政应诉工作的实施意见〉的方案》的通知中的有关以市水务局为主体的行政诉讼案件应诉工作程序规定，绘制并印发了市水务局行政应诉工作流程图（津水政〔2017〕9号）。对全年行政复议应诉案件进行了统计分析，形成了书面报告，并完成了行政复议应诉案件统计系统相关数据填报工作。

（李晓琳）

【行政许可】　精简行政许可事项。依照《天津市人民政府关于取消和下放一批行政许可事项的通知》

（津政发〔2017〕11号）的要求，取消了"城市供水企业经营、歇业或停业许可"事项的6个办理类型项：城市供水企业经营、歇业或停业许可的"水厂、管网供水经营换证""管道直饮水供水经营换证""海水淡化、净化供水经营换证""水厂供水经营换证""管网供水经营换证""区域加压供水经营换证"；按照《天津市人民政府关于取消一批行政许可事项的通知》（津政发〔2017〕41号）的要求，取消了"生产建设项目水土保持设施验收审批""建设项目水资源论证报告书审批""坝顶兼做公路审批""利用堤顶、戗台兼做公路审批"。

行政许可监管机制。按照《天津市人民政府关于深化简政放权放管结合优化服务改革工作的实施意见》（津政发〔2017〕24号）的要求，推动业务管理工作重心由事前审批向事中事后监管进行转移，不断提高水务行业监管水平，确保依法监管、规范监管、有效监管。制定《天津市水务局关于加强行政许可事中事后监管的实施方案》（津水综〔2017〕16号），进一步理顺审管关系，做好审管衔接工作，切实提高行政审批效率和监管服务水平。为加强日常业务的廉政监督，采用信息化手段，加强审管联动，以局内OA系统为基础，将行政许可批复文件及时转到监管处室，进一步推动行政许可事中事后监管的实施。

中介机构服务行为。召开2017年涉水审批中介机构服务工作会议。公布了2017年中介机构目录，要求各中介机构要按照"五位一体"的机制注重转型、主动服务、保证提供审批要件质量，切实发挥中介机构在行政审批环节中的重要作用。切断中介服务利益关联，局所属事业单位及举办的企业，不得开展与市水务局行政审批相关的中介服务。

审批窗口服务。2017年，重新修订现场授权委托书，严格按照现场授权书的授权进行现场审批；制定《市水务局关于推进网上审批实施方案》，并对来访来电咨询用户进行宣传和指导，推动网上审批。2017年共受理审批事项800项（行政许可事项471项，服务事项315项，联审事项14件），其中网上申请177件。做到办结时间比承诺时限提前20%，提前办结率100%，服务满意率100%，市水务局进驻市行政审批服务中心61号窗口被评为"红旗窗口"；完成公共服务事项目录及公共服务事项的办事指南编制工作；2017年水务热线平台共处置8890分拨件2742件，政民零距离372件，市民来电1517件，全部按时办结，并对已办结工单做好相关回访工作，积极承办热线工单，解决困难问题，实现按时接单率、按时办结率、工单满意率三个100%。

协同联动。制定天津市水务局与区行政审批局工作协同机制，下发《关于进一步加强各区涉水行政审批管理的通知》，建立季度工作总结台账，并赴各区进行工作调研，结合工作实际推动涉水审批工作，着力解决上下脱节、联动不足、服务效能低、工作质量不高等问题。

建设项目联合审批。对接投资项目在线联合审批监管平台，将项目报建审批涉及的所有事项、手续、环节全部纳入平台办理；严格执行联审规程，将涉及的各项审批事项及手续项目在综合窗口"一口进件、一口出件"；梳理、细化涉水建设项目联合审批事项的办事流程，办理条件，界限范围；在建设项目联合审批过程中建立服务工作台账，主动联系，跟进服务，同时加大监管和执法力度。提高投资项目联合审批整体效率，促进项目早开工、早投产、早见效。

【权责清单】　2017年，经市权责清单领导小组确认，市水务局权责清单目录有16项职责，240项行政职权。在政务网和市水务局外网上向社会公布，接受社会监督。同时，建立了权责清单动态管理机制，依法依规对权责清单及时做出动态调整，做到"法无授权不可为、有权必有责、用权受监督"，依照公布的清单行使职权，防止乱作为，避免不作为。附：市水务局权责清单目录

（郑晓萌）

市水务局权责清单目录

序号	职责	行政职权		类别
		职权序号	职权名称	
1	组织、指导、协调、监督全市防汛、抗旱工作	1.1	防汛抗旱检查	行政检查
		1.2	对防汛抢险物资储备检查	行政检查
		1.3	对抗洪抢险、抗旱工作中有突出事迹的单位和个人的表彰	行政奖励
		1.4	对紧急汛情旱情不服从统一管理的处罚	行政处罚
		1.5	在防汛抗旱紧急情况下征用、调用物资、设备、交通工具和人力，取土占地、砍伐林木、清障，采取分洪、滞洪、抗旱等应急措施	其他类别
		1.6	对未按标准对防洪抗旱设施除险加固的处罚	行政处罚
		1.7	对水利工程设施管理经营者拒不服从统一调度的处罚	行政处罚
		1.8	对侵占、破坏水源和抗旱设施的处罚	行政处罚
		1.9	对抢水、非法引水、截水、哄抢抗旱物资的处罚	行政处罚
		1.10	对阻碍、威胁防汛抗旱指挥机构、水行政主管部门或者流域管理机构的工作人员依法执行职务的处罚	行政处罚
2	水资源管理	2.1	取水许可	行政许可
		2.2	凿井许可	行政许可
		2.3	水资源费的征收	行政征收
		2.4	对取用水情况的检查	行政检查
		2.5	对未经批准建设取水工程的拆除和封闭	行政强制
		2.6	对拖欠水资源费的加处滞纳金	行政强制
		2.7	对未经批准取水或者未按批准条件取水的处罚	行政处罚
		2.8	对拖欠水资源费的处罚	行政处罚
		2.9	对跨含水组开采地下水或者未采取分层止水和封孔措施的处罚	行政处罚
		2.10	对擅自凿井或者凿井不符合条件的处罚	行政处罚
		2.11	对违法利用地源热泵取水的处罚	行政处罚
		2.12	对未按规定封填水井的处罚	行政处罚
		2.13	对擅自建设取水工程或者设施的处罚	行政处罚
		2.14	对骗取取水申请批准文件或者取水许可证的处罚	行政处罚
		2.15	对拒不执行水量限制或者非法转让取水权的处罚	行政处罚
		2.16	对不报送年度取水情况、拒绝监督检查或者退水水质不达标的处罚	行政处罚
		2.17	对未按要求装置合格的计量设施的处罚	行政处罚
		2.18	对伪造、涂改、冒用取水许可证的处罚	行政处罚
		2.19	对未依规定取水、拒绝提供真实资料或者取水非法转售的处罚	行政处罚
		2.20	对擅自停止使用节水设施、计量设施或者不按规定提供计量资料的处罚	行政处罚
		2.21	对建设项目水资源论证单位违法行为的处罚	行政处罚

续表

序号	职责	行政职权		类别
		职权序号	职 权 名 称	
3	水文工作管理	3.1	水文站的设站和调整（暂不列入《天津市行政许可事项目录》）	行政许可
		3.2	对未经批准建设的水文设施强行拆除	行政强制
		3.3	对未取得许可从事水文活动的处罚	行政处罚
		3.4	对超出资质范围从事水文活动的处罚	行政处罚
		3.5	对违反水文监测资料管理行为的处罚	行政处罚
		3.6	对破坏水文设施的处罚	行政处罚
		3.7	对水文监测环境保护范围内从事禁止活动的处罚	行政处罚
4	水资源保护	4.1	排污口的设置或扩大许可	行政许可
		4.2	入河排污口监督检查	行政检查
		4.3	对违法排污的处罚	行政处罚
		4.4	对在饮用水源保护区设置排污口或者擅自在江河湖泊建设排污口的处罚	行政处罚
		4.5	对污染引滦水源的处罚	行政处罚
5	水利工程建设项目管理	5.1	水工程建设项目许可	行政许可
		5.2	水利工程建设活动的检查	行政检查
		5.3	对水利工程建设单位将建设工程发包给不具有相应资质等级的单位的处罚	行政处罚
		5.4	对水利工程建设中无资质、骗取资质或超越资质承揽业务的处罚	行政处罚
		5.5	对水利工程监理单位聘用无相应监理资格的人员从事监理业务的处罚	行政处罚
		5.6	对水利工程建设过程中违规出借资质的处罚	行政处罚
		5.7	对水利工程承包单位违法转包、分包工程或者工程监理单位转让工程监理业务的处罚	行政处罚
		5.8	水利工程市场主体信用信息备案	其他类别
		5.9	水利工程市场主体信用等级评价	行政确认
		5.10	水利工程市场主体不良行为记录公告	其他类别
		5.11	水利工程开工报告备案	其他类别
		5.12	对不组建项目法人的处罚	行政处罚
		5.13	水利工程监理单位资质初审	其他类别
		5.14	水利工程资质申请人以欺骗、贿赂等不正当手段取得企业资质证书的处罚	行政处罚
		5.15	建设项目水务资质认定	行政许可
		5.16	对水利工程建设招投标过程中泄漏评标情况或违规评标的处罚	行政处罚
		5.17	对质量检测单位以欺骗等不正当手段获取资质的处罚	行政处罚
		5.18	对水利工程建设招投标过程中违法确定中标人的处罚	行政处罚
		5.19	公益性水利工程建设项目竣工验收	行政确认
		5.20	对违反水利工程验收规定擅自交付使用的处罚	行政处罚

序号	职责	职权序号	职权名称	类别
			行 政 职 权	
5	水利工程建设项目管理	5.21	对水利工程未按要求组织阶段验收的处罚	行政处罚
		5.22	对违规审查水利工程施工图或擅自修改相关设计文件的处罚	行政处罚
		5.23	水利工程项目后评价报告备案	其他类别
		5.24	水利工程重大质量事故的调查	其他类别
		5.25	对水利工程建设招投标过程中限制、排斥潜在投标人的处罚	行政处罚
		5.26	对由于监理单位责任造成水利工程质量事故的处罚	行政处罚
		5.27	对咨询、勘测、设计单位违反水利工程质量管理规定的处罚	行政处罚
		5.28	对水利工程施工单位责任造成质量事故的处罚	行政处罚
		5.29	对水利工程设备、原材料等供应单位造成质量事故的处罚	行政处罚
		5.30	对水利工程中质监单位未履行职责的处罚	行政处罚
		5.31	水务工程扬尘治理工作检查	行政检查
		5.32	对水务工程施工现场未采取设置围挡、苫盖、道路硬化、喷淋、冲洗等防治扬尘污染措施，或者未使用专用车辆密闭运输散装、流体物料的处罚	行政处罚
		5.33	对水务工程在施工工地进行现场混凝土搅拌，或者在施工现场设置砂浆搅拌机未配备降尘防尘装置的处罚	行政处罚
		5.34	对水利工程招标投标活动过程监督检查	行政检查
		5.35	招标投标许可	行政许可
		5.36	对水利工程建设招投标过程中串标、骗标的处罚	行政处罚
		5.37	对水利工程建设项目应招标而未招标的处罚	行政处罚
6	水利工程建设质量管理	6.1	水利工程建设质量监督备案	其他类别
		6.2	对水利建设工程质量检测单位违反相关规定的处罚	行政处罚
		6.3	对施工单位、工程监理单位违反管理要求的处罚	行政处罚
		6.4	水利工程建设质量监督检查	行政检查
		6.5	水利工程建设质量检测单位认定	行政确认
		6.6	对水利工程建设中重要隐蔽工程及关键部位单元工程、分部工程、单位、合同项目工程质量等核备（定）	其他类别
		6.7	对水利工程建设违反建设工程质量管理行为的处罚	行政处罚
		6.8	对施工单位未对结构安全材料检测或对有关材料造假的处罚	行政处罚
		6.9	对未按要求施工的处罚	行政处罚
		6.10	对工程监理单位与建设单位或者施工单位串通，弄虚作假、降低工程质量的处罚	行政处罚
		6.11	对施工单位建设工程质量控制资料不符合要求的处罚	行政处罚

续表

| 序号 | 职责 | \multicolumn{3}{c}{行　政　职　权} | | |
		职权序号	职　权　名　称	类别
7	水利工程建设安全生产监督管理	7.1	水利安全生产监督检查	行政检查
		7.2	对不按照安全生产技术标准施工生产的处罚	行政处罚
		7.3	对水利安全生产违规的经营单位采取强制措施	行政强制
		7.4	对水利施工企业"三类人员"资质的确认	行政确认
		7.5	对二级、三级水利安全生产标准化的评审	行政确认
		7.6	水利工程建设安全生产措施备案	其他类别
8	城市排水管理	8.1	城市排水许可证核发	行政许可
		8.2	改动、迁移排水和再生水利用设施及排水河防护范围内新建、改建工程项目或施工临时占用许可	行政许可
		8.3	对新建城市公共排水项目的监督检查	行政检查
		8.4	对排水与污水处理设施进行检查	行政检查
		8.5	对不按照城市排水规划建设的排水设施进行拆除	行政强制
		8.6	对排水管道污水外溢或者设施损坏代为治理	行政强制
		8.7	损害城市排水设施赔（补）偿费的征收	行政征收
		8.8	污水处理费的征收	行政征收
		8.9	对未按照规定将污水排入排水设施或者在雨污分流地区将污水排入雨水管网的处罚	行政处罚
		8.10	对排水户名称、法定代表人等其他事项变更，未按规定及时向城镇排水主管部门申请办理变更的处罚	行政处罚
		8.11	对排水户以欺骗、贿赂等不正当手段取得排水许可的处罚	行政处罚
		8.12	对排水户因发生事故或者其他突发事件，排放的污水可能危及城镇排水与污水处理设施安全运行，没有立即停止排放，未采取措施消除危害，或者并未按规定及时向城镇排水主管部门等有关部门报告的处罚	行政处罚
		8.13	对排水户违反规定阻挠城镇排水主管部门依法监督的处罚	行政处罚
		8.14	对超出污水排放标准的处罚	行政处罚
		8.15	对不按照规定要求建设排水设施的处罚	行政处罚
		8.16	对不办理排水规划出路手续、排水施工图备案手续擅自与公共排水设施连接或擅自施工临时排水的处罚	行政处罚
		8.17	对城镇排水设施维护运营单位违规操作影响排水的处罚	行政处罚
		8.18	对城镇排水与污水处理设施维护运营单位未按规定履行维护职责的处罚	行政处罚
		8.19	对城镇污水处理设施维护运营单位擅自减量运行或者停止运行，未报告或者采取应急处理措施的处罚	行政处罚
		8.20	对损害城市排水设施和再生水设施行为的处罚	行政处罚

续表

序号	职责	行政职权		
		职权序号	职权名称	类别
8	城市排水管理	8.21	对未按规定处置污泥或者擅自倾倒堆放丢弃遗撒污泥的处罚	行政处罚
		8.22	对未取得许可排水或者未按要求排水的处罚	行政处罚
		8.23	对未依法履行保护城镇排水与污水处理设施责任的处罚	行政处罚
		8.24	对养护维修管理责任单位对排水管道污水外溢或者设施损坏不采取措施的处罚	行政处罚
		8.25	对逾期拒不缴纳污水处理费的处罚	行政处罚
		8.26	对雨水管网污水管网相互混接的处罚	行政处罚
		8.27	对在管道覆盖面上埋设电杆等构筑物或者植树的处罚	行政处罚
		8.28	对危及城镇排水与污水处理设施安全的处罚	行政处罚
		8.29	排水工程施工图备案	其他类别
		8.30	办理排水规划出路手续	其他类别
9	污水处理和再生水行业管理	9.1	对再生水管道与自来水管道连接的处罚	行政处罚
		9.2	对再生水的水质、水压不符合标准的处罚	行政处罚
		9.3	取消特许经营企业特许经营权	其他类别
		9.4	对城市污水处理单位特许经营活动进行监督检查	行政检查
		9.5	城市污水集中处理单位减量运行或者停止运行许可	行政许可
		9.6	对污水水质、水量进行监测、检查	行政检查
		9.7	对污水处理情况进行监督、检查	行政检查
		9.8	对城镇污水处理设施维护运营单位未按规定检测进出水水质或者未按规定报送信息的处罚	行政处罚
		9.9	对排水户违反规定，拒不接受水质、水量监测的处罚	行政处罚
		9.10	对再生水水质进行监督检查	行政检查
10	城市供水管理	10.1	城市供水企业经营、歇业或停业许可	行政许可
		10.2	连续停水超过十二小时的行政许可	行政许可
		10.3	改建、拆除或者迁移城市公共供水设施备案	其他类别
		10.4	对在城市供水工作中作出显著成绩或突出贡献的奖励	行政奖励
		10.5	二次供水设施竣工验收报告备案	其他类别
		10.6	二次供水设施清洗消毒单位备案	其他类别
		10.7	对供水单位未制定应急预案或者未按规定上报水质报表的处罚	行政处罚
		10.8	对城市供水及二次供水行业监督	行政检查
		10.9	对城市供水特许经营活动进行监督检查	行政检查
		10.10	对建设单位违反城市供水用水规定的处罚	行政处罚
		10.11	对供水企业违反城市供水规定的处罚	行政处罚
		10.12	对二次供水设施管理单位违反城市供水规定的处罚	行政处罚

续表

序号	职责	行政职权		类别
		职权序号	职权名称	
10	城市供水管理	10.13	对危害城市供水安全行为的处罚	行政处罚
		10.14	对单位和个人违反城市用水管理规定的处罚	行政处罚
		10.15	对未依法进行城市供水工程的设计或者施工的处罚	行政处罚
		10.16	对单位和个人违反城市供水管理规定行为的处罚	行政处罚
		10.17	对危害城市供水水质安全行为的处罚	行政处罚
11	节约用水工作管理	11.1	用水计划指标许可	行政许可
		11.2	现场指导核查用水、节水情况	行政检查
		11.3	对超计划用水累进加价水费的征收	行政征收
		11.4	对未取得用水计划指标用水或者将公共消防设施用水取作他用的处罚	行政处罚
		11.5	对违反本市节约用水相关规定和要求的处罚	行政处罚
		11.6	在开发、利用、节约、保护、管理水资源和防治水害等方面成绩显著的奖励	行政奖励
		11.7	对向未取得用水计划指标的非生活用水户供水的处罚	行政处罚
		11.8	对营业性洗车场（点）违规用水的处罚	行政处罚
		11.9	节水措施专项补助	行政给付
		11.10	对建设项目的节水设施没有建成或者没有达到国家规定的要求，擅自投入使用的处罚	行政处罚
		11.11	对特定主体节约用水设施的确认	其他类别
		11.12	对节水型产品名录的确认	行政确认
		11.13	对特定主体取用水未采取节水措施或者未办理取用水许可的处罚	行政处罚
		11.14	对以水为原料的生产者未采取节水措施或者未将生产后的尾水回收利用的处罚	行政处罚
		11.15	对营业性洗车场（点）违规用水冲洗车辆的洗车器具的暂扣	行政强制
12	控制地面沉降工作管理	12.1	地面沉降防治措施落实情况的监督检查	行政检查
		12.2	对建设单位违反本市控沉规定的处罚	行政处罚
		12.3	开挖深度超过5米的建设项目需要疏干抽排地下水的地面沉降防治措施的备案	其他类别
		12.4	地面沉降监测数据和相关信息发布的监管	其他类别
		12.5	地面沉降监测设施拆除、迁建的监督检查	行政检查
		12.6	对控沉监测单位未报送资料的处罚	行政处罚
		12.7	对破坏控沉监测工程设施的处罚	行政处罚
		12.8	对未按要求重建控沉工程设施的处罚	行政处罚
		12.9	地面沉降治理工程竣工资料的备案	其他类别
		12.10	对地热水取水未按要求回灌的处罚	行政处罚
		12.11	对从事地面沉降灾害危险性评估的单位出具虚假报告或虚假数据的处罚	行政处罚
		12.12	对在控沉工作中做出突出表现的单位和个人表彰和奖励	行政奖励

续表

序号	职责	行政职权		类别
		职权序号	职权名称	
13	水土保持工作管理	13.1	生产建设项目水土保持方案的审批及水土保持设施的验收	行政许可
		13.2	水土保持监督检查	行政检查
		13.3	对在地质灾害危险区从事可能造成水土流失活动的处罚	行政处罚
		13.4	对违法开垦荒坡的处罚	行政处罚
		13.5	对违法挖虫草等植物的处罚	行政处罚
		13.6	对在林区伐木不采取防止水土流失措施的处罚	行政处罚
		13.7	对未完成有效的水土保持方案或者未按方案实施的处罚	行政处罚
		13.8	对水土保持设施未经验收或不合格的处罚	行政处罚
		13.9	对未按水保方案倾倒物体的处罚	行政处罚
		13.10	对在规定区域以外倾倒砂石、土、废渣等行为的代履行	行政强制
		13.11	对建设活动造成水土流失不进行治理的代履行	行政强制
		13.12	对拒不停止违反《水土保持法》行为查封、扣押实施违法行为的工具、施工机械和设备	行政强制
		13.13	水土保持补偿费的征收	行政征收
		13.14	对拒不缴纳水土保持补偿费的处罚	行政处罚
		13.15	对拒不缴纳水土保持补偿费的加处滞纳金	行政强制
14	河道、水库、湖泊、海堤管理，水务设施、水域及其岸线的管理和保护。引滦、南水北调及其他外调水源的输水和管理	14.1	洪水影响评价许可	行政许可
		14.2	对在河道、湖泊管理范围内妨碍行洪行为的处罚	行政处罚
		14.3	对围垦河道的处罚	行政处罚
		14.4	对违法修建涉河建设项目的处罚	行政处罚
		14.5	对损坏水工程设施的处罚	行政处罚
		14.6	对擅自修建或者未按要求修建水工程及相关设施的处罚	行政处罚
		14.7	对以危险方法危害水工程安全的处罚	行政处罚
		14.8	对违反河道管理相关规定的处罚	行政处罚
		14.9	对违规操作闸门的处罚	行政处罚
		14.10	对占堵防汛抢险通道、车辆违规通行、违规实验的处罚	行政处罚
		14.11	对设置阻水障碍物、船只非法滞留水库大坝、引排水期间非法滞留的处罚	行政处罚
		14.12	河道管理范围内有关活动许可（暂不列入《天津市行政许可事项目录》）	行政许可
		14.13	对违规工程设施影响河道管理安全的处罚	行政处罚
		14.14	对未按要求拆改跨河工程设施的处罚	行政处罚
		14.15	对擅自利用河道开办旅游项目的处罚	行政处罚
		14.16	对建设项目变更未办理手续或者未按要求施工和竣工报备的处罚	行政处罚
		14.17	对汛期车辆非法通行堤顶的处罚	行政处罚

续表

序号	职责	行 政 职 权		类别
		职权序号	职 权 名 称	
14	河道、水库、湖泊、海堤管理，水务设施、水域及其岸线的管理和保护。引滦、南水北调及其他外调水源的输水和管理	14.18	对水工程范围内从事非法活动的处罚	行政处罚
		14.19	对在河道渠道水库毒鱼炸鱼电鱼、从事经营活动或者其他活动影响行洪、排涝、灌溉、污染水体的处罚	行政处罚
		14.20	对危害、损坏大坝安全行为的处罚	行政处罚
		14.21	对从事危害海堤活动的处罚	行政处罚
		14.22	对车辆违法在海堤上行驶的处罚	行政处罚
		14.23	对直接从输水河道、水库擅自取用地表水的处罚	行政处罚
		14.24	对危害引黄输水安全的处罚	行政处罚
		14.25	对河道管理范围内妨碍行洪行为的强制	行政强制
		14.26	对违法围海、围湖造地，围垦河道行为的强制	行政强制
		14.27	对未经批准在河道管理范围内进行建设行为的强制	行政强制
		14.28	对未在规定时间内拆除阻水严重的跨河工程设施行为的强制	行政强制
		14.29	对违反引滦工程管理办法的处罚	行政处罚
		14.30	对河道管理范围内建设项目的监督检查	行政检查
		14.31	对河道管理范围内有关活动的监督检查	行政检查
		14.32	河道管理范围内建设项目临时占用或者利用河道、堤防、滩地、闸桥的审查	其他类别
		14.33	对违反规划同意书修建水工程的处罚	行政处罚
		14.34	对违规整治河道的处罚	行政处罚
15	蓄滞洪区管理	15.1	对在蓄滞洪区违法建设项目或者防洪工程擅自使用的处罚	行政处罚
		15.2	对蓄滞洪区修建建筑物的处罚	行政处罚
		15.3	对蓄滞洪区内建设储存危险品的建设项目的处罚	行政处罚
		15.4	对损毁、拆除蓄滞洪区内堤防的处罚	行政处罚
		15.5	对在蓄滞洪区围堤内从事危害安全的活动的处罚	行政处罚
		15.6	对损毁蓄滞洪区安全设施的处罚	行政处罚
16	水库移民管理	16.1	对大中型水库农村移民后期扶持人口的确认	行政确认
		16.2	对项目法人调整或者修改移民安置规划大纲、规划的处罚	行政处罚
		16.3	对编制移民规划弄虚作假的处罚	行政处罚
		16.4	对违规使用移民补偿安置资金、后期扶持资金的处罚	行政处罚

水 文 水 资 源

水 文

【概述】 2017 年，开展水文基层职工水文监测技术培训、城市供水水源地、水功能区、"河长制"河道水体、入河排污口、地下水水质监测与评价，对水文资料进行复审和流域汇编，通过及时准确地对当前水环境进行监测，强化水环境管理，有效控制水资源污染源。对地下水压采进行集中执法检查并保证地下水资源税的征收；结合最严格水资源管理检查和考核，加强审批取水许可项目事中、事后监管。承担的重点工程项目有国家地下水监测工程（水利部分）天津项目和国家水资源监控能力建设（2016—2018 年）天津项目。编制完成 2016 年《天津市水资源公报》《天津市水资源简报》《天津市地下水年报》《天津市地下水管理与保护（2017 年度）项目》。

（水文水资源中心）

【雨情、水情】

1. 雨情

2017 年，天津市的年平均降水量为 511.2 毫米（35 个站资料统计），比多年平均 575 毫米（1956—2000 年统计）少 63.8 毫米，比 2016 年的 626.1 毫米少 114.9 毫米，属偏枯水年份。从各站资料上看，降水时程分布不均匀，汛期（6—9 月）平均降水量为 383.2 毫米（52 个站资料统计），比 2016 年的 502.0 毫米少 118.8 毫米；地区分布也不均匀，最大年降水量出现在蓟运河水系黎河的前毛庄站，为 736.8 毫米；最小年降水量出现在蓟运河水系箭杆河的林亭口站，为 388.3 毫米。年度最大一日降水量出现在潮白河水系青龙湾减河的大口屯站，为 208.0 毫米。

全年降水量主要集中在汛期，6—9 月降水量占全年降水量的 75.0%，年度降水量分布极不均匀。汛期共有 3 次较强的降水过程：① 6 月 22、23 日全市普降中到大雨，最大日降雨量出现在蓟运河水系黄庄洼张头窝站，日降水量为 70.4 毫米；② 7 月 6、7 日，本市北部地区大到暴雨，最大日降雨量出现在潮白河水系青龙湾减河大口屯站，日降水量为 208 毫米；③ 8 月降水偏多，主要为局部大到暴雨，其中 8 月 2 日全市普降中到大雨，北部地区大到暴雨，最大日降雨量出现在蓟运河水系黎河果河桥站，日降水量为 152.3 毫米。非汛期出现 1 次较强的降水过程，10 月 8—10 日全市普降中到大雨，最大日降雨量出现在大清河水系大清河王庆坨站，日降水量为 71.5 毫米。

2. 水情

（1）引滦调水。

2017 年引滦调水 1 次，历时 36 天，按大黑汀水库（入津渠）断面资料统计，共调引滦河水 1.369 亿立方米。

（2）大型水库来蓄水。

于桥水库。2017 年于桥水库年入库径流量为 1.727 亿立方米（不含引滦输水），较 2016 年的 1.061 亿立方米多 0.666 亿立方米。于桥水库供水主要供给天津城市用水和盘山电厂用水，其中供给天津市城市用水水量2.820亿立方米，供给盘山电厂年供水量0.1935亿立方米。于桥水库（坝上）最高水位为21.10米，相应蓄水量4.020亿立方米，出现在8月31日；最低水位为18.73米，相应蓄水量2.100亿立方米，出现在7月5日；年平均水位为19.75米；年度水库蓄水变量为0.0830亿立方米。

北大港水库。2017年北大港水库（坝上）最高水位3.71米，相应蓄水量0.0982亿立方米，出现在1月1日；最低水位为库干，出现在3月9日；年度水库蓄水变量为-0.0982亿立方米。

（3）入海水量。

2017年天津市各主要河道的入海水量为16.9亿立方米，较2016年的27.77亿立方米少10.87亿立方米。

【水文测验】 2017年，天津市28个国家基本水文站中共有25处测验断面过水，累计过水天数为1769天。

按水系对有过水的各断面过水情况的统计。

1. 滦河水系

引滦隧洞引滦隧洞（进口）站：全年过水36天，年径流量1.369亿立方米。

2. 潮白河水系

潮白新河黄白桥（闸上）站：全年过水172天，年径流量6.167亿立方米。

潮白新河宁车沽（闸上）站：全年过水57天，年径流量3.719亿立方米。

3. 蓟运河水系

蓟运河九王庄（闸下）站：全年过水274天，年径流量1.978亿立方米。

蓟运河新防潮闸（闸上）站：全年过水42天，年径流量3.287亿立方米。

沟河罗庄子站：全年过水23天，年径流量0.2077亿立方米。

州河于桥水库（泄洪洞）站：全年过水19天，年径流量0.1111亿立方米。

州河于桥水库（溢洪道）（闸下）站：全年过水8天，年径流量0.0503亿立方米。

州河于桥水库（电站）站：全年过水203天，年径流量2.658亿立方米。

淋河林河桥站：全年过水53天，年径流量0.3567亿立方米。

黎河前毛庄站：全年过水157天，年径流量1.929亿立方米。

4. 永定新河水系

新开河耳闸（闸下）站：全年过水6天，年径流量0.0259亿立方米。

新开河耳闸（船闸）站：全年过水11天，年径流量0.0407亿立方米。

金钟河金钟河闸（抽水站）站：全年过水65天，年径流量0.7624亿立方米。

金钟河金钟河闸（闸上）站：全年过水1天，年径流量0.0251亿立方米。

永定新河屈家店（闸上）站：全年过水69天，年径流量0.6709亿立方米。

北京排污河东堤头（闸上）站：全年过水113天，年径流量2.827亿立方米。

分洪道筐儿港（闸下）站：全年过水70天，年径流量0.5051亿立方米。

筐儿港减河筐儿港（倒虹吸）站：全年过水80天，年径流量0.9566亿立方米。

5. 北运河水系

北运河筐儿港（节制闸）站：全年过水34天，年径流量0.1139亿立方米。

北运河屈家店（引滦涵洞）站：全年过水71天，年径流量0.7542亿立方米。

6. 海河干流水系

海河二道闸（闸上）站：全年过水12天，年径流量0.5304亿立方米。

海河海河闸（闸上）站：全年过水65天，年径流量2.879亿立方米。

海河海河闸（抽水站）站：全年过水12天，年径流量0.3123亿立方米。

7. 大清河水系

独流减河工农兵闸（闸上）站：全年过水 116
天，年径流量 2.415 亿立方米。

8. 南运河水系

全水系各断面全年均未过水。

（冯　峰）

【水质监测】　2017 年水质监测主要包括引滦沿线、
引江及海河干流每月 1 次采样监测；于桥水库和尔
王庄水库全年藻类监测，5—10 月水库及海河藻类
应急加测；水功能区每月 1 次采样监测；地下水全
年 2 次采样监测；第 2～4 季度每季度排污口 1 次
采样监测和"河长制"河道（河段）水体水质
监测。

1. 地表水水质监测

（1）评价标准与参数。

评价标准为《地表水环境质量标准》（GB
3838—2002）、《地表水资源质量评价技术规程》
（SL 395—2007）和《城镇污水处理厂污染物排放
标准》（GB 18918—2002）。评价参数为有代表性
且能反映水质基本情况的无机、生物、重金属等
指标。

（2）河道水质。

1）引滦沿线。

引滦沿线上游黎河隧洞出口至果河桥段，8 月
和 9 月共监测 3 次，8 月 11 日，隧洞出口和黎河
下游符合Ⅲ类水质标准，其余 3 个断面水质符合Ⅳ
类；8 月 18 日，隧洞出口和黎河大桥符合Ⅱ类、
Ⅲ类水质标准，其余 3 个断面水质符合Ⅳ类；9 月
18 日，黎河 3 个断面及果河桥符合Ⅱ类、Ⅲ类水
质标准，沙河桥水质符合Ⅳ类。引滦沿线下游于
桥水库至尔王庄水库段，在 1 月、4—7 月、10—
12 月水质基本符合Ⅱ类、Ⅲ类水质标准，水质基
本良好，其余各月水质超标站点主要为于桥水库
及坝上，超标参数为 pH 值、总磷、高锰酸盐指
数、溶解氧。

2017 年，于桥水库水质全年达标率为 61.3%，
尔王庄水库水质全年达标率为 100%。全年对于桥

水库和尔王庄水库藻类生长情况监测 25 次，依据
《地表水环境质量标准》（GB 3838—2002）及《地
表水资源质量评价技术规程》（SL 395—2007），
选择透明度、高锰酸盐指数、总磷、总氮、叶绿
素、藻类常见/优势种群及藻细胞密度等评价参数
进行评价。从营养状态分析，尔王庄水库全年基
本保持中营养状态，于桥水库除了在气温较低的
冬季维持中营养状态外，其余月份均为轻度富营
养。从藻类常见/优势种群分析，1—6 月两个水库
藻类常见种群多为绿藻和硅藻。于桥水库从 6 月中
旬起，优势种群从绿藻过渡到蓝藻，并持续到 12
月初；尔王庄水库除了 8—11 月优势种群为蓝藻
外，其余月份优势种群均为硅藻和绿藻。全年除 1
月、4 月、5 月和 12 月外，于桥水库藻细胞密度均
大于 1000 万个每升；除 9—11 月，尔王庄水库藻
细胞密度基本小于 1000 万个每升。受夏季高温、
高湿天气等因素影响，于桥水库水质主要指标升
高趋势明显。7 月 17 日启动《天津城市饮用水水
源地（于桥水库）藻类暴发应急预案》Ⅲ级（黄
色）预警响应，通过调度引江和引滦水源，有效
防控了蓝藻大面积暴发，确保天津市城市供水安
全，10 月底解除藻类暴发应急预警响应。8 月 17
日于桥水库库西监测到藻细胞密度最大值，达到
112000 万个每升。

2）海河干流。

三岔口、四新桥、柳林、二道闸（上）、二道
闸（下）、唐津高速和海河闸 7 个监测断面评价结
果表明：三岔口、四新桥、柳林 3 个断面水质较
好，4—12 月基本符合Ⅱ类、Ⅲ类水质标准；二道
闸（上）、二道闸（下）、唐津高速和海河闸 4 个
断面大部分时间劣于Ⅲ类标准。主要超标参数为
高锰酸盐指数、氨氮、总磷、生化需氧量等。

5—8 月海河藻类应急监测采样监测 30 次，从
藻类常见/优势种群分析，各个断面的藻类优势种
群多为蓝藻，藻密度最大值出现在四新桥，最大
值达到 97100 万个每升。

3）南水北调天津干渠。

南水北调中线工程天津市供水水质监测已纳

75

入常规监测。依照《地表水环境质量标准》（GB 3838—2002），参考《地表水环境质量评价办法（试行）》环办（2011）对2017年全年南水北调天津干渠水质监测结果进行评价，全年水质均符合地表水Ⅱ类标准，水质状况良好。

4）水功能区。

主要河道依据《地表水环境质量标准》（GB 3838—2002）和《城镇污水处理厂污染物排放标准》（GB 18918—2002），以各水质监测断面及《海河流域天津市水功能区划》（津政函〔2008〕9号）所划分的水功能区为基本单元进行评价。每月对全市33个国家考核重点水功能区进行监测，双数月对81个水功能区182个断面进行采样监测，包括4个保护区、22个缓冲区、12个饮用水源区、5个工业用水区、25个农业用水区、1个渔业用水区、9个景观娱乐区、1个过渡区和2个排污控制区。水功能区监测达标率分别为：1月18.2%、2月8.9%、3月15.2%、4月10.7%、5月28.1%、6月20.0%、7月15.2%、8月12.7%、9月28.1%、10月20.3%、11月36.4%、12月45.7%。重要水功能区全指标达标率为3.0%，双指标达标率为15.2%，主要污染指标为总磷、氨氮、高锰酸盐指数等。

5）"河长制"河道水体。

根据《天津市河道水生态环境管理实行地方行政领导负责制考核暂行办法》和《天津市河道水生态环境管理实行地方行政领导负责制考核暂行办法实施细则》有关要求，"河长制"考核河段232个，监测断面306个。河道水质断面每月取样监测评价1次，监测参数为总磷、高锰酸盐指数、溶解氧、氨氮四项，及时将考核成绩上报考核办。

2. 地下水水质监测

（1）评价标准与参数。

依据《地下水质量标准》（GB/T 14848—2007）选择了有代表性且能反映水质基本情况的pH值、氨氮、氯化物、硫酸盐、亚硝酸盐氮、氟化物、总碱度、总硬度、磷酸盐、重金属、有机参数等45个项目作为评价参数。地下水质量标准

分5类，水质按Ⅲ类标准评价。

（2）地下水水质。

枯水期：4月20日至5月10日，对全市12个区87个地下水样品进行水质监测，监测结果依据《地下水质量标准》（GB/T 14848—2007）评价，评价结果如下：符合Ⅲ类水质的监测井13眼，占总监测井数的14.94%，分别为蓟州区的李四辛、许家台、大川、中郑、西大峪、古强峪和蓟州城关水厂，武清区的窑上和河西务镇派出所，宁河区的前棘坨，滨海新区汉沽的看才造纸厂、芦后和高庄。符合Ⅳ类水质的监测井19眼，占总监测井数的21.84%，分别为蓟州区的大康庄水源地，宝坻区的史各庄、牛道口、八间房村、后档村、黄庄中学、南申中学和石化水源地，武清区的东赵庄和城关供水厂，宁河区的国仕营、大良、高景、芦台机米厂、史庄子和任汉，津南区的白塘口村，滨海新区汉沽的芦前，滨海新区大港的常流庄。其余55眼井全部符合Ⅴ类，占总监测井数的63.22%。

丰水期：9月18—22日，对全市12个区的86个地下水样品进行水质监测，其监测结果依据《地下水质量标准》（GB/T 14848—2007）评价，评价结果如下：

符合Ⅲ类水质的监测井14眼，占总监测井数的16.3%，分别为蓟州区的李四辛、中郑、西大峪、许家台、古强峪和蓟州城关水厂，武清区的窑上和河西务镇派出所，宁河区的高景、芦台机米厂、任汉和前棘坨，滨海新区汉沽的芦前和高庄。符合Ⅳ类水质的监测井22眼，占总监测井数的25.6%，分别为蓟州区的大川、大康庄水源地和西龙虎峪水源地，宝坻区的史各庄、牛道口、八间房村、后档村、黄庄中学、南申中学和石化水源地，武清的后侯尚、东赵庄和城关供水厂，宁河区的国仕营、大良、史庄子，静海区的独流供水站和大寨，西青区的公安收审站，滨海新区汉沽的看才造纸厂和芦后，滨海新区大港的常流庄。其余50眼井全部符合Ⅴ类，占总监测井数的58.1%。

3. 排污口水质监测

2017 年排污口调查分上半年和第 3、第 4 季度 3 批次采样。上半年采集入河排污口及入境入海水样 154 个，其中包含入境断面 13 个、入海断面 5 个；第 3 季度采集入河排污口及入境入海水样 141 个，其中入境断面 13 个、入海断面 4 个；第 4 季度采集入河排污口及入境入海水样 78 个，其中入境断面 13 个、入海断面 4 个。全年采集 373 个有效水质样品，获得有效水质监测数据 5836 个。监测项目为水温、pH 值、悬浮物、氨氮、化学需氧量、总汞、总砷、总铬、铜、铅、锌、镉、阴离子表面活性剂、总有机碳、挥发酚、苯乙烯、甲苯、对二甲苯、邻二甲苯、硝基苯、马拉硫磷、总磷、总氮共 23 项。

对 2016 年排污口水质监测结果进行评价，重点监测的 55 个入河排污口入河污水量 8.42 亿立方米，18 条入境河流的入境水量 16.82 亿立方米，5 个入海控制断面的入海水量 26.73 亿立方米。从污染物排放总量看，22 项监测污染指标中，11 项属于超标排放，其中 5 项常规监测项目化学需氧量（COD）、氨氮、总磷、总氮和挥发酚均属超标排放，入河排污口污染特征主要是悬浮物污染、有机污染、氨氮污染、重金属汞污染和磷污染。从污染评价结果分析，55 个入河排污口 3 个季度水质指标总污染指数分别为 760.57、1054.72、586.68。

（王旭丹）

【水文站网建设】 2017 年，完成马圈水文站站房及测流缆道维修、黄白桥站水文站维修改造、18 处水文测站站内视频安全监控系统和罗庄子水文站标准断面工程。完成所属分中心水文站站房、水文测报设施及其他附属设施的维护与维修工作，保证水文测报数据传输高效、准确。

2017 年继续进行国家地下水监测工程（水利部分）天津市建设任务，建设完成 327 处监测站，其中新建站 101 个，改造站 226 个，安装地下水位自动监测设备 365 套。委托专业维护人员完成 588

处水量自动监测站点 2 次全面设备巡检和日常故障维修，保障了地下水取用水户水量自动监测设备和监测站点的正常运行。

（王勇 沈强）

【水文行业管理】

1. 水文业务

在各分中心、各测站开展自查，按照部水文局开展的"水文测验成果质量评定工作"的评分标准，严格进行汛前检查，对发现的问题提出整改方案，切实进行整改，确保水文测验成果质量。

加强水文站网管理，配合完成海河流域水文水位站网、降水量站网编码统一调整工作，完成国家基本水文站基础信息的填报及重要水功能区考核入境河道水量监测前期的查勘工作。完成 2017 年度天津市水文资料复审，参加海河流域水文资料的汇编，编制《2017 年度泥沙公报》天津市相关内容。

2. 安全度汛

全面做好 2017 年的水文测报工作，贯彻落实国家防总、水利部水文局和市防汛办有关防汛要求，牢固树立"防大汛、抗大洪"的责任意识，"狠抓责任到人、突出岗位实效"，在汛期成立了水文防汛领导小组、水文测报技术组和测报突击队，建立健全防汛测报组织体系，实行以行政首长负责制为核心的分级管理责任制、岗位责任制、技术责任制和值班工作责任制等，从组织和制度上保障安全度汛。

指导各测站完善测洪方案及防洪预案，修订水文测报的应急响应规程、防汛分洪口门水文测报预案和防汛分洪口门技术手册等测报技术文件。开展分层次、分阶段的防汛准备检查，做好防汛物资清点、储备，防汛设备的维护、保养及软硬件更新等。组织技术人员对主要分洪口门及主要测验断面进行了查勘，确定分洪口门的位置、功能及测验设施和断面，完成部分重要行洪河道水文测验断面预选及大断面测量工作。组织所属各分中心及测站建设、维修及改造测验设施，保养

及维护设施设备及观测场地,开展防汛水文测报
准备工作,落实应急措施。

3. 技术调研

2017 年 12 月组织技术人员赴河南郑州,对全
国唯一水文设计甲级资质单位——黄河水文勘测
设计院进行水文业务调研,通过技术探讨与交流,
基本确定入境河道水量监测方案的主要技术细节,
扎实推进重要水功能区考核入境河道水量监测
工作。

【水文业务培训】 2017 年 3 月和 12 月,组织两期
基层水文职工水文监测技术培训,讲解水文测验
相关规范和先进监测技术,进一步提高基层测站
职工的业务能力。在主汛期组织测报突击队成员
及分中心技术骨干进行野外应急巡测技术等业务
技能培训,增强测报队伍的实战能力,提高抗大
洪、抢大险的实战经验。

(王　勇)

【水文重点工程项目建设】 2017 年天津市水文重
点工程项目为"天津市水资源监控能力建设
(2016—2018 年)","天津市水资源监控能力建设
(2012—2014 年)"已验收。

天津市水资源监控能力建设项目。2017 年 1
月,市水务局下达《关于国家水资源监控能力建
设项目天津技术方案(2016—2018 年)的批复》
(津水技〔2017〕1 号)文件。12 月底,主要完成
11 个管道型水量监测站的改造,建设完成宝坻区
灌区 23 个河道型水位站和信息处理站,全年建设
任务基本完成。

(李　莹)

水资源管理

【概述】 2017 年,全市水资源管理工作以落实水
资源消耗总量和强度双控行动为抓手,结合最严
格水资源管理制度推动落实,重点推动地下水压
采,完成地下水水源转换年度任务,着力构建多

水源配置格局,稳步推进节水型社会建设,引滦
水源保护取得新突破,确保了城市饮用水安全。
联合市发展改革委印发了《天津市"十三五"水
资源消耗总量和强度双控行动方案》;严格水资源
管理年度考核,对全市 16 个区 2016 年度实行最严
格水资源管理制度情况进行考核并通报结果;开
展水资源承载能力评价,配合市发改委完成了资
源环境承载能力监测预警试评价;探索研究各区
之间外调水初始水权分配,初步提出各区外调水
初始水权水量;配合海委开展潮白河、北运河、
蓟运河、滦河水量分配方案。全力推动地下水压
采和水源转换工作,2017 年全市累计转换地下水
1398 万立方米,超额完成年度目标;组织修订印
发了《天津市建设项目取用水论证管理暂行规定》
和《天津市地源热泵系统管理规定》;起草印发市
水务局关于开展"散乱污"企业地下水取用水户
整治工作的通知;配合市财政局和地税局完成水
资源税改革试点相关工作。加强控沉管理,开展
了地面沉降分区监测、地下水控沉分区预审和重
点区深基坑控沉备案管理等工作,编制了《基坑
工程地下水回灌技术规范》,研究基坑抽排地下水
水量计量的有效方法,落实控沉分区管理。巩固
节水成果,完善产品定额,继续开展节水型载体
创建;开展重点用水单位监控系统建设,通过了
国家节水型城市复查,组织编制完成《天津市再
生水利用规划》报市政府。

【水资源开发利用】 2017 年,全市平均降水量
496.6 毫米,折合降水总量 59.19 亿立方米,比 2016
年偏少 20.2%,比多年平均值 68.53 亿立方米
(1956—2000 年)偏少 13.6%,属于偏枯水年。

2017 年,全市水资源总量 13.01 亿立方米,比
常年偏少 17.1%,比 2016 年偏少 31.2%。其中全市
地表水资源量 8.80 亿立方米,比常年偏少 17.4%,
比 2016 年偏少 37.6%;地下水资源量 5.54 亿立方
米,比常年偏少 6.1%,比 2016 年偏少 8.9%;地下
水与地表水资源不重复量 4.21 亿立方米。全市 14
座大型、中型水库年末蓄水量 5.92 亿立方米,比年

初蓄水量增加0.54亿立方米。平原淡水区浅层地下水年末存储量比年初减少0.25亿立方米。

2017年，全市入境水量18.78亿立方米，比2016年减少2.18亿立方米。其中引滦调水量1.3690亿立方米（大黑汀水库入津渠控制断面水量），引江调水量10.0605亿立方米〔南水北调中线天津干线分水井（曹庄）和分水井（西河）、永青渠分水口、子牙河北分流井退水闸控制断面水量之和〕。天津市出境水量除蓟运河山区沟河流入北京市外，其他均注入渤海。2017年全市出境、入海水量合计为17.26亿立方米，比2016年减少10.91亿立方米，其中沟河出境水量为0.36亿立方米；入海水量16.90亿立方米（水资源公报）。

（水资源处）

【非常规水资源利用】 2017年，推进高耗水行业和满足使用条件的领域优先使用再生水，特别是推动满足使用条件的用水大户使用再生水。协调推动天钢集团使用再生水作为生产主水源，组织城投集团制定完成2018年再生水管网建设计划，协调市建委纳入2018年城市基础设施建设计划，协调推动市市容园林委和天津中水有限公司对梅江公园景观用水使用再生水，组织蓟州区水务局、国华盘山发电厂和大唐盘山发电厂研究使用蓟州区城区污水处理厂提标改造后的再生水作为生产主水源可行性问题，组织海河处、天津中水有限公司、天津市保绿再就业服务有限公司、天津市公路直属处和天津泰达环保有限公司等单位研究将取用海河水替换为再生水可行性问题。

全市已运行11座再生水厂，日处理能力45.1万吨，全年生产再生水4804万吨。强化再生水行业管理。编制完成《天津市再生水厂管理考核暂行办法》。完善中心城区已通水再生水管网设施台账信息，建立再生水信息管理系统，加大对全市再生水厂建设、运营监管力度；规范再生水厂月报，对水质、水量、水压等供水情况加大监管力度。

市水务局推动北疆电厂淡化海水利用。落实玖龙纸业生产主水源切换使用淡化海水，组织调查了北疆电厂现有供水范围内潜在的直供用水户，组织研究了淡化海水供市政用水政策，制定了北疆电厂配置利用方案。2017年，全市海水淡化生产能力21.6万立方米，全年海水淡化水量3457万立方米，比上年减少90.41万立方米；海水淡化水进入城市供水企业707.51万立方米，比上年减少296.92万立方米，海水淡化水供滨海新区部分区域生产和生活使用。

2017年汛期，天津市上游地区来水偏多，共计拦蓄雨洪水资源3.4亿立方米，其中潮白新河河道蓄水1.02亿立方米；武清区中小水库及二级河道蓄水0.81亿立方米；其余宝坻、宁河区一级、二级河道及其他区县坑塘洼淀蓄水1.57亿立方米。承接上游来水5.34亿立方米。累计向北运河调水1.24亿立方米，向七里海湿地补水1000万立方米，向北大港湿地补水2800万立方米，向独流减河补水1300万立方米，改善了水生态环境。合理调度潮白新河沿线闸坝，宝坻区里自沽闸上增蓄5000万立方米，向蓟运河调水5000万立方米，向滨海新区黄港一库、二库调水4500万立方米。至9月15日，全市地表蓄水总量13.11亿立方米，为生态环境和农业生产储备水源。

（水资源处 防汛处）

【最严格水资源管理考核】 2017年初，对全市16个区进行2016年度实行最严格水资源管理制度考核，考核结果经市政府审定通报各区，其中西青区为优秀等级，蓟州区、武清区、宁河区、东丽区、和平区、红桥区6个区为良好等级，河西区、南开区、河北区、河东区、滨海新区、津南区、北辰区、宝坻区、静海区9个区为合格等级。按要求，各区政府上报了2016年度考核存在问题的整改落实报告。国家考核组对天津市进行2016年度实行最严格水资源管理制度考核，编制完成自查评估报告，接受了国家考核组的现场检查，考核结果为良好等级。完成了水利部开展的2016年度水资源管理专项监督检查发现问题整改工作。

【水资源论证】 2017年，全面实行了规划水资源论证制度，严把城市、城镇、工业园区规划水资源论证关，全年批复京津产业新城和天津航空物流区总体规划等3项规划水资源论证；严格建设项目水资源论证，全市需进行水资源项目全部进行论证，市水务局共审查水资源论证报告29项。

（水资源处）

【取水许可管理】 市水务局与市国土房管局开展地热资源开发利用联合审批工作，加强了天津市地热水资源合理开发及保护，促进了地热资源可持续利用。2017年审批地热水取水许可项目17个，批准开凿地热井34眼。

依据《取水许可与水资源费征收管理条例》《取水许可管理办法》等有关规定，市水务局于2017年9月下发《市水务局关于规范取水许可证延续评估工作的通知（试行）》（津水资〔2017〕33号）、《市水务局关于加强取水井工程竣工验收的通知》《市水务局关于加强封存、备用机井管理的通知》，规范了取水许可证延续工作，加强了取水井工程竣工验收和封存、备用机井管理。

2017年2月，市水务局下发《市水务局关于取消地下水取水许可项目合规性审查工作的通知》（津水资〔2017〕16号），取消地下水取水许可项目合规性审查工作，同时要求各区严格地下水取水许可项目审批，做好取水许可工作的事中事后监管工作。

（高建颖）

【地下水资源管理】

1. 地下水压采

依照水利部关于地下水超采治理与管理保护工作的总体安排，自2009年起，市水务局配合水规总院在中央财政资金支持下开展"南水北调受水区地下水压采与管理"专项工作，为编制南水北调（东、中线）受水区地下水压采实施方案、治理地下水超采、管理与保护地下水资源提供技术支持。根据《全国地下水利用与保护规划》及

《南水北调东中线一期工程受水区地下水压采总体方案》，以南水北调工程受水区和地下水开发利用过度区为重点，开展地下水管理与保护工作。核定和分解受水区地下水的压采目标，完善压采替代水源分析，完成多项专题研究。取得的成果主要有《天津市南水北调受水区地下水开发利用现状调查及压采目标初步分解》《天津市南水北调受水区地下水开发利用现状调查及压采目标核定》《南水北调受水区地下水开发利用现状调查及压采实施方案报告》《天津市南水北调受水区地下水开发利用现状调查及压采实施方案（2014—2020年)》等。

"天津市地下水超采综合治理与管理项目"调查了2014—2016年地下水资源开发利用情况，总结了地下水资源管理与超采治理，分析了地下水开发利用与超采状况，分解了地下水管理控制指标，提出了地下水超采治理与管理评估考核方案。取得的成果主要有《天津市地下水管理与保护（2016年度)》《天津市地下水管理与保护（2017年度)》等。对开展重点地区地下水超采综合治理与管理，完善地下水管理制度体系，建立健全地下水管理监督评估考核机制，落实最严格水资源管理制度提供了科学的数据支撑。

2017年全市地下水压采投资2500万元，压采水量1327万立方米。企事业单位水源转换压采水量1110万立方米，用水单位转换151家，供水管道建设64千米，封填机井118眼。农村生产用水3个村压采10万立方米，农村生活用水50个村压采207万立方米。

2. 编制出版《天津市地下水年报》

为实行最严格水资源管理制度考核提供基础技术信息支撑，编制出版《天津市地下水年报（2016)》。逐步实现地下水资源的刚性化和精细化管理，加快转变开发利用方式，发挥地下水资源的战略储备作用，提高地下水资源管理效率，达到应用先进技术手段提高天津市地下水资源管理的目的。

（吕 琳）

【饮用水水源保护】 推动取缔潘、大水库网箱养鱼工作。2017年5月底，全部完成网箱清理任务，共计清理网箱7.9万余个。津冀两省市签订《引滦入津上下游横向生态补偿协议》，并按照《引滦入津上下游横向生态补偿实施方案》明确了考核目标、补偿办法、补偿标准、监测方式和各方责任，完成2016年度生态补偿资金拨付。做好全市饮用水源保护工作。建成引江向尔王庄水库供水联通工程，实现引江、引滦双水源互备互用，确保城市供水安全万无一失。建设完成于桥水库入库河口湿地、取水口藻类拦截智能围格，建设引滦暗渠出口藻类应急处置工程，确保城市供水水质安全。加强应急管理工作，修订《天津城市饮用水水源地（于桥水库）藻类暴发应急预案》。组织编制《于桥水库综合治理方案》和《进一步做好我市引滦水源保护工作方案》，加强于桥水库生态修复，强化下游输水渠道管理。

（水资源处）

节水型社会建设

【概述】 2017年，天津市持续推进节水型社会建设，主要节水指标继续保持全国领先水平，万元GDP用水量降至15.09立方米，万元工业增加值取水量降至6.9立方米。推进节水型载体创建，开展了节水型企业（单位）、节水型居民小区、公共机构节水型单位建设，2017年创建节水型企业（单位）123家，节水型居民小区114个，节水型公共机构9家，节水型企业（单位）和居民小区覆盖率分别提高至48.34%和24.75%，节水型公共机构覆盖率达到了81%。以"世界水日""中国水周"等为契机，举办形式多样的大型户外节水宣传系列活动。以全市节水主题公园——"善水园"为典型，选取南开区和西青区开展节水宣传基地建设，通过对善水园进行节水文化复制、节水元素移植等，增强全市节水日常宣传效果，使节水工作与社会共建共享。按照《水利部关于开展县域节水型社会达标建设工作的通知》，制定完

成《天津市区级节水型社会达标建设工作实施方案》并上报水利部，明确了总体目标、实施计划、年度任务、保障措施，正在组织有关技术单位研究技术大纲和相关标准。组织编制完成了《天津市节水型社会建设"十三五"规划》，已经市水务局印发。落实国家9部委发布的《全民节水行动计划》，会同市发展改革委组织市有关单位研究落实情况，制定天津市落实《全民节水行动计划》实施意见。大力推进高耗水行业节水型企业创建，深入推进火电、钢铁、纺织染整、造纸、石油炼制等高耗水行业节水型企业创建工作，发布了《市水务局关于进一步加强节水型企业建设工作的通知》。

（水资源处）

【计划用水】 2017年年初，组织召开了2017年用水节水计划大会，为全市80个系统（行业）和16个区县下达了用水节水计划。审批市直管户自来水计划指标1362件，地下水计划168件，地表水计划10件，办理基建临时用水计划审批件25件，调整计划50件，办结率、满意率、及时率均保持在100%。核定和审批的用水计划已在天津市水务局官网进行公开。

编制完成了《超计划用水累进加价收费征收管理流程》和《超计划用水累进加价收费征收管理制度》，规范了发信、接待、收费等环节，夯实了计划用水管理基础。

建立了超计划用水预警机制，深化计划用水考核管理，践行"管理前置，服务前移"的管理意识。2017年，对天津市月用水计划指标使用率90%以上的用水户开展预警提醒工作，通过发短信、微信等方式告知用水户了解用水情况，发现问题及时解决。全年完成预警841户次，超计划用水现象明显降低。

按照地方标准格式要求，完成了《工业产品取水定额》及《城市生活取水定额》文本草案的编写，两个标准顺利纳入"天津市地方标准制修订计划"。编制完成了2018年度用水定额修订工

作大纲。

【依法节水】 2017 年，开展了天津市洗车业的调研工作并完成《关于天津市洗车业用水管理的调研报告》。完成"节水三同时"政策等的调研梳理工作。

编制完成《节水中心法制宣传教育第七个五年规划（2016—2020 年）》，组织全体职工收看北京市节水办拍摄的《尾水不该这么排》等 5 个节水执法系列短片。

每月定期对用水户用水情况进行执法检查，共完成 78 户日常巡查工作，将检查情况上报至法制监督平台；同时，完成 184 个用水户的现场核查工作。

利用节水宣传阵地和网络微信平台开展特色的节水法制宣传教育工作。配合局水政处，完成全市精准普法十大品牌材料报送、宣传投票及后期实地考察评审工作。

【科技节水】 2017 年，《节水型居民生活小区评价规范》通过由天津市市场监管委组织的地方标准审查。加强节水型产品推广，共接待 6 家用水产品生产企业咨询，并接收申请纳入《天津市节水型产品名录》企业的申报材料工作，指导符合要求的企业填写申请表，准备相关申报材料。

【节水系列创建工作】 2017 年年初，制定节水型企业（单位）和居民小区创建目标任务，召开了各区节水工作会议，下发 2017 年度创建评审工作的通知，部署了节水型企业（单位）和居民小区创建工作，对创建工作提出了具体要求。多次深入到各区进行指导培育。全年共创建节水型企业（单位）123 家，节水型居民小区 114 个，节水型企业（单位）和居民小区覆盖率分别达到 48.34% 和 24.75%，超额完成了年初确定的覆盖率分别达到 47% 和 23% 的工作任务。

年初，选定市文广局作为重点推动目标，开展行业情况摸底调查。6 月组织召开现场推动会，对创建工作进行培育、指导。成立领导小组并多次进行现场服务，指导市文广局完善申报材料。市文广局计划用水考核率和节水型单位覆盖率等项指标均达到创建标准，通过专家组评审，成为天津市第 11 个节水型系统（行业）。

按照年初制定的创建 6 个节水型公共机构、市级公共机构创建达到 80% 以上的工作要求，与市机关事务管理局积极沟通，于 5 月组织召开创建推动会，并组织培育单位现场核查，全年共创建完成 9 家节水型公共机构，超额完成了年初制定的工作目标。

对 2017 年应复查的河东区、河北区、河西区、宝坻区、武清区、滨海新区等 6 个区下发了《关于节水型区县复查的函》，提出需要提供的复查相关材料要求，详细指导复查工作。2017 年，除河东区以外的 5 个区顺利通过了节水型区县复查。市节水办与市发展改革委、市工信委、市农委对未通过复查的河东区进行了联合通报，并责令其限期整改。

【节水文化宣传】 2017 年，开展各种节水宣传活动，不断扩大文明用水、科技节水理念的辐射面。开展了主题为"全面落实河长制，推进生态文明建设"的纪念第 25 届"世界水日"、第 30 届"中国水周"主题宣传活动。在河西区善水园通过设立节水咨询台、发放节水宣传资料、组织市民参观节水展牌等方式，普及宣传了水日、水周的由来、"河长制"的概念和节水常识，达到了群众参与、务实有效的目的。

与蓟州区节水办共同承办天津市第 26 届"全国城市节水宣传周"启动仪式。仪式紧扣节水宣传周主题，参与人员达 200 余人，营造了浓厚的节水氛围。

选取南开区和西青区建设节水宣传基地，大力推进南开区、西青区宣传阵地建设和宝坻区节水宣传阵地提升改造工作，已全部完工。截至 2017 年，全市已有 7 个区完成了节水主题公园建设，扩大了本市节水宣传覆盖率，使市民在休闲娱乐中了解节水知识，掌握节水政策，树立节水意识。

发挥节水科技馆的宣传阵地作用，丰富"节水课堂"微信公众号内容，推送了涵盖节水法律法规、技术推广、知识普及等内容的文章67篇，累计阅读量近5000次。全年共组织接待参观团队游客148批次，参观人数达1.8万余人次，游客满意率100%。2017年天津节水科技馆在全国科普日活动中被评为"2017年全国科普日优秀活动"。

加大与校园合作力度，分别在红桥区实验小学、和平区昆明路小学、和平区岳阳道小学和天津农学院4所学校开展了为期两个月的"节水知识校园巡展"活动，宣传范围达8000余人。与天津农学院水利工程学院达成共建单位，共同开展了以"惜水、爱水、节水、护水，从我做起"为主题的节水宣传活动，在校园中形成了节约用水、科学用水、文明用水的良好宣传氛围。

全国科普日期间，组织开展了"节水助力发展，科学你我共享"的节水主题活动，利用微信公众号开展线上节水知识答题活动。共计3000余人参与，成功入选了天津市全国科普日十大主题活动。

【用水监控】　编制完成了《天津市重点用水单位在线监测系统（2017—2019年度）实施方案》，完成计划管理、超计划累进加价、水平衡测试、统计分析、系列创建、节水器具管理等软件模块的开发工作。通过反复协调和多次现场查看装表环境，完成了职业大学、军粮城电厂、胸科医院等单位51块远传水表的安装工作。

（焦　娜）

水生态环境

水环境保护

【概述】 深入学习贯彻习近平新时代中国特色社会主义思想，在水务局局党委的正确领导下，按照"缺能引，旱能浇，涝能排，沥能用，污能治，水能动"6项要求，稳步推进完成水功能区及入河排污口监督管理、水生态保护与修复、全运会水环境保障、建成区黑臭水体治理、水污染事件应急管理、全面落实河长制等工作任务。

【水功能区监督管理】 强化水功能区监督管理，印发修订后的《海河流域天津市水功能区划报告》，对天津市部分水功能区的使用功能和水质目标进行科学调整。建立通报制度，全市33个重要江河湖泊水功能区实现每月监测1次，评价结果每季度报送各区政府和市环保部门。推进水功能区水质达标工作，组织编制《重要江河湖泊水功能区水质达标保障方案》《省界缓冲区入境污染影响下游水功能区水质达标修正方案》。

【入河排污口监督管理】 强化入河排污口日常监管，编制印发了《市水务局关于印发进一步加强入河排污口监督管理工作的实施方案的通知》，组织开展入河排污口再排查工作，建立了入河排污口定期监测、定期巡查、年度排查、信息报送等一系列制度，规范了入河排污口设置审批和信息公示工作。开展入河排污口管理专项执法监督检

查工作，督促指导各单位做好入河排污口的设置审批和日常监管工作。继续开展重点入河排污口水量水质监测工作和市管河道入河排污口巡查工作。全年审批入河排污口1个。

（水保处）

【水生态文明试点建设】 2017年6月，按照水利部统一部署，武清区水生态文明城市建设试点通过中国水利水电科学研究院组织的技术评估。2017年11月，市水务局与武清区人民政府对武清区水生态文明城市建设试点联合开展了行政验收。该试点建设任务及各项指标顺利完成，取得了良好的建设成效。

（水资源处）

【中心城区河道水体生态修复】 持续推进河湖健康评估工作，完成独流减河健康评估工作，开展蓟运河健康评估工作，启动天津市河湖健康评估标准编制工作，为开展水生态修复工作提供技术支撑。落实"水十条"，采取购买服务模式实施水体生态修复，完成中心城区张贵庄河、小王庄河、护仓河、陈台子河4条黑臭河道水体生态修复项目治理期建设任务。通过采取"生物复合酶+强化耦合生物膜+微生物净水剂+生物抑藻剂+水生植物净化技术+曝气增氧"组合形成的集成技术体系，强化治理与持续维护相结合，改善水体感观，逐步恢复水体生态，提升水体自净能力。进入冬季，不再对河道进行撒药和曝气喷泉的开放，

EHBR 生物强化膜正常开启，并对河道设施进行日常维护维修。于 2017 年年底完成治理期阶段的验收。通过治理后，河道水质得到较大提升，部分指标已达到Ⅴ类水标准。

对长泰河、卫津河、津河、复兴河、先锋河、纪庄子河、四化河、津港运河、南运河、月牙河、北塘河共 11 条 50 千米二级河道 160 万平方米水面，逐条河道的认真梳理，分析了蓝藻产生的主要原因。并在加强河道水体循环、强化河道保洁工作的基础上，依据现状河道水质监测指标，制定了详细的水环境应急治理保障措施和实施方案。采用喷洒"Eama－11 系列抑藻剂、蓝藻溶解酶、微生物净水剂"等应急治理措施，有效遏制和消除河道蓝藻的生长。采用架设喷泉式曝气喷机，安装纳污生态浮岛、浮床、种植水生植物等工程措施，提升河道水生态环境和河道景观效果。

（水保处　排管处）

【全运会水环境保障】 2017 年，按照市政府下发《关于印发建设美丽天津迎办第十三届全国运动会市容环境综合整治方案的通知》要求，编制落实《市水务局迎全运城市综合整治工作方案》，开展河道堤岸垃圾大清理大检查大整改活动、迎全运城市综合整治大清洗大清整大扫除活动和夏季环境保护综合整治活动。充分利用城市管理以奖代补资金，重点支持全运会周边区域排水设施维修、泵站设备更新、管道应急抢修等。组织排管处、海河处重点做好城市综合整治及市容保障工作，按规定抓好河道日常保洁工作，特别是重要活动、节假日期间及重点时段、重点区域的河道保洁工作，全年累计清理垃圾 2.5 万余立方米。自 7 月中旬开始，组织局属有关单位对中心城区 20 条河道长 162.8 千米实施了水环境应急提升工程，治理水面面积 793.92 万平方米。治理期间共布置增氧机 280 台、各类喷泉 294 台、生态浮床浮岛 13417 平方米、搭设景观围堰 7 处，投放各类净水剂 102.9 万千克，除藻设备 20 组，排水口门封堵 17 处，打捞菱角、水草 2.1 万立方米。通过采取加强河道巡查和水质监测，严格入河口门排水监管和执法，优化水系循环调度方案，集中实施调水补水，加强河道保洁频次，全面实施水体生态修复，提升了全运会期间河道景观环境。

1. 中心城区一级河道及外环河水环境保障

（1）海河水环境。

全运会前持续加大引江水流量向海河补水，3 次开启海河口泵站降低海河下游水位，利用上下游高水位差，3 次提起二道闸，向下游泄水 3000 万立方米，冲洗河道、置换海河水体，改善蓝藻现状。保障全运会期间海河赛段水位稳定，3 次提起二道闸小流量泄水，降低海河水位，运行新开河橡胶坝精准调控海河水位至赛段最佳水位。

曝气增氧。对海河赛段水域，在春意桥至外环桥布设增氧机，在裁判塔楼及码头安装固定喷泉；出动曝气船、捞藻船，每天 4 时开始作业，利用比赛空挡时间实施蓝藻曝气打捞处置，在局部藻华聚集区域，使用土工布吸附囊吸附过滤藻水。对海河非赛段水域，每天出动改装曝气船、专业曝气船、捞藻船进行曝气、打捞作业，缓解蓝藻聚集程度。全运会保障期间，海河日均出动改装曝气船、专业曝气船、捞藻船、保洁船等各类船只 18 艘。

应用新技术强化局部治理。在海河比赛段裁判塔楼附近布设 OH 新材料设备 12 组，在海河右岸富民桥附近布设高效氧化还原设备 6 个，加强局部藻华治理；在春意桥、外环桥分别设置蓝藻隔离网，将上下游水域与比赛段水域隔离，保障比赛段水质。据统计，海河共布设增氧机 16 台，外裁判塔楼及码头布设喷泉 500 米；海河赛段布设 OH 新材料治理设备 12 个，富民桥右岸布设高效氧化还原治理设备 6 组；清理水面、堤坡垃圾量 343 立方米；通过多项措施的综合运用，海河水环境状况得到明显改善，海河藻密度由 3 万亿个每升下降到约 3000 万个每升的可控水平。

（2）外环河水环境。

口门监管。密切关注重点排污口门排水情况，及时监测水质；函告沿河各区非降雨期关闭沿线泵站、闸门，防止出现排污、漏污、私自取排水情况，对于排污口门发现一处封堵一处，并函告口门管理单位。对外环河老渔翁、北辰科技园等13个口门进行封堵，致函各区及口门管理单位17件。

河道水质。在外环河桥梁两侧、重要交通口布设增氧机174台、水体喷泉57个；在外环河全线重点点位实施生物制剂治理，喷洒生物及矿物制剂47300千克；在全运村区域、东丽区体育馆附近等重点区域布设生态浮床3917平方米，吸收水体氮、磷等营养源，净化水体、美化景观。

景观水位。适时开启北丰产河联通闸、大任庄闸、小王庄闸，降低外环河水位；搭建7道跌水坝、2道拦水坝，并采取架设大口径抽水泵、开启沿河泵站等方式，利用海河、北运河、子牙河等一级河道为外环河补水，提升河道水位，进行水体循环，增加景观效果。

河道保洁。由原来1人负责2000米河段的标准提高至每2人负责1000米河段，并每天出动32艘船只对外环河全段进行日常保洁作业，改进作业方式，对外环河全段实施全水面围网打捞，并巡回作业，提高了保洁效率。

（3）改善与海河、外环河连通河道水质。

适时对北运河水菱角、浮萍及子牙河水草进行集中打捞。据统计，共打捞北运河水菱角等水生植物1.9万立方米，北运河、子牙河漂浮物2.048万立方米，既保证了水生植物充分吸收水体中营养盐，抑制蓝藻生长，又能避免植物根部腐烂对水体造成二次污染，较好地维护水生态环境。

在新开河布设增氧机4台，增加水体扰动，减少蓝藻聚集；加大保洁力度，累计出动保洁人员543人，打捞水面漂浮物及垃圾139.4立方米；加强日常巡查力度，对排污口实施24小时蹲堵，减少对新开河水体外源污染。4次运行新开河橡胶坝、1次提起耳闸置换新开河水体，改善新开河水质和蓝藻聚集。持续充起北运河橡胶坝拦截上游污水，防止强降雨期间北运河汇集的雨污水进入海河。

2. 中心城区二级河道水环境保障

按照"曝气增氧、生态浮床、生物制剂、船只搅动、人工打捞"5点要求，排管处对中心城区二级河道实施水环境专项治理，显著改善河道水环境面貌，为全运会提供水清、岸绿、景美的良好水环境。

制定《迎全运中心城区水环境保障应急治理实施方案》，在四大交通枢纽、入市主干道路、全运村及场馆周边、通往各赛场行驶路线、参会接待宾馆周边的河段作为保障重点，通过架设曝气喷泉、建设纳污生态浮岛浮床、种植水生植物、投撒生物制剂等多项措施，对中心城区11条二级河道长50千米、160万平方米水面实施水环境综合治理。并在月牙河昆仑路满江桥、四化河与卫津河交汇、津河一中心假山处等重点部位，利用曝气喷泉与生态浮岛相结合，营造景观效果。

在原有保洁队伍的基础上，增加人员设备，加密巡查频次，日均出动巡察人员160人次、巡查车辆110辆次、保洁员400人次、船只110船次，清理垃圾50立方米。在重点区域设置专人，对水面及堤岸护坡进行不间断清捞清扫，确保问题及时发现，现场整改到位，不留垃圾死角。

细化复兴河、长泰河、先锋河、南运河、卫津河、陈台子河等15条河道水循环方案，提前启用护仓河郑庄子换水泵站，在陈台子河、复兴河、南运河建设3座临时泵站，换水循环流量由16.8立方米每秒增加到24.47立方米每秒，提升中心城区水系连通循环功能，提高河道补水换水能力。

（水保处 排管处 海河处）

【中心城区河道水循环】 2017年，针对引滦水源无法保证天津市城市及生态用水的情况，市防办积极协调水利部、南水北调中线局等部门，增加天津市引江供水指标，天津市再次利用引江水源改善向海河等河道补水的调度措施，改善城市水环境。河道水循环工作于2月下旬启动。海河实施日循环，每天通过外调水源进行补充，进而改善与之联通的子牙河、北运河、新开河道水质；外环河通过从海河、子牙河、北运河、新开河等一级河道补水或利用中心城区二级河道循环退水进行放射性改善。

全年共调度运行海河口泵站、耳闸、二道闸、新开河橡胶坝、北运河橡胶坝及外环河相关泵站101次，海河二道闸启闭运行22次，耳闸启闭运行24次，新开河橡胶坝启闭运行34次；联合相关区水务局调度外环河相关泵站、闸，适时开启北丰产河联通闸、大任庄闸、小王庄闸，降低外环河水位，利用一级河道为外环河补水，进行水体循环；搭建7道跌水坝、2道拦水坝，并采取架设大口径抽水泵、开启沿河泵站等方式，利用海河、北运河、子牙河等一级河道为外环河补水，提升河道水位，改善水质，增加景观效果。

（防汛处 海河处）

【建成区黑臭水体整治】 完成全市25条（段）、117.3千米建成区黑臭水体治理工程，经公众评议和水质监测，达到住建部明确的"初见成效"标准，建成区黑臭水体基本消除。按照住建部相关要求，落实整治进展等相关信息上报和社会公布，妥善处理住建部全国黑臭水体整治监管平台反馈的全部群众举报，无一逾期。

【水污染事件应急管理】 加强突发水污染事件应急管理。按照水利部要求，每季度报送天津市突发水污染事件的处置情况。联合有关部门，多次赴津冀省界专题协调解决龙北新河客水污染问题，减轻和预防龙北新河客水污染问题。

（水保处）

【水污染防治】 2017年，依据《天津市2017年水污染防治实施计划》，市水务局牵头负责任务共分为加强污染源治理、加强水资源保护、强化水生态环境修复、加强水安全保障、推动经济转型、完善制度保障、生态廊道治理和中心城区水环境提升8大类、21项、199个任务，其中工程类173项任务，管理类25项任务，制度保障类1项任务。截至2017年年底，全部完成了年度计划。

加强配套管网建设，中心城区铺设雨污分流管道10.5千米，区县合流制地区铺设雨污分流管道138.6千米，污水收集能力进一步提高。环外各区完成了50座城镇污水处理厂提标改造任务，提标后总规模达86.13万吨每日，污水处理厂出水达到天津市《城镇污水处理厂污染物排放标准》（DB 12/599—2015）或再生利用要求。

完成了中心城区二级河道清淤工程、雨污水混接改造工程。启动建设三元村泵站改扩建工程、新建八里台节制闸、南北月牙河联通管道疏通、月牙河与北塘排水河联通管道扩建工程、雨水管道残留水及初期雨水治理工程及先锋河调蓄池工程。预计工程全部建成投入使用后，中心城区水环境将得到进一步改善。

（局指挥部综合处）

河 长 制 管 理

【概述】 以习近平总书记对天津工作提出的"三个着力"重要要求为元为纲，牢固树立和贯彻落实新发展理念，扎实推进"五位一体"总体布局、"四个全面"战略布局在天津的实施，把全面推行河长制作为重大政治任务，作为推进生态文明建设的重要着力点持续推动落实。市委书记李鸿忠强调指出，要深刻认识全面推行河长制的重要意义，增强责任感和使命感，着力构建管理、治理、保护"三位一体"的河湖管理保护机制，加强组织领导，狠抓责任落实，着力改善水环境，科学利用水资源，加快推进生态文明建设。市委副书记、市长张国清专门对河长制检查落实工作作出批示，强调对存在的问题要采取措施解决。全市各级党委、政府强化责任担当，完善配套措施，加强督促检查，全力推动河长制落地见效，以河长制促进"河长治",推动美丽天津建设迈上新台阶。

【河长制工作方案】 为贯彻落实中共中央办公厅、国务院办公厅印发的《关于全面推行河长制的意见》精神,加强天津市河湖管理保护工作,市水务局研究制定《天津市关于全面推行河长制的实施意见》,对全市河长制工作做出安排部署。5月11日,市委办公厅、市政府办公厅予以印发。同时,各区出台了河长制工作方案,269个镇(街、乡)及园区全部结合实际制定了具体实施方案,建立河湖管理、治理、保护"三位一体"管护机制。截至2017年年底,全市河长制纳管一级河道19条、1100千米,二级河道143条、1986.8千米,其他骨干河道及沟渠5652条(段)、10913.2千米,湖泊96座,大、中、小型水库25座,坑塘18633座,湿地2座,分段分级纳入河长制属地管理范围,由"长"挂帅,责任全部落实到位,实现了市域内河流、湖泊、水库、坑塘河长制管理全覆盖。

【组织体系】 成立天津市河长制工作领导小组,由市委书记任组长,市长任常务副组长、市级总河长,分管副市长任副组长、市级河长,负责统筹推进全面推行河长制各项工作。领导小组下设办公室,承担实施河长制具体工作。成立市河长制事务中心,承担河长制事物性工作。16个区均成立了区级领导小组及办公室,建立市、区、乡镇街道(园区)、村四级河长组织体系。市域内河流、湖泊、水库、坑塘分级分段全部设立河长5152名,河长职责、管理范围、监督电话全部向社会公开,设立河长公示牌14753块。

【制度建设】 出台了河长制会议、考核、督察督办、责任追究、社会监督等12项制度,编制了《河长手册》。各区结合实际出台相关工作制度,制定了河湖维护、监管、执法等方面的政策措施。建立河长巡河制度,各级河长定期巡河、主动巡河。

【监督检查和考核评估】 制定河长制工作督导检查制度,市政府督查室将河长制纳入市级督查内容,2017年对各区落实情况开展4次专项督查。各区对辖区乡镇街道(园区)开展督查,推动河长制工作逐级落实。制定实施《天津市河道水生态环境社会监督员聘请与管理办法》,在全市范围内聘请407名社会监督员,公布监督电话,24小时受理河道水生态环境监督举报。

强化问题整改督办。市河长制办公室每月发布工作简报,每周发布工作动态,及时通报各级河长巡河情况和问题解决情况,将"公众满意度"调查结果纳入考核评估体系,督促整改落实。每月组织全市河道水环境考核,考核情况通报各区各部门,发现问题通知责任单位立即整改,整改处置不力的,对区级河长下发督办单,实行挂牌督办。

(水保处)

控 沉 管 理

【概述】 2017年,发布《2016年度天津市地面沉降年报》,发布《天津市水务局关于各区地面沉降情况的通报》,完成"天津市地面沉降监测基准高程稳定性计算"项目研究,完成《深基坑地下水回灌技术规范》编制,实施"基坑抽排地下水水量计量示范项目"。

开展控沉"内部—外部—内部"三步会商;编发各区控沉通报;完成各区控沉工作绩效考核;执行地下水取水项目控制地面沉降预审;将深基坑控沉防治措施备案管理纳入行政许可大厅行政配套服务事项,建立四个基坑工程信息获取渠道,将疏干排水作为特殊用水纳入到水资源费税改革;开展控沉执法巡查工作和控沉宣传工作。

【地面沉降监测】 2017年3月开展控沉"内部—外部—内部"三步会商,发布《天津市水务局关于各区地面沉降情况的通报》。5月正式发布《2016年度天津市地面沉降年报》。7月启动2017年度全市地面沉降监测工作，地面沉降监测点总数为1465个，监测范围覆盖天津市全部地面沉降区。

2017年6月，完成2017年度天津市水准监测网络优化和完善工作，在保持原有监测点的基础上，加密布设水准监测点63个，12月完成监测工作。完成全市水准监测点、地面沉降分层监测标组和GPS连续观测站的日常维护工作，对损坏、遗失及可能受到周围环境影响的监测设施逐一排查。完成"天津市地面沉降监测基准高程稳定性计算"项目研究。

【控沉考核工作】 2017年，从市水务局对区水务局以及市政府对区政府的绩效考评体系和河长制考核机制三个层级加强控沉考核工作。完善市水务局对区水务局的控沉考核指标，开展中期推动工作，并组织西青区水务局、西青区王稳庄镇政府和主要用水单位召开控沉工作恳谈会。

【控沉预审制度】 依照市、区地下水取水两级控沉预审管理机制，推动各区执行地下水取水控沉预审制度。2017年，共对24项市级取水项目进行预审把关，同意取水21项，否决3项。

【基坑备案制度】 将深基坑控沉防治措施备案管理纳入行政许可大厅行政配套服务事项，建立4个基坑工程信息获取渠道，将疏干排水作为特殊用水纳入到水资源费税改革，完成《深基坑地下水回灌技术规范》编制，实施"基坑抽排地下水水量计量示范项目"。截至2017年，中心城区已完成深基坑工程疏干抽排地下水水资源论证和地面沉降防治措施备案的有33个建设项目。

【控沉执法巡查】 围绕行政执法职权中的10项内容，开展分层监测设施和水准点巡查、地热项目检查、深基坑检查几个方面的执法工作。共计出动执法人员122人次，开展执法工作61次，其中包括分层监测设施巡查9次，水准点巡查20次，地热项目检查4次，深基坑检查28次。

【控沉宣传】 在武清城区主要道路名牌布设为期一个月的宣传窗，加强地面沉降严重地区的控沉宣传。结合法制宣传日、防灾减灾宣传日活动开展外部宣传，向全市各区发放宣传品共计2600件，宣传册共计1300本。

（陆　阳）

排 水 管 理

【概述】 2017年，完成市财政投资5.62亿元，其中重点排水设施建设完成项目投资3.63亿元，排水设施养护维修完成投资1.37亿元，防汛物资购置0.62亿元。

推进清水河道行动中心城区7片合流制地区改造工程，实施泵站改造及河道调蓄池工程，实施河道常态化清淤，完成雨污混接改造工程，建设水循环节点工程，完成日朗路泵站建设和浯水道泵站出水管道工程。通过推进排水重点工程建设，有效提升全市排水能力。

全面完成排水设施养护维修任务，完成水泵机组、高低压电器更新改造、管网应急抢险任务，确保排水设施安全畅通运行。严格排查解决防汛隐患，确保整改到位。坚持"雨情就是命令"，经受住了多次突发性强降雨考验，确保市民出行安全。

水生态环境明显改善。全面完成中心城区张贵庄等4条黑臭河道水体生态修复治理期建设任务，在国家五部委黑臭水体治理督查中，对治理效果给予充分肯定。以环境保护工作为契机，强化水环境治理，针对梳理的11方面31项内容制定任务清单、限期整改。完成中央环保督查迎检任务，解决各级交办涉水环境问题21件。聚焦迎全运，实施水环境综合治理，有效遏制和消除了夏季河道水质及蓝藻暴发难题，提升了水清岸绿景美的水景观效果，在全运会期间成为美丽天津的亮点之一。落实"河长制"管理要求，强化河道日常保洁，严格入河排污口监督管理，严防沿河口门漏污。加强二级河道水体循环。修订完善《中心城区排水河道水体循环运行调度操作规程》，优化生态补水和循环调度，河道水质达到历史最高水平。

行业管理水平不断提高。根据海绵城市建设要求，完成《天津市排水专项规划（2016—2030年)》修编工作。修订报审《天津市自建设施维护运行管理办法》《天津市城镇污水处理厂管理办法》。加强全市74座城镇污水处理厂日常行业管理；新增10座污水处理厂在线监测；强化咸阳路等4座特许经营污水处理厂的监督管理，以及核定处理水量和污水处理服务费核拨工作。建立再生水信息管理系统，加大对全市再生水厂建设、运营监管力度。组织召开全市排水许可管理工作培训会、全市排水和污水处理安全生产培训会，举办第二届"排水杯"天津城镇排水行业职业技能大赛，组织人员参加全国城镇排水行业职业技能竞赛决赛，提升行业技术技能水平。完成城市道路管线井病害调查整改专项活动。强化依法行政，实施行政执法公示制度、执法全过程记录制度、重大执法决定法制审核制度，进一步规范执法行为；强化行政执法监督，发挥行政执法监督平台作用。

完成第十三届全运会、市第十一次党代会和党的十九大期间排水服务保障工作。以中心城区比赛场馆、赛段、全运村、接待酒店、迎宾道路接待路线为保障重点，强化巡视、排查隐患、整治问题，确保排水安全。圆满完成圣火采集、全运会开闭幕式排水服务保障工作，受到全运会组委会高度评价。

【排水规划】 充分发挥规划先导作用。根据海绵城市建设要求，完成《天津市排水专项规划（2016—2030年)》编修工作，以提升天津市中心城区排水防涝能力，改善水环境质量，指导海绵城市建设工作。深化城市排水防涝综合规划，结合海绵城市建设任务目标，做好中心城区9座调蓄池及26座雨水泵站初期雨水治理规划，指导中心城区水污染防治工作。配合市建委做好解放南路地区海绵城市建设示范工程规划方案和目标考核工作，完成《解放南路一带海绵城市建设试点区域排水防涝设施普查及整治工作方案》《天津市复兴河、长泰河水质修复工程初步方案》。完成《天津市市政污泥处理厂工程项目建议书》编制工作。初步完成《天津市中心城区地道防涝治理规划》。根据《市规划局关于中心城区控规深化阶段性方案征求意见的函》，完成中心城区控规深化阶段性方案排水设施泵站、班点、调蓄池等核实与梳理工作。编制完成《天津市中心城区建成区污水空白区规划方案》，主要包括16片总计14.5平方千米建成区污水空白区规划方案编制。编制完成市政公用交通基础设施项目储备库（2018—2020年）排水工程项目。编制完成《天津市中心城区易积水地区改造方案》，将39处积水地区分为三类进行改造，改造方案分析了积水原因并提出相应的工程改造方案。编制完成《天津军粮城六期650MW 燃气＋350MW燃煤热电联产项目工业废水排水工程规划方案》。完成《咸阳路污水处理厂配套管网工程污水提升泵站初步设计》《咸阳路污水处理厂迁建工程厂外配套管网工程可行性研究报告》《东郊污水处理厂及再生水厂迁建工程配套进出水管网工程可行性研究报告》审查工作。完成编制纪庄子地块、万辛庄地块、万新工业园、新八大里、新梅江等规划片区排水规划方案10余项。配合轨道交通建设，完成5个线位、21个站体排水管线切改方案审查等前期工作。完成建设项目排水配套方案编制工作，总计60余项；"土地出让"项目排水方案编制工作13项。完成建设项目排水规划出路审批、确认工作，总计70项。

（排监处　排管处）

【排水设施工程建设】 推进清水河道行动中心城区7片合流制地区改造工程,完成中山北路等排水管道改造工程;实施增产道泵站、井冈山泵站改造及新开河、先锋河调蓄池工程。完成雨污混接三期、四期改造工程。实施单电源泵站改造工程;完成13座自动化泵站改造。实施河道常态化清淤,清淤疏浚津河等9条共计67.58千米二级河道。开工建设三元村泵站、八里台叠梁闸等3处水循环节点工程。配合市重点工程项目,完成地铁4号线、5号线、10号线14处排水切改工程,完成地铁7号线17个站体排水切改前期准备工作。实施河西区、红桥区、南开区、河北区等48处社会产权混接点改造。全力推进沿河口门提升改造工程,完成4处改造任务。完成日朗路泵站建设和浯水道泵站出水管道工程。

【排水设施养护管理】 对3578千米排水管道,其中雨水管道1832千米、污水管道1360千米、合流管道386千米;检查井88861座、雨水井62107座;排水泵站232座,其中雨水泵站108座、污水泵站64座、合流泵站13座、地道泵站42座、换水泵站5座;排水河道126千米等排水设施进行了养护管理。全年共完成疏通管道3776千米,掏挖检查井928573座,掏挖雨水井769718座,维修管道3798米,维修检查井4696座,维修雨水井6438座,水泵电机检修367台,泵站挖池子235座,清除河道垃圾26846立方米。养护完成率100%。

【执法管理】 2017年,为加强排水和再生水利用的依法管理,排管处两级执法部门在执法工作中,不断加大设施巡视保护、工程建设监管、污水排放水质、行政案件查处等方面执法力度;在设施巡视管理上,做到巡视到位,针对发现的问题,及时纠正、及时解决;在排水户排放产业废水的水质管理上,严格贯彻执行排水许可和污水排入城市排水标准,根据不同行业排水户排放污水水质管理,实施定期或不定期的水质监测管理,促进排水户对排放污水的治理和达标排放;在排水

工程建设的监管上,采取超前管理,提前介入,对建设工程实施全程跟踪监督检查,建立工程监管档案,监管过程中,对工程建设不按规划和设计施工的,严格实施依法管理,确保排水工程建设按规划实现和排水工程建设质量标准;针对违反排水和再生水利用法规,违法连接排水设施、超标排水、未经许可排水和损害城市排水设施等行为的,严格按照"三步式"执法程序,做到及时发现、及时纠正、及时管理,对拒不服从管理的,严格按照行政案件查处程序,及时立案,加强对违法事实的调查取证,依据法律和排水、再生水利用法规的有关规定作出处罚(处理),对拒不执行排水管理部门作出的行政处罚决定的,依法向人民法院申请强制执行。全年行政执法检查信息5290条,其中区域对象4880条,特定对象410条,包括现场教育整改74件,立案2起,下发行政处罚决定书1份。

【排水服务保障】 2017年8月27日至9月8日,第十三届全运会在天津举行。全运会召开时间正处于天津市主汛期,排水服务面临着如何保障设施安全运行的严峻考验。为确保第十三届全运会顺利召开,排管处精心组织、周密安排,有针对性地制定了一系列保障措施,圆满完成全运会比赛赛事及全运会开、闭幕式排水服务保障工作。

高度重视,统筹安排。为做好排水服务保障工作,排管处主要领导亲自挂帅,主管领导负责具体工作,多次召开专题会议研究部署,明确各自任务分工,逐级逐项落实具体工作,成立了应急抢险领导小组及13个应急抢险小分队,明确各辖区所所长为组长,组织精干、骨干人员为队员,以场馆、比赛赛段、全运村为单位,安排驻场人员进驻,确保责任明确,各项工作落实到位,为高效能完成排水服务保障工作提供了思想和组织保障。

制定预案,强化保障能力。先后制定《排管处全运会排水保障预案》《开闭幕式排水保障专项方案》《中心城区全运会比赛场馆(赛段)排水应

急保障方案"一场馆一预案"》《中心城区一宾馆一预案》《全运村排水保障方案》共5项专项预案，确保应急抢险设备、材料、车辆和相应物资准备充分，做到责任到人、措施到点、点面结合，为圆满完成全运会赛事期间及开幕式排水服务保障工作提供了制度保障。

加强应急演练，提高处置水平。开展排水应急突发事件及开闭幕式应急排水保障演练工作，副处长陈政亲自到演练现场，对排水保障区域现场重点点位进行工作部署，逐项检查落实情况，强调对排水保障人员必须进行安全培训、确保自身安全、责任落到实处。人员、物资、设备同时就位，加强设施巡视管理，确保排水保障及应急抢险的时效性，必须全力以赴做好排水保障工作。

加强疏通养护，确保排水通畅。以第十三届全运会为契机，结合排管处养护维修安排，全面加强重点区域、低洼路段的排水设施疏通养护力度。其中，以中心城区12座比赛场馆、2处比赛赛段、全运村、18座接待酒店、接待路线为排水保障工作重点地区，自3月10日至9月8日，对重点地区周边市属排水设施开展全面疏通、掏挖、养护工作，共疏通管道94.3千米，掏挖检井5522座次，收水井4042座次。结合迎全运城市综合整治大清洗大整治大扫除工作部署，针对26条重点迎宾道路开展排水设施隐患排查工作，结合道路部门道路整修计划，圆满完成对排查出的565处点位排水井与路面不平顺跳响问题的整治工作。

加强巡视巡查，确保设施完好。赛事期间，全面提升排水设施服务水平，对全运会比赛场馆、赛段、全运村、接待酒店周边65条重点路段加强了排水设施巡视、巡查、处置力度，累计出动巡视人员3502人次，出动巡视车辆1220车次。严格执行中心城区市属排水设施损坏或井盖丢失，发现或接报后2小时内处置到位；中心城区市属管道发生污水外溢，12小时内处置到位；社会产权单位管道发生污水外溢，24小时内监督到位。并对重点地区增派巡视人员、缩短巡视间隔时间，信息反馈及时处置。排管处管辖的明珠泵站是全运

会圣火采集应急供电保障单位和贵宾临时休息区，按全运会组委会及市水务局要求，自7月25日至8月5日，开展圣火采集区域环境提升整治工作，做好明珠泵站内外整修、清洗和供电保障准备各项工作，组织河道巡视保洁人员30名、配备8辆抢险车辆、2艘保洁船，加大南运河圣火采集段河道保洁力度，累计打捞河面漂浮物、水草2立方米，圆满完成8月6日圣火采集保障任务。

建立联络机制，主动督办服务。发挥行业管理专业优势，监管比赛场馆及周边重点区域在建排水工程和其他产权排水设施。建立联络机制，实现降雨排水联动，有效保障全运会赛事期间的排水安全。督办相关各比赛场馆落实场馆规划红线内排水设施的养护管理工作，建立应急抢险队及时处置场馆区域内排水突发事件。督促管网公司加快鄱阳路雨水泵站进水管道及光荣道排水设施建设进度，督促海河公司加快柳林泵站进水主干管网、宋庄子泵站进水主干管网建设进度，要求管网公司、海河公司在工程未竣工前采取有效的排水措施，确保地区排水安全。按照全运会组委会及市水务局要求，排管处排水十所配合奥体中心开展设施养管工作，确保奥体中心规划红线内排水设施排水畅通，共计疏通排水管道11.8千米，掏挖检雨井862座。排水九所配合全运村开展设施隐患排查工作，协助全运村村委会疏通排水管道46.6千米，累计掏挖检雨井1920座次。

落实预案，快速处置。为应对排水突发情况，针对12座比赛场馆、2处比赛赛段、全运村安排驻场联络人员，与场馆负责人员建立工作联系，实现降雨排水联动，有效保障全运会赛事期间的排水安全。针对比赛场馆、赛段、全运村，排管处共计安排排水保障人员216人，应急抢险车辆19辆，移动泵车（含拖挂式泵车）9辆、吸污车6辆、发电机8台、潜水泵18台。

开、闭幕式当天，按照《全运会开闭幕式排水保障方案》部署，组织排水保障人员40余人、抢险车2辆、巡视车4辆在崇明路泵站集结待命，按照市水务局孙宝华书记指示，协调全运会组委

会保障组，组织骨干人员 11 人、移动泵车 1 辆、吸污车 1 辆分别调派进驻奥体中心及天津体育馆备勤，协助奥体中心进行巡视及打捞收水井杂物，确保开幕式当天降雨及时排沥无积水，闭幕式当天协助天津体育馆处置排水突发事件，圆满完成全运会开、闭幕式保障工作。

强化宣传力度，营造良好氛围。为做好全运会排水服务保障工作，排管处多措并举拓宽宣传载体，掀起迎全运、保全运的热潮。全运会期间，宣传报道保障全运会防汛排水安全、水环境治理等工作信息 4 篇，利用水务微博、排水宣传微信公众号宣传报道相关信息 26 篇。

（排管处）

【污水处理及污泥处置】 2017 年，天津市中心城区共有污水处理厂 5 座，设计污水处理能力 170 万吨每日。分别为津沽污水处理厂 55 万吨每日，咸阳路污水处理厂 45 万吨每日，东郊污水处理厂 40 万吨每日，北辰污水处理厂 10 万吨每日，张贵庄污水处理厂 20 万吨每日。其中津沽污水处理厂、张贵庄污水处理厂出水水质达到了《城镇污水处理厂污染物排放标准》（GB 18918—2002）一级 A 排放标准。东郊污水处理厂、咸阳路污水处理厂、北辰污水处理厂出水水质达到了《城镇污水处理厂污染物排放标准》（GB 18918—2002）一级 B 排放标准。2017 年津沽污水处理厂平均处理水量 55.34 万吨每日，咸阳路污水处理厂平均处理水量 39.07 万吨每日，东郊污水处理厂平均处理水量 38.84 万吨每日，北辰污水处理厂平均处理水量 10.12 万吨每日，张贵庄污水处理厂平均处理水量 18.46 万吨每日。

截至 2017 年年底，全市已投入运行城镇污水处理厂 74 座，总规模 316.7 万吨每日，平均日产污泥量约为 1603 吨，全年处理水量 10.1 亿吨，城镇污水处理率 92.5%；已运行建制镇污水站 34 座，总规模 0.685 万吨每日，建制镇污水处理率 82.5%。全年编发考核月报 12 期，共 3 次对主要指标连续超标污水处理厂负责人集中约谈，主要指标达标率保持 90% 以上。创新行业监管措施，48 座污水处理厂实现在线监测（新增 10 座污水处理厂），安装 7 处污水处理厂进水流量计，组织了全市污水处理行业主管部门培训，并对 27 座 3 万吨以上日处理规模的污水处理厂化验室进行能力验证考核。完成全市环外 105 座污水处理厂提标改造任务，总规模 157 万吨每日，万吨以上规模污水处理厂出水达到地表水类Ⅳ类水标准。开展城镇污水处理厂提标改造专项检查工作，以及核定水量和污水处理服务费核拨工作。积极推动城镇排水许可工作，结合全市"散乱污"治理，组织召开排水许可工作培训会、推动会，全年新办排水许可 240 件。

2017 年，全市已建成污泥无害化处置设施 10 座，污泥处置能力 2430 吨每日，能够满足污泥处置需要。全年处理处置污泥 56.2 万吨，无害化处置率 87% 以上。加强污泥处置监管，落实属地管理责任，强化污泥出路管理制度、污泥转运联单制度，将污泥无害化处置率纳入月考核范围；加强对各污水处理厂污泥临时堆放点和转运点规范化管理，联合市环保局开展了专项检查并落实了整改措施。

强化再生水行业管理。完善中心城区已通水再生水管网设施台账信息，建立再生水信息管理系统，加大对全市再生水厂建设、运营监管力度；规范再生水厂月报，对水质、水量、水压等供水情况加大监管力度。全市已运行 11 座再生水厂，日处理能力 45.1 万吨，全年生产再生水 4804 万吨。

2017 年 12 月 25—29 日，市水务局排监处组织污水处理行业管理部门及监管部门，开展天津市污水处理行业管理考核工作。考核组由排监处领导带队，深入区水务局及污水处理厂，对各区污水处理管理工作和污水处理厂运行情况进行了检查考核，同时对各区污水处理行业管理工作进行指导，有效提升全市污水处理行业管理水平。

（排监处 排管处）

【海绵城市建设】 2017 年，配合市建委开展海绵城市规划及建设工作。编制印发了《市水务局关于配合做好我市海绵城市建设的工作方案》，细化责任分工。编写并由市委市政府印发了《天津市全面实施河长制工作的通知》，全年完成 25 条黑臭河道水体治理。

开展海绵城市相关建设。融合海绵城市建设理念，组织对《天津市城市排水专项规划（2016—2030 年）》进行修编，将在低影响开发的前提下，谋划城市防洪排涝规划布局，提升雨水收集、存蓄、利用、排放能力，目前该规划大纲已修编完成。编制《天津市雨水排放管理制度》，启动雨水排放标准和设施养护维修标准的编制工作。已完成全市范围内征求意见，并报市海绵城市领导小组办公室待印发。组织实施建设 2 座大型调蓄池工程，即新开河调蓄池工程（服务面积总计 445 平方千米）和先锋河调蓄池工程（服务面积总计 644 平方千米）。截至 2017 年年底，2 个项目均已开工建设。按月组织具有相应资质的监测单位对各城市供水单位出厂水开展监督性监测，并在市水务局网站公示监测结果。按月对全市各区供水管网漏损率情况进行考核和通报。

重点开展海绵城市试点片区建设。组织解放南路片区排水设施排查，组织市、区管理部门对解放南路试点片区内市管、区管及社会产权排水设施和改造项目情况进行清查和梳理，提出整改方案，改善该地区的排水能力。开展试点区内复兴河、长泰河进行水环境提升工程，上半年组织对试点片区内的复兴河、长泰河进行河道清淤工程，顺利保障了汛期、全运会及党的十九大召开期间河道水体环境优良。开展试点区地表浅水监测工作，按月对解放南路试点地区浅层地下水水位监测，会同中新生态城对生态城试点片区开展浅层地下水水位动态监测工作。

（排监处）

城 市 供 水

原 水 供 水

【概述】 2017 年，针对引滦水源无法保证天津市城市及生态用水的情况，协调水利部、南水北调中线局等部门，增加天津市引江供水指标，天津市再次利用引江水源，向海河等河道补水，改善城市水环境。全年引滦引江累计进行生态补水量为 2.51 亿立方米，其中引滦环境用水量为 0.06 亿立方米（屈家店涵洞计量），引江环境用水量为 2.45 亿立方米。

全年全市总供水量 28.7403 亿立方米（含生态置换水量 1.2498 亿立方米），比上年增加 1.0881 亿立方米，其中地表水源供水量 20.2424 亿立方米（含引滦供水 2.7602 亿立方米、引江供水 10.0605 亿立方米，当地地表水和入境水 7.4217 亿立方米）；地下水源供水量 4.6085 亿立方米（含深层水 1.6398 亿立方米，浅层水 2.7653 亿立方米，地热水 0.2034 亿立方米）；其他水源供水量 3.8894 亿立方米（含深度处理的再生水回用量 0.4651 亿立方米），海水淡化量 0.3457 亿立方米。

全市总用水量 28.7403 亿立方米，其中生活用水 6.1081 亿立方米，包含城镇居民生活用水 3.6830 亿立方米，城镇公共用水 1.9536 亿立方米（含建筑业用水 0.3299 亿立方米），农村居民生活用水 0.4715 亿立方米；工业用水 5.5100 亿立方米；农业用水 10.7199 亿立方米（含农田灌溉用水量 9.5068 亿立方米，林果灌溉 0.0623 亿立方米，鱼塘补水 0.9406 亿立方米，牲畜用水 0.2102 亿立方米）；生态环境补水 6.4023 亿立方米（含生态置换水量 1.2498 亿立方米），其中城镇环境 0.0897 亿立方米，河湖补水 6.3126 亿立方米。

2017 年城市建成区总供水量 14.2914 亿立方米，其中地表水供水 9.6114 亿立方米，地下水供水 1.2132 亿立方米，污水处理回用 3.1440 亿立方米，海水淡化供水量 0.3228 亿立方米（水资源公报）。

（水资源处　防汛处）

【城市供水量】 2017 年，全市供水行业完成总供水量 86591.24 万立方米，较上年增加 5601.35 万立方米，增幅 6.92%。按照供水区域划分：主城区供水 52394.41 万立方米，较上年增加 1373.86 万立方米；滨海新区供水 25227.17 万立方米，较上年增加 2554.26；五区（原二区三县）供水 8969.66 万立方米，较上年增加 1673.23 万立方米。

（供水处）

【区域供水】 2017 年，滨海水业集团主要业务范围覆盖天津滨海新区及永定新河以北区域，承担着滨海新区全部原水和部分区域自来水的供水任务。原水业务共管理着 10 条输水管线总长 610 多千米，原水设计供水能力 409 万立方米每日（含南水北调工程供水能力），自来水制水能力 53.1 万立方米每日。在保证安全供应引滦原水、引江原水和自来水的同时，开发推广粗质水、经处理后的河道水、岳龙高品质饮用水，介入淡化海水、中水、再生水、污水处理等业务，不断满足区域用水需求。

滨海水业集团与滨海新区水务局大港分局合作，通过安达供水、南港水务公司、港西输配水中心、大港水厂为大港经济开发区、轧一钢厂等区域和企业的用水需求提供了保障。通过龙达水务公司向汉沽区供应自来水，向中新生态城应急供应自来水，参与北疆电厂的淡化海水业务，以及开发推广粗质水产品，为汉沽区及周边区域的社会经济发展提供多种水源。通过泰达水务公司向中新生态城、滨海环保发展有限公司、响螺湾等核心区域供应岳龙高品质饮用水。通过宜达水务公司向北辰区大张庄镇和西堤头镇供水，向全区主要城镇和工业园区扩展供水服务范围。

（入港处）

【城区环境供水】 2017 年 4 月，组织编制完成《十三届全运会水环境调度保障方案》，明确各相关单位任务，落实责任，为全运会期间保障水环境工作开展提供了依据。

在天津市年度引江分配供水水量不足的情况下，为保障全运会赛事用水，协调水利部争取环境水量，以《天津市水务局关于紧急加大南水北调中线向天津输水流量的请示》（津水报〔2017〕56 号）向水利部申请增加天津市 5 月引江放水流量，又分别以《天津市水务局关于增加我市2016—2017 年度南水北调中线逐月调水计划的请示》（津水报〔2017〕67 号）、《天津市人民政府关于恳请增加我市南水北调调水计划的函》（津政函〔2017〕102 号）向水利部申请增加天津市2016—2017 年度引江供水指标 0.55 亿立方米、0.5 亿立方米并获得批复。全年累计利用引滦引江水向海河生态补水 2.51 亿立方米，其中引滦环境用水量为 0.06 亿立方米（屈家店涵洞计量），引江环境水量为 2.45 亿立方米，有效改善中心城区河道水环境，保障全运会水上赛事用水。

2017 年，二道闸累计向下游泄水 0.46 亿立方米（含降雨排沥）。中心城区共计从海河取环境水0.9 亿立方米，西青区环境用水 0.08 亿立方米，东丽区环境用水 0.03 亿立方米，津南区环境用水0.02 亿立方米，北辰区环境用水 0.03 亿立方米。

【引滦调水供水】 2017 年 7 月 1 日，潘家口水库蓄水 13.98 亿立方米，较 2016 年同期（7.61 亿立方米）偏多 84%。2017 年潘家口水库入库水量8.6 亿立方米，为多年平均的 35%，比 2016 年同期（10.3 亿立方米）偏少 16.5%，其中汛期（6—9 月）入库水量 5.4 亿立方米，比 2016 年同期（5.17 亿立方米）偏多 4%。于桥水库全年自产水 1.80 亿立方米，比 2016 年同期（1.29 亿立方米）偏多 46%。

为保证天津城市用水安全，市防办根据现状城市用水需求及中心城区、环城四区环境用水情况，协调水利部海委引滦工程管理局，增加引滦调水量。2017 年 8 月 10 日，天津市实施年度内引滦调水，9 月 14 日结束。2017 年度共计引滦调水1.34 亿立方米（大黑汀分水闸计量）。

2017 年于桥水库累计向城市供水 2.07 亿立方米。其中市区自来水 0.0425 亿立方米、盘山国华电厂 0.0910 亿立方米、盘山大唐电厂 0.1025 亿立方米、东山水厂 0.0209 亿立方米，宜达水厂0.0239 亿立方米，向静海区环境补水 0.6 亿立方米，向海河环境补水 0.06 亿立方米，其余引滦取水口受引江向尔王庄地区应急供水影响，引滦水量无法准确划分。于桥水库累计向蓟运河补水0.666 亿立方米。

【南水北调调水供水】 2016 年 10 月，按照《水利部办公厅关于做好南水北调中线一期工程2016—2017 年度水量调度计划编制及 2015—2016 年度水量调度工作总结的通知》（办资源〔2016〕180号）要求，编制完成南水北调中线一期工程2016—2017 年度天津市调水计划。该年度天津市计划引江调水总量为 9.04 亿立方米（天津市分水口门计量合计)。

为确保城市供水、第十三届全运会赛事及环境用水需求，经天津市申请，水利部支持，先后两次增加天津市调水指标 0.55 亿立方米和 0.5 亿立方米，年度总指标达到 10.09 亿立方米，基本满足了天津市用水需求。

2016—2017 年度(2016 年 11 月 1 日至 2017 年 10 月 31 日)天津市累计调引长江水总量为 10.29 亿立方米(流量计未经率定核准)，是水利部批复年度计划的 102%，超额完成了年度调水计划。其中子牙河北分水口门 5.89 亿立方米，曹庄分水口门 2.05 亿立方米，子牙河退水闸 2.35 亿立方米。

【应急调供水】 为应对引滦水质恶化，天津市于 2016 年 10 月至 2017 年 4 月底，实施引江向尔王庄水库供水联通工程。2017 年 4 月 29 日，引江向尔王庄水库供水联通工程完工后立即启用，向尔王庄区域实施引江应急供水，及时发挥效益。应急供水期间全市除蓟州区、宁河区利用地下水供给外，其他区域全部利用引江水源供给。

(侯亚丽 孙甲岚)

村镇集中供水

【概述】 2017 年年底，天津市 10 个涉农区辖 180 个乡镇街、3681 个村，农业人口 389.6 万人。包括城市自来水管网延伸供水在内，全市共建有村镇供水工程 2119 处，其中集中式供水工程 2093 处，分散式供水工程 26 处。

【村镇供水量及水质】 2017 年，全市 10 个涉农区村镇供水水量为 24629.33 万立方米。全年开展村镇供水水质抽检，共检测 331 个，水质合格率为 80%。

(供水处)

【农村饮水】 实施天津市 2017 年农村饮水提质增效工程，项目涉及蓟县、宝坻、武清、静海、滨海新区等 6 个区，总投资 69093 万元，其中市级资

金 28871 万元，区自筹资金 40222 万元，年底前任务指标为 6.4 亿元。截至 2017 年年底，各区全部完成年度建设任务，完成投资 65493 万元，解决 71.32 万农村居民饮水提升的管网建设问题，进一步改善农村地区供水条件。

(农水处)

【农村供水基础性工作】 按照国务院"水十条"要求，2017 年年底，完成农村饮用水水源井地理界标和警示标志的设立工作。2016 年，试点完成了 180 眼;2017 年 7 月底，组织各区水务局完成了余下 430 眼的设立工作，警示标志设立工作提前半年完成，为保障全市农村饮用水水源安全发挥重要作用。

提升农村供水水质。为促进已建成的提质增效工程尽快投入使用，先后对静海、宝坻、武清、宁河等 7 个区 15 个集中式供水厂的设施运行情况进行监督检查，特别检查新增除氟降盐、消毒设施设备的运行情况，以促进工程尽快发挥作用。落实下一年度维修养护资金。按照市水务局与市财政局共同制定的《天津市村镇供水工程维修养护项目建设及市财政补助资金暂行管理办法》的规定，组织各区完成 2018 年维养资金的申报工作，开展村镇供水管理年度考核。对各区落实《天津市村镇供水用水管理办法》的情况、水源井警示标志的设立情况等进行年度考核，考核结果向各区进行了书面反馈。

(供水处)

供 水 管 理

【概述】 2017 年，天津市供水单位共有 39 家，其中获得供水行政许可的公共供水单位 34 家(其中 3 家单位年内首次获得)，自建设施供水单位 2 家，淡化海水供水单位 3 家。34 家公共供水单位按经济性质分为:国有供水单位 29 家，中外合资合作经营单位 5 家。全行业供水设施产水能力 423.7 万立方米每日，全市供水管网长度 18726.2 千米。

2017年行业净售水量75382.09万立方米，其中居民生活用水量29484.83万立方米，非居民用水量45897.26万立方米。全市用水人口917.65万人，供水普及率100%，人均日综合生活用水量129.82升。城镇供水管网漏损率13.32%（未修正）。

【供水水质监管】 严格落实国标要求的水质检测制度。每月组织具有资质的水质监测单位对供水单位出厂水9项和管网水7项指标进行检测，检测结果由市水务局每月通过局门户网站公示主城区供水单位检测结果，滨海新区及新五区水务局每季度公示辖区供水单位水质检测结果。2017年就公示形式做了进一步规范，各区均在首页面的醒目位置设置了"水质公示专栏"，供水处负责每月对公示情况进行检查。

深入开展行业水质抽检。2017年是开展行业抽检的第5年，抽检任务逐年增加，全行业共抽检水样1000个，城市供水524个，二次供水145个，农村供水331个。城市供水水质抽检合格率始终优于国家标准，村镇供水水质合格率为80%，与2016年同期基本持平。

全运会、十九大期间强化水质全面监控。组织供水单位在日常自检的基础上，加大检测频次，委托具有资质的检测机构对所有比赛场馆水质、全运村及各接待酒店二次供水水质进行了全部检测，检测水样110余个，全部合格，确保了全运会及十九大期间的水质安全。

【安全供水监管】 2017年，组织制定《引江突发断水情况下于桥水库应急供水保障方案》，经专家审查形成汇编，为全运会期间城市供水提供安全保障。组织供水单位对47个比赛场馆供水保障情况全部制订应急预案，要求按照预案做好各项应急准备，一旦遇到突发故障，保证在第一时间赶到现场，做到处置及时、高效。组织23家接待酒店全部制定二次供水应急预案，现场参加并指导津利华酒店的二次供水应急预案演练。各区水务局对酒店演练情况进行指导、督查，确保一旦发生二次供水突发事件，及时处置，保障安全供水。

严格落实"党政同责、一岗双责"要求，按照"管行业必须管安全、管业务必须管安全"的工作思路，制订全年安全生产工作计划；实行安全工作责任制，年初科室负责人向处领导递交"安全工作责任书"，年底进行考核，为安全工作提供制度保障。全运会及十九大期间，成立专项工作领导小组，制订工作方案，对接待酒店、全运村及比赛场馆的供水安全开展全方位监控。

全面完成行业安全隐患整改。武清卧龙潭水厂消毒设施改造及预沉池防护网不合规两个安全隐患是2016年大排查大整改中的遗留问题，2017年进行了重点督办，定期检查督促。截至7月底，该水厂已按要求完成消毒剂置换和防护网整改工作，全市水厂消毒剂置换工作提前半年全面完成。

【二次供水管理】 中心城区老旧小区及远年住房二次供水安全整治工作，是市委、市政府组织的一项为期三年的大规模改造工程。2017年进入工程实施阶段。多次组织召开协调会、对接会，积极推动、加强沟通、协调指导，截至年底已按计划完成第一批改造任务。

不断加大水箱清洗消毒管理力度。2017年新增备案单位11家，新办及更换证书39件，设施清洗消毒2732次，确保了二次供水水质安全。

作为行业标准《二次供水工程技术规程》的主编单位，按照住建部标准修订工作要求，组织召开了标准修订启动会及初稿修订工作会议。标准修订后将对天津市二次供水工程建设和工程质量保障，规范公建、住宅等二次供水工程的设计、施工、安装调试、验收等具有重要意义。

逐步落实各区二次供水管理职责。从加强清洗消毒管理入手，落实各区特别是环城四区二次供水日常监管职责。深入北辰、西青水务局，指导二次供水清洗消毒及设施管理工作。已有8个区水务局实现了独立办理清洗消毒备案证件。

【行业服务标准化】 按照新的三定方案《天津市水务局主要职责内设机构和人员编制规定》和《天津津滨威立雅水业有限公司特许经营协议》要求，津滨威立雅水业有限公司首次提交了特许经营监管资料，包括五年经营计划、设施维护方案等。这标志着市水务局正式对津滨威立雅水业公司实施特许经营监管。

全年共办理行政许可、行政服务事项 220 件，办结及时率和满意率均为 100%。热线受理方面，全行业共受理群众诉求 72 万件，热线接通率为 98.63%、办结及时率为 99.42%。受理群众诉求 1150 件，办结及时率和用户满意率 100%。提案办理方面，共办理提案建议 9 件，均进行了回复。

【供水行业节能降耗】 2017 年计划改造老旧供水管网 80 千米，实际完成 87.26 千米。在降低管网漏损率方面，采取多项措施，三次召开全行业会议部署推动漏损率控制工作；年初下达考核指标、坚持月考核、月公示；对市水务集团等重点单位开展调研 6 次；聘请专家对住建部新《城镇供水管网漏损控制及评定标准》进行宣贯；对行业供水单位管网漏损率修正情况开展了全面自查，截至 2017 年年底，经过修正，完成住建部 12% 的漏损率考核指标。

(供水处)

防 汛 抗 旱

防 汛

【概述】 2017 年,天津市防汛抗旱工作按照国家防总的统一部署和市委、市政府的工作要求,增强政治意识和大局意识,坚持早安排、早动手,提前落实各项准备措施,全力应对水旱灾害,确保全市防汛抗旱和城市供水安全。市委、市政府高度重视防汛抗旱工作,市领导多次作出指示批示,召开会议部署任务,汛期降雨期间,亲赴防汛、排水一线,现场检查防御工作。各区、各部门、各单位按照市防指统一部署,全面落实行政首长负责制,党政一把手、分管负责人亲力亲为,加强组织领导,全面落实防汛责任、预案、队伍、物资和措施。强化"一岗双责",增强"四个意识",以踏石留印、抓铁有痕的作风,把各项工作抓紧、抓好、抓出实效,为促进经济社会发展,服务民计民生,提供有力的防汛抗旱安全保障。

各级排水部门全面完成排水设施养护维修任务,完成水泵机组、高低压电器更新改造、管网应急抢险任务,确保排水设施安全畅通运行。全面提升防汛应急处置能力。全面检验"一处一预案"措施效果,以练促战,为应对强降雨打牢基础。2017 年,累计平均降雨量 560.54 毫米,多次出现短时强降雨。全市经受住了多次突发性强降雨考验,实现了水不进、墙不倒、房不塌、人不伤,确保市民出行安全。

(防汛处 排管处)

【防汛组织】 2017 年 3 月 7 日,天津市防办组织召开全市防汛抗旱工作视频会议,详细安排部署 2017 年全市防汛抗旱工作任务,要求抓好责任制落实、工程建设、应急管理、防汛检查、城乡排水、蓄滞洪区管理、河道清障、山洪和风暴潮灾害防御、抗旱供水、舆论宣传等工作。6 月 14 日,天津市召开防汛抗旱工作会议,深入贯彻习近平总书记系列重要讲话精神特别是关于防灾减灾工作的重要指示精神以及中央决策部署,全面贯彻落实国家防总第一次全体会议精神,深入分析天津市当前防汛抗旱面临的形势,动员全市上下扎实做好防汛抗旱工作,安排部署下一阶段工作任务。市委书记李鸿忠,市委副书记、市长王东峰出席并讲话,副市长李树起主持,市委常委、滨海新区区委书记张玉卓和市政府秘书长于秋军出席。

3 月 7 日,市防办召开 2017 年全市防汛抗旱工作视频会议,局长景悦,副巡视员唐先奇、梁宝双出席

以市防指名义印发《天津市防汛抗旱工作安排意见》。市防指、各区防指和有关单位调整充实了防汛组织指挥机构，落实了以行政首长负责制为核心的市、区、乡镇三级防汛责任制。6月16日，在《天津日报》向全市公布了主要行洪河道堤防、重要蓄滞洪区和重点水库防汛责任人名单。全市防汛各部门、各区坚持一级抓一级，熟悉掌握防汛工作组织管理和运作程序，进一步明确职责，落实各项措施，保证防汛责任和安全度汛措施的有效落实。

1. 市防汛抗旱指挥部
指　挥：王东峰　市长
副指挥：段春华　常务副市长
　　　　孙文魁　副市长
　　　　李树起　副市长（日常工作）
　　　　曹建波　天津警备区副司令员
　　　　李森阳　市政府副秘书长
　　　　穆怀国　市政府副秘书长
　　　　任宪韶　水利部海委主任
　　　　（7月后，海委主任由王文生担任）
　　　　景　悦　市水务局局长（兼任办公室主任）

市防指下设办公室，办公室主任由景悦兼任，常务副主任由梁宝双担任，副主任由市防汛抗旱处处长刘哲担任。

2. 市防汛抗旱指挥部市区分部
指　挥：梁宝双　市水务局副巡视员
副指挥：吴冬粤　市建委总工程师
　　　　孙勤民　市交通运输委副主任
　　　　魏　侠　市市容园林委副主任
　　　　杨　光　市公安交管局副局长

市区分部办公室设在市排管处，具体负责市区分部的日常工作，办公室主任由刘爽（市水务局）担任。

3. 市防汛抗旱指挥部农村分部
指　挥：毛科军　市农委副主任
副指挥：唐先奇　市水务局副巡视员

农村分部办公室设在市水务局农水处，具体负责农村分部的日常工作，办公室主任由汪绍盛（市水务局）担任。

4. 市防汛抗旱指挥部防潮分部
指　挥：孙　涛　滨海新区副区长
副指挥：梁宝双　市水务局副巡视员
　　　　李　浩　滨海新区建交局（水务局）局长

防潮分部办公室设在市海堤处，具体负责防潮分部的日常工作。办公室主任由宋静茹（市水务局）担任。

（刘悦文）

【防汛预案】　2017年，修订《天津市防汛预案》以及各分预案。针对中心城区排水设施空白区、地势低洼地区、地道下沉路等易积水点位，完善《天津市中心城区积水地区防汛排水预案》，实现中心城区积水点位"一处一预案"处置，重点细化市政府周边地区及全运会比赛场馆（赛段）防汛排水专项预案，落实应急措施、调度措施、管理措施，进一步提高重点区域、部位的应急保障水平和预案的可操作性。

（防汛处　排管处）

【抢险队伍建设】　2017年，天津警备区、各区人武部组建了40万民兵的防汛抢险队伍。落实19支市级防汛抢险救援队伍，配备物资器材。举办四期培训班，分别为乡镇基层首长防汛培训、防汛抢险专家培训、防汛抢险技术培训、洪涝灾害统计培训，共计培训265人次。

5月18日，市防办在市防汛抢险实训基地召开2017年基层行政首长防汛工作培训会议。市水务局领导梁宝双做动员讲话，市防办和市水务局工管处、物资处负责人出席，各区水务局分管防汛的负责人、区防办主任以及79个重点乡镇（街道）乡镇长参加培训。海委防办、河北省防办以及市防办、局物资处的防汛专家和负责人，讲授了暴雨洪水防御、防汛工作组织管理和防汛物资管理等课程，组织学员参观了防汛抢险实训基地。

6月14—16日，在市防汛抢险实训基地召开市级防汛抢险技术培训，特邀南水北调中线建管局副总工程师程德虎授课。局工管处、人事处、防汛处、物资处负责人，市防指抢险组成员、市防办抢险专家组成员、17支防汛抢险应急救援队和各河系处骨干技术人员共120余人参加。

培训分两期，第一期针对市防办抢险专家组成员，培训内容为河系洪水调度、防汛抢险技术及抢险处置案例，并分三组对海河、蓟运河、永定新河、独流减河、大清河、北运河、沟河及海堤工程等17个主要险工险段、重要闸涵泵站和分洪口门进行了现场查勘。第二期针对抢险队队长、河系处防汛抢险负责人及骨干技术人员，培训内容为防汛抢险技术知识、抢险物料及机具使用，并组织考试检验培训效果。

【防汛物资】 2017年，市财政拨付专项资金800万元用于购置市级防汛物资，主要包括快速防汛抢险便携式设备、拉森钢板桩、防汛土工袋、防汛块石、雨衣、雨鞋、雨伞7个品种。

1. 防汛物资增储

2017年完成物资增储工作800万元，包括防汛抢险、救生等两大类7个品种，其中快速防汛抢险便携式设备8台、拉森钢板桩800根、防汛土工袋51600条、雨衣600件、雨鞋800双、雨伞750件、块石720吨。2017年年底，新增物资全部验收合格，市级专项防汛物资储备达6149万余元。

2. 防汛物资日常管护

物资仓库基础建设。投资445万元，实施物资处所属基层仓库附属设施维护改造等3项工程，以解决办公房用电负荷不足、围墙裂缝、监控失效、库房漏雨等安全隐患，并且新增库房面积826平方米。

物资日常维护保养。投资20余万元，对发电机组、照明车、泵车等机械设备，委托第三方有资质维保企业按照保养细则开展物资日常维修保养工作。投资6万元，新建操舟机磨合池，解决操舟机的返还检测、维修、保养问题，并在磨合池上方安装摄像头，在操舟机调出返还工作中发挥作用，做到"一令一操作一存档"。

建立信息平台。投资10万元，开发天津市防汛抗旱物资管理系统（一期）软件项目，解决防汛物资管理信息化程度低的问题，将2018年以前的纸质账目全部录入电子账，实现防汛物资的动态管理，软件也已开发完毕，进入数据录入调试阶段，2018年汛前发挥效益。

防汛物资管理制度建设。按照处内控制度建设的统一安排，制定《防汛物资管理制度》，从制度上规范了物资采购、验收、入库、出库、调库、盘点及报废等物资管理业务中的流程和风险点，为日后防汛物资管理提供依据。

物资盘点。按照《内部控制制度》的要求，2017年汛后开展市级专项储备物资的盘点，由处物资科与财务科联合组成盘点小组，由分管业务副处长任组长、两科科长任监盘人，分阶段对物资进行账账核盘、实物全盘、实物抽盘。账账核盘为物资科与财务科台账进行对账；实物全盘为各储备库进行实物盘点；实物抽盘由物资科、财务科进行随机抽盘。

2017年汛后，对市级专项物资储备库所储物资进行了汛后在库物资实物抽盘，共抽盘物资1915.28万元，占两库全部物资42.25%。此次抽盘对账面在库物资进行了核对，所抽物资品种、规格、数量达到一致。同时对库存物资进行对账盘点，做到了账、卡、物相符。

3. 代储代管防汛物资管理

汛前，制定了2017年冻结储备市级防汛物资计划。5月27日市防指物资组在市发改委召开了2017年企业代储防汛物资工作会议，听取了各代储单位防汛物资储备工作准备情况的汇报，分析了2017年的防汛形势，对本年度防汛物资代储工作进行了具体的部署。6月8—13日由市发改委带队，市防指物资组、市防办、物资处组成联合检查组对全市市级代储防汛物资的储备情况进行了检查。从检查情况看，各代储单位对防汛物资储备工作都非常重视，建立健全了组织机构，明确工作职责，制定了完整的抢险调运及货源储备预案；按照下达的储备计划，按时保质保量完成任务，库区交通、照明、装卸、汛期值班及通信等情况也全部符合要求。市发展改革委商贸处、市水务局物资处相关负责人在预警期间全部上岗到位，并分别于6月21日、7月6日、7月21日3次对储存市级防汛物资的3个市级专储仓库和10个国有代储企业集团及其代储点值班值宿、通信保障进行了检查。建立各单位信息通报机制，6月19日至7月21日撰写《防汛物资专报》5期，对汛期防汛物资储备的现时情况进行及时通报，报送市发展改革委和市防办，并抄送市防指物资组所有成员单位。8月2日与市应急办联合对市卫计委、市商务委、市工信委及物产集团等防指成员单位的防汛值班情况及值班人员应急处置能力进行了一次突击检查。

代管防汛物资管理。严格按照职责划分要求，重新设计并签订片石保管协议，对委托各区代管片石进行全面检查。

4. 防汛物资调拨

2017年，调拨物资10批、38次、32个品种，价值663.24万元，其中全运会期间的水环境保障调用物资7批、28次、12个品种，价值644.89万元。调拨物资的品种和数量严格按照调令执行，调拨工作准确及时并达到零误差。

（防汛处　永定河处）

【防汛措施】　按照防汛工作的总体安排，市防办组织各单位、各区深入开展防汛大检查，查找防汛薄弱环节和安全隐患，全面落实整改措施。4月10—15日，市水务局领导分7组对防汛排水措施落实和防汛检查情况进行检查。6月27日至7月3日，市防指成员率市防指检查组分6路对各区防汛工作进行检查，并跟踪督导防汛工作开展，确保

各项措施落到实处。汛前、汛中，市防办分别组织对区进行检查，督促防汛准备工作落到实处。工程管理单位、各分部、区防办逐级落实责任，开展专业技术自查，消除安全隐患，加强防汛职守，采取有效措施，确保度汛安全。

3月31日，副市长李树起到红桥区、西青区、津南区检查防汛排水工作，实地察看团结路地道、大明道雨水泵站、罗浮路雨污水合建泵站、洪泥河生产圈泵站等防汛排水重点部位和在建工程。市政府副秘书长李森阳以及市建委、市水务局、市城投集团、水务集团、北京铁路局天津办事处、红桥区、西青区、津南区政府及水务局等单位负责人参加检查。

4月19日，副市长李树起检查防汛防潮准备工作，实地察看了独流减河进洪闸、海河防潮闸、永定新河防潮闸、海河口泵站以及滨海新区段子牙新河、临港经济区与中新生态城段海堤。市政府副秘书长李森阳以及水利部海委、海河下游局，市水务局，市防办，滨海新区、西青区、静海区政府及水务局、防办等单位负责人参加。

6月12日，市长、市防指指挥张国清带队检查市防汛工作，实地察看了海河二道闸、海河口泵站和海河防潮闸设施运行情况，了解全市水利工程布局，听取防汛防潮准备情况。市政府秘书长孟庆松，市政府研究室、市应急办、市水务局、海河下游局、滨海新区、津南区负责人参加检查。

6月21日晚，市委书记李鸿忠专门向市防办打电话，听取市水务局党委书记孙宝华防汛汇报，了解雨情、水情、防汛预案启动和防汛准备情况，要求各部门各单位坚守岗位，做好防大汛、抢大险、救大灾的一切准备，确保全市防汛安全；22日，市委书记李鸿忠又专门就防汛工作作出批示，要求结合天津特殊市情，在防的同时加强科学调度，周密精准安排，争取多蓄一些水，解决全市湿地水库的缺水问题。

6月23日，副市长李树起主持召开防汛会商会议，紧急安排部署强降雨防御工作，听取市水

务局关于强降雨防御工作的汇报和市气象局本次降雨情况及未来几天天气预报。市政府副秘书长李森阳，市防办、市区分部、农村分部、市防指各组负责人参加。下午，李树起赴北三河系检查防洪工程，实地察看北运河上游防洪工程、潮白新河里自沽闸，详细了解上游地区及天津市河道雨情水情工情，并对进一步做好防汛工作提出明确要求。

6月24日，副市长李树起赴蓟州区检查防汛工作，实地察看了罗庄子镇泥河塘坝、下营镇防山洪转移安置点和于桥水库等防汛重点部位，现场听取了蓟州区、市水务局关于山洪灾害防御和于桥水库防汛工作的汇报。市政府副秘书长李森阳，市水务局、市防办和蓟州区政府、防办负责人参加。

6月24日，副市长孙文魁赴大清河系检查防汛工作，实地察看独流减河、独流减河进洪闸、大清河和老龙湾节制闸等防洪工程设施及运行情况，对进一步做好防汛工作提出明确要求。市政府副秘书长穆怀国，水利部海委下游局、市水务局和静海区委、区政府及水务局负责人参加。

7月14日，武警天津市总队司令员鲍迎祥勘察天津市防汛地形。武警天津市总队副司令员陈世光、参谋长乔玉洲、副参谋长孙民，市水务局领导梁宝双，武警天津市总队机关、滨海新区支队、第6支队和市防办、市北三河系河道管理部门、宝坻区水务局负责人参加勘察活动。鲍迎祥一行实地勘察了蓟运河右堤张头窝段防汛地形，并现场对武警部队承担的防汛抢险任务进行部署，明确了所属部队抢险兵力、职责分工和防汛抢险作战要求。

8月2日，市长王东峰、副市长孙文魁到市防办召开会议，安排部署大暴雨防御措施和主汛期防汛工作。市政府秘书长于秋军，副秘书长杜翔和市应急办、市政府办公厅、市建委、市气象局、市交通运输委、市水务局和市内六区政府主要负责人参加。各涉农区主要负责人、市水务局相关单位负责人通过视频会议系统收听、收看。

【防汛应急处置】 2017年汛期天津市降雨频繁，先后发生11次较大降雨，其中大到暴雨2次，即：6月21—24日，全市平均降雨量49.5毫米，最大降雨量位于宁河区岳龙镇，雨量139.2毫米，7月5—7日，全市平均降雨量50.6毫米，最大雨量位于宝坻区史各庄，雨量243.5毫米；中到大雨6次，市区和部分地区出现短时积水沥涝。强降雨期间，市委书记李鸿忠专门对防汛工作作出批示，2次向市防办打电话，对降雨防御确保安全提出要求。市长王东峰到市防办主持召开防汛视频会议，安排部署降雨防御工作。副市长李树起第一时间赶赴市防办，坐镇指挥调度防汛排水工作。国家防总几次派出工作组指导防汛工作。各单位、各部门坚守岗位，昼夜奋战，全力应对降雨过程。

提高防范意识。坚持"雨情就是命令"，市防办密切关注雨情、水情，先后5次（6月20日、7月5日、7月20日、8月2日、8月9日）启动防汛Ⅳ级预警响应，昼夜坚守岗位，开展视频会商，提前集结防汛物资和抢险队伍，有力、有序、有效应对处置。制定落实局领导包保责任制，市水务局领导深入河道、水库、蓄滞洪区督促措施落实。各区党政主要负责人及时上岗到位，一线协调指挥，启动防汛预案，分兵把守，协同作战，合力迎战降雨洪水。

提高工作标准。以中心城区积水快速排除为标准，提前采取"一低两腾空"措施，启动51处易积水地区和18座地道"一处一预案"措施，排水、交管、交通、电力等部门协调联动，严格落实交通管制和硬隔离措施，确保市民出行安全。以确保群众安全为标准，组织编制《城镇易积水居民区危房群众安置实施方案》，派出10个工作组赴全市16个区，督促落实易积水低洼地危房群众转移安置措施，实现了水不进、墙不倒、房不塌、人不伤。以科学防御山洪灾害为标准，汛期向蓟州区派出工作组6次，指导落实25处泥石流滑坡隐患点位专人值守和防御措施，及时关闭旅游景区，转移安置危险区域群众864人次。

提高处置水平。严格落实 24 小时防汛值班和领导在岗带班制度，掌握全市防汛排水情况，综合分析会商，上下政令畅通，防御处置措施及时有效落实。接到降雨预报第一时间启动预案和预警响应，紧急调拨物资，落实人员队伍，迅速有效应对雨情汛情。及时派出工作组赶赴蓟州山区、易积水地区等防汛薄弱环节，现场指导防汛排水工作。加大检查推动力度，落实全运村等重点区域、地下空间、险工险段的防汛排水保障措施，以点带面提升防汛减灾水平。

提高调蓄能力。坚持防蓄结合，科学调度入境洪水，合理配置雨洪资源，在确保防洪安全的同时，尽最大可能有效利用雨洪资源。

(刘悦文)

【汛期雨情】 2017 年汛期（6 月 1 日至 9 月 15 日）海河流域降水量空间分布不均，与常年同期相比，除滦河潘家口水库以上，各河系降水量均较常年同期偏少。其中洵河三河以上、潮白河苏庄以上、北运河土门楼以上、永定河官厅以下、大清河北支、清南清北及淀东平原区间较常年同期偏少 1～2 成；还乡河区间、北三河下游、大清河南支偏少 2～3 成；子牙河、南运河四女寺以下偏少 3.5～4 成。滦河潘家口水库以上地区降水量较常年同期略偏多，较上年同期略偏少；于桥水库以上地区降水量较常年同期略偏少，较上年同期偏多 1.5 成。

汛期，天津市境内平均降雨量 379.6 毫米，较上年同期（484 毫米）偏少两成，较常年同期（400.5 毫米）略偏少。汛期大到暴雨过程 2 次，包括：①6 月 21—24 日，全市普降中到大雨，局部降暴雨，个别站降暴雨，全市平均降雨量 49.5 毫米，最大降雨量位于宁河区岳龙镇，雨量 139.2 毫米；②7 月 5—7 日，主要降雨出现在 6 日白天至前半夜，全市普降大雨，局部暴雨，此次降雨过程具有累计雨量大、雨量分布不均、短时雨强大的特点。全市平均降雨 50.6 毫米，最大雨量出现在宝坻区的史各庄，为 243.5 毫米。宝坻区 6 日

平均降雨量 132.1 毫米，达到大暴雨量级，突破 7 月上旬日雨量历史极值（91.0 毫米）。

【汛期水情】

1. 于桥水库水情

6 月 1 日，于桥水库水位 18.85 米，蓄水量 2.18 亿立方米，比 2016 年同期（2.44 亿立方米）少 0.26 亿立方米，汛末（9 月 15 日，下同）水位 20.96 米，蓄水量 3.88 亿立方米，比 2016 年同期（3.32 亿立方米）多 0.56 亿立方米。汛内最高水位为 21.1 米（8 月 31 日 16 时）。汛期入库水量 2.76 亿立方米，汛期水库增蓄 1.7 立方米。

6 月 1 日，潘家口水库蓄水量 14.79 亿立方米，比 2016 年同期（8.02 亿立方米）多 6.77 亿立方米，汛末蓄水量 19.21 亿立方米，比 2016 年同期（11.84 亿立方米）多 7.37 亿立方米，汛期入库水量 6.48 立方米。

2. 引滦输水

大黑汀分水闸 8 月 10 日 11 时 40 分提闸向天津供水，至 9 月 14 日 17 时 15 分闭闸，汛期内累计放水 1.34 亿立方米；于桥水库汛期累计放水 0.95 亿立方米。

3. 河道及主要闸站水情

2017 年汛期内天津市境内主要行洪河道水势平稳，北系河道有小的洪水过程。其中：

（1）海河干流。

2017 年汛期海河二道闸闸上汛期最高水位为 4.58 米（8 月 9 日 9 时），最低水位为 3.46 米（8 月 10 日 15 时）。二道闸汛期内 6 次提闸，共放水 0.37 亿立方米；海河闸提闸 31 次，放水 1.21 亿立方米，海河闸泵站排水 0.29 亿立方米，共放水 1.50 亿立方米。全运会期间，引江水持续为海河干流补水，保持海河二道闸以上水环境、水质良好。

（2）北四河（北运河系、潮白河系、蓟运河系、永定河系）。

受海河流域中上游地区降雨影响，于桥水库以上有洪水过程入库，北运河系、潮白河系部分

水文、闸坝控制站发生小的洪水过程，沿途河道各控制闸站相继提闸过水，主要河道水势平稳。主要行洪过程为6月受海河流域中上游地区降雨影响，于桥水库以上有洪水过程入库，北运河系、潮白河系部分水文、闸坝控制站发生小的洪水过程，沿途河道各控制闸站相继提闸过水，主要河道水势平稳。主要行洪过程为6月21—23日、7月5—7日、8月3—4日、8月11—13日和8月22—24日。

6月21—23日洪水过程，北运河北关拦河闸22日8时下泄流量60立方米每秒；北关分洪闸23日8时泄量108立方米每秒，24日6时洪峰泄量286立方米每秒；凉水河榆林庄23日13时洪峰流量221立方米每秒；土门楼（青）23日21时洪峰泄量240立方米每秒。潮白新河吴村闸24日12时洪峰泄量275立方米每秒；里自沽节制闸22日17时30分提闸放水，11时35分洪峰泄量362立方米每秒。

7月5—7日洪水过程，北运河北关分洪闸6日14时40分泄量102立方米每秒，入运潮减河，22时洪峰泄量252立方米每秒；凉水河榆林庄7日零时30分洪峰流量103立方米每秒；土门楼（北）6日16时泄量68.2立方米每秒，8日8时泄量61.2立方米每秒；土门楼（青）6日21时40分泄量140立方米每秒，7日零时洪峰泄量270立方米每秒，13时30分闭闸。潮白新河里自沽节制闸6日8时开始提闸放水，泄量逐渐加大，23时洪峰泄量628立方米每秒；宁车沽闸7日8时30分提闸放水，泄量482立方米每秒，8日1时45分洪峰泄量656立方米每秒。

8月3—4日洪水过程，于桥水库以上淋河桥站3日9时21分洪峰流量89.7立方米每秒，4日8时流量34.6立方米每秒。3日凉水河榆林庄站6时洪峰流量158立方米每秒；北运河北关分洪闸8时泄量122立方米每秒，土门楼（青）泄量95.3立方米每秒，潮白河吴村闸泄量55立方米每秒。4日8时20分里自沽节制闸提闸过水，泄量287立

方米每秒，5日16时泄量回落至41.1立方米每秒，18时闭闸。

8月11—13日洪水过程，北运河北关分洪闸11日23时泄量199立方米每秒，12日1时洪峰泄量242立方米每秒；土门楼（青）11日16时35分提闸，泄量69.8立方米每秒，14日10时25分闭闸；潮白河吴村闸12日10时洪峰泄量230立方米每秒。潮白新河里自沽节制闸11日18时提闸，12日1时泄量365立方米每秒，此后泄量逐渐回落；宁车沽闸11日开始赶潮提放，14时16提闸，泄量700立方米每秒，13日8时洪峰泄量1070立方米每秒。

8月22—24日洪水过程，北运河北关分洪闸23日7时泄量128立方米每秒，9时洪峰泄量229立方米每秒；土门楼（青）22日9时55分提闸，泄量62立方米每秒，25日10时22分闭闸；潮白河吴村闸23日20时洪峰泄量185立方米每秒。潮白新河里自沽节制闸22日17时30分泄量87立方米每秒，24日11时泄量264立方米每秒；宁车沽闸21日开始赶潮提放，18时10分提闸，泄量549立方米每秒，25日6时33分泄量741立方米每秒，25日17时12闭闸。

里自沽节制闸闸上最高水位7.03米（8月21日8时），相应蓄水量0.84亿立方米，汛期内提闸过水3.14亿立方米；宁车沽闸上最高水位3.76米（13日8时），相应蓄水量0.51亿立方米，月内提闸过水1.23亿立方米。

4. 出入境水量

汛期，天津市入境水量10.00亿立方米（含于桥入库2.76亿立方米），其中潮白河吴村闸过水3.42亿立方米，青龙湾减河土门楼闸过水1.30亿立方米，北运河土门楼闸过水1.33亿立方米，沟河三河站过水0.22亿立方米，还乡河小定府庄站过水0.29亿立方米。

汛期，天津市3个防潮闸入海水量合计6.66亿立方米，其中永定新河防潮闸放水4.22亿立方米，海河闸1.21亿立方米，海河口泵站排水0.29亿立方米，工农兵闸放水0.94亿立方米。

【洪水调度】 2017年汛期，天津市境内主要行洪河道水势总体平稳，没有较大洪水过境，全市没有发生水旱灾害。市防办自上汛以来要求各有关部门严格按照汛限水位控制河道运行，全市所有一级河道均处于低水位运行状态。8月中下旬适时逐步抬高河道运行水位，要求各区开始准备抢蓄雨洪水资源。

（侯亚丽　胡硕杰）

【防御风暴潮】 2017年，台风风暴潮或大的温带风暴潮没有出现，总体潮情平稳。全年共接收海洋部门发布的风暴潮警报2次，其中黄色警报1次。10月9日，全年最高潮出现在滨海新区塘沽地区，16时10分出现4.68米（海图）的高潮位，未达到蓝色警戒潮位。

组织建设。经天津市政府批准同意，调整了防潮分部组织机构，由滨海新区副区长孙涛担任防潮分部指挥，市水务局副巡视员梁宝双、滨海新区建交局局长李浩担任副指挥。

责任制落实。督促指导滨海新区落实以行政首长负责制为核心的各项防潮责任制。海堤全线共划分16个防潮责任段、涧河口至六号水门段、六号水门至北疆电厂段、北疆电厂段、北疆电厂至原中心渔港东侧围堤段、原中心渔港东侧围堤至永定新河防潮闸段、永定新河防潮闸至天马拆船厂段、东疆港区段、北疆港区段、天津港客运站围墙与管线队交界处至新港船厂段、新港船厂至轮船闸段、轮船闸至海河闸段、双闸路段、渔船闸至大沽排污河北段、临港经济区段、南港工业区段、南港工业区南围堤至沧浪区入海口段。16个责任段逐段落实了行政负责人和技术负责人，且分属14家责任单位：汉沽盐场、寨上街、北疆电厂、中新生态城、滨海中关村科技园、东疆港、天津港集团、塘沽街、新港船厂、渤海石油公司、大沽街、临港经济区、南港工业区、古林街。

预案管理。修订完善了《防潮分部防潮预案》，规范防潮工作处置机制和工作程序。编制下发《防潮分部办公室关于修订完善防潮预案的通知》，明确各单位预案编制要求。组织市气象局、市海洋局、市交通委、市商务委等防潮分部成员单位和滨海新区相关单位修订完善本部门防潮预案，提高针对性和可操作性，构建上下联动协调有序的防潮应急预案体系。

物资储备。滨海新区建立全面的防潮保障体系，建立一流的防潮抢险队伍保障体系，与区军事部组织了区级民兵防汛抢险队伍9000人，并可随时调动执行抢险任务，落实了115人的应急救援分队。2017年完成406万元的年度防汛物资政府采购任务，储备冲锋舟、排水泵车、发电机、编织袋、移动照明车等价值2134万元的区级防汛抢险物资。街镇、各功能区、驻区大企业按照属地管理、分级负责的原则，组织落实了专业抢险队948人、群众抢险队伍9857人，储备了600万元的防汛抢险物资，保证抢险需要。

防潮检查。防潮分部办公室根据"条块结合，以防为主"的原则，分层分级，做好各级检查的组织协调工作。组织防潮分部成员单位完成技术自查，排查海堤全线堤防及附属设施安全隐患，督察沿海相关单位防潮预案、抢险队伍和防潮物资等措施落实情况，发现问题及时整改，直至满足防潮安全要求为止。4月15日，局领导刘长平带队检查滨海新区防潮工作，现场查勘了临港经济区、塘沽街以及渤海石油防潮工程，听取了有关防潮准备工作汇报。6月20日，防潮分部指挥、滨海新区副区长孙涛带队进行实地检查，现场查看了海河口泵站、北海救助局天津基地、集疏港二三线海堤工程、永定新河防潮闸、中新生态城东堤公园，听取了相关部门情况汇报。6月28日，市防指成员、市水务局副巡视员唐先奇率市防指第五检查组对东丽区、滨海新区防汛工作进行检查，实地查勘了东丽区海河大堤、张贵庄污水处理厂东减河出口、滨海新区塘沽水利物资仓库、中新生态城外围海挡工程，听取了相关工作汇报。7月18日，局领导刘长平带队开展防汛检查，实地察看了黄港水库一库、黄港水库二库以及送水路段海堤、汉沽海挡外移工程，听取水库运行管理、海堤责任制落实及围海造陆外围防潮工程建设等情况汇报。8月3日，局领导刘长平带队对滨海新区、宁河区强降雨防范落实情况进行检查，实地察看了蓟运河左堤还乡河故道口至埋珠村、蓟运河右堤宁河镇三村至六村2段险工险段，详细了解滨海新区新河互助街7处危房群众转移安置救助措施，听取了相关工作汇报。入汛之后，多次联合市武警总队、滨海支队等部门对海堤进行实地勘察，先后勘查了大神堂村六号进水门、中心渔港5000吨级疏港公路、集疏港公路二三线以及海河口泵站段等海堤隐患部位，落实防潮责任和防御措施。每月农历初一、十五结合天文潮规律，防潮办都要开展防潮专项巡查工作。

（海堤处）

【蓄滞洪区安全建设】 天津市永定河泛区工程与安全建设一期工程为完善永定河系防洪工程体系，保障天津城市及区域整体防洪安全，新建和加高培厚分区隔埝21.74千米，其中新建1.55千米，加高培厚20.19千米。新建南北寺、老米店2个安全区，安全区围堤6.26千米，其中南北寺安全区围堤长3.23千米，老米店安全区围堤长3.03千米。新建北运河防洪闸1座，穿堤涵闸3座，扬水站2座，修复撤退路11条，长度22.8千米。工程概算总投资18800万元，于2014年12月底开工，2016年9月29日，市发展改革委以《关于天津市永定河泛区工程与安全建设一期工程征迁补偿投资调整的复函》（津发改农经〔2016〕918号）文对工程征迁资金进行了调整，调增投资2485万元，批复概算投资调整为21285万元。工程已于2017年全部完成。

（薛 峰）

【应急度汛工程】 2017年，应急度汛工程共安排14项工程，包括：沟河左岸小平安（0+000~0+300段）挡墙护砌应急度汛工程、蓟运河右堤新安镇村北段护砌应急度汛工程、还乡新河右堤

（0+000~2+000段）堤顶硬化应急度汛工程、蓟运河右堤茶东村至茶淀粮库段应急度汛工程、沟河左岸小平安（0+300~0+583段）挡墙护砌应急度汛工程、蓟运河左堤董庄（1+000~1+500段）挡墙拆除重砌应急度汛工程、永定新河右堤（0+000~32+200段）防浪墙维修应急度汛工程、北大港水库北围堤（48+600~51+200段）路面应急度汛维修工程、北大港水库北围堤（51+200~54+511段）路面应急度汛维修工程、子牙河左堤（11+070~12+041段）堤顶路面硬化应急度汛工程、永定新河闸下海堤（35+950~37+750段）堤顶路面治理应急度汛工程、塘沽海滨浴场段海堤治理应急度汛工程、蔡家堡码头口门治理应急度汛工程、于桥水库马伸桥孙家庄村南堤埝护砌应急度汛工程。市防办于2017年2月底之前对全部工程进行了批复，批复概算总投资2600万元。工程资金计划分两批下达，2017年3月10日，天津市水务局以《市水务局关于下达2017年应急度汛工程第一批资金计划的通知》，下达了第一批资金计划2000万元；2017年6月19日，天津市水务局以《市水务局关于下达2017年应急度汛工程第二批资金计划的通知》，下达了第二批资金计划600万元。2017年主汛前，所有工程全部按要求完成，并投入使用。

在应急度汛工程项目实施过程中，严格实行专项管理，各建设单位按照有关要求和程序开展相关工作，精心组织，严格把关，服从监理，尊重设计，没有出现工程质量问题。资金上做到了专款专用，每一个项目都单独设立专户。

在应急度汛工程项目管理上，参照基建项目进行管理。由项目业主委托有资质的设计单位完成初步设计，市防办组织有关部门通过现场查勘、专家论证等形式对项目进行审查后，进行批复。工程在建设过程中接受项目主管部门和质量监督部门的监督。工程竣工后，市防办会同有关部门按照水利工程竣工验收的有关规程和要求对项目进行竣工验收。各项目单位加强了项目资金管理，建立健全了应急度汛工程资金的支付规章和核算

手续，加强合同审查，专款专用，按照进度拨付资金，杜绝了违规违纪现象的发生。

2017年，应急度汛工程共完成堤顶道路硬化12.68千米，浆砌石护砌2.32千米，维修防浪墙32千米，加固海堤0.74千米。应急度汛工程的实施，消除了部分堤防隐患，提高了河道防洪能力，减轻了防洪抢险压力，汛期发挥了一定效益。

（邱玉良）

【中心城区防汛排沥】

1. 中心城区雨情

2017年中心城区共降水32次，累计平均降水量为560.54毫米，主汛期累计平均降雨量413.58毫米。其中平均降雨量超过10毫米以上降雨15次，占降雨总数的46%。进入主汛期后，极端天气事件明显增多，局部短时突发性强降雨时有发生，且降雨时空也存在分布不均的特点。10月9日，中心城区普降特大暴雨，平均降雨量89.79毫米，河北区小树林雨量达到108.1毫米。

2. 防汛准备

组织机构建设。防汛市区分部成立以市水务局、市建委、市交通运输委、市市容园林委、市公安交管局领导为指挥、副指挥，市内六区、市气象局、市电力公司及排管处为指挥部成员的组织机构，成立12支抢险队和5个防汛督导组，强化24小时防汛值班和领导带班制度，层层落实防汛责任，遇排水突发事件确保快速反应、有效处理。

防汛设施维护。市区两级排水专业部门广泛开展汛前排水设施养护会战，加大资金投入和防汛物资储备力度，针对防汛薄弱环节，加大设施改造力度。排管处累计完成疏通养护排水管道约3087千米；掏挖检查井75.8万余座次、雨水井62.9万余座次；清挖进水池231座；检修水泵、电机342台套；维修闸门559座。对新接收的太湖路等15座泵站和勤俭道立交等41千米排水管道进行缺陷整改；建设四号路、五号路、烈士路、苏堤路等防汛临时泵站26处，缓解越秀路、

珠江道、烈士路、苏堤路等设施空白区及排水薄弱区域积水问题。依托老旧设施改造项目，完成一批单电源泵站改造工作以及泵站初期雨水改造工程。

隐患排查整治。市区分部对中心城区工程影响防汛问题多次进行全面认真的排查，共梳理出问题51项。按照"谁建设谁负责，谁施工谁整改"的原则，逐一督办、限期整改，落实专人，制定自保措施和防汛应急预案；针对跨汛施工工程，制定切实可行的应急预案，明确防汛责任主体，落实具体的应急措施；加强涉河工程跟踪监管，未经批准的涉河工程一律禁止实施。

检查督办在建工程。副市长李树起带队，组织各区及建设单位负责人，分4次深入检查市区防汛工作，对六纬路等30余处积水点位、6个易积水地道以及在建排水设施进行了联合督查，明确各区、各单位的职责分工，要求加快设施建设及改造进度，落实防汛应急抢险措施；加大对列入建设计划的9座泵站及北草坝等13座泵站配套管网建设的跟踪督办力度，推动日朗路、罗浮路、大明道泵站建设。

3. 防汛信息化建设

提升完善防汛调度指挥系统，升级改造泵控平台，扩充远程监测控制自动化泵站范围，对二级河道、部分污水处理厂以及部分泵站液位进行水准点高程核定，对雨量监测系统、市区防汛视频会商系统升级改造，进一步提升系统安全性和稳定性，为防汛调度指挥决策提供科技支撑。

物资储备。市、区两级防办对防汛物资进行补充，指定专人管理，对高值易耗或不易存放的物资做到进货渠道畅通。完成增储大型移动泵车、拖挂式移动泵、应急发电机组等防汛物资6000万元，建立防汛物资储备点43处（其中固定库房11处），储备防汛救险车50辆、移动视频车11辆、大型救险机械4辆、防汛发电机组46台、防汛水泵169台、大型移动泵车4辆，应急排水能力达到97200立方米每小时。

防汛演习。防汛市区分部于6月下旬组织市

内六区、市建委、市交通委、市市容园林委、市水务局、市气象局、市公安交管局、市电力公司、城投集团、轨道交通集团等单位开展了中心城区大型防汛演习，模拟天津中心城区遭遇 50～100 毫米暴雨，防汛市区分部紧急启动市区二级防汛应急预案。同时降雨中发生泵站故障、出现积水、塌管险情、河道漫堤等突发险情，在防汛抗旱指挥部市区分部的统一指挥下，各单位启动预案，快速响应，协同作战，高效处置突发事件。

4. 应对降雨

市区分部每逢接到气象部门的预警信息，立即转发市区分部各成员单位，并启动了相应预警响应，要求各单位提前做好应对准备，落实防汛责任，全体防汛上岗人员随时做好防汛排水和应急抢险准备。要求排水专业部门提前加强常运行泵站开泵，保持泵站低水位运行，腾空管道，根据实际雨情适时降低河道水位，增加管道、河道调蓄空间。及时启动中心城区 51 处易积水片、18 处易积水地道"一处一预案"，加强重点易积水片、低洼地区、下沉地道等防汛关键点位的值守和巡查，重点抢险点位的设备提前准备就绪，切实做到组织、人员、预案、物资、责任的落实。按照上级调度令加强雨水泵站开车，启用临时泵站。对排水设施薄弱和重点地区域加强巡视，密切关注雨情和积水情况，及时发布预警，发现问题立即处置，杜绝人员伤亡事故。及时要求各成员单位对全市排水设施全面巡察维修养护，对泵站水损电器设备进行更换，对收水井及收水支管进行清挖疏通，确保排水设备设施安全稳定运行，为下次降雨做好充分准备。市交通委、市交管部门对全市下沉路段、地道、立交桥、高速匝道逐一排查，对积水地道实施封堵，派专人盯守，杜绝误闯误入造成人身伤亡事故；市交管部门做好警力备勤，落实易积水地区及地道应急疏导预案；各区主要领导亲自指挥抢险工作，对老旧房屋和地下室进行危险源排查，积极落实区域内地道、桥涵、危陋房屋、地下办公室、车库等重要部位

的防汛安全。市建交委、城投集团对在建工程采取应急保护措施，并确保所辖未移交泵站及时开车。

8 月 8 日 20 时至 9 日 14 时，天津市普降大到暴雨，个别站大暴雨，全市平均降雨量 36.6 毫米，最大降雨量位于北辰区北仓镇，雨量 130.9 毫米。强降雨造成中心城区最多出现 47 处临时积水片，积水最深达 50 厘米，南口路等 12 处地道短时断交。截至 8 月 9 日 14 时，中心城区 47 处临时积水片全部排净，12 处断交地道全部恢复正常通行。

（排管处）

【河库闸站防汛责任落实】 6 月 6 日，印发《关于印发 2017 年行洪河道（海堤）防抢责任分解表的通知》，明确 158 处险工、1031 座闸涵、口门的抢险责任。将行洪河道（海堤）和穿堤建筑物险工的防汛抢险责任分解落实到区、乡镇和河系处等各级责任单位和责任人，明确责任分工。

充实完善市防汛抢险专家组成员，建立 40 人的市级防汛抢险专家组，将防汛抢险专家按照北系、南系和海堤区域分为三组，明确了各组组长和工作职责。6 月 14—16 日，组织两期市级防汛抢险技术培训，第一期主要针对市防办抢险专家组成员，培训内容为河系洪水调度、防汛抢险技术及抢险处置案例，对海河、蓟运河、永定新河、独流减河、大清河、北运河、沟河及海堤工程等 17 个主要险工险段、重要闸涵泵站和分洪口门进行了现场查勘，各河系处负责同志现场介绍了河系工程现状、险工险段情况、防洪薄弱环节、重点防御对象、分洪口门运用条件等情况。第二期主要针对各抢险队队长、河系处防汛抢险负责人及骨干技术人员，培训内容为防汛抢险技术知识、抢险物料及机具使用等，并组织了专门考试以检验培训效果。

根据《水库大坝安全管理条例》的有关规定和《水利部办公厅关于报送大型水库大坝安全责

任人名单的通知》（办建管函〔2017〕10号）要求，各区建立和落实了以地方各级政府行政首长负责制为核心的水库大坝安全责任制，并将天津市大中型水库安全责任人名单予以公布。进一步完善水库大坝安全责任制，大坝安全责任制以地方政府行政首长负责制为核心，明确各类责任人的具体责任。水行政主管部门切实负起监管责任，会同水库主管部门加强对本行政区域内水库大坝安全的监督。

（冯东利）

【农村除涝】 农村分部立足"防大汛、除大涝"，坚持早动手、早安排、早部署，指导推动各区扎实开展农村各项除涝工作，保障了农村除涝安全。汛前，农村分部办公室通过印发文件、编修农村除涝预案、落实责任制、采取工程措施，完善了各项除涝准备工作。截至2017年9月15日，累计排水达2.35亿立方米，有效避免了农作物的淹泡，保障了农村除涝安全。

（农水处）

抗　旱

【概述】 2017年，天津市降水总体呈现春季降水偏少、夏季略偏多的特点。1月1日至9月15日，全市平均降水量431.9毫米，较常年同期偏少1成。入春以来，天津市降雨明显偏少，雨量分布不均。特别是进入4月以来，降雨持续偏少，4月降雨量仅为3.6毫米，较多年同期偏少83%；5月降雨量仅为17.3毫米，较多年同期偏少49%。降雨主要集中在8月，较常年偏多近7成。

2017年4月，由于天津市降雨较常年严重偏少，农业蓄水储备不足，全市多地块农田出现墒情不足现象，南部区域旱情尤为严重，干旱导致春播形势不佳。汛期充足降水有效缓解前期旱情，后期天津市利用汛期流域上游下泄雨洪水的时机，引调潮白河、北运河等河道来水，科学调度，抢蓄农业水源，汛末农业用水蓄水充足。

【农业旱情】 2017年全市农业没长时间、大面积严重旱情发生。汛期由于天津市降水频繁，特别是8月降雨较集中，有效缓解了前期墒情不足的情况，全市整体土壤墒情得到了明显改善，局部地区出现水分过多或渍涝现象。

2017年汛期，天津市上游来水偏多，汛末适时抬高河道水位抢蓄上游尾水，全市地表水存蓄总量7.65亿立方米。

【抗旱物资储备】 为规范天津市市级以下抗旱物资管理，市防办编制下发《天津市市级以下抗旱物资储备管理指导意见》。指导各区规范天津市市级以下抗旱物资采购、储备、使用、租赁、维护、报废更新和经费的管理，保障抗旱应急需求。

【农业抗旱】 2017年年初，拟定下发《关于做好今春抗旱工作的通知》，安排部署各区县做好春季抗旱工作，指导制定完善春季抗旱预案，并监督组织实施。

市防办密切关注雨情、水情、土壤墒情、旱情分布及发展趋势，适时调整抗旱方案，指导各区完成抗旱工作。

积极协调上游地区争取外调水源，全年累计抗旱调水6.5亿立方米；抓住降水有利时机，科学调度，利用河网联通实施跨区域存蓄雨洪资源，增加农业蓄水量。

组织各区抗旱服务队伍深入田间地头，指导农民抗旱。

【抗旱统计】 每月1日，按时通过全国抗旱统计信息系统上报天津市水库蓄水情况。及时收集汇总各区县报送的旱情信息，如遇重大旱情，及时通过抗旱统计信息系统上报国家防办。

（侯亚丽　孙甲岚）

农 村 水 利

农村水利建设

【概述】 2017 年，按照市委、市政府对农村水利工作的安排部署，扎实推进农村水利工程建设，不断深化农村水利改革，实施了中央水利发展资金项目、中小河流重点县、农村饮水提质增效、国有扬水站更新改造、农用桥闸涵维修改造、灌溉计量设施建设等方面的农村水利工程建设，为农村经济社会发展提供坚实的水利保障。

【农村水利前期工作】 为加快农村水利项目前期工作，市水务局多措并举，督促有关各区加强组织领导，加大工作力度，做好项目储备。组织召开 3 次全市农村水利工程建设推动会，对 2018 年农村水利项目前期工作提出明确要求。印发《市水务局农水处关于抓紧做好 2018 年农村水利工程项目前期工作的通知》，对农村水利项目前期工作进行再部署。领导带队组成 3 个推动组，到各区现场推动 2018 年农村水利项目前期工作。各区按照市水务局、市财政局有关要求，加快 2018 年农村水利工程项目前期工作，将相关材料报市水务局、市财政局备案，为各项农村水利工程的实施奠定基础。

【农村水利投入】 2017 年，天津市农村水利工程项目总投资 163166 万元（中央资金 16036 万元，市级资金 82282 万元，区自筹资金 64848 万元），

其中任务目标为 143617 万元，全年实际完成投资 147980 万元（中央资金 16036 万元，市级资金 82282 万元，区自筹资金 49662 万元），是年度任务指标的 103%。剩余资金结转到 2018 年。

【扬水站更新改造】 2017 年，农村国有扬水站更新改造 14 座，其中 2016 年结转工程包括蓟州区庞家场泵站、大仇庄泵站、梁庄子泵站；宝坻区牛家牌泵站、宽江一泵站；武清区泗村店泵站、北郑庄泵站、清北泵站；北辰区大张庄泵站等 4 个区的 9 座泵站。2017 年新安排工程包括宝坻区黄白桥泵站、大刘坡泵站；静海区十槐村泵站、后屯泵站；西青区黄家房子泵站等 3 个区的 5 座泵站，计划总投资为 22540 万元，年内任务指标为完成投资 16065 万元。截至 2017 年年底，实际完成投资 19165 万元，是任务指标的 119%，超额完成年度任务指标，其中 11 座扬水站具备通水条件。

【农用桥闸涵改造】 2017 年，全市农用桥闸涵维修改造工程计划投资 7100 万元，维修改造农用桥闸涵 166 座，项目涉及宝坻、武清、宁河等 3 个区。截至 2017 年年底，各区项目均已完工，共维修改造农用桥闸涵 172 座，其中宝坻区完成 74 座、武清区完成 67 座、宁河区完成 31 座。

【小型农田水利竞争立项建设项目】 2017 年，小型农田水利竞争立项项目总投资 2197 万元，涉及蓟州、武清、宁河、津南等 4 个区。截至 2017 年

年底，完成投资 2197 万元，是年度任务目标的 100%，修建泵点 11 座，建设微灌 238.07 公顷，更新机井 49 眼，配套智能控制柜 57 套，清淤治理沟渠 5.53 千米，铺设低压管道 6.75 千米。

【中小河流重点县建设工程】 2017 年，中小河流重点县建设工程涉及蓟州、宝坻、武清、宁河、西青、津南等 6 个区，完成总投资 23507 万元（中央资金 9274 万元，市财政资金 14233 万元）。其中蓟州 4 个项目区、宝坻 9 个项目区、武清 2 个项目区、宁河 1 个项目区、西青 5 个项目区、津南 5 个项目区全部完工；宁河 3 个项目区、西青 2 个项目区完成年度投资指标。工程的实施，恢复并提升了项目区内治理河道正常排蓄功能，并有效缓解汛期其他河道排涝压力。

【节水灌溉工程】 2017 年，依托中央水利发展资金项目、规模化节水灌溉项目，同时协调市农业综合开发部门整合土地整理项目，开展低压管道输水、混凝土管道铺设、扬水站点建设、机井维修更新、变压器改造、安装给水栓和潜水泵等一系列节水灌溉相关工程建设；其中高效节水工程建设任务超额完成中央确定的任务指标。在加强新增节水工程建设的基础上，结合农业水价改革，开展灌溉计量设施建设，完成计量设施安装 2350 台套，改善节水灌溉面积 7333.33 公顷。2017 年，节水灌溉工程共完成新增节水灌溉面积 9933.33 公顷。

【一般农村水利建设项目】 2017 年，一般农村水利建设项目共计 8 项，总投资 1010.5 万元，其中农业综合开发中型灌区节水配套改造项目 320 万元，为 2016 年结转项目，年底前全部完工；东沽泵站增容后增加电费等费用支出 200 万元，年底前全部支出；农村坑塘水系污染治理项目验收第三方服务费 71.5 万元，用于抽查验收 2015 年和 2016 年治理项目，年底前全部完成；天津市灌溉水利用系数实测设备购置及试验研究 300 万元，年底前

完成；2017 年天津市水土保持公告项目 18 万元，用于调研及公报编制大纲的制定，数据资料收集、处理，公报编制与印刷等，年底前全部完成；2017 年蓟县水力侵蚀动态监测项目 54 万元，用于开展蓟县水力侵蚀动态监测，并对水土流失状况、生态环境状况、水土保持措施和水土保持效益情况进行科学评价，项目年底前全部完成；天津吴庄—静海 500 千伏输变电工程水土保持设施验收技术评估项目 25 万元，用于对建设单位在工程项目施工过程中实施的水土保持设施的数量、质量、进度及水土流失防治效果等进行确认和评定，年底前完成；天津市 2017 年水土保持监督管理项目 22 万元，年底前全部完成。

【小型农田水利维修养护项目】 2017 年度小型农田水利设施维修养护资金为 900 万元，涉及天津市涉农的 2 个区，其中蓟州区 500 万元，武清区 400 万元。主要建设内容为：蓟州区维修养护项目主要建设内容为维修防渗渠道 4425 米，更换给水钢管 9500 米，安装水窖盖板 20 个，维修机井 11 眼，更换井泵及降压启动柜 23 套，对 23 座水池进行防水处理，更换管道 9800 米。武清区维修养护项目主要内容为对武清区大王古镇更换 PVC 输水管道 44061 米，更换安装铁质给水栓 2292 套，并添加混凝土保护套；对下伍旗镇更换 PVC 输水管道 41735 米，更换安装铁质给水栓 2043 套，并添加混凝土保护套。截至 2017 年年底，各区均完成任务。

（农水处）

农村水利管理

【概述】 2017 年，会同市财政局出台《天津市农村水利发展资金管理暂行办法》，整合各项农村水利工程建设资金，逐步推行"大专项 + 任务清单"的管理方式，农村水利发展资金采用因素法分配，分配因素包括各区任务、规模、财力、绩效、改革等因素，2017 年，安排市级农村水利发展资金

总计 63889 万元。各区在完成市级下达的年度目标任务的基础上统筹使用市级资金，充分发挥各区安排项目的自主性。继续深化小型水利工程管理体制改革，在完成宝坻区试点改革基础上，将小型水利工程管理体制改革工作在全市范围内推行。全市 10 个涉农区全部编制完成本区小型水利工程管理体制改革实施方案，并经区政府印发，改革工作稳步推进。

【中小型水库管理】 2017 年，天津市有中型水库 11 座，小（1）型水库 11 座，小（2）型水库 3 座。中型水库设计蓄水库容总库容 3.521 亿立方米，小型水库设计蓄水总库容 0.548 亿立方米。2017 年 3 月依照《水利部办公厅关于请报送大型水库大坝安全责任人名单的通知》（办建管函〔2017〕10 号）将中型水库安全责任人名单上报至水利部办公厅；5 月为《天津市水务发展统计公报》提供水库数据并核实；12 月，按照《水利部办公厅关于开展水库大坝安全隐患排查工作的通知》的要求由农水处组织专家对天津市中小水库大坝安全情况做了详细排查，对中小水库掌控的工程情况和档案资料进行了复核，在排查过程中发现问题并要求各水库管理单位及时整改。

【农村坑塘污染治理】 农村坑塘污染治理项目已于 2016 年年底完工，2017 年完成补助投资 16030 万元，涉及蓟州、宝坻、宁河等 3 个区 1303 座坑塘、1220 条沟渠。为督促各开展坑塘、沟渠排查整改和验收工作，开展全市农村水环境问题排查工作，8 月底，农村坑塘水系排查和治理工作各区的问题、责任、措施、效果等 4 个清单和整改台账已建立，排查问题 8742 个，其中一般及中度问题 6568 个，较严重问题 2174 个。截至 12 月底，一般及中度问题及较严重问题已完成整改任务。各区农村坑塘水系治理验收工作已完成，市级抽验工作正在开展，并于 2017 年年底前完成蓟州区（2015 年项目）、东丽区、滨海新区、津南区等 4 个区的市级抽验工作。

【农村骨干河道管理】 天津市共有骨干排沥河道 394 条，河道总长度 3763.5 千米，其中二级河道 122 条（段），总长度 1770.82 千米，干渠 272 条（段），总长度 1992.68 千米，由各区县水务局下属的排管处（站）或河道所统一负责管理和养护。

【大沽排水河管理】 2017 年，在做好大沽排水河日常管理工作的同时，按照《市水务局关于做好当前大沽排水河管理工作的通知》要求，办理了天津地铁 5 号线、6 号线梨园头 110 千伏专用站电源线工程顶管穿越大沽排水河、青沱水务大沽再生水厂在大沽排水河开设取水口门、南疆热电厂供热管网工程顶管穿越大沽排水河的涉河项目开工手续，完成立项咨询、现场踏勘、初审等事项。同时，为加强东沽泵站运行管理，确保泵站良性运行，2017 年下达并拨付东沽泵站增加市财政运行维护经费 200 万元。

【国有扬水站管理】 天津市现有农村国有扬水站 289 座，泵站管理属于公益事业，由各区水务局下属的排灌站或河道所统一负责管理和养护。为更好地改善民计民生，天津市自 2008 年启动农村国有扬水站更新改造任务，已列入规划泵站 135 座（其中包括 7 座新建泵站），截至 2017 年年底，已完成更新改造 88 座。截至 2017 年年底，还未改造泵站工程大多建于 20 世纪 60—70 年代，经过多年运行，泵站存在的突出问题有：设计先天不足，标准低下；体系不够完善，配套设施不完善；设备老化失修，积病成险；运行管理不善，影响使用。另外，泵站管理人员工资由各区财政全额拨款，收入相对稳定。但泵站维护经费不稳定，且存在缺口，每年只由区财政拨付部分款项，做应急之需，不能全面改善。天津市农村国有扬水站更新改造工程为各区内的工农业生产的稳步发展起到了极大的保障作用，社会、经济效益显著，主要体现在以下几点：一是确保防洪安全，为保护区内人民的生命财产提供安全保障；二是促进地区农业高产稳产、免灾减灾，为农民增收提供安全保障；三是促进地区生态环境的改善，对社会、经济都有重大影响。

【农水科技推广】 2017年，主要是加强信息化建设，完善了农村水利项目管理信息系统和水土保持信息化管理各项系统建设，制定并下发《天津市水土保持信息化工作方案》；组织开展科技项目立项申报和科技项目成果报奖等工作；组织推进天津市水务业务管理平台应用和数据进一步补充完善工作；加强农村水利信息网站的建设管理、使用维护及数据更新等工作。

【农村水利改革】 小型农田水利体制管理改革。天津市涉及小型水利工程管理体制改革的水利工程31186处，其中小型水库12处，中小河流及其堤防1405处，小型水闸1924处，小型农田水利工程26144处，农村饮水安全工程1701处。天津市小型水利工程中，国家所有6175处，农村集体经济组织所有24864处，农民用水合作组织所有47处，个人所有100处。2017年小型水利工程产权已全部明晰，管护主体和责任已全部落实，产权明晰率达到100%，并颁发产权证书24577套，占全部数量的78.9%，达到水利部要求的年度任务指标。

农业水价综合改革。按照天津市推进农业水价综合改革实施意见要求，涉农区根据全市的统一部署，指定专人，明确责任，成立机构，编制方案，在13个乡镇选择18个行政村作为农业水价综合改革试点镇村，率先开展水价综合改革。为提升农业灌溉工程灌溉用水计量基础设施水平，编制完成了2017年灌溉计量建设实施方案，在蓟州区、宝坻区、武清区、宁河区、静海区等5个区安装灌溉计量设施2350台套，改善灌溉面积7333.33公顷，为夯实农业水价综合改革计量设施建设打下坚实基础。

（农水处）

水 土 保 持

【概述】 2017年，推进京津风沙源治理二期工程建设，深入开展水土保持监测和监督管理，强化水土保持宣传教育。建设水源及节水灌溉工程259处，治理山丘区水土流失4平方千米，治理平原区沙化土地、盐碱地及坡面水土流失治理面积3.68公顷；完成审批生产建设项目水土保持方案16项，水土保持方案总投资2.6亿元；完成生产建设项目水土保持设施验收13项。

【水土流失治理】 2017年，水土流失治理项目有京津风沙源治理二期工程（水利项目）和天津市水土保持生态治理工程，结转2016年度京津风沙源二期治理工程（水利项目）结转投资308万元。2017年项目涉及蓟县、宝坻两个区县，总投资1540万元（中央预算内投资912万元，市级配套资金336万元，区县配套资金292万元）；建设水源工程114处，节水灌溉工程145处，小流域综合治理4平方千米。天津市水土保持生态治理工程完成投资99.48万元，涉及滨海新区，完成水土流失治理3.68公顷。

【水土保持监测】 组织开展《天津市水土保持公报（2017年）》的编制工作。按期上报了国家水土保持监测点水土保持监测数据，继续开展蓟州区水力侵蚀动态监测项目。加强蓟县黄土梁子科技示范园区的提升改造。配合海河流域水土保持监测中心站开展水土流失动态监测项目，指导区县完成相关成果整编和上报工作。积极推进数据共享建设，开展了天津市水土保持监督管理历史数据和水土保持重点工程数据的整编和系统录入工作。依托全国水土保持监督管理系统V3.0、水土保持生态治理系统等平台，实现生产建设项目水土保持监管信息的部、市、区三级交换与共享。

【水土保持监督管理】 2017年7月，《天津市水土保持规划（2016—2030 年）》经市政府审核同意印发实施。《天津市水土保持规划（2016—2030年)》以防治水土流失、合理利用和保护水土资源为主线，确定了天津市水土流失防治目标与总体布局，并将天津市行政区域内的平原地区划为"容易发生水土流失的其他区域"，科学地界定了水土流失预防监督的范围，为促进生态宜居城市建设，推动生态文明建设提供了重要的支撑和保障。下发了《市水务局关于加强全市水土流失重点预防区和重点治理区管理的通知》《市水务局关于做好生产建设项目水土保持监督管理工作的通知》等文件，生产建设项目水土保持方案制度得到进一步落实，全年累计审批水土保持方案 16 项，水土保持方案投资约 2.6 亿元；累计征缴水土保持补偿费约 400 万元；组织开展 13 个项目的水土保持设施验收工作。同时积极配合海委开展大中型生产建设项目水土保持监督检查 3 次。按照海委要求，对 8 个大中型生产建设项目进行了跟踪检查，并报送了检查结果。

【水土保持宣传】 2017 年 3 月 22 日，结合"世界水日""中国水周"宣传纪念活动，组织开展了纪念《天津市实施〈中华人民共和国水土保持法〉办法》颁布周年宣传活动；完善教育基地建设，不断加强蓟县黄土梁子科技示范园区教育展示等基础设施建设，发挥水土保持宣传教育平台作用；组织开展了全市水土保持天地一体化现场办公，解读静海区"天地一体化"试点情况，宣传成果，印制发放了《天津市水土保持规划宣传读本》等。

（农水处）

规 划 计 划

规 划 设 计

【概述】 2017年，是天津市水务事业拓宽发展思路、融合生态建设、整体跨越提升的重要之年。全年开展26项重点水务规划的编制工作，其中完成20项规划的编制工作。完成行洪河道治理等前期工作8类44项。新安排设计生产任务120项，上一年度结转设计任务96项，合计216项；其中180项报出成果或取得阶段性进展。积极改进服务方式，新承揽业务122项，完成了17个项目的投标工作。完成水文水资源调查评价、资质申报工作，并获得资格证书。积极寻求办事议事、人员调整等制度上的突破，坚持从制度入手，坚持用制度管人管事。引进注册执业工程师4名、应届硕士研究生3名、本科生3名。严格进行管理评审，重新编写质量、环境、职业健康安全三体系文件并宣贯，通过三体系再认证和新版标准换版审核，并获得三体系认证证书。

（规划处　设计院）

【规划设计管理工作】 2017年，水务规划工作超前谋划、精密组织、严格审批各项规划和前期工作，不断完善规划体系，强化规划设计管理，各项规划设计工作取得了新的进步，有力地促进了水务事业健康快速发展，为天津市实现"三区一基地"城市功能定位奠定坚实水务基础。

2017年，规划工作充分发挥水资源、水环境、水安全"三位一体"的水务管理体制新优势，坚持"节水优先、空间均衡、系统治理、两手发力"的治水方针，围绕水务改革发展这一主线，以水资源高效利用为前提，以水资源保护和水生态修复为重点，以全面提高水安全保障能力为目标。强化规划引领作用，梳理完善水务规划体系，根据《天津市水务发展"十三五"规划》等重点规划，规范行业管理。

根据《天津市水务发展"十三五"规划》等相关规划，提早编制2017年重点建设项目前期工作计划，组织项目法人、设计单位开展前期工作，主动协调市发展改革委、市规划局等部门加快审批，确保建设项目前期工作按计划完成。积极创新项目管理方式，完善水务工程建设项目管理全过程责任体系，强化项目法人在项目实施全过程中的主体责任；发挥管理单位作用，加强项目前期、建设和验收阶段的建管结合，建成既能发挥工程效益，又利于建成后实施管理；增厚项目储备，提高设计管理质量，严格控制设计变更。完成行洪河道治理等建设项目前期工作8类44项。

【主要前期工作】 2017年，完成20项规划和8类44项建设项目的前期工作。

1. 规划、方案

《天津市水资源统筹利用与保护规划》《北大港水库功能提升工程规划》《于桥水库综合治理方案》《天津市再生水利用规划》《中心城区水环境提升工程规划》《天津市农村中型灌排泵站更新改

造工程规划》6 项规划已经市领导多次审阅或批复。

已编制完成《天津市城市水利综合规划》《天津市城市供水规划修编（2016—2030 年）》《天津市重点河道入境水处理规划方案》《天津市北水南调工程规划方案》《天津市水系循环连通工程规划方案》《中心城区一级河道排水工程完善规划方案》《外环河水循环提升工程规划方案》《天津市各河系河道治理和生态修复规划方案》《天津市湿地自然保护区生态水源保障规划方案》《天津市永定河综合治理与生态修复实施方案》《天津市海河及中心城区北部地区排水工程规划方案》《永定河综合治理规划》《北京排水河综合治理规划》《天津市治涝规划》等规划方案。

2. 建设项目

2017 年共完成行洪河道治理工程、蓄滞洪区治理工程、中小河流重点县综合整治工程、大中型病险水闸除险加固工程、中心城区水环境工程、中心城区排水工程、农村国有扬水站改造工程、引滦大修改造工程共 8 类 44 项建设项目前期工作。

行洪河道治理工程主要包括 7 个项目，分别是蓟运河宝坻九王大桥至后鲁沽段治理工程、蓟运河宁河江洼口至刘庄段治理工程、蓟运河蓟州九王庄大桥至庞家场段治理工程；潮白新河宝宁交界至乐善橡胶坝段治理工程；州河蓟州区大秦铁路至上窝头段和州河蓟州区上窝头至于少屯段治理工程；一级河道防汛路提升一期工程。

蓄滞洪区治理工程包括 2 个项目，分别是东淀和文安洼蓄滞洪区工程与安全建设、贾口洼蓄滞洪区工程与安全建设等。

中小河流重点县综合整治工程主要包括蓟州区 4 个项目，分别是关东河下营镇项目区、关东河孙各庄镇项目一区、关东河孙各庄镇项目二区和淋河马伸桥镇项目区等。

大中型病险水闸除险加固工程包括 3 个项目，分别是马营节制闸、杨津庄节制闸和北京排污河防潮闸除险加固工程。

中心城区水环境工程主要包括 12 个项目，分别是水环境提升近期工程三元村泵站、月牙河泵站、复兴河口泵站、津河八里台节制闸等节点工程、雨水管道残留水及初期雨水治理一期工程、大沽河净水厂一期工程等；中心城区 7 片合流制地区市管排水设施雨污分流改造工程 2017 年一期工程、串接点改造、先锋河调蓄池和新开河调蓄池等；中心城区 2017 年二级河道清淤工程、迎宾湖水质改善工程等。

中心城区排水工程主要包括 4 个项目，分别是中心城区老旧排水管网及泵站改造一期工程泵站供配电系统改造第一批工程、泵站自动化改造和防汛信息系统升级改造工程；烈士路等 5 个积水点改造应急工程、津河堤防薄弱段治理应急工程。

农村国有扬水站改造工程主要包括 8 个项目，分别是南夹道、张家灶、黄白桥、大刘坡、东河、大庄子、纪庄子、五堡等农村国有扬水站更新改造工程。

引滦大修改造项目主要包括 4 个项目，分别是于桥水库放水洞除险加固工程、引滦隧洞重点病害治理工程 2017 年实施段、于桥水库大坝安全监测系统升级改造工程、于桥水库大坝坝基加固工程等。

【重点规划的主要内容】

1. 天津市水资源统筹利用与保护规划

规划于 2017 年 7 月开始编制，9 月完成初稿，2018 年 3 月报请市政府批复。2018 年 3 月，市政府以《天津市人民政府关于同意天津市水资源统筹利用与保护规划的批复》（津政函〔2018〕30号）文批复。

（1）现状情况及存在问题。

天津是严重缺水的城市，现状城市用水主要以南水北调中线和引滦入津等外调水为主，再生水、淡化海水等非常规水源和深层地下水为辅。农业用水主要由当地地表水和入境水、浅层地下水供给，辅以再生水补充。河湖环境用水主要由外调水和再生水保障。

目前，水资源水环境方面主要存在水资源短

缺；水污染形势依然严峻；城市供水体系尚不完善；防洪、防潮及城市排水防涝能力不足；农村水利设施标准偏低；水系联通不畅、雨洪水资源利用率有待提高；非常规水源利用率低等7个方面的问题。

（2）规划总体思路、目标。

紧紧围绕京津冀协同发展和天津市新的功能定位，按照李鸿忠书记调研湿地生态保护时关于绿色发展的部署，从科学配置水资源、不断改善水环境、严格确保水安全3个方面着手，积极破解事关天津市全局和长远发展的水资源问题，切实提高水安全保障能力。

现状水平年为2016年。规划水平年：近期2020年，远期2030年。规划范围为全市域。

2020年目标：①水资源方面。保障天津市生活和工业用水量14.7亿立方米；万元工业增加值取水量保持7.0立方米以下的水平；农业灌溉水利用系数达到0.72以上。②水环境方面。重要江河湖泊水功能区水质达标率达到61%以上；城镇污水集中处理率达到95%。③水安全方面。高标准完善城市防洪圈，中心城市和滨海新区城市防洪标准达到200年一遇；实施河道、蓄滞洪区治理，新城及重要功能区防洪标准达到50～100年一遇；结合围海造陆工程，沿海防潮标准达到100～200年一遇；大部分地区农田排沥标准达到10年一遇。

2030年目标：①水资源方面。保障天津市生活和工业用水量20.2亿立方米；万元工业增加值取水量保持6.0立方米以下的水平；农业灌溉水利用系数达到0.75以上。②水环境方面。重要江河湖泊水功能区水质达标率达到95%以上；主城区及滨海新区城镇污水集中处理率达到96%，其他区95%。③水安全方面。防洪除涝减灾能力进一步加强，全面建成洪涝安澜的保障体系。

（3）水资源供需预测。

2020年，总需水34.13亿立方米，可供水量36.53亿立方米，基本实现供需平衡。其中生活及工业需水14.7亿立方米，农业需水11.4亿立方米，河湖环境需水5.0亿立方米，重要湿地需水3.03亿立方米。南水北调东线工程建成前，若遇特殊情况，可实施南水北调东线一期工程北延供水或引黄济津应急调水工程。

2030年，总需水39.85亿立方米，可供水量47.75亿立方米，其中生活及工业需水20.22亿立方米，农业需水11.1亿立方米，河湖环境需水5.5亿立方米，重要湿地需水3.03亿立方米。

（4）水资源统筹利用和保护的主要举措。

实施调水工程，实现"缺能引"。天津是严重缺水的城市，城市用水主要靠南水北调和引滦入津等外调水为主，再生水和淡化海水等非常规水源为辅。做好"引得进、留得住、用得好"三个方面工作，重点开展南水北调东线、北大港水库功能提升和于桥水库综合治理等工作。在东线未建成通水前，遇特殊年份应急引黄或启动东线一期北延供水。

实施蓄水工程，实现"沥能用"。重点从提高湿地、行洪河道、蓄滞洪区蓄水能力入手，尽可能存蓄上游入境和本地沥涝水资源，增加河湖、湿地生态和农业生产用水量，新增蓄水能力17.23亿立方米，重点开展七里海湿地、大黄堡湿地、北大港湿地、团泊湖4个重要湿地补水，永定河、大清河、蓟运河等15条河道蓄水，黄庄洼、西七里海等6个蓄滞洪区蓄水，北水南调等工作。

实施排水工程，实现"涝能排"。天津地处九河下梢，承担着海河流域75%的洪水入海任务，为确保全市防洪排涝安全，需落实好"上防洪水、中防沥涝、下防海潮、北防山洪"4个方面工作，重点开展中心城区排水向独流减河、永定新河南北分流，完善城市防洪圈，实施永定河泛区等5个蓄滞洪区安全建设，推动大黄堡洼、团泊洼等蓄滞洪区空间优化调整论证工作，继续推进滨海新区海堤建设，实施蓟州区山洪沟治理等工作。

实施节水工程，实现"旱能补"。天津市生态和农业用水不足，特别是农业用水占全市用水总量的44%，农业生产主要依靠雨洪水和浅层地下水。需开源节流并重，着力保障农业和生态用水需要。重点开展农村中小型蓄水、污水处理厂提标改造、海绵城市建设、高效节水灌溉、强化用水定额执行管理等工作。

实施清水工程，实现"污能治"。随着"清水工程"和"清水河道行动"的开展，大部分河道得到治理，但河道水质与水功能区的目标要求还有很大差距，要持续发力治理水污染。要做到"四个坚持、两个全面"，即：坚持依法治污、坚持铁腕治污、坚持科学治污、坚持生态修复，全面落实河长制、全面落实"水十条"。强化引滦输水沿线生态保护与修复；依靠科学手段，实施"一河一策"治理；采取生态浮床、人工浮岛、河口湿地等生态修复措施，改善河道水质；全面完成110座污水处理厂提标改造，完成建成区张贵庄排水河、小王庄河等25条（段）、117千米的黑臭水体改造；建设先锋河、新开河地下调蓄池解决五大道片区、中山路以北片区中小雨不入河问题。

实施活水工程，实现"水能动"。主要是建设完善水循环体系，通过提水、跌水促循环，通过好水顶劣水，通过小区域循环治理来保大区域循环治理，使水动起来，改变一潭死水的局面。重点完善中心城区水循环，进一步提升中心城区海河、新开河、外环河及其他二级河道循环流动能力；实现海河南部水循环；建成海河北部水循环体系；建设北三河系水循环体系等工程。

（5）保障措施。

水资源统筹利用和保护工作，需全市上下统筹谋划、协同作战，形成整体合力予以推进。

总体规划、分步实施。强化京津冀协同发展，落实绿色发展理念，坚持近期、远期结合，按照突出重点、轻重缓急原则，分步分阶段安排好实施工程建设。

政策先行、务求实效。研究制定落实土地流转等相关政策，发挥政策导向作用，调动属地政府积极性，确保工程顺利实施。

加大投入、建好工程。多渠道筹措工程建设资金，积极争取中央投入，吸引企业和社会资本投入水务建设，逐步构建多元化水务投融资体系。

政府主导、部门协作。充分发挥属地政府主导作用，立足各区实际，健全领导体制和工作机制，全力推动各项任务落实。属地政府主要负责土地流转、落实区自筹资金等工作，水务部门主要负责水系沟通、河道整治和水源保障工作，环保部门做好各项措施的环境影响评价和审批等工作。

（6）投资估算。

到2025年，主要建设项目涉及14项工程，其中水资源统筹与研究方面，包括北大港水库功能提升、于桥水库综合治理等7项工程；水环境与水生态修复方面，包括境内一级河道生态修复、入境河口污染治理2项工程；水安全方面，包括防洪圈提升、中心城区排水能力提升等5项工程，匡算工程总投资159.9亿元（含《北大港水库功能提升工程规划》中水库主体工程、《于桥水库综合治理方案》的工程投资）。其中市级财政资金及国债41.7亿元，争取中央投资68.1亿元，企业及社会19.3亿元，区自筹30.8亿元。

2. 北大港水库功能提升工程规划

规划于2017年7月开始编制，8月完成初稿，2018年3月报请市发改委批复。2018年3日，市发改委《关于北大港水库功能提升工程规划的复函》表示不再批复该规划。

（1）北大港水库基本情况。

北大港水库是引黄济津应急调水的调蓄水库。2008年水库进行了除险加固。北大港水库位于滨海新区大港，紧邻独流减河，为大（2）型平原水库，占地面积164平方千米，现状围堤总长54.51千米，最大堤高6.7米，堤顶宽8米。蓄水面积152.5平方千米，设计总库容4.0亿立方米，平均蓄水深度2.62米。

北大港水库作为天津市重要的城市供水水源地，自投入运行以来，共蓄水约50多亿立方米，其间经历了12次引黄济津，作为引黄济津的调蓄水库，大大缓解了天津市当时用水的紧张局面，保障了城市供水安全。

从20世纪70年代以来，由于上游大清河系基本没有发生大洪水，且上游地区水资源开发利用增加，北大港水库除引黄济津调水外，基本无水可蓄，与之相邻的独流减河的首闸已20多年未提过闸。水资源的匮乏，造成水库基本处于空置状态，库区土壤逐步咸化，水生态系统仅靠引黄和当地降雨维持，逐年恶化。水库土壤咸化对引黄蓄水的利用也造成很大影响。

根据南水北调东线二期工程规划安排，北大港水库将作为南水北调东线的调蓄水库。北大港水库库容不能满足南水北调东线来水调蓄需求。另外，天津市作为国际化大都市，保障城市供水非常重要，从战略水源储备角度，也需要充分发挥北大港水库的城市水源地功能。因此，对北大港水库进行增容，开展北大港水库功能提升工作是十分必要的。

（2）规划范围和目标。

规划范围为北大港水库库区，规划面积164平方千米。规划目标为完善北大港水库的城市供水、调蓄功能，提高水资源有效利用率，修复水库的湿地功能。

（3）规划方案。

按照满足南水北调东线调蓄需求和天津市城市战略水源储备要求，本次规划阶段确定北大港水库总库容为10.5亿立方米，比现状设计库容（4.0亿立方米）增加6.5亿立方米，蓄水水深增加约3.81米。为避免产生新的工程占地，水库围堤加高采取的工程方案为库内取土，沿现有围堤向水库内侧加高加固围堤，并对4座主要穿堤建筑物进行改造。同时充分考虑营造堤前浅水植物区、库内筑面积2.0平方千米的生态岛，以及绿化等生态措施。

规划建设北大港水库至王庆坨水库联络工程。东线通水前，可将中线水通过联络线存蓄于北大港水库，增加中线水调蓄能力；东线通水后，当中线供水不足或断水时，可利用联络线向主城区补充东线水，当东线断水时，利用联络工程向东线供水区补充中线水，提高供水安全保障。联络工程长70.21千米，初步测算设计输水能力26.3立方米每秒，同时新建2座加压泵站。

工程投资匡算为135亿元（未包括工程征迁补偿费用），其中，北大港水库主体工程65亿元，北大港水库至王庆坨水库联络工程70亿元。

关于工程补偿费用，北大港水库库区为国有土地，工程建设不存在永久征地问题，但需对养殖、苇田、房屋等进行补偿。本阶段对需补偿的实物指标进行了初步调查，结果为养殖水面4113.33公顷；耕地279.2公顷，苇田7800公顷；林地94.5公顷；各类房屋8274平方米，其中管理用房6009平方米，鱼铺2265平方米。征迁工作拟由滨海新区人民政府负责，实际补偿资金在下阶段工作中由市水务局商滨海新区政府进一步确定。

（4）水库水质咸化研究。

针对北大港水库水质咸化问题，委托河海大学进行了水质咸化风险研究。初步成果显示，水库蓄水在咸化因素的综合作用下存在咸化风险，但通过对水库蓄、供水合理调度，控制水库蓄水水位，咸化风险是可以化解的。河海大学目前正在对水库水质咸化做深入研究。另外，通过对天津市北塘水库蓄水情况进行总结，以及到山东近海平原水库调研情况看，水库运行3~5年后，水质咸化问题基本解决。

（5）环境影响评价。

按照环保部门的相关规定，北大港水库功能提升工程属建设类项目，在规划中开展了环境影响分析与评价，进行了法律法规政策符合性分析和规划协调性分析。

（6）工程建设资金筹措。

在规划阶段，北大港水库功能提升工程匡算总投资为135亿元（补偿投资未计入，具体与滨海新区政府进一步协商确定）。考虑到北大港水库作为南水北调东线二期工程京津冀（河北省北三县）共同的调蓄水库，工程所需资金全部列入中央资金解决。征迁工作拟由滨海新区人民政府负责，具体补偿标准和实际补偿资金与滨海新区政府进一步协商确定。

3. 于桥水库综合治理方案

为全面贯彻绿色发展理念，落实中央环保督

察整改意见和市委、市政府部署，切实加强天津市饮用水源地保护，采取有力措施解决于桥水库周边水污染问题，全面改善水库水质，有效修复库区生态，市水务局组织制定了《于桥水库综合治理方案》，于2017年7月开始编制，8月完成初稿，2018年3月报请市发改委批复。2018年5月，市水务局根据市发展改革委《关于于桥水库综合治理方案审批问题的复函》要求，编制于桥水库综合治理专项工程规划。

（1）基本情况。

于桥水库是天津市城市供水水源地，1983年引滦入津工程通水以来，累计向天津市城市供水232.4亿立方米，为全市经济社会发展提供了有力保障。受引滦水源地水质超标、水库周边存在污染、管理保护措施不够完善等因素影响，近两年水质逐渐变差，影响城市供水安全，实施综合治理、改善水质、修复生态迫在眉睫。为贯彻落实中央环保督察反馈意见和市委、市政府部署，切实加强饮用水源地保护，坚决护好天津"大水缸"，采取有力措施解决周边水污染问题，制定本方案。

（2）治理思路及治理目标。

按照市委、市政府部署，全面贯彻绿色发展理念，严格落实中央环保督察整改意见，坚持问题导向、立足当前、着眼长远，遵循水源保护优先、兼顾库区发展、建管结合并重、强化政策保障等原则，实施水源保护、封闭管理、外围治理、生态修复四大举措，构筑起所有权、经营权、管理权、生态保护权"四权落实"的管理防线，截封并重的封闭防线，污染治理的工程防线和水质净化的生态防线，彻底斩断入库污染源，全面改善水库水质，有效修复库区生态，还水库本来面貌和健康生命。

到2019年，于桥水库实现全面封闭，所有权、经营权、管理权、生态保护权全面落实，水库22米高程线内违章建筑全部清除，二级保护区内生活污水全部纳管，水库周边污染得到全面控制，在上游来水水质明显改善的前提下，水库水质达到国家地表水环境质量Ⅲ类标准。到2022年，水库供水保障能力全面提升，库区百姓生活水平全面提高，水库生态系统形成良性循环。

（3）主要任务。

明晰所有权、经营权、管理权、生态保护权，构筑管理防线。参照北京市密云水库的管理经验，严格落实《天津市水污染防治条例》，按照饮用水水源地管理保护区的标准，落实各项管理措施，解决水库封闭遗留问题，加强水库封闭区生态修复，重点落实所有权、经营权、管理权和生态保护权。

建设环库截污、环库防护、监测监控工程，构筑起封闭防线。根据水库周边现状条件，沿22米高程线划定封闭管理范围，结合现有生态功能，建设环库截污沟道、防护林缓冲带等，打造堤路林一体防线。强化输水沿线水质监测、于桥水库周边巡查和监控。

加强引滦源头、输水沿线、水库周边污染控制，构筑工程防线。分引滦源头、输水沿线、水库周边三个层面，强化污染防控，减少入库污染输入。主要包括：协调划定潘大水库保护区，推动改善潘大水库水质；实施黎河治理工程，推动实施沙河综合治理；清理整治22米高程线内遗留问题、治理水库周边养殖场、实施入库沟道治理等。

实施水库污染底泥清除、河口湿地绿化提升、生态带建设、草藻防控，构筑生态防线。将于桥水库生态修复纳入日程，通过底泥污染清除、生物净化、日常防控等综合措施，改善库区生态环境，还水库本来面貌。主要包括：水库污染底泥清除工程、淋河等入库河口人工湿地工程、建设环库生态绿化带工程、优化于桥水库运行调度方式、加强水库蓝藻防控等。

（4）保障措施。

实施于桥水库综合治理，由市有关部门和蓟州区政府牵头组织实施，需省市协调、部门协同作战，形成整体合力予以推进。

加强领导、落实责任。在京津冀协同发展战

略框架下，按照"谁开发谁保护、谁受益谁补偿"的原则，落实中央财政引导、省市间横向补偿为主的引滦生态补偿机制。强化属地政府水源保护责任、市级部门协调推动责任，各方通力协作、综合施策、联合作战，全力削减入境水污染，着力解决境内污染源。

蓟州区政府负责解决保护区内遗留问题，控制水库周边面源污染，组织林业、渔业资源管理等工作，组织工程涉及的征地拆迁、补偿、施工环境保障、社会维稳等工作；按照国家法律法规、天津市有关标准，参照大黄堡、七里海生态移民补偿标准，会同市水务、财政等部门研究林木收储、渔民转产补贴政策，并制定资金方案。水务部门负责水库内源污染控制、库区生态修复、水库枢纽运行管理等工作；财政部门负责整合统筹现有水务和林业等相关部门财政资金预算，合理安排综合治理资金；环保部门负责强化污染源监督监测和监管执法；规划部门负责将保护区内相关管控要求纳入城乡规划；农业部门负责推动调整保护区内种植结构，治理畜禽养殖污染源；林业部门负责支持水库生态绿化项目建设和林木集中管理等工作；国土部门负责支持水库土地权属办理等工作。

完善机制、建立平台。深化落实河长制管理，层层落实管护责任，实现责权统一，充分发挥属地政府水源保护积极性。构建涵盖市级部门、属地政府、水库管理机构三个层面的引滦水源保护工作机制平台，落实于桥水库常态化管理机制，定期通报水源保护工作情况，研究解决重点难点问题。提升于桥水库反恐安保级别，增强武警执勤力量，保障城市供水枢纽安全。

加大投入、建好工程。按照"总体规划、分步实施"的原则，坚持近期、远期结合，突出重点、分出轻重缓急，分步、分阶段安排实施水源保护和生态修复工程建设。

完善政策、务求实效。研究制定落实保护区内土地流转置换、渔民转产、居民搬迁安置、林木收储补偿等相关政策；落实于桥水库生态补偿

机制，贯彻《天津市人民政府办公厅关于健全生态保护补偿机制的实施意见》要求，研究制定奖励、补偿、扣减相结合的市级水生态保护补偿具体办法，发挥政策导向作用，调动属地政府积极性，确保污染治理、水源保护、生态修复各项措施顺利实施，切实改善于桥水库水质，还水库本来面貌。

（5）投资匡算。

建设环库截污沟道、堤路林防护工程、水库污染底泥治理、环库生态绿化带、入库人工湿地、黎河治理工程、输水沿线水质监测、宗地图测绘等工程估算投资 19.27 亿元，建设年限为 2018—2022 年，由市财政资金及国债资金统筹安排。

【重点工程项目设计审批】

1. 行洪河道治理工程

（1）蓟运河宝坻九王庄大桥至后鲁沽段治理工程。

工程主要任务是对蓟运河宝坻九王庄大桥至后鲁沽段进行治理，主要建设内容：22.911 千米堤防加高加固和 8 座穿堤建筑物治理等。根据国务院批复的《海河流域防洪规划》，本次防洪标准 20 年一遇，设计流量 400~469 立方米每秒。

2017 年 3 月，市水务局《关于报批蓟运河宝坻九王庄大桥至后鲁沽段治理工程项目建议书的函》（津水函〔2017〕74 号）将项目建议书报送市发展改革委。2017 年 4 月，市发展改革委以《市发展改革委关于批复蓟运河宝坻九王庄大桥至后鲁沽段治理工程项目建议书的函》（津发改农经〔2017〕282 号）批复。

2017 年 6 月，水利部海委出具《海委关于补充修改蓟运河宝坻九王庄大桥至后鲁沽段治理工程可行性研究报告的函》。2017 年 12 月，市水务局将《关于再次报审蓟运河宝坻九王庄大桥至后鲁沽段治理工程可行性研究报告的函》（津水函〔2017〕356 号）再次报海委审查。

（2）一级河道防汛路提升一期工程。

工程主要任务是对蓟运河、潮白新河、永定

河等河道防汛路硬化提升，主要建设内容：对蓟运河、潮白新河、永定河、海河干流及子牙河5条河流已治理达标堤防中无硬化路面或路面破损严重段，进行堤顶防汛路硬化提升，路面硬化总长188.96千米。

2017年9月，市水务局《关于报批天津市一级河道防汛路提升一期治理工程项目建议书的函》（津水函〔2017〕137号）将项目建议书报送市发展改革委。2017年10月，市发展改革委以《关于批复天津市一级河道防汛路提升一期治理工程项目建议书的函》（津发改农经〔2017〕744号）批复。

2. 中小河流治理重点县综合整治工程

天津市关东河下营镇项目区。工程主要任务是对关东河下营镇段3.98千米河道进行治理，主要内容包括河道清淤、复堤加固，拆除重建破损漫水桥1座，漫水路改建为漫水桥5座等。

2017年5月，市水务局、市财政局《关于中小河流治理重点县综合整治和水系连通试点天津市蓟州区关东河下营镇项目区实施方案的批复》（津水规〔2017〕28号、津财农联〔2017〕69号）批复该项工程，工程批复投资2399万元。

3. 中心城区水环境提升近期工程

（1）复兴河口泵站工程。

工程主要任务为通过新建复兴河口泵站，一是有效提升中心城区海河南部二级河道水循环能力；二是与现状复兴门泵站联合运用，加大复兴河外排能力。泵站设计取水流量5立方米每秒，设计排水流量10立方米每秒。

2017年5月，市水务局《关于报送中心城区水环境提升近期工程复兴河口泵站工程可行性研究报告及审查意见的函》（津水函〔2017〕148号）将可研报告及审查意见报送市发展改革委。2017年7月，市发展改革委以《关于批复中心城区水环境提升近期工程复兴河口泵站工程可行性研究报告的函》（津发改农经〔2017〕492号）批复。

2017年8月，市水务局《关于报批中心城区水环境提升近期工程复兴河口泵站工程初步设计报告的函》（津水函〔2017〕215号）对该工程初设出具了审查意见。2017年8月，市发展改革委《关于批复中心城区水环境提升近期工程复兴河口泵站工程初步设计报告的函》（津发改农经〔2017〕620号）批复该项工程，工程批复投资3740万元。

（2）雨水管道残留水及初期雨水治理一期工程。

工程主要任务为通过实施7座雨水泵站改造工程，将雨水管道中积存的雨（雪）残留水及初期雨水排入污水管网，可解决2452公顷雨水管道内残留水及初期雨水污染问题，有利于提升中心城区水环境。

2017年7月，市水务局《关于报送中心城区水环境提升近期工程雨水管道残留水及初期雨水治理一期工程可行性研究报告及审查意见的函》（津水函〔2017〕152号）将可研报告及审查意见报送市发展改革委。2017年8月，市发展改革委以《关于批复中心城区水环境提升近期工程雨水管道残留水及初期雨水治理一期工程可行性研究报告的函》（津发改农经〔2017〕554号）批复。

2017年8月，市水务局《关于报批中心城区水环境提升近期工程雨水管道残留水及初期雨水治理一期工程初步设计报告的函》（津水函〔2017〕216号）对该工程初设出具了审查意见。2017年8月，市发展改革委《关于批复中心城区水环境提升近期工程雨水管道残留水及初期雨水治理一期工程初步设计报告的函》（津发改农经〔2017〕645号）批复该项工程，工程批复投资3420万元。

4. 中心城区排水工程

烈士路等5个积水点改造应急工程。工程主要任务为减轻烈士路等5处积水点淹泡情况，缩短退水时间，通过采取新建临时泵站的工程措施，缓解积水问题。

2017年1月，市水务局《关于烈士路等5个积水点改造应急工程实施方案的批复》（津水规

〔2017〕4号）批复该项工程，工程批复投资 2628
万元。

5. 农村国有扬水站改造工程

武清区南夹道泵站更新改造工程。工程主要
任务是通过对南夹道泵站进行更新改造，使之正
常发挥排涝功能，排涝设计流量为 8 立方米每秒。

2017 年 4 月，市水务局《关于天津市武清区
南夹道泵站安全鉴定报告的批复》（津水规
〔2017〕21 号）批复该泵站安全鉴定。2017 年 9
月，市水务局《关于报送天津市武清区南夹道泵
站更新改造工程实施方案及审查意见的函》（津水
函〔2017〕238 号）对该工程出具了审查意见。
2017 年 9 月，市发展改革委《关于批复天津市武
清区南夹道泵站更新改造工程实施方案的函》（津
发改农经〔2017〕743 号）批复该项工程，工程批
复投资 1880 万元。

6. 引滦大修改造项目

于桥水库放水洞除险加固工程。主要建设任
务是对于桥水库放水洞除险加固，更换放水洞检
修闸门及进口弧形闸门；对放水洞泄水闸门进行
维护；对放水洞进行补强处理。

2017 年 3 月，市水务局《关于报批于桥水库
放水洞除险加固工程实施方案审查意见的函》（津
水函〔2017〕66 号）对该工程出具了审查意见。
2017 年 4 月，市发展改革委《关于批复于桥水库
放水洞除险加固工程实施方案的函》（津发改农经
〔2017〕209 号）批复该工程实施方案，批复工程
投资为 196 万元。

（规划处）

【水利勘测成果】

1. 地质勘查

2017 年累计完成 34 项工程地质勘查工作。

（1）天津市南水北调中线市内配套工程武清
供水工程：完成钻孔 7 个，总进尺 145 米。

（2）武清供水工程泵站工程：完成钻孔 21 个，
总进尺 115 米，静力触探孔 10 个，总进尺 40 米。

（3）王庆坨水库地震液化科研项目：完成钻

孔 30 个，总进尺 90 米。

（4）大沽净水厂一期工程：完成钻孔 22 个，
总进尺 360 米。

（5）宁汉供水工程泵站工程：完成钻孔 9 个，
总进尺 230 米。

（6）北大港水库工程：完成钻孔 178 个，总
进尺 3625 米。

（7）武清供水工程京津高速穿越工程：完成
钻孔 2 个，总进尺 50 米。

（8）东丽区水循环工程津滨河节制闸工程：
完成钻孔 9 个，总进尺 279 米。

（9）天狮大学校外配套污水管网工程：完成
钻孔 10 个，总进尺 155 米。

（10）五营销抢修服务站（重建工程）：完成
钻孔 10 个，钻孔 7 个，总进尺 220 米。

（11）潮白新河乐善橡胶坝更新改造工程：完
成钻孔 19 个，总进尺 285 米。

（12）潮白新河宝宁交界至乐善橡胶坝段治理
工程：完成钻孔 94 个，总进尺 1605 米。

（13）迎宾馆水系水质改善工程：完成钻孔 5
个，总进尺 120 米。

（14）东丽湖空军泵站改造工程：完成钻孔 7
个，总进尺 165 米。

（15）蓟运河宁河江洼口至刘庄段治理工程：
完成钻孔 8 个，总进尺 135 米。

（16）东丽湖东湖、丽湖岸线护砌工程：完成
钻孔 22 个，总进尺 330 米。

（17）于桥水库综合治理环库截污沟工程：完
成钻孔 28 个，总进尺 797 米。

（18）天津市中心城区及环城四区水系联通工
程津塘运河治理工程：完成钻孔 2 个，总进尺
40 米。

（19）武清区 2018 年农用桥闸涵维修改造工
程：完成钻孔 84 个，总进尺 2920 米。

（20）小黑河节制闸拆除重建、小小黑河公路涵
新建工程：完成钻孔 8 个，总进尺 210 米。

（21）紫阳道污水及紫光路雨水泵站工程：完
成钻孔 6 个，总进尺 130 米。

（22）天津市南水北调中线市内配套工程宁汉供水工程：完成钻孔 24 个，总进尺 427 米。

（23）尔王庄北侧管理用房重建工程：完成钻孔 9 个，总进尺 245 米。

（24）北辰区双街镇雨水泵站拆除重建工程：完成钻孔 7 个，总进尺 185 米。

（25）天津市宝坻区 2018 年农业开发土地治理工程：完成钻孔 47 个，总进尺 1410 米。

（26）子牙河左堤西于庄段综合治理工程：完成钻孔 2 个，总进尺 15 米。

（27）蓟运河宝坻段八门城至宝宁交界段治理工程：完成钻孔 4 个，总进尺 55 米。

（28）东丽湖空军泵站改造工程（设计移址）：完成钻孔 6 个，总进尺 115 米。

（29）一汽大众基地潮白新河新建雨水排水出口工程：完成钻孔 4 个，总进尺 105 米。

（30）大张庄泵站更新改造工程：完成钻孔 10 个，总进尺 228 米。

（31）中心城区水环境提升近期工程月牙河口泵站改扩建工程：完成钻孔 6 个，总进尺 110 米。

（32）北京至天津滨海新区铁路宝坻至滨海新区段河道铺砌工程：完成钻孔 15 个，总进尺 300 米。

（33）天津市北水南调完善工程：完成钻孔 51 个，总进尺 1140 米。

（34）蓟运河宝坻九王庄大桥至后鲁段治理工程（料场）：完成钻孔 24 个，总进尺 120 米。

2. 工程测量

2017 年，累计完成 40 余项工程测量任务。其中 GPS（全球卫星定位系统）点 224 个，四等水准 214 千米，RTK（卫星实时测量系统）点 5287 个，1∶2000 地形图 38.25 平方千米，1∶1000 地形图 3.16 平方千米，1∶500 地形图 12.76 平方千米，断面 594.6 千米，不同坐标系之间的地形图转换 800 幅。其中代表性项目如下：

（1）蓟运河宝坻九王庄大桥至后鲁沽段治理工程：RTK 点 20 个，1∶500 地形图 0.15 平方千米。

（2）蓟运河蓟县九王庄大桥至庞家场段治理工程：RTK 点 20 个，1∶2000 地形图 0.032 平方千米，断面 0.16 千米。

（3）天津市一级河道防汛道路提升工程：RTK 点 560 个，断面 33.6 千米。

（4）蓟运河宁河江洼口至刘庄段治理工程：四等水准 46 千米，RTK 点 248 个，1∶2000 地形图 3.0 平方千米，1∶500 地形图 0.6 平方千米，断面 19.1 千米。

（5）中心城区沿河排水口门提升改造三期工程：GPS 点 8 个，RTK 点 3 个，1∶500 地形图 0.05 平方千米，断面 0.5 千米。

（6）中心城区水系连通工程：RTK 点 6 个，1∶500 地形图 0.18 平方千米，断面 0.7 千米。

（7）天津市南水北调中线市内配套工程武清供水工程：RTK 点 15 个，1∶2000 地形图 0.22 平方千米，断面 5 千米。

（8）引江向尔王庄水库供水工程（明渠段）：GPS 点 8 个，四等水准 34 千米，RTK 点 72 个，断面 6.2 千米。

（9）天津市中心城区及环城四区水系连通工程——北丰产河工程：RTK 点 1450 个，1∶500 地形图 0.5 平方千米，断面 4.3 千米。

（10）天津市大黄堡洼蓄滞洪区工程与安全建设：RTK 点 400 个，1∶500 地形图 0.05 平方千米，断面 33 千米。

（11）天津市南水北调中线市内配套工程宁汉供水工程：1∶2000 地形图 3.7 平方千米，1∶500 地形图 0.5 平方千米，断面 25 千米，RTK 点 103 个。

（12）东丽湖景涟路泵站及排水附属工程：GPS 点 6 个，四等水准 10 千米，RTK 点 29 个，1∶500 地形图 0.35 平方千米，断面 8 千米。

（13）滨石高速公路工程（荣乌高速至海景大道）涉独流减河堤防防护工程：GPS 点 12 个，四等水准 28 千米，RTK 点 245 个，1∶2000 地形图 12.6 平方千米，1∶500 地形图 0.375 平方千米，断面 25 千米。

（14）蓟运河芦台城区段治理工程：GPS点10个，四等水准20千米，RTK点210个，断面30.1千米。

（15）北大港水库工程：GPS点12个，四等水准55千米，RTK点221个，1∶2000地形图19.25平方千米，1∶500地形图3.51平方千米，断面93.0千米。

（16）引滦水源保护工程黎河河道治理工程（黎河下游龙北桥段滩地鱼池整治工程）：GPS点3个，RTK点50个，1∶2000地形图0.8平方千米，断面8千米。

（17）天津市南水北调中线市内配套工程武清供水工程泵站工程：GPS点5个，四等水准8千米，RTK点10个，1∶500地形图0.1平方千米，断面0.3千米。

（18）潮白新河宝宁至乐善橡胶坝段治理工程：GPS点20个，RTK点520个，1∶500地形图1.2平方千米，断面44.5千米。

（19）天津市南水北调中线市内配套工程——宁汉供水工程（宁河及汉沽支线）：RTK点13个，1∶500地形图0.65平方千米，断面12.6千米。

（20）北水南调完善工程：RTK点216个，1∶500地形图0.022平方千米，断面7.2千米。

（21）天津市宝坻区2018年农业综合开发土地治理工程：RTK点259个，1∶2000地形图0.09平方千米，断面12.9千米。

（22）武清区2018年农用桥闸涵维修改造工程：GPS点36个，RTK点102个，1∶500地形图0.5平方千米，断面4.6千米。

（23）于桥水库清淤工程：GPS点5个，RTK点228个，1∶1000地形图3平方千米，断面25千米。

（24）武清供水工程管线工程：GPS点8个，四等水准20千米，RTK点230个，1∶2000地形图0.6平方千米，断面3千米。

（25）天津市宝坻区2018年农业综合开发土地治理工程：GPS点15个，RTK点320个，1∶500地形图0.25平方千米，断面30千米。

（26）一汽大众基地潮白新河新建雨水排水出口：GPS点3个，RTK点9个，1∶500地形图0.16平方千米，断面1千米。

（27）天津市外环河治理工程：RTK点66个，断面107千米。

（28）低水闸泵站工程：GPS点8个，RTK点47个，1∶500地形图0.15平方千米，断面18.5千米。

（29）潮白新河乐善橡胶坝更新改造（增高）工程：RTK点6个，1∶500地形图0.36平方千米，断面2.5千米。

（30）天津市宁河区地下水压采水源转换工程（2018年）：GPS点8个，RTK点21个，1∶500地形图1.3平方千米。

【规划设计成果】

2017年，累计完成150项规划设计任务。主要内容包括：

1.供水工程

天津市南水北调中线市内配套工程——北塘水库维修加固工程：完成实施方案、招标设计及施工图设计工作。

北塘水库重点段迎水坡新建拦冰坎工程：完成实施方案设计工作。

南水北调市内配套工程滨海新区供水管线井室加高、人孔加高及井室设施维修工程：完成实施方案设计工作。

天津市武清区地下水压采水源转换工程（2017年）：完成招标设计及施工图设计工作。

分别完成了南水北调中线一期工程总干渠天津干线不停水检修方案和天津干线排空检查方案。

南水北调中线一期工程天津干线向雄安新区供水能力分析报告：完成分析报告的编制工作。

王庆坨水库工程：完成年度施工配合及变更报告编制工作。

天津市南水北调中线市内配套工程武清供水工程管线部分（A0+000～A32+880段）完成初步设计及招标设计工作；A32+880处至武清规划

水厂段完成初步设计工作。泵站部分完成可行性研究、初步设计及招标设计工作。

天津市南水北调中线市内配套工程——宁汉供水工程：管线部分完成宁河支线、汉沽支线的初步设计和施工图设计工作。泵站部分完成可行性研究、初步设计和施工图设计工作。

宝坻新城应急供水工程：完成施工图设计及施工配合工作。

南水北调中线天津干线工程10千伏电系统功能完善工程：完成实施方案编制工作。

天津市南水北调市内配套工程管理信息系统：完成可行性研究报告编制工作。

入塘沽水厂供水泵站院区外侧修建排水沟及排水井工程：完成实施方案及施工图设计工作。

于桥水库大坝坝基加固工程：完成初步设计、招标设计、施工图设计工作。

2. 河道整治

赤龙河治理工程：完成施工图设计工作。

天津市一级河道防汛道路提升工程：完成项目建议书及海河防汛道路提升可行性研究报告编制工作。

蓟运河宁河江洼口至刘庄段治理工程：完成可行性研究报告编制工作。

宝坻九王庄大桥至后鲁沽段治理工程：完成可行性研究报告编制工作。

蓟州区九王庄大桥至庞家场段治理工程：完成可行性研究报告编制工作。

引滦水源保护工程黎河河道治理工程：完成施工图设计工作。

独流减河宽河槽湿地改造工程：完成施工图及施工配合工作。

蓟运河阎庄上游段左堤板桥至孟旧窝段治理工程：完成施工图及施工配合工作。

蓟运河宝坻八门城至宝宁交界段治理工程：完成施工图设计工作。

蓟运河芦台城区（曹庄大桥至小薄桥）段右堤应急除险加固工程：完成可行性研究报告编制工作。

潮白新河治理工程乐善橡胶坝至宁车沽防潮闸治理工程：完成施工配合工作。

子牙河左堤西于庄段综合治理工程实施方案：完成实施方案编制工作。

天津市中心城区及环城四区水系联通工程津唐运河治理工程：完成施工图及施工配合工作。

天津市中心城区及环城四区水系连通工程青排渠、北丰产河连通工程：完成可行性研究报告编制工作。

北水南调完善工程：完成工程规划方案编制工作。

外环河综合治理工程：完成施工配合工作。

迎宾湖水质改善工程：完成实施方案、招标设计、施工图设计及施工配合工作。

耳闸安全鉴定：完成安全鉴定报告编制工作。

加快灾后水利薄弱环节建设中小河流治理项目南辛庄至九王庄段治理工程：完成实施方案设计工作。

加快灾后水利薄弱环节建设中小河流治理项目于少屯至南辛庄段治理工程：完成实施方案设计工作。

蓟州州河综合治理工程（新城段）：完成初步设计报告编制工作。

大沽河净水厂一期工程：完成可行性研究、初步设计报告编制工作。

新建北京至天津滨海新区铁路宝坻至滨海新区段河道铺砌工程勘察设计：完成实施方案报告编制工作。

天津空港经济区北环河清淤工程：完成项目建议书编制工作。

海河干流左岸于家堡雨水泵站至开启桥段临时度汛方案：完成实施方案设计工作。

海河干流左岸新华路立交桥至开启桥段防洪堤改造工程：完成实施方案设计工作。

独流减河橡胶坝工程：完成施工图设计及施工配合工作。

潮白新河乐善橡胶坝工程：完成项目建议书编制工作。

3. 安全评估

北京西至石家庄 1000 千伏交流特高压输变电工程线路工程跨越南水北调天津干线保定市 1 段工程安全影响评价：完成安全评估报告。

新建京雄城际铁路跨越南水北调中线天津干线廊坊市段工程安全影响评价：完成安全评估报告。

廊坊市新兴产业示范区纵二路南延工程跨越南水北调中线天津干线廊坊市段工程安全影响评价：完成安全评估报告。

霸州生态公园绿化带、行车道跨越南水北调中线天津干线廊坊市段工程安全影响评价：完成安全评估报告。

华北石化至北京第二机场航煤管道工程穿越南水北调天津干线廊坊市段工程安全影响评价：完成安全评估报告。

天津市万达摩托车胎厂天然气工程安全影响评价：完成安全评估报告。

杨柳青电厂供热管网玉门路支线建设工程项目热力管线跨南水北调中线一期工程天津干线天津市 1 段工程安全影响评价：完成安全评估报告。

G104 国道改建工程跨越南水北调中线一期工程天津干线天津市 1 段工程安全影响评价：完成安全评估报告。

新建北京至天津滨海新区铁路 JBSG－1 标段跨引滦明渠安全影响评价：完成安全评估报告。

新建北京至天津滨海新区铁路 JBSG－2 标段跨引滦明渠安全影响评价：完成安全评估报告。

4. 灌排泵站工程

武清区清北泵站扩建工程：完成施工图及施工配合工作。

生产圈泵站工程：完成施工图设计及配合工作。

洪泥河万家码头泵站工程：完成施工配合工作。

蓟运河口临时泵站应急度汛工程：完成实施方案、施工图及施工配合工作。

蓟县漳泗河泵站迁建工程：完成施工配合工作。

蓟县南河泵站迁建工程：完成施工配合工作。

中心城区水环境提升近期工程月牙河口泵站改扩建工程：完成可行性研究、初步设计报告的编制工作。

中心城区水环境提升近期工程三元村泵站改扩建工程：完成可行性研究、初步设计及施工图设计工作。

5. 规划成果

编制完成天津市南水北调东线工程规划。

编制完成天津市水土保持规划。

编制完成天津市城市水利综合规划。

编制完成天津市再生水利用规划（2016—2030 年）。

编制完成天津市城市供水规划（2016—2030 年）。

编制完成天津市海河及中心城区北部地区排水工程规划方案。

编制完成天津市中心城区一级河道排水工程完善规划方案。

编制完成天津市水资源统筹利用和保护规划。

编制完成天津市在关键领域和薄弱环节补短板实施方案（水务部分）。

编制完成一级河道蓄水增容工程规划方案。

编制完成天津市湿地自然保护区生态水源保障规划方案。

编制完成大运河通航水资源保证规划。

编制完成重点河道入境水处理规划方案

编制完成永定河综合治理及生态修复规划方案。

编制完成天津市水系连通工程规划。

编制完成天津市武清区水系连通规划。

编制完成天津市东丽区水系连通规划。

编制完成天津市静海区水系连通规划。

编制完成天津市蓟州区水系连通规划。

编制完成天津市北辰区水系连通规划。

编制完成天津市宁河区水系连通规划。

编制完成天津市津南区水系连通规划。

编制完成侯台地区配套基础设施一期工程侯台城市公园工程水资源论证。

编制完成天津未来科技城总体规划水资源论证。

编制完成潮白新河乐善橡胶坝更新改造（增高）工程水资源论证报告。

6. 水土保持

编制完成武清区清北泵站扩建工程水土保持方案。

编制完成东淀和文安洼蓄滞洪区工程与安全建设水保方案报告书。

编制完成大沽河净水厂一期工程水土保持方案。

编制完成津石高速公路（海滨大道至荣乌高速）工程水土保持方案。

编制完成中心城区水环境提升近期工程月牙河泵站改扩建工程水土保持方案。

编制完成三元村泵站改扩建工程水土保持方案。

编制完成蓟运河宝坻九王庄大桥至后鲁沽段治理工程水土保持方案。

编制完成武清区第五污水处理厂入河排污口设置论证。

编制完成津南区双林污水处理厂入河排污口设置论证。

编制完成津南区双桥污水处理厂入河排污口设置论证。

7. 其他工程

西藏昌都市江达县字曲河城区段防洪堤除险加固工程：完成可行性研究、初步设计及施工图设计工作。

京海油公司现状堤岸口门封堵工程：完成施工图设计工作。

天津鼓浪水镇防潮堤工程：完成可行性研究报告编制工作。

2017年塘沽海河沿岸排水闸涵维修工程：完成实施方案及招标设计工作。

南水北调中线天津干线工程防汛应急仓库：完成初步设计报告编制工作。

武清区2017年农用桥闸涵维修改造工程：完成施工图设计工作。

南水北调中线天津干线工程王庆坨、子牙河建筑外墙整治：完成初步设计报告编制工作。

引滦隧洞病害综合治理工程：完成项目建议书编制工作。

引滦隧洞重点病害治理工程2017年实施段（3+800~4+800）：完成实施方案、招标设计及施工图设计工作。

引滦隧洞重点病害治理工程2018年实施段（4+800~5+400）：完成实施方案设计工作。

于桥水库前置库绿化工程：完成实施方案编制工作。

【获奖项目】 2017年，获国家及市、部级各类优秀成果奖项共计13项，分别是：

中国工程咨询协会颁发的全国优秀工程咨询成果奖1项：天津市永定河泛区工程安全建设可行性研究报告获优秀奖。

天津市工程咨询协会颁发的天津市优秀工程咨询成果奖5项：海河口泵站工程可行性研究报告获一等奖；天津市农村饮水提质增效工程规划方案、天津市中心城区及环城四区水系连通工程项目建议书获二等奖；北大港水库分库治理工程规划、静海县城关扬水站改扩建工程可行性研究报告获三等奖。

天津市勘察设计协会颁发的"海河杯"天津市优秀勘察设计奖5项：南水北调中线一期工程天津干线廊坊市段工程获市政公用工程水利二等奖；天津陈塘庄热电厂煤改气搬迁工程鸭淀水库取供水工程、潮白新河治理工程津冀交界至里自沽闸段（一期）获市政公用工程水利三等奖；天津市南水北调中线滨海新区供水一期工程曹庄泵站工程、大沽排水河治理一期工程获岩土勘察三等奖。

天津市测绘学会颁发的天津市优秀测绘工程奖2项：潮白新河宝宁交界至乐善橡胶坝段治理工程、天津市南水北调中线市内配套工程武清供水工程获三等奖。

水务集团所属华淼设计院设计的"中新天津生态城东北部片区给水加压泵站工程"和"邹平县城市污水处理厂回用水工程"获2017年度"海河杯"优秀工程勘察设计奖。

（设计院）

计 划 统 计

【概述】 2017年，计划统计工作围绕全局中心工作，提高政治站位，强化综合协调作用和服务大局意识，在资金筹措困难、建设任务艰巨、重要活动频繁、环境质量标准提高对水务建设带来诸多影响的情况下，努力争取建设资金，妥善处理债务问题，最大限度地保障了重点工程建设，不断提高统计数据质量，推动计划统计管理工作再上新水平。2017年投资计划66.01亿元（含结转13.4亿元），其中水务建设项目投资计划60.17亿元，还贷资金5.84亿元。全年完成投资46.98亿元，占投资计划的78.1%，超额完成年度任务目标。全年完成固定资产投资32.86亿元。中央计划执行考核项目完成率为99.8%，在2017年中央水利投资计划执行年度综合考核中，天津市位居全国35个考核地区第1名。

【计划管理工作】 完成2018—2020年项目库滚动更新，为做好水务建设储备了项目、指明了方向。以服务基层、利于建设为目标，适应新形势，转变计划管理方式。简化计划下达方式，由与市财政局共同下达调整为市水务局单独下达后抄送财政局，精简了工作流程，提高了工作效率。采取预安排投资计划的方式，促进项目尽早开展招投标等开工各项前期准备工作。改变农村水利建设项目管理模式，采用"大专项＋项目清单"的方式，将市级资金6.5亿元随任务清单于3月底前切块下达至各区，各区结合自身情况统筹使用市级资金，发挥市财政资金引导撬动作用，调动各区积极性。

印发《2017年水务建设项目责任分工表》，建立局领导、主管部门、责任单位三级责任体系，逐项明确前期工作时间节点及各季度投资完成目标。主管领导定期召开计划执行调度会，不定期召开集中会商会，分析研判建设过程中存在的问题和遇到的困难，会商制定可行措施，及时解决问题。每月在局办公网通报计划执行情况，对前期审批、计划下达、项目开工、目标完成、形象进度等全方位跟踪统计，对责任单位、主管部门完成情况排序，对进展滞后项目提出预警。加强督导、强化考核。建立重点项目督查台账，会同基建处对迎宾湖水质改善、蓟运河治理、赤龙河治理、于桥水库入库河口湿地等项目开展现场督导检查，实地核查进度，协调解决问题。印发了《天津市水务投资计划执行考核办法》，将计划执行考核与单位绩效考核挂钩，加大推动力度，通报了2017年投资计划执行年终考核结果。对部分项目在实施过程中因前期、征迁、资金、秋冬季大气污染治理等因素影响确实无法完成年度目标的或无法完成考核任务的，经核实或上报市领导同意，及时进行调整，确保年度任务的完成。

在当前中央进一步加强地方政府性债务管理，水务建设不能继续贷款，资金面临较大缺口的情况下，将化解债务和争取资金齐头并进，努力做到债务软着陆，资金有保障。妥善处理地方政府性债务。梳理历年贷款项目资金缺口，按照轻重缓急将项目分类排序，提出股权债务变更回购方、当年9月解决债务、历年债务纳入预算逐年解决的方案，成功化解了当务之急的债务矛盾。2017年历尽艰难，想尽办法筹措资金，正常还贷2.64亿元，5亿元新增债务当年全部提前偿还完毕。稳定资金渠道，努力争取各级财政资金。积极争取中央资金。在中央资金继续向中西部等欠发达地区倾斜的情况下，紧贴中央政策，与国家相关部委沟通，全年共落实中央资金5.07亿元，超出预期目标2.81亿元。挖掘市财政资金潜力，不仅足额完成当年还贷任务及新增债务还款，而且从因客观原因未实施或批复概算条件的项目中，调剂资金 1.5 亿元用于缓解有考核任务、农民工资压力的项目。全年落实市财政资金 25.08 亿元，超出预期目标 1.34 亿元。探索 PPP 项目管理模式。市政府批准市水务局作为大沽河净水厂一期工程 PPP 项目实施主体，实施方案及物有所值评价和财政承受能力评估已经财政评审。

【建设项目投资】 2017 年水务建设项目投资计划 601737 万元，完成投资 469780 万元。按工程类型划分，情况如下。

1. 防洪项目

投资计划 32435 万元，完成全部投资。

结转投资：东赵各庄泄洪闸除险加固工程，结转投资 298 万元；中泓排洪闸除险加固工程，结转投资 270 万元；北京排污河（狼儿窝退水闸至东堤头防潮闸段）治理工程，结转投资 760 万元；天津市大黄堡洼蓄滞洪区工程与安全建设工程，结转投资 4977 万元；蓟运河治理工程（宝坻八门城至宝宁交界段），结转投资 1000 万元；天津市滨港防汛抗旱水利设施工程（一期），结转投资 2887 万元；永定河泛区工程与安全建设一期工程，结转投资 1905 万元；2016 年应急度汛工程，结转投资 500 万元。

2017 年新安排投资：潮白新河治理工程乐善橡胶坝至宁车沽防潮闸段，投资计划 6100 万元；北京排污河（狼儿窝退水闸至东堤头防潮闸段）治理工程，投资计划 1408 万元；蓟运河口临时泵站应急度汛工程，投资计划 830 万元；蓟运河治理工程（宝坻八门城至宝宁交界段），投资计划 6000 万元；永定河防潮闸液压杆改造工程，投资计划 2100 万元；2017 年应急度汛工程，投资计划 2600 万元；防汛物资增储项目，投资计划 800 万元。

2. 供水项目

投资计划 163286 万元，完成投资 102518 万元，为计划的 62.8%。

结转投资：南水北调市内配套工程，结转投资 70964 万元，完成投资 44154 万元，为结转投资的 62.2%，其中天津市南水北调中线市内配套工程武清供水管线工程（A0 + 000 ~ A32 + 880 段），结转投资 2000 万元，完成结转投资；天津市南水北调中线市内配套工程宁汉供水管线工程（A0 + 000 ~ A43 + 850 段），结转投资 30000 万元，完成投资 20000 万元，为结转投资的 66.7%；王庆坨水库工程，结转投资 22964 万元，完成投资 18964 万元，为结转投资的 82.6%；引江向尔王庄水库供水联通工程，结转投资 1000 万元，完成结转投资；南水北调中线市内配套工程管理设施一期工程，结转投资 15000 万元，完成投资 2190 万元，为结转投资的 14.6%。引滦大修和引滦水源保护项目，结转投资 9011 万元，完成投资 8611 万元，为结转投资的 95.6%，其中于桥水库溢洪道除险加固工程，结转投资 427 万元，完成全部结转投资；引滦水源保护工程黎河河道治理工程，结转投资 1454 万元，完成全部结转投资；引滦水源保护于桥水库入库河口湿地工程，结转投资 7130 万元，完成投资 6730 万元，为结转投资的 94.4%。

2017 年新安排投资：南水北调市内配套工程，投资计划 63880 万元，完成投资 30450 万元，为计划的 47.7%。其中天津市南水北调中线市内配套工程武清供水工程，投资计划 28000 万元，完成投资 5800 万元，为计划的 20.7%。其中管线工程（A0 + 000 ~ A32 + 880 段）投资计划 25000 万元，完成投资 4500 万元，为计划的 18%；泵站工程投资计划 3000 万元，完成投资 1300 万元，为计划的 43.3%。天津市南水北调中线市内配套工程宁汉供水工程，投资计划 14890 万元，完成投资 3660 万元，为计划的 24.6%。其中管线工程（A0 + 000 ~ A43 + 850 段）投资计划 1500 万元；泵站工程投资计划 5390 万元，完成投资 1500 万元，为计划的 27.8%；管线工程（宁河及汉沽支线）投资计划 8000 万元，完成投资 2160 万元，为计划的 27%。引江向尔王庄水库供水联通工程，投资计划 18780 万元，完成全部投资。北塘水库维修加固工程，投资计划 2210 万元，完成全部投资。引滦项目，投资计划 19194 万元，完成投资 19066 万元，为计划的 99.3%。其中于桥水库放水洞除险加固工程，投资计划 196 万元，完成投资 68 万元，为计划的 34.7%；引滦隧洞重点病害治理工程 2017 年实施段，投资计划 896 万元，完成全部投资；于桥水库大坝坝基加固工程，投资计划 6460 万元，完成全部投资；于桥水库大坝安全监测系统升级改造，投资计划 780 万元，完成全部投资；引滦水源保护工程黎河河道治理工程，投资计划 2080 万元，完成全部投资；引滦维修工程，投资计划 8782 万元，完成全部投资。供水日常管理项目，投资计划 237 万元，实施农村饮用水源保护和供水行业管理及水质抽检，完成全部投资。

3. 农村水利项目

投资计划 159978 万元，完成投资 148992 万元，为计划的 93.1%。

结转投资：农村水利发展项目，结转投资 14482 万元，安排实施蓟州区、宝坻区、武清区、东丽区、北辰区 5 个区 10 座国有扬水站更新改造工程，完成投资 10522 万元，为计划的 72.7%；2016 年京津风沙源治理二期工程，结转投资 308 万元，完成全部结转投资；农业综合开发中型灌区节水配套改造，结转投资 320 万元，完成全部结转投资。

2017 年新安排投资：农村水利发展项目，投资计划 113125 万元，完成投资 106149 万元，为计划的 93.8%。其中蓟州区项目，投资计划 31628 万元，完成全部投资。其中农村饮水提质增效工程投资计划 19290 万元，农村坑塘水系污染治理项目投资计划 10992 万元，灌溉计量设施建设项目投资计划 480 万元，小型农田水利建设项目投资计划 866 万元。宝坻区项目，投资计划 34278 万元，完成投资 28931 万元，为计划的 84.4%。其中农村饮水提质增效工程投资计划 24000 万元，完成投资 20400 万元，为计划的 85%；农村坑塘水系污染治理项目投资计划 1444 万元，完成全部投资；国有扬水站更新改造项目投资计划 4380 万元，完成投资 2633 万元，为计划的 60.1%；农用桥闸涵维修改造工程投资计划 3761 万元，完成全部投资；灌溉计量设施建设项目投资计划 693 万元，完成全部

投资。武清区项目，投资计划 17086 万元，完成全部投资。其中农村饮水提质增效工程投资计划 11820 万元，农村坑塘水系污染治理项目投资计划 3407 万元，灌溉计量设施建设项目投资计划 1245 万元，小型农田水利建设项目投资计划 614 万元。宁河区项目，投资计划 7980 万元，完成全部投资。其中农村坑塘水系污染治理项目投资计划 3594 万元，灌溉计量设施建设项目投资计划 178 万元，农用桥闸涵维修改造工程投资计划 844 万元，小型农田水利建设项目投资计划 523 万元，规模化节水配套改造项目投资计划 2841 万元。静海区项目，投资计划 13572 万元，完成投资 11944 万元，为计划的 88%。其中农村饮水提质增效工程投资计划 8435 万元，完成全部投资；国有扬水站更新改造项目投资计划 4898 万元，完成投资 3270 万元，为计划的 66.8%；灌溉计量设施建设项目投资计划 239 万元，完成全部投资。津南区项目，投资计划 194 万元，实施小型农田水利建设项目，完成全部投资。西青区项目，投资计划 2740 万元，实施国有扬水站更新改造项目，完成全部投资。滨海新区项目，投资计划 5647 万元，完成全部投资。其中农村饮水提质增效工程投资计划 5548 万元，水土保持工程投资计划 99 万元。中小河流重点县建设工程，投资计划 23507 万元，实施蓟州区、宝坻区、武清区、宁河区、西青区、津南区 6 个区 25 个项目区建设，完成全部投资；2017 年京津风沙源治理二期工程，投资计划 1541 万元，完成全部投资；中央节水灌溉项目，投资计划 5103 万元，完成投资 5053 万元，为计划的 99%；农田水利设施维修养护项目，投资计划 900 万元，完成全部投资；局部门预算项目，投资计划 692 万元，完成全部投资。

4. 水环境治理项目

投资计划 108056 万元，完成投资 50485 万元，为计划的 46.7%。

结转投资：中心城区 7 片合流制地区市管排水设施雨污分流改造工程，结转投资 12545 万元，完成投资 2403 万元，为结转投资的 19.2%。其中

2016 年一期工程结转投资 4506 万元，完成投资 751 万元，为结转投资的 16.7%；2016 年二期工程结转投资 956 万元，完成全部结转投资；井冈山路雨污水泵站工程结转投资 3996 万元，完成投资 296 万元，为结转投资的 7.4%；增产道污水泵站工程结转投资 3087 万元，完成投资 400 万元，为结转投资的 13%。中心城区雨污水混接改造工程社会产权支管与主干管道混接点改造工程，结转投资 2853 万元，完成投资 2621 万元，为结转投资的 91.7%。其中三期工程结转投资 1526 万元，完成投资 1294 万元，为结转投资的 84.8%；四期工程结转投资 1327 万元，完成全部结转投资。2016 年中心城区二级河道清淤工程，结转投资 1793 万元，完成全部结转投资。中心城区沿河排水口门提升改造工程，结转投资 1110 万元，完成全部结转投资。其中二期工程结转投资 65 万元，三期工程结转投资 1045 万元。赤龙河改建项目，结转投资 2000 万元，完成全部结转投资。

2017 年新安排投资：中心城区 7 片合流制地区市管排水设施雨污分流改造工程，投资计划 37011 万元，完成投资 3352 万元，为计划的 9.1%。其中 2016 年二期工程投资计划 9570 万元，完成投资 44 万元，为计划的 0.5%；雨污水混节点改造（一期）投资计划 441 万元，完成投资 85 万元，为计划的 19.3%；先锋河调蓄池工程投资计划 12000 万元，完成投资 1917 万元，为计划的 16%；新开河调蓄池工程投资计划 12000 万元，完成投资 928 万元，为计划的 7.7%；2017 年一期工程投资计划 3000 万元，完成投资 378 万元，为计划的 12.6%。中心城区老旧排水管网及泵站改造一期工程，投资计划 9769 万元，完成投资 6456 万元，为计划的 66.1%。其中排水泵站供配电系统改造第一批工程投资计划 7850 万元，完成投资 5356 万元，为计划的 68.2%；泵站自动化及防汛信息系统升级改造工程，投资计划 1919 万元，完成投资 1100 万元，为计划的 57.3%。中心城区二级河道清淤工程，投资计划 10780 万元，完成投资 10563 万元，为计划的 98%。其中 2016 年中心城

区二级河道清淤工程投资计划 5990 万元，完成投资 5773 万元，为计划的 96.4%；2017 年中心城区二级河道清淤工程投资计划 4790 万元，完成全部投资。中心城区防汛排水能力应急工程烈士路等 5 个积水点改造工程，投资计划 2628 万元，完成全部投资。津河堤防薄弱段治理应急工程，投资计划 263 万元，完成全部投资。三元村泵站改建工程，投资计划 2992 万元，完成投资 692 万元，为计划的 23.1%。八里台叠梁闸、南北月牙河疏通、月牙河和北塘河连通 3 项节点工程，投资计划 1329 万元，完成投资 371 万元，为计划的 27.9%。雨水管道残留水及初期雨水治理一期工程，投资计划 2602 万元，完成投资 1073 万元，为计划的 41.2%。月牙河泵站改建工程，投资计划 3541 万元，完成投资 302 万元，为计划的 8.5%。新建复兴河口泵站工程，投资计划 2442 万元，完成投资 608 万元，为计划的 24.9%。中心城区雨污水混接改造工程社会产权支管与主干管道混接点改造工程（四期），投资计划 2836 万元，完成投资 2686 万元，为计划的 94.7%。迎宾湖水质改善工程，投资计划 3063 万元，完成全部投资。独流减河宽河槽湿地改造工程，投资计划 3600 万元，完成全部投资。赤龙河改建项目，投资计划 4900 万元，完成全部投资。

5. 水利工程维修养护项目

投资计划 18148 万元，完成投资 17179 万元，为计划的 94.7%。

结转投资：结转投资 1568 万元，实施洋闸维修及闸区环境提升改造、海河左堤大郑渡口段浆砌石挡墙维修加固等 5 项工程，完成投资 1145 万元，为计划的 73%。

2017 年新安排投资：专项维修加固项目，投资计划 6240 万元，完成全部投资；日常维修维护项目，投资计划 5133 万元，完成投资 4783 万元，为计划的 93.2%；其他维修养护项目，投资计划 5207 万元，完成投资 5011 万元，为计划的 96.2%。

6. 水资源日常管理与保护项目

投资计划 19217 万元，完成投资 18365 万元，为计划的 95.6%。

结转投资：结转投资 1798 万元，实施蓟县城区沙河综合治理和生态修复、张贵庄、小王庄河水质治理等 5 项工程，完成投资 1098 万元，为结转投资的 61.1%。

2017 年新安排投资：2017 年新安排投资 17419 万元，实施水资源监控系统运行维护、津南区分层标建设、2017 年城市管理以奖代补等 40 项工程，完成投资 17267 万元，为计划的 99.1%。

7. 科研及信息化项目

投资计划 5423 万元，全部为 2017 年新安排投资，完成投资 4723 万元，为计划的 87.1%。其中，科研经费项目投资计划 1655 万元，实施于桥水库附着藻类、漂浮型植物防控蓝藻水华适应性及污染物去除效果研究、水科院专项科研经费 2 个项目，完成投资 955 万元，为计划的 57.7%；信息化项目计划投资 3768 万元，实施天津市国家水资源监控能力建设项目（2016—2018 年）、天津市水文分中心信息监视管理系统建设等 24 个项目，完成全部投资。

8. 排水日常管理项目

投资计划 21318 万元，完成投资 21285 万元，为计划的 99.8%。

结转投资：结转投资 181 万元，实施中心城区防汛抢险物资及辅助设备配置项目，完成全部结转投资。

2017 年新安排投资：排水设施养护专项，投资计划 13782 万元，完成投资 13749 万元，为计划的 99.8%；中心城区防汛物资储备项目，投资计划 6000 万元，完成全部投资；中心城区二级河道专项应急治理项目，投资计划 1355 万元，完成全部投资。

9. 其他项目

投资计划 73876 万元，完成投资 73798 万元，为计划的 99.9%。

结转投资：结转投资 2471 万元，实施独流减河橡胶坝工程，完成全部结转投资。

2017 年新安排投资：大中型水库库区及移民安置区后期扶持项目，投资计划 10826 万元，完成投资 10748 万元，为计划的 99.3%；独流减河橡胶坝工程，投资计划 2059 万元，完成全部投资；前期及咨询费，投资计划 1700 万元，完成全部投资；污水厂提标工程，投资计划 56821 万元，完成全部投资。

【中央水利投资】 2017 年中央水利建设项目投资计划 74098 万元，其中：中央投资 50749 万元，市级资金 22953 万元，区自筹资金 396 万元。全年完成投资 61697 万元，为计划的 98.1%。

2017 年京津风沙源治理二期工程，投资计划 1541 万元（中央预算内投资 912 万元、市财政专项资金 336 万元、区自筹资金 293 万元），完成全部投资；2017 年应急度汛工程，投资计划 2600 万元（中央财政专项资金 600 万元、市财政专项资金 2000 万元），完成全部投资；引滦水源保护工程黎河河道治理工程，投资计划 2166 万元（全部为中央财政专项资金），完成全部投资；中小河流治理重点县综合整治和水系连通试点项目，投资计划 11866 万元（中央财政专项资金 9274 万元、市财政专项资金 2592 万元），完成全部投资；中央财政水利发展资金节水灌溉项目，投资计划 5103 万元（中央财政专项资金 5000 万元、区自筹资金 103 万元），完成投资 5053 万元，为计划的 99%；2017 年国家水资源监控能力建设二期项目，投资计划 832 万元（中央财政专项资金 219 万元、市财政专项资金 613 万元），完成全部投资；蓟县城区沙河综合治理和生态修复工程，投资计划 1400 万元（全部为中央财政专项资金），完成全部投资；2017 年农田水利设施维修养护项目，投资计划 900 万元（全部为中央财政专项资金），完成全部投资；中心城区 7 片合流制地区市管排水设施雨污分流改造先锋河调蓄池工程，投资计划 12000 万元（中央财政专项资金 6000 万元、市财政专项资金 4800 万元、水投集团筹措 1200 万元），完成投资 1917 万元，为计划的 16%；中心城区 7 片合流制地区市管排水设施雨污分流改造新开河调蓄池工程，投资计划 12000 万元（中央财政专项资金 6000 万元、市财政专项资金 6000 万元），完成投资 928 万元，为计划的 7.7%；三元村泵站改建工程，投资计划 2992 万元（中央财政专项资金 2392 万元、市财政专项资金 600 万元），完成投资 692 万元，为计划的 23.1%；八里台叠梁闸、南北月牙河疏通、月牙河和北塘河连通 3 项节点工程，投资计划 1329 万元（中央财政专项资金 829 万元、市财政专项资金 500 万元），完成投资 371 万元，为计划的 27.9%；雨水管道残留水及初期雨水治理一期工程，投资计划 2602 万元（中央财政专项资金 1602 万元、市财政专项资金 1000 万元），完成投资 1073 万元，为计划的 41.2%；月牙河泵站改建工程，投资计划 3541 万元（中央财政专项资金 3041 万元、市财政专项资金 500 万元），完成投资 302 万元，为计划的 8.5%；新建复兴河口泵站工程，投资计划 2442 万元（中央财政专项资金 1442 万元、市财政专项资金 1000 万元），完成投资 608 万元，为计划的 24.9%；2017 年大中型水库库区及移民安置区后期扶持项目，投资计划 10784 万元（中央财政专项资金 8972 万元、市财政专项资金 1812 万元），完成投资 10706 万元，为计划的 99.3%。

【水务统计】 2017 年，完成各项统计年报、半年报、季报、月报、旬报任务，全年共报送各类统计报表 120 余期。各基层单位统计人员能够及时适应统计报表由纸介质向联网直报方式的转变，统计报表的时效性和数据质量显著提高，并受到相关部门的好评和认可，在水利部统计年报会审会上一次性审查通过，数据质量位居全国前列。

刊印出版《2016 年水务发展统计公报》和《2016 年水务统计资料》，以翔实的数据、图文并茂的形式反映水务改革发展成就。发挥投资统计在跟踪项目进展、科学编制并调整投资计划、实施监督考核、提出决策参考等方面的重要支撑作用，为领导掌握建设进展、开展集中会商、制定决策提供参考，在计划执行监督、通报、考核、审计和稽查等发面发挥着十分重要的作用。

印发《天津市水务局深入学习贯彻落实深化统计管理体制改革提高统计数据真实性的意见》，对全市深化统计管理体制改革工作做出全面部署，从提高认识、健全机构、规范程序、严肃问责、夯实基础、完善制度、分析研究 7 个方面提出了要求，已经取得初步成效：各单位的主要领导普遍认识到统计工作的重要性，自觉做到依法依规开展统计工作，统计人员责任意识普遍提高，履职能力不断增强；市级层面建立计划处为统计综合管理部门、水科院为统计支撑单位的管理模式，各基层单位明确了统计归口管理部门，统计人员队伍保持相对稳定；供水、节水等行业统计报表均按规定报送市统计局备案，数据报送规范有序。

印发《市水务局关于进一加强依法统计提高统计数据真实性的通知》，要求全市水务系统各单位以西青经济技术开发区和大寺镇发生的统计违法问题为戒，进一步加强依法统计，从政治的高度认识统计数据质量问题，坚持实事求是，切实提高统计数据真实性，并赴西青区水务局实地检查了统计数据情况。印发《市水务局关于认真学习贯彻〈中华人民共和国统计法实施条例〉的通知》，要求各单位结合实际做好新出台条例的学习宣传工作。

2017 年，对已开发的"天津市水利综合统计管理系统"进行升级改造。对"天津市水务基础数据应用服务系统"11 个专项、水务基础数据进行更新，对新增水利工程设施进行电子地图标绘。建设"水务建设投资计划与统计管理系统"，实现项目库填报、计划申报、进度统计等项目投资管理的全过程在局办公网操作，建立建设单位、主管部门、计划管理部门三级报送、审核机制，提高效率，降低成本，便于查询。

（计划处）

工程建设与管理

工 程 建 设 项 目

【概述】 2017 年，全市水务建设项目投资计划 60.17 亿元，完成投资 46.98 亿元。以下记载的工程为重点工程，划分标准为投资计划大于 10000 万元，以及其他类重点工程。以建设项目法人分类，其中水务投资集团作为项目法人的工程有 17 项，建管中心作为项目法人的工程有 8 项。

（水务集团　建管中心）

【东赵各庄泄洪闸除险加固工程】 该项目为结转工程。工程于 2016 年 9 月 6 日开工建设，2017 年汛前完成全部建设任务。2017 年完成土方 1.534 万立方米、石方 0.162 万立方米、混凝土 0.16 万立方米，累计完成土方 2.2342 万立方米、石方 0.162 万立方米、混凝土 0.35 万立方米。2017 年完成投资 298 万元，累计完成工程投资 1566 万元，占总投资的 100%。

工程参建单位：
项目法人：天津市水务工程建设管理中心
代建单位：蓟州区水务工程建设管理中心
设计单位：黄河勘测规划设计有限公司
监理单位：天津市金帆工程建设监理有限公司
施工单位：天津市津水建筑工程有限公司
质量监督单位：天津市水务工程建设质量与安全监督中心站

【中泓排洪闸除险加固工程】 该项目为结转工程。工程于 2016 年 9 月 12 日开工建设，2017 年汛前完成全部建设任务。2017 年完成土方 0.84 万立方米、石方 0.12 万立方米、混凝土 0.12 万立方米，累计完成土方 1.4771 万立方米、混凝土 0.42 万立方米。2017 年完成投资 270 万元，累计完成工程投资 1500 万元，占总投资的 100%。

工程参建单位：
项目法人：天津市水务工程建设管理中心
设计单位：黄河勘测规划设计有限公司
监理单位：天津市金帆工程建设监理有限公司
施工单位：天津市振津工程集团有限公司
质量监督单位：天津市水务工程建设质量与安全监督中心站

【潮白新河治理工程（乐善橡胶坝至宁车沽防潮闸段）】 该项目为结转工程。2017 年 3 月 7 日，市水务局以《关于下达潮白新河治理工程乐善橡胶坝至宁车沽防潮闸段 2017 年投资计划的通知》（津水计〔2017〕27 号），下达工程投资计划 6100 万元，资金来源为 2017 年市水利建设基金。该工程于 2015 年 12 月 26 日开工建设，截至 2017 年年底完成全部建设任务。2017 年完成河道疏浚扩挖 2.68 千米，堤防加高加固工程 13.95 千米，完成土方 176.06 万立方米，累计完成河道疏浚扩挖 12.18 千米，堤防加高加固工程 22.65 千米，累计完成土方 488.9 万立方米。2017 年完成投资 6100

万元，为年度投资计划的 100%，累计完成工程投资 1.71 亿元，占总投资的 100%。

工程参建单位：

项目法人：天津市水务工程建设管理中心

设计单位：天津市水利勘测设计院

监理单位：天津市金帆工程建设监理有限公司

施工单位：山东黄河工程集团有限公司

天津振津工程集团有限公司

天津利安建工集团有限公司

天津市水利工程有限公司

华北水电工程集团有限公司

质量监督单位：天津市水务工程建设质量与安全监督中心站

【北京排污河治理工程（狼儿窝退水闸至东堤头防潮闸段）】 该项目为结转工程。2017 年 3 月 7 日，市水务局以《市水务局关于下达北京排污河（狼儿窝退水闸至东堤头防潮闸段）治理工程 2017 年投资计划的通知》（津水计〔2017〕28 号），下达工程投资计划 1408 万元，资金来源为市级土地出让收益金。该工程于 2016 年 9 月 15 日开工，2017 年 10 月完成全部建设任务。2017 年完成土方 52918.82 立方米、浆砌石 1884.86 立方米、混凝土 582.22 立方米，累计完成土方 76525.21 立方米、浆砌石 3860.38 立方米、混凝土 1706.71 立方米。2017 年完成 2168 万元，累计完成工程投资 2568 万元，占总投资 100%。

工程参建单位：

项目法人：天津市水务工程建设管理中心

设计单位：天津市水利勘测设计院

监理单位：天津市泽禹工程建设监理有限公司

施工单位：天津市源禹水利工程有限公司

天津市水利工程有限公司

质量监督单位：天津市水务工程建设质量与安全监督中心站

【天津市大黄堡洼蓄滞洪区工程与安全建设】 大黄堡洼是北运河水系的滞洪洼淀，位于天津市武清区、宝坻、宁河三个区（县）交界的青龙湾减河右岸，总面积为 273 平方千米。

主要建设内容：对港北堤、黄沙河左堤、北京排污河左堤、引滦明渠右堤、大尔路、青龙湾减河右堤等围堤进行复堤，总长 30.46 千米，新建堤顶道路 47.2 千米；对狼儿窝引河左堤隔堤进行复堤，总长 5.74 千米，新建堤顶道路 14.98 千米。拆除重建或维修加固穿堤建筑物 95 座。拆除重建狼儿窝引河退水闸，50 年一遇设计流量 240 立方米每秒，退水流量 50 立方米每秒，新建两处分口门。拆除重建撤退路 9 条，总长 26.28 千米，拆除重建或维修加固桥涵 6 座。

投资及批复：2013 年 5 月 8 日，市发展改革委以《关于批复天津市大黄堡洼蓄滞洪区工程与安全建设可行性研究报告的函》（津发改农经〔2013〕425 号）批复工程可行性研究报告。2016 年 8 月 24 日，市发展改革委以《关于批复天津市大黄堡洼蓄滞洪区工程与安全建设初步设计的函》（津发改农经〔2016〕777 号）批复工程初步设计报告，核定工程概算总投资 20700 万元。2016 年 12 月 2 日，市水务局和市财政局联合以《关于下达大黄堡洼蓄滞洪区工程与安全建设 2016 年第一批投资计划的通知》（津水计〔2016〕164 号、津财基联〔2016〕107 号）下达工程投资计划 4976.96 万元，资金来源为 2016 年水利建设基金 1020 万元（城市基础设施配套费）、水投集团筹措 3956.96 万元。

设计变更：2017 年 7 月，天津市水利勘测设计院（设计单位）完成了《天津市大黄堡洼蓄滞洪区工程与安全建设武清区撤退路及北京排污河征迁设计变更报告》。2017 年 9 月，市发展改革委以《关于批复天津市大黄堡洼蓄滞洪区工程与安全建设武清区撤退路及北京排污河征迁设计变更的函》（津发改农经〔2017〕662 号）予以批复。变更内容：①取消原批复撤退路实施路段，取消原批复建设撤退路包括：八黄路（八里庄—四马营段）、务滋店路中的南村中心路、刘靳庄路的刘靳庄村内路段、普蒋路的普贤坨村内路和蒋庄子村内路段、白楼路的白楼村内路段、朱槽子路的朱槽子村内路段和西丝窝路全段共 8 段，全长 7.648 千米；新增务滋店路中的北村中心路，建设长度为 0.099 米；②八黄路（普蒋路—陈庄桥段）路面宽度变更，普蒋路—陈庄桥段，长为 1.71 千米，原设计水泥混凝土路面宽 5 米变更为 4 米，路面结构不变；③新增撤退路，新增大黄堡镇赵武路、赵庄南街路、四高庄路、赵忠路、忠辛台村内路、陈庄村东路、陈庄南街共 7 条，总长 9.009 米；④北京排污河征迁变更，新增砍伐狼儿窝引河退水闸及北京排污河左堤复堤施工影响范围内树木 5542 株。

工程进展：工程于 2017 年 4 月 21 日开工建设，截至 2017 年年底，完成北京排污河堤顶道路沥青混凝土面层铺设 10.122 千米，撤退路路面浇筑 24.83 千米和过沟涵洞施工 5 座。完成土方 16 万立方米、混凝土 1.69 万立方米、钢筋 729 吨。完成工程投资 4977 万元，占总投资的 24%。

工程参建单位：

项目法人：天津水务投资集团有限公司

建管单位：天津市水务工程建设管理中心

设计单位：天津市水利勘测设计院

监理单位：天津市金帆工程建设监理有限公司

施工单位：天津市雍阳公路工程集团有限公司

华北水利水电工程集团有限公司

质量监督单位：天津市水务工程建设质量与安全监督中心站

【新开河调蓄池工程】 该工程为天津市中心城区广开四马路等 7 片合流制地区市管排水设施雨污分流改造工程中的 1 项。结合中心城区合流制地区实际情况，对雨污分流难度较大的片区兴建调蓄池来存蓄雨污水和初期雨水。实施建设新开河调蓄池工程能进一步提高污水收集率，完善雨污水设施，改善城市环境。

主要建设内容：工程位于月纬路与八马路交口以西的新开河河底，调蓄池平面尺寸为 45.4 米×123.8 米，调蓄容积为 4.5 万立方米。内部设置检修间、存水室、冲洗区及放空区。

投资及批复：2017 年 3 月 10 日，市发展改革委以《关于中心城区广开四马路等 7 片合流制地区市管排水设施雨污分流改造工程可行性研究报告的补充批复》（津发改城市〔2017〕160 号）批复工程可行性研究报告。7 月 5 日，市水务局以《关于中心城区中心城区广开四马路等 7 片合流制地区市管排水设施雨污分流改造工程新开河调蓄池初步设计报告的批复》（津水规〔2017〕51 号）批复工程初步设计报告，核定工程概算总投资 36867 万元。7 月 11 日，市水务局以《关于下达中心城区广开四马路等 7 片合流制地区市管排水设施雨污分流改造工程新开河调蓄池工程 2017 年投资计划的通知》（津水计〔2017〕80 号）下达工程计划 6000 万元，资金来源为水投集团垫付。12 月 12 日，市水务局以《关于调整中心城区广开四马路等 7 片合流制地区市管排水设施雨污分流改造工程新开河调蓄池工程 2017 年资金计划的通知》（津水计〔2017〕121 号）调整工程投资计划资金来源，由水投集团垫付调整为市财政资金。12 月 22 日，市水务局以《关于下达中心城区水环境提升近期工程复兴河口泵站等项目第二批投资计划的通知》（津水计〔2017〕130 号）下达工程投资计划 6000 万元，资金来源为中央财政资金。

工程进展：工程于 2017 年 12 月 12 日开工建设，截至 2017 年年底完成工程围挡搭设及场内道路铺设，完成土方 0.15 万立方米。完成工程投资 928 万元，占总投资的 3%。

工程参建单位：

项目法人：天津市水务工程建设管理中心

设计单位：上海市城市建设设计研究总院（集团）有限公司

监理单位：天津市泽禹工程建设监理有限公司

施工单位：天津市水利工程有限公司

质量监督单位：天津市水务工程建设质量与安全监督中心站

（建管中心）

【先锋河调蓄池工程】 鉴于合流制系统溢流污染

和防汛安全问题的复杂性，为解决天津市合流制排水系统溢流污染，在系统梳理天津市合流制系统的基础上，采用科学的、适宜的、工程化的手段对降雨过程中合流制系统溢流污水进行有效截留、收集以及储存，以待降雨过后经有效处理后排放。因此，为应对天津市中心城区合流制系统雨天溢流污染问题，为改善城市环境质量、完善雨污水设施，结合河道水体及岸边绿地实施了先锋河调蓄池工程。

主要建设内容：先锋河调蓄池工程服务面积总计 644 公顷，其中五大道系统面积为 223 公顷，上海道系统面积为 89 公顷，电台道系统面积为 120 公顷，大沽北路系统面积为 212 公顷。先锋河调蓄池工程由进水总管、调蓄池及放空总管，独立变配电间和格栅井组成。调蓄池位于先锋河下方，平面尺寸为 30 米×224 米，调蓄容积 60000 立方米。新建先锋河调蓄池采用地下式，调蓄池内部设置包括检修间、存水室、冲洗区及放空区。

工程投资及批复：2015 年 11 月 13 日，市发改委下达《关于同意将五大道、中山路以北地区排水改造工程纳入广开四马路等 7 片合流制地区市管排水设施雨污分流改造工程的函》（津发改函〔2015〕165 号），同意将五大道、中山路以北地区排水改造工程纳入广开四马路等 7 片合流制地区市管排水设施雨污分流改造工程。2016 年 10 月 31 日，市水务局转发市发改委《关于明确中心城区合流制地区（五大道、中山路以北）排水改造工程建设内容的通知》（津水规〔2016〕117 号），明确五大道、中山路以北地区排水改造工程主要建设内容是新建先锋河和新开河调蓄池。2017 年 3 月 16 日，市水务局转发市发改委《关于中心城区广开四马路等 7 片合流制地区市管排水设施雨污分流改造工程可行性研究报告补充批复的通知》（津水规〔2017〕18 号），经研究，原则同意对项目进行适度调整，对工程可行性研究报告作出补充批复。5 月 19 日，市水务局下达《关于中心城区广开四马路等 7 片合流制制地区市管排水设施雨污分流改造工程先锋河调蓄池工程初步设计的批复》

（津水规〔2017〕32 号），核定工程概算总投资 29398 万元。6 月 24 日，市水务局下达《关于中心城区广开四马路等 7 片合流制制地区市管排水设施雨污分流改造工程先锋河调蓄池工程 2017 年投资计划的通知》（津水计〔2017〕75 号），下达此项工程投资计划 6000 万元，资金来源为水投集团垫付。

工程进展：工程于 2017 年 11 月 28 日开工，截至年底，完成项目部建设，完成投资 1916.99 万元，占总投资的 6.5%。

工程参建单位：

项目法人：天津水务投资集团有限公司

设计单位：上海市城市建设设计研究总院（集团）有限公司

监理单位：天津华北工程监理有限公司

施工单位：天津第四市政建筑工程有限公司

质量监督单位：天津市水务工程建设质量与安全监督中心站

（排管处）

【中心城区水环境提升近期工程】 根据市政府《关于印发天津市水污染防治工作方案的通知》（津政发〔2015〕37 号）和市政府批复的《天津市水务发展"十三五"规划》（津政函〔2016〕88 号），为加快推进天津市水污染防治工作，有效改善中心城区水环境质量，2017 年 1 月 12 日，市发展改革委下达《关于批复中心城区水环境近期工程项目建议书的函》，同意工程近期实施 9 个项目，主要为：①水循环工程 6 项，包括月牙河口泵站改扩建工程、三元村泵站改扩建工程、新建复兴河口泵站工程、新建津河八里台节制闸等节点工程、扩建月牙河与北塘排水河连通管道工程；②控源截污工程 2 项，包括张贵庄—小王庄排水河黑臭水体治理工程、雨水管道残留水及初期雨水治理工程；③消减河道内水污染负荷工程 1 项，为大沽河净水厂一期工程。工程估算投资控制在 12 亿元以内。已批复 6 个工程项目，其中复兴河口泵站工程、月牙河口泵站改扩建工程及大沽河净水厂一期工程由建管中心作为项目法人建设管理；三元村泵站改扩建工程、新建津河八里台节制闸等节点工程、雨水管道残留水及初期雨水治理一期工程 3 项由水务投资集团委托排管处建设管理。截至 2017 年年底，大沽河净水厂一期工程仍未完成前期工作，其他 5 项工程已开工建设。

1. 复兴河口泵站工程

为提升中心城区海河以南区域水环境质量，同时提高复兴河水系排水能力，新建复兴河口泵站。工程位于海河与复兴河交口西北角处。设计取水流量为 5 立方米每秒，设计排水流量为 10 立方米每秒。工程等别为Ⅲ等，主要建筑物级别为 3 级，次要建筑物级别为 4 级，临时建筑物级别为 5 级。

主要建设内容：新建进水箱涵、1 号闸井、取水连接管涵、泵房、2 号闸井、出水管涵、排水进水涵和排水连接箱涵，安装潜水轴流泵 6 台，潜水排污泵 1 台，安装主变压器、高低压开关柜等电气设备。

投资及批复：2017 年 6 月 28 日，市发展改革委以《关于批复中心城区水环境提升近期工程复兴河口泵站工程可行性研究报告的函》（津发改农经〔2017〕492 号）批复工程可行性研究报告。8 月 17 日，市发展改革委以《关于批复中心城区水环境提升近期工程复兴河口泵站工程初步设计报告的批复》（津发改农经〔2017〕620 号）批复工程初步设计报告，核定工程概算总投资 3080 万元。12 月 10 日，市水务局以《关于下达中心城区水环境提升近期工程复兴河口泵站等项目第一批投资计划的通知》（津水计〔2017〕116 号）下达工程投资计划 1000 万元，资金来源为市财政专项资金。12 月 22 日，市水务局以《关于下达中心城区水环境提升近期工程复兴河口泵站等项目第二批投资计划的通知》（津水计〔2017〕130 号）下达此项工程投资计划 1442 万元，资金来源为中央财政资金。

工程进展：工程于 2017 年 11 月 11 日开工建设，截至 2017 年年底完成泵房灌注桩和搅拌桩支护施工，完成土方 0.27 万立方米，混凝土 864 立方米。完成工程投资 608 万元，占总投资的 20%。

工程参建单位：

项目法人：天津市水务工程建设管理中心

设计单位：中国市政工程华北设计研究总院有限公司

监理单位：天津市金帆工程建设监理有限公司

施工单位：天津振津工程集团有限公司

质量监督单位：天津市水务工程建设质量与安全监督中心站

2. 月牙河口泵站改扩建工程

为推进天津市水污染防治工作，有效提升中心城区海河北部二级河道水循环能力，同时提高区域排水能力，将月牙河口泵站沿月牙河上移约 100 米进行改扩建。工程大循环设计取水流量为 10 立方米每秒，日常循环设计取水流量为 6 立方米每秒，设计排水流量为 29 立方米每秒。工程等别为Ⅲ等，泵房、后池、箱涵及出口连接建筑物级别为 2 级，站前闸、前池等其他主要建筑物级别为 3 级，次要建筑物级别为 4 级，临时建筑物级别为 5 级。

主要建设内容：拆除重建原泵站进水闸井、箱涵、泵房部分建筑物、出水闸井、后池，安装潜水轴流泵 5 台，更换主变压器、高低压开关柜等电气设备。

投资及批复：2017 年 4 月 20 日，市发展改革委以《关于批复中心城区水环境提升近期工程月牙河口泵站改扩建工程可行性研究报告的函》（津发改农经〔2017〕297 号）批复工程可行性研究报告。6 月 1 日，市发展改革委以《关于批复中心城区水环境提升近期工程月牙河口泵站改扩建工程初步设计报告的批复》（津发改农经〔2017〕422 号）批复工程初步设计报告，核定工程概算总投资 6495 万元。12 月 10 日，市水务局以《关于下达中心城区水环境提升近期工程复兴河口泵站等项目第一批投资计划的通知》（津水计〔2017〕116 号）下达工程投资计划 500 万元，资金来源为市财政专项资金。12月22日，市水务局以《关于下达中心城区水环境提升近期工程复兴河口泵站等项目第二批投资计划的通知》（津水计〔2017〕130号）下达此项工程投资计划3041万元，资金来源为中央财政资金。

工程进展：工程于2017年12月20日开工建设，截至2017年年底正在进行场地建设和围堰搭设，完成土方0.2万立方米，混凝土230立方米。完成工程投资302万元，占总投资的5%。

工程参建单位：

项目法人：天津市水务工程建设管理中心

设计单位：天津市水利勘测设计院

监理单位：天津润泰工程监理有限公司

施工单位：天津市水利工程有限公司

质量监督单位：天津市水务工程建设质量与安全监督中心站

3. 三元村泵站改扩建工程

为推进天津市水污染防治工作，有效提升中心城区海河南部二级河道水循环能力，同时提高区域排水能力，将原址改扩建三元村泵站。泵站位于津河与南运河右岸交汇处，扩建后的泵站排涝设计规模为15立方米每秒，连通自流引水规模为14立方米每秒。为Ⅲ等中型工程，本工程主要建筑物级别为3级，设计使用年限50年，次要建筑物级别为4级，临时建筑物为5级。

本工程由排涝泵站和自流引水管道两部分组成。泵站共设3台1200QZB－160型潜水轴流泵，单机设计流量5立方米每秒。配置0.4千伏异步电动机，单机功率280千瓦，总装机容量为840千瓦。泵站供电等级为二级负荷，采用10千伏双电源供电。新建自流道与原有DN2000连通管道和接长的D1800连通管道共同满足规划引水14立方米每秒要求。

工程主要建（构）筑物包括：进水闸、进水箱涵、进水池、主泵房、出水池、出水管道、自流道、管理用房和配电室等。

2017年5月2日，市发展改革委以《关于批复中心城区水环境提升近期工程三元村泵站改扩建工程可行性研究报告的函》（津发改农经〔2017〕322号）批复了工程可行性研究报告。6月13日，市发展改革委《关于批复中心城区水环境提升近期工程三元村泵站改扩建工程初步设计报告的函》（津发改农经〔2017〕453号）批复了三元村泵站的初步设计，核定工程概算总投资5110万元。12月10日，市水务局以《关于下达中心城区水环境提升近期工程复兴河口泵站等项目第一批投资计划的通知》（津水计〔2017〕116号）批复此项工程第一批投资计划600万元。12月22日，市水务局以《关于下达中心城区水环境提升近期工程复兴河口泵站等项目第二批投资计划的通知》（津水计〔2017〕130号）下达此项工程投资计划2392万元，资金来源为中央财政资金。

工程进展：工程于2017年12月20日开工建设，截至2017年年底，正在进行场地建设和围堰搭设，完成南运河围堰搭设和现场封围。完成工程投资529万元，占总投资的20%。

工程参建单位：

项目法人：天津水务投资集团有限公司

委托单位：天津市排水管理处

设计单位：中国市政工程华北设计研究总院有限公司

监理单位：天津润泰工程监理有限公司

施工单位：中铁一局集团天津建设工程有限公司

质量监督单位：天津市水务工程建设质量与安全监督中心站

4. 新建津河八里台节制闸等节点工程

为推进天津市水污染防治工作，提升中心城区水环境质量和河道排水能力，将实施新建津河八里台节制闸等节点工程。工程内容共3项：①疏浚南北月牙河连通管工程：清淤疏浚2孔D2200连通管道淤泥共2000米；②新建津河八里台节制闸工程：新建7.6米×2.3米钢坝闸1座，设计流量为20立方米每秒；③扩建月牙河与北塘排水河连通管道工程：管道设计流量6立方米每秒，配套补水提升泵站设计流量3立方米每秒。

2017年6月13日，市发展改革委以《关于批复中心城区水环境提升近期工程新建八里台节制闸等节点工程可行性研究报告的函》（津发改农经〔2017〕455号）批复了工程可行性研究报告。8月10日，市发展改革委《关于批复中心城区水环境提升近期工程新建津河八里台节制闸等节点工程初步设计报告的函》（津发改农经〔2017〕603号）批复了八里台节制闸的初步设计，核定工程估算总投资1770万元。12月10日，市水务局以《关于下达中心城区水环境提升近期工程复兴河口泵站等项目第一批投资计划的通知》（津水计〔2017〕116号）批复此项工程第一批投资计划500万元。12月22日，市水务局以《关于下达中心城区水环境提升近期工程复兴河口泵站等项目第二批投资计划的通知》（津水计〔2017〕130号）下达此项工程投资计划829万元，资金来源为中央财政资金。

工程进展：工程于2017年12月22日开工建设，截至2017年年底，正在进行场地建设、围堰搭设和管道清淤疏浚工作，完成管道清淤疏浚260米，混凝土浇筑64立方米。完成工程投资392万元，占总投资的30%。

工程参建单位：

项目法人：天津水务投资集团有限公司

委托单位：天津市排水管理处

设计单位：中国市政工程华北设计研究总院有限公司

监理单位：天津润泰工程监理有限公司

施工单位：天津市源泉市政工程有限公司

质量监督单位：天津市水务工程建设质量与安全监督中心站

5. 雨水管道残留水及初期雨水治理工程

为推进天津市水污染防治工作，提升中心城区水环境质量，改善二级河道水循环水质，将对保山西道、丹江东路、津滨、梅江、祁连路、万山道和鄱阳路7座雨水泵站进行治理改造。保山西道设计流量为0.15立方米每秒，丹江东路设计流量为0.14立方米每秒，津滨设计流量为0.19立方

米每秒，梅江设计流量为0.4立方米每秒，祁连路设计流量为0.24立方米每秒，万山道设计流量为0.55立方米每秒，鄱阳路设计流量为0.4立方米每秒。

2017年7月25日，市发展改革委以《关于批复中心城区水环境提升近期工程雨水管道残留水及初期雨水治理一期工程可行性研究报告的函》（津发改农经〔2017〕554号）批复了工程可行性研究报告。8月24日，市发展改革委《关于批复中心城区水环境提升近期工程雨水管道残留水及初期雨水治理一期工程初步设计报告的函》（津发改农经〔2017〕645号）批复实施保山西道、丹江东路、津滨、梅江、祁连路、万山道和鄱阳路7座雨水泵站改造，核定该工程概算总投资3420万元。12月12日，市水务局以《关于下达中心城区水环境提升近期工程雨水管道残留水及初期雨水治理一期工程2017年资金计划的通知》（津水计〔2017〕120号）批复下达该工程2017年资金计划1000万元，资金来源为市财政专项资金。12月22日，市水务局以《关于下达中心城区水环境提升近期工程复兴河口泵站等项目第二批投资计划的通知》（津水计〔2017〕130号）下达此项工程投资计划1602万元，资金来源为中央财政资金。

工程进展：工程于2017年12月29日开工建设，截至2017年年底，正在进行场地建设、基坑灌注桩和搅拌桩施工，完成混凝土浇筑398立方米。完成工程投资749万元，占总投资的30%。

工程参建单位：

项目法人：天津水务投资集团有限公司

委托单位：天津市排水管理处

设计单位：中国市政工程华北设计研究总院有限公司

监理单位：津政汇土（天津）建设工程监理有限公司

施工单位：天津市管道工程集团有限公司

质量监督单位：天津市水务工程建设质量与安全监督中心站

（建管中心 排管处）

【南水北调天津市内配套工程】 2017年，南水北调天津市内配套工程的在建工程为宁汉供水工程、北塘水库维修加固工程、王庆坨水库工程、武清供水管线工程和引江向尔王庄水库供水联通工程5项。

1. 宁汉供水工程

工程建设内容：新建供水管线57.59千米和改建泵站工程1座。工程起点为尔王庄水库东侧改建的宁汉供水泵站，终点为宁河水厂（规划新建）和汉沽龙达水厂（规划扩建）。宁汉供水工程干线（A0+000~A43+850段）设计流量为3立方米每秒，宁河支线设计流量为2.1立方米每秒，汉沽支线设计流量为0.9立方米每秒。

2015年11月26日，市发展改革委以《关于批复天津市南水北调中线市内配套工程宁汉供水工程管线工程可行性研究报告的函》（津发改农经〔2015〕1106号）批复核定工程估算动态投资12.6亿元，资金来源为天津水务投资集团有限公司资本金3.78亿元，银行贷款8.82亿元。宁汉供水管线工程由干线（A0+000~A43+850段）、宁河支线及汉沽支线组成，并分别组织施工。

宁汉供水工程管线干线工程（A0+000~A43+850段），该工程起点为尔王庄水库东侧黄花淀泵站（宁汉供水泵站）出水管，终点为芦台经济技术开发区东边界，途经天津市宝坻区、宁河区，全长约43.85千米。设计流量3.0立方米每秒，输水管道直径为1.8米，采用PCCP（15.715千米）、钢管（15.587千米）、球墨铸铁管（12.548千米）三种管材形式。整条管线共穿越高速公路2处，主要公路2处，主要河道共1条。此外，为保证管道正常运行和事故检修等要求，沿线分别设置了排气阀、检修阀等设施。

2016年2月3日，市南水北调办以《关于天津市南水北调中线市内配套工程宁汉供水管线工程（A0+000~A43+850）初步设计报告的批复》（津调水规〔2016〕1号）核定工程概算动态总投资7.35亿元。

投资计划下达。2015年12月29日，市南水北调办根据《关于下达南水北调中线市内配套工程宁汉供水工程管线工程2015年前期工作投资计划的通知》（津调水计〔2015〕20号），结合管线工程建设进度，下达2015年计划投资资金2.05亿元，资金来源为水投集团自筹和银行贷款。2016年8月16日，市南水北调办根据《关于下达天津市南水北调中线市内配套工程宁汉供水工程管线工程2016年固定资产投资计划的通知》（津调水计〔2016〕13号），结合工程建设进度，下达2016年计划投资资金5.15亿元，资金来源为水投集团自筹和银行贷款。2017年10月13日，市南水北调办根据《关于下达天津市南水北调中线市内配套工程宁汉供水工程管线工程2017年固定资产投资计划的通知》（津调水计〔2017〕32号），结合工程建设进度，下达2017年计划投资资金0.15亿元，资金来源为水投集团自筹。按批准概算7.35亿元计划全部下达。

工程进展情况：工程于2016年3月开工建设，截至12月31日，工程建设累计完成24千米管道安装工作，累计交付土地35.625千米，未交付土地6.775千米。本年度投资完成2.0亿元，累计完成投资6.2亿元，占工程概算总投资84.35%。

工程参建单位：

项目法人：天津水务投资集团有限公司

建设委托单位：天津水务建设有限公司

设计单位：天津市水利勘测设计院

施工单位：天津市水利工程有限公司

天津利安建工集团有限公司

中铁十八局集团有限公司

天津振津工程集团有限公司

中国电建集团港航建设有限公司

华北水利水电工程集团有限公司

天津市管道工程集团有限公司

质量监督单位：天津市南水北调工程质量与安全监督站

宁汉供水工程管线支线工程。该工程建设包括宁河支线及汉沽支线供水管线两部分工程，其中为避免占用基本农田以及节省工程投资，宁汉供水宁河支线及汉沽支线工程起始点为干线工程已批复段线路终点，即芦台经济技术开发区东边界，下至新建宁河水厂及现有汉沽龙达水厂。工程建设内容为新建输水管线工程，包括宁河支线DN1600输水管道长约7.9千米，汉沽支线DN1200输水管道长约2.5千米等。

2017年7月25日，市发展改革委下达《关于核定天津市南水北调中线市内配套工程宁汉供水供水管线工程（宁河及汉沽支线）初步设计概算的复函》。7月26日，市南水北调办以《关于天津市南水北调中线市内配套工程宁汉供水工程管线工程（宁河及汉沽支线）初步设计报告的批复》（津调水规〔2017〕21号）批复了工程初步设计报告，工程总投资2.743亿元。10月13日，市南水北调办以《关于下达南水北调中线市内配套工程宁汉供水管线工程（宁河及汉沽支线）2017年投资计划的通知》（津调水计〔2017〕31号）下达2017年投资计划8000万元，资金来源为水投集团自筹。

工程进展情况：2017年12月19日开工建设。截至12月31日，完成施工现场排水；对朝阳村已交地的1.3千米范围内的踏勘、进场路规划；电力部门电线杆迁移；施工临时路修筑等。蓟运河故道施工临时路修筑问题，正与当地有关部门积极协商。本年度完成投资2160万元，占工程总投资的7.87%。

工程参建单位：

项目法人：天津水务投资集团有限公司

委托单位：天津水务建设有限公司

设计单位：天津市水利勘测设计院

施工单位：新疆兵团水利水电工程集团有限公司

天津市管道工程集团有限公司

质量监督单位：天津市南水北调工程质量与安全监督站

宁汉供水工程泵站工程。主要建设内容：引水钢管、主泵房和电气附属用房、管理用房、出水钢管等。通过改造引滦入塘、引滦入汉两座泵站，新增和更换引滦入塘、引滦入汉两座泵站的机组，实现宁汉供水工程供水目标。宁汉供水泵站设计规模为3.0立方米每秒（25.8万吨每日）。新建出水钢管与宁汉供水工程管线工程衔接，新建管线长度DN1200约170米、DN1800约30米，对引滦入汉泵站吸水池东侧池壁、主厂房两侧墙等6个穿墙孔扩孔改造，对引滦入塘泵站汇流阀室东侧墙开1个孔；新增双吸离心泵4台型号700S-46型双吸离心泵，单机配套功率630千瓦，更换原有双吸离心泵5台，其中4台700S-39型双吸离心泵，单机配套功率500千瓦，1台500S-45型双吸离心泵，单机配套功率400千瓦；配套安装2台主变压器SZ11-8000kVA 35/6，2台站内变压器SCB11-500kVA 6/0.4、高低压开关柜等相应的电气、进水口金属结构、暖通、给排水、消防、自动化调度与管理系统、建筑工程等。

2017年5月24日，市发展改革委以《关于批复天津市南水北调中线工程市内配套工程宁汉供水工程泵站工程可行性研究报告的函》（津发改农经〔2017〕394号）批复了工程可行性研究报告。7月4日，市南水北调办以《市南水北调办关于天津市南水北调中线市内配套工程宁汉供水工程泵站工程初步设计报告的批复》（津调水规〔2017〕17号）批复工程初步设计报告，核定工程总投资0.539亿元。8月15日，市南水北调办以《关于下达2017年南水北调中线市内配套工程宁汉供水工程泵站工程投资计划的通知》（津调水计〔2017〕23号）下达2017年投资计划0.539亿元，资金来源为水投集团自筹。

工程进展情况：2017年11月15日开工建设，截至12月31日，完成入塘、入汉泵站主副厂房及变电站屋顶防水；水工管道钢管加工生产及内外防腐施工；水泵、电机、电气设备订购和金属结构加工；水工管道施工区域拉森桩支护打桩；入塘泵站阀门井、流量计井施工和管槽开挖。本年完成投资0.15亿元，占工程总投资的29.83%。

工程参建单位：

项目法人：天津水务投资集团有限公司

委托单位：天津水务建设有限公司

设计单位：天津市水利勘测设计院

施工单位：天津市水利工程有限公司

质量监督单位：天津市南水北调工程质量与
安全监督站

2. 北塘水库维修加固工程

北塘水库维修加固工程的建设任务是针对北塘水库目前存在的一些问题和安全隐患，对该水库采取工程和非工程等措施进行综合治理，保证水库正常运行，发挥其作为南水北调中线滨海地区的调蓄及事故备用水库应有的功能。

主要建设内容：围坝迎水坡破损混凝土护坡、原有防浪墙、坝顶破损道路维修加固及北侧垂直护岸等设施整修。原有进水、泄水建筑物维修加固。安全监测、管理设施完善及背水坡防护。结合施工需要放空水库。

工程投资及批复：2017年4月17日，市发展改革委以《关于批复天津市南水北调中线市内配套工程北塘水库维修加固工程实施方案的函》（津发改农经〔2017〕284号）批复了工程实施方案，概算总投资2210万元。7月14日，市南水北调办《关于下达南水北调中线市内配套工程北塘水库维修加固工程2017年投资计划的通知》下达批复金额2210万元。

工程进展情况：工程于2017年9月底开工建设，截至12月31日，完成护坡维修加固，堤顶路面整修，围坝北段垂直护岸维修加固、安全监测、东堤泄水闸维修、西南放水闸维修、引潮入库闸维修等全部工作。完成投资2210万元，占总投资的100%。

工程参建单位：

项目法人：天津水务投资集团有限公司

代建单位：天津水务建设有限公司

设计单位：天津市水利勘测设计院

监理单位：天津润泰工程监理有限公司

施工单位：天津市管道工程集团有限公司

质量监督单位：天津市南水北调工程质量与
安全监督站

3. 王庆坨水库工程

王庆坨水库是天津市南水北调中线"在线"调节和安全备用水库，主要功能是调节天津市引江来水和用水的不均衡性以及在应急情况下的安全用水，提高城市供水的可靠性和安全性。本工程位于天津市武清区王庆坨镇西部，津保高速以北，津同公路以南，九里横堤以西，天津与河北省交界以东处。距南水北调中线天津干线约800米。王庆坨水库总库容为2000万立方米，入库设计流量为18立方米每秒，出库设计流量为20立方米每秒。

主要建设内容：由围坝、泵站、引水箱涵、退水闸、退水渠、截渗沟、管理设施等其他建筑物组成。

工程投资及批复：2008年3月13日，市发展改革委以《关于报批天津市南水北调配套工程王庆坨水库工程项目建议书的函》（津发改农经〔2008〕151号）批复了该工程项目建议书。2013年5月，市发展改革委以《天津市南水北调中线配套工程王庆坨水库工程可行性研究报告的函》（津发改农经〔2013〕478号）批复了项目的可行性研究报告。2013年11月，市调水办以《关于天津市南水北调中线配套工程王庆坨水库工程初步设计报告的批复》（津调水规〔2013〕24号）批复了初步设计报告，工程概算总投资为19.24亿元，其中征地拆投资13.67亿元，工程建设投资4.38亿元，工程期贷款利息及其他费用1.19亿元。2017年，根据《市水务局印发〈2017年水务建设项目责任分工表〉的通知》，此工程计划投资18964万元。

工程进展情况：工程于2016年4月8日开工建设，截至2017年年底，围坝6570米达到设计高程，泵站主体全部完成，累计完成土方开挖543.8万立方米，土方回填441.9万立方米。2017年完成投资18964万元，累计完成投资188435万元，占总投资的97.92%。

工程参建单位：

项目法人：天津水务投资集团有限公司

代建单位：天津市水务工程建设管理中心

天津水务建设有限公司

设计单位：天津市水利勘测设计院

监理单位：天津市金帆工程建设监理有限公司

天津润泰工程监理有限公司

施工单位：华北水利水电工程集团有限公司

中铁十八局集团有限公司

山东黄河工程集团有限公司

天津市水利工程有限公司

天津振津工程集团有限公司

天津市水利科学研究院

质量监督单位：天津市南水北调工程质量与

安全监督站

4. 武清供水管线工程

该工程（A0+000～A32+880段）是天津市南水北调中线配套工程的一部分。新建管线全长约33.26千米，其中输水干线长为32.88千米，采用1根DN1800与DN1600衔接的PCCP、球墨铸铁管（局部钢管）布置，变径段设置在分水口处，其中DN1800管线长约7.08千米，DN1600管线长约25.8千米。上马台水厂支线长380米，采用1根DN500的钢管布置。管道管顶覆土一般为2.0米左右，滩地及鱼池底管顶覆土一般为1.5米左右。

本工程共穿越铁路桥1处；高速公路1处；穿越主要公路6处；主要交叉河道共11条，其中一级河道2条，二级河道1条。北运河及北京排污河均采用顶管形式穿越，其余河道采用明开下管的方式或与其他公路、高压线等建筑物采取顶管穿越。此外，为保证管道正常运行和事故检修等要求沿线分别设置了排气阀和检修阀等设施。

工程投资及批复情况：2017年5月9日，市南水北调办以《关于批复天津市南水北调中线市内配套工程武清供水工程管线工程（A0+000～A32+880段）初步设计报告的函》（津调水规〔2017〕11号），批复项目初步设计报告，概算总投资47800万元。6月6日，市南水北调办根据《关于下达南水北调中线市内配套工程武清供水工

程管线工程（A0+000～A32+880段）2017年固定资产投资计划的通知》（津调水计〔2017〕9号），下达投资计划资金10000万元，资金来源为水投集团自筹。10月13日，市南水北调办根据《关于下达南水北调中线市内配套工程武清供水工程管线工程（A0+000～A32+880段）2017年第二批固定资产投资计划的通知》（津调水计〔2017〕34号），下达投资计划资金15000万元，资金来源为水投集团自筹。

工程进展情况：工程于2017年11月24日开工建设，截至2017年12月31日，累计交付土地30.679千米，未交付土地2.201千米。完成PCCP管道安装905米，完成钢管安装100米。管材累计生产PCCP2000米，钢管220米。本年投资完成6500万元，累计完成投资12500万元，占工程概算总投资的26.2%。

工程参建单位：

项目法人：天津水务投资集团有限公司

代建单位：天津水务建设有限公司

设计单位：天津市水利勘测设计院

监理单位：天津润泰工程监理有限公司

施工单位：天津振津工程集团有限公司

华北水利水电工程集团有限公司

中铁十八局集团有限公司

天津市水利工程有限公司

天津市管道工程集团有限公司

质量监督单位：天津市南水北调工程质量与

安全监督站

5. 引江向尔王庄水库供水联通工程

此项工程实现了联合运行调度，保障城市供水安全。其功能是当引滦事故停水时利用中心城区供水工程（简称西干线）永青渠分水口分水，通过新建引江加压泵站及供水管道输水至新引河，利用新引河及引滦明渠逆向供水至尔王庄水库。本工程建设项目包括：供水管线工程（永青渠至新引河输水管线）；新建引江供水加压泵站工程。

输水线路由南向北沿永青渠渠底铺设，穿越中泓堤（津永支路）进入永定河泛区，沿中泓故

道渠底由西向东铺设,在屈家店枢纽永定新河进洪闸与新引河进洪闸之间的中隔堤处穿越至新引河左堤滩地,在新引河进洪闸下游170米处设置出口阀井。管线工程全长约11.56千米,采用单孔直径2.4米PCCP,局部转角、穿越等位置采用钢管铺设。管道设计规模10.8立方米每秒,设计内水压力0.3兆帕,管顶覆土平均厚度2.0米。

本工程管道沿线地形较复杂,穿越较多,主要包括117公路闸、青光拦水闸、津霸公路桥、北辰西道桥、双口拦水闸、津保高速公路桥、津永公路、中泓堤(津永支路)、中泓堤闸、屈家店中隔堤及大量地下管线等。此外,为保证管道正常运行和事故检修等要求,沿线分别设置了人孔、排气阀井、检修蝶阀井、出口闸阀等建筑物。在永青渠分水口处布置引江供水泵站,为减少工程永久占地面积,在永青渠上修建拦河泵站,泵站设计规模为10.8立方米每秒。

工程投资及批复情况:2016年8月31日,市发展改革委下达《关于核定引江向尔王庄水库供水联通工程初步设计概算的复函》,核定工程概算总投资44780万元;9月1日,市南水北调办《关于引江向尔王庄水库供水联通工程初步设计报告的批复》(津调水规〔2016〕19号),批复工程总投资44780万元。9月9日,市南水北调办《关于下达南水北调市内配套引江向尔王庄水库供水联通工程2016年投资计划的通知》(津调水计〔2016〕16号),下达该工程2016年投资计划26000万元。2017年7月14日,市南水北调办印发《市南水北调办关于下达南水北调市内配套引江向尔王庄水库供水联通工程2017年投资计划的通知》(津调水计〔2017〕18号),下达该工程2017年的投资计划18780万元。

工程进展情况:2016年10月27日,工程正式开工建设。2017年1月12日,完成全部管线11.56千米的铺设任务;2月,工程完成了泵站泵房土建工程建设任务;4月26日,完成全部机电设备安装工作;4月29日,10千伏外电线路接入泵站,并进行了4台机组调试工作,24英寸机组

调试工作全部完成,工程具备供水条件的建设目标。工程共完成混凝土浇筑15020.72立方米;钢筋制定1832.076吨。累计完成投资44780万元,占总投资的100%。该工程已于2017年9月30日完成正式外电引入,11月17日完成合同完工验收。

工程参建单位:

项目法人:天津水务投资集团有限公司

代建单位:天津市水利投资建设发展有限公司

设计单位:天津市水利勘测设计院

监理单位:天津润泰工程监理有限公司

施工单位:天津振津工程集团有限公司

天津市水利工程有限公司

质量监督单位:天津市南水北调工程质量与安全监督站

【蓟运河治理工程(宝坻八门城至宝宁交界段)】
依据《海河流域防洪规划》《北三河系防洪规划》,根据其自然条件、生态环境及经济发展的要求,针对工程现状及存在的问题,确定设计方案和治理措施,对堤防进行加高加固,对穿堤建筑物进行改建,提高蓟运河该段的防洪、排涝能力,改善生态环境和工程管理状况,使该段达到防洪20年一遇、排涝机排5年一遇、自排10年一遇的治理标准,设计流量为519立方米每秒,从而保证蓟运河该段相应保护区的防洪安全。

工程建设内容:堤防加高加固10.688千米和穿堤建筑物维修加固2座,堤防工程级别为3级。

工程投资及批复:2015年11月10日,市发展改革委以《关于批复蓟运河宝坻八门城至宝宁交界段治理工程项目建议书的函》(津发改农经〔2015〕1041号)批复了项目建议书。2016年7月26日,市发展改革委以《关于批复蓟运河宝坻八门城至宝宁交界段治理工程可行性研究报告的函》(津发改农经〔2016〕656号)批复了可行性研究报告。2016年11月11日,市发展改革委以《关于批复蓟运河宝坻八门城至宝宁交界段治理工程初步设计报告的函》(津发改农经〔2016〕1037号)批复了初步设计报告,批复工程概算总投资

13000 万元。12 月 2 日，市水务局、市财政局以《关于下达蓟运河宝坻八门城至宝宁交界段治理工程 2016 年第一批投资计划的通知》（津水计〔2016〕165 号、津财基联〔2016〕108 号）下达投资计划 3000 万元，资金来源为水投集团筹措。2017 年 3 月 10 日，市水务局以《关于下达蓟运河宝坻八门城至宝宁交界段治理工程 2017 年第一批投资计划的通知》（津水计〔2017〕32 号）下达投资计划 6000 万元，资金来源为水投集团筹措。

工程进展情况：2017 年 3 月 30 日工程开工建设，截至年底，完成主要工程量为土方工程 31.90 万立方米，土方回填工程 0.84 万立方米，混凝土浇筑 6199.40 立方米，钢筋制安 395.2 吨，水泥搅拌桩防渗墙 19829 立方米，浆砌石工程 1261.6 立方米。本年度完成投资数 7000 万元，累计完成投资 9000 万元，占概算总投资的 69.2%。

工程参建单位：

项目法人：天津水务投资集团有限公司

代建单位：天津永新项目管理发展有限责任公司

设计单位：天津市水利勘测设计院

监理单位：天津润泰工程监理有限公司

施工单位：天津振津工程集团有限公司

　　　　　天津市水利工程有限公司

　　　　　天津利安建工集团有限公司

　　　　　天津市明科远景科技发展有限公司

质量监督单位：天津市水务工程建设质量与安全监督中心站

【独流减河宽河槽湿地改造工程】　该工程为结转工程。2017 年 3 月 6 日，市水务局以《关于下达独流减河宽河槽湿地改造工程 2017 年资金计划的通知》（津水计〔2017〕19 号），下达投资计划金额 3600 万元，资金来源为水投集团自筹。工程于 2016 年 7 月 11 日开工建设，截至 2017 年 12 月 31 日，完成全部建设任务，包括外围埝、内部分区隔埝、水鸟栖息岛的土方填筑、部分内部隔埝拆除、内部联通渠、布水渠的土方开挖、穿堤建筑物、穿堤闸函、生态保护设施（修建木栈道、观鸟屋、观鸟台）、隔埝顶道路铺设、水草收割船码头、挺水植物栽植、沉水植物栽植等。累计完成土方填筑 91.46 万立方米，土方开挖 130.26 万立方米，混凝土工程 0.63 万立方米，石方工程 0.42 万立方米，二八灰土铺设 3.94 万立方米，泥结石碎石路铺设 16.51 万立方米，栽植挺水植物 1.21 平方千米，栽植沉水植物 0.78 平方千米。2017 年完成工程投资 3600 万元，累计完成投资 18200 万元，占工程总投资的 100%。

工程参建单位：

项目法人：天津水务投资集团有限公司

代建单位：天津永新项目管理发展有限责任公司

设计单位：天津市水利勘测设计院

监理单位：天津润泰工程监理有限公司

施工单位：天津市水利工程有限公司

　　　　　中铁十八局集团有限公司

　　　　　天津振津工程集团有限公司

质量监督单位：天津市水务工程建设质量与安全监督中心站

【赤龙河治理工程】　赤龙河位于天津市西青区东南部，始建于 1748 年，河道起点与大沽排水河相接，流经津南区、西青区，至小泊泵站入独流减河，沿途流经小金庄、小年庄、大侯庄和大小泊村等，全长 10.1 千米。

根据天津市水资源"开源"需要及主要污染物总量减排工作要求，在"十二五"期间需加快推动再生水利用。根据《天津市"十二五"再生水利用规划》，2015 年新建津沽污水处理厂，该部分污水经处理后入大沽排水河，通过赤龙河进行输送，利用小泊泵站调入独流减河存蓄，通过独流减河右堤泵站提水向静海外调。

赤龙河同时担负着西青区王稳庄镇地区排涝的重要任务，因多年未曾治理，存在河道淤积、调蓄和排涝能力降低、有阻水卡口建筑物等诸多问题。为了充分发挥赤龙河的功能，需对赤龙河大沽排水河至独流减河段 10.1 千米河道进行综合治理。

主要建设内容：建设内容工程主要对赤龙河河道进行清淤扩挖、重建大沽排水河进水闸、新建大侯庄泵站自流涵洞、新建穿津淄公路、穿李港铁路联通管道、重建小泊泵站、对沿线阻水涵桥进行拆除重建等。

工程投资及批复：2016 年 7 月 11 日，市发展改革委以《关于批复赤龙河治理工程可行性研究报告的函》（津发改农经〔2016〕609 号）批复了工程可行性研究报告。9 月 7 日，市发展改革委以《关于批复独流减河左堤提升工程初步设计的函》（津发改农经〔2016〕839 号）批复工程初步设计报告，概算总投资 11900 万元。9 月 27 日，市水务局、市财政局《关于下达赤龙河治理工程 2016 年投资计划的通知》（津水计〔2016〕141 号、津财基联〔2016〕93 号），下达该工程 2016 年投资计划 5000 万元，资金来源为水务投资集团筹措 3810 万元，西青区自筹 1190 万元。12 月 2 日，市水务局、市财政局《关于下达赤龙河治理工程 2016 年第二批资金计划的通知》（津水计〔2016〕162 号、津财基联〔2016〕105 号），下达该工程 2016 年第二批投资计划 2000 万元，资金来源为 2016 年市水利建设基金（城市基础设施配套费）。2017 年 4 月 10 日，市水务局以《关于下达赤龙河治理工程 2017 年资金计划的通知》（津水计〔2017〕53 号）文件，对工程下达了第三批投资计划 4900 万元，资金来源为水务投资集团筹措。

工程进展情况：工程于 2016 年 12 月 23 日开工建设，截至 2017 年 12 月底，完成全部征迁工作以及清淤扩挖工作。累计完成河道清淤 21.0312 万立方米，河道土方开挖 60.2 万立方米，混凝土 1.7 立方米，浆砌石 2.8 万立方米。累计完成投资 11900 万元，占概算总投资的 100%。

工程参建单位：

项目法人：天津水务投资集团有限公司

代建单位：天津水务建设有限公司

设计单位：天津市水利勘测设计院

监理单位：天津润泰工程监理有限公司

施工单位：天津利安建工集团有限公司

中铁十八局集团有限公司

天津市水利工程有限公司

天津振津工程集团有限公司

质量监督单位：天津市水务工程建设质量与安全监督中心站

【南运河治理工程（津冀交界至独流减河段）】　该工程于 2015 年 4 月 15 日开工建设，于 2015 年 12 月 31 日完工，在 2016 年年初完成工程尾工项目。2017 年开展相关验收工作，完成分部工程验收和单位工程验收工作。其中，8 月 12 日由静海县水利工程建设管理中心组织完成工标险工治理部分验收；8 月 18 日，由静海县水利工程建设管理中心组织完成工标建筑物工程单位工程验收。

工程参建单位：

项目法人：天津水务投资集团有限公司

代建单位：天津市静海县水利工程建设管理中心

设计单位：天津市水利勘测设计院

监理单位：天津市泽禹工程建设监理有限公司

施工单位：天津市源泉市政工程有限公司

天津市振津工程集团有限公司

【海河口泵站工程】　该工程于 2014 年 12 月 30 日开工建设，于 2016 年年底完成全部工程建设内容。2017 年开展相关验收工作，4 月 25 日，由建管中心组织完成单位合同验收；7 月 26 日，由基建处组织完成首末台机组启动验收；11 月 1 日，由建管中心组织完成环境保护工程验收；11 月 17 日，由建管中心组织完成水土保持设施验收。

工程参建单位：

项目法人：天津水务投资集团有限公司

委托单位：天津市水务工程建设管理中心

设计单位：天津市水利勘测设计院

监理单位：天津市泽禹工程建设监理有限公司

施工单位：天津市水利工程有限公司

天津市振津工程集团有限公司

质量监督单位：天津市水务工程建设质量与

安全监督中心站

（水务集团）

【于桥水库入库河口湿地工程】 该工程为结转工程。2017 年结转投资 7130 万元，根据《市水务局关于调整 2017 年水务建设目标的通知》（津水计〔2017〕123 号）文件，中期调减至 6730 万元。工程于 2015 年 6 月 20 日开工建设，截至 2017 年 12 月底，累计完成：①西侧水库滩地新开挖河道 1.8 千米，交通桥 7 座，闸涵 27 座，新建橡胶坝 1 座，果河封堵堰 1 座，新建湿地围堤、进水渠、排水渠、湿地隔埝等渠系建设，混凝土道路、泥结石道路、管理用房、单元造型以及芦苇、杨树、柳树、紫穗槐的栽植，完成管理房场区道路、停车场铺砖等施工；②南河：完成站前闸施工，主泵房基础浇筑，主泵房后池回填，南河连通渠开挖，站前闸两侧护砌；③漳泗河：完成主泵房建设。本年度完成工程量：土方开挖 65 万立方米，土方回填 136.2 万立方米，石方 36827 立方米，混凝土浇筑 2293 立方米，钢筋制安 950 吨。累计完成清淤 236.5 万立方米，土方开挖 626.5 万立方米，土方回填 595.6 万立方米，石方 53684 立方米，混凝土浇筑 41073 立方米，钢筋制安 2869.5 吨。本年度完成投资 6730 万元，占年度任务指标的 100%。累计完成投资 55500 万元，占工程总投资的 99.28%。

工程参建单位：

项目法人：天津水务投资集团有限公司

代建单位：天津市引滦工程建设管理中心

设计单位：天津市水利勘测设计院

监理单位：天津市泽禹工程建设监理有限公司

施工单位：天津市津水建筑工程公司

天津振津工程集团有限公司

天津市水利工程有限公司

天津利安建工集团有限责任公司

（引滦工管处）

【老旧排水管网及泵站改造工程】 截至 2015 年年底，全市中心城区有市管排水管道约 3580 千米，市管排水泵站 226 座。市管排水管道中运行 30 年以上的约 769 千米，其中约有 36.7 千米为带病运行，存在安全隐患。市管排水泵站由于建设年限跨度大，建设伊始根据当时的社会经济及供电系统负荷情况，为单电源供电的泵站共有 119 座，供电可靠性和安全性较低，同时大部分泵站自动化水平较低。排水管道和泵站作为城市重要的基础设施，需保证其安全可靠运行。因此，为保障中心城区排水管道和泵站安全可靠运行，提升城市排水设施保障能力，适应经济社会发展需求，开展中心城区老旧排水管网及泵站改造工程。

2016 年 4 月 27 日，市发展改革委以《关于中心城区老旧排水管网及泵站改造工程项目建议书的批复》（津发改城市〔2016〕338 号）批复工程立项。12 月 1 日，市发展改革委以《关于中心城区老旧排水管网及泵站改造一期工程可行性研究报告的批复》（津发改城市〔2016〕1084 号）批复了工程可行性研究报告，项目估算总投资 7.5 亿元，资金由市水务局商市财政解决。建设内容：①中心城区老旧排水管网改造，对蒙古路（万全道—锦州道）、昆仑路（富民路—娄山道）、友谊路（围堤道—乐园道）、新开河马蹄管（地纬路—金钟河大街）、长春道（南京路—辽宁路）等 13 条老旧排水管道进行改造，共计 15.9 千米；②排水泵站供配电系统改造，对密云路、王顶堤、增产道等 36 座泵站供配电系统进行改造，将单电源设备供电方式改造为双电源设备供电方式；③泵站自动化改造及防汛信息系统升级改造，对气象台路、海光寺、南京路等 37 座泵站自动化系统进行改造，对中心机房设备进行升级改造，对排管处、一所所部、气象台路等 34 处雨量监测系统进行升级改造，对防汛视频会商系统、泵站远程控制平台软件进行升级改造。

1. 排水泵站供配电系统改造工程

截至 2015 年年底，天津市中心城区市管排水泵站共计226座，仍为单电源供电的泵站共有119座。排水泵站作为城市重要的基础设施，单电源供电泵站一旦出现电源故障，将直接导致雨水、污水无法排除。为提高单电源泵站供配电系统的可靠性和安全性，加强城市排水设施保障能力，对中心城区部分单电源供电泵站进行供配电系统改造是必要的。由于泵站改造数量大、分布范围广，结合实施条件，为使工程尽快发挥作用，按照轻重缓急的原则计划分批实施，本次实施的排水泵站供配电系统改造第一批工程包括体院北雨水泵站、金纬路雨水泵站等共20座，按照三种类型进行改造：①增加一路10千伏电源，更换高低压开关柜和变压器等，本类型包括密云路雨水泵站、王顶堤雨水泵站共14座；②增加一路10千伏电源，更换或改造电气设备，本类型为光华桥雨水泵站和光华桥西地道泵站；③增加一路10千伏电源，增设箱式变电站，本类型为雅安道雨水泵站、宾水西道地道泵站等共4座。

投资及批复：2017年2月15日，市发展改革委下达《关于下达中心城区老旧排水管网及泵站改造一期工程排水泵站供配电系统改造第一批工程2017年固定资产投资计划的通知》（津发改投资〔2017〕119号），批复工程概算总投资12589万元。2月21日，市水务局以《关于下达中心城区老旧排水管网及泵站改造一期工程排水泵站供配电系统改造第一批工程第一批资金计划的通知》（津水计〔2017〕10号），批复第一批资金7850万元。

工程进展情况：工程于2017年9月20日开工，截至2017年年底，完成外线勘察设计招标工作，正在深化部分电力外部图纸，完成部分泵站土建改造，完成15个泵站外部电力缴费。完成工程投资2492.3万元，占总投资的19.8%。

工程参建单位：

项目法人：天津市水务投资集团有限公司

委托单位：天津市排水管理处

设计单位：中国市政工程华北设计研究总院有限公司

监理单位：津政汇土（天津）建设工程监理有限公司

施工单位：天津春雨电力工程有限公司

质量监督单位：天津市水务工程建设质量与安全监督中心站

2. 泵站自动化改造及防汛信息系统升级改造工程

中心城区226座市管排水泵站中只有67座纳入远程监控平台，实时调度和自动化水平较低。同时，中心城区防汛调度系统经过多年运用，部分设备老化，给实时监测和科学调度带来不便。为提高中心城区排水泵站自动化水平，增强防汛调度的科学性和及时性，加强城市排水设施保障能力，对泵站自动化及防汛信息系统升级改造是必要的。

投资及批复：2017年3月1日，市水务局以《关于中心城区老旧排水管网及泵站改造一期工程泵站自动化及防汛信息系统升级改造工程初步设计的批复》（津水规〔2017〕15号），批复核定工程投资概算为1919万元。12月12日，市水务局以《关于调整中心城区2017年二级河道清淤工程等项目资金计划的通知》（津水计〔2017〕119号），批复工程资金1919万元。

工程进展情况：工程于2017年9月20日开工，截至2017年年底，完成34座泵站的雨量监测改造分部工程施工、全部防汛视频会商系统升级改造施工及部分泵站的自动化改造施工。完成工程投资1100万元，占总投资的57%。

工程参建单位：

项目法人：天津市水务投资集团有限公司

委托单位：天津市排水管理处

设计单位：中国市政工程华北设计研究总院有限公司

监理单位：天津润泰工程监理有限公司

施工单位：铁通工程建设有限公司

质量监督单位：天津市水务工程建设质量与安全监督中心站

（排管处）

建 设 管 理

【概述】 2017 年，市水务局围绕"实施'六项工程'，实现'六能'"的工作思路，紧贴项目建设，推动管理下沉、执法下沉，一方面强化牵头推动，从工程进度、质量和安全方面抓实重点水务工程建设管理；另一方面强化政策规范和执法监管，完善建设市场诚信体系、深化大气污染综合治理、提升基本建设程序管理水平、加快验收工作进度、规范参建单位现场履职能力建设、做好农民工工资支付保障和完善政策法规建设等方面，抓实建设市场管理，切实维护好建设市场秩序，全力做好水务工程监管、服务和推动工作。

【水务工程建设行业管理】 2017 年，严格规范市行政审批事项管理，编制完成竣工联合验收审批指南。严格落实水利部关于调整施工准备开工条件意见，完善开工管理，对 17 项新开工项目实施"两承诺、四交底、一复核"。做好河道断流工程的开工核查工作。严格执行《建设项目环境保护管理条例》关于基本建设程序调整要求，加强建设程序报备复核管理，全年完成项目法人备案 45 项、开工备案 24 项、实行开工档案复核 6 次。

健全水务建设行业管理法律体系。对《天津市水利工程建设管理办法》提出修正意见，报市政府法制办审核确认。修订完成《天津市水利工程建设程序管理规定》，编制完成《天津市水利工程建设项目法人管理规定》《天津市水利建设市场主体信用信息应用管理办法》。

完成 2016—2017 年度水利建设质量考核工作。牵头成立市水务局质量考核工作领导小组，强化考核全过程质量管控，以赤龙河小泊泵站、牛家牌泵站和独流减河橡胶坝工程为样板，查找质量短板，完善档案资料，打造规范统一的水务施工场区外观环境。牵头做好各项迎检工作，顺利完成水利部对天津市 2016—2017 年度水利建设质量考核工作，考核成绩为全国第七，实现冲 A 目标。

完善水务建设市场诚信体系。完成 49 家市场主体 2016 年度、9 家市场主体 2017 年度信用评价市场行为赋分。将安全生产标准化建设、重大隐患排查治理、非法违法行为、安全生产事故纳入市场主体信用评价管理。修订监理和施工企业不良行为认定标准，将农民工工资拖欠、检测造假和安全隐患纳入三级不良行为。对赤龙河治理、南水北调滨海新区供水工程有关的 11 家责任单位做出三级不良行为认定。

构建现场质量保证体系。以质量考核为契机，开展水务工程质量专项检查考核。加强汛期质量安全保障措施落实，对潮白河部分堤段路基、蓟运河部分挡墙拆除段存在的隐患逐项跟踪销号。规范检测市场行为，开展 8 次检测数据、实验室检测程序和监理、施工单位送检样品检测专项检查。抓好标准化工地建设，印发文明施工标准化图集，选树一批质量过硬、管理规范的水务工程，在行业内推广。印发水务工程安全生产网格化管理导则，为建设单位安全生产管理定岗、定责、定工作内容和检查频次。建立安全生产隐患治理督办台账，严格落实重大隐患挂牌督办制度。推进安全生产专家检查制度，委托中介机构对 18 项工程开展第三方专家检查。

做好农民工工资支付保障。成立市水务局保障水务工程建设领域农民工工资支付工作领导小组及办公室，印发农民工工资支付工作方案，对治欠保支工作进展情况实施定期调度。对宝坻区开展治理拖欠农民工工资问题专项督查。

规范参建单位履职管理。印发《市水务局关于进一步加强水务工程建设监理工作的通知》，制定任务分解台账，明确责任人和完成时限，确保各项措施到位。强化项目现场抽查暗访，检查超负荷管理、超出规定范围承揽项目、超出承载能力过度承担建设任务、一人兼多职而产生的管理失位缺位现象。强化监理行为能力建设，组织召开建设、施工、监理三个层面座谈会。

水务集团所属华淼设计院设计的"中新天津生态城东北部片区给水加压泵站工程"和"邹平

县城市污水处理厂回用水工程"获 2017 年度"海河杯"优秀工程勘察设计奖。

【项目法人制】 对全市项目法人进行年度考核，修订考核评分标准，将项目法人日常考核与执法检查相结合。开展项目法人培训需求座谈，有针对性开展项目法人培训，累计培训 80 余人次。

【建设监理制】 2017 年，全市水利工程严格实行监理制，工程监理率达到 100%。截至 2017 年年底，全市共有 8 家具备监理资质的企业（下表），具备水利施工监理甲级资质的 3 家，乙级资质 1 家，丙级 4 家。

天津市具备监理资质企业情况表

序号	单位名称	具备资质
1	天津市泽禹工程建设监理有限公司	施工监理甲级；环保监理、水保监理丙级
2	天津市金帆工程建设监理有限公司	施工监理甲级；环保监理、水保监理乙级
3	天津润泰工程监理有限公司	施工监理甲级
4	天津华水水务工程有限公司	施工监理丙级
5	天津市昊天工程建设监理咨询有限公司	施工监理丙级
6	天津利源工程监理有限公司	施工监理乙级
7	天津水缘工程咨询有限责任公司	施工监理丙级
8	天津华地公用工程建设监理有限公司	施工监理丙级

【合同管理制】 2017 年，全市水利工程项目继续加大合同管理力度，规范合同签订，增强参建各方的合同履约意识，制定项目法人、施工、监理等参建单位合同履约评分表和主管部门合同监管评分表，逐步建立政府部门监管、合同双方监督的评分体系，并将合同履约行为纳入诚信体系，促使双方履行合同承诺到位，提升建设管理水平。

（基建处）

【招标投标制】 加强应招标项目台账管理。根据《2017 年水务建设项目投资建议计划总表》分解确定的招标项目监督台账，对 100 万元以上的建设工程进行分类，并明确重点监督项目。根据《2017 年水务建设项目任务目标调整情况表》，对 2017 年应招标项目投资计划进行调整，全年共完成招标项目投资 23.7 亿元。天津市主要水务工程建设项目均已完成招标工作。

强化项目招标审批服务。为保证十三届全运会顺利召开，提升水环境质量，展现天津市形象，为海河处、排管处等部门的多个水环境治理项目提供免于招标相关政策咨询。全年共完成了 7 个项目免于招标的批复工作。

负责加大招标投标工作监督力度。检查出宝坻区水利工程建设管理中心在"宝坻区大钟西灌区节水配套工程"等 5 个项目的工程勘察设计部分未按照相关法律法规进行招标投标。依据法律法规对该项目法人进行了立案调查，并配合进行了行政处罚，坚决纠正招标投标过程中的违规行为。

修订《天津市水利工程建设项目招标投标管理规定》。依据《中华人民共和国招标投标法》《中华人民共和国招标投标法实施条例》等相关法律法规，修订了《天津市水利工程建设项目招标投标管理规定》，结合天津市水务建设工程招标投标实际情况，对原《天津市水利工程建设项目招标投标管理规定》中的招标、投标、开标、评标、中标、监督等 20 项条款，从结构和相关内容上进行了修订和补充，完善了招标投标管理体系，提升了招标投标规范化水平。

【有形市场管理】 2017 年，进入天津水务工程招标投标交易平台（以下简称平台）进行交易的项目 404 个，总投资 195.95 亿元，其中传统水利项目 252 个、投资 110.33 亿元；农田水利项目 32 个、投资 6.22 亿元；城乡供水项目 31 个、投资 30.20 亿元；排水工程项目 68 个、投资 44.19 亿元；其他项目 21 个，投资 5.01 亿元。

2017 年，平台共完成开评标 671 批次，780 个标段，总交易金额达 68.07 亿元，其中勘察设计 124 个标段、监理 92 个标段、采购 30 个标段、服务 95 个标段、施工 439 个标段，中标价为 61.98 亿元。全年，平台共受理投标报名 4555 家次，随机抽取评标专家 3095 人次。

开展天津市水务系统专家评标指南制定工作。进一步加强评标专家管理，在借鉴和吸收各省（直辖市）、各行业评标专家管理措施和制度的基础上，编制了《天津市水务系统评标专家指南》，并召开专题研讨会，广泛征求水务系统评标专家、招标代理机构、招标人等相关市场主体的意见和建议，为规范评标专家行为，严肃评标纪律，提高评标工作水平打下坚实基础。

天津市水务工程电子招标投标交易平台按照《电子招标投标办法》《电子招标投标系统检测认证管理办法（试行）》的要求，于 2017 年 10 月委托中国信息安全认证中心申请认证，严格按照相关规定和标准，顺利完成申报资料、规范制度准备、现场检测、问题整改、电子招投标项目试运行，认证现场审核和整改等一系列检测认证工作程序，并获得"二星"级认证证书，成为天津市首家通过国家级检测认证的交易平台，同时成为全国水利系统第一家通过检测认证的水利专业交易平台。

（建交中心）

【质量监督与安全生产】 2017 年，监督中心站注重质量与安全监督的全过程管理，工程建设质量与安全处于受控状态，全市水务工程建设未发生质量与安全事故。工程一次性验收合格率达 100%，重点水务工程单元工程优良率为 92.5%，一般工程单元工程优良率为 80.0%。

监督工作开展情况。全年新办理质量监督手续工程项目 42 项。各项工程开工前，监督人员均按照监督工作要求并结合工程实际情况，制订监督计划，明确各工程项目监督检查的内容和重点，对参建单位开展监督交底，强化监督工作针对性。

在各工程项目主体工程开工前和工作时限内，审核确认了项目法人提交的工程项目划分。工程建设过程中，注重对各参建单位质量安全体系和质量安全管理行为的监督检查，及时发现工程建设过程中的质量安全隐患和问题，下达质量安全整改通知 10 份，督促各参建单位及时整改，对严重违规行为进行查处，并全市通报。对在建工程开展监督飞检，2017 年，监督中心站对在建水利工程原材料、中间产品等，委托专业检测机构开展监督飞检 23 次，形成检测报告 80 份，对 6 项工程的实体质量进行了专项检测，检测结果均合格。

迎接水利部水利建设质量工作考核。市水务局党委召开会议专题研究部署 2016—2017 年度水利部质量考核工作，成立由主管局领导任组长的质量考核工作领导小组，多次召集市水务局相关单位、各区水务局、各工程参建单位主要负责人召开质量考核工作会议，安排部署质量考核工作。2017 年 9 月 11—16 日，水利部对天津市 2016—2017 年度水利建设质量工作进行了考核。考核组听取了全市水利建设质量工作的总体情况汇报，查阅了全市水利建设质量工作总体考核的相关资料，并在考核年度在建工程中抽取了中泓排洪闸除险加固工程、西青区黄家房子泵站工程、蓟运河宝坻八门城至宝宁交界段治理工程、静海区独流减河橡胶坝工程等 4 项工程开展了项目考核。考核组依据考核细则要求，对全市水利建设质量工作进行了赋分，考核各项工作顺利完成。12 月 7 日，水利部以《水利部关于 2016—2017 年度水利建设质量工作考核结果的公告》（水利部〔2017〕31 号）对考核结果进行了公布，天津市取得了 A 级第 7 名的成绩。

开展全市水利建设质量工作考核。根据水利部和天津市对各区开展水利工程建设质量考核工作的相关要求，2017 年上半年，对 2015 年制定的《天津市水利建设质量工作考核办法》进行修订并再次印发，同时还制定和印发了《天津市 2016—2017 年度水务建设质量工作考核的通知和质量考核工作方案》。2017 年 6 月 19 日至 7 月 3 日，由监督中心站会同基建处、建交中心组成考核组,对各区水利建设质量工作进行了全面考核。经综合考评,形成最终考核等级结果,报市水务局审定并公告。考核结果印发给各区水行政主管部门,并抄送市质量工作领导小组办公室和各区人民政府。2016—2017年度对各区水利工程建设质量工作考核结果为:A级有西青区、武清区;B级有静海区、蓟州区、宝坻区、北辰区、滨海新区;C级有东丽区、津南区、宁河区。

开展标准化工地建设和现场学习观摩。2017年4—7月,监督中心站、基建处按照局领导部署,选取独流减河橡胶坝和小泊泵站2个工程项目,通过聘请专家,开展现场检查指导,规范施工现场管理和工程资料整编工作,打造标准化工地,以典型引路、树立榜样,推进水务工程标准化建设常态化,提升全市水务工程建设标准和管理水平。组织召开标准化工地现场观摩会,通过讲解标准化工地建设情况,开展质量控制专项方案现场教学,查阅工程建设整编资料,对市区两级水务工程项目法人、区监督站,以及设计、监理、施工等共20余家单位80余人进行了全面培训,做到学有标准,赶有榜样。

加强对重点水务工程建设监督工作。为确保重点工程建设质量与安全,对先锋河调蓄池工程、新开河调蓄池工程开展设站监督。在工程开工前,监督中心站以正式文件成立了监督项目站,确定了项目站负责人和具体监督人员。召集两个工程参建单位,研究工程项目划分、引用标准和质量评定表格编制等工作,各项监督工作有序开展。

质量安全培训工作。2017年4月、11月和12月,分别举办了水务工程建设资料整编培训班、水务工程质量与安全监督培训班和水利工程建设强制性标准条文培训班。结合监督工作实际,聘请有关专家讲解了工程资料整编、单元工程施工质量验收评定表及填表说明、质量与安全监督工作流程、质量安全监督移动工作平台APP使用、水利工程建设标准强制性条文(2016版)等内容。对全市水务工程项目法人、设计单位、监理单位

和施工单位有关管理人员,以及各区监督站监督人员进行了培训,培训人员290余人次。

对各区监督站进行指导。注重各区监督站的建设工作,结合工程实际对区监督人员进行业务交流和指导,主动下基层为各区水务局、区监督站解决质量安全管理工作中的问题,推动各区落实监督机构和监督人员。调研各区水务局质量与安全监督工作现状及存在的问题;交流市区两级监督工作机制和事权划分,促进全市水务工程质量安全监督工作水平不断提升。

(质量监督中心站)

【**水利建设工程质量检测**】 2017年,检测中心按照市调水办、监督站下达的监督计划,对在建工程开展了原材料及中间产品监督抽检工作。同时按照水利工程建设文件要求,开展水利工程第三方及竣工验收检测工作,对全市水利工程用原材料、中间产品、实体结构质量及尺寸外观进行检测。承担的主要项目包括武清区清北泵站工程、武清区泗村店泵站改造工程、武清区北郑庄泵站改造工程、静海区橡胶坝工程、后屯泵站工程等50多项大中型水利工程,为保证全市水利工程建设质量提供技术支持。开展水利工程检测能力提升项目,对实验室环境及布局进行了改善,配备了水下测深仪、电子水准仪、钢筋扫描仪等先进检测设备,为更好地开展三方及竣工检测业务提供了保障。完成了实验室水利部混凝土、岩土、量测三项甲级资质的复评换证及检测员资质继续教育工作,组织并通过了国家认可委组织的认可复评审、天津市水利建设管理中心组织的"2017年天津市水利工程质量检测单位专项检查"及天津市场委组织的专项监督检查,保证了检测能力的延续性。

(水科院)

【**大气污染综合治理**】 2017年,全面做好中央环保督查、全运会期间环境空气质量保障和秋冬季攻坚方案落实等工作,严格落实"六个百分百",

建立水务工程四级网格化管理体系，加强118项特许施工项目监管，实施在建工程空气质量监测和扬尘在线监控双设备，建立土石方作业开工申报审查备案、开竣工清单制度。全面深化工程渣土和非移动机械管理，实施新开工工程非道路移动机械申报制度。全面执行"执法检查＋行政处罚"的监管执法模式，执法检查人员现场抄罚单，下发整改通知。全年累计启动重污染天气应急响应12次，开展扬尘管控专项检查150次，达标天数209天。

【建设项目检查】 2017年，组织开展项目法人履职行为检查、扬尘治理检查、重点工程联合检查、检测单位专项检查、档案痕迹专项检查、汛前及安全隐患排查专项检查、高温安全度汛专项检查、冬季施工检查、水十条专项检查、交叉检查、市级委办局联合检查等11类在建重点水务工程专项检查共计262项次。全年下发现场整改通知单67份，反馈意见7份，整改通知12份，约谈通知6份（约谈项目法人5次，施工单位1次）。

全年推动执法检查纵深发展。实行"两清单一档案"管理，建立权责清单和负面清单的事前公示、事中公示、事后公示制度。启动指纹打卡考勤系统，在独流减河橡胶坝工程、津港运河泵站工程、赤龙河综合治理工程、生产圈泵站工程安装指纹打卡机，录入参建单位人员信息，进一步强化建设的过程控制。

（基建处）

【建设项目稽查】 按照水利部《关于加强地方水利稽察工作的通知》要求，组织编制了《2017年度水务工程建设项目稽察工作实施方案》，通过局稽查领导小组工作会议审议后，印发执行。

扎实开展稽查工作，保质保量完成8个工程项目稽查，共稽查出前期设计、建设管理、计划下达与执行、资金管理、质量与安全等45个存在问题，下达整改通知书8份，整改率达到100%，进一步规范了法人、资金、质量和安全管理行为。

开展稽查专家和人员培训。12月下旬，对天津市水务工程稽查专家、项目法人负责人进行业务培训，聘请水利部稽察办专家进行授课，进一步提高天津市稽查专家和人员的政治素质和业务水平。

（安监处）

【验收管理】 2017年，完成验收项目43项（下表），圆满完成年初制定的目标任务。对97项遗留项目建立问题台账。依托重大工程指挥部全力推动中央投资的流域项目、市管泵站工程竣工验收工作。深入水投、排水管理处、静泓投资公司等项目法人单位开展竣工验收"一对一"培训指导。建立季度通报制度，对验收滞后的项目法人下达验收催办单、实施约谈和通报，并纳入项目法人年度考核。累计下发验收催办单19次、约谈项目法人11次。

2017年度水务工程竣工验收项目一览表

序号	项　目　名　称	验收主持单位	验收日期	验收结果
1	上仓污水处理厂配套管网工程一期项目	区自验	2017年1月5日	合格
2	于桥水库库区22米界桩更换及警示牌安置	区自验	2017年1月9日	合格
3	天津市宝坻区高效节水重点县2013年度建设项目	区自验	2017年2月15日	合格
4	宝坻区2014年度农用桥闸涵维修改造工程	区自验	2017年3月10日	合格
5	宝坻区2013年度农用桥闸涵维修改造工程	区自验	2017年3月10日	合格
6	宝坻区西老口泵站更新改造工程	市水务局	2017年5月10日	合格

续表

序号	项 目 名 称	验收主持单位	验收日期	验收结果
7	宝坻区西河口泵站更新改造工程	市水务局	2017 年 5 月 10 日	合格
8	2010 年天津市海堤加固工程（一期）	市水务局	2017 年 5 月 25 日	合格
9	津南区花园泵站拆除扩建工程	市水务局	2017 年 5 月 27 日	合格
10	2011 年天津市海挡工程	市水务局	2017 年 6 月 2 日	合格
11	天津市杨柳青防汛仓库改建工程	市水务局	2017 年 6 月 16 日	合格
12	永定新河大张庄闸及永金引河分水闸除险加固工程	市水务局	2017 年 6 月 23 日	合格
13	2015 年度滨海新区北大港水库库区和移民安置区基础设施二期项目	市水务局	2017 年 6 月 27 日	合格
14	宝坻区高效节水重点县 2015 年度建设项目	区自验	2017 年 6 月 30 日	合格
15	沧浪渠治理工程	市水务局	2017 年 6 月 30 日	合格
16	2014 年规模化节水灌溉工程	区自验	2017 年 6 月 30 日	合格
17	2015 年天津市蓟州区于桥和杨庄水库库区和移民安置区基础设施项目	市水务局	2017 年 7 月 3 日	合格
18	2013 年中小河流重点县综合治理和水系连通试点天津市宝坻区黄庄洼退渠黄庄镇治理工程	区自验	2017 年 7 月 30	合格
19	2013 年中小河流重点县综合治理和水系连通试点天津市宝坻区青龙湾故道大白庄镇治理工程	区自验	2017 年 7 月 30 日	合格
20	2013 年中小河流重点县综合治理和水系连通试点天津市宝坻区闫东干渠尔王庄镇治理工程	区自验	2017 年 7 月 30 日	合格
21	天津市马厂减河九宣闸除险加固工程	市水务局	2017 年 9 月 7 日	合格
22	蓟运河宁汉交界—李自沽闸段治理工程（宁汉交界—津汉改线桥段部分）	市水务局	2017 年 10 月 24 日	合格
23	大黑汀水电站增效扩容改造工程	市水务局	2017 年 10 月 26 日	合格
24	天津市黄庄洼分洪闸除险加固工程	市水务局	2017 年 10 月 30 日	合格
25	蓟县 2015 年农村排沥河道治理工程	区自验	2017 年 10 月 30 日	合格
26	宝坻区绣针河上游段治理工程	区自验	2017 年 11 月 3 日	合格
27	宝坻区绣针河（3 + 100 ~ 8 + 100 段）治理工程	区自验	2017 年 11 月 3 日	合格
28	宝坻区导流河（6 + 000 ~ 9 + 000 段）治理工程	区自验	2017 年 11 月 3 日	合格
29	于桥水库湿地道路工程	引滦工管处	2017 年 12 月 15 日	合格
30	静海区 2012—2014 年高效节水重点县工程	静海区水务局	2017 年 12 月 15 日	合格
31	2016 年滨海新区北大港水库库区和移民安置区基础设施项目	市水务局	2017 年 12 月 20 日	合格
32	华盛道污水管道工程	市水务局	2017 年 12 月 21 日	合格
33	平山道（水映兰庭小区—天水大酒店段）污水管道改造工程	市水务局	2017 年 12 月 21 日	合格
34	琼州道（大沽南路—福建路）污水管道改造工程	市水务局	2017 年 12 月 21 日	合格
35	鲍丘河治理工程（西河务段）	市水务局	2017 年 12 月 26 日	合格
36	天津市武清区耿庄泵站更新改造工程	市水务局	2017 年 12 月 27 日	合格

续表

序号	项 目 名 称	验收主持单位	验收日期	验收结果
37	天津市北运河东泵站更新改造工程南口哨泵站工程	市水务局	2017 年 12 月 27 日	合格
38	天津市 2014 年水土流失重点治理工程	区自验	2018 年 1 月 11 日	合格
39	2015 年度蓟县小型农田水利重点县建设项目	区自验	2018 年 1 月 11 日	合格
40	清水工程王兰庄地区河道水循环工程	市水务局	2018 年 1 月 12 日	合格
41	清水工程月西河（保利一号桥—节制闸段）清淤截污工程	市水务局	2018 年 1 月 12 日	合格
42	清水工程四化支河清淤工程	市水务局	2018 年 1 月 12 日	合格
43	清水工程中心城区先锋河等 5 条二级河道截污工程	市水务局	2018 年 1 月 12 日	合格

【水利工程管理协会工作】 2017 年 11 月 30 日，召开全体会员大会，研究协会注销事宜。大会应到会员代表69 人，实到会员代表56 人，符合《天津市水利工程管理协会章程》。经会员代表举手表决一致同意注销天津市水利工程管理协会。截至 12 月底，正在按程序进行注销报批工作。

（基建处）

工 程 管 理

河道闸站管理

【概述】 2017 年，河道工程管理以抓基础、促提高、上水平为核心，重点完善基础工作，落实"网格化"巡查体系、加强管理考核、强化日常养护、规范专项工程和涉河建设项目管理，严格涉水永久性保护生态区域管理，推动河道绿化建设、落实防抢责任。完成全运会水上项目海河赛道蓝藻应急治理任务，有效保障了全运会期间河道的水环境，完成 2 座水利工程市级水管单位考核验收；市管河道堤防管理达标率提高到 74%，直属闸站设施设备完好率提高到 94%；维修工程汛前全部完工并发挥作用，可参评项目优良率达到 80%，河道闸站工程管理水平取得了显著提升，展现了新时期水务工作的新风貌。

（工管处）

【水管体制改革】 局直属水管单位 9 个，水管单位公益性人员基本支出费用应落实 60979.3 万元，已落实 57511.7 万元，占应落实比例 94.3%，其中已落实财政拨款 44632.0 万元。公益性部分维修养护经费应落实 45850.5 万元，已落实 41181.8 万元，占应落实比例 89.8%，其中已落实财政拨款 40149.4 万元。

上述经费中，市直属单位公益性人员基本支出和工程公益性部分维修养护经费落实率均为 100%。

局直属水管单位人员应参加社会保障 2561 人，已参保 2561 人，占应参保人数的 100%。

（顾　方）

【行洪河道工程维修维护】 2017 年，共安排河道维修专项工程 41 项，投资 6240 万元（下表）。完成河道护砌 2.59 千米，灌浆 1.18 千米，堤防路 32.41 千米，护坡维修 1.4 千米，闸涵维修加固及管理设施改造 7 座，清淤 36070 立方米。各项目管理单位严格按政府采购要求，对工程费用超过 20 万元的项目进行了政府采购，同时注重收集工程视频图像资料，加强工程验收的视频图像资料准备，每项工程均有完整的文字、图像档案。

2017 年河道专项维修工程投资计划表

序号	项目名称	建设地点	河道	位置或桩号	长度/米	投资计划合计/万元	市水利建设基金/万元	市土地出让金/万元	主要建设内容
一	北三河处					2037.00	2037.00		
1	沟河左堤（33 + 000 ~ 36 + 500 段）堤顶硬化工程	蓟州	沟河	左堤 33 + 000 ~ 36 + 500 段	3500	241.00	241.00		对该段堤顶修筑混凝土路面，宽 3.5 ~ 4 米，对两侧堤肩进行整修，修筑错车平台、上堤路，安装限行墩、警示宣传牌等

序号	项目名称	建设地点	河道	位置或桩号	长度/米	投资计划合计/万元	市水利建设基金/万元	市土地出让金/万元	主要建设内容
2	蓟运河右堤民会段堤顶硬化工程	宝坻	蓟运河	右堤民会段	2000	190.00	190.00		对该段堤顶修筑混凝土路面,宽4.5米,对两侧堤肩进行整修,修筑上堤路,安装限行墩、警示宣传牌等
3	蓟运河左堤赵各庄段堤防加固工程	蓟州	蓟运河	左堤赵各庄	200	107.00	107.00		对该段进行混凝土搅拌桩截渗,桩深15米,迎水侧堤肩单排布置,总长度200米
4	蓟运河右堤王善庄村北段护坡维修工程	宝坻	蓟运河	右堤王善庄村北	500	77.00	77.00		对该段堤防迎水浆砌石护坡进行维修,剔除勾缝,M15砂浆勾缝,护坡底部采用抛石固脚
5	北京排污河左堤(71+000~72+000段)维修加固工程	宁河	北京排污河	左堤71+000~72+000段	1000	276.00	276.00		对该段迎水侧堤坡采用浆砌石护砌,护砌厚40厘米,总长度1000米
6	新三孔闸闸门启闭机更新工程	武清	北运河	新三孔闸		126.00	126.00		更换闸门、启闭机3台套
7	蓟运河右堤里自沽至京山铁路桥段堤顶硬化工程	汉沽	蓟运河	右堤里自沽至京山铁路桥段	1950	292.00	292.00		修建混凝土路面7980平方米
8	南周庄闸等7座水闸安全鉴定	北三河	北三河系	南周庄闸等		96.00	96.00		南周庄闸、丰北闸、西关闸、孟庄闸、船沽闸、乐善闸、黄庄洼退水闸7座水闸进行安全鉴定
9	蓟运河红帽段河道维修工程	蓟州	蓟运河	红帽段	300	95.00	95.00		对蓟运河红帽村段进行清淤,总长度300米
10	蓟运河左堤下坞段堤顶路面硬化工程	汉沽	蓟运河	下坞段	2000	182.00	182.00		对该段堤顶修筑混凝土路面,宽4米,对两侧堤肩进行整修,修筑上堤路,安装限行墩、警示宣传牌等
11	蓟运河左堤九王庄(0+413~0+661段)堤防护砌工程	蓟州	蓟运河	九王庄0+413~0+661段	248	195.00	195.00		对该段迎水侧堤坡采用浆砌石护砌,护砌厚40厘米,总长度248米
12	沟河右堤(0+000~2+000段)堤顶硬化工程	宝坻	沟河	右堤0+000~2+000段	2000	160.00	160.00		新建堤顶路面长2000米,宽3.5~4米;修建错车平台;上堤路硬化,分别在0+850、1+511、1+837等3处修建上堤路,总长度260米;管理设施安装,堤顶安装混凝土限宽墩6个,堤肩安装警示宣传牌3组,村庄标志牌2个

续表

序号	项目名称	建设地点	河道	位置或桩号	长度/米	投资计划合计/万元	市水利建设基金/万元	市土地出让金/万元	主要建设内容
二	永定河处					845.00	732.00	113.00	
1	永定河处下属闸站安全鉴定	滨海新区	蓟运河、潮白新河	蓟运河闸、宁车沽闸		136.00	136.00		对蓟运河闸、宁车沽闸进行安全鉴定
2	永定新河右堤（44+190~46+190段）堤顶路拆除重建工程	东丽区	永定新河	右堤44+190~46+190段	2000	267.00	267.00		新建沥青混凝土路面，长2000米，宽6米
3	永定新河防潮闸闸门止水更换工程	滨海新区	永定新河	永定新河防潮闸		114.00	114.00		更换内容包括水封橡皮、垫板、支架、压板、连接螺栓等
4	永定河左堤（4+000~6+000段）堤顶路面拆除重建工程	武清区	永定河	左堤4+000~6+000段	2000	215.00	215.00		重建沥青混凝土路面，长2000米，宽5米
5	永青渠应急供水抢护工程	北辰区	永青渠	永青渠沿线		65.00		65.00	闸门启闭设备检修、闸门启闭运用、口门值守等
6	永定新河防潮闸护栏维修改造工程	滨海新区	永定新河	永定新河防潮闸		48.00		48.00	两岸上下游翼墙围栏改造，原护栏拆除重建，在翼墙顶部安设铸铁管护栏，全长342米。院区围栏改造，拆除重建部分损坏围墙，安设铸铁栏杆，全长225米
三	海河处					1901.00	1890.00	11.00	
1	耳闸现地控制柜改造及启闭监视系统建设工程	市区	新开河	耳闸		87.00	87.00		更换闸室楼和下船闸控制室的4个开关柜主电源；将闸室楼启闭机房和下船闸控制室共4面开关柜上的"NCE马达管理控制器"更换为PLC控制器
2	海河左堤（18+400~19+000段）浆砌石护砌维修加固工程	东丽区	海河	左堤18+400~19+000段	600	210.00	210.00		采用浆砌石护坡后复土堤的形式对浆砌石护坡进行维修
3	海河右堤外环桥下游堤岸线整修工程	津南区	海河	外环桥下游	1000	25.00	25.00		对右堤滩地进行整治，包括滩地开挖回填、护坡和滩地植被清除、对现状浆砌石护坡坡顶进行素混凝土压顶、坡面进行剔缝、勾缝、桥下滩地局部绿化等

序号	项目名称	建设地点	河道	位置或桩号	长度/米	投资计划合计/万元	市水利建设基金/万元	市土地出让金/万元	主要建设内容
4	耳闸安全鉴定	市区	新开河	耳闸		65.00	65.00		对耳闸进行安全鉴定,包括:工程现场安全监测、闸门质量检测、工程复核计算、水闸运行管理评价等
5	海河右岸于庄子渡口封堵工程	塘沽	海河	右堤于庄子渡口		11.00		11.00	拆除现状浆砌石护砌,封堵时堤坡两侧采用开蹬开挖。新建200毫米厚C25混凝土路面,宽度4.5米
6	北洋园主题雕塑修复改造工程	市区	北运河	北洋园		105.00	105.00		对雕塑主体钢结构进行防锈处理,更换锈蚀严重的部件,并根据实际情况进行局部钢结构加固。雕塑基础重新浇筑。表皮更换为4毫米厚的普通钢板,外饰红色杜邦汽车漆
7	北运河防汛路工程	市区	北运河	左堤桩号5+920~6+320段;桩号6+905~7+655段;桩号8+076~8+276段;桩号9+282~9+482段	1550	144.00	144.00		维修总长度1550米,挖除原路面和基层,新建C25混凝土路面,宽5米
8	北运河护栏维修加固工程	市区	北运河	怡水园、娱乐园		97.00	97.00		怡水园:更换全部护栏506片(3米×1.65米),基座粉刷1973.4平方米。娱乐园:更换护栏31片(3米×1.65米),更换丢失的10个底柱,更换园区入门4座
9	海河堤岸增设救援设施工程	市区	海河	耳闸至海津大桥18个桥段		22.00	22.00		本次增设救援设施工程,共增加爬梯12个、拉手63个、救生圈20个、标牌181个
10	海河右堤葛三村段堤防恢复加固工程	津南区	海河	右堤39+281~39+453段	172	157.00	157.00		对双港镇葛三村附近堤防护砌和部分防浪墙进行拆除重建,采用护坡形式,护砌材质采用现浇混凝土
11	海河左堤(22+750~26+650段)堤顶路硬化工程	东丽区	海河	左堤22+750~26+650段	3900	308.00	308.00		现状堤顶路整治;堤坡平整;完善安全管理设施;沿线口门混凝土结构防护;堤顶路两侧补栽行道树

续表

序号	项目名称	建设地点	河道	位置或桩号	长度/米	投资计划合计/万元	市水利建设基金/万元	市土地出让金/万元	主要建设内容
12	海河右岸（21+550～26+330段）堤顶路面整治工程	津南区	海河	右堤21+550～26+330段	4780	340.00	340.00		新建混凝土路面4780米，宽度4.5米
13	子牙河右堤（9+470～10+558段）堤顶路面硬化工程	西青区	子牙河	右堤9+470～10+558段	1088	108.00	108.00		设计堤顶路宽4米，路面左侧与现有浆砌石防浪墙相接，路面右侧设路缘石及灰土路肩，路面采用横向排水。在现状背水侧堤坡上修一条上堤路，上堤路宽3.5米，道路两侧设浆砌石挡墙，上堤路采用纵向自然排水
14	海河左堤大梁子渡口下游段护脚维修加固工程	塘沽	海河	左堤62+445～62+745段	300	105.00	105.00		对2.5米宽平台进行拆除重建，平台采用C25灌砌石，顶高程为2.0米，厚度为0.4米，下设0.1米厚碎垫层，并铺设300克每平方米土工布；平台前新建C25灌砌石挡墙，挡墙高为1.4米，墙顶高程为2.0米；挡墙与平台之间回填碎石
15	海河左堤陈圈引河闸上游600米段护脚维修加固工程	塘沽	海河	左堤54+827～55+427段	600	117.00	117.00		对2.0米宽平台及护脚进行拆除重建，修复后平台顶高程维持2.0米不变，宽度2.0米，平台放坡至高程1.0米，坡比为1∶1.5，采用C25灌砌石，厚度为0.4米，下设0.1米厚碎石垫层，并铺设300克每平方米土工布；下设齿脚以利于稳定，齿脚尺寸为0.6米×0.7米，齿脚顶高程为1.0米
四	大清河处					585.00	585.00		
1	子牙新河左堤道路豁口恢复工程	大港	子牙新河	左堤118+400～143+200段		132.00	132.00		对子牙新河9处大豁口21处小豁口共30处堤防豁口进行加高修复，两侧道路顺接。对118+680、119+400、119+600、125+950等4处堤防豁口，坡道上修建混凝土道路，路面宽5米

序号	项目名称	建设地点	河道	位置或桩号	长度/米	投资计划合计/万元	市水利建设基金/万元	市土地出让金/万元	主要建设内容
2	马厂减河左堤堤顶硬化工程	静海	马厂减河	左堤 19+800~22+900 段	3100	186.00	186.00		硬化堤顶路长 3100 米，路面宽度为 5 米。路面硬化采用普通烧结砖路面（陡砌），厚度为 115 毫米，两侧采用立铺砖作为路缘石，下设 200 毫米厚二八灰土基层
3	大清河右堤堤顶硬化工程	静海	大清河	右堤 0+000~2+542 段	2542	167.00	167.00		硬化堤顶路长 2542 米，路面宽度为 5 米。现状泥结碎石路面表层铺设 50~100 毫米厚碎石，采用冷再生机翻修堤顶泥结碎石路面，在此基础上新建普通烧结砖路面
4	大清河处水闸安全鉴定	静海		南运河节制闸、老龙湾低水节制闸、上改道闸、八堡节制闸		100.00	100.00		对南运河节制闸、老龙湾低水节制闸、上改道闸、八堡节制闸等4座水闸进行首次安全鉴定。安全鉴定内容包括工程现场安全监测、工程复核计算和水闸运行管理评价等
五	海堤处					532.00	532.00		
1	海堤沿线堤顶路错车平台新建工程	滨海新区	海堤	桩号 3+050~28+200 段、105+100~106+800 段		77.00	77.00		建设错车平台 22 处。新建混凝土辅道 1 条。改造转弯道路 2 处。在弯道、路旁落差较大处设置防护栏 413 米
2	汉沽海挡外移东堤维修工程	滨海新区	海堤	东堤工程临时桩号 1+650.00~2+627.37 段		245.00	245.00		迎水坡基础清理、防浪墙前沿栅栏板垫层混凝土浇筑、钻孔、防浪墙基础混凝土浇筑、防浪墙底板上部混凝土浇筑、回填灌浆等
3	防汛抗旱指挥部防潮分部视频会议系统	滨海新区				210.00	210.00		建成覆盖市防办、防潮分部办公室及其他防潮相关部门的视频会议系统及与市防办视频会议系统进行对接，包括数据传输网络建设、中心控制系统建设、主会场建设、分会场建设等

续表

序号	项目名称	建设地点	河道	位置或桩号	长度/米	投资计划合计/万元	市水利建设基金/万元	市土地出让金/万元	主要建设内容
六	于桥处					340.00	340.00		
1	果河燕各庄村堤埝护砌加固工程	蓟州区	果河	燕各庄西		340.00	340.00		对570米河道迎水坡进行防护加固，高程22.53米以上种植火炬（大沽高程，下同），22.53米以下采用50厘米厚M10浆砌石护砌，下设10厘米厚碎石垫层和300克每平方米土工布一层
	合计					6240.00	6116.00	124.00	

（康燕玲）

【涉河建设项目许可与监督】 2017年，行政许可事项按时办结率为100%，为市重点工程和民生建设项目提供了水务保障。经统计，2017年完成涉河建设项目许可38项。

按照"放管服"工作要求，对相关河湖管理的法律、法规、部门规章、规范性文件，与上位相悖、不符"放管服"要求的条文进行了清理。同时调整审批事项，取消"水利旅游""堤顶坝顶兼做公路"两个行政许可事项。依法依规严格精简申请材料和审批环节，编制完成《洪水影响许可操作规程》审批流程图，建立审批台账，印发《天津市水务局关于加强行政许可事中事后监管的实施方案》，推动业务管理工作重心由事前审批向事中、事后监管转移。

对涉河建设项目进行了调查摸底并登记造册，要求涉河项目建设单位编制度汛预案，落实责任人，加强检查监督和汛情险情通报，做到思想到位、组织到位、责任到位、措施到位，保证了河道安全度汛。

【水利工程生态用地保护管理】

1. 涉水永久性保护生态区域保护管理

按照《天津市人民代表大会常务委员会关于批准划定永久性保护生态区域的决定》及《天津市人民政府办公厅关于转发市环保局拟定的天津市永久性保护生态区域考核方案（试行）的通知》（津政办发〔2015〕83号）要求，2017年，编制《市水务局关于调整涉水永久性保护生态区域考核职责的通知》，印发各区政府及相关单位，进一步明确了考核的目标、责任分工、主要内容及评分标准等。开展了永久性保护生态区域涉水的考核，编报了《天津市水务局永久性保护生态区域考核档案》，向市考核工作组报告了2017年涉水永久性保护生态区域考核自查情况、考核情况。

2. 涉水生态保护红线划定

根据2017年2月中办国办《关于划定并严守生态保护红线的若干意见》《天津市人民政府办公厅关于印发天津市生态保护红线划定工作方案的通知》（津政办函〔2017〕59号）的工作分工，完成了清水生态红线的划定。天津市生态保护红线涉水范围共包括四个自然保护区、蓟州区国家级水土流失重点预防区、三座水库、八条行洪河道及引滦工程明渠。

（李宏强）

【市区河道保洁治理】 2017年，批复日常保洁项目资金900万元，用于海河处负责市区河道水面、堤防保洁，堤顶、堤肩（堤坡）杂草定期清除。

按照"外环河河道水体循环调度实施方案"，3月，开始视河段水质、水量情况，分段开展了外环河水体循环，批复外环河水循环电费。

配合中心城区及外环河河道水体循环工作，及时对海河、子牙河、新开河、北运河、外环河、新引河水草进行打捞。打捞方式为人工打捞结合专业机械联合作业，分区域打捞，全自动水草收割船在深水区作业，配合打捞船、打捞人员船上作业，收割人员浅水区收割相结合进行。对海河、子牙河、北运河、外环河浮萍实施集中打捞，方式为打捞船配合人工打捞作业，外环河采用人工拉网打捞。海河、外环河蓝藻暴发阶段开展应急曝气处置，吸附打捞作业，外环河北辰段各桥头蓝藻聚集处采用密网进行人工打捞，集中后机械外运，并统一进行无害化处置。为做好全运会赛艇及皮划艇比赛赛段环境保障，对海河春意桥至外环桥段增加保洁人员和保洁设备，加密水草打捞频次，进一步提升中心城区河道环境质量。

（王墨飞）

【水利风景区建设】 按照水利部要求，对《天津市水利风景区建设发展规划（2016—2025年）》进行细化，与各区逐一落实景区位置、工作内容等相关内容，原规划内16个水利风景区，经调整后为14个，其中1个水库型、5个城市河湖型、8个自然河湖型。编制完成《天津市水利风景区实施方案》，并与各区主管单位及水利风景区管理单位召开专题会议进行部署安排，明确了各区工作目标及工作任务。配合水利部景区办，组织召开了2017年水利风景区北部片区会议，东丽湖水利风景区管理单位作典型发言。

（李宏强）

【工程管理考核】 2017年，落实《市管河道工程管理工作标准》，强化局属单位绩效管理考评工作，推行月度考评、季度考核、专项抽查、半年评估、年终总评五种评价方式，突出各项工作的贯彻、推动与落实考核。

按照局党委扩大会议总体部署及河道工程管理相关标准有关要求，切实将工程管理考核工作抓实，深入推进市管河道工程管理单位贯彻标准和达标创建工作，结合局绩效考核要求，达到以考核促提高的目的。考核中坚持不走过场，逐项细化考核方案，严抓考核项目落实，在采取现场检查、听取汇报和查阅资料等形式的基础上，根据不同阶段的工作重点增设相应考核内容，推动各项工作有效落实。

月度考核以各单位绩效考评自查自评为主，对检查出现的问题，督促有关单位和部门进行整改；季度考核由工管处牵头组成考核专家组，检查各河系处水利工程运行现场、听取汇报和查阅相关印证资料，提出综合考核意见；专项抽查由工管处负责，对日常管护效果、阶段工作任务以及市水务局部署的各项工作开展及落实情况进行不定期抽查考核；半年评估由局相关业务主管处室结合各单位半年任务指标完成情况、日常管理工作完成效果、工程运行现场进行综合评定；年终总评由局相关业务主管处室结合各单位全年任务指标完成情况、日常管理工作完成效果、现场考核、专项抽查等情况进行综合评定。

一季度考核内容涵盖管理工作推动与考核、维修项目进展及管理、涉河建设项目监管、涉水永久性保护生态区域考核、安全生产及安全度汛六个方面。考核组实地察看了青龙湾减河、永定新河、北运河、子牙河、北大港水库、海堤等12条河道堤防工程运行管理现场，听取被考核单位情况汇报，详细查阅相关文件资料，并以深入分析存在问题、着力破解管理难题为主题开展座谈。

半年评估依托局属单位绩效管理考评实绩指标，结合市、局管理新要求以及年度重点工作，细化考核方案，严抓项目落实，重点检查了各被考核单位的任务进展、完成效果及日常管理工作落实情况。实地察看了外环河、潮白新河、永定新河、独流减河、海堤等河道堤防，淮淀闸、宁车沽闸、北大港水库排咸闸、子牙河左右堤泵站等，逐条检查了相关佐证材料，并召开专题总结会，进一步梳理考核结果及年初至今各被考核单位工作完成情况。

三季度考核采取查看工程运管现场、查阅相关印证资料和质询等三种方式。考核组实地察看青龙湾减河、北京排污河、海河、外环河、金钟河、永定新河、北大港水库西北围堤、海堤等8条河道堤防及海河二道闸、九宣闸、南运河闸、金钟河闸、新三孔闸、狼儿窝闸、马圈闸、金钟河泵站、新开河右堤泵站等9座重点闸涵泵站，重点检查各项工作任务进展、完成质量和落实效果，着重对上一次考核整改情况进行跟踪检查，达到以考核促管理提升和工作落实的目的。

年终总评结合局属单位绩效管理（年终）业务工作实绩年度完成情况，对各单位落实全年重点工作及各项业务绩效管理考评指标情况进行综合考评。

7月21日，为推进职工素质建设，提高基层技术人员的技能水平，局人事处和工管处联合组织开展了河道工程管理单位人员素质应知应会"飞检"考核，采取事先不打招呼的方式，直接深入管理单位进行闭卷考试，抽查考核了海河处、永定河处机关业务科室人员日常管理、基本操作等应知应会内容。考核旨在"夯实基础、规范管理、持续发力、促进提升"，进一步强化水务人才队伍建设，推进管理工作规范化、标准化、制度化，提高岗位技术人员理论知识水平。考核内容以河道管理基本常识和《市管河道工程管理工作标准》为依据，主要涉及堤防工程、巡视检查、水资源环境、闸容站貌、水闸工程等5个方面内容。考试成绩将以被考核单位和职工个人成绩分别进行评价，作为河道工程管理考核参考依据。

2017年，工程管理考核突出不同阶段的不同考核重点，考核过程中，细化现场考核项目、注重实效、当场点评，考核结束后以正式文件下发整改通知、限期整改，跟踪督查，促进落实。各

河系（海堤）处在规范化、痕迹化水平上均有提升，工程日常养护管理水平得到显著提高。

（冯东利）

【河道巡视巡查】 2017年，组织编制市管河道"巡查无盲区"实施方案，以市管河道巡视巡查系统为依托，建立市管河道巡视巡查"网格化"管理模式。截至12月，利用巡查系统完成市管河道河段巡查任务12920个，处置上报问题430条，处理常规巡查记录24494条，对行洪河道堤防巡视检查共2201.827千米。加强河道水环境和封堵口门的巡查，重点做好堤岸水面卫生、堤岸绿化、口门排水以及河道水体水质感官等现场检查。

河道巡视巡查系统自2014年起运行，巡查工作有了大幅改观。"处领导带队督查、处属河道所抽查、各区河道所日常巡查"的三级巡查管理体系，形成了发现问题、及时上报、有效处置的闭合式管理，建立了高效、快捷的问题处置流程化机制。

【河道保水护水】 2017年，中心城区（外环线以内）海河、子牙河、北运河、新开河、外环河，采用生物制剂、矿物制剂、蓝藻曝气打捞等措施进行应急治理消除蓝藻水华；在全运会迎宾路线、比赛场馆等重要河段、点位布设曝气喷泉增加水体扰动；在重点河段布设生态浮床浮岛美化景观；在外环河低洼区域搭设景观围堰，保持景观水位；部分河道增加保洁人员、船只，加大保洁力度；对河道腐烂变色水生植物实施集中打捞。

海河、外环河封堵口门17处，安装曝气机280台，水体喷泉66台，布设生态浮床4496平方米，日均投放生物制剂200公斤；设置7道跌水坝、2道拦水坝，并采取架设大口径抽水泵、开启沿河泵站等方式，利用海河、北运河、子牙河等一级河道为外环河补水，提升河道水位，增加景观效果；日均出动保洁人员373人次，保洁

作业船次 75 船次，累计清理水面漂浮物及堤岸垃圾 3259 立方米，累计堤防打草 72.56 万平方米。

自 2017 年 11 月 15 日开始，利用于桥水库引滦水源向静海区团泊洼湿地等区域实施生态调水工作。为做好生态调水期间保水护水工作，下发《关于做好引滦水源向静海区域实施生态调水期间工程巡查和护水工作的通知》，实行保水护水日报和"零"报告，确保生态调水安全。

（冯东利　王墨飞）

【绿化工作】　2017 年，新建园林绿化面积 5.04 万平方米、提升园林绿化面积 0.50 万平方米，栽植乔灌木总量 0.655 万株，情况统计见下表。

2017 年新建、提升园林绿化及栽植乔灌木情况统计表

序号	项 目 名 称	新建面积/万平方米	提升面积/万平方米	栽植乔灌木总量/万株
1	津港运河泵站工程	0.04		0.004
2	海河右堤泵站	0.13		0.009
3	洪泥河生产圈泵站	0.45		0.018
4	天津市滨港防汛抗旱水利设施工程（一期）	0.78		0.096
5	北运河怡水园补植树木			0.030
6	海河左堤 22+750～26+650 段			0.080
7	中泓排洪闸除险加固工程		0.04	
8	东赵各庄泄洪闸除险加固工程		0.05	0.001
9	潮白新河治理工程乐善橡胶坝至宁车沽防潮闸段	0.35		0.114
10	东纵起点泵站	0.10		0.120
11	卫国道雨水泵站	0.02		
12	郑庄子泵站	0.02		
13	太湖路雨水泵站	0.08		
14	鄱阳路泵站	0.14		
15	柳林雨水泵站	0.13		
16	保山西道泵站	0.10		0.010
17	九宣闸闸区绿化补植		0.20	0.089
18	新建复兴河口泵站工程		0.03	
19	月牙河口泵站改扩建工程		0.08	
20	五百户管理所巡查执法管理用房配套工程	0.40		0.020
21	于桥水库日常维修维护		0.10	0.040
22	北运河御和园设施维修工程	2.24		0.019
23	新开河橡胶坝泵房维修工程	0.06		0.005
	合计	5.04	0.50	0.655

（康燕玲）

【河道日常重点段管理】 北三河处共安排维修养护项目 2 项，其中堤防重点管理段 6.193 千米，管理提升 1 项，投资 491 万元。具体项目如下所述。

蓟运河右堤马营闸下游段堤防整治工程。主要包括：对蓟运河右堤马营闸至北谭庄段堤防进行整修，总长度为 6.193 千米，包括堤坡整修、堤肩整修、堤肩板铺设，修筑防汛物料平台及错车、堤肩植草及行道树补栽、废弃口门拆除、水文观测站维修、管理设施完善，以及对蓟运河右堤北芮庄下游堤顶路面进行硬化，总长为 2 千米，宽为 4.5 米。

河道巡视巡查系统升级改造。主要包括：系统的升级与完善，含领导查询统计、河道管理部门巡查管理、河道巡检人员具体巡查、桌面端升级完善等。

永定河处共安排维修养护项目 5 项，重点维护泵站 2 座，重点维护水闸 1 座，以及河道航拍等，投资 305.5 万元。具体项目如下所述。

芦新河泵站水泵应急维修。水泵机组基础增加预埋钢板，修复破损混凝土；更新水泵润滑水管；主厂房增设两台轴流风机；更新改造 10 套超声波液位计，水位信号上传至中控室；更新水泵出口伸缩节密封圈及连接部件；更换水泵喇叭口与叶轮室、60°弯管、填料压盖、联轴器等部位的螺栓、螺母、垫圈等连接部件；爬梯、管道等金属结构除锈防腐，爬梯采用环氧沥青防锈漆防腐，漆膜厚度不小于 200 微米；管道底漆采用厚浆型环氧沥青防锈底漆 + 厚浆型环氧沥青面漆，漆膜厚度不小于 250 微米；水泵出水管加装管道支架，支架采用 Q235 槽钢，底部通过镀锌膨胀螺栓与底板连接，上部与管道焊接；闸门吊点偏差调整等。

芦新河泵站综合保护装置及 PLC 柜维修。更换 35 千伏综合保护装置 3 套、6 千伏综合保护装置 12 套；更换与现地 LCU 柜匹配的 PLC - LK（可编程控制器）模块 10 套、更换与公用 LCU 柜匹配的 PLC - LK（可编程控制器）模块 1 套；配置 2 台 2 光口 6 电口的以太网交换机，将水泵运行数据传输到监控中心；对电气设备内部元器件进行维修、更换，并对电气设备进行调试。

金钟河闸启闭机房维修。对启闭机房及中控室防静电地板进行更换，材料选用硅酸钙 PVC 防静电地板，单块尺寸 60 厘米 × 60 厘米 × 4 厘米（长 × 宽 × 厚），支架支撑，板面距地面高 30 厘米，地面铺设紫铜片金属屏蔽网；地板下设置热镀锌钢网格电缆桥架，宽 30 厘米，高 10 厘米，电缆桥架接入地板接地系统中，并对电缆进行重新梳理。拆除启闭机房内上水管道，更换为 PE 管，规格为 De32。

金钟河泵站管理设施完善。对进水闸 6 台卷扬启闭机采用异形钢盖板封孔，并在钢丝绳下放安装封孔器。对清污机前桥墩、进水闸检修桥、前池检修闸门以及出水闸观测点等 4 个部位制作钢护栏；厂房负二层消防池四周加装安全护栏，钢管焊接；5 孔检修闸门门孔加装钢盖板；进水闸排架柱侧面安装钢爬梯，高为 6 米，净宽为 0.5 米；在永定新河右堤与出水闸连接段安装镀锌钢围栏，长为 151.2 米。清污机污水池设置排水出口，加装 Dn300 双壁波纹排水管；清污机履带两侧加装钢格栅板铁篦子。增加上墙制度、设备铭牌及编号、门牌、界桩等管理类设施。

永定河处所辖河道航拍。使用无人机搭载高清摄像机，对河道及水工建筑物等基础管理信息进行影像采集。

大清河处共安排维修养护项目 1 项，重点维修水闸 3 座，以及管理设施提升，投资 212 万元。具体项目如下所述。

老九宣闸维修。清除河床及河坡杂草，修复该闸下游海漫，剔除原有海漫勾缝，采用 M10 水泥砂浆重新勾缝；拆除重砌浆砌石消力坎；交通桥、检修桥桥面及护栏、启闭机罩等金属结构除锈，涂料防腐，采用"环氧富锌底漆 + 环氧云铁中间漆 + 丙烯酸脂肪族聚氨酯面漆"组合；更换亚克力展示牌 8 块；木栈道打磨刷桐油。

新九宣闸维修。水闸控制楼外墙粉刷，闸区入口处增设波形防撞护栏，更换交通桥及翼墙局部破损不锈钢护栏，材质与现状保持一致；对闸门喷砂除锈，涂料防腐，采用"环氧富锌底漆 +

环氧云铁中间漆+氯化橡胶面漆"组合，对8台启闭机进行除锈刷漆，采用异形钢盖板封孔，并在钢丝绳下方安装封孔器；启闭机房地面拆除，铺设PVC地胶；更换启闭机开度仪器4套。

南运河闸维修。清除河床及河坡杂草，清表深10厘米；拆除翼墙填土区排水孔反滤层，更换反滤包；在闸墩顶部、翼墙顶部布设垂直位移和水平位移观测设施，不锈钢水准点10个，水平位移观测墩2个、基点2个；闸门除锈防腐、启闭机基座封孔做法同新九宣闸做法。

管理设施提升。对新九宣闸、南运河闸配电柜、控制台内电缆进行重新梳理，并对各线路加挂标志牌，对电动机、减速机、开关柜、钢丝绳、滚筒、启闭机大轮等部位进行维修养护，增设上墙标牌30个，增加各类设施设备、巡视检查以及关键部位标志标牌；场区管理范围内增设安全警示牌15个，景观标志牌25个；增设太阳能灯8盏、购置成品垃圾桶15个，补栽乔木18株、草坪200平方米。

海河处共安排维修养护项目3项，其中堤防重点管理段滩地治理2610米，船只停靠防撞设施安装160米，以及河道航拍等。投资194万元。具体项目如下所述。

子牙河滩地提升工程。对子牙河左堤天河桥至西大桥段滩地进行治理，长为2610米。对滩地内建筑垃圾进行清除，结合滩地实际地势走向开挖生态沟，生态沟采用梯形过水断面，根据河道常水位，设计底高程0.22~0.42米，水深1.08~1.28米；沟底宽1.2~6.3米，上口宽7.6~15.2米，靠河边坡为1:2，局部较宽段坡比为1:2.5~1:5，靠堤直立开挖，设置安全标志牌5块。

新开河船只停靠防撞设施安装。在新开河左岸耳闸下游约300米位置处增设船只停靠防撞设施，长为160米。结合现有船舶实际情况，护舷材采用"TTT"形布局，规格为30厘米×30厘米×100厘米（宽×高×长），剖面为D形。横向护舷材总长为160米，上部距堤岸垂直距离为15厘米；设置纵向护舷材，长为50厘米，间距1.6米；堤岸每4米安装钢质带缆桩1个，规格为A形12.5厘米。

海河处所辖河道航拍。使用无人机搭载高清摄像机，对河道及水工建筑物等基础管理信息进行影像采集。

海堤处共安排维修养护项目1项，海堤管理数据库建设，投资66万元。具体项目如下所述。

海堤工程基础数据采集长度为海堤工程桩号0+000~20+000段，长为20千米，宽度为背水侧500米覆盖区域。开展基础地理信息数据及海堤专题数据采集，数据库系统建设和数据管理、工程管理模块建设等。

对河道工程日常维修养护重点管理段（闸、站）进行整治，以点带面带动提升，不断推进市级水管单位达标创建工作，逐步提高全河道管理水平。

【国家及市级水管单位建设】 2017年，开展国家级水利工程管理单位达标创建活动，组织完成芦新河泵站管理所，海河二道闸管理所，引滦工程于桥水库管理处，水务集团引滦潮白河分公司、尔王庄分公司、市区分公司等6家国家级水管单位年度自检与考核工作，考核结果报水利部建设与管理司。

组织完成三岔口闸管理站、永定新河防潮闸管理所、蓟运河闸管理所、新开河左右堤泵站、耳闸管理所、里自沽闸等6家市级水管单位年度自检与考核工作。

完成永定河管理处金钟河闸、金钟河泵站市级水管单位考核验收工作。

全面推动天津市水利工程管理市级考核达标创建工作，组织召开全市"水利工程管理单位贯彻标准及达标创建工作推动会"。并多次深入基层管理单位进行现场指导，全力推动排管处排水九所浯水道泵站市级达标创建工作。

（冯东利）

【永定河管理】

1. 河道工程管理

开展金钟河闸管理所（包括金钟河闸、金钟河泵站）市级水管单位达标创建工作。整理完成组织管理、安全管理、运行管理、经济管理四部分共61卷的"软件"资料工作，完成金钟河闸启闭机除锈刷漆、启闭机房静电地板改造、交通桥电缆桥架敷设、泵站运行设施、管理设施配套等工程。12月17日金钟河闸以935.7分、金钟河泵站以928.7分的成绩，通过市级水管单位考核验收。按照水利部《水利工程管理考核办法》及天津市《水利工程管理市级考核办法》相关要求，11月29日至12月7日，开展对芦新河泵站、永定新河防潮闸、蓟运河闸已达标水管单位年度工程管理考核工作，芦新河泵站、永定新河防潮闸、蓟运河闸年度考核结果达到部级、市级水管单位的考核标准要求，通过年度考核，国家级、市级水管单位年度考核工作顺利完成。

2017年，市水务局批复634.5万元实施闸站、堤防日常维修养护，着重加强汛前、汛期维护保养，完成闸站日常性维护项目，闸站日常维修养护除经常性项目外批复小专项71项，日常堤防养护306.89千米，确保工程运行保障率达到100%，实现河道堤防管理达标率84%，直属闸站设施完好率98%以上。对日常维护项目，分内容、分阶段进行项目安排与资金拨付。2017年度严格执行工程管理考核办法，其中重点考核日常维修养护项目完成情况，全年完成闸站维护抽查考核3次，定期考核3次，完成区（县）考核3次。

全年实施工程项目14项，总投资3798万元，其中，本年基建项目1项、专项计划项目6项、应急度汛1项、水务发展基金项目1项、其他项目1项；结转应急度汛项目2项、专项维修2项。在工程实施过程中，全程监管，组织参建各方完成本年度的工程建设内容。其中的12项工程在年底前通过竣工验收（永定新河防潮闸液压启闭机更新改造工程、永定河处反恐怖防范工程为跨年实施工程），可参与评优的项目10项，最终评定为优良的项目9项，单位工程优良率达到90%。验收专家提出了"工程质量可靠优良、过程管理组织有力、归档资料完整明晰、建设成果效益显著"的高度评价。2017年永定河处工程项目统计情况见下表。

2017 年永定河处工程项目统计表

序号	项目名称	批复文号	总投资/万元	施工单位
1	永定新河防潮闸液压启闭机更新改造	津发改农经〔2017〕64号	2100	天津市水利工程有限公司
2	永定河处下属闸站安全鉴定	津水管〔2017〕14号	136	黄河勘测规划设计有限公司
3	永定新河右堤（44+190~46+190段）堤顶路拆除重建工程	津水管〔2017〕14号	267	天津市水利工程有限公司
4	永定新河防潮闸闸门止水更换工程	津水管〔2017〕14号	114	天津振津工程集团有限公司
5	永定河左堤（4+000~6+000段）堤顶路面拆除重建工程	津水管〔2017〕14号	215	天津市潞河公路工程有限公司
6	永定新河防潮闸护栏维修改造工程	津水管〔2017〕14号	48	天津振津工程集团有限公司
7	永青渠应急供水抢护工程	津水管〔2017〕14号	65	天津市九河水利建筑工程有限公司
8	永定新河右堤（0+000~32+200段）防浪墙维修应急度汛工程	津水调〔2017〕3号	166	天津振津工程集团有限公司

续表

序号	项 目 名 称	批复文号	总投资/万元	施 工 单 位
9	永定河处反恐怖防范工程	津水管〔2017〕53 号	105	天津市星拓科技发展有限公司
10	永定新河左堤（0+500～2+000 段）堤顶路面重建工程	津水管〔2017〕37 号	150	天津振津工程集团有限公司
11	芦新河泵站水泵叶轮应急抢险	津水管〔2016〕104 号	112	天津振津工程集团有限公司
12	永定河处金钟河泵站配套改造应急度汛工程	津汛办〔2016〕110 号	135	天津振津工程集团有限公司
13	金钟河闸综合维修工程	津水管〔2016〕128 号	75	天津振津工程集团有限公司
14	永定河处堤防管理设施配套改造工程	津水管〔2016〕128 号	110	天津振津工程集团有限公司

另外，市水务局还批复了芦新河泵站水泵应急维修、芦新河泵站综合保护装置及 PLC 柜维修、金钟河闸启闭机房维修、金钟河泵站管理设施完善、永定河处所辖河道航拍、新引河水草打捞补助费用、金钟河泵站增加运行电费 7 项利用日常资金实施的维修养护工程，总投资 305.5 万元。以上项目参照《专项工程管理办法》实施管理。

涉河建设工程 7 项，包括九园公路跨永定河大桥工程、中弘故道闸拆除重建工程、北辰区大张庄泵站扩建工程、天津液化天然气（LNG）项目输气干线工程、北塘永定新河堤顶路景观照明工程、开发区一汽大众基地 110 千伏电源线工程跨越永定新河、北京机场二航油管线穿越金钟河永定新河工程。为规范建设项目的管理，明确职责分工，提高管理效果，实现水利服务社会和保障工程安全的目标，严格执行《市水务局涉河建设项目管理规程》，加强了现场监督和关键节点验收，项目监督与管理各参与部门严格落实开工前、施工中、竣工后三个阶段的监管工作。为做好工程的安全度汛工作，汛前指导各施工单位编制完成工程度汛方案，组织开展了对在建项目的度汛检查，对存在的问题现场下达整改通知，施工单位均按照要求进行了整改。建立了涉河建设项目管理台账，根据工程进展随时更新台账。

按照区（县）河道所按规定日常巡查，直属管理所每周抽查，管理处定期督查的三级管理模式，开展河道巡视巡查管理工作，借助巡视巡查系统进一步提高巡查工作质量，明确巡查路线，细化巡查内容，固定巡查人员，确定巡查时间，制定违章处理方案，实现巡查工作程序的全闭合。2017 年管辖河道堤防巡查工作共出动巡查车辆 710 余台次，巡查总里程 5.46 万千米。

2. 河道防汛

组织机构。3 月 29 日召开防汛工作动员会，成立防汛组织机构，各基层闸站向处领导递交了防汛责任书 8 份，各闸站完成防汛责任人与闸站主任的防汛责任书的签订工作，共签订个人防汛安全责任书 64 份。为了巩固管理处与区防汛、河道管理部门的对接，督促永定河系各相关区调整完善防汛组织指挥机构，将防汛责任制层层落实到区、乡（镇）和街村，管理处以防汛成员单位的身份参加相关区的防汛动员大会，指导各区修订了防汛预案，明确了各自的职责任务，建立了沟通联系机制。为加强防汛工作规范化建设，进一步完善防汛责任体系，根据防汛工作需要编制了《永定河管理处防汛预警相应规程》，于 6 月 12 日处长办公会讨论通过并印发。通过加强汛期值班制度和应急上岗制度的执行，将到岗、查岗等情况纳入考核管理。

防汛预案。针对近年来河道堤防治理，基础数据发生变化的实际情况，对所辖一级行洪河道穿堤建筑物、堤顶道路、堤坡护砌、河道、跨河桥梁等工程管理资料进行踏勘更新。在掌握一手资料的基础上，完善了河系、各区、直属所三个层面的防汛预案，重点修订完善了直属水闸、泵站易发险情的查险排险措施，并组织了演练，为防汛安全奠定基础。

队伍建设。2月24日印发成立防汛组织机构的通知，根据防汛工作需要，建立了闸站应急抢险组、防汛工作组和闸站运行组3支队伍，制定了工作细则，修订编制《2017年永定河系防汛手册》，发放至各防汛工作组。闸站应急抢险组和闸站运行组有针对性地多次开展演练，掌握各闸站的工程概况与应急抢险措施。5月27日管理处组织开展了水闸、泵站应急抢险技术培训，处领导与基层单位闸站应急抢险组成员全部参加，同时防汛工作组和相关区共同完成了堤防责任段联合巡查、险工险段查勘、熟悉防抢预案、建立了沟通协调机制等工作，共签订责任段分解表23份，于6月下旬主动组织学习，联系直属闸站与闸站运行组联合开展演练。

作为水上救生救援突击队水务分队的牵头组建单位，在新修订的水务分队规章制度基础上，按照《市防办关于加强市防指水上救生救援、闸涵泵站抢险突击队队伍能力建设的通知》（津汛办发〔2017〕39号）精神要求，于5月1日向各成员单位发函，组织各成员单位结合防汛实际，针对重点、难点、薄弱环节开展技术研讨、座谈、推演，通过培训和考核提高分队人员的能力。

物资保障。与各区防办进行沟通，掌握各区防汛物资储备情况。各闸站汛前配齐了工具，储备了易损、易耗、采购周期较长的备品备件，备足了发电机油料，其余配件明确了规格型号并与供货单位、生产厂家建立联系机制，保证了紧急供货渠道畅通。

措施管理。汛前完成自查整改工作。2月27日，组织开展防汛自查，各直属所在3月中旬完成自查，共发现问题44项，涉及安全度汛的问题24项，对此24项问题现场明确了整改部门与完成时间。处领导全面检查汛前准备工作。2月下旬至3月上旬，对管辖的永定河、永定新河、新开河—金钟河、西部防线等一级行洪河道开展实地踏勘，对处属五闸两站（永定新河防潮闸、蓟运河闸、宁车沽闸、金钟河闸、大张庄闸和芦新河泵站、金钟河泵站）进行了检查并听取了闸站汛前准备情况的报告；为加强闸站汛前准备，副处长刘国伟带队对各闸站的设施、设备情况开展了细致的检查，对于检查出部分闸站启闭机房漏雨存在防汛安全的问题，要求相关单位及时进行了整改。各级领导检查防汛重点河道闸站。4月11日，局领导张文波带队对永定河系防汛工作进行了检查；4月19日，副市长李树起实地查看了永定新河防潮闸、宁车沽闸，市政府副秘书长李森杨、局长景悦、局副巡视员梁宝双陪同检查；6月15日，局防汛专家组对永定河系河道堤防、分洪口门以及重点闸站进行了检查；6月19日，局党委书记孙宝华实地检查了宁车沽闸、蓟运河闸运行管理情况，听取了防汛准备工作情况汇报；6月22日，局领导张文波对辖区内小于庄、永金、大兴、东丽湖等4座水库进行检查；6月27日，市防指成员、市商务委副主任刘东水率市防指第二检查组对宝坻区、武清区进行防汛工作检查；7月11日，与81师进行了险工险段的现场查勘工作；7月19日，滨海新区区长孙涛和滨海新区军事部部长刘险峰率队对永定河系防洪工程进行现场勘察；7月27日，武警天津市总队组织各相关部门对永定河系永定河大旺村口门、永定新河28+082口门等分洪口门进行勘察。完成汛中再检查工作。6月12日，再次组织开展基层管理所自查工作，28日、29日副处长刘国伟带领水管、工管、安监等科室进行了现场核查及汛中检查，发现问题39项，共梳理出影响水闸、泵站安全运行的问题15项。为推动问题整改完成工作，处领导王志高、刘国伟、刘文邦听取了检查情况的汇报并与各部门一起对这 15 项问题进行了梳理并听取了整改初步方案的汇报,逐条落实了责任单位、明确了节点时间、细化了整改措施。完成汛后检查确保 2018 年安全度汛。按照《市防办关于开展 2017 年下汛的通知》(津汛办发〔2017〕87 号)文件要求,对汛后检查工作进行部署,按照管理所自查,水管、工管、安监等科室专业检查,处领导带队核查等形式逐项开展,共发现涉及影响直属闸站防汛安全的问题 16 项,相关职能科室立即落实了整改措施,同时对存在问题进行督促整改,对重点问题落实督办,做好防汛检查常态化。

防汛响应。6 月 21 日、7 月 6 日接到重要天气预报和Ⅳ级预警响应启动通知后,立即启动响应机制,由处长带班,处机关水管、工管、水政、办公室等部门全部留人值守,所辖 4 个直属管理所保证足够的运行人员和值班人员 24 小时轮流值守,做到了所领导带头值守,值班电话线路畅通。同时通过与市防办及宝坻区、宁河区、武清区水务局等上游管理部门进行沟通,及时掌握上游水情,以确保调度科学合理。

调度运行。与北京市、海委、各区及北三河处建立联系,及时与市防办开展沟通,掌握上游的水情。开展北四河系"五闸两坝"〔永定新河防潮闸、蓟运河闸、宁车沽闸、北京排污河闸、里自沽闸和永定新河深槽蓄水橡胶坝(北辰)、潮白新河乐善橡胶坝(宁河)〕控制性工程研究。8 月 12 日金钟河泵站全员上岗,泵站连续运行 6 天共排水 1108 万立方米,有效降低上游水位,保证了市区外环河及新开河段的水体置换能够完成,全运会期间金钟河泵站不间断开车运行,共排水 733 万立方米。

2017 年,永定河处所辖各水闸、泵站累计泄水约 17 亿立方米,各水闸、泵站运行量为:永定新河防潮闸运行 446 孔次,泄水 9.23 亿立方米,其中汛期运行 227 孔次,泄水 4.45 亿立方米;蓟运河闸运行 256 孔次,泄水 2.95 亿立方米,汛期运行 152 孔次,泄水 1.39 亿立方米;宁车沽闸运行 238 孔次,泄水 3.98 亿立方米,汛期运行 106

孔次,泄水 2.18 亿立方米;金钟河闸汛期运行 5 孔次,泄水 151 万立方米;金钟河泵站运行 2223 台时,排水 7734 万立方米,汛期运行 1005 台时,排水 3497 万立方米;芦新河泵站汛期运行 503 台时,排水 543 万立方米。

3. 水政执法

2016 年联合水务治安分局及各区(县)有关部门组织现场执法 21 次,查处各类水事违法行为 13 起,查处较严重水事违法案件 5 起。联合水务分局、北辰河道所对永定新河右堤 16+000 处李新庄漫水桥滩地内种植树苗当事人记录了调查笔录,下达《责令停止水事违法行为通知书》,并对滩地内的树苗进行了强行清除,共出动挖掘机 2 辆,执法车辆 10 辆,执法人员 50 余人,清除树苗 10000 余株;针对永定新河左堤 15+000 处违法修建房屋开展执法并申请立案查处,期间对当事人制作了调查笔录,并下达了《责令停止水事违法行为通知书》《责令限期排除阻碍决定书》《行政处罚事先告知书》《行政处罚听证告知书》《履行义务催告书》《代履行催告书》等文书,多次联合水政总队、北辰水务局、公安水务治安分局召开案情推动会并与当事人接触,通过反复教育,9 月 7 日当事人已按照要求将违法建筑物拆除完毕,该案已结案;针对永定新河右堤 16+600 处违法修建房屋开展执法并申请立案查处,期间对当事人制作了调查笔录,并下达了《责令停止水事违法行为通知书》《责令限期排除阻碍决定书》《行政处罚事先告知书》《行政处罚听证告知书》《履行义务催告书》等文书,案件正在进一步的办理过程中;联合东丽区综合执法大队、区水务局从严从快执法,出动执法人员 60 余人,执法车辆 10 余辆,清理占用堤防经营商户 200 余家,取缔了占用堤防的集贸市场,有力地维护了河道堤防水事秩序;联合水务分局、北辰河道所、东丽河道所对永定新河、金钟河河道内各类拦河网障、渔具等阻水障碍物进行统一彻底的清理,共出动锚艇 6 艘次、快艇 12 艘次、其他船只 36 艘次、执法车辆 50 辆次、执法人员 100 人次,集中清理拆除非法捕鱼渔网

65 组，清理距离近 40 千米。在查处各类水事违法行为中，对违法行为当事人下达《责令停止水事违法行为通知书》4 份，申请立案 2 起。

4. 河道水环境监督管理

"美丽天津·一号工程"清水河道行动。抽调人员对东丽、宁河、静海等区开展了水污染、大气污染、扬尘污染防治检查工作。全年共派出 768 人次，384 车次对所辖口门进行日常巡查。按照市水务局下发《关于进一步加强入河排污口监督管理工作的实施方案》的通知要求，先后完成基础调查、延伸调查、各区核对工作，确认一级行洪河道入河排水口门共计 197 座，整合编制刊印《天津市永定河管理处入河口门汇编》。

抽调专门负责河长制考核工作的业务骨干 10 人、专业技术人员 40 人，分 10 个组对武清区 29 个街镇 631 个行政村的 1104 个坑塘、558 条段沟渠，15 条段一级河道、18 条段二级河道，湖库一座及 25 座乡（镇）污水处理厂等 1721 个工程进行了全面检查。共出动巡查车辆 62 车次，巡查总里程 11000 余千米，排查武清区。检查中通过专业骨干现场调查，严格把握等级划分标准，确保了检查质量。通过检查共查出问题 397 处，连夜整理调查资料报送农水处。

河道水生态环境管理"河长制"考核工作。现所辖范围内纳入河长制考核工作的河道涉及 5 个区（县）共 41 条段，约 603 千米，其中二级河道 28 条，317.28 千米（一级河道为堤防长度，二级河道为河道长度）。为了做好此项工作，针对重点内容组织考核组学习培训 60 人次，根据社会关注度、上级部门重视度、基层管理容易疏漏处和养护工作容易忽视的死角等因素设计、调整、确定考核路线和点位，全年巡查里程 18000 余千米，出动车辆 288 车次，出动人员 864 人次，完成了 12 次月度定期考核，完成了 16 次日常抽查。参加了市考核办对武清区、北辰区、宁河区三区的年终考核。经过一年的河长制考核督促，各区河道水环境有了明显改善，考核成绩较 2016 年普遍提高 1~2 分。

新引河输水护水保水工作。3 月 30 日至 4 月 6 日，综合运行永金引河闸、金钟河泵站，金钟河泵站累计运行 60 台时，排水 212 万立方米，全力排除新引河底水，为引江水向尔王庄水库送水准备工作提供了可靠的保障。4 月 24 日至 5 月 26 日，充分利用新引河输水水流，全力开展水草打捞工作，共计打捞水草 60600 立方米，有效地改善了新引河的输水条件。引江输水开始后，针对夜间易发取排水问题，对新引河沿线实行昼夜巡查，加强了夜间重点口门的监管，为了确保全运会期间的输水安全，针对北仓西泵站安排了专人值守，确保了巡查全方位、无死角，保证引江输水水质水量。5 月 18 日，针对引江进水口水量减少的问题，处领导带队与北辰水务局对接，由北辰水务局负责落实同新引河 8 座口门产权单位街镇领导进行沟通，防止口门私引现象的发生，同时对沿河全部口门涵闸及外侧河道进行了全面的检查，及时向有关部门反馈了堵口堤泵站闸背水侧河道水位较高的问题，并配合水投集团组织对新引河沿线口门现场进行了封堵。11 月 15 日至 12 月 27 日，新引河为团泊洼湿地生态调水，在此期间管理处建立了组织机构，明确了巡查的职责，细化巡查内容，强化现场处置等方法，通过日常检查，不定期抽查相结合的方式，对新引河沿线口门及河道输水情况进行巡视巡查，确保了生态补水工作的顺利开展。

（永定河处）

【海河管理】

1. 水环境及水生态管理工作

通过遏制海河蓝藻暴发、抑制外环河口门外源污染、调控河道水位、加大河道保洁力度、改善连通河道水质等措施，有效保障了全运会期间所辖河道水环境。

开展环境保护自查自纠、引江应急输水保水护水等专项工作，实行处领导、技术骨干、管理人员三级分片承包责任制，对重点河道 24 小时巡视巡查，做到问题立查立改。开展综合整治，清理堤防、滩地垃圾，清除违建、占压行为，查处私自取排水口门，使河道环境面貌显著改观。共出动管理人员528人次，出动堤岸及水面保洁人员1617人次，出动打捞船只264船次、垃圾车297车次，共清理各类垃圾641立方米，打捞水草2200余立方米。

利用河长制平台与相关单位共建共管，形成水环境管理的无缝衔接。负责的区（县）一级、二级河道535.46千米水环境考核，均保质保量完成。共计出动94车次，282人次，行驶9685千米，现场采集照片3680余张，整理考核评分表554份。

利用信息数字化平台开展河道巡查考核，提高问题处置率；利用处河道环境考核落实以考代验，将考核成绩作为拨款依据，加大对养护单位的监管。

对保洁项目实行网格化管理，明确标准要求；加大重点、难点部位日常保洁力度，以点带面提升整体水平。开展破冰打捞，水草、水绵、水菱角集中清理及河道清障、清整、清洁专项行动，提升河道环境。共出动水面及堤岸保洁人员4.48万人次，出动打捞船6580船次，车辆3284车次，清理各类垃圾、水草、水绵等3.41万立方米。

2. 河道工程管理

加强了河道、水闸、泵站的日常养护，开展了设施设备试运行及检测维修，认真落实"日清扫、周擦拭、季检修"，局批复的日常项目投资1205万元已完成项目投资计划，所辖河道堤防管理达标率达到90%，闸站设施完好率达到95%。

完成了22项专项维修及应急度汛工程，累计完成堤顶路面硬化14491米，堤防除险加固4082米。

组建海河口泵站管理所，确定海河口泵站日常养护模式，保障了泵站安全运行。

巩固达标创建成果，编制耳闸、二道闸、外环河泵站2017—2019年工程项目中期规划，开展了国家级、市级水管单位的年度考核工作，均达到标准。

深化"网格化"巡查，落实三级巡查机制，加强考核监督；与区（县）建立巡查联动机制，实现巡查全覆盖；推广二维码巡检系统，提高巡查效果。全年巡查完成率达79.2%。

涉河建设项目管理逐步规范。加强了节点管理，强化事中事后监管，加强度汛涉河建设项目管理，做到了管理与服务并重。

3. 河道防汛

完善防汛组织、预案体系，开展了多层次防汛检查和防汛抢险知识培训，组建了防汛应急抢险队，参加市防指水上救生救援、闸涵泵站抢险突击队。有效应对强降雨，3次启动"Ⅳ级预警"，严格执行调度命令，做好海河口泵站、耳闸、二道闸、新开河橡胶坝、北运河橡胶坝及外环河相关泵站的调度工作。汛期，海河二道闸运行20次，耳闸运行20次，海河口泵站运行4次，累计泄水约7724万立方米。

4. 水政工作

开展了清理阻水网障、滩地围垦种植、违规钓鱼平台等8次集中清理行动，保障了重要赛事、活动及度汛安全。开展了"世界水日""中国水周"集中宣传活动，并结合专项行动深入村镇进行面对面宣传，增强了水法治宣传效果。全年实施水政执法巡查1229次，出动执法人员3036人次，巡查河道累计56966余千米，清理阻水渔具220余具，拔除固定钓鱼竿50余个，拆除钓鱼平台111处，清理滩地8千米，处理水事违法行为36起，立案1起：茉莉亚音乐学院违章项目建设报市水务局立案调查。

（海河处）

【北三河管理】

1. 河道工程管理

巡查工作。严格执行《巡视巡查系统管理要求》，全面运行"河道巡视巡查系统"，实现系统应用全覆盖，巡查无盲区。巡查点位完成率逐年提升，处属所最初点位完成率为97%，区（县）点位完成率为67%，至2017年，处属所巡检点位完成率为 100%，区（县）巡查点位总体完成率为 93.7%。2017 年，应用"互联网＋"等先进科学技术，推动河道管理创新，推进"现代管理"。购置无人机，运用到河道查勘、信息收集及水政执法取证工作上；开展调研，摸索无人船技术在测绘河道断面上的应用效果。

日常维修养护。结合自身工程设施现状，坚持重点堤段、重点水闸，重点投入的原则，开展维修养护工作，突出基础设施的维护。连续四年超预期完成两率。2017 年日常维修养护项目投资 802 万元。行洪河道堤防维修养护 982.257 千米，其中重点堤防 327.680 千米，一般堤防 654.577 千米。水闸维修养护 36 座，其中重点水闸 7 座，一般水闸 29 座。开展河道管理范围内树木病虫害防治以及河道巡查系统运行维护。堤防管理达标率由 2014 年的 31% 提升至目前的 60.2%，水闸设施设备完好率由 2014 年的 79.37% 提升至 2017 年的 88.1%。2017 年，堤防管理达标率和水闸设备设施完好率分别超年初确定预期目标的 0.2 和 0.1 个百分点。

专项维修工程管理。实行处领导包河系督查，总工技术把关，处属河道所监督管理，工管科全面检查的管理机制。2017 年组织实施 24 项专项工程（其中 2016 年结转 6 项），分别为：沟河右堤（0＋000～2＋000 段）堤顶路面硬化（投资 160 万元），沟河右堤（9＋300～9＋450 段）护砌工程（投资 107.68 万元），青龙湾左堤（25＋500～25＋820 段）护砌工程（投资 94.50 万元），青龙湾右堤应急护砌工程（投资 360.15 万元），沟河左堤（33＋000～36＋500 段）堤顶硬化工程（投资 241 万元），蓟运河右堤民会段堤顶硬化工程（投资 190 万元），蓟运河左堤赵各庄段堤防加固工程（投资 107 万元），蓟运河右堤王善庄村北段护坡维修工程（投资 77 万元），北京排污河左堤（71＋000～72＋000 段）维修加固工程（投资 276 万元），新三孔闸闸门启闭机更新工程（投资 126 万元），蓟运河右堤李自沽至京山铁路桥段堤顶硬化工程（投资 292 万元），南周庄闸等 7 座水闸安全

鉴定（投资 96 万元），蓟运河红帽段河道维修工程（投资 95 万元），蓟运河左堤下坞段堤顶路面硬化工程（投资 182 万元），蓟运河左堤九王庄（0＋413～0＋661 段）堤防护砌工程（投资 195 万元），蓟运河红帽段主槽清淤应急度汛工程（投资 80.62 万元），蓟运河右堤九园公路至马营闸段堤顶路面翻修应急度汛工程（投资 103.53 万元），沟河下营中学段挡墙护砌应急度汛工程（投资 188.50 万元），沟河左岸小平安段（0＋000～0＋300 段）挡墙护砌应急度汛工程（投资 177 万元），蓟运河右堤新安镇村北段护砌应急度汛工程（投资 112 万元），还乡新河右堤（0＋000～2＋000 段）堤顶硬化应急度汛工程（投资 171 万元），蓟运河右堤茶东村至茶淀粮库段应急度汛工程（投资 226 万元），沟河左岸小平安段（0＋300～0＋583 段）挡墙护砌应急度汛工程（投资 167 万元），蓟运河左堤董庄（1＋000～1＋500 段）挡墙拆除重砌应急度汛工程（投资 151 万元）。总投资 3975.98 万元。可参评工程 23 项，其中 21 项被评定为优良工程。在应对汛期四次强降雨过程中发挥了工程效益。

工程管理考核。修订印发了《河道工程管理考核标准》，在采取日常考核、抽查、定期考核的基础上，结合"河长制"考核，加大抽查频次，发现问题及时通报相关单位，限期整改，跟踪检查，促进落实。同时，巡查巡视系统的运行管理与使用工作，作为独立考核单元，纳入到《河道工程管理考核办法》中，实施有效地考核管理。

涉河建设项目管理。从制度保障入手，修订完善了《涉河建设项目管理实施细则》，规范了审批程序，严格按照市水务局标准收取管理费用。明确职责，理顺管理机制，牢牢把握"严格事前审批，加强过程监督，落实痕迹管理"三个环节，做到服务无盲点、监督无漏洞、责任无空缺、程序无脱节。严格事前审批，加强过程监督，落实痕迹管理。组织涉河项目的开工验线、中间关键节点验收和完工测量，确保项目的规范化管理和资料齐全。积极开展防护工程的建设，严格按照

批复的设计组织实施，并加强施工过程的管理，及时组织完工验收，绝不留行洪隐患。按照市水务局要求，认真开展涉河项目的汛前、汛中检查，督促建设单位、施工单位落实防汛责任制，及时拆除阻水障碍物，确保河道行洪通畅。

业务培训。推动基层所（站）开展 8 个标准的集中学习培训，使标准落地，规范日常管理各项工作。通过工程测量培训，选拔技术骨干，组建了工程测量队伍，实施水闸安全观测、涉河项目监管测量。为确保河道巡视巡查系统运行顺畅，发挥实效，采取集中讲解与现场指导相结合的方式，开展手机端操作及桌面端问题处置培训。组织相关区（县）河道所开展水闸运行操作比武。

2016 年年底至 2017 年年初，举办 2016—2017 年度水利工程管理专业技能培训。共 9 期 16 天，历时 3 个多月，邀请了天津农学院教授和有关专家进行授课，约 70 人参加培训。

受市水务局委托，承办了天津市河道修防工技能的培训、初赛、决赛。培训学员共 47 名，分别来自各区水务局、水务集团、各河系处。分别于 8 月 13 日和 8 月 23 日组织了初赛和决赛。比赛选拔出的综合成绩第一名的选手代表天津市参加全国河道修防工大赛。在全国竞赛中，北三河处参赛选手综合排名第 11 名。

2. 河道防汛

汛期，共启动 4 次防汛应急Ⅳ级响应，响应期间共出动巡查车辆 50 余车次，巡查人员 200 余人次，编辑发送水雨情简讯 500 余条。充分发挥河系处防汛服务与指导的作用，向相关区防指提供可靠汛情信息和技术支撑，确保了所辖河道安全度汛。

6 月下旬至 7 月上旬，连续出现 3 次较强降雨，其中 7 月 3 日 7 时至 7 日 7 时天津市普降大到暴雨，局部大暴雨，平均降雨量 50.6 毫米，最大降雨位于宝坻区新开口，达到 269.2 毫米，最大雨强出现在宝坻区大口屯，达到每小时 100 毫米。北三河处及时启动防汛应急Ⅳ级响应，各防汛工作组全员上岗，冒雨派出 4 个防汛工作组分赴重点现场查看汛情、工情。同时加强与上下游和上下级部门之间的联系，24 小时实时关注上下游雨情变化，做好 36 座市管水闸的调度，掌握上下游来水、下泄及沿河排沥情况，及时将最新汛情信息通报反馈至各部门。

3. 水环境管理

在中央环保督查期间，对宝坻区坑塘沟渠水环境问题进行了全面摸查，排查问题 2700 余处；对所辖一级河道管理范围内河道垃圾、水质、生态红线内违章养殖建筑等影响水环境问题进行全面、彻底的清查和督促整改，清查整改问题共 558 项。

组织开展一级行洪河道水质情况摸查，调查汇入市管河道的支流 49 条，调查口门 287 个（含泵站、扬水站），根据调查结果进行分析，初步制定了北三河系水质改善计划。

4. 水政执法

2017 年，制止蓟运河宝坻区八门城镇南燕窝村段个别村民在堤防附近违法建房行为，拆除违建 600 余平方米；拆除北京排污河泗村店村河滩地内违章建设蔬菜大棚上千亩；拆除州河高各庄段违法构筑物 1000 平方米。对北京排污河右堤上马台村段河道管理范围内违法建房行为进行了立案；对蓟运河右堤于台子村段河道管理范围 6 处违章建房案件进行了立案；对州河左堤西屯村段河道管理范围内违建进行了立案。开展涉河违建专项整治大行动，第一阶段整治任务于 9 月底完毕；第二阶段整治工作于 11 月底完成。两个阶段共处涉水违建及河道环境问题 75 件，清除违章建筑物 2000 余平方米，滩地鱼池 12000 余平方米，违建现场清理完毕后均恢复了堤防原状。联合宝坻河道所、周边乡（镇）政府部门对钓鱼平台进行了专项清理行动，共清理平台 659 个，船只 2000 余艘。

全年接到信访举报 31 起，已全部处理完毕。其中典型案例 2 起：一是处理中央环保督察受理的蓟州区泗溜镇违法占地案件，对当事人反复进行宣传教育，促使其自行拆除违法建筑、恢复堤防原状；二是处置国务院第一督查组电话热线受理的蓟州区西屯违法建房案件，对当事人进行宣传教育的同时，按程序多次下达违法告知书，配合水政处开展立案相关工作。

（北三河处）

【大清河管理】

1. 河道工程管理

2017 年，落实《市管河道管理工作标准和办法》，修订完善并严格执行了各项管理制度。按照《巡视检查管理工作标准》，采取区河道所负责日常巡查、处属基层单位抽查、处主管部门督查的三级巡查机制对河道堤防进行巡视检查，全年完成巡查点位 17442 个，努力实现河道网格化管理。同时，印发了《关于进一步加强河道日常巡查工作的通知》和《关于进一步规范河库管理痕迹的通知》，并将巡查工作、痕迹管理工作纳入绩效考核管理，注重加强痕迹管理。坚持实行"日清扫、周擦拭、季检修"和泵站的"一日工作法"，管理制度做到了上墙明示，开展汛前、汛中、汛后工程设施检查，采取定期与不定期的方式进行工程考核，对处下属基层所每月考核一次，对区河道所的日常维修管理工作每月进行检查，每季度考核一次，对其维修和巡查不到位的情况反馈意见。通过日常及专项维修，加强巡查和考核，达到了河道堤防达标率 74.9% 和闸站设施完好率 93.6% 的目标。

严格按照市水务局颁布执行的《市水务局涉河建设项目管理规程》对各项程序进行监管，做好现场监管，留存监管记录。汛前下发《关于做好涉河在建工程安全度汛工作的通知》，并安排人员对所有在建项目逐一检查，对存在问题的项目，现场下达整改通知 2 次，及时整改落实，确保了在建工程度汛安全。全年对通过市水务局审批的 7 项涉河项目实施监管，包括天津液化天然气（LNG）项目输气干线穿越独流减河工程，外环河综合治理工程小孙庄泵站穿堤涵闸穿越独流减河左堤工程，外环河综合治理工程陈台子泵站穿堤涵闸穿越独流减河左堤工程，天津中电晟发太平镇窦子光伏发电项目 110 千伏并网线路跨越沙井子行洪道蓄滞洪区及子牙新河工程，中塘镇仁和里供热锅炉房天然气配套管线穿越马厂减河工程，武清区清北泵站扩建工程穿越中亭河左堤工程，天津液化天然气（LNG）项目输气干线穿越大清河、子牙河、中亭堤工程。截至 2017 年 12 月底已完工 5 项，未完成的 2 项为天津液化天然气（LNG）项目输气干线穿越独流减河工程、外环河综合治理工程陈台子泵站穿堤涵闸穿越独流减河左堤工程。

完成南运河、子牙河、马厂减河、子牙新河共计 6.4 公顷 11316 株树木采伐工作。

2. 水政执法

2017 年查处各类违法行为 111 起，出动巡查车辆 568 车次，出动执法人员 1600 人次。重点查处静海区王口镇南苗头村信访案件，责令当事人及时自行恢复了垫土区域；南运河右堤桩号 36 + 120 堤外毁损堤防案件，截至 2017 年 12 月底，已由南京水科院做出韩家口堤防破坏段结构安全影响评估；针对子牙新河入海口私建码头违法堆砂以及取土信访案件，大清河处联合滨海新区大港街古林办事处、滨海新区建交局、市海洋局、天津海事局、天津边防总队、天津海警总队、市港航管理局等相关单位相互协作，1 号码头取土案已由公安机关立案查处，2 号、3 号码头私建码头违法堆砂已被清理，集装箱房和地磅等附属设施已清理干净，恢复了原状，入海口私建码头违法堆砂现象圆满解决。大清河开展了拦河网具及堤内阻水临建汛期清障、独流减河清理鸭棚活动，累计出动 174 人次，44 车次，船只 8 艘，集中清理集装箱房和鱼铺 11 处，网具 92 套，清除养鸭户 22 户，清理占地养殖鸭棚、料棚、鸭网等近 45600 余平方米，清理河道迎水坡以及河槽内圈占的鸭网等设施 60000 余平方米，保证了独流减河河道畅通和度汛安全。

联合天津市河西区纯真小学、天津市节水科技馆开展了以"节约水资源 爱护水环境"为主题的纪念活动，开展了送法进乡（镇）、送法进校园活动、送法进机关活动，增强了群众法律意识。2017年全年累计发放宣传品和宣传材料32000余份，受众人数达10万余人。

3. 河道防汛

起草下发《2017年大清河（北大港）处防汛工作安排》，建立防汛组织机构，明确各组织机构责任人及防汛职责；调整了58人的北大港水库防汛抢险应急救援队；分河道落实处领导、技术负责人、基层所三级防汛责任体系，落实一级行洪河道、穿堤闸涵防汛抢险责任制，明确各区、乡（镇）、河系处行政责任人和技术责任人；贯彻落实市防办防汛工作视频会议精神，安排部署各项防汛准备工作；组织河系内各相关区防汛科、河道所负责人参加防汛工作座谈会，加强防汛工作沟通联系。

汛前开展了防汛自查、抽查工作，对闸涵、泵站进行了试运行，对检查出的问题逐项落实整改措施；组织有关区河道所开展了一级行洪河道堤防、穿堤闸涵防汛检查；配合市防办完成国家防总海河流域防汛抗旱检查组、局领导带队检查组、市防指第四检查组对大清河系的防汛检查工作；开展汛后检查工作。

按照市防办指令第一时间启动Ⅳ级防汛预警响应，加密河道巡查频次，加强防汛值守，全力应对强降雨。

修订完善《大清河系防洪抢险保障方案》，一河一预案；组织有关各区开展大清河系一级行洪河道防汛抢险预案、蓄滞洪区运用预案及阻水坝埝拆除预案的修订，汇总完成《大清河系蓄滞洪区运用预案》；督促在建涉河项目施工单位制定了度汛方案；完成《大清河处防汛工作调研报告》；起草上报《北大港水库蓄水方案》，为水库蓄水做好准备；编制《防汛应知应会》手册，人手一份，将应知应会知识纳入考核；开展了防汛重点部位调查工作，完成了对子牙新河河口、沙井子行洪道、东淀清北地区和贾口洼子牙循环经济园等重点部位的现场调查和航拍工作；加强防汛队伍建

设，组织开展了防汛抢险实战演练及防汛法律法规知识培训讲座，组织专家对天津南系防汛工作进行研讨，提高了防汛队伍应急处置能力。

4. 河道水资源管理

组织开展了2016年度入河排污口门治理核验工作，完成西青区和滨海新区（大港）的27个口门现场核验，督促整改并复核了3个问题口门；对各区报送口门鉴定书汇总审核和整理，完成了35个口门鉴定书的报送任务。截至2017年12月底，大清河处负责的180个入河排污口门核验工作已全部完成。

组织开展了2017年河长制考核工作，每月定期对纳管河道进行考核，试用了水环境监管平台考核模式；协助局考核办每月对各区纳管河道进行抽查，发现问题及时通知各区并督促整改。参加了对津南、西青、静海和滨海新区的2017年度全面推行河长制四次督导检查和年终考核工作。

联合静海区水务局开展了静海区环境大检查工作，制定了检查方案，抽调40人联合静海区水务局和乡（镇）政府组成31个检查组和1个综合组，出动车辆38台，行驶5512千米，对静海区18个乡（镇）、384个行政村开展了拉网式、全覆盖、无死角的大检查。检查了1527处点位，检查发现问题914处，基本摸清了静海区农村坑塘、沟渠、河湖水系存在的环境问题，为下一步综合治理提供了基础数据和治理依据。

组织开展了环境检查清整工作，制定了迎接中央环保督察工作方案，整理完善了管理档案和工作台账；开展了所辖河道垃圾堆放点排查，对堆放位置、种类、规模、管控情况等调查、记录和拍照。认真落实市容委环境大检查大整改工作要求，将调查出的236处问题及时发函给各区督促整改；开展了对直管河道、水库环境保护检查巡查清理工作，每天汇总巡查进展情况及时报送市水务局；落实了中央环保督察整改工作，制定了独流减河取排水管理制度，重新修订了大清河处水质和口门巡查监管制度，强化口门监管和取排水报备管理，保障河道水质得到改善。对管辖河

道和水库开展了水环境大排查，累计排查出问题点位1296个，建立了问题清单台账，督促责任部门落实整改，确保河湖环境切实得到改善和提升。

加大了对河道水污染防治和水质信访处理力度，积极协调、妥善处置了群众关心的南运河、独流减河、马厂减河等14起水质环境问题，对主要河道水质进行了取样委托专业检测机构监测分析，研究采取了相应的水质改善措施。

开展了管辖河道入河排污口门再调查工作，对新增和已治理不合格口门进行全面排查，共计调查出排污口门75个，建立和完善了口门台账信息，完善了口门监督管理体系。

5. 达标创建工作

为贯彻落实市水务局关于"创建九宣闸及南运河节制闸市级水管单位"的部署要求，召开达标创建动员会、推动会，制定印发《南运河节制闸和九宣闸市级达标创建实施方案的通知》（大清河〔2017〕13号），成立了达标创建领导组及考核组，召开周例会，督促工作进度，梳理重点、难点问题，开展调研，交流管理心得，学习达标经验。南运河管理所以达标创建工作为中心，制订了工作计划，成立了工作组，从组织、安全、运行、经济四方面入手，真抓实干，攻坚克难，将考核标准落实到各项工作中，于2017年11月底已完成2座水闸达标创建档案整编工作。为提升两闸硬件水平，完善设施设备，2017年对新、老九宣闸以及南运河节制闸进行了重点维修提升治理。

6. 独流减河河道确权划界

自2012年开展独流减河确权划界工作。大清河处克服了沿河村镇企业历史遗留问题多、土地确权划界难度大等问题，按照局制定的确权原则，以第二次集体土地调查成果为基础，与市水务局、区〔县〕国土局、沿河村镇及企业进行沟通协商。历经4年多时间，先后完成了独流减河118.8平方千米的地籍测绘、地籍调查、现场指界、确权取证登记申请等工作。在各方的共同努力下，于2016年11月完成独流减河河道确权取证工作。取证工作的完成，不仅标志着独流减河权属规范化

管理的开始，也为其他河道的确权划界工作提供了宝贵经验。2017年年底开展了独流减河河道确权划界项目的验收准备工作。

7. 日常维修养护工程

2017年，完成日常维修工程项目9项，工程总投资593.8056万元。主要工程量为：完成河道堤防维护487.125千米，水闸维修养护10座，泵站维修养护1座；新、老九宣闸以及南运河节制闸重点维修提升治理等。

8. 专项工程

完成专项维修工程共5项（含用房维修工程1项），工程总投资653.198万元。

子牙新河左堤道路豁口恢复工程。由中水电（天津）建筑工程设计院设计，天津润泰工程监理有限公司监理，天津市大港水利工程公司施工。该工程自2017年5月11日开工，6月30日完工，投资计划132万元，完成工程投资129.198万元。主要工程量为：堤顶清基1778.3立方米，土方回填10443.9立方米，浆砌石护坡765.8立方米，现浇混凝土路面1810.5平方米。11月，通过市水务局验收，工程质量合格。

马厂减河左堤堤顶硬化工程。由中水电（天津）建筑工程设计院设计，天津市金帆工程建设监理有限公司监理，天津市坤旺建筑工程有限公司施工。该工程自2017年5月1日开工，6月15日完工，完成工程投资186万元。主要工程量为：砖路面铺设15500平方米，限高栏杆2套。11月，通过市水务局验收，工程质量合格。

大清河右堤堤顶硬化工程。由中水电（天津）建筑工程设计院设计，天津市金帆工程建设监理有限公司监理，中建津泓（天津）建设发展有限公司施工。该工程自2017年5月1日开工，6月15日完工，完成工程投资167万元。主要工程量为：砖路面铺设12726平方米，限高栏杆2套。11月，通过市水务局验收，工程质量合格。

大清河处水闸安全鉴定。由黄河水利委员会黄河水利科学研究院进行安全鉴定。该工程自2017年5月10日开工，6月15日完工，完成工程

投资 100 万元。主要工程量为：水闸安全鉴定 4 座。截至 12 月底，项目尚未进行竣工验收。

子牙河管理所管理用房维修工程。由天津泰来勘测设计有限公司设计，天津润泰工程监理有限公司监理，天津华惠安信装饰工程有限公司施工。该工程自 2017 年 9 月 25 日开工，11 月 20 日完工，完成工程投资 71 万元。主要工程量为：屋顶防水维修 424.33 平方米，内墙粉刷 2062.15 平方米。截至 12 月底，工程尚未进行竣工验收。

（张　倩）

【海堤管理】

1. 专项维修工程

2017 年海堤维修专项工程共计 7 项：

（1）2017 年汉沽海挡外移东堤维修工程。

主要内容为：基础清理、防浪墙前沿栅栏板垫层混凝土浇筑、防浪墙和路面混凝土钻孔（基础混凝土灌筑和回填灌浆孔）、防浪墙基础混凝土浇筑、防浪墙底板上部混凝土浇筑、回填灌浆等。

主要工程量为：基础清理 6260 平方米，干砌块石 153 立方米，C35F300 混凝土 2281 立方米，混凝土凿毛 1579 平方米，钢筋 11.6 吨，模板 243 平方米，钻孔 1（直径 100 毫米，孔深 40 厘米）430 米，钻孔 2（直径 40 毫米，孔深 50 厘米）538 米，钻孔 3（直径 40 毫米，孔深 25 厘米）269 米，回填灌浆（灌注 M15 砂浆）727 立方米。投资 245 万元。2017 年 12 月 1 日通过竣工验收。

（2）海堤沿线堤顶路错车平台新建工程。

主要内容为：错车平台与堤顶路平行设置，根据设计时速、视距及车辆长度等综合考虑，在场地空间允许的位置，错车平台平直段长 30 米、宽 3 米；在场地空间狭小受限或者有调头需要的位置，错车平台的尺寸可根据地形现状做相应调整。根据实际测量地形图，新建错车平台共 22 处。

主要工程量为：现状堤顶路清表 1460 立方米，二八灰土垫层 854 立方米，新建 C25 混凝土路面 428 立方米，土方填筑 1206 立方米，拆除原有护砌 243 立方米，浆砌石护坡 319 立方米，碎石垫层

83 立方米，防护栏安装 413 米。投资 77 万元。2017 年 12 月 1 日通过竣工验收。

（3）天津市防汛抗旱指挥部防潮分部视频会议系统。

主要内容为：建成覆盖市防办、防潮分部办公室及其他防潮相关部门的视频会议系统，包括数据传输网络建设、中心控制系统建设、主会场建设、分会场建设等。主要工程量为新建中心控制系统 1 套；主会场系统 1 套；分会场系统 9 套，MSTP 网络专线 9 条，系统终端软件 1 套。投资 210 万元。2017 年 12 月 4 日通过竣工验收。

（4）2016 年汉沽海挡外移工程加固。

主要内容为：①海挡外移工程东堤（桩号 0+000.00~1+650.00）防浪墙进行基础淘空缺陷维修，其中 2014 年已治理长度 54 米，故本次维修总长为 1596 米，主要工作内容为基础清理、防浪墙前沿栅栏板垫层混凝土浇筑、防浪墙和路面混凝土钻孔（基础混凝土灌筑和回填灌浆孔）、防浪墙基础混凝土浇筑、防浪墙底板上部混凝土浇筑、回填灌浆等；②西堤背水坡治理（桩号 5+231.2~6+120.4），主要工作内容为背水坡预制混凝土平板护砌错位、塌陷，充砂袋基础外露处，对基础处理后重新铺设混凝土预制板，对于淘空严重的部位，采用碎石回填找平。预制混凝土板的尺寸为 700 毫米×700 毫米×200 毫米。

主要工程量为：基础清理 10383 平方米，干砌块石 163 立方米，C35F300 混凝土 3714 立方米，混凝土凿毛 2619 平方米，钢筋 19.24 吨，模板 403 平方米，钻孔 1（直径 100 毫米，孔深 40 厘米）713 米，钻孔 2（直径 40 毫米，孔深 50 厘米）892 米，钻孔 3（直径 40 毫米，孔深 25 厘米）446 米，回填灌浆（灌注 M15 砂浆）1205 立方米。预制混凝土板砌筑 783 平方米，碎石垫层 118 平方米，土工布（300 克每平方米）783 平方米，碎石找平层 320 立方米。投资 450 万元。2017 年 12 月 1 日通过竣工验收。

（5）海堤送水路东埝至西埝背水坡治理工程。

主要内容为：①桩号 14+658~14+678、16+

290~16+353，采用坡比1:2灌砌石护坡，长度83米。C25混凝土灌砌石护坡坡比1:2，灌砌石厚30厘米，下设10厘米碎石垫层和一层300克每平方米土工布。灌砌石护坡每5米设一道伸缩缝（垂直堤轴线），缝宽2厘米，缝内采用闭孔泡沫板填缝。处理坡顶纵缝时，先在混凝土路面端部竖直面上刷两道乳化沥青，再铺一层闭孔泡沫板。灌砌石护坡设一排排水孔，间距1.50米，护坡砌筑完成后应进行通孔，避免砂浆堵塞孔管，通孔完成后采用粒径1~2厘米的碎石将孔管填充满。②桩号14+678~16+290，长度1612米，采用坡比1:1.5灌砌石护坡，灌砌石厚30厘米，下设10厘米碎石垫层和一层300克每平方米土工布。灌砌石护坡每5米设一道伸缩缝（垂直堤轴线），缝宽2厘米，缝内采用闭孔泡沫板填缝。处理坡顶纵缝时，先在混凝土路面端部竖直面上刷两道乳化沥青，再铺一层闭孔泡沫板。灌砌石护坡设一排排水孔，间距1.50米，护坡砌筑完成后应进行通孔，避免砂浆堵塞孔管，通孔完成后采用粒径1~2厘米的碎石将孔管填充满。

主要工程量为：土方开挖7728立方米，土方填筑2947立方米，土工格栅铺设4392平方米，土工布铺设9323平方米，碎石垫层铺设910立方米，C25混凝土灌砌石护坡4131立方米，护脚抛石882立方米，闭孔泡沫板2535平方米。投资390万元。2017年12月1日通过竣工验收。

（6）海堤采油四厂段修复工程。

主要内容为：①海堤（桩号增0+765~增0+840段）迎海坡面的维修加固，迎海侧护坡按原设计C25混凝土灌砌毛石修复，坡比为1:2.5，厚40厘米，下设10厘米厚碎石垫层及土工布；拆除破损的石块作为抛石，抛石顶高程3.5米，顶宽5米，坡比1:3；齿脚采用C25混凝土灌砌，齿脚深1.0米，顶宽0.5米，底宽0.75米；基础处理采用换填100厘米厚山皮土和40厘米厚细石，并加以夯实。②海堤（桩号增2+255~增2+725段）环境清整，对边坡、坡顶、坡脚堆积的枯草垃圾采用施工机械清理并进行无害化处理。

主要工程量为：土方开挖194立方米，碎石垫层85立方米，C25灌砌石护坡382立方米，土方填筑154平方米，土工布891平方米，双向土工格栅336平方米，细石夯实96立方米，山皮土97立方米。投资42.87万元。2017年12月1日通过竣工验收。

（7）天津市海堤测量工作。

主要完成海堤和已建外围海堤沿线1:2000地形图测绘（包括管理范围和保护范围，共计海堤下坡脚向外延伸60米）。现状海堤沿线重点区域1:500地形图测绘（包括管理范围和保护范围，共计海堤下坡脚向外延伸60米）。现状海堤全面横断面测量；现状海堤全线纵断面测量。已建外围海堤平面位置、高程测量及典型横断面测量。分辨率不低于0.20米的最新海堤沿线数字正射影像图。2017年12月29日通过竣工验收。

2. 应急度汛工程

2017年完成海堤应急度汛工程共计4项，包括2017年海堤应急度汛工程海堤沿线（35+950~37+750段）堤顶路面硬化工程、塘沽海滨浴场段海堤治理应急度汛工程、蔡家堡码头口门治理应急度汛工程、海堤口门封堵海挡外移道路治理应急度汛工程。

（1）2017年海堤应急度汛工程海堤沿线（35+950~37+750段）堤顶路面硬化工程。

主要工作内容为：在海堤（桩号37+024~37+750段）726米的堤顶路面，采用沥青混凝土路面结构，路面宽度5.0米，面层依次采用40毫米厚细粒式沥青混凝土（AC-13C），60毫米厚中粒式沥青混凝土（AC-20C），60毫米厚粗粒式沥青混凝土（AC-25C），然后涂一层乳化沥青透层，基层采用180毫米厚6%水泥稳定碎石，300毫米厚石灰粉煤灰碎石。两侧路缘石采用花岗岩直角路缘石，结构尺寸为100毫米×300毫米×500毫米（宽×高×长）。增加对迎水侧堤坡抛石护脚。在海堤迎水坡（桩号36+550~37+750段）1200米范围内补抛抛石，护脚水平段为3.0米，补抛抛石厚度为0.6米。

主要工程量为：堤顶路清表 3630 平方米，300 毫米厚 8∶12∶80 石灰粉煤灰碎石 1089 立方米，180 毫米厚 6% 水泥稳定碎石 653 立方米，乳化沥青透层 3630 平方米，60 毫米厚粗粒式沥青混凝土（AC-25C）218 立方米，60 毫米厚中粒式沥青混凝土（AC-20C）218 立方米，40 毫米厚细粒式沥青混凝土（AC-13C）145 立方米，花岗岩路缘石 1452 米，抛石 2160 立方米，拆除原有泥结碎石路面 2105 立方米。投资 187 万元。2017 年 12 月 1 日通过竣工验收。

（2）塘沽海滨浴场段海堤治理应急度汛工程。

主要工程内容为：①海堤背水侧护坡，护坡范围为 100+689～101+424 段海堤背水侧，全长 735 米，由堤脚护至堤顶。护坡采用浆砌块石结构形式，护砌基本厚度为 0.4 米。浆砌石砌筑和勾缝采用的水泥砂浆标号为 M15。浆砌块石分缝间距 10 米。浆砌块石下部敷设 100 毫米厚碎石垫层，最底部设反滤土工布。堤脚设浆砌石齿脚，高×宽=0.8 米×0.8 米。②建钢筋混凝土防浪墙，在堤顶新建钢筋混凝土防浪墙，位置设于堤顶迎水侧混凝土路肩之上，建设范围为 100+689～101+424 段，沿线设 2 处下海通道预留出入口。新建防浪墙为钢筋混凝土结构，地面以下高 0.7 米，地面以上高 1.2 米，混凝土标号 C30W4F200，钢筋 HRB400。防浪墙表面涂刷 AL-9608 聚合物防水防腐蚀涂料。③迎水坡治理，修复海堤迎水侧局部护坡破损，修复面积共计 668.4 平方米，在堤脚新建格宾石笼护脚，尺寸为 2 米×1 米×0.3 米（长×宽×高）；格宾石笼内填料容重要求达到 18～19 千牛每立方米，填实为表面光滑无棱角卵石，粒径为 100～250 毫米。

主要工程量为：预制混凝土板拆除 390 立方米，现状预制混凝土板铺装整齐 1040 平方米，土方开挖 2506 立方米，土方回填 203 立方米，土工布 4160 平方米，碎石垫层 359 立方米，浆砌石护坡 1451 立方米，聚乙烯闭孔泡沫板 145 平方米，C30W4F200 混凝土接缝 21 立方米，C15 素混凝土垫层 78 立方米，C30W4F200 混凝土挡墙 512 立方

米，钢筋制安 39 吨，聚乙烯闭孔泡沫板 87 平方米，防碳化涂料 2085 平方米，格宾石笼护脚 2646 立方米，碎石灌 M10 水泥砂浆 331 立方米。投资 330 万元。2017 年 12 月 1 日通过竣工验收。

（3）蔡家堡码头口门治理应急度汛工程。

主要工程内容为：①蔡家堡码头进出口西侧局部段侧防浪墙顶高程未达到海堤堤顶高程，对原防浪墙顶面做凿毛处理，在原防浪墙顶钻孔设置直径为 18 毫米的插筋，插筋距墙壁 10 厘米，顺海挡方向插筋间距 30 厘米，然后支立模板浇筑 C35 混凝土，待混凝土拆模后，在防浪墙侧面靠近巡堤路一侧刷一层 M20 砂浆，砂浆涂刷位置从加高防浪墙顶至原防浪墙底部路面位置，厚度 2 厘米。另外，加高段防浪墙在中段 10 米处设一道伸缩缝，缝宽 2 厘米，采用闭孔泡沫板填缝。②蔡家堡码头东侧进出口已废弃，码头前沿长 99.6 米，顶面高程 5.30 米，低于海堤防浪墙顶高程，形成防潮缺口，采取措施对该口门进行封堵。基础处理：对现状海底面进行清淤，清至高程 2.2 米，清淤厚度约 1.3 米。海堤迎海坡：新建海堤迎海坡坡比采用 1∶2.5，C30F200 混凝土灌砌毛石护坡，厚 0.40 米，每 2 米×2 米分一块，下设碎石垫层及土工布。海堤护坡齿脚：迎海侧护坡齿脚采用 C30F200 混凝土灌砌石，齿脚深 0.70 米，顶宽 0.60 米，底宽 1.10 米。加抛石护脚，宽度 5 米，厚度 2.6 米，坡比 1∶3。海堤防浪墙：防浪墙采用 C30F200 混凝土灌砌石结构，墙顶设 C20 细石混凝土压顶，压顶宽 90 厘米，厚 10 厘米。防浪墙每隔 10 米设置一道伸缩缝，缝宽 2 厘米，采用闭孔泡沫板填缝。路面：采用 20 厘米厚 C30F200 混凝土现浇路面，下设 20 厘米后水泥稳定碎石基层。路面宽度 4.2 米，横坡坡度 1.5%。路面挡墙：巡堤路左侧采用 C30F200 现浇混凝土挡墙，挡墙顶宽度 0.4 米，底宽 0.84 米，高度 1.4 米。海堤堤身：堤身采用素土回填，要求干地施工。填土塑性指数为 10～20，压实度不小于 95%。下设 30 厘米厚石屑以及 120 厘米厚山皮土，再铺设双层双向土工格栅。

主要工程量为：土方开挖 2446 立方米，土工格栅 3047 平方米，山皮土 1973 立方米，碎石垫层 80 立方米，素土回填 1021 立方米，土工布 589 平方米，石屑垫层 331 立方米，水泥稳定碎石基层 88 立方米，模板 1056 平方米，C30F200 混凝土 1056 立方米，插筋 162 根。投资 126 万元。2017 年 12 月 1 日通过竣工验收。

（4）海堤口门封堵海挡外移道路治理应急度汛工程。

主要工程内容为：①对海堤 100 + 666.29 ~ 101 + 416.96 堤顶道路进行硬化改造，并从桩号 101 + 416.96 延伸一段 34.62 米硬化路面与现有混凝土道路顺接，硬化道路总长 785.29 米。②封堵 11 个交通口门以及 3 座涵闸和 1 座涵闸的维修，具体为：洒金坨孵化场东口门 3 处（3 + 420、4 + 695、4 + 923）、北疆电厂 2 处（12 + 000、14 + 000）、蔡家堡船台口门（23 + 373）、中央大道桥下口门（48 + 800）、天马拆船厂后门口门（48 + 967）、天马拆船厂院内口门（49 + 050）、塘沽海河拆船厂口门（82 + 747）和减河北海挡外移段口门（增 2 + 960）；3 座涵闸为洒金坨孵化场东圆管涵两座（4 + 697、5 + 027）和三千米沟闸（28 + 200）；1 座涵闸维修为张家新沟闸（22 + 066）。③汉沽区海挡外移西堤段主要内容包括恢复背水坡被冲毁的路肩及混凝土预制板及碎石垫层等基础；恢复海堤背海侧被冲毁的排水沟对基础处理后重新砌筑。

主要工程量为：路基开挖 1534 立方米，C20 混凝土路面 678 立方米，C25 灌砌石路肩 216 立方米，闭孔泡沫板 154 平方米，土方开挖 1334 立方米，土方填筑 112 立方米，混凝土拆除 283 立方米，混凝土路面恢复 109 立方米，门槽埋件 5 吨，钢闸门 13 吨，土工布 1499 平方米，预制混凝土块砌筑 1320 平方米，预制混凝土 U 形块砌筑 63 块。投资 162.77 万元。2017 年 12 月 1 日通过竣工验收。

3. 日常维修维护工程

2017 年共完成海堤维修维护 139.62 千米，其中重点段长度为 93.646 千米，一般段长度为 46.994 千米。全年重点完成了小五号至航母段路肩平整、环境治理、海堤全线打草 4 次；第二批日常维修养护主要是建设数字海堤管理平台中海堤数据库模块和工程管理模块，主要包括海堤基础数据采集长度为海堤工程桩号 0 + 000 ~ 20 + 000 段，长 20 千米，宽度为背水侧 500 米覆盖区域。开展基础地理信息数据及海堤专题数据采集，数据库系统建设和数据管理、工程管理模块建设等，2017 年 12 月 29 日通过竣工验收。

（海堤处）

北大港水库管理

【概述】　2017 年，严格落实河库管理工作方案，规范河库管理，加强日常管理和考核，提升工程管理水平；加强库区绿化，改善库区面貌；加强库区闸站的维修和养护，确保工程设施安全运行；扎实开展防汛工作"五落实"，做好防汛检查工作，全面应对强降雨，保证了安全度汛；加大水政执法力度，积极开展水法宣传，营造了良好的水事秩序；完成北大港水库视频系统建设，提升了单位的信息化管理水平；深入推进洋闸维修及闸区环境提升工程，确保洋闸安全运行，发挥其水利功能，修复其历史风貌；加强安全生产，严格落实安全责任，加大安全检查力度，及时消除安全隐患。

【日常管理】　2017 年，根据《大清河（北大港水库）管理处加强河库管理工作的实施方案》，形成了以基层所、处机关部门为主体的联合管理机制，并强化了视频监控系统的使用效率，做到发现问题及时处理；北大港处成立了定期检查工作小组，组织工程技术和管理人员于汛前、汛中、汛后对工程设施进行了全面检查，及时解决工程运行管理中的问题，确保了工程安全度汛；主要闸站实行"日清扫、周擦拭、季检修"和泵站的"一日工作法"，管理制度做到了上墙明示。北大港处通过不定期抽查与考核检验，实行奖惩机制，提高了管护人员的管理意识及素养，显著提升了工程管理水平。

（张　倩）

【水质监测】　北大港水库水质监测断面为调节闸，2017年共取样监测10次，其中1月和3月水质符合Ⅴ类，其余取样月份水质均劣于Ⅴ类，主要超标参数为化学需氧量、生化需氧量和总磷。

（王旭丹）

【水库绿化工作】　2017年，将树木养护管理工作纳入到日常工作中，坚持每周巡视检查不少于2次；及时对河库闸站、水库围堤等树木进行修剪和病虫害防治，有效控制了病虫害发展，避免了病虫害大面积发生。

以"国家储备林基地建设天津市滨海新区北大港水库生态储备林项目"为契机，配合做好水库周边绿化工作，全面提升水库整体环境面貌。该项目计划建设生态储备林总面积704.6万平方米，其中北大港水库生态储备林占563.5万平方米，主要建设内容包括土壤改良工程、排盐工程、苗木种植工程及附属工程等。截至2017年12月底，已基本完成水库四围堤土壤改良和排盐等工程。

【水政执法】　加大执法、巡查工作力度，全年出动巡查车辆113车次，出动执法人员297人次。强化水法制宣传，联合天津市河西区纯真小学、天津市节水科技馆开展了以"节约水资源　爱护水环境"为主题的纪念活动，开展送法进乡（镇）、送法进校园、送法进机关活动。

【日常维修养护工程】　2017年，完成日常维修工程项目20项，工程总投资292.874万元。完成主要工程量为：堤防维修养护54.511千米；马圈闸等13座闸涵日常维护及姚塘子泵站维修；姚塘子变电站及高低压线路维修养护；管理用房及附属

设施日常维护以及绿化养护等。通过维护，水库工程面貌显著改观，保障了工程设施正常运行和安全运用。

【专项工程】　2017年，北大港水库完成专项工程共5项，工程投资417.7546万元。

北大港水库排咸闸维修工程，由中水电（天津）建筑工程设计院设计，天津润泰工程监理有限公司监理，天津宇昊建设工程集团有限公司施工。该工程自2017年4月5日开工，5月31日完工，完成工程投资77.94万元。主要工程量为：混凝土防碳化处理902.5平方米，混凝土空心砖护砌843平方米，彩钢房制安93.6平方米。11月，通过市水务局验收，工程质量合格。

北大港水库西南围堤（13+000～14+100段）背水坡防护工程，由中水电（天津）建筑工程设计院设计，天津润泰工程监理有限公司监理，天津市大港水利工程公司施工。该工程自2017年3月30日开工，2017年6月9日完工，完成工程投资150.2746万元。主要工程量为：C20混凝土空心砖护坡砌筑11102平方米，C25混凝土预制护肩砌筑55.3立方米。2017年11月，通过市水务局验收，工程质量优良。

姚塘子泵站围堰搭设工程，由天津泰来勘测设计有限公司设计，天津市大港宏达建筑队施工，该工程自2017年6月26日开工，7月15日完工，完成工程投资19.5万元，主要工程量为搭设土围堰461米。截至2017年12月底，工程尚未进行竣工验收。

北大港水库基层站点房屋维修及院区整治工程，由天津泰来勘测设计有限公司设计，天津润泰工程监理有限公司监理，天津昊鹏建筑装饰有限公司施工。该工程2017年9月15日开工，11月15日完工，完成工程投资89.04万元。主要工程量为：屋顶防水维修690.4平方米，内墙粉刷1113.15平方米。截至2017年12月底，工程尚未进行竣工验收。

北大港水库35千伏变电站维修改造工程，由

天津天怡建筑规划设计有限公司设计，天津悦玺丰建筑安装工程有限公司施工。该工程于2017年11月8日开工，截至2017年12月底，已完成部分拆除和电气设备订购等工作，完成工程投资81万元，工程形象进度30%。

【应急度汛工程】 2017年，北大港水库完成应急度汛工程共2项，工程投资405.3万元。

北大港水库北围堤路面应急度汛维修工程，由中水电（天津）建筑工程设计院设计，天津润泰工程监理有限公司监理，天津振津工程集团有限公司施工。该工程自2017年4月28日开工，6月15日完工，完成工程投资225.05万元。主要工程量为：铺设沥青混凝土路面13000平方米，铺设路缘石5200延米。11月，通过市水务局验收，工程质量优良。

北大港水库51+200~54+511段路面应急度汛维修工程，由中水电（天津）建筑工程设计院设计，天津润泰工程监理有限公司监理，天津振津工程集团有限公司施工。该工程自2017年6月1日开工，6月15日完工，完成工程投资180.25万元。主要工程量为：铺设沥青混凝土路面16555平方米，铺设路缘石6622延米。2017年11月，通过市水务局验收，工程质量优良。

【洋闸维修及闸区环境提升工程】 2016年11月3日向市水务局报送了《北大港水库管理处关于报批洋闸维修及闸区环境提升工程实施方案的请示》（港库报〔2016〕40号），市水务局于11月11日以《市水务局关于洋闸维修及闸区环境提升工程实施方案的批复》（津水管〔2016〕120号）文件批复实施。11月21日发布招标公告，原定于12月19日开标，后因投标单位反映工程造价偏低，暂停了招标工作，调整方案后于2017年5月11日向市水务局申报了设计变更请示，6月8日，市水务局以《市水务局关于洋闸维修及闸区环境提升工程设计变更的批复》（津水管〔2017〕49号）文件批复了变更申请。

因洋闸为不可移动文物，为做好文物修缮及保护工作，北大港处在与滨海新区审批局沟通后于2017年6月14日申报了《关于修缮区县级文物保护单位和不可移动文物许可的申请表》及《洋闸维修及闸区环境提升工程实施方案》，并配合文物专家组完成了现场勘察及评审工作。6月20日滨海新区审批局下达《区行政审批局暂不同意洋闸维修工程方案的批复》（津滨审批教准〔2017〕2号），提出修改意见。北大港处及时组织天津市建筑工程质量检测中心及天津市交通建筑设计院按照文物专家组意见，开展了洋闸结构检测及方案修改。因洋闸修缮工程时间紧、任务重，为确保如期完工，8月1日向滨海新区审批局提交了《关于尽快实施洋闸修缮工程请示的函》（港库函〔2017〕4号），申请在方案修改的同时实施洋闸修缮，但滨海新区审批局未批准。10月13日，天津市建筑工程质量检测中心完成了洋闸结构检测及报告编制并报送滨海新区审批局审查。期间，因天津市交通建筑设计院编制的方案无法满足文物专家的要求，又委托天津大学建筑设计研究院（文物保护工程勘察设计甲级）按照文物专家意见，于11月27日编制完成《天津市洋闸修缮工程现状勘察及方案设计》。12月7日完成招标工作，及时签订了施工合同。于12月23日与滨海新区审批局及文物专家召开设计方案审查会议，针对提出的修改意见对设计方案作出调整，及时组织施工单位进场施工，力争于2018年5月底完成项目建设任务。

【水库视频监控系统建设】 2017年年底，完成项目施工，进入试运行阶段。项目已铺设完成水库内西卡口—马圈闸—东卡口37.7千米光纤通信网络及马圈引河5.4千米光纤通信的主干光纤链路；安装重点闸站、重要进出库口19处55点位视频监控，同时安装建设卡口广播系统及前端警报设备，达到视频监控与人工巡查有机结合，满足重点目标防控要求；建成水库管理所二级平台，实现对库区视频监控系统智能管理，初步实现工程管理信息化。水库视频监控系统建设项目的完成，实现了对监控系统的集中管理，将水库数据上传至大清河一级平台后可与市水务局建设的水务业务平台数据实现共享，为管理工作提供技术保障。

【水库防汛】 起草下发《2017 年大清河（北大港）处防汛工作安排》，建立防汛组织机构，明确各组织机构责任人及防汛职责；调整了 58 人的北大港水库防汛抢险应急救援队；划分水库堤防防汛抢险责任段，落实处领导、技术负责人、基层所三级防汛责任体系；贯彻落实市防办防汛工作视频会议精神，安排部署各项防汛准备工作。

修订《北大港水库防汛抢险应急预案》，制定抢险措施，明确防汛责任人；起草上报《北大港水库蓄水方案》，为水库蓄水做好准备；编制《防汛应知应会》手册，人手一份，并将应知应会知识纳入考核。

汛前组织基层所开展防汛自查和处防汛联查，对闸涵、泵站等防洪工程设施进行了全面检查和试运行，对检查出的问题及时落实整改措施；汛后组织开展汛后检查，梳理防汛存在问题并落实整改措施。

组织开展防汛抢险实战演练，提升了防汛抢险队伍在实战中的抢险技术水平和协调作战能力。

按照市防办指令第一时间启动 IV 级防汛预警响应，加密河道巡查频次，加强防汛值守，全力应对强降雨，确保防洪安全。

【安全生产】 2017 年，签订了 172 份安全生产责任书；开展了消防安全大排查大整治大防范等 17 项专项检查活动，共出动检查人员 100 余人次，发现隐患 41 处，已整改 36 处，另 5 处属局挂牌督办突出隐患，正在整改中；开展了消防安全综合培训和灭火器使用演练，参训人员 60 余人次；组织全处 135 人次参加《天津市安全生产条例》知识答题活动，进一步提高了全处安全忧患意识；修订了苇田防火应急预案，梳理应急处置流程，秋冬季对苇田实行全面巡查，全运会、党的十九大

期间加强巡查频次，防止火灾发生；秋冬防火季对出租屋进行全面消防检查，吸取北京出租房、天津高层建筑火灾事故教训，对出租屋开展地毯式大排查，加强对出租屋的日常监管和安全提醒。

（张 倩）

移民安置和后期扶持

【概述】 天津市共有水库 28 座，其中大型水库 3 座，中型水库 11 座，小型水库 14 座，总库容达 26.15 亿立方米。在大中型水库中，涉及移民的水库共有 4 座，分别是于桥水库、杨庄水库、尔王庄水库和北大港水库。水库移民主要集中在蓟州区、宝坻区、滨海新区和西青区。共有移民迁建村、库区占地村 486 个，共涉及人口 43 万多人。

截至 2016 年 12 月 31 日，全市核定水库移民人口 122320 人，其中核实到人的有 117320 人，核实到村的有 5000 人。天津市人口分布涉农的 10 个区 153 个乡（镇、街），1206 个村。

【水库移民后期扶持】

1. 后期扶持资金

天津市水库移民直补资金的发放已常态化，采取两种方式进行补助，移民人口核实到人的采用发放补贴资金扶持方式，核实到村的采用项目扶持方式。2017 年，核实登记在册的 122320 人，发放个人补贴资金共计 7039.2 万元，其中中央下达天津市后扶资金 6612 万元，市地方水库资金（0.5 厘电价）408 万元，另有 5 个区自筹资金 19.2 万元。年内抽样核查，拨付资金已全部到位、按时下发到移民个人账户。

2017 年，全市批复 4 个区的 2017 年度库区及移民安置区基础设施项目、2017 年度二期及 2018 年度库区基础设施项目，共计批复项目投资 27935 万元，分 2017 年和 2018 年实施。2017 年度项目批复投资 10784 万元，其中中央库区基金 8972 万元，地方水库资金 1812 万元；2017 年度二期及

2018 年度项目批复投资 17151 万元，已落实资金 10401 万元，其中中央库区基金 8621 万元，地方水库资金 1780 万元。

2. 市地方水库资金

2017 年度市财政局征收地方水库资金（0.5 厘电价加价资金）共计 2200 万元。资金使用范围：用于补充天津市大中型水库移民后期扶持直补资金缺口；库区基础设施建设和经济发展规划项目及监测评估、水库移民信息管理系统运维等费用。

【基础设施建设项目】 按照批准的《天津市大中型水库移民后期扶持"十三五"规划》，2017 年度库区和安置区基础设施建设项目，总投资 10784 万元，共有 282 项。主要建设内容：①道路硬化工程，涉及 24 个乡（镇）141 个村，道路硬化路面为 58.4 万平方米，长为 156.4 千米；②农田灌溉管道工程，涉及 11 个乡（镇）20 个村，铺设农田输水管道长为 27.48 千米；③机井工程，在 11 个乡（镇）30 个村打配农田灌溉机井 31 眼；④田间道路工程，在 12 个乡（镇）43 个村修筑田间路 21 万平方米，长为 56.14 千米；⑤低压供电项目，在 7 个乡（镇）15 个村安装变压器 16 台，在 9 个乡（镇）24 个村新架设低压线路 21040 米；⑥其他水利项目，重建乡村道路板桥 3 座，重建泵站 1 座，新建排灌泵点 1 座；⑦农业种养殖业新品种新技术引进项目，种养殖业和科技培训项目和劳动技能培训班等。2017 年度库区基础设施建设项目已全部完工。

【监测评估】

1. 监测评估目的

（1）监督水库移民直补后期扶持资金的发放情况。

（2）监测后期扶持规划、库区和安置区基础设施建设和经济发展中的项目实施情况，对列入年度计划项目资金使用、管理和实施效果等做出科学评价。

（3）评估后期扶持政策实施效果，对移民的收支状况、生存条件等进行调查和评价。

（4）通过监测评估，及时了解各级移民管理机构在实施移民后期扶持的运作程序和政策执行情况。

（5）及时发现政策实施过程中存在的问题，并提出合理化建议。

2. 监测评估范围

地域范围：天津市大中型水库库区和移民安置区。

评估对象：后期扶持资金直补对象，后期扶持项目受益的迁建村、占地村及受水库影响村。

时间范围：2016 年 1 月 1 日至 2016 年 12 月 31 日。

本次监测评估的内容包括：后期扶持政策实施情况、后期扶持资金使用管理情况及后期扶持政策实施效果等。监测评估工作的具体方法分为监测方法和评估方法两类：一是监测方法包括文献调研、座谈会问卷调查、入户访谈、抽样调查、典型个案调查、实地查勘观察项目的实施进度、效果，发现实施中存在的问题；二是评估方法包括统计分析、对比分析、参与式评价、综合评价等。

天津市大中型水库移民后期扶持政策实施以来，无论从人口核定、直补资金发放，到项目规划、审批、实施，已步入了规范化、程序化、常态化轨道，并且后期扶持力度逐年加大，扶持效果明显，移民满意度较高。

【后期扶持相关规划编制】 2016 年 5 月，市水务局以《市水务局关于批复西青区北大港水库移民后期扶持"十三五"规划的函》（津水函〔2016〕124 号）对规划进行批复。2017 年 7 月，西青区对"十三五"规划进行了补充调整，市水务局以《市水务局关于批复西青区北大港水库移民后期扶持"十三五"补充调整规划的函》（津水函〔2017〕266 号）进行了再次批复，匡算投资 1037 万元。

【水库移民项目实施效果】 天津市移民所在乡

（镇）2016 年综合生产总值比 2006 年增长了 259.9 亿元，年均增幅达到了 17.2%。增幅最大的是第三产业，年均增幅达到了 19.2%，移民收入年增长率高于当地农村村民收入的 1.2%，说明后期扶持政策效果明显。

2016 年移民人均居住面积 26.6 平方米，较 2006 年增长了 34.3%；移民生活条件得到改善，家庭耐用品的拥有率较 2006 年有明显提高；村内里巷道路的硬化、生活垃圾的集中处理，改变了村内雨天道路泥泞、污水横流的历史，美化了村内环境，改善了村容村貌。

2017 年，蓟州区、西青区部分村庄已经建成了拥有一定规模的设施农业园区。泵站、机井、输水渠管道工程的配套建设为设施农业园区的发展提供了最基本的保障；交通项目建设使库区村内道路硬化率提高到 72%，不仅改善了村内环境，而且加强了本地区和外界的商贸往来，有效促进了本地区农产品的流通和增值，加快了移民群众脱贫致富的步伐；移民劳动力技能培训与新产品新技术引进，有效提高了移民的农业生产技能，促进了农业产业结构转变，有效提高移民经济收入。

2016 年抽样调查结果显示：94.2% 的移民对直补资金的发放满意，95.1% 的移民对后期扶持项目的实施满意。各级移民管理部门高度重视移民稳定工作，认真排查化解各种矛盾纠纷，2016 年、2017 年天津市无水库移民信访事件，库区和移民安置区社会保持稳定。

蓟州区根据规划村的经济发展情况、产业布局和当前的市场需求，利用库区项目资金，2017 年引进水生蔬菜栽培技术、食用菌种植、高架草莓种植等项目。水生蔬菜栽培、食用菌种植试验示范取得成功，为大面积推广起到引领示范作用；引进的高架草莓种植技术，建立两个示范棚，每个棚的纯收入较传统种植增加 5 万元。2016 年引进的 LED 补光技术得到农民的认可，已普遍应用到蓝莓、草莓大棚，提高了果品的产量和光鲜度。2017 年，举办多期培训班对库区和移民安置区剩余劳动力进行技术培训，其中包括蓝莓种植管理技术培训、绿色蔬菜种植培训、水果新品种嫁接、香茸菇扩繁、蔬菜种植管理等实用技术培训，受训人数累计达 3000 人次，通过专家授课和下乡技术服务，使移民群众比较系统地学到实用的技术。

（肖承华）

引滦工程管理

引滦综合管理

【概述】 2017年，按照局党委的工作部署，一手抓党的建设，一手抓重点业务，全面落实从严治党主体责任和监督责任，推进引滦水源保护和水污染治理，统筹供水管理、环境管理、工程管理和项目建设，按时保质保量完成各项工作目标任务。

【调度计量管理】 加强与水调处、滨海水业、局属引滦各处及水务集团引滦三个分公司的调度协调，强化调度控制执行，编写《对水务集团水业务监管职责细则》《引滦工管处关于引滦调水工作的建议》《引滦工管处关于2017—2018年度城市供水方案的建议》。对于桥水库流域暴雨产流的情况、入库沟道垃圾汇入情况、前置库运行情况进行现场查看。开展水质水量分段计量管理，定期进行水质水量计量检测设备巡检维护，逐日逐月统计分析水质水量计量数据。每月按时征缴泉州、宜达水务和东山水厂水资源费。完成了上游引水，下游供水，向州河、蓟运河、静海生态补水、智能围隔运行测试工作的调度。全年，从潘大水库引水1.345亿立方米（隧洞进口水文站数据），于桥水库出库水总量3.014亿立方米，其中通过州河暗渠向下游明渠供水1.15亿立方米；向州河生态补水0.869亿立方米，向下游弃水0.071亿立方米；向国华大唐电厂供水0.193亿立方米。监测水质数据17829个，供水水质达到地表水Ⅲ类标准。

【供水安全管理】 修订完善供水突发事件应急预案，开展防汛和草藻防控演练，组织开展汛前安全检查，抓好工程运行安全隐患排查治理，突出在建工程防汛度汛措施的落实，加强防汛值班和领导带班，做好水情雨情测报预报，加大汛中抽查力度，确保防汛供水安全。密切关注冰情、水情变化，草藻生长趋势，组织编制于桥水库水草收割打捞方案、蓝藻防控方案、于桥水库前置库运管方案、蓝藻暴发应急预案，组织蓝藻暴发应急推演。全年打捞菹草22.9万立方米，处理藻浆8万立方米。2017年7月17日，市水务局下发《关于启动〈天津城市饮用水水源地（于桥水库）藻类暴发应急预案〉Ⅲ级预警响应的通知》（津水资〔2017〕30号）文件，全面启动于桥水库蓝藻暴发Ⅲ级预警响应。10月24日结束预警。期间，按照预案密切监视监测水质变化趋势和草藻生长趋势，采取种植水生植物、设置拦藻防线、智能围隔拦截、机械打捞、人工打捞、曝气增氧、排放高藻水等多项措施对蓝藻进行防控。

落实地方行政首长和处内防汛责任制。与蓟州区防办进行对接，进一步落实了属地防汛责任。完善抢险应急预案和防汛工作制度。健全信息沟通和报送机制。建立与水库防指成员单位、驻蓟部队等防汛部门的信息沟通机制。汛期，每天向上级防汛部门报送于桥水库流域水情、雨情信息，暴雨洪水期间加密报送频次。强化防汛物资储备的监督管理。

加强对防汛库房和防汛物资的管理工作。汛前，组织对防汛物资进行检查、清点；汛期，加大对防汛物资的检查力度，确保物资的维护和使用符合规范要求；汛后，及时对防汛物资进行清点。做好防洪预报系统与水情遥测系统的对接。对于桥水库防洪预报调度系统及水情遥测系统进行运行调试及挂接。多次组织开展对水工建筑物、机电设备、水文测报设施、通信设施及备用电源进行检查和试车，排查安全隐患并责成相关部门限时整改。组织开展了防汛抢险知识培训及防汛抢险演练。做好强降雨应对工作。汛期共接收并处理重要天气报告或通知共53条。强降雨期间，实时监控流域降雨情况，报送流域水雨情信息。

【维修工程项目管理】 2017年，引滦维修项目初次纳入天津市财政预算管理，严格按照年初制定的供水维修项目计划，按照日常、专项和大修项目分类，执行立项、审批、采购等相应程序，从项目质量、进度、资金、安全、扬尘等方面强化建设管理，突出过程控制和痕迹管理。实行廉政承诺，强化廉政风险防范，未发生腐败和不廉洁现象。履行项目监管职能，对于桥水库前置库工程和黎河河道综合治理工程等大修项目的进度、安全、扬尘、质量管理进行监督检查，协调有关部门，协助项目法人克服工程建设过程中汛期防洪、汛后调水、水投集团暂停拨付资金以及地方政府秋冬季大气污染综合治理强制停工等因素影响，实现了年底按期完工的任务目标。

全年，局属引滦管理单位共完成供水维修项目投资27887.43万元。其中结转项目3项，总投资8611万元；2017年新安排项目总投资19276.43万元，其中大修项目10284万元，日常维修项目6779.2万元，专项维修项目2003.06万元，信息系统运行维护工程210.17万元。

结转项目共3项，投资8611万元，形象进度100%。

于桥水库溢洪道除险加固工程。该工程概算投资1067万元，2016年10月开工建设，当年完成640万元。2017年结转任务指标427万元，完成427万元，2017年6月底完成工程全部建设内容，形象进度100%。

引滦水源保护工程黎河河道治理工程。该工程概算投资12080万元（其中2080万元为2017年新下达投资），2016年3月开工建设，当年完成8546万元。2017年结转任务指标1454万元，已完成投资1454万元，形象进度100%。完成了树木征占和临时占地等征迁工作，浆砌石护坡766米，浆砌石修复1562米，连锁板护砌8989米，河道清淤1980米，堤脚抛石2719.6米，土工网石笼护坡3123米，框格砖护坡210米，混凝土道路18146米，浆砌石挡墙2396米，隔离防护网12860米，完成钢筋混凝土立柱的预制、混凝土连锁板的预制、支流口护砌12条，跌水坝维修5座。其中2017年完成河道清淤1632米，堤脚抛石100米，连锁板护砌2549米，土工网石笼护坡740米，浆砌石修复750米，浆砌石护坡325米，浆砌石挡墙1700米，混凝土道路1351米，完成部分钢筋混凝土立柱、连锁板预制、支流口护砌12条，跌水坝维修5座。

引滦水源保护于桥水库入库河口湿地工程。该工程概算投资55900万元，工程于2015年6月20日开工建设，截至2016年年底完成48770万元。2017年结转任务指标7130万元，中期调减至6730万元（剩余400万元结转至2018年），截至2017年年底已完成投资6730万元，形象进度100%。

2017年新安排项目计划总投资19276.43万元，已完成投资19276.43万元，形象进度100%。

1. 大修工程

于桥水库放水洞除险加固工程。2017年3月23日市发展改革委以《关于批复于桥水库放水洞除险加固工程实施方案的函》（津发改农经〔2017〕209号）文件，批复概算投资196万元。2017年3月31日市水务局以《关于下达于桥水库放水洞除险加固工程投资计划的通知》（津水计〔2017〕44号）下达投资196万元。2017年任务指标调至 68 万元，截至 2017 年年底完成投资 68 万元，形象进度 100%。已完成潜水员水下实地勘察工作，施工方案已确定，正在进行闸门生产。自 2017 年 10 月开始有向市区供水任务，导致本工程无法实施。

引滦隧洞重点病害治理工程 2017 年实施段。2017 年 4 月 20 日市发展改革委以《关于批复引滦隧洞重点病害治理工程 2017 年实施段实施方案的函》（津发改农经〔2017〕296 号）文件批复概算投资 1145 万元；2017 年 4 月 28 日市水务局以《关于下达引滦隧洞重点病害治理工程 2017 年实施段第一批投资计划的通知》（津水计〔2017〕61 号）下达第一批投资 896 万元（剩余投资在 2018 年投资计划中考虑）。6 月 20 日开工建设。截至 2017 年年底完成投资 896 万元，形象进度 100%。完成全部裂缝治理工程 1529.4 米；完成全部低强混凝土凿除 127.67 立方米；完成全部低强混凝土灌浆 2411.85 立方米；完成全部脱空洞段治理工程水泥砂浆回填 1087.37 立方米；完成全部底板治理 100.3 立方米；完成衬砌防碳化 8663 平方米。

于桥水库大坝坝基加固工程。2017 年 5 月 15 日市发展改革委以《关于批复于桥水库大坝坝基加固工程实施方案的函》（津发改农经〔2017〕355 号）文件批复概算投资 8000 万元；2017 年 6 月 8 日市水务局以《关于下达于桥水库大坝坝基加固工程和大坝安全监测系统升级改造工程 2017 年投资计划的通知》（津水计〔2017〕71 号）文件下达投资 6460 万元（剩余投资在 2018 年投资计划中考虑）。7 月 10 日开工建设。截至 2017 年年底完成投资 6460 万元，形象进度 100%。

于桥水库大坝安全监测系统升级改造工程。2017 年 5 月 24 日市发展改革委以《关于批复天津市于桥水库大坝安全监测系统升级改造实施方案的函》（津发改农经〔2017〕39 号）文件批复概算投资 780 万元；6 月 8 日市水务局以《关于下达于桥水库大坝坝基加固工程和大坝安全监测系统升级改造工程 2017 年投资计划的通知》（津水计〔2017〕71 号）文件下达投资 780 万元。2016 年 3 月开工建设，2017 年 12 月上旬完工，完成投资 780 万元，形象进度 100%。

引滦水源保护工程黎河河道治理工程。2017 年 3 月 6 日市水务局以《关于下达引滦水源保护工程黎河河道治理工程 2017 年资金计划的通知》（津水计〔2017〕24 号）文件下达投资 2080 万元，资金来源为江河湖泊治理与保护专项资金 2166.11 万元、调减 2016 年水投集团公司自筹 86.11 万元。截至 2017 年年底完成投资 2080 万元，形象进度 100%。该工程于 2016 年 3 月 22 日开工建设，至 2017 年年底完成全部建设任务。

2. 日常维修项目

全年批复计划投资 6779.2 万元，已完成投资 6779.2 万元，形象进度 100%。市水务局以《关于 2017 年隧洞日常维修项目实施方案的批复》（津水滦管〔2017〕5 号）、《关于 2017 年引滦隧洞渗水补偿费用的批复》（津水滦管〔2017〕7 号）文件批复了隧洞处日常维修工程，以《关于 2017 年黎河日常维修工程实施方案的批复》（津水滦管〔2017〕1 号）文件批复了黎河处日常维修工程，以《关于 2017 年于桥水库库区封闭区口门及设施管理维护实施方案的批复》（津水滦管〔2017〕9 号）、《关于于桥水库菹草收割打捞处置实施方案的批复》（津水滦管〔2017〕10 号）、《关于于桥水库蓝藻处置及治理实施方案的批复》（津水滦管〔2017〕11 号）、《关于于桥水库前置库维护实施方案的批复》（津水滦管〔2017〕12 号）、《关于 2017 年于桥水库日常维修维护实施方案的批复》（津水滦管〔2017〕13 号）文件批复了于桥处日常维修工程，以《关于引滦工管处 2017 年设施维护工程实施方案的批复》（津水管〔2017〕22 号）文件批复了引滦工管处日常维修工程。

信息系统运行维护工程 210.17 万元，已完成投资 210.17 万元，形象进度 100%。市水务局以《关于 2017 年度引滦入津工程管理信息系统运行和维护工程实施方案的批复》（津水技〔2017〕2 号），批复了 2017 年度引滦入津工程管理信息系统运行和维护工程实施方案。

3.专项维修项目

投资 2003.06 万元，已完成投资 2003.06 万元，形象进度 100%。2017 年引滦专项工程统计见下表。

2017 年引滦专项工程统计表

序号	项目名称	批复文件	完成投资/万元	主要建设内容	开、竣工日期
一	隧洞处（6项）		187.00		
1	隧洞进出口站采暖系统改造工程	《关于隧洞进出口站采暖系统改造等六项工程实施方案的批复》	20.00	对进口站办公楼采暖系统进行改造，将燃煤锅炉更换为 1 台 80 千瓦电锅炉，将原有铸铁供暖管路、铸铁散热器拆除更换为 PE 供暖管路和铜铝复合散热器；将出口站办公楼现有燃煤锅炉进行拆除，更换安装 80 千瓦电锅炉 1 台，在出口站院内架设安装 100 千伏安变压器 1 台	2017 年 8 月 1—26 日
2	隧洞处机关安防监控系统升级改造工程	《关于隧洞进出口站采暖系统改造等六项工程实施方案的批复》	19.00	室外工程沿院区周边绿化带开挖管道沟，铺设七孔蜂型管，砌筑检查井，铺设 24 芯光纤电缆，铺设电力电缆，安装高清摄像头；室内工程包括办公楼、水源热泵机房和信息机房，安装高清摄像头，敷设强弱电信号线	2017 年 4 月 24 日—5 月 31 日
3	引滦入津隧洞糙率第五次原型观测	《关于隧洞进出口站采暖系统改造等六项工程实施方案的批复》	22.00	利用停水期完成基础资料收集、各断面水位测量基准线检测、净宽校测、坡降校测、隧洞内部糙率描述；利用通水期完成隧洞不同流量级水文流量测验；最后完成成果计算，综合分析以及编制报告	2017 年 7 月 1 日—11 月 25 日
4	隧洞出口扩散段海漫改造工程	《关于隧洞进出口站采暖系统改造等六项工程实施方案的批复》	87.00	拆除隧洞出口扩散段原有石笼海漫，清基后回填碎石垫层，按 5 米×5 米的尺寸分块重新浇筑混凝土加糙墩海漫	2017 年 6 月 16 日—7 月 31 日
5	引滦入津工程烈士纪念碑维修改造工程	《关于隧洞进出口站采暖系统改造等六项工程实施方案的批复》	9.00	对原铁艺围墙及大门进行拆除、更换，对碑亭内顶涂料进行铲除、重新涂刷，并对碑文进行修复、描红	2017 年 4 月 24 日—5 月 31 日
6	隧洞进口站院内明渠栏杆更新工程	《关于隧洞进出口站采暖系统改造等六项工程实施方案的批复》	30.00	对进口站院内明渠两侧栏杆更换为 304 不锈钢栏杆，基面敷设花岗岩地袱	2017 年 8 月 1 日—9 月 30 日
二	黎河处（4项）		198.49		
1	黎河杨家庄桥下第一道跌水坝维修工程	《关于黎河杨家庄桥下第一道跌水坝维修等工程实施方案的批复》	41.93	对跌水坝防冲槽维修、新建土工网石笼、新建联锁板护坡等	2017 年 5 月 6 日—6 月 15 日

序号	项目名称	批复文件	完成投资/万元	主要建设内容	开、竣工日期
2	黎河崔家庄2号桥下第一道跌水坝修复工程	《关于黎河杨家庄桥下第一道跌水坝维修等工程实施方案的批复》	34.00	重建崔家庄2号桥下第一道跌水坝防冲槽混凝土隔断墙、翻修已冲毁的土工网石笼5道、新建6道土工网石笼等	2017年5月6日—6月15日
3	黎河庄户沟桥下第一道跌水坝维修工程	《关于黎河庄户沟桥下第一道跌水坝维修工程实施方案的批复》	77.56	对跌水坝的第一、二消力池、海漫原浆砌混凝土预制块拆除重建，重做消力坎和消力墩。对跌水坝下游两岸护坡输水线以下受冲淘破坏严重部位拆除重建	2017年5月6日—6月15日
4	前毛庄水文站水文设备购置	《关于前毛庄水文站水文设备购置的批复》	45.00	购置一套相控阵河流型ADCP测流设备，开展输水计量与防汛测洪工作任务	2017年6月5日—6月10日
三	于桥处（8项）		1491.47		
1	于桥水库大坝背水坡护坡翻修工程	《关于于桥水库大坝背水坡护坡翻修等七项工程实施方案的批复》	597.00	对水库背水坡0-100～0+650段、1+000～1+200段护坡进行修复，总长度950米，拆除原有六角砖，铺设生态水泥透水砖	2017年4月10日—6月13日
2	五百户管理所巡查执法管理用房配套工程	《关于于桥水库大坝背水坡护坡翻修等七项工程实施方案的批复》	267.00	对五百户管理所巡查执法管理用房进行水电、院区配套建设。新建80千伏安箱式变压器，新建高压连接线路，新打室外深水井1眼（含井泵）等；建设院区周边透视墙，铺设混凝土道路，铺设草坪砖，栽植绿篱乔木等	2017年4月11日—5月27日
3	州河暗渠进口流量计更新工程	《关于于桥水库大坝背水坡护坡翻修等七项工程实施方案的批复》	151.94	对州河暗渠进口流量计进行更新，购置八声路超声波流量计3台、水位计3台，并对其进行安装调试，将流量计和水位计的实时数据通过无线传输至于桥处、引滦工管处中心机房服务器	2017年3月25日—5月15日
4	联合执法用房标准化建设配套工程	《关于于桥水库大坝背水坡护坡翻修等七项工程实施方案的批复》	115.91	对联合执法用房进行标准化建设。办公区窗户安装不锈钢护栏，办案区窗外安装不锈钢护栏加合金钢丝网，办案区房间软包、室内墙隔音板安装，候问室隔离护栏等；安装办案区全程录音录像、办公区监控及数据存储系统；修建进场道路、院区铺设混凝土路面，铁艺护栏；铺设草坪、绿篱栽植等	2017年4月20日—6月20日

续表

序号	项目名称	批复文件	完成投资/万元	主要建设内容	开、竣工日期
5	于桥水库减压沟无砂混凝土工程	《关于于桥水库大坝背水坡护坡翻修等七项工程实施方案的批复》	80.94	对减压沟清淤,在原有浆砌石基础上铺设100毫米厚无砂混凝土,确保减压沟护坡安全	2017年4月10日—5月20日
6	停船场船只牵引导向墙建设工程	《关于于桥水库大坝背水坡护坡翻修等七项工程实施方案的批复》	143.76	新建钢筋混凝土牵引导向墙两道,间隔7米,每道长46.6米,下铺设10厘米厚M10水泥砂浆垫层。10厘米厚现浇混凝土基础,4厘米厚HRB400钢筋保护层,每隔1米布设Q235 D40圆钢吊绳扣件	2017年4月10日—6月30日
7	东山应急物资库房重建工程	《关于于桥水库大坝背水坡护坡翻修等七项工程实施方案的批复》	89.92	拆除新建单层砖混结构库房1座,顶部做五脊四坡彩钢造型,配套水电及消防设施等	2017年9月16日—11月14日
8	武警保障经费	《市水务局关于于桥水库武警保障经费项目的批复》	45.00	主要用于武警官兵保卫于桥水库大坝,执勤设施维护、生活设施维护、官兵伙食、差旅、生活等补助、训练设施、文体设施的维修维护等	
四	引滦工管处(3项)		126.10		
1	于桥水库以上流域水污染调查	《关于对于桥水库以上流域水污染调查等三项工程实施方案的批复》	45.04	资料收集与调查,水质、水量监测,数据整理、分析与研究等。主要包括:收集于桥水库流域相关资料,调查潘家口、大黑汀水库上游污染源情况并收集相关资料,重点调查于桥水库流域污染源、入河排污口情况;对入河排污口水质、水量监测,来水水质、水量监测及于桥水库不同空间区域水质监测;对监测的数据结果进行整理、分析,并研究水质变化规律及污染源对水库水质的影响等	2017年6月30日—10月18日
2	天津市引滦沿线水准点校测	《关于对于桥水库以上流域水污染调查等三项工程实施方案的批复》	31.61	对引滦沿线的36个水准点及7个闸站基本水准点进行校测;对隧洞进口水文站、前毛庄水文站、于桥水库水文站、大五登管理站、尔王庄管理处院内、宜兴埠管理处院内6个水文闸站每站3个水准点进行互校,共长340千米;对沿线36个水准点中16个损坏基准点进行补设;在黎河炸糕店桥、白马峪桥、东铺桥、西铺桥等32座桥梁新建水准点32个	2017年6月30日—10月18日

续表

序号	项目名称	批复文件	完成投资/万元	主要建设内容	开、竣工日期
3	引滦明渠水力学关系研究	《关于对于桥水库以上流域水污染调查等三项工程实施方案的批复》	49.45	资料收集，野外测验，数据整理、分析与研究等。主要包括：收集引滦明渠不同时期的日需水量，枯水年的最低用水量，已获得的各堰闸流量与水位关系以及泵站各水力因素与流量的关系，明渠两侧近年地下水的变化情况，明渠输水时降水、蒸发、渗漏等相关资料；进行水准测量（断面实测、地表、地下水位零点高程三等测量），超声波流量计比对测验，地表水位观测，地下水位监测，水样采集与监测；对监测的数据结果进行整理、分析，研究引滦明渠水力学关系等	2017年6月30日—10月18日

【工程管理与考核】 2017年年初，印发2017年引滦工程管理考核办法，将工程封闭管理纳入考核，开展年中、年底集中考核，并不定期进行抽查检查。7月、11月分别组织了年中、年底工程管理与水环境管理考核，对隧洞、黎河河道、于桥水库等工程设施设备运行与管理、水环境管理情况、资料管理情况进行了检查并反馈了问题。4—8月分成两个巡查小组，连续对隧洞、黎河、于桥水库、引滦明渠等重点工程督查水环境管理情况。8月，下发《关于全力加强全运会和十九大期间安全管理工作的通知》，并多次到引滦各管理单位督促检查落实情况。依据《市水务局与水务集团有关工作职责划分意见》（津水发〔2016〕16号）、《关于分解2017年重点工作的通知》（津水党发〔2017〕12号）文件，编制完成《市水务局对水务集团引滦工程行业监管和业务管理初步方案》。结合中央环保督查及市局环境保护自查自纠工作安排，对水务集团引滦三个管理单位进行监管抽查检查。

采用服务外包的方式，开展了引滦管理信息系统防雷系统、消防系统、机房供电系统和网络安全系统的专项检查，定期组织设施设备季度和月度巡检，及时处理故障隐患，更新了中心机房UPS系统，确保信息系统的稳定运行。

针对各个时期不同特点，开展了春季火灾防控、夏季消防安全、预防硫化氢、两会和国庆节期间安全保卫、全运会和十九大期间的安全防控、安全生产事故隐患大排查大整治等专项大检查活动。全年共开展集中检查14次，发现安全隐患19项，18项已整改完成，1项需申请立项。同时，全面履行局安委会成员单位职责，对引滦沿线在建工程、工程运行、消防安全等进行了督查，特别是在全运会、十九大、今冬明春火灾防控工作，开展新一轮安全事故隐患大排查大整治专项行动，成立了以业务科室负责人为成员的引滦安全督查小组，每天对引滦沿线各单位的安全管理情况进行监督检查，全年共督查99次，发现安全隐患110项。

采取日常执法巡查与"三位一体"联合执法巡查相结合的方式，开展水政巡查执法工作。在"清明""五一"等重大节假日期间，加强与地方相关部门的协调联系，对易发生水事案件的地段，采取加密巡查次数、蹲守等方法，有效地维护了正常的水事秩序。2017年，引滦沿线共巡查执法

7124 次，出动车 5590 车次、出动船 1401 船次、累计出动巡查人员 30147 人次。日常巡查发现违法行为 6687 起，当事人自行改正 6685 起，采取即时强制措施 2 起，其中河道案 156 起、水工程案 1 起、其他 6530 起。

【水环境建设与管理】　对于桥水库库区、黎河河道、隧洞周边的环境保洁实施方案进行审查，修订完善《引滦水环境管理考核办法》并下发，组织了日常水环境保洁和四次水环境集中清理。全年共清理管理范围内污物杂物 5396 立方米。对隧洞进口纪念碑、隧洞出口段绿化带、黎河河道、于桥水库周边等部位进行了抽查考核。制定引滦水环境大排查实施方案，组织人员对隧洞、黎河、于桥水库水环境开展排查，发现问题现场反馈，限期整改。并以中央环保督察为契机，在引滦工程沿线开展大干 100 天确保引滦水环境安全专项整治活动。水环境保洁持续常态化管理，保洁覆盖率、到位率实现了两个 100%。

组织召开引滦水污染防治工作推动会、于桥水库水源保护工作会议，制定引滦水环境专项检查方案，对引滦水污染防治存在的突出问题进行现场核查。以电话、通知、函等形式督促推动蓟州、宝坻、武清、北辰四区政府抓好任务落实，各部门已完成既定目标。扎实开展中央环保督查自查自纠，制订方案并成立领导小组和工作组，组织人员对水务集团 3 个分公司、引滦上游 3 个单位和 4 个区政府的引滦水污染防治工作进行抽查检查。

（引滦工管处）

泵 站 管 理

【概述】　2017 年，引滦泵站管理以保障城市供水为中心，以安全管理为重点，加强设备的日常巡视与维修保养常态化管理。针对引滦工程管理工作需要，天津水务集团有限公司在原 3 家引滦管理单位的基础上，重新整合，新成立了天津水务集

团有限公司引滦潮白河分公司、引滦尔王庄分公司和引滦市区分公司，承担相应管辖范围内的原水运营管理、工程维修养护和应急处置等职能。结合工作实际，先后制定完成了《天津水务集团有限公司供水突发事件应急预案》《天津水务集团有限公司设施缺陷管理办法（试行）》《天津水务集团有限公司原水工程巡视检查管理办法（试行）》《天津水务集团有限公司水政监察和供水稽查工作管理规定（试行）》和《天津水务集团有限公司工程设施日常维护定额（原水部分）》等制度。制度体系的建立和健全，为工程安全运行提供了制度保障。

日常工作坚持执行“日清扫、周擦拭、月检修”，明确职责、落实责任，实行设备挂牌、责任区挂牌、工作人员挂牌。全年泵站自动化系统、监控系统、优化运行系统运行良好，机电设备完好率达到 98% 以上，输水保证率达到了 100%。各水管单位加强日常管理，潮白新河泵站、尔王庄泵站、大张庄泵站分别按照水利部《水利工程管理考核办法》完成 2017 年度自检，自检结果合格，并通过水务集团组织的年度考核。

2017 年，潮白新河泵站全年输送引滦原水共计 19480 万立方米，全部自流供水，总计 189 天；尔王庄泵站全年输送原水 29400 立方米，泵站安全运行 2839 台时，闸门启闭 115 次；大张庄泵站全年输送原水 7557.13 万立方米，泵站安全运行 2320 台时，闸门启闭 107 次。

【潮白河泵站管理】

1. 日常管理常态化

泵站管理所员工认真履行各自的岗位职责，严格执行泵站每日工情、水情报告制度，对安全输水实行有效监控。确保全年安全输水工作万无一失。

泵站在原有精细化管理的基础上，结合泵站工作重新修订了泵站《设备巡视检查制度》《泵站经常、定期、特别检查制度》等 23 项制度，进一步完善泵站制度体系。

潮白新河泵站全年自流输水 189 天，输水总量 19480.5340 万立方米，均为引滦水源供水，全年未进行机扬输水。

2. 机电设备的维护检修

按照设备巡视检查内容进行巡视、检查，泵站设备完好率达到 98% 以上。2 月，对 2 号排水泵液位传感器进行维修；对泵站油气水、高低压、主机泵系统进行经常检查；对泵站设施设备进行经常检查；对机组定、转子绝缘电阻进行摇测；对设备进行清扫。3 月，对排污泵故障进行维修排除；对高压开关柜、电容柜柜体接地电阻进行测量；对排水泵液位开关进行安装；对 2 号油位计进行安装。4 月，进行泵站电气预防性试验；对排污泵房排污泵进行更新。6 月，对电缆沟、电缆井情况进行检查；更换前池水位计；检修排污泵房逆止阀故障。7 月，更换排涝道进口闸闸门止水；更换排污泵房逆止阀。8 月，更换自流道闸、潮白河倒虹吸进口闸闸门止水。9 月，对天车进行检修；安装主、辅机房应急灯。10 月，对锅炉进行试水、试压等锅炉试运行工作；在前池捞草机拦污栅及泵站检修工作桥两侧安装破冰装置 6 套；对自流道闸、潮白河倒虹吸进口闸、排涝道进口闸三座水闸限位器进行调整。11 月，对自流道闸闸位计进行维修；安装排涝道出口闸破冰装置 1 套。对 4 号机组进行解体大修。12 月，对锅炉房循环泵进行更换；对泵站联轴层及检修层照明设施进行更换；更换电教室 24 伏直流电源模块。

3. 泵站标准化管理

2017 年，推行一日工作流程，编制《员工手册》，实现人脸识别考勤，"每日一题""每月一考"培训进一步完善。建立考勤仪管理制度和业绩考核制度，人员管理实现了精细。

设备操作实现流程化，一次设备制作了二维码，便于员工了解其技术参数、功能型号，进一步完善了倒闸操作票制度和开停机操作流程。完善操作规程和操作票。

重新制定巡视路线图与巡视时间，15 个关键部位设置了巡视点，采用先进的巡视仪器进行巡视，提升了巡视人员的监视、控制、报告能力。规范了日常维修与设备大修流程，缩短了维修时限。

规范了安全生产的例会、督查、检查、培训等制度，提高了员工的安全意识。制作泵站简介 PPT，泵站管理小视频、宣传展板和画册，更换了上墙图表和制度 30 余处。

【尔王庄泵站管理】 2017 年，尔王庄泵站开机 32 次，机组运行 2839 台时，闸涵启闭操作 115 次，安全运行保障率达到 100%。

全面实行精细化管理，探索"三站一中心"泵站自动化运行管理模式，进一步明确了巡视路线、巡视点位和巡视内容。全年安全检查 24 次，定期检查 4 次，消防检查 12 次。

完成高压电气预防性试验 1 次、设备清扫 4 次、联动试验 121 次；完成明渠泵站 1 号、5 号机组大修。

完成信息系统网络应用、自控系统操作培训；完成泵站技能比武工作。李全生获天津市五一劳动奖章。

【大张庄泵站管理】

1. 输水管理

2017 年累计输水 22194.15 万立方米，共有 8 种输水方式：①引江逆向输水，累计输水 178 天，共计 14132.12 万立方米；②向静海地区生态补水兼海河生态补水，累计输水 42 天，共计 7235.39 万立方米；③清淤排水和明渠冲洗排水，共计 177.20 万立方米；④向海河生态补水，共计 2 日，输水 119.66 万立方米；⑤庞头桥至入塘节制闸明渠段弃水，共计 3 日，向永定新河排水 331.05 万立方米；⑥引滦明渠通过暗渠向水源地输送引滦水源，共计 2 日，输水 23.85 万立方米；⑦引江逆向输水期间，前池超高排水，累计共 23 次，排水 24.88 万立方米；⑧宜兴埠水源地向新开河排水，共计 43 次，累计排水 150 万立方米。综上统计，

2017年共计向宜兴埠水源地供水23.85万立方米，向新引河方向排水287.55万立方米，其中为静海生态补水6000万立方米；向永定新河方向排水77.07万立方米，向上游输送引江水源14054.36万立方米；分公司接一级调令56个，下发二级调度通知60个，进行闸门启闭操作193次，泵站开停机操作136次。

2. 运行管理

泵站管理所全员26人，担负变电站、泵站和11座水闸的安全运行和安全输水、负责泵站设施设备的日常检修维护及水泵机组的大修、技术管理等工作，同时负责分公司园区用电管理工作。所长1人，副所长1人，运行4班值班人员每班3人，检修人员5人，水闸维护6人，技术后勤1人。

防汛及应急管理。为保证安全度汛，泵站管理所在泵站后池东侧安装防汛泵2台，在变电站东侧和南侧门口搭建60厘米防汛围堰，在小淀腰闸站点大门搭建50厘米防汛围堰，院内挖掘20厘米×20厘米排水沟20米，1米×1米×1米集水井1座，并安装2英寸排水泵2台。深入开展汛前、汛中、汛后大检查，加强汛期巡视检查及防汛物资储备管理，开展了防汛演习，确保安全度汛。

设备管理。完成机组联动试验、电气预防性试验、阀门关闭开启试验和闸门定期检查等工作。严格按照规程对泵站和水闸机电设备进行日常维护和定期维护。

安全管理。逐级、逐岗、逐人签订了安全生产责任书。开展安全生产应急演练，组织职工知识答卷、有奖征文、网络知识竞赛、开展安全生产大检查大排查大整治等活动。10月，按照"三级配电，两级保护"原则完成泵站管理所11座水闸安全用电整改。4月，新上岗运行人员参加了电工操作证取证培训学习并取得上岗证。

3. 工程建设与维修

园区变电站更新改造工程。施工日期为2017年10月16日至11月30日。工程投资43.57万元。工程内容主要包括：拆除原箱式变电站及其配电柜；安装800千伏安节能型箱式变电站，并更换箱式变电站中的配电设备；对水闸等重要设备采用双电源供电设计；更换箱式变电站到锅炉房和食堂的低压线缆，更换引滦大张庄泵站到箱式变电站的6千伏高压电缆。改造后满足了现有用电需求，同时保证泵站运行安全。

泵站补油系统改造及透平油购置工程。施工日期为2017年10月16—30日。工程投资21.99万元。工程内容主要包括：更换移动滤油机、齿轮油泵、油罐、管路、阀门、表计和泵站用透平油。改造后满足了油泵压力要求，提高油品质量及润滑效果，保证泵站机组运行安全。

泵站安全鉴定工程。施工日期为2017年11月20日至12月29日。工程主要内容：泵站主泵房现场安全检测、泵房上部结构检测、主机组现场安全检测、电气设备现场安全检测、辅助设备现场安全检测和金属结构安全检测。工程改造后消除了安全隐患，能确保安全运行。

（水务集团）

【滨海新区供水泵站管理】 滨海水业泵站运行中心2017年6月成立（由原滨海一所、二所合并），全年累计安全运行96175台时，安全输水20705.36万立方米。其中入港泵站输水2161.13万立方米，入杨泵站输水2462.29万立方米，入聚酯泵站输水1552.67万立方米，入津滨泵站输水2123.82万立方米，入开发区泵站输水6081.6万立方米，入汉沽区泵站输水2345.57万立方米，入塘沽区泵站输水3978.28万立方米，完成向滨海新区的输水任务。

2017年，配合翰博机电公司完成机组大修；完成4次设备清扫和所辖9座泵站、2座变电站高压电气设备的电气预防性试验；完成所有泵站真空系统的维修；每个季度组织全体员工进行业务培训和考核；组织职工进行安全教育、落实安全生产责任制，签订安全生产责任书；完成泵站建筑物屋顶防水工程及入开、入港、北淮淀三个园区的锅炉改造工程；完成北淮淀进站阀室内外墙维修及管道油漆粉刷工作；完成入港变电站加装彩钢顶及内部墙面整修工作；完成入开、入汉、入塘三座泵站综合保护参数修订工作；完成了院区及周边环境整治工作。完成了所有泵站备品配件的采购专项。根据每个项目的不同特点，安排专人负责，做到责任清、任务明、项项有人管，确保了设备完好率达到98%以上，安全输水保证率达到100%。

强化岗位意识，做到奖惩分明。加强设备管理，增加设备巡视检查的力度，加强对水质监测工作，确保安全输水。完善各类应急预案，做好汛期、冰冻期安全输水保障工作。坚持每月进行两次自查自改工作，逢节假日组织安全生产小组进行安全生产大检查活动，对检查中存在的问题进行了及时的整改，定期组织消防和防汛及反恐培训和演练，确保安全输水。

学习《泵站5S管理手册》，组织专人对该手册进行详细讲解；将《制度精细化管理》深入贯彻落实，实现运行工工作的规范化、制度化管理，明确岗位职责，不断提高职工责任感；严格执行自查、泵站巡视检查规定，提高了运行管理人员的责任心，使所有职工在巡视上检查到位，处理问题时解决到位。

加大人才培养力度，以年轻职工为突破口，创新培训方式，狠抓人才培养。通过竞聘值班长和站长等活动，激励先进，树立榜样，通过考核，选拔出一批优秀职工参加技术比武，从而带动全体职工的学习热潮，提高职工的整体素质，在技术比武中取得很好的成绩。

北淮淀泵站和东嘴泵站作为滨海新区二级加压供水泵站，2017年北淮淀泵站完善安全防范应急预案，开展每半月安全自查和汛前检查工作，泵站按照工作计划按时完成全年机电设备的定期维护，更换真空断路器线圈一个；完成4次设备清扫和泵站电气设备预防性试验工作；完成了北淮淀泵站进出站房屋防水；完成了净化器、电锅炉安装工作，确保设备完好率100%，为泵站安全运行打下坚实基础。东嘴泵

站结合运行特点制定了与入港泵站的紧急联动应急预案，认真开展汛前检查工作并落实汛期防范措施；按照工作计划按时完成全年机电设备的定期维护，完成4次设备清扫；配合电力部门，完成泵站电气设备预防性试验工作，为泵站安全运行打下坚实基础。

（入港处）

明暗渠道管理

【概述】 2017年，加强输水计量的管理，采取提升改造现有设备、增加流量测验频次等措施，提升输水计量准确精度。继续实行水环境保洁常态化管理，每季度进行一次水环境集中清理，保证了输水渠道环境质量。加大水政巡查执法力度，保证正常水事秩序。加大维修项目资金投入，消除安全隐患，保证工程运行安全。

（引滦工管处）

【隧洞管理】

1. 隧洞输水

2017年，密切关注潘家口、大黑汀水库库区网箱清理情况，及时与迁西县、宽城县、兴隆县清网办公室沟通、联系，准确掌握潘家口、大黑汀水库清网工作进展情况，及时向市水务局汇报。至3月31日，两水库网箱清理全部完成；至5月31日，宽城县、兴隆县网箱也全部清理完毕。

输水计量。隧洞处输水计量以隧洞进口水文站实际计量数为准。在输水计量中，加强与大黑汀水库管理处水文站的协调配合，利用超声波流量计、悬杆测流装置等现代化测流设备，做好输水计量校对工作，提升改造的悬杆测流设备运行定位误差达到毫米级，输水计量准确精度得以显著提高。2017年共计输水1次，输水时间为8月10日至9月14日，累计36天，累计输水1.34亿立方米（此数据为隧洞进口水文站实际计量数），安全输水保障率100%。

水环境保洁。进行水环境保护集中清理四次，按照市水务局水环境管理自查自纠工作和引滦工管处"大干100天确保引滦水环境安全"活动的安排部署，制定了《隧洞管理处水环境保护自查自纠实施方案》和《隧洞管理处"大干100天确保引滦水环境安全"实施方案》，在引滦隧洞全线管理范围内进行水环境治理和保洁工作，历时22天，先后共出动人员134人次，车辆16车次，共清理管辖范围内各种垃圾、杂草45立方米。完成了隧洞出口明渠段、扩散段的环境整治和隧洞进口引滦入津纪念碑周边、引滦枢纽闸周边的水环境保洁工作，集中整治了隧洞六号支洞、九号支洞道路两侧和园区，全年共清理垃圾308立方米。确保水环境保洁到位率和覆盖率双百目标实现；巩固扩大共建共享成果，与引滦隧洞进、出口驻地村和明渠两侧住户建立了更加完善的共建共享机制，形成了共同维护引滦水环境的和谐氛围。

2. 隧洞工程运行管理

2017年，利用日常、定期和特殊检查相结合的巡查方式，每月定期对隧洞支洞、检查井等附属工程设施进行全面检查，根据通水情况进行通水前后巡视检查和汛前检查，确保了隧洞工程安全运行和安全输水。停水期间引滦隧洞洞内观测，定期对隧洞衬体及围岩温度、裂缝、收敛、外水压力进行观测，为工程安全运行和病害治理提供了基础资料。加强工程设施的日常维修保养，认真完成了隧洞处全年的日常和专项工程项目的管理工作。配合引滦建管中心完成2016年隧洞病害综合治理工程竣工验收工作。配合水务建管中心完成引滦隧洞重点病害治理工程2017年实施段施工现场管理工作。

2017年隧洞维修工程项目共计8项，共计完成投资370.41万元。其中日常维修工程项目共计4项，投资184.50万元；专项维修工程项目共计4项，投资185.91万元。

（1）日常维修工程项目。

明渠河道维修维护项目，投资4.70万元。按照《引滦工程日常维护费管理内容及标准》的要求，完成底板破损混凝土凿除修复7.17立方米，边墙破损混凝土凿除修复15.10立方米，进洞大门除锈刷漆24.80平方米，出口明渠、河道两侧护栏更换安装54平方米，护坡维修200平方米，明渠河道两侧草坪树木的日常养护等。工程于2017年2月15日开工，12月5日竣工。

水闸维修维护项目，投资5.80万元。按照《引滦工程日常维护费管理内容及标准》的要求，完成对进口站、出口站两座闸门进行防腐处理、限位调整；启闭机维护；电气设备及变压器维护；钢丝绳维护；闸室及闸区周边的日常清洁等。工程于2017年2月15日开工，12月5日竣工。

2017年隧洞日常维修项目，投资169.00万元。按照《引滦工程日常维护费管理内容及标准》的要求，完成隧洞洞内杂物清理、衬砌表面钙质清除3000平方米、底板凿除修复45.6立方米、麻面修复570平方米等日常维护，风钻疏通排水孔19.32千米，支洞及隧洞外部维护，进口站、九号洞、出口站日常水环境保洁，处机关及进、出口站房屋、绿化、地坪、甬路、锅炉、水源热泵等维护。工程于2017年5月1日开工，12月15日竣工。

绿化及树木病虫害防治项目，投资5.00万元。按照《引滦工程日常维护费管理内容及标准》的要求，完成隧洞处管辖范围内各类绿化树木2600余株全年两次打药维护；补栽及养护法桐、杨树、柏树、金叶槐、垂柳等各类树木60株。工程于2017年3月20日开工，10月10日竣工。

（2）专项维修工程项目。

引滦入津工程烈士纪念碑维修改造工程，投资8.95万元。主要完成原有铁艺栏杆拆除169.08平方米；制作安装新栏杆169.08平方米；碑亭内顶粉刷130平方米，碑文修复、描红等。工程于2017年3月1日开工，3月19日竣工。

隧洞处机关安防监控系统升级改造工程，投资18.66万元。主要完成购置及敷设主线光缆900

米、支线光纤 150 米、主干线电力线缆 600 米、支线电力电缆 200 米、室内弱电信号线 1000 米。购置及安装视频摄像头 12 台、高清监视器 1 台、高清视频录像机 1 台,管道土方开挖及回填 240 立方米,砌筑检查井 13 座等。工程于 2017 年 4 月 24 日开工,5 月 31 日竣工。

引滦入津隧洞糙率第五次原型观测工程,投资 21.90 万元。主要完成水准点校测 35 千米,隧洞净宽校测 114 个断面,隧洞坡降校测 24.8 千米,隧洞内部糙度描述 11.40 千米,水文流量测验 18 次,对隧洞分别进行综合糙率、分部糙率、分段糙率计算,分析计算结果,编制、打印报告 10 册等。工程于 2017 年 7 月 1 日开工,11 月 25 日竣工。

出口海漫、进口明渠栏杆及采暖系统改造工程,投资 136.40 万元。主要完成出口扩散段海漫改造工程原石笼拆除、浇筑 C25F200 混凝土分块 1758.1 立方米,进口站院内明渠栏杆更新工程拆除原栏杆、不锈钢栏杆制作及安装 266 米,隧洞进、出口站采暖系统改造工程锅炉安装 2 台、敷设铠装电缆 460 米等。工程于 2017 年 6 月 1 日开工,9 月 30 日竣工。

(3) 引滦隧洞重点病害治理工程 2017 年实施段施工。

工程项目主要内容是对补强加固桩号 3 + 800 ~ 4 + 800 段隧洞进行病害治理,治理长度 1000 米。主要包括裂缝治理、低强混凝土治理、脱空洞段治理、底板冲坑麻面治理及衬砌表面治理等。2017 年完成边墙及底板裂缝处理 816.50 米,顶拱裂缝处理(环氧胶泥)712.9 米,渗水点化学灌浆(聚氨酯)277.75 米,低强混凝土化学灌浆(环氧浆液)2411.85 平方米,回填砂浆(含钻孔)1529.32 立方米,回填水泥浆(含钻孔)388.83 立方米,底板混凝土凿除凿毛 2500.85 平方米,底板环氧砂浆 100.03 立方米,衬砌防碳化涂层 12500 平方米,低强混凝土凿除重建 156.26 立方米,累计完成合同工程量的 100%。项目投资 1145

万元,于 2017 年 6 月 20 日开工,2018 年 1 月 31 日完工。

3. 隧洞洞线保护

2017 年,召集黎河上游矿山企业召开了 2 次《关于保护引滦水质安全》座谈会,约谈企业负责人 6 次、签订了保护引滦水质安全承诺书 1 份,制止各类不达标水质排放事件 20 多起,有效地保护了洞线安全。采取了人防与技防相结合,水政执法巡查 168 车次、684 人次,对发现的苗头隐患问题及时跟进解决,全年水事违法事件为零,确保了工程安全运行。每月定期进行安全巡查 10 次;在进口、八号洞、九号洞、出口增加安全警示标志牌 4 块,起到了较好的警示作用;加强了进、出口明渠安全防护。开展了水法规宣传活动,结合"世界水日""中国水周",在隧洞沿线周边开展了为期 3 天的水法规宣传活动,出动宣传人员 28 人次,宣传车辆 6 车次,张贴宣传标语 60 张,提高了隧洞沿线群众自觉保护国家重点工程的自觉性,收到较好效果。6 月 13 日,组织开展供水突发事件应急演练,此次演练模拟在没有任何调水信息的情况下,大黑汀水库入津渠突然开闸放水,瞬间水位达到 70 厘米左右,洞内观测设备还未撤出,对隧洞工程安全造成威胁的险情。演练前,制定了演练方案,并召开动员会详细讲解了隧洞工程及设施发生突发事件的分类分级、人员分工和职责、各类应急事件的响应措施、处置方法步骤和时间要求,演练中严格按照应急预案实施操作。参加人员 34 人。

(隧洞处)

【引滦黎河管理】

1. 黎河日常维护工程

2017 年,共 6 个项目,包括:黎河河道工程、黎河水环境日常保洁、黎河中上游河道封闭维护、黎河树木病虫害防治、黎河上游尾矿堆绿化养护、黎河管理设施维护。

2017 年黎河工程工程量及投资见下页表。

2017 年黎河工程工程量及投资统计表

序号	项目名称	建设内容	批复投资/万元	完成投资/万元	完 成 工 程 量	开、竣工日期
一	日常维护工程		757	757		
1	黎河河道工程	黎河河道内外堤坡维护、黎河堤顶道路岁修及维护、黎河跌水坝岁修、黎河河道清淤、黎河支流口治理工程维护	178.87	178.87	土方 28899 立方米、石方 2657 立方米、水生植物补栽 1685 平方米、水生植物修剪 2.76 万平方米、清理杂草 877 立方米、修剪杂草 34.45 万平方米	2017 年 3 月 29 日—12 月 31 日
2	黎河水环境日常保洁	黎河河道 57.6 千米及左右岸环境保洁	239	239	河道保洁：1948 立方米 集中清理：清理杂草 230000 立方米，垃圾 2983 立方米，水草 493500 立方米	2017 年 3 月 16 日—12 月 31 日
3	黎河中上游河道封闭维护	黎河中上游河道铁艺网、金属网、刺绳网、隔离墙维护	223	223	铁艺网 549 米、金属网 2762 米、刺绳网 11792 米、隔离墙 49.5 立方米	2017 年 3 月 29 日—12 月 31 日
4	黎河树木病虫害防治	黎河管理范围内树木病虫害防治	11.24	11.24	药品 201 千克、打药 1 项	2017 年 3 月 29 日—12 月 31 日
5	黎河上游尾矿堆绿化养护	黎河上游尾矿堆火炬、紫穗槐等绿化养护	71.13	71.13	火炬树 2211 棵、紫穗槐种植 10130 株、紫穗槐修剪 13.46 万株、种植土 2066 立方米、药品 515 千克、打药 1 项	2017 年 3 月 29 日—12 月 31 日
6	黎河管理设施维护	房屋维修、机关及站点维护、锅炉维修	33.76	33.76	屋面防水修补 260 平方米、门窗整修 80 平方米、内墙粉刷 285 平方米、车位环氧树脂地坪漆 165 平方米、绿化维护 7468 平方米、给排水设施设备维护 161 米、锅炉维修 3 处	2017 年 3 月 29 日—12 月 31 日
二	专项维修工程		198.49	198.49		
1	杨家庄桥下第一道跌水坝维修工程	对跌水坝防冲槽维修、新建土工网石笼、新建连锁板护坡等	41.93	41.93	土方 982 立方米、石方 999 立方米、混凝土 7 立方米、连锁板护坡 444 平方米	2017 年 5 月 12 日—6 月 7 日
2	崔家庄 2 号桥下第一道跌水坝修复工程	重建崔家庄 2 号桥下第一道跌水坝防冲槽混凝土隔断墙、翻修已冲毁的土工网石笼 5 道、新建 6 道土工网石笼等	34	34	石方 821 立方米、混凝土 44 立方米	2017 年 5 月 12—28 日

续表

序号	项目名称	建设内容	批复投资/万元	完成投资/万元	完 成 工 程 量	开、竣工日期
3	庄户沟桥下第一道跌水坝维修工程	对跌水坝消力池、消力坎、海漫和预制块护坡拆除重建	77.56	77.56	石方 841 立方米、混凝土 375 立方米	2017 年 5 月 6 日—6 月 15 日
4	前毛庄水文站水文设备购置工程	购置一套相控阵河流型 ADCP 测流设备	45	45	四声束声学换能器 1 台（内置罗盘、倾斜计、温度传感器）、专用可折叠三体船 1 套、数传电台 1 套、12 伏铅酸电池 2 块	2017 年 6 月 5—10 日

2. 黎河专项维修工程

2017 年共 4 项工程，包括杨家庄桥下第一道跌水坝维修工程、崔家庄 2 号桥下第一道跌水坝修复工程、庄户沟桥下第一道跌水坝维修工程、前毛庄水文站水文设备购置工程。

3. 输水管理

输水计量。输水初期，前毛庄水文站加密水位观测次数，掌握完整的输水涨水期水情变化过程，适时增加流量测验，及时修订临时曲线提高输水计量精度。输水过程中，利用水位固态存储系统对水情实施 24 小时实时监测，采用流速仪法、ADCP 实测流量 42 次，测得水情变化全过程。截至 2017 年 12 月 31 日，全年实现安全输水 37 天，累计拍发水情电报 440 份，累计输水总量 1.566 亿立方米。

水质监测。按要求每月两次对 5 个取水点（隧洞出口、高各庄 2 号桥、东滩桥、前毛庄、果河桥）进行取样化验外，为掌握支流水质情况，汛期每次大雨过后都对支流口进行查看、监测分析，评价支流水环境状况。各类监测数据的准确掌握，为开展黎河水环境综合治理提供了翔实可靠的基础数据。按照《水质检测任务书》的要求，每月 5 日、20 日对监测断面进行日常水质监测及输水水头跟踪化验，并及时做好曲线水质分析工作。截至 12 月底，上报监测报告 24 份，数据 195 余组。2017 年，黎河汛期支流来水共采集水样 89 个，监测数据 533 组。

防汛工作。2017 年，前毛庄水文站全年总降水量为 736.8 毫米，降水日数 66 日，其中汛期（6—9 月）总降水量为 607.2 毫米，降水 40 天。6 月降水量 126.7 毫米，7 月降水量 191.8 毫米，8 月降水量 288.0 毫米，9 月降水量 0.7 毫米。黎河前毛庄水文站实测洪水 3 次，第 1 次为 7 月 19 日 16 时 24 分，利用流速仪法抢测洪峰流量 28.9 立方米每秒，最高洪水水位 26.45 米（大沽高程）。第 2 次为 8 月 3 日 10 时 48 分，利用 ADCP 抢测洪峰流量 227 立方米每秒，最高洪水水位 28.45 米（大沽高程）。第 3 次为 8 月 19 日 6 时，利用 ADCP 抢测洪峰流量 100 立方米每秒，最高洪水水位 27.56 米（大沽高程）。黎河设计流量 60 立方米每秒，无设计水位，但 2017 年 60 立方米每秒对应水位为 27.00 米。

污染源调查。为准确掌握支流污染详细信息，黎河处于 2017 年 6 月 1—30 日，对 19 条入黎河支流污染源进行全面摸查，途经沿岸村庄 82 个，统计出黎河管理范围外影响水质的沿岸垃圾 2983 立方米，更新了污染源数据库，为制订后续管理方案奠定了基础。本次调查的重点：一是在于对以往未查看的支流进行摸排，二是对主要支流污染源的类型、数量上与同年相比是否有变化。通过 2017 年的调查结果发现，工业厂矿数量持续减少，畜牧养殖及生活垃圾依旧是主要污染源，支流治理后虽然效果明显，后续管理还需加强。调查数据为进一步开展黎河周边环境治理提供了依据。

水环境管理。开展管理范围外垃圾清理工作。对黎河两岸临近的非正规垃圾堆放点进行详细的排查统计，按照引滦工管处关于水环境集中清理的要求，组织干部职工及保洁人员，先后4次对上中游河道管理范围外垃圾、汛期支流来水冲入垃圾进行集中清理，共清理杂草23万平方米，清理垃圾2983立方米，运输车辆606余车次，出动人员4030余人次，巩固了河道保洁效果。开展水草打捞工作。积极应对于桥水库蓝藻暴发三级响应，开展水草覆盖情况调查统计，2017年4月26日至5月27日，历时1个月进行黎河河道水草打捞，共出动人员872人次，车辆162车次，船次162船次，清理水草49.35万平方米。保护了黎河水质安全。

4. 河道管理

河道管护。为确保河道水工建筑物的完好，坚持每日两次巡查河道。输水期间，黎河处主管领导全部一线带队指挥，充实青年职工到查护水一线，实行24小时不间断巡视，并将巡查范围扩大到沿河支流，截至2017年12月31日，完成日常河道巡视及查护水任务6477余人次，确保了输水期间没有水污染事件发生。

河道保洁。2017年的河道保洁社会化养护是遵化市领航劳务服务有限公司中标。黎河处重新修订了2017年度的保洁实施方案，明确了责任分工、考核奖惩办法，内容更加规范统一，促进了保洁工作高质量地完成。在此基础上，加大了日常巡视检查考核及保洁抽查密度，加强了河道、公园、湿地的养护管理，完成了树木浇灌，湿地水生植被补栽、公园植被浇灌以及维护基础设施等养护工作，保障了植被成活率及河道绿化。严格实行日检查、周抽查、月考核管理模式，组织全处职工开展了两次水环境集中整治活动，巩固了保洁效果。截至12月底，河道保洁共出动人员780人次，清理护栏网内外保洁范围内垃圾1948

立方米。黎河管理范围内保洁覆盖面、合格率均达到100%。

水政执法。为有效开展水行政执法工作，加强部门间的协调配合，黎河处把水务治安分局、遵化市政府相关部门纳入水环境保护应急工作范畴，组织召开"三位一体"工作会议，开展联合巡查活动。全年共开展水政巡查及"三位一体"联合巡查221次，862人次。紧密联系遵化市政府以及沿河公安派出所和遵化市水务、环保等相关部门，联合查处支流口浑水汇入事件3起，拆除临河违章建筑1处，处理违章修建拦河坝事件1起，发现并制止钓鱼放牧等水事行为735人次，维护了黎河良好的水环境秩序。

水法宣传。通过开展"世界水日""中国水周"及"12·4"全国法制宣传日等宣传活动，深入机关、乡村、社区、学校、企业、单位开展水法律法规宣教活动。全年共开展水法宣传13次，张贴宣传标语、散发宣传材料4340份，张贴、喷涂警示宣传标语1050条，张贴宣传画、宣传挂图241张，悬挂警示牌50块，赠送学生水法宣传文具用品1270件，强化了宣传警示效果，黎河沿岸的执法环境得到不断改善。在市区文化广场人口密集区域利用电子大屏幕，滚动播放保护引滦水源、珍惜治理成果、严厉打击破坏水环境行为的公益广告，极大地提高了当地群众保水护水意识。

（黎河处）

【明渠管理】

1. 潮白河明渠段

（1）明渠水生态环境建设。

2017年，按照国家级水管单位标准，加强明渠维护，提高管理水平；根据实际情况对整段明渠维护、整治，并实行了日常环境常态化保洁工作。实行日常环境常态化保洁工作，每日组织人员对明渠沿线水面漂浮物进行打捞，2017年全年共计出动人员1200余人次，车辆150余车次，汽艇30余航次，打捞水草、杂物等550余立方米，有效维护了明渠水环境；严格按照明渠巡视检查制度进行巡视检查，全年累计巡视 6500 余人次，出动巡视车辆 1600 余车次、巡逻艇 50 余航次，其中夜间巡视 1050 余人次，节假日增加巡视 300 人次以上；加强水质监测力度，2017 年共完成引滦明渠水质监测 218 次，其中隔日监测 153 次，出具水质监测数据 763 个，应急加测 55 次，出具监测数据 641 个，周边污水采样监测 7 次，出具监测数据 184 个，全年共出具水质监测数据 1708 个，检出率均为 100%；积极开展水源保护区范围内垃圾点位集中排查清整工作，对辖区引滦明渠沿线临近村庄、商铺、小工厂、小作坊、重点口门附近等点、面污染源进行严密巡查防控，在水环境清理行动中，全年共出动人员 6000 余人次，船只 560 余台班，车辆 530 余台班，挖掘机 40 余台班，打捞漂浮物 1700 余立方米，垃圾清理 1200 余立方米，清理了一级保护区范围内明渠周边村庄居民倾倒垃圾点、养殖点 27 处；持续开展水法宣传，深入引滦明渠沿线临近村庄、学校，通过口头宣讲、发放宣传册、张贴标语、悬挂横幅和电台、电视台广播等形式进行水法水环境保护宣传，2017 年全年共开展水法规宣传活动 25 次，共出动宣传车辆 25 车次，参加宣传人员 100 人次，发放宣传材料 6000 份、宣传手册 1200 份，张贴宣传图片 630 张，直接受教育群众 7200 余人次。

（2）明渠管理常态化。

严格按照《天津水务集团有限公司原水工程巡视检查管理办法（试行）》的规定和要求，坚持水闸"日清扫、周擦拭、月检修"的管理制度，对机电设备实行全方位跟踪与检修。对沿线 12 座水闸进行全面维修养护，确保设备完好率达 98% 以上。2017 年夏季辖区引滦明渠部分渠段出现不同程度蓝藻水华现象，潮白河分公司积极组织人力、物力对蓝藻进行控制、治理，先后在大五登生产桥下游安装拦藻泵一台，在潮白河倒虹吸下游、侯家庄生产桥上下游、大五登生产桥上下游、张岗铺生产桥上下游、引青入潮倒虹吸上游等八

个位置分别安装拦藻网，对蓝藻高密度聚积渠段利用密目网进行拉网打捞，在关键点位安装吸取泵和简易藻水分离装置，抽取含藻水体，并进行过滤分离。

为提高天津市供水可靠性和安全性，解决引滦原水水质问题，缓解下游水厂处理负担，按天津水务集团安排部署，组织建设引滦原水应急预处理工程。该工程投资概算 1766.06 万元，主要建设内容包括新建加药间和粉末活性炭投加间各 1 座。加药间建筑面积 384 平方米，位于九王庄暗渠出口闸，每日最大处理 240 万立方米的原水；粉末活性炭投加间建筑面积 298 平方米，位于明渠鲍丘河倒虹吸出口附近。

（3）明渠堤埝管理。

按照明渠专业管理标准，对 34.2 千米明渠堤埝两侧超高杂草进行适时清理，雨后及时平整雨淋沟，累计对辖区范围内坡面杂草全面修剪 4 次，对辖区内树木进行病虫害防治打药 3 次，完成护网维修 590 余处。11 月 24 日至 12 月 14 日，对明渠全线左右堤坡树枝落叶进行全面清理，出动人力 1950 人次，出动机械车辆 105 车次，清理落叶 6 万余立方米，确保了明渠水环境洁净，消防安全无隐患。

2. 尔王庄明渠段

按照国家级水管单位考核标准，不断加强明渠维护整治，大力推进日常环境常态化保洁。4 月，完成下游明渠清淤工程施工后的堤埝、坡肩、坡脚线的整治恢复工作；7 月，完成明渠重点段防护网的加固处理工作；10 月完成对防护网翼墙和口门垛处加装带刺防爬绳工作；全运会及十九大召开期间，增加夜间水上巡查频次；11 月，完成明渠 4 处标准示范段建设工作。全年完成树木补栽 2505 棵；完成美国白蛾、春尺蠖、斑衣蜡蝉、豆木虱、冠网蝽等病虫害防治工作 8 次。

3. 引滦市区明渠段（原宜兴埠明渠段）

水环境治理工作。制定全年水环境保护工作方案及落实措施，完善保洁常态化机制。全年常态化保洁结合水环境集中整治，共出动职工 1250

余人次，保洁工人2070余人次，捡拾垃圾1320余车次，累计清运堤坡落叶枯枝、杂物、漂浮物近3100立方米，清扫路面桥面200余次，使输水明渠水环境得到有效改善。

明渠日常管理工作。日常养护全年清理死树200余株，堤坡除草三次，共计90余万平方米；完成输水平整堤坡雨淋沟150多处；维修更换集水槽1000余块；树木修剪20000余株，刷白树木5万余株，树木病虫害防治2次，此外还完成修补护网、加固防护设施等工作。严格执行巡视检查制度，结合"三位一体"巡检。累计巡视明渠1087次，巡查1318车次，巡查人员3902人次，多次与局水政处、水务治安分局开展联合执法，累计处理钓鱼、放牧等行为4余起，没收钓竿、渔网、地笼等渔具10套。

普法宣传教育。以"七五普法""世界水日""中国水周"为契机，悬挂布标10幅，组织人员走访沿线村庄、学校、企事业单位，发放各类宣传材料近600余份，宣传纪念袋300个，提高了沿线村民保水护水意识。

工程建设与维修。明渠安全生产桥监测项目，工程投资25万元。施工日期为2017年3月3—15日，工程主要内容：对明渠5座生产桥做安全鉴定，挑选1座荷载试验。生产桥隐患治理工程，投资612.37万元。该工程于2017年10月23日开工，预计将于2018年3月31日完工。工程内容：依据桥梁安全检测报告，对辖区5座引滦明渠生产桥进行隐患治理，完善生产桥桥面雨水收集系统，保证引滦明渠输水安全。工程结束后将消除隐患，保障安全输水。

【暗渠管理】

1. 州河暗渠管理

工程巡查。暗渠工程全长34.14千米，3孔（4.3米×4.3米）箱涵，沿线设9个进人孔、6个检修闸、1个调节池。2017年，暗渠管理人员严格落实巡查制度，每周对州河暗渠输水线进行分段巡视检查。3月，为做好河湖水环境问题排查工作，对暗渠管理范围内乱占、乱堆、乱建等情况进行集中排查，建立问题清单台账，并配合做好清理工作。

输水调度。2017年，共接收调度指令25次，操作人员严格按照输水调度指令操作，控制闸门开度，确保安全输水；冬季输水期间，根据气温变化，及时调整吹冰设施的运行时间，保障水工建筑物运行正常。

工程养护。根据《水闸技术管理规程》（SL 75—2014），定期对闸室、闸门、启闭机、电气及控制设备、钢丝绳、混凝土建筑等设施设备进行检查，排查安全隐患，对发现的问题及时整改；对闸室卫生环境实行日清扫、周擦拭，确保环境整洁。汛前，做好对暗渠进口闸及州河节制闸备用电源切换调试工作；汛后，做好防汛物资的清点及备用电源的养护工作。

安全生产。本着"隐患就是事故，事故必须处理"的安全理念，认真落实暗渠安全管理责任，定期对暗渠进口闸、州河节制闸、小沙河排污闸、调节池等水工建筑物、机电设备的运行安全进行检查，对暗渠输水线路及用电安全进行详细排查，及时消除安全隐患，确保安全生产"零"事故。

2. 潮白河暗渠段

2017年，潮白河分公司继续加大自暗渠6号检修闸至暗渠出口闸段的巡检力度，按照《引滦工程管理考核标准》，在加强对暗渠、地表建筑、覆土、三桩、宣传牌等设施日常养护、管理的同时，巡视人员每天至少一次对暗渠及6号检修闸进行检查巡视，节假日和汛期加密巡检次数，对发现的隐患问题及时上报、妥善解决。结合水务治安派出所对在暗渠管辖范围内挖沟、取土、堆放物料、非法施工等，严格遵照相关法规及时进行处理，确保了暗渠无占压、无违章建筑，工程设施安全。

3. 尔王庄暗渠段

2017年，为加强对尔王庄暗渠段的日常巡视检查，坚持每天至少一次，对检查中存在的问题及时上报、及时解决。6月对暗渠沿线检查井进行维修；4—11月对暗渠检查井周边进行除草和杂物清理；每周对暗渠共建共享设施进行清理，保证各项工程设施运行良好。

4. 引滦市区暗渠段（原宜兴埠暗渠段）

2017年，水政监察人员坚持每天对引滦市区暗渠段巡视检查，节假日及特殊时期加强夜间巡视，主要巡视内容包括检查井、通气孔等工程设施的巡检及管理范围、保护范围内的水事安全，全年累计巡视暗渠410余次，巡查520车次，巡查人员1320人次。加强与地方政府之间的协作，完成所辖输水明、暗、生态对九园公路、杨北公路、京滨高铁二线、新外环等工程进行严格监制，在未取得规定部门施工许可的前提下严禁其进行施工。

工程维修2项。暗渠检查井维修改造工程，施工日期为2017年10月16—30日，工程总投资35.78万元，工程内容：对引滦输水暗渠沿线的检查井进行维修，确保引滦水质安全和输水安全。暗渠通气孔维修改造工程，施工日期为2017年10月16—30日，工程总投资26.05万元，工程内容：对引滦输水暗渠沿线的通气孔进行维修，确保引滦水质安全和输水安全。

（于桥处　水务集团）

供水管道管理

【概述】　2017年，天津市滨海水业集团有限公司（以下简称滨海水业）严格按照《引滦输水管道连通操作规程》《引滦输水管道突发性供水安全事故应急处置抢修预案》《引滦输水管线闸阀及连通工程操作管理规定》开展各项工作，本年共实施3项切改工程。

【管道管理】　2017年，实施3项管道专项切改工程。

南港铁路占压引滦南港支线切改工程。由于在建的天津南港铁路工程占压引滦南港支线，因此与南港铁路工程占压的原引滦管线段废弃（改造起点至终点），在管道附近另辟新路由。为防止新改建管线与原管线相互干扰，管线拐点或平行段设计在铁路管理范围红线以外，新改建管线起点与终点位置与原管线对接。改造后新建引滦南港支线采用钢板直缝焊卷制，钢板选用Q235B钢，钢管总长度70.5米。新改建钢管与原混凝土管道由钢制承口变径连接。此项工程于3月30日进场施工，4月7日竣工。

古林污水泵站及配套管线占压引滦管线切改工程。根据现场环境、引滦管线管理办法及污水管网技术要求综合考虑，为保障管线的安全供水、正常维护和及时抢修，并保证天津市滨海新区古林污水泵站及配套管网工程顺利进行，对占压管线进行改造。工程切改情况：①在新建污水泵站进出水干管道与引滦入港管线交叉处，切改引滦入港管线100米；②在新建污水泵站南侧，污水进厂水管道与引滦入港管线垂直交叉处，切改引滦入港管线70米，此项工程于4月8日进场施工，4月29日竣工。

武宁公路（潘庄—九园公路）新建工程占压引滦管线切改工程：武宁公路（潘庄—九园公路）新建工程与现有的引滦入港、入聚酯及入津滨管线相交叉，为保障引滦管线供水安全和正常维修维护，配合武宁公路（潘庄—九园公路）新建工程顺利开展，对受影响的引滦管线进行切改，其中入港与入津滨两管联通1处。工程切改情况：①入港管线切改钢管146.34米，其中混凝土套管安装62.5米，蝶阀井1座（含蝶阀）；②入聚酯管线切改钢管205.98米，其中混凝土套管安装75米；③入津滨管线切改钢管154.15米，其中混凝土套管安装62.5米，蝶阀井1座（含蝶阀）；④入港与入津滨两管联通1处，此项工程于8月4日进场施工，9月29日竣工。

【输水管道维修】

1. 供水管道维护

2017年，入港处与管线沿线20个乡镇农业主管部门签订输水管道日常看护管理协议，负责引滦输水管道日常巡视检查工作。3月22—28日是第三十届"中国水周"，结合工作实际开展了多项宣传活动，制作了宣传横幅、宣传海报、宣传用品等，在集团本部大楼、上古林街道、淮淀水利站等区域进行宣传张贴，邀请水务治安分局驻单位派出所走访2家管线沿线护管单位，讲解水法知识，提升法律意识。全年共计开展引滦管线巡视检查185次，南水北调管线巡视检查341次，其中水政、公安、工程"三位一体"联合巡视检查61次。发现引滦管线漏水情况15次，南水北调管线漏水情况6次。

组织专业队伍，每半年进行一次定期检修，完成对供水管道全面、系统地检查和维护。认真做好各供水管线气阀系统及阀门的检修保养和冬季防冻处理，分别于3月15日至4月18日和10月1日至11月15日对引滦入塘一期、引滦入塘二期、引滦入港、引滦入开发区、引滦入汉、引滦入杨、引滦入聚酯、引滦入开发区备用、引滦入津滨九条原水管线的气阀系统进行保温拆除及安装工作。对供水管道沿途钢管段阴极保护进行全面测试并记录，当阴极保护系统消耗到最低设计值时进行更换，对沿途供水管道上破损的气阀系统及阀门进行维修，安装丢失破损的井盖。并对供水管道沿线埋设的条例宣传牌、标志桩、公里桩、转角桩进行维护，并积极做好备品备件的补充购置。在日常对管线需要维护的情况，发现一处，处理一处，全年围绕维修、维护，重点开展了多项相关工作。

2. 供水管道抢修

共完成漏水抢修、维修13次。

3月9日，二道闸以北海河岸聚酯管线气阀短节断裂漏水，对管线实施临时停水，更换新短节，恢复供水。3月12日，小宋庄津蓟高速桥下聚酯管线焊口开裂管道漏水，经与当地开展相关协调后，在集团调度部门配合下，对管线实施临时停水，于次日修复完成并恢复管线供水。3月31日，大港水厂院外玻璃钢管破损，管道漏水，对破损

处打外抱箍，于当日修复完毕。4月9日，潘庄入开备用管线承插口橡胶圈移位管道漏水，在集团调度部门配合下，对管线实施临时停水，打内涨圈并于11日恢复供水。4月17日，潮白河112高速桥下入开转换口胶圈位移，管道漏水，在集团调度部门配合下，对管线实施临时停水，打内涨圈并于次日恢复供水。5月16日，宁车沽处引滦入开管线气阀底部断裂出现漏水，经紧急抢修，于当日恢复管线正常供水。5月20日，于家岭大桥南入塘二期管线出现漏水，对管线漏点处打内涨圈并于次日恢复供水。5月24日，宁车沽二村入塘二期管线管道破损，更换DN1200钢制管道10米，承、插口各1套，于当日完成修复工作。6月4日，俵口入开管线水泥管口漏水，对漏水部位打内涨圈，于次日及时完成了该处应急抢修，管线恢复正常供水。6月11日，西外环高速以南入塘二期管线两处水泥管口漏水，对两处漏水点部位打内涨圈处理，于当日完成抢修工作。7月14日，津蓟高速上游250米聚酯管线承插口胶圈破损导致管道漏水，在集团调度部门配合下，对管线实施临时停水，使用内涨圈进行处理，于次日修复完成并恢复管线供水。8月26日，宁静高速东丽服务区北侧津滨管线承插口胶圈破损导致漏水，使用内涨圈进行处理，于当日完成修复工作。12月15日，空港纬十路入港管线焊缝开裂导致漏水，对漏点处进行外抱箍处理，于当日完成并恢复供水。

（入港处）

于桥水库管理

【概述】 2017年，于桥处围绕工作目标，加强绩效管理、提升工作效能、促进工作落实，圆满完成城市供水、安全度汛、水环境保护、库区封闭、水污染防治等工作任务。

【蓄水供水】 2017年，于桥水库总入库水量为3.097亿立方米，从大黑汀水库引水1.369亿立方

米（未扣损），自产水量 1.797 亿立方米。总出库水量为 3.014 亿立方米，全年完成城市供水 1.880 亿立方米，国华、大唐两电厂用水量 0.193 亿立方米，向州河补水 0.869 亿立方米，向下游弃水 0.071 亿立方米（排放高藻水）。全年输水平均损失率为 1.89%，低于 5% 的指标。

【水质监测】 按监测任务书要求，开展常规监测并及时上报《水质情况简报》；完成了水库草藻生长期间的水质巡视和监测；结合河长制水质考核每月对水库周边沟道进行巡视和监测；完成了前置库试运行阶段水质监测工作；完成了放水洞和暗渠入口的应急监测，及时为领导决策提供依据。在暗渠入口前池内设立虾笼，通过对鱼虾活动情况的观察，及时对水质变化进行预警。加强水质监测数据的分析，出具监测成果对比图 115 张。蓝藻应急响应期间，编写完成 40 期水质会商报告材料，为蓝藻防控打捞和应急处置提供了依据。2017 年水质分析会商决策支持系统正式启用。蓝藻水华卫星遥感监测和预测预警模型经试运行后，10 月 31 日通过验收。

2017 年累计采集水样 2423 份，出具监测结果数据 15548 个。其中常规监测采集水样 508 份，出具监测数据 4000 个；对暗渠入口断面采集样品 48 份，出具监测数据 432 个；前置库通水运行后采集样品 201 份，出具监测数据 1402 个；水库周边沟道水质监测 12 次，采集水样 36 份，出具监测数据 252 个；降雨期间监测采样 3 次，采集样品 27 份，出具监测数据 168 个；引滦调水期间，前置库采集样品 90 份，出具监测数据 602 个；大黑汀水库采集样品 49 份，出具监测数据 517 个；果河黎河桥采集样品 23 份，出具监测数据 158 个；水草生长期间采集样品 127 份，出具监测数据 1247 个；全年对库内藻类进行监测，采集样品 1336 份，出具监测数据 7729 个；上游潘家口、大黑汀水库采集样品 119 份，出具监测数据 907 个；开展库区周边 30 条、131.5 千米长沟道的河长制考核工作，并加强来水沟道的水质监测及水环境监督，采集样品 125 份，出具数据 500 个。

【水政执法】 2017 年，重点围绕水环境及水质保护开展常态化巡查和执法，重点打击辖区范围内违章临建、非法旅游、游泳、垂钓和破坏库区封闭护网设施等行为。全年累计巡查 6744 次，出动车辆 5220 车次、船只 1401 艘次。出动巡查执法人员 28834 人次，驱离钓鱼、游泳、游玩人员 6556 起。

采取水政、公安、渔政、武警、管理人员组成的"五位一体"联合执法模式，开展联合巡查执法 79 次，现场制止垂钓、旅游载客和非法捕鱼等水事违法行为 1125 起。与蓟州区库区周边相关各镇政府等部门违建拆除联合执法 12 次，拆除违章建筑共计 19363 平方米。

"世界水日""中国水周"期间，利用墙报、报刊、传单、移动信息、标语、横幅、电视、广播等多种形式，广泛开展法制宣传活动，在库区人数密集场所的集市等地方，开展集中发放宣传活动资料和法制咨询活动。同时针对在校中小学生，在暑假、寒假等假期前开展送法入校等宣传活动。发放宣传学生背包和宣传单。全年共出动宣传车次 60 余次，发放宣传单 20000 多份，宣传手册 300 多册，宣传画 1000 余份，制作横幅、宣传牌等 80 余块。向群众发放印有宣传标语的手提包、手提袋 400 个。

【日常维护】 非汛期每日一次、汛期每日两次、强降雨期间加密次数对溢洪道闸、大坝等工程设施设备进行巡视检查，全年共计巡查 488 次。对大坝监测系统维护 39 次，更换通信模块、光电转换器等设备，确保大坝安全监测数据正常采集。汛前、汛后累计测量垂直位移测点 64 个，水平位移测点 34 个。

【维修工程】 2017 年，完成日常、专项、应急度汛及河道专项等 15 项工程项目，总投资 8202.89 万元。2017 年于桥处工程统计见下页表。

2017 年于桥处工程统计表

序号	项目名称	2017 年批复/万元	建 设 内 容	开完工日期
1	于桥水库日常维修维护	1222	对于桥水库果河堤岸、于桥水库大坝、西龙虎峪水源地、输水破冰设施、水环境设施、库区湖滨带、船只、停船场设备及浮箱码头、库区堆草场、水闸、管理设施等进行维修维护,并做好库区水环境保洁、树木病虫害防治、库区周边防火隔离带设置、水质监测药品及损耗器材购置等工作	2017 年 4 月 26 日—12 月 31 日
2	于桥水库库区封闭区口门及设施管理维护	960.7	对库区 112.3 千米封闭护栏网和 85 个口门设专职人员负责管理;对破损护栏网进行维修维护,对铁艺护栏除锈刷漆,更新损坏的沟道拦污网等;对库区 54 个视频监控点、1 个监控中心、5 个库区管理所监控分中心进行维修维护等工作	2017 年 5 月 1 日—12 月 31 日
3	于桥水库前置库维护	1565.5	前置库院区保洁绿化、路面、护栏等维修维护;通讯、网络及相应终端设备维护;21 座闸、7 个涵的机电设备及混凝土建筑物等维修维护;堤顶路面、堤坡整修及杂草清理等;闸、涵、橡胶坝等吹冰运行及维护;清池沟、头百户沟和燕各庄沟汇流口及叫山沟沟口维护;水生植物收割外运;巡查防火等维修维护	2017 年 4 月 28 日—12 月 31 日
4	于桥水库蓝藻处置及治理	1098	对于桥水库库周及智能围隔内外区域蓝藻进行应急打捞,藻浆处理;放水洞和暗渠前池设置拦藻网、曝气增氧机;坝北码头、坝前、暗渠前池、溢洪道闸上游、坝区入库沟道投放水葫芦、水白菜等净水植物 120 万株。累计蓝藻藻浆打捞 80500 立方米	2017 年 4 月 18 日—11 月 30 日
5	于桥水库菹草收割打捞处置	1249.22	采用机械化水草收割船、水草运输船、垃圾运输车等专业机械与人工渔船打捞相结合的方式,分区域对库区菹草进行收割打捞,并外运至指定堆草场。累计打捞菹草 22.9 万立方米	2017 年 5 月 1 日—11 月 30 日
6	州河暗渠进口流量计更新工程	151.94	州河暗渠进口为引滦入津工程十分重要的计量口门,原有 3 台四声路超声波流量计已运行多年,设备老化严重,传输线缆破损,采集的数据准确性不高,无法对水量进行实时准确计量。购置安装八声路超声波流量计 3 台、水位计 3 台,并将实时数据通过无线传输至于桥处、引滦工管处机房服务器	2017 年 3 月 25 日—5 月 15 日
7	于桥水库大坝背水坡护坡翻修工程	597	于桥水库大坝背水坡 0−100~0+650 段、1+000~1+200 段护坡 1989 年建成,护坡六角砖出现老化、水泥粉化等自然损毁现象,破损严重,对总长度 950 米护坡进行修复	2017 年 4 月 10 日—6 月 13 日
8	五百户管理所巡查执法管理用房配套工程	267	由于受当时资金限制管理用房未进行配套工程建设,为使管理人员尽快入驻,进行水电、院区配套建设。主要包括新建 80 千伏安箱式变压器 1 套,打室外深水井 1 眼(含井泵),铺设混凝土道路 4101 平方米及院区绿化等	2017 年 4 月 11 日—5 月 27 日
9	联合执法用房标准化建设配套工程	115.91	2016 年建设了联合执法用房,根据执法场所设置要求及相关规定,办案区需铺设复合地板、墙面应安装隔音板和软包,安装具备全程录音录像和声像监控系统等	2017 年 4 月 20 日—6 月 20 日

续表

序号	项目名称	2017 年批复/万元	建 设 内 容	开完工日期
10	东山应急物资库房重建工程	89.92	于桥处东山应急物资库房始建于 20 世纪 80 年代初，主要用于储备草藻打捞、吹冰设施、应急发电机等应急物资，已经使用 30 余年，墙面裂缝、墙体沉陷、房顶漏雨等问题严重。2017 年新建 344.25 平方米库房用于应急物资存放	2017 年 9 月 16 日—11 月 14 日
11	于桥水库减压沟无砂混凝土工程	80.94	于桥水库大坝减压沟位于于桥水库背水坡，由于修建时间较长，干砌石护坡坡脚隆起、上部塌坡破坏较为严重。为保证大坝工程安全，在原有浆砌石基础上铺设 100 毫米厚无砂混凝土	2017 年 4 月 10 日—5 月 20 日
12	停船场船只牵引导向墙建设工程	143.76	于桥处停船场主要用于水草打捞等 20 余艘船只停放、维修保养等。每次上岸时需驾驶员人工目测轨道走向，冲击多次才能上岸，对船只损伤较大，且存在安全隐患。为确保船只上下水安全，建设钢筋混凝土牵引导向墙两道，每道长 46.6 米	2017 年 4 月 10 日—6 月 30 日
13	果河燕各庄村堤埝护砌加固工程	340	对果河燕各庄村 570 米河道迎水坡进行浆砌石护砌	2017 年 4 月 28 日—6 月 1 日
14	于桥水库马伸桥孙家庄村南堤埝护砌应急度汛工程	276	对于桥水库马伸桥孙家庄村南 0+000~0+940 段防汛堤埝砌筑浆砌石护砌	2017 年 4 月 30 日—5 月 31 日
15	武警保障经费	45	主要用于武警官兵保卫于桥水库大坝，执勤设施维护、生活设施维护、官兵伙食、差旅、生活等补助、训练设施、文体设施的维修维护等	

【水环境治理】

1. 库区保洁

2017 年，继续加大水源保护力度，深化库区常态化保洁及考核机制，确保保洁覆盖率达到 100%，根据管理范围调整库区各所保洁管理费用和保洁人员指标，并对雇用的保洁人员实行实名制管理；在日常保洁的基础上，结合库区水环境保洁的实际情况，制定了《于桥水库库区水环境集中清理方案》，于 3 月、6 月、9 月和 12 月实施了 4 次集中清理活动，安排保洁人员、船只和车辆对库区水面、岸边、沟道、湿地的垃圾杂物进行集中清理，确保保洁工作无死角；配合属地政府进行环境整治，拆除封闭区内违章建筑 25815 平方米，禽畜棚舍 22137 平方米；依据《于桥水库管理处考核管理办法》，严格做到日常清理与监督考核相结合，考核组定期对库区周边保洁情况进行跟踪考核，对不达标的及时要求整改，保持集中清理效果；坚持封闭区保洁常态化、全覆盖，全年出动人员 23452 人次，车辆 1792 台班，船只 2535 台班，清理库区垃圾、打捞漂浮物 2.5 万立方米。

2. 河长制考核

2017 年，按照天津市河道水生态环境管理领导小组办公室的要求，于桥处完成周边入库 30 条沟道河长制考核工作。年度考核 12 次，对水环境较差的沟道及时向属地政府进行反馈，督促其进行整改，并将考核成绩报送至天津市河道水生态环境管理领导小组办公室。

3. 草藻防控

（1）蓝藻监测及拦截打捞。

2017 年，根据于桥水库蓝藻生长情况，市水务局于 7 月 17 日启动藻类暴发Ⅲ级预警响应，10 月 24 日解除响应。预警响应期间，于桥处成立了藻类暴发应急响应领导小组和现场指挥部，通过水质监测、拦截曝气、投放和栽植净水植物、机械和人工打捞、弃排高藻水等多种措施，全力做好蓝藻应对工作。每天 1 次重点断面水质监测，每周 2 次全断面监测，每月至少 1 次引滦源水和引滦沿线水质监测，预警响应期间，共采集样品 1681 份，出具监测数据 10013 个。启用坝前 2 道智能围隔，在放水洞前设置 2 道拦藻网和 8 台曝气增氧设备进行拦截和曝气。在坝区的重点部位设置水生植物围隔，投放水葫芦、水花生等水生植物 120 万株，在库区栽植香蒲、芦苇、荷花等挺水植物 20 公顷，吸附重点区域营养物质，净化水质。启动 5 艘捞藻船、2 艘吸藻船和 2 艘运藻船在坝区进行机械打捞，雇佣渔船利用拉藻网配合蓝藻移动吸头、吸藻泵、藻浆罐车在库区重点部位进行人工打捞，全年累计打捞藻浆 8 万余立方米。适时通过溢洪道放水洞，将表层高浓度藻水排至州河，累计弃排高藻水 503.2 万立方米。

（2）绿藻打捞。

绿藻打捞工作于 4 月 1 日开始，5 月 26 日结束，绿藻打捞分死亡绿藻打捞和活体绿藻打捞。对于死亡后漂浮的绿藻，主要利用拉藻网将绿藻进行聚集后再收集外运，对绿藻较集中区域直接利用吸藻泵进行收集外运；活体绿藻一般吸附在坡面、岸边，通过人工铲除清理后集中收集外运。共出动打捞人员 565 人次，车辆 78 台班，船只 52 台班。

（3）菹草监测及打捞。

2017 年为更好地掌握水库水草生长规律及水草生长期对水质的影响，3 月 6 日开始对水草进行巡视，6 月 5 日结束，共进行专项菹草巡视 21 次，同时采样期间也对菹草情况进行了巡视。

为提高菹草打捞效率，于桥水库菹草打捞采用社会化外包的模式。打捞工作于 4 月 28 日开始，6 月 14 日全部结束，历时 48 天。打捞期间，在水库深水区域利用大型割草船和运草船进行菹草的收割、打捞、转运和上岸处置；在浅水区利用小型割草船、渔船配合人工进行打捞作业。共雇用各类机械船只 29 艘，渔船 100 余艘，打捞人员 200 余人，累计打捞菹草 22.9 万立方米。

【库区封闭管理】 2017 年，通过对库区各镇政府进行走访、召开协调会议、实地查看等形式，掌握不同镇域管理实际，调整 7 个镇政府委托管理协议内容，并签订。将马伸桥镇作为封闭试点镇（乡），于桥处将封闭管理工作与保洁工作全权委托马伸桥镇政府统一管理。完成了七里峰至门庄子岛段护栏网 3000 米铁艺护栏封闭工作，并与相关部门签订门庄子岛封闭管理及保洁协议。严格落实《于桥水库库区封闭管理实施意见》，及时补充管理内容、完善考核标准，全年完成定期考核 12 次，不定期抽查 162 次。

针对库区周边村落较多、人员密集的情况，根据管理实际，不断调整口门和线路，完善封闭管理工作。截至 2017 年年底，对库区北岸至西马坊水渠、库区南岸西山扬水站至青池桥等重点地段进行更换金属网片及加固 23 千米。根据管理需求，对相关的 5 个口门进行了调整和取消。马伸桥镇峰山、崔各寨、山前屯三个村增设 3 个口门，并安装视频摄像头。在坝区、七里峰、门庄子岛等区域，安排保安及管理人员全天候驻守监控，严控外来人员及车辆进入库区。对 47 个重点口门实施接电取暖，改善口门管理人员工作条件。

配合开展库区环境综合整治行动和封闭区内违章建筑、污染源情况调查工作。对库区旅游、钓鱼、禽畜养殖、捕杀野生鸟类等违法行为进行拉网式排查和治理。

【水库防汛】 2017 年，狠抓防汛工作落实，将于桥水库防汛组织体系纳入蓟州区防汛抗旱指挥部，进一步落实属地防汛责任；制定并与全处各部门防汛重点岗位层层签订责任书落实防汛责任。汛前，完成汛期调度运用计划和防洪抢险应急预案的修订工作；完成了马伸桥镇孙家庄村南 940 米和果河燕各庄村 570 米两项堤埝护砌工程；按照防汛物资定额储备要求补充了防汛物资；组织全处 68 人次参加了防汛知识培训，并开展了"于桥水库大坝渗漏和管涌抢险演练"；按照"汛期不过，检查不止"的原则，开展了汛前、汛中和汛后工程技术检查。汛期强降雨期间，全处科级以上干部和防汛关键岗位上岗并 24 小时值守；严密监测入库河流水情，并进行分析研判，及时报送汛情信息；加强对工程设施、测报汛系统的巡查和维护，成功应对强降雨。

6 月 1 日至 9 月 30 日，共 122 天，其中有 52 天出现降雨过程，于桥水库流域平均降雨总量为

624.5 毫米。最大一场降雨出现在 8 月 2 日，流域平均降雨量为 147.1 毫米。汛期最高水位为 21.10 米（8 月 31 日），最低水位为 18.73 米（7 月 5 日）。于桥水库流域水文情况见下表。

汛期共计收发调度指令 37 条，汛期总入库水量 2.767 亿立方米，其中本流域自产水量 1.466 亿立方米，从大黑汀水库引水 1.369 亿立方米（未扣损）。总出库水量为 1.053 亿立方米，向天津城市供水 0.035 亿立方米，国华、大唐两电厂工业用水量 0.078 亿立方米，向州河补水 0.869 亿立方米，向下游弃水水 0.071 亿立方米（排放高藻水）。

于桥水库流域水文情况一览表（汛期）

项目	汛期降雨量/毫米	最大日降雨量/毫米	最大入库流量/立方米每秒	最大出库流量/立方米每秒	最高水位/米	相应蓄水量/亿立方米	最低水位/米	相应蓄水量/亿立方米
数值	624.5	147.1	300	59.7	21.10	4.02	18.73	2.10
出现时间	6 月 1 日—9 月 30 日	8 月 2 日	8 月 3 日	8 月 18 日	8 月 31 日		7 月 5 日	

注 以上数据为 6—9 月整编数据，水位为大沽基面。

【前置库运行维护】 于桥水库前置库位于于桥水库上游淋河与果河入库河口处，占地 22 平方千米，主要作用是处理引滦来水，净化入库水质，减缓水库富营养化。建有林草地、橡胶坝、果河封堵堰、交通桥、闸、涵、进出水堰、堤防、渠道、交通道路、航道等设施。

8 月 13 日，前置库移交于桥处管理。于桥处成立前置库临时管理机构，制定日常运行维护方案，积极开展运行维护工作。12 月市水务局批复后，成立了前置库管理南所和前置库管理北所。自接手前置库以来，共完成巡查执法 545 次，累计驱离游人 850 人次，驱离垂钓人员 423 人次，驱离非法捕捞人员 10 人次；完善了 700 米外围堤防护设施，634 米水域封闭浮桶，设置了 4 个 24 小时封闭管理口门，在 19 处重点部位安设了视频监控设施；开展垃圾、死亡水生植物清理工作，削减前置库水体营养盐，共计打捞 3.87 万立方米；完成堤埝道路杂草清理 243 万平方米，收割芦苇 120

万平方米，整理道路堤埝 1860 延米，铺设堤肩板 1570 延米、铺设混凝土道路 1680 平方米，安装橡胶坝防护护栏 254 延米等；针对前置库西侧塌陷护坡，铺设 1700 延米土工布完成应急抢险。

【安全生产】 按照"党政同责、一岗双责"的原则，明确党政领导、主管领导、其他领导、科（所）长安全生产职责。落实安全生产责任制，层层签订安全生产责任书。2017 年年初，完成《安全生产责任书》《消防安全责任书》《社会治安综合治理目标责任书》等多项责任书的签订，逐级逐岗落实责任，签订总数 408 份，做到签订率 100%。

建立安全生产网络管理体系，层层分解和落实各级人员安全生产管理责任，明确各部门和岗位人员的安全生产职责。按照"谁检查、谁签名、谁负责"的安全生产检查工作原则，结合年初制定的《于桥处 2017 年安全生产工作要点》，稳步

推动全处安全生产工作的进行。全年按照市水务局要求开展专项安全检查活动 17 次,排查治理安全生产隐患 35 条;开展"春节""两会""五一""全运会""国庆"及"党的十九大"重点时段安全生产和反恐防范检查工作,对 5 个反恐防范重点目标增配安全防护装备 10 套,累计出动检查人员 102 人、检查点位 200 余个;全年检测维护灭火器 521 具、新增灭火器 34 具、增配灭火器箱 21 个;对处内、东山及基层部门等 28 个部位 123 个点的防雷设施进行检测维护;组织开展法律法规、反恐知识、"安全月"安全生产知识和"119"消防日安全生产知识培训学习,参训人数累计 485 人;组建应急专业队伍,开展东山火灾防控演练和于桥处反恐应急演练,参演人数累计 71 人;重视水利安全生产信息填报系统,录入在建工程信息 12 个、安全隐患整改信息 35 项、安全隐患报表和安全事故报表 12 次。严格执行事故报告制度,控制安全生产事故的发生,全年未发生一起安全责任事故。

(于桥处)

尔王庄水库管理

【概述】 尔王庄水库位于天津市宝坻区尔王庄镇尔王庄村北,始建于 1982 年,建成于 1983 年并投入使用,属中型水库,占地面积为 13.03 平方千米,周长为 14.297 千米,设计水位为 5.5 米(黄海高程)。平均坝高为 5.64 米,总库容为 4530 万立方米,兴利库容为 3860 万立方米,尔王庄水库等级为 Ⅲ 级,坝体为均匀式碾压土堤(坝质为均质黏土),迎水坡、背水坡坡比为 1:3,另外迎水坡坡面为浆砌毛石,毛石厚度为 40 厘米,下设 10 厘米砂反滤和 10 厘米碎石反滤,坡长 17 米,尔王庄水库设置了一号闸及二号闸两个闸涵,一号闸的作用是通过暗渠泵站及后池压力箱向水库蓄水和向暗渠放水,二号闸的作用主要是向暗渠泵站前池及水库放空。

【科学调度】 2017 年,严格执行上级调水命令,

完成引滦引江双水源切换 8 次,全年执行调令 118 次,确保安全输水。

【蓄水供水】 引滦输水量为 1.82 亿立方米,引江输水量 1.12 亿立方米。其中向滨海新区供水 2.06 亿立方米,明渠入津供水 0.66 亿立方米,暗渠入津供水 0.079 亿立方米,水库补水 0.466 亿立方米。明渠全年最高水位 0.46 米,最低水位 -0.26 米;水库全年最高水位 5.29 米,最低水位 3.03 米。全年降水量 436.9 毫米,全年(3 月 15 日至 11 月 15 日)蒸发量为 630.3 毫米。

【水质监测】 2017 年,对辖区内水体进行氯化物、pH 值、氨氮、总磷、总氮等项目进行测定 230 次,并将检测结果及时汇总、上报。其中,上半年对水源监测站点水体采取每周三、五、日进行临时 6 项监测 72 次,常规 13 项监测 12 次;下半年对水源监测站点水体采取隔日检(每周三、五、日)进行 9 项监测 79 次,周检 20 项监测 20 次,月检 20 项监测 6 次;11 月配合水源切换加测 41 次。在全运会期间利用水库放水过程中,鉴于水库水质的嗅味问题,放水期间每两小时检测水库一号闸或明渠大尔路桥的嗅和味共 68 次。汛期及水库水草生长期增加监测断面。自 4 月 20 日起每周对辖区内水体进行巡视,全年共计巡视 46 次,每月对周边水环境(青龙湾故道、北京排污河)开展污染源巡视排查共计 9 次。全年水库、辖区内明渠两水域水质符合地表饮用水 Ⅲ 类标准,水质良好,保证了向天津市和各周边用水单位输送合格的水体。

【水草治理】 2017 年,从组织结构、水质监测、巡视检查、水草探测、水草打捞等方面制定相应保障措施。在水草生长初期,自 3 月 18 日至 6 月 2 日,组织人员对水库水草利用远红外超声波探测仪进行 4 次探测,及时掌握水草生长期间的高度、水草生长密度。制定实施鱼类投放、打捞计划,投放鳙鱼苗 29641 余斤、鲢鱼苗 48500 斤,净化水

质，保持水生态平衡。

【水政执法】 在2017年度中，水政大队加大了对辖区的执法巡查力度、扩大了巡查范围、延长了巡查时间，并对辖区内重点地段进行了特殊巡视，全年共出动604次、1938人次，有效地遏制了辖区内水事违法行为的发生。强化"三位一体"巡查制度，全年共出动51次、153人次，确保了安全输水。水政大队以"世界水日""中国水周"为契机开展水法治宣传活动，全年共宣传15次、出动人员76人次，在辖区内营造出了和谐的水法治氛围，为水政执法工作创造出了良好的社会环境。不断完善对引滦水源一级、二级保护区内企业的调查登记工作，对其生产情况进行监督检查，确保引滦水源安全。

【水环境治理】 严格执行《渠库封闭管理规定》，继续实行明渠、水库环境监管"段长制"，制定《引滦尔王庄分公司水环境整治方案》，明确责任分工、监管标准和清理周期，逐步实现环境保护的常态化和长效化管理。对明渠、水库周边地区污染物进行了4次集中清整，期间，出动人员360余人次，清理垃圾5.9万立方米。5月16日，中央环保督查组暗访检查，对分公司环境保护工作表示满意。

【维修工程】 2017年完成水库维修工程3项，分别是：尔王庄水库二号闸泄水围栏更新工程；引滦尔王庄分公司增加尔王庄水库防汛物资储备工程；尔王庄水库0+000~13+800坝下排水棱体及排水管理整修疏通工程。

【日常维护】 2017年完成水库日常维修项目13项，分别是：水库坡面浮石清理外运；对水库及半岛冲坑进行砌筑维修；辖区落叶清理外运；水库半岛喷灌系统深井泵维修；水库堤坡整修；防浪墙压顶维修；水库半岛木制防护栏维修；水库大坝监测系统巡检；水库绿化维护；对水库防浪墙外、水库迎水坡以及半岛进行除草；对水库周边树木进行修剪、刷白及绿篱进行维护除草；对水库路面及时进行清扫；清除迎水坡面的杂物。

【水库防汛】 完善《尔王庄管理处水库防汛预案》，组织防汛抢险知识培训，与华水公司联合开展防汛应急演练，开展汛前、汛中、汛后检查，实现安全度汛。

【安全生产】 严格落实党政同责、一岗双责要求，成立安全生产委员会，签订各类安全生产责任书129份。开展安全检查16次；组织开展安全生产教育和培训9次；完成消防设施、器材的检测更新；完成防雷、特种设备定期监测。

（水务集团）

南水北调工程

工程建设

【概述】 2017 年，完成配套工程建设投资 7.46 亿元，基本建成引江配套工程体系；科学规范地开展水源调度和运行管理工作，引江供水系统整体运行平稳、水质良好，超额完成 2016—2017 年度 10.29 亿立方米引江调水任务，全年水质常规监测 24 项指标始终保持在地表水 II 类标准及以上。引江供水范围覆盖全市 14 个行政区，910 万市民从中受益，天津市水资源短缺问题得到有效缓解，城市供水保证率大幅提高，一横一纵、引滦引江双水源保障的城市供水新格局愈加完善。

【前期工作】 2017 年 6 月 21 日，市发展改革委批复了《天津市南水北调中线市内配套输配水工程修订规划》。

北塘水库维修加固工程。4 月 17 日，市发展改革委批复了北塘水库维修加固工程实施方案。

宁汉供水工程泵站工程。5 月 24 日，市发展改革委批复了宁汉供水工程泵站工程可行性研究报告。而后，天津水务投资集团有限公司组织开展工程初步设计工作，并于 5 月 31 日向市调水办报送初步设计报告，经审查，并依据市发展改革委核定的工程概算，市调水办于 7 月 4 日批复了宁汉供水工程泵站工程初步设计报告。

宁汉供水工程管线工程（宁河及汉沽支线）。经水务集团与滨海水业集团协商，对宁汉供水工程利用 14.4 千米宁河北水源管线输水达成一致意见。据此，市调水办继续履行宁汉供水工程管线工程（宁河及汉沽支线）初步设计审批程序，经审查，并依据市发展改革委核定的工程概算，市调水办于 7 月 26 日批复宁汉供水工程管线工程（宁河及汉沽支线）新建工程部分初步设计报告；另外，依据市发展改革委核定的征用 14.4 千米宁河北地下水源地供水管线工程概算，市调水办于 9 月 14 日批复征用 14.4 千米宁河北水源管线的资产评估报告并将该部分投资纳入项目工程概算。

武清供水工程泵站工程。4 月 19 日，市发展改革委批复武清供水工程泵站工程可行性研究报告。而后，天津水务投资集团有限公司组织开展工程初步设计工作，5 月 10 日向市调水办报送初步设计报告。经审查，并依据市发展改革委核定的工程概算，市调水办于 6 月 29 日批复武清供水工程泵站工程初步设计报告。

武清供水工程管线工程。3 月 20 日，受市发展改革委委托，市政府投资项目评审中心对武清供水工程管线工程初步设计报告概算部分进行了评审，由于受大学城规划影响，武清水厂规划位置发生变化，造成武清供水工程管线工程末端段规划手续无法办理。鉴此市发展改革委核定了武清供水工程管线工程（A0 + 000 ~ A32 + 880 段）工程概算，据此，5 月 9 日，市调水办批复武清供水工程管线工程（A0 + 000 ~ A32 + 880 段）初步设计报告；同时，结合工程末端段管线路径规划办理情况，天津水务投资集团有限公司开展了 A32

+880 处到武清供水工程管线工程末端（武清区引滦第二水厂）段管线工程初步设计工作。12 月 29 日，市调水办对初步设计报告进行审查。

西河泵站至凌庄水厂红旗路线 DN2200 原水管道重建工程。依据《天津市南水北调中线市内配套输配水工程修订规划》，启动了西河泵站至凌庄水厂红旗路线 DN2200 原水管道重建工程前期工作，10 月 26 日，市发展改革委批复了该项目建议书。在建工程设计变更审批。依据《天津市南水北调配套工程重大设计变更管理办法》，对王庆坨水库增设分水口、围坝迎水侧马道高程调整和宁汉供水工程泵站工程（调速装置）设计变更报告进行审批，为一线工程建设顺利进行提供保障。

【投资计划】 2017 年天津市南水北调配套工程年度投资计划安排 12.1244 亿元，主要包括武清供水工程 3 亿元，宁汉供水工程 3.45 亿元，王庆坨水库工程 1.8964 亿元，引江向尔王庄水库供水联通工程 1.978 亿元，市内配套工程管理设施一期工程 1.5 亿元，北塘水库维修加固工程 0.3 亿元。2017 年中期，因天津市清理政府性债务资金渠道调整变化和工程建设征迁困难等实际情况，经与项目法人和市水务局计划管理部门协商，对南水北调配套工程 2017 年度投资计划调整为 7.224 亿元，较原计划减少 4.9004 亿元，其中核减武清供水工程 2.22 亿元，宁汉供水工程 1.09 亿元，王庆坨水库工程 0.2304 亿元，市内配套工程管理设施一期工程 1.281 亿元，北塘水库维修加固工程 0.079 亿元。

2017 年实际完成投资 7.46 亿元，为年度计划投资的 103%。其中王庆坨水库工程完成投资 1.89 亿元，为年度投资的 114%，累计完成投资 188435 亿元，占总概算投资的 97.9%；宁汉供水工程完成投资 2.37 亿元，为年度投资的 100.3%，累计完成投资 6.57 亿元，占总概算投资的 56.59%；引江向尔王庄水库供水联通工程完成投资 1.98 亿元，为年度投资的 100%，累计完成投资 4.478 亿元，占总概算投资的 100%；武清供水工程完成投资 0.78 亿元，为年度投资的 100%，累计完成投资 1.38 亿元，占总概算投资的 26.2%；市内配套工程管理设施一期工程完成投资 0.219 亿元，为年度投资任务的 100%，累计完成投资 0.22 亿元，占总概算投资的 14.67%；北塘水库维修加固工程完成投资 0.22 亿元，为年度投资的 100%，累计完成投资 0.22 亿元，占总概算投资的 100%。

协调市财政局落实天津市南水北调配套工程偿还银团贷款本息 4.02 亿元、南水北调配套工程补助资金 5.09 亿元，并及时下达资金计划，保证工程建设需要。

【建设管理】 2017 年安排实施的 4 项配套工程中，引江向尔王庄水库供水联通工程已完工，自 5 月通水以来，运行状况稳定，达到设计供水规模；王庆坨水库完成围坝和泵站主体工程，达到年初确定的工作目标；宁汉供水工程、武清供水工程有序推进，施工进度基本正常。截至 2017 年年底，已验收单元工程一次验收合格率 100%，优良率达到 90% 以上，安全生产始终可控，未发生有影响的扬尘问题。

市调水办对南水北调配套工程运行进行有效监管，全年安全输送引江水 10.29 亿立方米，工程设施设备运行安全。

开展招投标监管工作，完善招标备案。督促项目法人加速推进招投标进程，先后完成武清供水工程（管线、泵站）、宁汉供水工程（管线一期、二期）以及北塘水库维修加固工程的招标文件审查、招标分标方案的备案以及招标过程监督工作。

日常检查。安排精干力量每人负责一个项目，开展质量、安全、施工形象进度日常巡查，截至 2017 年年底，共开展日常监督检查 80 余次，发现问题均及时整改。月初，督促项目法人按月分解指标加快工程建设；月末，赴现场按照桩号对施工形象进度、质量、安全分段详细核查，对核查未完成分解指标的，做好调查分析，督促项目法人制定改进措施。联合市水务局安监处，对引江向尔王庄水库供水联通工程进行稽查，全面排查工程前期设计、建设管理、计划下达与资金使用管理、工程质量安全、建后管护等方面的6个问题和3个建议，督促项目法人已整改完毕。先后2次邀请相关专业的专家对王庆坨水库工程施工现场实体质量和安全防护进行专项检查。研究制定配套工程建设管理考核办法及考核标准，加强对项目法人质量、安全、进度等责任制落实情况的考核，为全面完成局党委确定的工程建设任务奠定基础。

扬尘治理。印发《关于进一步加强王庆坨水库工程扬尘治理工作的通知》，要求参建单位在日常施工过程中严格落实各项扬尘防控措施，强调其他在建项目一并遵照执行。同时，加大扬尘防控检查频次，累计对在建工程施工现场突击检查15次，发现的问题均得到了及时整改。

技术指导。为吸取滨海新区供水工程钢管焊接漏水教训，结合多次专家咨询意见，研究制定了钢管现场焊接质量管理有关标准要求，并在引江向尔王庄水库供水联通工程中执行，在项目法人、设计、施工、监理、监督等各单位的共同努力下，该工程自5月通水至2017年年底，焊接质量没有出现问题。组织设计院对王庆坨水库筑坝土质、库底地质情况再分析、再研究，对设计计算的防液化、防渗、防冻等成果再复核；组织有关专家对设计院提交的复核报告（防渗设计）进行技术咨询，为领导决策提供了有力依据。制定了配套工程资料管理有关规定，要求项目法人按规定梳理相关资料，推动北塘水库工程、引江向尔王庄水库供水联通工程验收工作，使施工技术资料收集及时、分类有序、系统合理、归档完整，为两项工程验收奠定了基础。

运行监管。对滨海新区供水工程春、秋季管道检修工作高度重视，专门与水务集团对接，了解掌握检修内容、方法和时限，特别是对检修期间安全生产工作提出明确要求，并进行现场抽查。建立与水务集团运管中心联动机制，及时了解、掌握各运行管理单位工程、供水、检修、抢修及巡查巡视情况，做到心中有数；督促各运行管理单位认真落实安全生产责任，开展安全生产自查自纠活动，做到及时发现安全隐患和问题，及时进行整改；组织开展了安全生产督查活动，联合水务集团重点开展了春季消防、夏季防汛、冬季安全以及全运会、十九大期间等重点时段、重要节假日运行工程安全检查，以输水管线、泵站、闸门、变电站、水库等工程设施为重点，进行隐患排查和治理，建立台账，完善措施。共计开展日常巡查8次、专项检查8次，确保了工程运行安全、供水安全。配合中线建管局完成天津市南水北调中线干线工程保护范围内界桩、警示标牌埋设工作。会同中线建管局起草天津市南水北调中线干线工程保护范围划定公告，征求相关区县和市有关部门意见后，已上报市政府。

征地拆迁稳步推进。完成市政府与武清区、宝坻区、宁河区人民政府签订武清供水工程、宁汉供水支线工程拆迁工作责任书，明确各级政府和征迁机构责任。定期到现场了解有关征迁工作情况，帮助、协调征迁中心做好具体征迁工作。定期或不定期到王庆坨水库、武清供水工程、宁汉供水工程现场，与区征迁办协调沟通征迁工作，及时了解和解决在征迁过程中出现的问题。就王庆坨水库、宁汉供水工程征迁工作专题向两区政府致函，提出明确交地时间，请求协调推动，3次协调市政府组织征迁协调会议，专题研究协调工程征迁、前期、供电等问题。

（调水办）

【征地拆迁】

1. 宁汉供水管线工程征迁

2017年完成宁河区段17.2千米征迁工作，并交付施工单位，宁河区段剩余5.8千米，正在开展实物量清点确认及补偿兑付工作。

主要完成的征迁实物量有：临时占地48.941公顷，其中水浇地45.007公顷，鱼塘1.517公顷，果园2.035公顷，苗圃0.307公顷，林地0.075公顷；拆迁房屋208.94平方米；砍伐树木994株；

搬迁坟墓259丘；机井4眼等。

2. 武清供水管线工程征迁

2017年5月9日，市调水办以《关于天津市南水北调中线市内配套工程武清供水工程管线工程（A0+000～A32+880段）初步设计报告的批复》（津调水规〔2017〕11号）批复了工程初步设计报告。天津市南水北调工程征地拆迁管理中心按照批复的工程初步设计报告，与水投集团签订了征迁委托合同；与宝坻区、武清区征迁工作办公室分别签订了征迁投资包干协议，两区征迁办公室与相关街镇层层签订了征迁投资协议；并委托有资质单位组织开展武清供水管线工程征迁监理招标工作，确定天津市金帆工程建设监理有限公司为征迁监理单位，为征迁工作的顺利开展奠定了基础。2017年2月至5月底，征迁中心组织设计单位、监理单位、宝坻区和武清区征迁机构、相关街镇等部门，完成该工程征迁实物量调查复核及确认工作。

截至2017年12月底，武清供水管线工程共计完成30.679千米征迁工作，并交付施工单位，其中宝坻区交地4.271千米，已全部完成征迁任务；武清区长度28.609千米，交地26.408千米。武清区段剩余2.201千米，正在开展实物量清点确认及补偿兑付工作。

主要完成的征迁实物量有：临时占地148.456公顷，其中水利设施用地10.207公顷，水浇地103.331公顷，鱼塘7.239公顷，藕池8.865公顷，公园绿地2.249公顷，果园1.929公顷，林地11.059公顷，单位占地0.395公顷，副业占地0.36公顷，交通用地0.405公顷，特殊用地0.059公顷，其他土地2.358公顷；拆迁房屋291.43平方米；砍伐树木17404株；搬迁坟墓380丘；机井14眼等。

3. 武清供水泵站工程征迁

2017年6月29日，市调水办以《关于天津市南水北调中线市内配套工程武清供水工程泵站工程初步设计报告的批复》（津调水规〔2017〕16号）批复了工程初步设计报告。天津市南水北调工程征地拆迁管理中心按照批复的工程初步设计报告，分别与水投集团签订了征迁委托合同；与宝坻区征迁工作办公室签订了征迁投资包干协议，宝坻区征迁办公室与相关乡镇层层签订了征迁投资协议；并组织开展武清供水泵站工程征迁监理招标工作，确定天津市金帆工程建设监理有限公司为征迁监理单位，为征迁工作奠定了基础。2017年6—8月底，征迁中心组织设计单位、监理单位、宝坻区征迁机构、相关乡镇等部门，完成该工程征迁实物量调查复核及确认工作。

截至2017年12月底，武清供水泵站工程征迁工作已全部完成，并交付施工单位。主要完成的征迁实物量有：临时占地1.342公顷，其中水浇地1.119公顷，鱼塘0.14公顷，苗圃0.083公顷；拆迁房屋面积310.36平方米；砍伐树木5960株；围墙75.25立方米；铁艺围栏179.96米；草坪854.8平方米；坟墓27丘；污水管道178米；暖气管道164米等。

4. 宁汉供水管线宁河及汉沽支线工程征迁

2017年7月26日，市调水办以《关于天津市南水北调中线市内配套工程宁汉供水工程管线工程（宁河及汉沽支线）初步设计报告的批复》（津调水规〔2017〕21号）批复了工程初步设计报告。天津市南水北调工程征地拆迁管理中心按照批复的工程初步设计报告，与水投集团签订了征迁委托协议；与宁河区征迁工作办公室分别签订了征迁投资包干协议，宁河区征迁办公室与相关街镇层层签订了征迁投资协议；并委托有资质单位组织开展宁汉供水管线宁河及汉沽支线工程征迁监理招标工作，确定天津市金帆工程建设监理有限公司为征迁监理单位，为征迁工作的顺利开展奠定了基础。2017年9月，征迁中心组织设计单位、监理单位、宁河区征迁机构、相关街镇等部门，完成该工程征迁实物量调查复核及确认工作。

截至2017年12月底，已基本完成1.3千米征迁工作，剩余11.33千米，正在开展实物量清点确认及补偿兑付工作。

5. 南水北调中线配套工程王庆坨水库工程征迁

本工程共有征迁340.39公顷，截至2017年年底完成324.13公顷（永久征地共340.39公顷）协议签订工作，并交付施工单位；剩余16.26公顷为一户钉子户（许红敏鱼塘）尚未解决。租赁土地57.47公顷，已完成55.4公顷（地上物赔偿完成，未做土地移交手续）。临时征地共涉及23.73公顷，其中连接天津干线与王庆坨水库的引水箱涵工程及津保高速穿越泵站开挖占地7.53公顷，3.6千米退水渠占地16.2公顷；退水渠经过多次与征迁机构协调解决，截至2017年年底仍未完成此项工作。

（征迁中心　水务集团）

运 行 管 理

【概述】　南水北调天津市配套工程共包括天津干线子牙河北分流井至西河原水枢纽泵站输水工程、尔王庄水库至津滨水厂供水管线工程、滨海新区供水工程、西河原水枢纽泵站至宜兴埠泵站原水管线联通工程、尔王庄水库至宁汉供水管线工程、尔王庄水库至武清供水管线工程、引江向尔王庄水库供水联通工程，7条供水管线；曹庄供水加压泵站、西河原水枢纽泵站、永青渠泵站、北塘水库入开泵站、入塘泵站，5座加压供水泵站；王庆坨和北塘2座调蓄水库工程。截至2017年年底，天津干线子牙河北分流井至西河原水枢纽泵站输水工程、滨海新区供水工程、曹庄供水加压泵站工程、西河原水枢纽泵站、永青渠泵站、北塘水库入开泵站、入塘泵站等4条供水管线工程和5座泵站工程全部建成，北塘水库投入使用。

南水北调中线工程从湖北丹江口水库引水，通过中线总干渠，经天津干线向天津市供给长江水。中途在天津市北辰区青光镇的天津干线子牙河北分流井分水，引江水源主要供给四路：一是由曹庄泵站、滨海新区供水工程供给滨海新区津滨水厂、塘沽（新河、新村、新区）水厂、开发区水厂；二是由天津干线子牙河北分流井至西河原水枢纽泵站输水工程、西河泵站供给中心城区芥园、凌庄子、新开河水厂；三是由天津干线子牙河北分流井至西河原水枢纽泵站输水工程永青渠泵站、永青渠管线、新引河、引滦明渠反向供给尔王庄引滦沿线各取水泵站以及宝坻、东山水厂和北辰宜达水厂；四是由天津干线子牙河北分流井退水闸向海河进行生态补水。

【机构调整】　水务集团负责管辖范围内的供水调度、供水水质、供水区域计量、防汛工作、供水工程运行、供水业务考核等业务管理等工作。2017年3月，针对南水北调工程管理工作需要，水务集团在原4家管理单位的基础上，重新整合，新成立引江市区分公司和引江市南分公司。

引江市区分公司管辖范围包括王庆坨水库及附属工程设施、南水北调天津干线分流井至西河泵站输水工程（西干线）、西河原水枢纽泵站工程、引江向尔王庄水库供水联通工程、西河预沉池至宜兴埠泵站DN2500管线（西河预沉池至北运河左堤外堤脚管线由引江市区分公司管理，西河泵站北运河至新开河水厂管线由引滦市区分公司管理）、引江西河泵站至宜兴埠泵站DN2600管线工程（引江西河泵站至北运河左堤外堤脚）、西河预沉池至凌庄水厂DN2200管线工程、西河预沉池至凌庄水厂复线DN2200管线工程、西河预沉池至芥园水厂DN2200管线工程和环西河预沉池DN2200联通管线工程。引江市南分公司管辖范围包括北塘水库，滨海新区入塘沽供水泵站、滨海新区入开发区供水泵站、曹庄供水泵站、滨海新区供水管线。

【制度制定】　2017年，天津水务集团有限公司（以下简称"水务集团"）结合工作实际，先后制定完成了《天津水务集团有限公司供水调度管理办法》《天津水务集团有限公司供水调度水工情报送管理规定》《天津水务集团有限公司供水计划管理规定》《天津水务集团有限公司水库水位控制管理规定》《天津水务集团有限公司水情监测设备管理规定》《北塘水库调度规程》《天津水务集团有限公司工程项目安全生产管理办法（试行）》《天津水务集团有限公司设施缺陷管理办法（试行）》《天津水务集团有限公司原水工程巡视检查管理办法（试行）》《天津水务集团有限公司维修维护工程项目管理办法（试行）》《天津水务集团有限公司供水调度管理办法（试行）》《天津水务集团有限公司工程设施日常维护定额（原水部分）》12个制度。制度体系的建立和健全，为工程安全运行提供了制度保障。

结合天津市整体供水体系，为加强集团工程抢险、安全度汛和突发事件处置能力，水务集团编制完成《天津水务集团有限公司供水突发事件应急预案》《天津水务集团有限公司防汛预案》，修订了《南水北调中线工程断水专项应急预案》，明确各成员单位及职责，落实具体处置措施，为全市供水安全提供了技术保障。

【调水供水】 2016—2017 年度（2016 年 11 月 1 日至 2017 年 10 月 31 日），水利部批复天津市南水北调中线各分水口门调水计划总量为 10.09 亿立方米（城市供水 7.59 亿立方米，环境供水 2.5 亿立方米）。2016 年 10 月 31 日，水利部下达《水利部关于印发南水北调中线一期工程 2016—2017 年度水量调度计划的通知》（水资源函〔2016〕410号），批复天津市引江调水量为 9.04 亿立方米；2017 年 5 月 27 日，水利部下达《水利部办公厅关于调整南水北调中线一期工程天津市 2016—2017 年度供水计划的函》（办资源函〔2017〕576 号），新增天津市引江调水量 0.55 亿立方米；2017 年 8 月 24 日，水利部下达《水利部办公厅关于调整天津市 2016—2017 年度南水北调中线一期工程供水计划的函》（办资源函〔2017〕1005 号），再次增加天津市引江调水量 0.5 亿立方米。

2016 年 11 月 1 日至 2017 年 10 月 31 日，南水北调中线向天津市输水量为 104075 万立方米（中线建管局王庆坨连接井流量计表读数），是调水计划的 103.1%。天津市供水量为 102940 万立方米

（各水厂进口流量计表读数），是调水计划的102%，其中引江向新开河、芥园、凌庄子、津滨、塘沽、开发区水厂和北塘水库供水 63870 万立方米；由永青渠向北部地区供水 15260 万立方米；向海河补水 23776 万立方米，南干线管道冲洗水量 34 万立方米。

【配套工程】 2017 年，已建成投入运行的南水北调天津市配套工程包括天津干线子牙河北分流井至西河原水枢纽泵站输水工程、滨海新区供水工程一期、滨海新区供水工程二期、引江向尔王庄水库供水工程、津滨管线、西河泵站、曹庄泵站、永青渠泵站、北塘水库入开、入塘泵站工程及北塘水库，担负着向中心城区、环城四区、滨海新区及本市北部地区供居民、工业、生态用水的重要任务。

2017 年，针对王庆坨水库建设，水务集团先后从水库工程、泵站工程、水闸工程和管理用房等方面进行了 15 项调整，为水库工程质量及建成后安全运行管理、提高综合效益打下基础，保证工程质量达标、安全运行。

【委托管理】 2017 年，引江市南分公司继续延续与原代管单位天津市滨海水业集团有限公司签订的委托运行管理协议，负责曹庄泵站、滨海新区供水工程所有建筑物和设备设施的运行、管理等工作，委托合同至 2017 年 12 月底到期后不再续签。天津干线子牙河北分流井至西河原水枢纽泵站输水工程所有建筑物和设备设施的运行管理工作由引江市区分公司负责，不再采取代管模式。

【调度管理】 水务集团供水调度按照统一调度、集中管理、统筹分配的供水模式进行了管理。供水运行管理中心为一级供水调度职能部门，负责集团公司总体供水调度管理工作。集团公司所属引江原水运行管理单位供水调度职能部门为二级供水调度职能部门，负责所辖业务管理范围内的供水调度管理工作。

一级供水调度职能部门在接报或发现水（工）情改变时，结合调度任务分类和工况运行信息，开展内部会商会议，拟定调度指令，经部门负责人、主管领导审签后，下发至二级供水调度职能部门（抄送相关单位）。二级供水调度职能部门执行调度指令，指令执行过程中，联系相关单位，了解上下游水（工）情信息，执行完毕后，将情况上报一级供水调度职能部门。调度指令执行过程中，如出现水（工）情不能满足供水要求或可能发生重大变化，导致调度指令无法实施时，二级供水调度职能部门应及时与一级供水调度职能部门会商，提出合理化意见或建议，按照一级调度职能部门的授权和指令，做好调度工作；若调度指令由市水务局下达，一级供水调度职能部门还应将信息向其报告。

【项目管理】 2017年，水务集团接管南水北调天津市配套工程运行管理工作以来，参照《天津水务集团有限公司维修维护工程项目管理办法（试行）》《天津水务集团有限公司工程建设项目管理办法（试行）》等制度，结合工程管理实际情况，组织编写日常维修养护项目实施方案。建立2018—2020年水务投资项目库，做好2018年供水预算项目前期调研。

为强化南水北调运行工程管理，确保天津市供水安全，水务集团结合南水北调工程运行实际情况，每年初都要及时下达工程日常及专项维修项目投资计划，组织各分公司及时开展泵站、管线、水库等设施设备的维修养护，保证设施设备运行稳定。在工程项目实施过程中，进一步加强工程建设进度控制和质量管理，确保工程合格率达到100%。通过日常管养和专项实施，天津市引江运行工程工程设施设备完好率达能够达到98%以上，输水保障率达100%。

【工程监管】 2017年，水务集团认真督促各运管单位完善工程运行各项规章制度及保障措施；督促各运管单位进行各项应急演练；督促各运管单位加强对工程运行管理，保障配套工程维修养护项目进度和资金审批；对工程防汛应急物资和备品备件购置情况、设备存储、保养进行检查。

【巡视巡查监管】 为规范各分公司工程巡视检查行为，提高工程巡查力度和巡查质量，结合引江工程运行实际情况，组织研发了南水北调工程巡视巡查系统。通过利用手机GPS定位系统，进一步规范巡查路线和巡查频次，同时通过手机软件，能够将现场问题及时发送管理部门，通过会商系统，第一时间解决现场问题，并建立问题处置台账，为工程安全运行创造了条件。2017年，天津市南水北调管线巡查共出动巡视巡查车辆776车次，巡视人员2350人次，行驶里程122300多千米，处理水事违法事件3件；水库巡查共出动巡视巡查车辆750余车次，巡视人员1700人次，行驶里程7880多千米，有力保障了工程设施安全运行。与此同时，水环境保洁工作常态化与日常巡查相结合，每天对曹庄泵站调节池、西河泵站调节池、北塘水库的漂浮物进行打捞，不定期组织对管辖范围水环境进行集中清理，本年度共清扫、打捞、外运杂物杂草70多吨，确保引江水质安全。

结合《天津水务集团有限公司水政监察和供水稽查管理规定（试行）》，各分公司制定了2017年水政执法履职计划，对所辖范围定期巡查，并进行水事违规事件处置15次；同时按照《关于开展河湖执法检查活动的通知》要求，制订了河湖执法检查活动计划，在日常巡查的基础上，重点对所辖输水箱涵、管线进行专项检查，开展河湖执法检查4次，并认真填写执法巡查记录及2017年河湖执法检查情况登记暨日常巡查监督登记表，建立了翔实的执法基础资料库。同时，各分公司在水政执法巡查期间，重点对输水管线占压问题进行排查摸底，共查出违章占压28处，及时制定清理方案，并协调地方政府和有关部门对违章占压进行清理，截至2017年年底大部分违章占压已基本清除，其余部分正在积极协调解决，消除了安全隐患。2017年9月15日，按照市水务局要求，企业不拥有行政执法权力，引江各原水单位水政监察人员执法证件被取消，今后的工作方式转变为稽查管理模式。

【调水安全管理】 2017年，调度人员24小时在岗值守，密切关注上游来水情况及沿线各用水户用水情况，截至2017年年底，由于南水北调天津市配套工程王庆坨水库正在建设中，引江水暂时还没有调蓄能力，江水进津后直接进入地表水厂，为确保调水安全，调度人员根据引江沿线用水情况，及时与中线建管局沟通，调控上游水量，确保全市原水供给平衡。

调度人员合理调配各水厂产量，确保供水管网平稳运行。严格各水厂出厂压力上限控制，合理调度各时段水泵机组启闭操作时机，减少因频繁水锤冲击造成管网漏水或因管网压力过高造成供水用户受迫式接水量增大，为供水管网产销差率控制创造条件。通过对集团所属七座水厂水量联调，最大限度提高供水高峰时段供水管网水压，尽最大努力减少低压片区出现，全年保障全市中心城市供水管网压力应不低于0.20兆帕，近郊地区不低于0.18兆帕的管理标准。

应急管理方面。调整"应急供水指挥部"的职责分工，修订《南水北调中线工程断水应急预案》，编制《天津水务集团有限公司供水突发事件应急预案》，同时，《天津水务集团有限公司供水突发事件应急预案》通过市水行政主管部门组织的专家审核和报备工作，水务集团供水应急管理体系基本建成。

为提高调度人员应急事件业务处置能力，组织全体调度人员开展应急业务知识培训3次，并制订《供水突发事件处置流程》《应急调度值守响应流程》《防汛预警响应流程》《消防用水突发事件应急处置流程》，制作展板张贴调度大厅。

【信息网络建设】 水务集团对原有GIS系统进行升级改造，实现了将原水设施设备纳入系统进行管理。其中包括市内原水物探管线60千米、引滦工程项目资料、南水北调工程项目资料。可通过GIS系统，对原水渠道、管段、箱涵、闸阀、水泵等设施进行精确定位，并查询详细资料。

为完善水务集团供水调度系统，在原市内供水管网和水厂运行工况的调度模式下，补充完善了引江工程原水水情信息接入现有调度监控系统，为集团公司统筹调度和科学调度提供技术支撑。截至2017年年底曹庄泵站、西河泵站、永青渠泵站、北塘水库塘沽供水泵站、北塘水库开发区供水泵站的监控数据已传输至调度中心，主要包括调节池水位、机组状态、开机流量、管道压力等参数。

【考核工作】 2017年，按照《天津水务集团有限公司绩效考核管理办法（试行）》要求，组织各部门人员成立了工程运行考核小组，专职负责南水北调天津市配套工程的运行管理与维修养护考核工作，并借鉴引滦、引江其他兄弟省市管理模式，制定了《天津水务集团有限公司2017年度业绩考核计分细则汇编（试行）》中运行管理工作计分细则部分。从工程运行管理、调度管理、计量管理、水质管理四个方面着手，采取日常考核、定期考核相结合的方式对各运管单位开展了年中、年末两次全面考核工作，实现以考促管。

（水务集团）

曹庄泵站管理

【概述】 曹庄泵站是南水北调天津市内配套供水工程的供水核心，主要是将干线来水通过泵站加压后输送至津滨水厂和滨海新区。曹庄泵站共安装6台机组，设计供水流量12.70立方米每秒，运行方式为4用2备，单泵流量3.18立方米每秒，6台机组均采用变频调速技术，通过调节水泵转速来控制流量。自通水至今累计安全运行61761台时，累计供水4.74亿立方米，设备设施运行安全稳定，无供水事故发生。

年初编制了《泵站管理所2017年重点工作分

解表》，明确了全年主要工作内容及开展的时间，适时开展各项工作。

【建章立制】　2017年曹庄泵站制定泵站运行管理相关制度15项，重新梳理了泵站开停机、高压倒闸操作的操作规程，制定曹庄泵站运行管理细则1册，明确了日常管理中的各项工作要求，通过规范化的管理以及标准化的操作来保障曹庄泵站运行的安全稳定。

【交接工作】　按照水务集团关于曹庄泵站运行管理移交工作部署，曹庄泵站于2017年12月30日完成交接工作，解除了与滨海水业的委托代管合同。

【运行管理】　曹庄泵站配备了运行管理经验丰富的运行人员和检修人员，运行方式为4班3运转。运行人员按照巡视路线每小时对设备的运行情况巡视一次，发现问题及时上报及时处置。检修人员根据《泵站运行管理规程》定期对设备进行维修养护，从而保证设备的运行完好率。在泵站设置了各种标示牌、安全标语，配备了各种消防设施，确保泵站运行安全。

【日常巡查养护】　曹庄泵站完成全年日常巡查，巡查频率为每小时一次，针对主厂房、副厂房、厂区、变电站、调节池等部分进行重点巡查。在巡查过程发现设备运行故障、声音异响等现象及时上报，制定维修计划，及时开展维修工作，确保设备运行安全。

【专项维修】　2017年，曹庄泵站共进行专项维修2项，分别为2号、4号、6号、7号机组大修工程和DN1400蝶阀大修工程。

曹庄泵站为全年不间断供水泵站，机组全年处于运行状态，其中2号、4号、6号、7号机组均累计运行8000台时以上，为了保证机组正常运行，2017年曹庄泵站完成了此4台机组的解体大修工作。

DN1400电动阀门长期在阀井的潮湿环境中运行，在日常检查时发现部分阀门开关时阀体出现震动情况、齿轮箱内异响、阀门开度无法开关到位甚至出现卡顿，且电动头伴随着阀门开关过程出现摇摆情况，阀门厂家分析主要原因为阀门传动机构涡轮蜗杆损坏导致上述问题出现。2017年完成了对3号、4号、5号、7号出现问题的DN1400阀门进行整体大修，2号和6号阀门进行拆卸检查并进行保养。

【应急抢险】　曹庄泵站制定了各种应急突发事件处置预案，并开展了应急演练，2017年曹庄泵站运行安全平稳，无应急抢险工程。

【安全生产】　安全生产工作始终是曹庄泵站日常工作中的重中之重，曹庄泵站每月至少开展两次全面的隐患排查工作，发现问题及时处置，保证供水安全。

为了加强安全教育，增强反恐意识，曹庄泵站组织运行班组工作人员开展了一次反恐应急预案学习活动。在泵站门卫室配备反恐用具，全年共开展了3次反恐演练活动，通过演练提高了泵站员工的自我保护意识，增强了泵站员工遇到突发事件的应变能力，检验了曹庄泵站安全防范工作的实效性，确保了曹庄泵站安全稳定供水。

为了落实曹庄泵站2017年安全度汛工作，曹庄泵站完善了《曹庄泵站防汛方案》。并组织职工开展了防汛演练，锻炼了职工汛期的应急处置能力。

【水源保护宣传】　2017年，根据水环境管理理念，提高环境管理水平，组织专人进行调节池水面漂浮物打捞工作，实现漂浮物清理工作常态化。并在调节池安装曝气机、淤泥及漂浮物拦网，配合人工打捞，三管齐下，确保水面清洁。

每周三次将调节池原水水样送至引江市区分公司，委托引江市区分公司水质检验部门开展检验工作，确保原水水质安全。

【考核管理】 2017 年，根据水务集团要求，对曹庄泵站代管单位滨海水业进行考核，考核频次为每季度一次，考核结果与费用拨付挂钩，确保发现的问题能够及时整改落实到位。

定期和不定期开展员工培训工作。根据《曹庄泵站 2017 年度培训计划方案》完成了全年泵站内部员工专业技能培训工作，让每一名职工在学习业务知识的同时增强了实际动手能力。

【信息网络建设】 2017 年，成立了"引江市南分公司网络信息安全工作领导小组"，明确了小组成员的职责和分工，相关部门和全体职工签订了信息安全责任书。制定了《计算机信息安全保密制度》《计算机病毒防治管理制度》《计算机及外设管理制度》并遵照执行。严格执行保密制度，对曹庄泵站工业控制系统信息安全进行 2 次自查。

（水务集团）

西河泵站管理

【概述】 西河原水枢纽泵站是为市内三大水厂输送原水的泵站，规模为三大水厂规模的总和，为 225 万立方米每日（设计流量 248 万立方米每日，考虑厂区自用水量 10%），现西河泵站供水能力为 194 万立方米每日，其主要功能可实施引江水输水和引黄水输水。

【建章立制】 完善泵站管理制度。在规范职工行为、工作作风、工作标准等方面做出了严格的要求，深入推进制度化建设，建立了一整套行之有效的制度和规章。编制并完善了《泵站运行交接班制度》《操作票制度》《工作票制度》《巡视检查制度》《泵站安全防范制度》《故障处理制度》《维修车间管理制度》《维修班管理制度》《维修工具管理制度》《自控系统管理制度》《UPS 维护管理制度》《机房管理制度》《值班管理制度》共 13

项制度，重视各项制度的落实，在工作中严格执行各项规章制度，规范管理取得显著成效。

为进一步规范泵站秩序，编制了《外来人员登记表》，禁止外来人员随便进出泵站。编制了《施工监督检查记录》，规范施工人员行为。

【交接工作】 2017 年 3 月 1 日，水务集团下发《关于组建水务集团原水分公司的通知》（津水集团发〔2017〕6 号），批复成立引江市区分公司。按照批复要求，西河原水枢纽泵站（以下简称西河泵站）由原曹庄管理处管辖划转至由引江市区分公司管辖。

2017 年 6 月 1 日，引江市区分公司负责西河原水枢纽泵站运行管理，并完成了现有资料交接工作。移交图纸资料共 49 盒，其中西河泵站 32 盒。

【运行管理】 为规范西河泵站工作管理，使各项工作有序进行，优化工作流程，2017 年，编写巡视手册，规范工作票和操作票的填写，要求运行人员按照操作票内容进行操作，确保泵站运行安全。

研讨设备故障点位。为保障设备故障发现及时，处理及时进而确保输水安全，编制了西河泵站设备故障应急处置预案并针对西河泵站的 14 项电力故障、3 项水泵机组故障和 3 项自控系统故障的解决方法及具体操作步骤进行了研究。

加强职工业务培训。为提高运行人员的业务能力与技术水平，西河泵站定期开展业务培训工作。使运行人员能熟练掌握机电设备的操作和突发事件的应对方法，为安全输水工作提供了保障。2017 年共开展培训工作 10 次，参加 39 人；脱产培训 6 次，参加 24 人；业务考核 1 次，参加 39 人；技术比武 1 次，参加 35 人次。

【水质保护】 2017 年，对所辖水源监测点的水质监测实行每间隔两小时进行一次常规 6 项检测，日检项目 16 项，周检项目 19 项。2017 年对西河泵站调节池常规监测累计采集水样 4380 份，出具监测数据 30086 个，其中包括曹庄泵站采集水样 8 份，出具监测数据 134 个；同时对西菜园泵站调节池采集水样 9 份，出具监测数据 171 个；夏季高藻期，增加对西河泵站调节池水质情况监测，增加采样点 10 个，累计采集水样 58 份，出具监测数据 408 个；完成临时水质检测 56 次，出具监测数据 244 个。利用水质在线监测系统，监测氨氮、耗氧量、pH 值、浊度等水质项目 12 项，增强了水质分析和预判能力。

【泵站建设】 加强设备设施维修养护。结合日常维修项目管理实际，完善日常维修养护内容，制定维修养护计划。

2017 年完成设备设施日常维护养护工作共计 300 余项。包括防汛发电机试车、机组变频器过滤网清洗、机组 LCU 柜清扫、变频器室风道尘土清扫等。完成了"曹泵线""勤水线"的电气预防性试验工作及绝缘靴、绝缘手套的渗漏电流试验工作。完成了西河泵站 2 号、4 号、6 号、8 号、9 号、10 号变频器的维修保养工作。2017 年完成维修养护费 2229853.11 元。

【日常巡查养护】 加强巡视检查。为确保设备设施平稳运行，进一步强化运行人员的巡视责任意识，做到横向到边、纵向到底的全覆盖。要求运行人员每两小时到现场巡视一次，检修人员不定期到现场进行巡视检查，做到问题发现及时、处置及时、报告及时。

强化日常维护。为加强西河泵站机电设备清扫管理工作，确保机电设备长周期、安全稳定运转，制定了《西河泵站机电设备清扫管理规定》，按照规定对设备进行定期清扫养护，延长设备寿命。

【专项维修】 2017 年，完成专项工程 3 项，完成总投资 66.3174 万元。

其中西河泵站机组大修工程，由天津市华淼给排水研究设计院有限公司设计，天津市华水自来水建设有限公司施工。该工程自 2017 年 9 月 25 日开工，10 月 31 日竣工，完成工程投资 45.2702 万元，主要工程量为 2 号、4 号、7 号、9 号机组大修。

西河泵站调节池吸水井玻璃钢格栅更换工程，由天津市华淼给排水研究设计院有限公司设计，天津市水利工程有限公司施工。该工程自 2017 年 10 月 9 日开工，10 月 31 日竣工，完成工程投资 12.32 万元，主要工程量为将西河泵站调节池原有 162 平方米玻璃钢格栅更换为热镀锌钢格栅。

西河泵站机组流量计井排水系统改造工程，由天津市华淼给排水研究设计院有限公司设计，天津市三顺建筑安装有限公司施工。该工程自 2017 年 9 月 25 日开工，10 月 5 日竣工，工程投资 8.7272 万元，主要工程量为在每个流量计井集水坑位置安装一台潜污泵，并在井外用 DN200 管道联通积水就近排入污水管道。

【应急抢险】 2017 年，完成应急抢险 1 项，西河泵站冷却水给水泵抢修项目，完成总投资 13.3034 万元，抢修主要工程量包括冷却水泵旁路供电启动、电容补偿控制器更换 1 台、UPS 电源更换 16 台、蓄电池更换 80 块、服务器硬盘购置 4 块及 PLC 模块购置 4 块。

【安全生产】 2017 年，按照"安全第一，预防为主"的方针，紧密结合西河泵站实际，针对实际运行中可能出现的各种突发事件，完成《引供水突发应急预案》《防汛预案》和《冬季输水应急预案》的完善工作。

为保障设备运行平稳，进而确保输水安全，加强泵站安全检查，2017 年共开展 56 次安全检查，其中包括 45 次自查、6 次月安全检查、2 次夏季消防检查、1 次水务设施隐患排查、1 次汛前检查和 1 次汛后检查。对检查中发现的问题进行整改，按期复查，跟踪整治，确保整改到位。

为提高泵站管理所职工的反恐及处置突发事件的能力，保障泵站设备设施安全，输水安全，对应急预案进行模拟演练。2017 年共开展消防演练 1 次，反恐演练 2 次。

【信息网络建设】 为加强分公司信息化管理工作，2017 年，制定了《引江市区分公司计算机病毒防治管理制度》《引江市区分公司软件管理制度》《引江市区分公司信息网络安全管理制度》《引江市区分公司信息系统设备运行与管理制度》等 4 项管理制度。编制了《引江市区分公司"十三五"信息化建设发展规划》。

（水务集团）

王庆坨水库管理

【概述】 王庆坨水库是南水北调中线天津供水的"在线"调节和安全备用水库，主要功能是调节天津市引江来水和用水的不均衡性以及在应急情况下的安全用水，提高城市供水的可靠性和安全性。水库工程是天津市内配套工程的重要组成部分，截至 2017 年年底，仍在建设阶段。水库管理在建设交付前主要是介入建设，筹划运行。

【水库工程建管】 工程位于天津市武清区王庆坨镇西部，津保高速以北，津同公路以南，九里横堤以西，天津与河北省交界以东处。距南水北调中线天津干线约 800 米。王庆坨水库总库容 2000 万立方米，入库设计流量 18 立方米每秒，出库设计流量 20 立方米每秒。2013 年 5 月 20 日，市发展改革委批复该工程可行性研究报告，同年 11 月 20 日核定工程概算。同年 11 月 22 日，市调水办批复工程初步设计报告。2014 年 9 月分别与天津市水利投资建设发展有限公司、天津市水利工程建设管理中心签订建设管理委托合同。2014 年 10 月 15 日，通过公开招标确定了施工企业。2015 年 4 月，国土资源部正式批准该工程建设用地申请，水库征迁工作随之正式启动。

截至 2017 年年底水库围坝高程（除泵站连接段）已全部达到设计高程 14 米左右，泵站主体结构基本完成；退水闸、分水口混凝土浇筑全部完成。

引江市区分公司成立后，为做好王庆坨水库建管结合工作，成立了水库管理所。按照分公司安排常驻王庆坨水库施工现场。建管结合人员每天深入施工现场及时掌握工程情况。对初设报告及施工图纸进行研究，了解工程总体规划，掌握各种施工工序。主动进位积极参加工程各项会议，与参建单位就施工中遇到的问题及时进行研究、解决。同时，对碾压实验、坝体填筑及泵站建设等重要工序进行全方位监管，按时参加重点隐蔽工程验收，对发现问题及时提出整改，并做好资料的收集和整理，为运行管理打好基础。并高度重视库区原存水井封堵工作，与工程建设单位一起对水库建设场地水井情况进行勘查，并逐一进行标识。期间，配合集团相关部室开展饮用水水源地安全保障达标建设前期工作，对水库周边环境进行了摸底调查，对周边污染企业在地图上进行了标注，填写了评估表，制订了工作方案。

水库管理所成立以来，共制定了 8 项水库管理制度。与西河泵站、永青渠泵站统一制定了泵站管理规程。结合实际制定了水库防汛预案和突发事件应急预案。同时通过审查初设报告和现场了解，截至 2017 年 12 月底结合运行管理工作提出 31 条修改建议，按照集团标准化工作安排，根据王庆坨水库运行情况编制了业务名录，梳理了供水工程运行管理的流程，按照进度安排正在编制水库巡查、设备缺陷管理等标准。

【安全生产】 截至 2017 年年底，王庆坨水库正处于建设期，施工现场安全生产管理工作由建设管理单位负责。根据分公司安全生产工作要求，本所先后组织开展了春季安全生产检查、消防安全检查等活动，发现问题及时整改，并对隐患整改情况进行复查。针对安全生产形势和工作重点的不同，加强安全生产的宣传教育工作。

（水务集团）

北塘水库管理

【概述】 北塘水库位于天津市滨海新区塘沽北塘镇西北约2千米，为平原水库，建成于1974年，蓄水面积708公顷，原有功能为保证农业灌溉及养殖需要。2006年，市发展改革委确定北塘水库为南水北调市内配套调蓄及事故备用水库，调蓄库容为2000万立方米，2015—2016年建设北塘水库配套完善工程，2016年11月18日水库开始运行，承担为滨海新区及开发区调蓄水的任务。

【水库工程建管】 北塘水库入塘、入开泵站是南水北调中线天津市内配套工程的重要组成部分，主要供水对象为滨海新区塘沽现有水厂及开发区。入塘泵站建于北塘水库北侧，设计流量3.0立方米每秒。主要由取水闸、取水箱涵、吸水池泵房、出水钢管等组成。泵站最大3台水泵机组同时运行，共设有4个泵位采用4台S700-32型双吸离心泵，单泵流量1.0立方米每秒，配备功率250千瓦，3用1备。入开泵站建于北塘水库管理所东南侧。主要由取水闸进水钢管、吸水池、泵房出水压力箱、出水钢管等组成。安装4台700HD-9立式混流泵，设计流量4.1立方米每秒，3用1备，配备功率160千瓦。入开、入塘泵站自2015年10月开工建设，至2017年2月26日预试运行工作结束，北塘水库完善配套工程建设项目基本完成。

【安全生产】 2017年，与水库所职工签订《安全生产岗位责任书》，将安全生产责任分解到点、到人、到物。制定了北塘水库40余项管理制度及应急预案，严格落实各项预案，开展多项安全生产检查活动，发现问题及时整改。响应集团公司要求，采购安防器械，增加物资储备，加强反恐和内保管理，先后组织开展防汛、应急反恐、消防等培训演练30余次。隔离水库自控网络及外部互联网，对重要设备采取密码及门禁系统进行管控，运行人员24小时监视水库视频监控系统。从"人防、物防、技防"三方面有效提高职工安全意识和应急处置能力。在十九大及重大节假日期间，水库所按照上级领导要求，加强水库巡视工作，每天进行6次巡视工作，对水库闸、泵站、阀井等重点设施设备进行巡视记录并留存档，保障供水安全。

【调度运行】 北塘水库于2016年11月开始引蓄长江水，累计引蓄长江水0.6亿立方米，2017年入塘泵站和入开泵站开机向滨海新区供水，全年累计输水0.25亿立方米，累计运行6563台时。泵站运行期间运行人员24小时坚守岗位，严格执行各项操作规程，严守岗位责任制。同时加强泵站设备设施日常维护保养工作，按时进行巡视，认真检查各设备、仪表仪器和各种指示信号等设备的运行状态，发现问题及时维护，确保了设备完好率达到98%以上，保证供水安全。同时加强水库巡视检查，共出动水库巡视巡查及水环境保洁车辆2591车次，打捞船只57船次，清扫打捞993人次，巡视人员2956人次。清扫、打捞杂物杂草约174吨，打草面积39万平方米，完成水库背水坡树木病虫害防治刷白，树木打药14884株次，清理死树158株。

（水务集团）

科 技 信 息 化

水利科学研究与科技推广

【概述】 2017 年，全局列入计划的科研项目共 4 项，组织参加国家水体污染治理与控制重大科技专项（简称水专项）工作。市水务局水科院承担的"北运河（天津段）村镇污染控制与河道生态修复技术研究和示范"子课题，通过审查立项。协助市市场监管委完成《重污染河道综合整治与水质持续保持技术指南》地方标准验收工作。组织申报天津市地方标准制修订项目 2 项。年内结题的科研项目共 7 项，均通过验收。在已有的成果中，"天津市深层地下水水文地质条件数字化及开采状况模拟和预测"获天津市科技进步三等奖。开展科研成果评奖与科技成果推广工作，组织局科技进步奖评审，评选出局科技进步奖 10 项，其中"地面沉降对天津地区防洪效应影响及风险预判研究"等 3 项科技成果获一等奖；"农村生活污水处理技术集成研究"等 3 项科技成果获二等奖；"引滦输水污染物形态特征研究"等 4 项科技成果获三等奖。推荐"天津市深层地下水水文地质条件数字化及开采状况模拟和预测"申报天津市科技进步奖并获得三等奖。积极开展科技推广工作，组织申报市农委农业科技成果推广转化项目《农作物精准营养灌溉管控模式推广应用》。组织申报水利部水利技术示范项目"太阳能除藻机示范应用"和水利技术示范宣传培训项目"农业用水计量智能管控新技术培训"。

【科技管理工作】 2017 年，水务科技工作紧密围绕局党委提出的"强化重大科研课题立项工作的统筹协调和全局科研项目、研究成果的统一管理，继续开展于桥水库水质改善、初期雨水治理等课题研究，推广应用水体快速治理修复、设施农业节水灌溉等一批技术成果，争创大禹奖和市科技进步奖"的要求，积极组织技术力量，有效开展工作。各项重点工作顺利开展，取得良好成效。特别是在全运会期间，针对海河、护仓河等市内河道蓝藻暴发，开展实验室水质、底泥等模拟比对实验，组织相关专家举办了保障海河水质的技术研讨会，推荐了相关快速治理技术，取得良好效果，保证了全运会期间海河水质达标。

为加强市水务局水务科研项目统一管理，规范科研管理程序，推动科研与水务业务紧密结合，加速水务科技成果转化，促进水务科技进步，按照局党委会议要求，组织力量编制《天津市水务局科研项目管理办法》。

编写完成《天津市水务局 131 科技人才工程实施意见》，经广泛征求意见、报局党委会议审议通过，现已发布。积极组织参加天津市第 31 届科技周活动，组织召开了水务业务平台培训讲座，推动平台应用，提升水务信息化水平。组织节水中心、水科院等单位借助节水科技馆和水利学会支撑开展科学普及和技术讲座。

【科研项目】 2017 年，市水务局新立科研项目共 4 项，均由水科院承担，年度拨款 174 万元（下表）。

2017 年新立科研项目

序号	项目名称	承担单位	简 要 内 容	研究期限	科研经费/万元		
					合同拨款	累计拨款	年度拨款
1	于桥水库附着藻类、漂浮型植物防控蓝藻水华适应性及污染物去除效果研究	水科院	分区域筛选出有利于抑制于桥水库水华蓝藻生长和繁殖的浮叶植物（荇菜、凤眼莲、空心莲子草等）及大型附着类绿藻（水网藻、水棉、刚毛藻等）；分析生物防控藻类水华机理及不同环境影响因素；优化不同季节不同水华藻类的生物控制组合及生物控制效果；确定于桥水库关键抑制藻类水华的大型水生植物及该大型水生植物的生态位；建立一套系统的生物防控蓝藻水华方案和治理措施	2017 年 1 月—2018 年 12 月	129.2		80
2	农作物精准营养灌溉管控模式推广应用	水科院	改善作物品质，增加产量，保障在作物需要的时间进行供水供肥，为作物生长提供良好的生长环境，可以真实全面地掌握项目区的作物在不同时期的配肥指标及比例，也可以掌握作物吸收专用肥的关键时期，以此改善和提高作物的产量和质量。由于采用先进的监测、预报和自动化控制系统，可根据作物需水规律控制或调配水源，以最大限度地满足作物对水分的需要，实现区域效益最佳的水分调控管理技术，包括土壤墒情监测预报、灌溉制度制定，丰富作物生长数据库，实现真正意义上的精准营养灌溉	2017 年 5 月—2019 年 4 月	60		60
3	太阳能除藻机示范应用	水科院	太阳能除藻机不仅能够使水体循环起来，而且具有增氧曝气效果，可以提高水体的自净能力，破坏蓝藻的生长环境，在前期抑制蓝藻的生长。其次，太阳能除藻机还具有超声波除藻功能，可以利用超声波原理，有效地破坏蓝藻的结构，抑藻与除藻相结合，达到除藻的目的。完成 1 处示范工程建设，推广太阳能除藻机 2 台套	2017 年 1 月—2018 年 12 月	50		25
4	农业用水计量智能管控新技术培训	水科院	培训内容主要包括网络机房（网络、服务器、安全设备的配置、使用和维护）、现场采集设备（现场采集设备的配置、使用和维护）、水利工程基础信息管理系统（软件功能讲解、上机操作）、农村水利动态监测管理系统（软件功能讲解、上机操作）、农村水利公众服务门户及 APP 应用（软件功能讲解、上机操作）、数据中心（数据库原理、操作使用）、软件维护等方面	2017 年 2 月—2017 年 12 月	9		9

【国家级科研项目】 2017 年，市水务局水科院承担的国家水体污染治理与控制重大科技专项（简称水专项）中的课题"北运河（天津段）村镇污染控制与河道生态修复技术研究和示范"，通过审查立项。

（科技处）

【部市级科研项目】 2017 年，完成部市级科研项目 3 项，新立部市级项目 5 项。

1. 海河流域非常规水安全利用模式及关键技术

该项目是水利部公益性行业科研专项项目，于 2012 年 4 月启动，2017 年 3 月通过水利部验收。项目由 4 个分项目组成，分别是"海河流域非常规水现状调查""海河流域咸水及微咸水安全利用模式及关键技术""海河流域再生水安全利用模式及关键技术"和"海河流域海水淡化水安全利用模式及关键技术"。

主要研究内容有：①开展海河流域再生水、咸水和微咸水利用现状调研与评价，分析其用于农业和生态的开发利用潜力；②研究再生水用于农业对土壤和农作物的影响特征，提出海河流域不同区域农业再生水安全利用模式；③研究建立海河流域微咸水安全灌溉技术体系，筛选大田耐盐作物，提出不同作物及种植条件下微咸水灌溉指标体系；④对流域海水利用现状进行调研，研究淡化海水的输送和使用安全性，比较不同的海水淡化后处理工艺的安全性和成本，提出海水直接利用和海水淡化安全利用模式。

本项目提出了海河流域再生水和浅层咸水、微咸水的可开发总量及分布规律；提出适合海河流域不同区域的农业再生水利用模式；建立了适合海河流域的微咸水灌溉含盐量指标体系；提出了海河流域小麦、玉米、棉花和部分蔬菜品种咸水、微咸水灌溉制度，制定一套咸水安全灌溉利用技术示范推广的具体办法和保障措施。本研究的研究成果可增加海河流域水资源的可利用量，为当地经济社会的快速发展提供了更高的的水资源保障率。

2. 天津河道入河污染物截控及水环境改善研究

该项目为水利部公益性行业科研专项经费项目，于 2014 年 4 月启动，2017 年 11 月通过水利部验收。项目针对天津市河道水环境现状，通过大量的现场监测，研究了天津市入河污染整体情况以及典型区域入河污染特征及组成，开发了分质分量导流技术、磁絮凝—旋流沉淀雨水泵站快速治理技术、多维汇水污染截控技术，建立了具有串接混接特点的城市排水管网水质数学模型并将其与河道水质数学模型相耦合，计算了不同源头控制—河道治理组合方案，建立了示范区一处，最终形成"源头污染控制—水体水质原位修复—河道景观综合保持"的综合保障技术体系，为天津市水环境治理提供重要的技术保障。

项目建立了具有串接混接性质的城市排水管网水质数学模型并将其与河道水质数学模型相耦合，提出了城市降雨、汇流、管网、入河、河道污染迁移、河道净化全过程模拟算法，为城市河道水环境治理规划、设计、施工提供了强有力的技术支撑；揭示了天津市入河污染时空分布规律，并将地表径流污染、串接混接污染、管道沉积污染进行量化，提出了适用于老城区的入河污染截控技术，为城市河道入河污染截控奠定基础；定量分析了城市已建成区入河污染截控及河道治理工程的污染物削减效果，提出了城市已建成区源头截控—河道净化综合治理模式，为水环境整体提升；基于旱季管网水质变化特性，综合水量导流、水质导流及雨污错峰入流措施，提出了分质分量导流技术，研发了分质分量导流系统，实现"由雨转污，异位处理"，达到入河污染截控的目的；基于天津市雨水泵站排水水质规律，将磁絮凝技术与旋流沉淀原理相结合，开发了磁絮凝—旋流沉淀雨水泵站快速治理技术，降低高负荷污染物直接入河的风险；研发出了基于利用河道岸边空间净化入河污染的多维汇水污染截控技术，降低对河道水质的冲击影响，提升河道景观效果。

项目揭示的入河污染空间分布规律及污染组成，得出的不同下垫面污染平均浓度、非降雨期雨水管网水质变化规律，为正在进行的天津市排水规划修编提供了重要的技术支撑；建立了城市串接混接排水管网水质数学模型，分析了目前关注比较多的初雨调蓄池方案、LID 设施方案、旱季导流方案以及串接混接封堵方案对入河污染的削减效果，为中心城区水环境提升规划方案制定提供了有力的技术支撑；项目组通过大量的客观数据让更多的管理者、决策者以及水环境治理设计者对入河污染特征以及各项措施对水环境改善效果有了更全面、更深的认识，为天津市水环境治理决策提供了重要的依据。

项目以摸清污染底数为突破点，开展了入河污染物截控及强化河道净化技术研究，研究了入河污染截控与河道水环境相提升的综合治理方案，为提升天津城市水环境提供重要的技术支撑，对减少水环境治理成本以及减少以水质改善为目的的补水量具有重要意义，具有显著的环境效益和经济效益。项目的实施有助于天津市整体河道水环境生态改善，营造良好的水环境氛围，优化居民生活环境，促进城市可持续发展，具有显著的社会效益。

3. 非开挖地下输水管道修复装备联合研发

该项目为水利部公益性行业科研专项经费项目，于2014年10月启动，2017年1月通过水利部验收。非开挖地下输水管道修复装备是加拿大 LINK－PIPE 公司先进的管道修复装备，该套装备主要由管道修复器及不锈钢发泡筒组成。通过了解非开挖地下输水管道修复装备各组成部件的功能，掌握了各组件的工作原理，熟悉掌握整套装备的使用方法。并在消化吸收的基础上，对非开挖地下输水管道修复系统进行试验研究，通过试验积累数据，对管道修复器及不锈钢发泡筒进行国产化的研究开发，最后将自主研发的管道修复器及不锈钢发泡筒在地下输水管道修复中应用。项目所采用的修复技术是指在不开挖或微开挖的情况下对现有缺陷管道进行修复和更新，以保障管道良好运行、延长管道使用寿命的施工技术及其辅助技术。其对周围交通、环境影响小，具有较低的社会成本。采用非开挖技术对地下管道进行修复、更新有良好的经济、社会和环境效益。

项目组对修复设备及技术进行了消化、吸收，实现了管道修复器及不锈钢发泡筒的国产化。国产化的管道修复器经济实用，其成本仅为进口设备的2/3；不锈钢发泡筒成本仅为进口产品的1/4，推广应用前景广阔。在消化吸收的基础上，经过室内室外试验研究，用玻璃纤维布和氰凝胶体材料可部分替代不锈钢发泡筒，简化了施工流程，大大地降低了管道修复成本。该设备可应用到复杂地下输水管网的管道修复，并可广泛推广应用到其他管网的管道修复。使用该设备修复管道，无需占用道路、阻塞交通、破坏绿地，给施工带来了极大地便利，不仅提高了劳动效率，亦保证维修人员的生命安全。该修复设备技术先进，修复过程仅需 10～15 分钟，修补快速，市场前景十分广阔。

项目组完成了管道修复器及不锈钢发泡筒的国产化工作，并申请专利一项。国产化后的管道修复器制造成本为进口管道修复器引进成本的2/3，国产化后的不锈钢发泡筒制造成本为进口不锈钢发泡筒引进成本的1/4，大大降低了设备使用成本。

研发非开挖地下输水管道修复装备，实现了无需人工进入管道，不必开挖管道，使用该系统修复管道，无需占用道路、阻塞交通、破坏绿地，给施工带来了极大的便利，不仅提高了劳动效率，亦保证维修人员的生命安全，其作用是无法用金钱来衡量的。

4. 北运河天津段村镇污染控制与河道修复技术研究与示范

该项目为国家科技重大专项"水体污染控制与治理"中"京津冀区域综合调控重点示范"板块"天津海绵城市建设与海河干流水环境改善技术研究与示范"项目下的一项子课题，于2017年1月启动。课题主要针对北运河天津段水生态环境治理的难点和重点区段，着重解决村镇污染控制和河道修复技术问题，开展村镇点源污染低耗高效稳定处理、非点源污染生态坑塘—沟渠削减、农田退水区河段污染水体河流故道湿地净化、城区段河道污染水体生物立体组合净化、窄槽宽滩区河段河滩湿地水质改善、北方河网水系沟通循环水质改善与水源调控等技术研究，提出北运河（天津段）水质达标总体技术方案，建成河道治理示范区（长度不少于 15 千米），示范段主要水质指标达到地表水 V 类。

课题的主要研究内容为在"十一五""十二五"研究成果的基础上,针对北运河天津段水生态环境面临的村镇点面源污染突出,缺乏系统治理,河道自净能力不足,水体水质不能稳定达标,水资源不足,缺乏有效调控,部分河段断流等难点问题,围绕村镇生活污废水等点源污染治理,农田退水、雨水径流等非点源污染削减,重点河段水生态环境的改善,水资源的系统化调控等四个方面的科技需求,结合北运河天津段"十三五"期间的治理规划和工程,开展北运河天津段水质达标总体技术方案研究与综合示范、村镇点源与非点源污染治理技术研究与示范、农田退水区和城区段河道水质改善技术研究与示范、窄槽宽滩区河道水体修复技术研究与示范、多水源多河道沟通循环与水资源调控的水质改善技术研究等五项重点研究任务,最终提出北运河天津段村镇污染控制、河道修复的成套技术,建成北运河天津段河道治理示范区,建设多处北运河天津段河道水体净化处理示范工程、村镇污染治理示范工程,编制形成北运河天津段水质达标总体方案,为北运河天津段的水环境质量的提升及水生态改善提供技术保障和支撑。

5. 海水淡化水作为生活用水补充水源的技术要求编制

该项目为水利部综合事业局项目,于 2017 年 3 月启动。项目研究的主要内容包括:①补充调研,进一步补充开展国内调研,了解掌握现有淡化水供应的地方或企业的供水标准、管理制度及存在问题和成功经验;②淡化水利用过程分析,提出各环节海水淡化水作为生活用水补充水源的关键技术问题,提出相应的技术措施;③对淡化海水输送材料的安全性、矿化处理及掺混环节的稳定性进行试验验证;④从将海水淡化水纳入水资源统一配置的角度,提出海水淡化水作为生活用水补充水源的技术和管理要求,指导沿海缺水省份推进海水淡化利用。

本项目成果适用于淡化海水用于生活用水工作的技术指导,包括规划编制、利用模式的确定、

输送和储存要求、掺混的方式和进入市政管网的要求,对推动全国沿海缺水地区及海岛饮用水安全,支持区域经济快速发展、缓解地区水资源紧缺有着重要意义。

6. 天津市地下水超采治理与地面沉降控制研究

该项目是国家重点研发计划"京津冀水资源安全保障技术研发集成与示范应用"项目的一个专题,于 2017 年 6 月启动。项目主要研究内容为:①地面沉降区划研究:根据地面沉降发育特征、地下水动态和开采量历史数据,开展天津地区地面沉降区划研究,研究各沉降区水文地质、工程地质条件,确定各区特征性水动力和岩土力学参数。系统收集分析各地区历史开采情况及水位动态情况,分析各含水层组开发利用情况,揭示地下水开采的年间及年际开采规律;②地下水超采与地面沉降发育的关系研究:基于丰富的历史资料,分析不同区域单位地下水开采量及水位降幅与沉降量的变化量关系,建立各层组地下水水位变幅及开采量与沉降量统计学方程,计算确定在沉降控制目标内各地区合理的开采量及开采层位;③地下水开采—地面沉降耦合数值模拟研究:构建研究区三维区域地下水流模型和一维弹—塑性地层压缩沉降模型,开展地下水开采—地面沉降耦合数值模拟研究;通过城市发展历程中地下水开采—地面沉降发育关系耦合数值模拟,评价以往及现行地下水超采管理和地面沉降控制政策效果;通过敏感性分析,阐明决定地面沉降幅值的主要因素和沉降机理;通过设定不同情景下的数值模拟分析,提出达到控制地面沉降目标的最佳地下水开采层位和抽水方案;④地下水超采治理和地面沉降控制的合理化建议:以区(县)为单位,提出地下水开采量及地下水开采层位的合理化建议,项目研究的主要目的是分析天津市各层组地下水开采与地面沉降的关系,并提出通过治理地下水超采来控制地面沉降的合理化建议,主要研究内容包括地面沉降区划研究、地下水超采与地面沉降发育的关系研究、地下水开采—地面

沉降耦合数值模拟研究、地下水超采治理和地面沉降控制的合理化建议。

7. 设施蔬菜雨水高效开发与节水灌溉技术集成与示范

该项目是国家重点研发计划"京津冀水资源安全保障技术研发集成与示范应用"项目的一个专题，于2017年6月启动。项目主要任务是"研发设施蔬菜雨水高效利用与节水灌溉技术，评估其地下水灌溉替代效率。开展规模化示范，评估技术体系的灌溉耗水特征及资源节水效应"。主要研究内容包括：①研究降雨、有效产水量、蓄水池调蓄水量、用水量之间关系，选择3~5栋日光温室，进行雨水收集、存蓄、利用的试验研究，采用雨量计、流量计、巴歇尔槽等计量设施，开展降雨强度、降雨产水量、调蓄量、灌溉用水量等试验，研究产流次数、有效产水量、调蓄量、灌溉期作物平均用水量的时空分布，确定产水量、调蓄量与灌溉用水量之间的关系；②规模化雨水集蓄利用工程模式研究，研究规模化设施蔬菜区雨水收集、雨水存蓄和高效利用的工程模式，确定最优的蓄水池容积，以最小的工程投资，获得最大的雨水利用效率；③雨水高效利用与节水灌溉技术示范工程100亩，选择6.67公顷规模化设施蔬菜种植区，配套雨水集蓄工程设施，采用滴灌或低压管道进行灌溉，通过2年示范，评价雨水替代地下水灌溉的的规模效应和资源节水效应。

京津冀地区是全国地下水超采区，现正压采地下水。农业作为用水大户，在农业用水量减少的现实情况下，开辟新水源对北方农业来水是非常重要的，因此，通过研究，提出雨水替代地下水的效率，为解决京津冀地区农业灌溉水资源短缺提供技术支撑。

8. 京津冀海水淡化技术调查评估

该项目是国家重点研发计划"京津冀水资源安全保障技术研发集成与示范应用"项目的一个专题，于2017年6月启动。主要研究内容包括：①对国内外淡化水利用情况调查，总结可借鉴的成功经验；②对淡化水水质进行评价，分析淡化水和常规水的水质区别，明确淡化水的特性，提出淡化水在本区域内的安全、高效利用模式；③分析淡化水的生产—输送—使用成本，分析淡化水潜在用户的水价承受能力，分析淡化水的市场前景，提出淡化水规模化利用所需要的政策支持。

本项目拟解决的科学问题是水资源极度紧缺区域淡化海水资源利用的安全控制技术及适宜模式。京津冀地区拥有丰富的非常规水资源，具有巨大的开发利用潜力。然而，与常规水资源相比，淡化海水具有用户不确定性、与现有输配水系统不匹配等问题，如何安全高效地利用淡化海水资源，提出安全风险控制技术及适宜模式，是开展京津冀水资源优化配置的科学基础。

（水科院）

【科研成果及获奖情况】

1. 结题科研成果

2017年结题科研项目共7项（下表）。

2017年结题科研项目表

序号	项 目 名 称	项目来源	结题形式	起止年限	项目负责人	主持单位
1	基于GIS与遥感的水土流失监测技术应用研究	市水务局	验收	2012年4月—2017年3月	李彦涛	水科院
2	污染物在土壤与浅层地下水中的迁移转化实验研究	市水务局	验收	2014年4月—2017年3月	刘瑜	水科院
3	大黄堡蓄滞洪区内公（铁）路联合阻水效应研究	市水务局	验收	2015年4月—2017年9月	刘哲	防汛处

续表

序号	项 目 名 称	项目来源	结题形式	起止年限	项目负责人	主持单位
4	河道蓝藻暴发应急控制技术研究	市水务局	验收	2015年4月—2017年11月	王立义	海河处
5	节水型居民生活小区评价规范	市市场监管委	验收	2015年1月—2017年11月	周建芝	节水中心
6	七里海湿地生态及景观需水量与保障措施研究	市水务局	验收	2014年4月—2017年12月	康婧	水科院
7	天津市水利科学研究院绿化节水技术推广	市水务局	验收	2016年1月—2017年12月	史庆生	水科院

2. 获奖研究成果

2017年，在已有的研究成果中获市科技进步奖三等奖1项，获市水利科技进步奖10项（下表）。

2017年度天津市科技进步奖获奖项目表

奖励编号	获奖项目名称	奖励等级	获奖单位	获奖人员
2017JB-3-158	天津市深层地下水水文地质条件数字化及开采状况模拟和预测	三等奖	天津市水文水资源勘测管理中心	张伟 李文运 李华 王志强 薛春国

2017年度天津市水务局科技进步奖获奖成果表

奖励编号	获奖项目名称	奖励等级	获奖单位	获奖人员
J2017-01	地面沉降对天津地区防洪效应影响及风险预判研究	一等奖	天津市水利科学研究院 水利部海河水利委员会科技咨询中心 天津大学	周志华 杨丽萍 周潮洪 李振 于翚 李建柱 李彦涛 刘思清
J2017-02	天津市深层地下水水文地质条件数字化及开采状况模拟和预测	一等奖	天津市水文水资源勘测管理中心	张伟 李文运 李华 王志强 薛春国 崔亚莉 焦志东 董晓敏
J2017-03	海水淡化水安全利用关键技术及模式研究	一等奖	天津市水利科学研究院	周潮洪 韩旭 张凯 朱金亮 赵鹏 任必穷 占强 吴涛
J2017-04	农村生活污水处理技术集成研究	二等奖	天津市水务局农田水利处 天津农学院	杨树生 汪绍盛 韩娜娜 寇立娟 孙书洪 李桐 王兆福 韩长胜
J2017-05	基于物联网的温室滴灌高效灌溉系统研究	二等奖	天津市水务局农田水利处	汪绍盛 王仰仁 赵宝永 郑志伟 方天纵 笪志祥 韩娜娜 王伦
J2017-06	农用灌溉插入式流量计的研发	二等奖	天津市水利科学研究院	田家宾 李小京 史庆生 焦丽娜 刘京晶 郑毅 王悦 蔡冲
J2017-07	引滦输水污染物形态特征研究	三等奖	天津市水文水资源勘测管理中心	周潮晖 赵天佑 戈建民 傅建文 张庆强

续表

奖励编号	获奖项目名称	奖励等级	获奖单位	获奖人员
J2017-08	水利工程项目绩效评价体系与方法研究	三等奖	天津市水务工程建设交易管理中心	王朝阳 王学海 李 敏 于慧玲 徐茂杰
J2017-09	农业节水灌溉工程微润灌溉技术示范推广	三等奖	天津市水利科学研究院	郝志香 张 振 王建波 刘 桐 孙兴松
J2017-10	农业灌溉智能化计量控制系统应用示范	三等奖	天津市水利科学研究院	王剑波 汪绍盛 李广智 史庆生 刘春来

（科技处）

【水利科技成果推广】 2017年，完成科技推广项目3项，新立科技推广项目3项。

1. 管道灌溉新型给水栓示范推广

该项目为水利部推广项目，于2015年1月启动，2017年6月通过水利部科技推广中心验收。该项目示范推广的关键技术是新型玻璃钢给水栓，作为田间分水装置配套低压管道灌溉工程安装使用。该给水栓是天津市水科院自主开发的专利产品，并已被列入《2013年水利先进实用技术重点推广指导目录》。项目主要研究内容为：对原新型给水栓专利产品的加工工艺进行了升级改造，将手糊制作方法改为模压成型工艺，改进后产品尺寸精确，表面光洁，可一次成型，且质量稳定，生产效率较高，适合于大批量生产；委托国家玻璃钢制品质量监督检验中心对新型给水栓进行性能检测，检测结果表明：产品外观质量、结构尺寸、水压渗漏、抗老化性能等各项指标均达到规范规定的合格标准，能够满足使用要求；2015—2016年，在全市6个农业区（县）推广应用ϕ110毫米、ϕ200毫米两种规格新型给水栓2259套，推广面积1876公顷。工程应用效果良好，得到当地主管部门和农民的欢迎；开展了新型玻璃钢给水栓的田间应用试验，包括给水栓运行情况考核、灌溉水利用系数测试和灌溉制度试验。针对天津市春旱的特点，提出单方水生产效率最高的小麦节水灌溉制度，即灌三水（冻水＋返青水＋拔节水）＋灌水定额50立方米每亩组合，以指导农业

生产，发挥示范推广工程的综合节水效益。

项目的示范推广工程建成后，项目区年新增节水能力289.68万立方米，节地效益210.42万元，增产效益407.98万元，省工效益84.42万元，降低工程维修费27.12万元，则年累计新增效益为729.94万元。通过田间应用试验考核，安装的新型给水栓均未出现丢失和漏水现象；与土渠灌溉相比，项目区灌溉水利用系数达到0.81，亩均节水103立方米，节地7%，省工50%，增产13%。

项目的实施有利于缓解灌溉水资源短缺的问题，使有限的水资源得到更加合理有效的利用。有利于发挥示范带动作用，带动周边地区节水型农业的发展。同时由于新型给水栓具有防丢失、耐腐蚀、结构合理、使用方便、经济耐用等特点，克服了铸铁给水栓的缺点，完全可以替代原有铸铁给水栓，有效解决给水栓丢失造成管网系统无法运行的问题，从而保证管道节水灌溉工程效益的长期发挥，促进管灌节水灌溉技术的持续发展。

2. 农业用水计量智能管控新技术培训班

该项目为水利部推广项目，于2017年2月启动，2017年12月通过水利部验收。培训班在天津天宇大酒店举办，邀请水利部灌排中心、全国工业过程测量控制和自动化标准化技术委员会、天津大学、天津市武清区水务局科技推广中心等有关单位领导、专家、工作人员讲解农业水价改革相关政策解读、农业用水计量管控新技术，以及农业用水计量设施具体应用情况等内容。参加人

员为各区水务局农水科、水利技术推广中心负责人及相关管理人员、设计人员，以及各区农业用水计量重点乡（镇）水利站管理人员。

进行过程中，大家认真学习，积极讨论，气氛十分热烈。通过培训，参训人员对农业水价综合改革政策机制有了更加深入的了解，对改革工作的必要性和重要意义有了充分认识，对改革工作内容、工作重点和工作方式有了系统的学习和理解，了解了相关前沿技术和先进经验，业务能力得到加强，工作任务进一步明确，培训取得扎实成效。

3. 天津市水科院绿化节水灌溉技术示范推广

该项目为局级推广项目，于 2016 年 10 月启动，2017 年 12 月通过验收。项目完成了院内绿地节水灌溉技术的应用，根据不同植物的需水规律和需水量向植物提供"精准"灌溉。在草地、乔木需水量较大的绿地中使用地埋喷灌，在带状绿篱中使用小管出流，在竹子地块使用微喷。通过统一的自动控制系统进行智能控制，完成对绿地的灌溉。工程内容主要包括园区绿地植物选择与补种、绿地喷灌设备安装工程、路面恢复工程及监控系统更新工程。

项目还完成了楼内绿植节水灌溉技术的应用，其中主要是楼内植物墙滴灌设备安装工程。完整实现自动上水、自动补光，达到了定时定量灌溉的效果，并且做到了保证室内绿植生长良好的情况下，以最慢速度生长，维持绿植墙效果更长久。

近年来，室内绿化形式多样，绿植墙带来的效益越来越被人们所认知，具有很大的推广前景。结合绿植墙深入研究其他方式的室内绿化形式成为一个主要的发展方向，如与办公室内办公桌椅相结合的绿植，与照明系统结合的绿植等，通过不同绿化形式将"室内氧吧"的概念具体化。室外绿地自动灌溉技术在我国相对比较成熟，但对于不同种类植物"一对一"的灌溉方式尚未得到推广，其带来的效益较现有的灌溉方式更加明显，因此，"一对一"的智能灌溉技术更适用于园林绿地中，值得进一步推广应用。项目通过研究水利科学研究院绿地绿化及绿植墙绿化的灌溉系统展开对绿化节水灌溉的示范推广，响应了国家发展节水、节能的绿色建筑的号召，取得了明显的经济效益和社会效益等。

4. 太阳能除藻机示范应用

该项目为水利部国际合作与科技司项目，于 2017 年 1 月启动。项目所引进的太阳能除藻机是一台以太阳能来驱动的，具有水体循环、增氧曝气及超声波除藻等功能的节能环保技术设备。该设备主要用于河道、湖泊、水库等水域的水质净化与控藻。

太阳能除藻机由太阳能供电系统、水体循环系统、增氧曝气系统、超声波除藻系统及远程控制系统组成。太阳能供电系统分为充电系统和供电系统，充电系统由 12 块梯形太阳能板及一块圆形太阳能板组成，供电系统由 4 块高性能蓄电池组成，供太阳能除藻机 24 小时运行。水体循环系统利用自制无刷电机带动叶片旋转，将水体底层低溶解氧的水提升到水面，在托水盘与分水盘的作用下，提升到水面的低溶解氧水以平流状缓慢流出而形成表面流。在水体自重作用下，被抽走的底层水由邻近的富氧上层水体替代，实现了上下层水体的交换，如此往复循环，水体溶解氧含量明显提高并逐渐均化。静态水体在改变为内部循环流态的过程中，改善了水体的溶解氧和营养盐分层状况，这不仅促进了好氧微生物的发育和营养物质的分解，降低 COD、总磷、总氮的含量，而且改善了水体的透明度，促进水体中鱼类和浮游动植物的生长，以构建健康的生态系统，设备每日水体循环量可达 2 万立方米。

增氧曝气系统利用增氧曝气机增氧曝气，通过放置在水中的曝气盘释放细小气泡，便于氧气溶于水中，来达到增加循环水体的含氧量的目的；超声波除藻系统利用超声波的空化效应杀死藻细胞，可以有效地控制蓝藻、丝状或悬浮绿藻的爆发，其影响范围为 100 米。

太阳能除藻机利用可再生资源太阳能，不会对水体造成二次污染及带来负面效应，且无需后期持续的运行、维护费用，处理水域面积大，可以有效地提高水体的溶解氧和透明度、提高水体的自净能力、促进底部淤泥的降解，消除水体黑臭现象，降低水中 COD、总磷、总氮和其他有机污染源含量、抑制有害蓝藻的爆发，促进水体中的生物多样性和健康生物链的恢复，最终达到生态修复污染水体的效果。

5. 农作物精准营养灌溉管控模式推广示范项目

本项目为农业科技示范推广类项目，于 2017 年 5 月启动。本项目使用的自动化施肥设备采用尾端施肥的方式，施肥简便有效，解决大型智能施肥系统在实际中遇到的难题。本项目可以保障在作物需要的时间进行供水供肥，为作物生长提供良好的生长环境，可以真实全面地掌握项目区的作物在不同时期的配肥指标及比例，也可以掌握作物吸收专用肥的关键时期，以此改善和提高作物的产量和质量。由于采用先进的监测、预报和自动化控制系统，可根据作物需水规律控制或调配水源，以最大限度地满足作物对水分的需要，实现区域效益最佳的水分调控管理技术，包括土壤墒情监测预报、灌溉制度制定、丰富作物生长数据库，实现真正意义上的精准营养灌溉。

项目在天津市武清区陈咀镇庞庄村伟益农庄和天津市宁河区造甲城镇造甲城村兴宁种植合作社设施农业园进行推广示范。项目建设精准营养灌溉管控模式农业示范区约 10 公顷，包括现代温室 0.67 公顷，二代日光温室 6.67 公顷，综合区占地 2.67 公顷，项目要求安装首部系统 2 套，灌溉管道配套 2 套，自动控制系统 2 套，布设监测点 4 个，气象站 2 套，推广草莓、葡萄等 3 种经济作物的种植，并完善精准营养灌溉管控平台和开展农作物精准营养灌溉管控模式培训。

在两个示范点使用本项目技术后平均作物产量提高 30%~40%，同时比使用传统滴灌模式节水 30%，施肥量减少 10%，灌溉水利用率提高 10%，用工减少 80%。项目将总结出草莓、葡萄等 3 种以上种植作物的精准灌溉管理模式，通过数据监

测采收，完善丰富数据库，使农作物精准营养灌溉管控模式更加的完善，应用于更多的经济作物中。

6. 于桥水库多系列水生植物修复技术集成与应用示范

该项目为天津市科委科技支撑计划院市合作项目，于 2017 年 6 月启动。项目通过该项研究借鉴国内外已有先进技术，制定于桥水库水污染控制与生态修复总体方案，消除污染源，降低水体营养盐，同时修复生态，提高于桥水库生态系统抵抗力，消除于桥水库蓝藻水华及其所产生的环境问题，提升水质，保障天津市的供水安全。针对于桥水库富营养化水平日益加剧、夏季藻类不断暴发、水库水生植被严重退化等问题通过开展于桥水库局部水域水质生物调控及总体水位调控，恢复库区大型水生植物群落，提升水体自净能力，修复区域水生态系统结构与功能，减少藻类和水华暴发频次，降低水体营养盐，保障天津市供水安全。项目主要研究内容：

水位调控下裸露基底生态修复。针对高水位条件下于桥水库藻类暴发严重，富营养化问题突出的现状，以人工水位调控的方式，降低库区水位，使水库周边基底得到充分裸露，在自然降解及生物调控基础上，达到裸露基底生态修复的目的。

水位调控下湖滨带多系列植物净化系统构建。在水位调控后在沿岸湖滨带区域进行多系列大型挺水—浮水植物净化系统构建，以多级、多系列植物群落系统拦截、控制水库周边面源污染，并降解库内原有污染物质。

低水位状态下库区退化沉水植被群落恢复。水位降低条件下，大面积恢复库区原有沉水植被群落，使水库完成藻型库区向草型库区的转变，达到植物净化目的。

湖滨带湿地藻类捕获及原位消除。以水位调控后湖滨带所建立的多级、多系列植物净化系统为基础，进行藻类原位捕获、消除及臭味物质控制。

抗水位波动漂浮湿地净化系统构建。构建抗

浪、抗水位波动型漂浮湿地净化系统，强化库区氮、磷营养盐消除效果，提升库区水质。

（水科院）

【知识产权】 2017 年，市水务局获国家知识产权局授权发明专利 1 项，实用新型专利 2 项，计算机软件著作权 3 项（下表）。

2017 年度国家授权专利项目表

专利号	专利名称	专利类别	授权日期	专利权人	发明人、设计人
ZL201410629950.0	农田地表水管控系统及制作方法和农田地表水管控排灌的方法	发明专利	2017 年 4 月 19 日	天津市水利科学研究院	王现领　王　伦　杨万龙　陈　钊　刘春来　高瑞芳　张　喆
ZL201621198516.2	微生物治污发生系统	实用新型	2017 年 6 月 13 日	天津市水利科学研究院	常素云　张　凯　吴　涛　占　强　许　伟　李　岩
ZL201621462211.8	一种水力自动调节游览码头	实用新型	2017 年 11 月 17 日	天津市水利勘测设计院	吴换营　王幸福　杜学君　李惠英　廉铁辉　秦继辉　孙蓟明　李继明　宁金钢　穆　迅　王云静　孙炳南
软著登字第 1662224 号	水务科技业务管理系统 V1.0	计算机软件著作权	2017 年 3 月 14 日	天津市水利科学研究院	顾晓蓉
软著登字第 2133234 号	农村水利管理信息系统 V1.0	计算机软件著作权	2017 年 9 月 26 日	天津市水利科学研究院	夏中华
软著登字第 2133145 号	农村水利项目管理信息系统 V1.0	计算机软件著作权	2017 年 9 月 26 日	天津市水利科学研究院	夏中华

【专利项目】

1. 农田地表水管控系统及制作方法和农田地表水管控排灌的方法

本发明是农田地表水管控系统及制作方法和农田地表水管控排灌的方法。按照一个地域的农田排灌的规划沿河道的河床上设置地表水管控设施，地表水管控设施由地表水灌溉计量控制柜、蓄水井、引水口、引水管道和输水管路构成，蓄水井的顶部固定安设地表水灌溉计量控制柜，地表水灌溉计量控制柜内安设地表水管控器、配电器和通信天线，地表水管控器通过线路与配电器相连接，配电器通过电路与潜水泵的开关相连接，地表水管控器通过线路向配电器发出指令，启闭潜水泵，地表水管控器通过通信天线把地表水管控器采集的数据信息传输给农业水资源管控中心。

本发明设计科学，结构合理，成本低廉，制作简单，支持余额不足告警、仪表计量故障告警、箱门打开告警、水泵故障告警。对节约水资源，改善生态环境有着十分重要的意义，农田间全面实施高标准、高效节水灌溉工程，在灌溉管理上，通过安装计量设施，实行总量控制、定额管理、阶梯水价的用水管理新模式，提高灌溉水的利用系数，实现用户充值、刷卡、取水等基本功能，还可以对智能控制器收集的地表水水位、土壤墒情、降雨量等信息进行收集、统计，以便于更好地对地表水开采情况予以监控、管理。提高农田的灌溉保证率和作物的水分生产率，同时灌溉技术水平、管理水平也有显著提升，经济效益显著增加，主要体现在节水、节地、增产、增收、省工等方面，广泛应用后，灌溉条件将得到很大改变，节水效果明显，大大提高灌溉水利用系数，充分换届灌溉水源不足的状况，还可有效改善农业生产的基础设施条件，增强农业抵御自然灾害的能力，提高农业综合生产能力。

2. 微生物治污发生系统

本实用新型专利项目是在治理水域中依照设计要求安设治污发生器，在治理水域中治污发生器交错排列设置，水流闯过治污发生器，治污发生器由发生器主支撑架、锚固装置、太阳能板、驱动电机、拨水桨、支撑架、菌棒、定位杆、漂浮器材组成，治污发生器的发生器主支撑架整体呈箱型框架，定位杆上安设菌棒。在支撑架上设置太阳能和驱动电机，太阳能板和驱动电机处于治污发生器的顶部，太阳能板和驱动电机暴露在水面上，太阳能板能充分地接受太阳光，产生电能，通过电路对驱动电机实施驱动。驱动电机的输出端设置拨水桨，拨水桨插入水域的水面之下，驱动电机带动拨水桨拨动治污发生器内的水流，被拨动的水流带动治污发生器周围的水流，从菌棒中弥散出来的菌种与水流混合，混合了菌种的水流随着水域的水流向下游流动，形成微生物治污。

本实用新型专利项目将太阳能曝气装置与微生物固定化技术相结合，利用太阳能曝气装置提高水体含氧量的同时，强化微生物分解有机物质等污染物的生化作用，提高河流水质净化效果的装置。通过太阳曝气促进水体循环，增加水体含氧量的同时，不但有助于发挥好氧生物的有机物降解作用，还有利于微生物的生长和扩散，扩大水质净化的范围，形成一个微生物源。本实用新型设计合理，结构简单，效果明显，安装方便，节省能源，成本低廉，可以反复循环使用，回收成本快，适应各种不同水域，将水循环、物理及生物处理技术组合，有效改善污染水域的水体环境，在有机物质降解、水体环境治理与改善上进一步提升，有利于广泛推广应用。

3. 一种水力自动调节游览码头

本实用新型专利项目是一种河岸、海岸或港口的防护构筑物，是一种供游客上下游船的游乐设施。采取与停靠游船同时上下浮动平台和可以改变台阶高度的舷梯，使游客上下船只更加方便。它包括：至少两根固定在水中的固定桩，能够沿所述固定桩与水位涨落上下同步移动的浮箱平台，所述的浮箱平台通过带有台阶的舷梯与河岸连接。采用的浮箱平台沿固定桩随水位上下移动的方式不需任何人力、动力和能源，可灵活、自动调节适应水位变化。同时利用四连杆机构使舷梯的台阶保持水平，为游客上下游船提供了安全方便的踏板，本实用新型原理简单，所需材料普通易得，便于实施，安全可靠，经济实用，尤其适用于河、湖风景游览区。

4. 水务科技业务管理系统 V1.0

水务科技业务管理系统是天津水科院日常工作管理、日常办公运作管理的平台。系统是按照先进的电子信息化设计理念和《天津市水务信息化建设和运行管理办法》要求，基于实际，科学规划构建综合办公系统。通过对现有相关资料的整理，根据实际工作需求，制订系统工作流程。结构上统一程序架构，数据库上统一表结构，优化数据库结构。通过以上优化从而降低系统维护难度，实现水科院业务和办公的自动化、在地化，实现水科院管控一体化。共享信息发布、信息交流平台，达到制约、控制、查询、分析、审批、辅助决策等管理功能，凸显系统的先进性与适用性，及时反映工作流状况，实现对水科院各项工作的有效管理，促进静态管理向动态管理的转变，事后管理向流程控制的转变，使水科院资源配置最优。

水务科技业务管理系统建设基于 J2EE 架构，系统主要包含综合办公、项目信息管理、财务管理、日常管理、信息发布、行政督查督办等子系统。综合办公实现网站首页个性化应用，提供个人、部门主任、院领导等不同用户的单独体验，主要包括菜单导航、办公提醒、统计栏目、工作助手等。项目管理是对项目进行全流程管理，从项目申请、立项、运作、完成逐项纳入系统，主要包括：项目库管理、合同管理、在研项目管理、结题管理、结算管理、科技档案、成果管理、专利管理、资质管理等。财务管理是指项目运作过程中，对财务使用情况、审批流程及成本核算的管理，主要包括：财务经费、用款计划、支票管理、汇款管理、借款管理、报销管理等。日常管理是行政工作中各类基本管理，主要包括工作安排、用章管理、服务中心、政府采购、工会管理、纪检监察、党务工作等。信息发布主要是进行系统信息发布管理。行政督查督办主要是对各项工作进行监督的流程管理。

5. 农村水利管理信息系统 V1.0

农村水利管理信息系统主要包括农村水利信息网站、信息查询系统、文档管理系统和电子监察系统四个部分。系统通过收集整理"十五"以来天津市农村水利建设项目的相关基础信息，利用 GIS、数据库和网络技术，以天津市 1∶10000 电子地图为基础，制作天津市农村水利基础电子地图和各种专题电子地图数据并建立空间信息和属性信息数据库；开发基于 GIS 的天津市农村水利信息管理系统，实现农村水利数据信息的集中管理和维护；开发基于网络 GIS 的农村水利信息查询系统，实现农村水利信息的网络共享和查询。项目最终为农村水利各级业务主管部门提供先进和高效的管理工具，使农村水利投资发挥最大效益，提高农村水利的管理水平。

6. 农村水利项目管理信息系统 V1.0

农村水利项目管理信息系统根据天津市农村水利项目的不同种类及各自的项目管理的业务需求和工作流程对项目申报、审批、建设进行规范化的统一的流程化管理。根据业务需求和工作流程分为项目申报、项目审批和项目管理三部分，其中将申报项目分为 14 类，包括规模化节水示范（中央）、规模化节水（市级）、重点中型灌区（中央）、面上小农水专项（市级）、排沥河道、小水源、水土保持重点工程、扬水站、中小河流重点县、桥闸涵、京津风沙源二期、水土流失治理、竞争立项小农水、再生水回用农业及生态工程。针对不同类型的项目根据其具体申报要求建立相应的申报和审批功能。项目审批通过后，将在项

目管理中对其进行管理。项目管理中提供对项目查询统计和维护的功能。系统通过对农村水利各方面信息资源的准确搜集、加工、整理，将大量的农村水利的基础数据和相关的业务信息汇集起来，通过全面直观的形式表现出来，结合项目建设管理初步建立农村水利管理的流程模式，提高天津市农村水利项目管理工作效率和管理水平，为农村水利项目建设和管理提供先进的管理手段和管理工具。

（水科院　设计院）

科 技 服 务

【泵站安全鉴定】 2017 年，编制完成 3 座国有扬水站改造前安全鉴定工作，包括津南区十米河泵站、双洋河泵站和西关 1 号泵站；完成 8 座国有扬水站改造前安全鉴定工报告的上报和存档工作：静海大庄子、纪庄子泵站和宝坻东老口、老庄子、胡各庄、种田营、庞家湾和宝芝麻窝泵站，为天津市农村国有扬水站更新改造工作提供了依据。

【院士专家工作站】 2017 年，水科院院士专家工作站共有 5 名在站院士，分别为中国水科院韩其为院士、中国科学院曲久辉院士、中国农业大学康绍忠院士、张建云院士及刘昌明院士。3—11 月，先后 6 次参加市院士专家发展促进会组织的技术对接活动。8 月完成了全国院士工作站信息服务平台网上认证工作。一年来，水科院 5 名在站专家立足单位实际、不断创新工作思路，重点解决天津市水务发展中关键技术问题，培养水利高端人才，推进单位的自主创新、科技创新、人才创新。在院士专家的支持下，以各类活动为抓手、以国内外先进企业及人才合作为桥梁、以协同创新产学研用相结合为主要任务，使工作站真正成为推动天津水务事业快速发展、助力水务科研自主创新的重要力量。水科院"人工潜流湿地水处理技术创新团队"被天津市人才工作领导小组评为天津市 2016 年度"131"创新型人才团队。水科院水

环境研究所李金中被天津市人才工作领导小组评为"天津市 2012 年度'131'创新型人才培养工程第一层次人选"。

（水科院）

【国际合作与交流】 依据《天津市水务局因公出国（境）管理办法》和《市水务局关于加强和改进在职工作人员因私出国（境）管理监督工作的通知》的要求，按市外办批复的天津市水务局 2017 年出国（境）计划，严把出国（境）审查审批关，健全出国（境）人员管理和监督台账。2017 年，按计划共随团出访、培训 3 批次，4 人次。其中 6 月派张绍庆随市委组织部赴新西兰奥克兰、基督城参加了"第六期农业现代化与城乡一体化专题研究班"培训；9 月派李保国、任必穷随市外办赴波兰罗兹市和芬兰库尔图市进行了"水源地水环境保护和雨污处理"方面的交流，出席了中欧水资源大会；9 月派石敬皓随市审批办赴澳大利亚参加"政府公共服务窗口工作人员基于能力本位的职业能力提升"培训；对天津水务集团有限公司赴法国、西班牙调研交流的请示进行了批复。各出访团组均按规定要求在市水务局办公网进行了 5 个工作日以上的信息公示，在外严格执行八项规定要求，不存在任何违规现象，并在一个月内提交了出访报告。

中法海河流域水资源综合管理项目第三阶段项目启动。3 月 9 日，在天津召开 2017 年度指导委员会会议，水利部水资源司、国际合作与科技司负责人，法国大巴黎清洁水省际联盟、塞纳诺曼底水务管理署、水资源国际办公室、开发署、驻华大使馆等单位代表，海委、天津市水务局、河北省水利厅及项目区有关单位代表参加。2017 年，协助完成中法水资源合作项目于桥水库实地考察、技术培训等工作。组织技术人员参加了"中法海河人工湿地技术培训交流会"。

完成《贯彻执行中央八项规定精神情况统计表》中 2012—2017 年市水务局出国情况统计和情况说明。完成"市外办关于各区、各委办局外事部门

设置情况调查表"的调查上报工作。上报市外办 2017 年外事工作总结和友好城市访问情况汇总。

（科技处 人事处）

【市水利学会活动】 2017 年，完成学会 2017 年工作总结、统计报表和学会 2017 年度年检及审计工作。

5 月 18 日，组织科技人员参观全国唯一一家从事自来水供应、中水回用、污水处理的三水合一的国有企业——天津空港经济区水务有限公司。5 月 24 日，举办以水环境、压采区农业灌溉为主题的学术交流讲座。天津农学院教授王仰仁、南开大学教授张彦峰应邀分别作题为《地下水压采区灌溉农业持续发展措施》和《什么是清洁、安全的水？——由"基准"到"标准"》的讲座。

12 月 8 日，天津市水利学会第九届理事会第二次会议暨 2017 年学术年会在金皇大酒店召开。相关部门领导、嘉宾、学会理事及学会会员共 130 人参加大会。市水务局局领导杨建图、市科协学会学术部副部长崔建兵出席并讲话。天津市水利学会常务副理事长姜衍祥主持会议，理事长周潮洪做 2017 年水利学会工作报告，秘书长罗智能宣读《关于表彰天津市水利学会 2017 年学术年会优秀论文的决定》，会议表决通过了水利学会财务工作报告，对理事和常务理事调整作了说明。年会还邀请天津大学教授冯平、南开大学教授卢学强分别作了题为《海河流域下垫面变化对洪水径流过程的影响》《流域水环境治理的政策、特征与技术》的学术报告，6 位不同专业领域的论文作者交流了优秀论文。

（水科院）

信息化项目建设

【电子政务信息化建设】

1. 市水务局局属事业单位综合办公系统更新

根据《市水务局关于"市水务局局属事业单位综合办公系统更新"项目的批复》，核定项目投资

60万元。《市水务局关于下达市水务局局属事业单位综合办公系统更新等项目投资计划的通知》，下达投资计划60万元。建设内容主要包括：对隧洞处、黎河处、于桥处、信息中心、机关服务中心、水政监察总队6个财政预算局属单位的办公系统进行更新。截至2017年年底，市水务局综合办公系统已推广到25家局属单位，实现了全局在同一网络、同一软硬件平台上协同办公和电子文件管理的规范化，有效地提高了全局的办公效率。

2. 市水务局信息系统安全等级保护测评

根据《市水务局关于"市水务局信息系统安全等级保护测评"项目的批复》，核定项目投资63万元。《市水务局关于下达市防办信息化系统运行维护等项目投资计划的通知》，下达投资计划63万元。建设内容主要包括：依据《信息系统安全等级保护测评要求》等技术标准，对市水务局已备案和新建成的"天津市水务局水务业务管理平台""天津市水务局水务业务网""天津市水务局综合办公系统""天津市水务局办公网""天津市国家水文数据库系统""天津市水利工程建设管理系统""天津市水情信息查询系统""天津水务有形市场网""天津市引滦入津工程管理系统"9个系统开展物理安全、网络安全、主机系统安全、应用系统安全、数据安全及备份恢复、安全管理制度、安全管理机构、人员安全管理、系统建设管理、系统运维管理等测评。

3. 局机关办公网U盘安全管理及计算机准入控制

根据《市水务局关于"局机关办公网U盘安全管理及计算机准入控制"项目的批复》，核定项目投资32万元。《市水务局关于下达市防办信息化系统运行维护等项目投资计划的通知》，下达投资计划32万元。建设内容主要包括：在局中心机房购置安装服务器1台（含正版操作系统），数据库软件1套，通过国家相关部门认证，具有准入、注册、监控等功能的接入认证网关1台，内网安全管理控制软件1套，移动介质管理许可和接入控制客户端500套，实现对局机关办公大楼内办公网计算机和移动存储介质的准入管理，限制未授权终端或移动存储介质的非法接入。

4. 局机关办公楼办公室网线及楼层网络配线箱等安全隐患整改项目

根据《市水务局关于局机关办公楼办公室网线及楼层网络配线箱等安全隐患整改项目的批复》，核定项目投资13.16万元。按照《市水务局关于拨付局机关办公楼办公室网线及楼层网络配线箱等安全隐患整改项目资金的通知》，拨付工程资金13.16万元。建设内容主要包括：购置网线、网络水晶头、跳线、通风地板等，整理办公楼1~9层楼层配线柜，中心机房和会议楼机房机柜，会商室控制室、视频厅控制室的综合布线；购置网线、网络水晶头、PVC线槽等，整理办公楼1~9层办公室，辅楼3楼机关服务中心办公室内、外网网线。2017年11月23日，通过竣工验收。

5. 市水务局纪检监察信息系统

根据《市水务局关于天津市纪检监察信息系统实施方案的批复》，核定项目投资48.9万元；《市水务局关于下达天津市水务局纪检监察信息系统等项目投资计划的通知》，下达了投资计划；《市水务局关于拨付天津市纪检监察信息系统项目资金的通知》，拨付项目资金48.9万元。主要建设内容包括：建设纪检监察业务管理子系统；建立纪律审查管理子系统；建立党风廉政巡查管理子系统；建立廉政档案管理子系统；建立系统管理子系统。2017年10月31日，通过竣工验收。

6. 天津市水务局工程档案管理系统建设项目

根据《市水务局关于天津市水务局工程档案管理系统建设实施方案的批复》，进行工程档案管理系统建设工作，核定项目投资为90万元。根据《市水务局关于下达局门户网站升级改版项目和天津市水务局工程档案管理系统建设项目投资计划的通知》下达的投资计划，《市水务局关于拨付天津市水务局工程档案管理系统建设项目资金的通知》，拨付项目资金90万元。项目在现有信息化基础上，搭建天津市水务局统一工程档案平台，建设局级工程档案管理系统，实现工程档案的收集、存储、借阅等管理功能，满足对在建工程档案阶段性报送、跟踪监督及已建工程档案信息化管理利用的需求，整体提升工程档案管理水平。项目于 2016 年 1 月进入试运行，2017 年 10 月 31 日通过竣工验收。

【水务业务管理平台建设】 2017 年，完成水务业务管理平台扩展与完善项目。根据《市水务局关于天津市水务业务管理平台扩展与完善项目的批复》，核定项目投资 466 万元。《市水务局关于下达天津市水务局纪检监察信息系统等项目投资计划的通知》，下达投资计划 466 万元；按照《市水务局关于拨付天津市水务业务管理平台扩展与完善项目资金的批复》，拨付工程资金 466 万元。建设内容主要包括："一个门户"更新完善业务专题数据挖掘、协同分析及辅助决策功能；"一张图"更新完善等空间元素地图标注、查询定位、空间分析及编辑更新等功能；"一个中心"，构建数据规则管理机制和数据自动同步机制；建设大数据服务平台；扩展完善移动门户。2017 年 11 月 23 日，通过竣工验收。

（杨晓云）

【防汛抗旱信息化建设】

1. 狼儿窝、九王庄重点工程视频监控系统建设与整合建设项目

根据《市防办关于狼儿窝、九王庄重点工程视频监控系统建设与整合实施方案的批复》，核定项目总投资 48 万元。项目建设包括：在狼儿窝分洪闸、九王庄节制闸新建视频监控站点，并通过公网将工程视频监控信息传输至水务局视频整合平台。2017 年完成该项目主要建设任务，能够实时掌握闸站雨情、水情及工情现场情况，为天津市防汛决策和重点水利工程管理提供及时、准确的决策依据。

2. 防汛信息化提升工作方案

根据市领导指示以及局党委确定的"六能"目标和工作部署，紧密结合天津市防汛指挥调度的实际工作需求，通过认真分析防汛信息化现状，以完善信息技术支撑手段为着眼点，以加强信息采集和共享为基础，以优化汛情信息的分析、处理、展示为关键，坚持实用性原则，编制了《防汛信息化提升工作方案》。提出"一个中心，两条主线，三项工作，七个项目"。以市防办调度指挥中心为核心，以完善提升数据信息的采集、传输、处理、展示，提升视频指挥系统为技术支撑主线；以加强市区防汛信息采集，加强与上游地区的防汛信息共享，强化水情信息采集，提升视频会商支持手段为抓手，做好七个项目建设。依托具体措施落实，提升防汛信息化管理水平，为防汛调度和决策指挥提供更为有力的信息化支撑手段。

3. 国家防汛指挥系统二期工程

二期工程天津项目包括：防汛抗旱综合数据库建设、数据汇集与应用支撑平台建设、洪灾评估系统建设、抗旱业务应用系统建设、综合信息服务系统建设五个部分。2017 年组织开展各单项工程建设。9 月，按照国家项目部要求，陆续开展了系统试运行验收和单项工程完工验收。2018 年 6 月，完成系统试运行验收和单项工程验收。

4. 天津市洪水风险图编制项目收尾和成果应用

天津市洪水风险图编制项目成果 2016 年年底已全部通过成果技术审查，2017 年收尾工作包括三个方面：①完成洪水风险图管理与应用系统建设与部署及成果汇总集成等建设内容；②利用项目结余开展的大黄堡洼蓄滞洪区洪水风险图应用试点及成果资料整编和图集编制，其中大黄堡洼蓄滞洪区洪水风险图应用试点 9 月通过天津市防办组织的合同完工验收，项目成果对蓄滞洪区防洪工程建设、防汛调度决策、防洪抢险、安全建设、非工程建设等具有指导意义；同时对大黄堡洼蓄滞洪区内公（铁）路联合阻水效应进行深入研究，并列入局科技项目，同期完成局科技信息处组织的项目验收工作，项目研究成果对已有洪水风险图成果的推广应用具有很强的指导意义和很重要的现实意义；③2014 年度和 2015 年度项目成果验

收工作，严格按照国家重点地区洪水风险图编制项目审查验收管理相关要求，逐项逐条落实验收材料，为提高验收工作效率，顺利通过成果验收，委托有资质的单位对项目资金到位和资金使用情况进行专项审计。已完成各年度成果验收工作。

5. 天津市农村基层防汛预报预警体系建设前期工作

该项目是国务院常务会议通过的加快灾后水利薄弱环节建设项目组成部分，2017年5月，国家连续下发文件，要求尽快报送项目备案表，抓紧时间落实实施方案等前期工作。随后，市防办向各有关区人民政府传达国家相关要求，落实了属地管理和工作主体责任；为加强项目建设管理，组织指导和协调各区项目建设工作，保证项目如期完成，市防办成立了天津市农村基层防汛预报预警体系建设项目领导小组，在市防办要求和推动下各区也成立了本区农村基层防汛预报预警体系建设项目领导小组，为项目的顺利开展提供了组织保障；多次召开项目推动交流会议，编制并下发天津市农村基层防汛预报预警体系建设技术指导书和实施方案编制纲目，组织现场调研，落实实施方案编制工作，为后续招标和建设工作打下良好的基础。

6. 防汛网络系统升级改造

防汛网络系统升级改造项目主要是隔离业务网和办公网，优化网络结构，提升网络、信息安全。项目中电脑设备购置按照政府采购规定，采用集中采购方式完成采购工作；网络施工改造及系统升级在普泽进行公开招标，确定施工单位。为了减少对防汛日常工作的影响，特别是要满足主汛期7天×24小时信息化系统不间断运转的要求，网络施工改造及系统升级分时段穿插开展工作，于2017年12月底初步完成建设改造工作。

（康炳迁　张　芳　赵英虎）

【水资源信息化建设】　实现了水文水资源信息传输网络化、信息处理标准化和信息监视自动化，达到迅速、及时、准确地掌握各水文分中心辖区内雨情、水情、监视设备运行状况等相关信息。通过建设水文分中心水文水资源信息在线监视、在线分析、动态处理的水文水资源信息监视体系，集成视频监控、图像采集、数据在线分析等模块，达到了发挥水文水资源信息在防汛抗旱、水资源管理工作中数据支撑作用的目标。

微信公众号作为主要的移动办公系统，可以实现对地表水、地下水实时监测信息的在线查询检索，对实时降雨量信息、控制断面流量信息进行查询统计、引江水情表、引滦水情表、流域水情表、雨情简报、水情简报、水质简报、地下水埋深月报、水资源统计表（月报、季报、年报）等报表的查询展示。水文中心微信公众号实现了在线文件浏览、值班人员查看、巡测车辆管理等相关行政办公功能，最终在移动终端上实现了和用户的文字、图片、语音、视频的全方位沟通、互动，为提高水文中心信息化办公水平提供了有效支撑。

（李　红）

【排水信息化建设】　2017年，进行积水视频监测系统点位扩容项目的建设，在大悦城、密云一支路、全运村等7处重点地区安装监控设备并接入排管处视频监控系统；继续对中心城区内35个二级河道、5个污水处理厂以及24座泵站共计64个的监测点位进行了水准核定；进行积水深度监测试点的建设，选取南口路地道、九经路地道、越秀路三处易积水地区作为试点，安装电子水尺，对积水点实时的水位进行监测，为实现积水信息的定量化目标积累经验。

（排管处）

信息化管理

【电子政务系统运维与管理】　根据《市水务局关于2017年度电子政务网络等系统运行维护项目的批复》，完成局电子政务网络系统的运行维护工作，核定项目投资为320万元。建设内容主要包括：①电子政务网络系统运行维护；②业务楼会议系统运行维护；③程控交换机维护；④扩展完善绩效与督查管理信息系统机关处室绩效考评模块；⑤更换件、备件，技术咨询等。2017 年年底完成项目全部维护内容，各系统运行良好。

根据《市水务局关于 2017 年度天津市水务业务管理平台运行维护项目的批复》，完成天津市水务业务管理平台的运行维护工作，核定项目投资为 120 万元。建设内容主要包括：①数据中心运行维护；②视频监控系统运行维护；③服务器系统和存储系统运行维护；④水务业务网运行维护；⑤天地图前置服务系统运行维护；⑥空调、UPS 及环控系统运行维护。2017 年年底完成项目全部维护内容，各系统运行良好。

2017 年，市水务局不断完善办公自动化系统，协助办公系统运维人员共解决机构及人员增减、用户权限调整、工作流程定义及修改、客户端调试等问题共计 576 个，并督促运维人员做好日常数据备份、数据清理工作。

电子签章动态管理。做好电子签章的制作、解密、更新、收回等各项管理工作，在日常工作中及时协调解决各单位和个人在使用签章中遇到的问题，保证全局 138 枚电子公章、57 枚个人电子印章的正常使用。

市政府电子政务内网和水利部电子政务外网管理工作。全年通过市政府内网接收与发送电子文件 2000 余件；通过水利部电子公文交换系统接收与发送电子公文共计 800 件左右。

（杨晓云　武珊珊）

【防汛抗旱信息系统运维与管理】　市防办信息化系统覆盖市防办、各区（县）防办、局属防汛相关部门，实现了气象、雨情、水情、潮情等业务信息的管理和防汛视频会商等功能，是防汛抗旱业务工作的重要技术支撑。

1. 防汛一级通讯网及城市防洪信息系统等 7 个系统运行维护项目

根据《市防办关于 2017 年防汛一级通信网及城市防洪信息系统等 7 个系统运行维护项目实施方案的批复》，核定项目总投资 180 万元。防汛一级网等运行维护项目主要内容包括：防汛一级通信网、城市防洪信息系统通信子系统、城市防洪信息系统计算机网络系统、国家防汛抗旱指挥系统、防汛专业网、防汛应急指挥系统、防汛应急指挥系统与国家防总互联系统 7 个系统的运行维护。该运维项目是天津市洪涝灾害信息采集、传输及业务应用系统的基础支撑，是防汛应急通信的重要保障，是与国家防办、海委、市应急办等单位进行信息传输与视频会商的主要方式。2017 年完成项目全部维护内容，各系统运行良好，保证了防汛信息畅通，在汛期工作中发挥重要作用。

2. 防汛重点工程视频监控系统运行维护项目

根据《市防办关于 2017 年防汛重点工程视频监控系统运行维护项目实施方案的批复》，核定项目总投资 60 万元。该运维项目主要包括里自沽蓄水闸、宁车沽闸、北京排污河防潮闸、秦营闸、永定新河防潮闸、耳闸、金钟河闸、二道闸、蓟运河闸共 9 个视频监控站点，41 个视频监控点位设备的运行维护、机房及附属设备维护、软件及网络维护等。2017 年完成项目全部运行维护内容，系统运行正常，该系统的运行为工程管理、防汛调度提供强有力的第一手资料，在汛期工作中发挥重要作用。

3. 防汛信息系统运行管理

为保障系统稳定运行，关键时刻不出故障，将防汛信息化系统运行维护工作落实到人，日日巡检，发现问题，及时汇报，及时解决，并编制完成网络系统安全管理等方面管理制度，规范运行维护工作程序，保障系统安全、长效、稳定运行。汛前安排专人对防汛网络系统、信息系统软硬件等进行多次系统性检测和维修维护工作；更新值班系统多屏显示设备，优化值班系统功能结构；维修了大神堂码头潮位监测站点，更新了设备；加强与气象部门的合作，做好防汛气象短信服务工作；对全市视频会商 21 个分会场、3 个主会场设备进行检测、维护，提高了系统稳定性。

汛期加强职守，做到 7 天×24 小时有应答，2017 年汛期恰逢十三届全运会在天津举行，各级领导要求坚持防大汛、防内涝、防山洪、抢大险、抗大灾，要做好充分的思想准备和工作准备，确保防汛工作万无一失，特别提出信息化保障不仅要随叫随到，而且要联得上、不间断、看得清、听得见的总要求。为此，市防办制定并下发了《2017 年汛期视频会议系统运行管理使用暂行规定》，并将市内六区视频会议系统接入市防办，市防办、各河系处、各区防办、于桥处、排管处认真执行规定，安排专人每天 9 时按时参加视频点名联合调试，及时排查故障隐患，保障了系统正常运行，视频会议期间各单位积极配合，圆满完成了 2017 年汛期视频会议保障工作，为防汛会商决策提供了有力的技术支撑。

（康炳迁　张　芳　赵英虎）

【水资源信息系统维护与管理】 水资源信息系统维护主要包括地下水流量监测站点、水质自动监测站、系统平台及水功能区水质巡测等。

2017 年 2 月，水利部办公厅下发《水利部办公厅关于加强国家水资源管理系统运行维护工作的通知》，要求按照"分级负责、分工协作、统一标准、长效稳定"的原则，明确运行维护任务，落实责任主体，健全工作机制，推进各项运行维护工作的有序开展。为做好水资源信息系统的运行维护，切实保障各类国控监测点和信息平台的安全可靠、稳定运行，充分发挥系统作用，出台了《天津市水资源监控能力建设系统运行维护管理办法（试行）》。按照管理办法统一更新了地下水流量监测站点电池，定期巡检于桥水库和尔王庄水库两个自动监测站。

2017 年每月对全市 33 个国家重要水功能区监测 1 次，评价通报 12 份，监测数据约 4.5 万个，监测数据及时上传至水资源信息系统平台。建设完成管理平台在线运行维护管理系统，实现了水文中心机房温、湿度、电源状态实时显示、服务器等设备运行状况查询、网络线路连通情况、支撑软件、系统应用软件模块运行状态、水资源上报数据时效性状态查询等功能。完成了机房制冷、温湿度监控、电源、机柜、大屏幕设备、KVM、液晶拼接屏、视频会议、服务器、安全设备等相关设备的备品备件及维护工作。对水资源信息系统历史数据库、监测数据库、水资源业务数据及相关应用支撑软件进行了维护。

（李　红）

【排水信息系统运维与管理】 2017 年，对所有现场监测点在汛前汛后各巡检一次，保障设施的正常使用。全年抢修 200 余次，抢修范围包括系统中心端平台、监测点现场以及根据需要对监测点的迁建等。

（排管处）

【网络信息安全与保障】

1. 网站建设管理

2017 年，市水务局严格按照市政府办公厅下发的《关于加强政府网站信息内容建设的实施意见》及《天津市政府网站管理办法》要求，对照全国政府网站普查指标体系及评分标准，顺利地完成了网站建设管理各项任务。按时报送当月网站监测评分汇总表，完成了政府网站信息报送任务；在全年政府网站监测通报中，网站得分均保持在 90 分以上；网站对水务动态、媒体聚焦、规划计划、人事任免、政策文件、通知公告的更新做到了及时、准确、高效；高质量解答网民提出的问题，未出现超时情况；网站全年无断网、断链、错链情况发生，且网页响应、下载速度快；在全运会及十九大期间，采取 24 小时值班制度和截图上报制度，保证网站安全运行。

2017 年网站累计发布水务信息 1339 条，转载天津日报、新华网、人民网、北方网、中国水利网等媒体稿件 119 篇，开设政务访谈 3 期，开展网上问卷调查 5 次，向市政务网站报送信息 62 条，采纳 58 条。2017 年度点击量已突破 20 万，累计点击量突破 110 万。

2. 网络信息安全检查

为强化计算机信息系统的管理力度，2017年6月6日，对水务局门户网站进行系统信息安全保密检查，检查了局办公室负责信息发布的专用机器以及四台网站系统应用服务器。2017年7月6日，开展天津市关键信息基础设施网络安全检查，对全局10个信息系统进行了网络安全检查，其中包括局门户网站、水环境监测系统、泵站远程监测控制系统、防汛调度监测系统、天津水务有形市场网等信息系统。这10个信息系统分别部署在局中心机房和排管处、建交中心、水文水资源管理处三个下属单位。2017年9月，为做好市国家保密局迎检工作，信息中心技术人员按照"涉密信息不上网、上网信息不涉密"的原则，对局机关内网办公机器和外网机器进行了自查，检查机器数量40台左右。针对出现的问题，及时进行整改。

3. 网络保密检查

根据局关于保密法宣传周要求，局办公室、科技信息处、信息中心组成联合检查组，于2017年7月对局机关和防汛抗旱处、设计院进行保密检查。共检查了12台计算机。2017年9月7日市国家保密局对市水务局保密自查自评进行专项督查，对保密工作责任制落实、保密制度建设、涉密人员管理、国家秘密确定、保密知识培训、涉密载体、信息公开等情况进行全面检查。保密局共检查了7台机器，其中办公内网计算机3台，与互联网连接的外网计算机4台。检查后对市水务局的安全保密工作提出了建议和意见。2017年9月25日，对排管处、水科院、水文、控沉办四家单位的4台涉密计算机、保密要害部位、电子阅报屏进行检查。2017年11月27日，对局机关的全部计算机，进行了为期一周的安全保密检查，共检查计算机104台。2017年12月，对供水处和水文中心水情科的办公计算机、服务器进行了检查。

（局办公室 信息中心）

财 务 审 计

财 务

【概述】 2017 年，按照局党委统一部署，积极发挥职能作用，完善制度，梳理资产管理工作流程，在深化预算管理、强化资金监管和加强国有资产监管以及规范企业管理等方面取得了一定成效，较好地完成了全年工作任务。市水务局 2017 年部门预算编制工作获市财政局颁发的"天津市 2017 年市级部门预算编制工作二等奖"。

【预决算管理】 2017 年，印发《天津市水务局预算管理办法》《天津市水务局政府采购管理办法》《天津市水务局非基建类预算项目评审管理办法》，完善预算管理制度体系。

印发《关于做好 2018 年部门预算备选项目申报有关工作的通知》，3 月部署 2018 年部门预算备选项目申报准备工作，5 月组织召开备选项目编报推动会，敦促各预算单位提前着手、做好备选项目申报，确保项目尽早、尽快实施。配合各业务处开展备选项目评审论证工作，加强项目遴选。与市财政局协调，争取财政资金。做好 2018 年部门预算人员、资产等基础信息填报，及时更新全局预算基础信息数据库，为 2018 年部门预算基本支出财政经费核定夯实基础，组织做好 2018 年基本支出预算编报。

组织 2016 年部门预算项目支出绩效自评工作。印发《关于开展 2016 年部门预算项目支出绩效自评工作的通知》，完成 29 个预算项目绩效自评，自评优良率近 90%。

组织 2017—2019 年部门中期财政规划编报。印发《关于做好全局 2017—2019 年部门中期财政规划编报有关工作的通知》，按照"分级管理、归口汇总"的原则，组织局业务处和局属预算单位以 2017 年部门预算为基础，结合局部门权力和责任清单、部门职能和工作重点，依托水务发展"十三五"规划和相关专项规划，完成全局 2017—2019 年部门中期财政规划编报工作，初步建立跨年度预算平衡机制，为 2018 年和 2019 年预算编报提供指引。

巩固和扩大公共财政对水务投入增长机制。全年共落实财政性水务资金 58.48 亿元，其中基本支出 8.24 亿元；基本建设、河道维修维护、防汛业务、应急抢险等其他项目资金 27.14 亿元，污水处理服务费 7.1 亿元；落实外调水资金 17.5 亿元（市财政拨款 16 亿元）。

预算执行。2017 年年初，将每一个预算项目分解到项目单位和业务处，落实责任、明确时间节点和执行要求。夯实预算执行月报制度，及时掌握全局预算执行进度。对各单位的执行情况进行梳理、分析和排名并在局网站上进行通报。组织中期推动会，提高各单位对预算管理的重视程度和预算执行力度。对排名靠后、存量资金数额大的单位以及新预算单位，局领导带队上门服务，做好调研指导，促进各单位把预算做细做好。对预算执行进度滞后的单位，局领导对相关单位主要负责人进行约谈。2017 年全局预算执行率97.2%。

组织编报水务局 2016 年部门决算报表，汇总上报 2016 年财政供养人员信息情况。组织编报 2016 年基建决算及固定资产投资决算报表，委托会计师事务所对所有基建报表数据进行审核并汇总报市财政。汇总上报全局 2016 年结余结转资金统计情况报表，清理并上缴市财政国库财政拨款结余资金 1134.6 万元。

政务公开。批复局属单位 2016 年部门决算、2017 年部门预算和"三公"预算。编制水务局 2016 年部门决算和"三公"决算、2017 年部门预算及"三公"预算报表，通过市财政局审核后，按时在市水务局门户网站上公开。

【资金监管】 印发《天津市水务局机关预算管理办法》《天津市水务局机关收支管理办法》《天津市水务局机关采购管理办法》《天津市水务局机关合同管理办法》《天津市水务局机关固定资产管理办法》。梳理与经济业务相关的各部门职责、工作流程，完善表单，形成《天津市水务局机关内部控制管理手册》。指导局属单位建立内控体系，组织自查，2017 年全局各事业单位全部制定《内部控制管理手册》。

配合市财政局对市水务局 2016 年应急度汛资金使用情况以及专项资金管理使用、预决算公开、存量资金盘活、预算编制执行等 5 个专项工作及 2016 年政府采购情况进行检查，并完成整改工作。继续推进内部控制建设工作。

发挥局财务信息系统的功能和全市联网审计监督平台作用，对重大财务事项进行跟踪指导，完成与市审计局联网的实时审计财务数据库维护，将全局所有单位的账套纳入到联网实时审计的范围内，实现联网审计全覆盖，为水务资金的使用管理构建"安全网"。

银行账户清理建档。对全局各单位银行账户情况进行统计、汇总、建立底档和对不需用、不规范账户进行撤销清理。协调市财政为新预算单位的银行账户补办财政审批手续，并开立零余额账户纳入国库集中支付系统中进行财务核算。

财政票据管理自查。印发《市水务局关于加强财政票据管理工作通知》，组织局属各单位查找票据管理和使用中存在的问题，自查自纠、主动整改，规范管理。

完成局属事业单位 2017 年绩效工资自筹来源核查和 2016 年度绩效工资来源情况调查。根据市审计局对市水务局 2015 年预算执行和其他财政收支情况审计决定书和审计报告，促进各单位绩效工资发放整改到位；要求各单位全口径测算人员经费，并结合 2017 年部门预算财政保障情况、单位自筹人员经费的需求，对 2017—2019 年 3 年自筹经费来源进行分析，确保绩效工资的发放来源合理、稳定和可持续。

完善《天津市水务基本建设项目资金报表》报送制度，对涉及各区的水务项目法人报表进行了优化，并实行季报制。加强了对市级各水务项目法人单位基建项目资金使用情况的统计工作，将项目财政评审、竣工决算批复与资产移交情况纳入基本建设项目财务统计报表体系，实现一表制清单式统计管理，为基建财务监管提供了基础参考数据。

组织召开基建项目竣工财务决算评审及竣工验收工作推动会，与各市级项目法人单位对使用财政性资金的已完工待验收建设项目逐项梳理，了解工程竣工财务决算评审及验收工作进度，对已完工待验收项目，要求各项目法人单位明确工作时间节点、责任人，采取有效措施，加快推进工程结算、竣工财务决算评审工作；对已竣工验收但未办理资产移交手续的建设项目，要求各项目法人单位与接收单位按照交付使用资产明细，逐项清点实物，核实资产价值，尽快落实水务工程建设项目资产移交工作。

与市财政沟通协调，落实完成 2015 年度以前的 33 个基建项目竣工决算批复工作，并督促各项目法人单位及时上缴基建结余 4067 万元。印发《关于加强生产经营类事业单位财务和资产管理工作的通知》和《关于加强经费自理事业单位财务管理的通知》，对非财政拨款单位加强财务管理和财务分析，促进单位可持续发展。

【国有资产】 行政事业单位资产核实。印发《关于做好市水务局行政事业单位资产核实工作的通知》和《进一步做好行政事业单位资产核实工作的补充通知》，明确核实要求和审批权限。对按要求上报资产核实事项的17家单位的资料进行逐一分析、审核、分类，形成全局资产核定情况清单，组织指导局属单位依法依规规范有序地做好资产核实工作。已完成资产核实审批工作的单位2家，已上报市财政履行审批程序的单位4家。印发《天津市水务局资产管理办法》。

继续推进局属事业单位及所属企业产权登记办理工作。与市财政征收局沟通，建立市水务局产权登记工作台账，完成局属事业单位及其所属企业75户的产权登记资料上报工作，2017年有11户通过财政审核。

完成节水科技园区租金收缴工作；组织实施2017年园区基础设施维修工程；召开园区安全生产推动会和安全生产培训；组织开展危化品专项治理，夏季消防、电器防火等自查和专项检查工作。组织消防设施和电力设施检测。

【涉水价费】 完成市水务局2016年度行政事业性收费（6户）和经营服务性收费（5户）年检换证工作。建立经营服务性收费月报制度，做好同期数据对比分析。配合市有关部门完成各项行政事业性收费的收费依据的梳理和涉企经营服务性收费清理规范的自查工作。

建立对市水务集团征收的污水处理费、地表水资源费月度考核制度。配合市财政征收局加强两项收费的征管，督促水务集团做到应收尽收和应缴尽缴。2017年水务集团污水处理费缴库3亿元，地表水资源费缴库5亿元，比上年有大幅提升。

印发《市水务局关于加强地表水资源费征管工作的通知》，加大地表水资源费的收缴力度。2017年全年地表水资源费征缴入库7.6亿元，配合市财政局做好审计整改工作，清欠以前年度水资源费欠费8700万元。

配合市发展改革委、市财政局做好水价调整工作，水附加取消后，按照《市发展改革委市财政局市水务局关于降低非居民自来水价格的通知》（津发改价管〔2017〕646号），从2017年4月1日开始，非居民自来水销售价格，工业、行政事业和经营服务用水每立方米由8.10元调整到7.90元，特种行业用水每立方米由22.5元调整到22.3元；按照《市发展改革关于调整部分水利工程供水价格的通知》（津发改价管〔2017〕731号），从2017年4月1日开始，供滨海新区行政区域内公共水厂的水利工程供水价格调整为每立方米1.65元，供市内六区行政区域内公共水厂的水利工程供水价格调整为每立方米1.23元，市水务集团供滨海水业供水的水利工程供水价格调整为每立方米1.03元。

配合市有关部门做好水资源费改税前期测算和调研工作，按照《天津市水资源税改革试点实施办法》（津政发〔2017〕43号），从2017年12月1日开始，天津市水资源费改为水资源税，统一供水企业征税环节，全市供水企业统一在取水环节按标准征收水资源税。完成地表水资源费档案移交工作，做好改革前后收费衔接和取用水户实际用水量的核准认定工作，为水资源税顺利开征打下基础。

配合市发展改革委完成涉企经营服务性收费清理规范的自查工作、电子政务平台收费确认工作和协会收费标准的公示工作。配合市财政局完成各项行政事业性收费的收费依据的梳理工作和落实清费项目的调查工作。

【企业监督管理】 2017年，召开企业清理工作推动会，按照"两坚持、两确保"原则和"三个一批"思路，积极推进局属事业单位举办企业的清理工作。2017年完成清理注销企业11户，累计清理 20 户。

建立局属事业单位所办企业国有资产交易制度。对局属事业单位及所办企业的产权转让、资产转让和增资行为进行规范,明确资产交易行为的程序和流程。

推动水务集团混改工作,审核上报水务集团混改工作方案,定期组织专题会议,监督水务集团混改进度。并按照水务集团党组织隶属关系和混改工作牵头部门的变化情况,将混改工作清单和工作资料移交市国资委。

【其他财务管理】 对市财政实施新的支出经济分类科目使用指导,在财务信息管理系统中建立新的支出经济分类科目体系。指导各单位做好政府采购预算申报和采购计划的审核备案。研究拟订财务信息管理系统进行软硬件升级维护方案。

2017 年,组织预算管理、政府采购、基建财务、资产管理等业务培训,累计培训 400 余人次。组织 2017 年市水务局财务人员继续教育。

组织全局财务人员参加天津市会计学会举办"中华会计网校"杯 天津市第三届会计人员职业技能竞赛(互联网 + 会计信息化)行政事业组,8 名参赛人员进入决赛,最终获得"团体一等奖"和"优秀组织奖",个人二等奖 1 名。组织全局财务人员参加"会计信息化知多少"有奖竞答活动。

对原供水单位财务人员进行事业单位会计制度转换工作的培训。委托会计师事务所会计制度转换工作进行审计,完成原供水单位的财务制度的转换工作。

(财务处)

审　计

【概述】 2017 年,天津市水务内审机构及内部审计人员共完成审计项目 113 个,包括局属处级干部经济责任审计 7 个,局属单位管理情况专项审计 1 个,预算执行审计 2 个,专项工程审计 1 个,局属单位开展内部审计 102 项。提出审计建议并被采纳

100 条。在完成业务工作的基础上,完成了大量审计协调配合工作。

【经济责任审计】 完成姜衍祥任控制地面沉降工作办公室常务副主任期间的经济责任审计;郭宝顺任水文水资源勘测管理中心主任期间的经济责任审计;骆学军任引滦工程隧洞管理处处长期间经济责任审计;闫凤新任天津市永定河管理处和天津市水务局物资处处长期间经济责任审计;王志高任天津市引滦工管处处长期间经济责任审计;景金星任天津市水利设计院院长期间经济责任审计。审计结果抄送市水务局内部组织、纪检、人事、财务等相关部门。经济责任审计的顺利开展为保护国有资产的安全完整,加强干部权力监督,促进党风廉政建设,发挥了重要作用。

【预算执行审计】 为规范和促进局属单位加强预算资金管理,促进预算资金使用效益的不断提高。根据《天津市水务局 2017 年度审计工作计划》(津水审〔2017〕2 号),完成基建处 2016 年预算执行审计和永定河处 2016 年预算执行审计。

【工程管理审计】 严格执行《水务工程建设项目验收管理规定》和《天津市水利基本建设项目竣工决算审计暂行办法》,加强审计监督,促进全局水务工程建设管理和资金管理,完成排管处天津市中心城区雨污水混接改造工程社会产权支管与主干管道混接点改造工程(四期)实施专项审计。

【专项审计】 围绕水务中心工作,积极开展专项审计,促进全局完善管理、规范制度、改进各项工作。针对水务经济运行管理工作中突出矛盾,积极开展专项审计,及时发现问题,有针对性地提出防范和化解风险的对策建议,为加强全局水务管理工作提供依据。2017 年完成对入港处及其投资形成或实际控制的所属企业的专项审计。

【其他审计工作】 根据局领导要求，开展对局属单位举办企业情况审计工作，组织利用社会审计力量，对局属事业单位开办的 32 家企业进行审计，此项工作正在进行中。

【资金监管联席会议】 严格执行《天津市水务局资金监管联席会议制度》，定期召开了水务资金监管联席会议。加强人事、计划、财务、安监、审计、巡察等联席会议成员部门的协作配合。按照"谁监管、谁负责"的原则，推动市水务局资金监管工作，促进监管结果利用，充分发挥水务资金监管联席会议职能。

【外部审计协调】 协调局系统内部相关部门和单位、水务集团等相关企业，完成了国家审计署对天津市实施的重大决策落实情况审计、市审计局对市水务局 2016 年度预算执行情况实时联网审计、对市财政局征收局 2016 年行政性收费情况延伸审计和对政务信息系统建设情况审计调查等审计项目协调配合工作，协调推动局系统相关部门单位、水务集团等相关企业完成了各项整改和反馈工作。

（审计处）

人力资源及社会保障

机 构 人 员

【概述】 2017年，完成2016年机关、市调水办及局属事业单位机构编制实名制年报工作以及2017年各月月报工作，并按市编办要求在全局范围内推广使用天津市机构编制实名制网络管理。加大对科级干部选拔聘用程序的监督管理，完成9名正科级干部、17名副科级干部选拔任用审批工作，并按照市委组织部要求在全局范围内推广使用干部纪实监督系统（科级版）。

【机构编制】 2017年，天津市水务局共有65个事业单位通过天津市事业单位法人登记管理办公室年审（检）。

2017年2月17日，市编办下发《关于设立天津市海河口泵站管理所的批复》（津编办发〔2017〕50号），批复设立天津市海河口泵站管理所，为市海河管理处管理的公益一类事业单位，等级规格相当科级。该所的主要职责是：承担所管辖水利工程的运行管理、日常维护、运行安全监测等工作。核定该所事业编制15名，所需编制从天津市耳闸管理所、天津市海河管理处、天津市海河二道闸管理所划转，相应核定科级领导职数1正2副，其中所长1名，副所长2名。调整后，天津市海河管理处事业编制由120名核减至117名、天津市海河二道闸管理所事业编制由53名核减至50名。撤销天津市耳闸管理所。

2017年5月16日，市编办下发《关于调整天津市引滦工程潮白河管理处等9个事业单位隶属关系的批复》（津编办发〔2017〕239号），批复天津市引滦工程潮白河管理处、天津市引滦工程尔王庄管理处、天津市引滦工程宜兴埠管理处、天津市水利工程水费稽征管理一所、天津市水利工程水费稽征管理二所5个事业单位的隶属关系由市水务局管理调整为天津水务集团有限公司管理，所需经费由水务集团负责解决；天津市南水北调调水运行管理中心、天津市南水北调王庆坨管理处、天津市南水北调北塘管理处、天津市南水北调曹庄管理处4个事业单位的隶属关系由市南水北调工程建设委员会办公室管理调整为天津水务集团有限公司管理，所需经费由水务集团负责解决。

2017年10月23日，市编办下发《关于调整天津市大清河管理处机构编制事项的批复》（津编办发〔2017〕462号），批复将天津市子牙河管理所、天津市南运河管理所并入天津市大清河管理处，同时撤销天津市子牙河管理所、天津市南运河管理所。调整后，天津市大清河管理处主要职责为：负责所管辖河道、水闸、蓄滞洪区、独流减河宽河槽湿地改造工程等水利工程的管理；负责防汛、排涝工作；对管辖的水利工程进行检查、观测、运行；承担工程维修项目的申报和组织实施工作。天津市大清河管理处的事业编制由57名增至81名，该管理处设13个内设机构，等级规格均为相当科级，相应核定科级领导职数13正13副。

2017年11月8日，市编办下发《关于调整天津市引滦工程于桥水库管理处领导职数的批复》（津编办发〔2017〕475号），批复天津市引滦工程于桥水库管理处增加副处长1名，主要负责于桥水库入库河口湿地工程运行管理和日常维护工作。调整后，该管理处处级领导职数为1正5副，其中处长1名，副处长5名。

2017年12月12日，市编办下发《关于设立天津市河长制事务中心的批复》（津编办发〔2017〕534号），批复设立天津市河长制事务中心，为市水务局管理的公益一类事业单位，等级规格相当处级。该中心的主要职责是：承担河长制管理和考核的政策措施研究、信息化建设管理、数据统计分析等技术性、事务性工作。该中心核定事业编制35名，所需编制从天津市排水管理处、天津市水务局物资处珠江道仓库、天津市海河二道闸管理所、天津市永定新河防潮闸管理所、天津市大清河管理处、天津市大张庄闸管理所、天津市芦新河泵站管理所划转。该中心核定处级领导职数1正2副，其中主任1名，副主任2名；该中心设4个内设机构，等级规格均为相当科级，相应核

定科级领导职数4正4副。编制划转后，天津市排水管理处事业编制由2633名减至2618名，天津市水务局物资处珠江道仓库事业编制由38名减至28名，天津市海河二道闸管理所事业编制由50名减至45名，天津市永定新河防潮闸管理所由35名减至33名，天津市大清河管理处由81名减至80名，天津市大张庄闸管理所由13名减至12名，天津市芦新河泵站管理所由18名减至17名。同时，将天津市北三河管理处蓟运河管理所并入天津市北三河管理处，撤销天津市北三河管理处蓟运河管理所。并入后，天津市北三河管理处核定人员编制91名，设12个内设机构，等级规格均为相当科级，相应核定科级领导职数12正6副。

【队伍现状】 2017年，天津市水务局共有在职职工3873人（含驻局纪检组人员），较上年减少121人。其中局机关110人，调水办20人，事业单位3737人，企业单位6人（下图和下页表）。

（人事处）

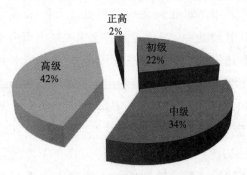

全部在职职工中具备专业技术资格人员情况分类

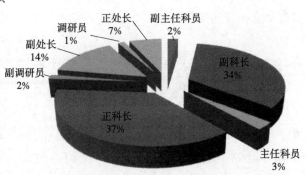

全部在职职工中具备干部职务人员情况分类

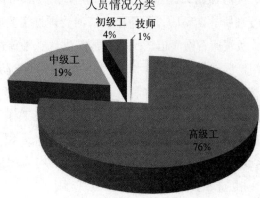

全部在职职工中工人情况分类

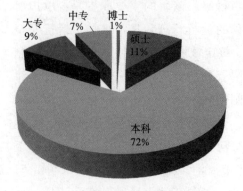

全部职工中具备学位学历人员情况分类

2017年天津市水务局人员情况一览表

注：表头分组为——全部在职职工（含内退）、具备专业技术资格人员情况、具备干部职务人员情况、工人情况、具备学位学历人员情况、职工年龄结构等。

序号	单位名称	总人数	其中:女性	专技合计	正高	副高	中级	初级	干部合计	正处长	调研员	副处长	副调研员	正科长	主任科员	副科长	副主任科员	工人合计	高级技师	技师	高级工	中级工	初级工	学历合计	博士	硕士	本科	大专	中专	35岁以下	36~45岁	46~54岁	55岁以上	子女顶替内退人数	改革内退人数	离休总人数	退休总人数
1	天津市水务局机关	110	38	64	6	19	19	20	82	18	9	20	10	14			11							110	4	34	70	2		25	34	36	15			9	150
2	天津市南水北调工程建设委员会办公室	20	9	20		6	8	6	17	5	1	1	1	4			5							20		3	17			7	4	7	2				5
	合计	130	47	84	6	25	27	26	99	23	10	21	11	18			16							130	4	37	87	2		32	38	43	17			9	155
1	天津市水务基建管理处	35	15	29	1	15	9	4	14	1		3		7			3	3			3			35		9	21	3	2	12	11	6	6			2	42
2	天津市水利科学研究院	110	41	96	13	58	18	7	28	2		4		13			9	8			8			105	7	42	44	8	4	26	41	27	16			4	76
3	天津市水文水资源勘测管理中心	209	93	164	3	84	52	25	41	1		5		17			17	21			15	4	2	202	1	22	139	30	10	40	75	72	22			1	131
4	天津市水务局农田水利处	28	11	26	3	16	5	2	12	1		3		4			4	1			1			28	1	13	12	2		7	12	5	4				15
5	天津市海河管理处（二道闸管理所）	151	66	133		41	63	29	37	1		4		16			16	6		1	2	3		151		16	125	5	5	66	55	20	10				40
6	天津市控制地面沉降工作办公室	19	10	18	1	12	2	3	5	1		2					2							19	2	2	7	2		9	7	3					3
7	天津市永定河管理处（物资处）	189	74	149		37	62	50	41	1		5		19			16	21	1	1	16	2	1	180	1	15	149	7	9	84	52	32	21		9	3	151
8	天津市海堤管理处	21	9	21		11	5	5	8	1		2		4			1							21		4	17			9	5	7					2
9	天津市北三河管理处	79	21	63	2	22	24	15	22	1		3		12			6	5			5			79		5	69	4	1	35	27	11	6				10
10	天津市北大港水库管理处	89	38	64	2	11	19	32	17	1		2		8			6	18		1	16	1		86	1	3	64	6	12	18	50	11	10		5	2	113
11	天津市水务建设工程招投标管理站	2	1	2		1	1		4	1		2		1										2			2					1					
12	天津市排水管理处	1691	513	805	8	323	294	180	126	1		6		44			75	813			612	165	36	1230	1	59	873	148	149	427	572	363	329			4	2581
13	天津市供水管理处	25	12	20		6	9	5	8	1		1		5			1							25		5	19	1		10	7	5	3				

续表

单位名称	全部在职职工（含内退）		具备专业技术资格人员情况					具备干部职务人员情况									工人情况						具备学位学历人员情况						职工年龄结构				子女顶替内退人数	改革内退人数	离休总人数	退休总人数
	总人数	其中:女性	合计	正高	副高	中级	初级	合计	正处长	副调研员	副处长	调研员	正科长	主任科员	副科长	副主任科员	合计	高级技师	技师	高级工	中级工	初级工	合计	博士	硕士	本科	大专	中专	35岁以下	36~45岁	46~54岁	55岁以上				
14 天津市防洪抗旱管理处	30	14	21		15	4	2	11	1		3		4		3		2			2			30	1	6	18	4	1	6	10	10	4				31
15 天津市引滦工程黎河管理处	65	17	60		20	30	10	19	1		3		9		6		3			3			65		4	61			21	14	24	6	4			25
16 天津市引滦工程潮河管理处	56	17	38		11	17	10	19	1		3		10		5		3			2		1	54		1	31	20	2	20	9	21	6	2			14
17 天津市引滦工程管理处	64	26	53		24	23	6	14	1		3		8		2		6			5	1		62		3	45	12	2	8	19	27	10				31
18 天津市引滦工程于桥水库管理处	217	76	156	1	60	63	32	50	1		4		22		23		35			30	5		208		3	159	23	23	63	61	63	30	1	5	2	112
19 天津市水务局机关服务中心	35	9	11		6	2	3	15	1		1	1	7		5		7			5	2		28		7	15	4	2	5	7	17	6			1	29
20 天津市节约用水事务管理中心	47	22	43	1	18	13	11	13	1		2		8		2		2				2		47		5	37	3	2	25	11	7	4		2		40
21 天津市水务局信息管理中心	42	19	37		24	12	1	10	1		3			2	4		4			4			41		2	35	2	2	8	14	13	7				28
22 天津市大清河管理处	61	20	48		18	12	18	18	1		3		5		9		5			5			61		1	45	10	5	16	22	15	8				24
23 天津市水务局宣传中心	8	3	3				3	5	1		1		1	1	1								8		1	7			5	3				2		
24 天津市水务局财务核算中心	3	2	2		1	1																	3			3	3		2	1						
25 中共天津市水务局委员会党校	5	5	2		2			1					1										5			5	5		4		1					
26 天津市水务工程建设质量与安全监督中心站	20	6	18		12	2	4	6	1		2		1		2		2			1	1		20		7	12	1		9	5	2	4				1
26个公益一类事业单位合计	3301	1140	2082	36	846	742	458	544	23		70	1	233	3	214		965	2	3	735	185	40	2795	14	251	2006	293	231	935	1090	764	512	7	23	19	3507
27 天津市南水北调工程地拆迁管理中心	5	1	3		1	1	1																5			4		1	4	1						

续表

序号	单位名称	全部在职职工(含内退)		具备专业技术资格人员情况					具备干部职务人员情况								工人情况						具备学位学历人员情况						职工年龄结构				子女顶替内退人数	改革内退人数	离休总人数	退休总人数
		总人数	其中:女性	合计	正高	副高	中级	初级	合计	正处长	副处长	副调研员	正科长	主任科员	副科长	副主任科员	合计	高级技师	技师	高级工	中级工	初级工	合计	博士	硕士	本科	大专	中专	35岁以下	36~45岁	46~54岁	55岁以上				
28	天津市水务建设工程造价管理站																																			
29	天津市水务局人才交流服务中心	3	1	3			2	1	2				1		1								3			3			3							
30	天津市水利经济管理办公室	1		1				1	1				1										1			1			1							
31	天津市水务工程建设管理中心	75	34	68		24	24	20	27	1	4		11		11		2					2	75		15	59	1		49	21	4	1				1
32	天津市水利工程建设交易管理中心	15	7	15		7	5	3	6	1	2		3										15		3	12			8	5	2					
	6个公益二类事业单位合计	99	43	90		32	32	26	38	2	7		15		14		2					2	94		18	75	1		64	28	6	1				1
33	天津市引滦工程入港管理处	43	16	29		16	7	6	18	1	2		8		7		8			6	2		37		2	25	8	2		17	21	5				34
34	天津市水利勘测设计院	273	110	252	15	146	54	37	40		5		18		17		11			9	1	1	266	2	49	201	11	3	121	82	50	20		5	2	137
	2个生产经营类事业单位合计	316	126	281	15	162	61	43	58	1	7		26		24		19			15	3	1	303	2	51	226	19	5	121	99	71	25		5	2	171
35	天津市水政监察总队	21	8	16		4	7	5	7		2		4		1								21		6	15			11	7	1	2				1
	1个其他类事业单位合计	21	8	16		4	7	5	7		2		4		1								21		6	15			11	7	1	2				1
36	天津市于桥水力发电有限责任公司	6	3	6			3	3															6			6			5	1						
	1个企业单位合计	6	3	6			3	3															6			6			5	1						
	35个事业单位合计	3737	1317	2469	51	1044	842	532	647	26	86	1	278	3	253	16	966		3	750	188	43	3213	16	326	2322	313	236	1131	1224	842	540	7	28	21	3680
	全部38个单位合计	3873	1367	2559	57	1069	853	561	746	49	107	12	278	21	253	16	986	2	3	750	188	43	3349	20	363	2415	315	236	1168	1263	885	557	7	28	30	3835

人 力 资 源 管 理

【概述】 2017 年，按照市人力社保局有关要求，组织开展 2017 年百千万人才工程国家级人选选拔推荐工作。按照《天津市水务局 131 科技人才工程实施意见》（津水党发〔2017〕59 号）规定的选拔条件和程序，组织局属各单位做好局 131 科技人才工程推荐工作，局属各单位共推荐了 71 名候选人。

【职称评聘】 2017 年，为突出品德、能力、业绩在职称推荐中的导向作用，修订印发了《推荐高级工程师（正高）量化赋分标准》（津水人〔2017〕13 号）。根据《市人力社保局关于开展 2017 年专业技术职称评审工作有关问题的通知》（津人社办发〔2017〕179 号）和《市水务局关于开展 2017 年水利专业技术职称评审工作的通知》（津水人〔2017〕12 号）文件精神，天津市工程技术水利专业高级评审委员会于 2017 年 12 月 12—15 日召开评委会，本次申报高级评审 107 人，经评委会评审通过 89 人，其中局属单位 6 人。天津市工程技术水利专业中级评委会于 2017 年 12 月 12—15 日召开评委会，本次申报中级评审 234 人，经评委会评审通过 207 人，其中局属单位 22 人；申报初级审定人数 79 人，经评委会审定通过 73 人，其中局属单位 6 人。

按照《天津市水务局事业单位岗位设置管理实施方案》（津水人〔2010〕22 号），截至 2017 年年底局属事业单位共聘用了正高级专业技术人员 35 人，其中三级 5 人、四级 30 人；副高级专业技术人员 805 人，其中五级 125 人、六级 227 人、七级 453 人；中级专业技术人员 936 人，其中八级 209 人、九级 260 人、十级 467 人；初级专业技术人员 572 人，其中十一级 301 人、十二级 264 人、十三级 7 人。2017 年局属事业单位专业技术岗位聘任情况见下表。

按照《市水务局关于印发局属事业单位政工人员职称聘用实施职数管理意见的通知》（津水人〔2013〕9 号），截至 2017 年年底局属事业单位共聘用了政工人员 204 人，其中思想政治研究员（正高级）1 人；高级政工师（副高级）55 人；政工师（中级）148 人。

2017 年局属事业单位专业技术岗位聘任情况一栏表

单 位 名 称	正高级			副高级			中级			初级		
	二级	三级	四级	五级	六级	七级	八级	九级	十级	十一级	十二级	十三级
合　　计		5	30	125	227	453	209	260	467	301	264	7
天津市引滦工程隧洞管理处				2	4	5	6	3	8	9	1	
天津市引滦工程黎河管理处				2	4	5	6	9	6	10	10	
天津市引滦工程管理处				4	4	5	6	9	7	10	4	
天津市引滦工程于桥水库管理处	1			9	20	20	20	25	25	27	7	1
天津市引滦入港工程管理处				4	7	5	2	4		4		
天津市水务局信息管理中心			1	1	6	8	5	4	6	1		
天津市防汛抗旱管理处				3	4	5	3		5	2		
天津市水利勘测设计院	1	7		16	33	34	30	40	31	38	20	1
天津市水政监察总队					1	2	1	2	2	2	2	
天津市水务工程建设管理中心				6	8	10	3	12	9	9	12	
天津市水务局机关服务中心				1	1	3	2	1		3		

续表

单 位 名 称	正高级			副高级			中级			初级		
	二级	三级	四级	五级	六级	七级	八级	九级	十级	十一级	十二级	十三级
天津市水利科学研究院			6	6	12	16	8	15	14	13	4	
天津市控制地面沉降工作办公室				2	2	2	2	3			3	
天津市节约用水事务管理中心			1	2	3	2	7	6	5	4	10	
天津市水文水资源勘测管理中心	1	2	9	18	19	24	29	23	27	7		
天津市水务基建管理处（天津市水务建设工程造价管理站）			1	3	4	5	4	5	3	5	1	
天津市水务工程建设质量与安全监督中心站				3	3	2	2	2	2	2		
天津市水务工程建设交易管理中心（天津市水务建设工程招标投标管理站）				1	2	2	2	3		1	2	
天津市永定河管理处（物资处）				8	13	15	7	33	20	28	22	3
天津市海河管理处				5	9	10	17	21	16	25	17	
天津市大清河管理处（北大港处）	1	1	7	10	9	16	3	12	29	14		
天津市北三河管理处			2	3	6	5	4	9	7	11	9	
天津市海堤管理处				1	1	4	2	3	2	2	1	
天津市水务局农田水利处			2	1	2	6	2	4	4	3	1	
天津市供水管理处				1	1	4	1		4	2	3	
天津市排水管理处	1	7	25	51	246	30	12	252	33	112	2	
中共天津市水务局委员会党校										1	1	
天津市水利经济管理办公室												
天津市水务局财务核算中心						1			1			
天津市水务局宣传中心												
天津市水务局人才交流服务中心								1	2			
天津市南水北调工程征地拆迁管理中心								1	1		1	

【人员调配】 2017 年，根据《市委组织部市人力社保局关于进一步完善事业单位公开招聘工作的通知》（津人社局发〔2017〕37 号）文件精神，落实事业单位公开招聘自主权，笔试和面试由各招聘单位委托第三方，局人事处负责业务指导政策把关。局属事业单位通过笔试、面试、公示、备案等环节，公开招聘工作人员 77 人，其中专科学历 1 人，本科学历 71 人，硕士研究生 5 人。局系统内部公开调剂 17 人，内部调动 20 人，调出 4 人，调入 3 人，接收军转干部 3 人、复员军人 1 人。

【公务员管理】 2017 年，完成市水务局机关公务员职务职级并行制度试点工作。局机关调任穆浩学、侯佳两名副处级干部到机关任职。全年局机关通过全市公务员统一招聘方式录用了 5 名公务员。

【工资福利】 根据《天津市财政局天津市人力资源和社会保障局关于规范天津市机关单位津贴补贴的通知》（津财综〔2017〕51 号），规范了市水务局通讯补贴和上下班交通补贴发放范围和标准，从 2017 年 1 月开始执行。

【人事档案管理】 根据《关于转发〈中共中央组织部关于全国干部人事档案专项审核工作情况的通报〉的通知》（津党组通字〔2016〕121号）要求，完成局机关管理的干部人事档案梳理审核，自查局属在职处级干部和暂由市水务局保管的水务集团处级干部人事档案225卷。组织开展了局属单位干部人事档案审核工作"回头看"，随机抽查局属单位人事档案220卷；根据市委组织部向市水务局下发的《干部人事档案专项审核工作"回头看"督查情况整改意见书》要求，对全局180名在职处级干部及49名局机关科级及以下公务员共229卷人事档案进行了彻底地自查和整改，对所有干部人事档案进行规范化装订，并下发通知至各局属单位进行统一整改。

（人事处）

人　物

【新任局领导】

　　孙宝华　男，汉族，1962年11月出生，天津市人，1984年8月加入中国共产党，1982年9月参加工作，中央党校研究生学历。1980年9月至1982年9月在天津市农业机械化学校农业机械专业学习；1982年9月至1984年8月任天津市宝坻县王卜庄乡团委干事、副书记；1984年8月至1986年11月任共青团天津市宝坻县委办公室干部、副主任；1986年11月至1993年12月任天津市宝坻县委办公室调研科科员，秘书科副科长、科长（1985年8月至1988年7月在天津广播电视大学党政管理干部基础专修科学习）；1993年12月至1995年9月任天津市宝坻县委督查室主任；1995年9月至1996年9月任天津市宝坻县委办公室副主任（期间：1996年3月至1996年7月在天津市委党校第10期培训一班学习）；1996年9月至1997年1月任天津市宝坻县委组织部副部长；1997年1月至1997年7月任天津市宝坻县委组织部副部长（主持工作）；1997年7月至1997年12月任天津市宝坻县委组织部副部长（主持工作，

正处级）（1995年8月至1997年12月在中央党校领导干部函授班经济管理专业学习）；1997年12月至2001年6月任天津市宝坻县委常委、县纪委书记；2001年6月至2001年9月任天津市宝坻县委副书记、县纪委书记（1998年9月至2001年7月在中央党校在职研究生班法学理论专业学习）；2001年9月至2006年6月任天津市宝坻区委副书记、区纪委书记（期间：2005年9月至2006年1月在中央党校半年制中青年干部培训班学习）；2006年6月至2006年7月任天津市宝坻区委副书记、副区长、代理区长，区纪委书记；2006年7月至2006年9月任天津市宝坻区委副书记、区长、区政府党组书记，区纪委书记；2006年9月至2010年5月任天津市宝坻区委副书记、区长、区政府党组书记；2010年5月至2010年6月任天津市河北区委副书记、区政府党组书记；2010年6月至2011年10月任天津市河北区委副书记、区长、区政府党组书记；2011年10月至2017年4月任天津市河北区委书记；2017年4月任天津市水务局党委书记。

（组织处）

【专家学者】 2017年，全局在职人员中共有61名正高级工程师，2017年晋升为正高级工程师的有杨钊、杜学君2人。

　　杨钊　男，汉族，1958年12月出生，天津市人，2000年7月毕业于天津广播电视大学土木工程专业，大学本科学历。1999年至今历任天津市水务基建管理处建设管理科科长、天津市南水北调工程质量与安全监督站站长。2003年11月被评为工程技术高级工程师，2017年12月被评为工程技术高级工程师（正高级）。

　　对项目建设前期进行监督，组织有关单位制定了质量管理的相关制度、方案，并对制度及方案的落实情况进行检查，使天津市永定河治理一期工程、天津市新开河综合治理耳闸工程、天津市海河两岸综合开发改造工程永乐桥工程、南水北调滨海新区供水一期工程1标及5标、天津市曹

庄泵站工程获得部级大禹杯 1 项，海河杯、金奖海河杯、结构海河杯等市级奖项 4 项。2006 年至今主持起草了《天津市南水北调工程施工进度管理体系建设的实施意见》《天津市南水北调工程施工技术支撑体系建设的实施意见》《天津市南水北调工程信息管理体系建设的实施意见》《天津市南水北调工程安全生产评定管理办法》《南水北调中线一期天津干线箱涵工程质量检测标准》《南水北调中线一期天津干线箱涵工程施工技术标准》《天津市南水北调工程质量与安全监督手册》《南水北调中线一期天津干线箱涵工程质量评定表格》《天津市南水北调工程验收范本》《天津市南水北调工程施工技术管理手册》《天津市南水北调工程技术资料管理手册》《天津市南水北调预应力钢筒混凝土管（PCCP）制造安装与施工质量评定标准（试行）》《天津市南水北调工程验收规程》《天津市南水北调预应力钢筒混凝土管（PCCP）优质管材评定标准（试行）》。

主持编制了《南水北调中线一期天津干线箱涵工程施工质量评定与检验标准》（NSBD12—2009）、《南水北调工程施工现场安全生产管理规范》《南水北调工程施工监理管理规范》《南水北调工程项目档案整理管理规范》及《南水北调工程项目管理规范》四项天津市地方标准。主持撰写了《水利建设工程招标投标指导全书》《南水北调工程质量手册》《南水北调工程验收资料编制指南》《南水北调工程竣工文件编制指南》及《南水北调工程项目档案整理指南》。

杜学君　男，汉族，1961 年 7 月出生，天津市武清区人，中国共产党党员。1983 年 7 月毕业于天津市水利学校水利工程建筑专业，中专学历；1999 年 12 月毕业于中共中央党校函授学院经济管理专业，本科学历；2000 年 7 月毕业于北京水利电力函授学院水利水电工程建筑专业，大专学历；2007 年 12 月毕业于三峡大学水利工程专业，硕士学位。1983 年 10 月至 1988 年 4 月在尔王庄处工作；1988 年 4 月至 2006 年 12 月在引滦工管处工作，历任副主任、主任、副处长；2006 年 12 月至

2013 年 5 月在北三河处工作，任处长；2013 年 5 月至 2016 年 7 月在于桥处工作，任处长；2016 年 7 月至今任于桥处党委书记、处长。2003 年 11 月被评为工程技术水利专业高级工程师，2017 年 12 月被评为工程技术水利专业高级工程师（正高级）。

主要完成北三河水系技术管理；于桥水库大坝和暗渠输水枢纽工程的运行管理、城市供水、水库防汛和上下游水环境监测、库区 22 米高程（大沽）以内及输水暗渠等所辖范围内水政执法和水环境保洁、水库沿岸 112 公里的库区封闭管理；主持完成潮白河处国家一级水管单位达标复验、宜兴埠处国家一级水管单位达标创建和于桥水库国家级水管理复验工作。

主持完成的《于桥水库库区地形图测量及库容曲线复核》获得 2015 年"海河杯"天津市优秀勘察设计评选市政公用工程水利一等奖；《黄河内蒙古段河道地形图（陆地）测量——第二标段》获 2016 年"海河杯"天津市优秀勘察设计评选工程勘察测量一等奖；参加完成的《一种水自动调节游览码头》获得实用新型专利。

撰写了《河务工程规范化管理》《引水工程现代化管理系列丛书 标准管理》《引水工程现代化管理系列丛书 制度管理》《引水工程现代化管理系列丛书 绩效管理》《引水工程现代化管理系列丛书 岗位管理》《事业单位人力资源管理》《引水工程管理考核办法及评分标准》《引水工程管理标准》《饮用水源保护生态修复成套关键技术研究》等。

（人事处）

【先进集体、先进个人】

1. 先进集体

市水务局在市委组织部"表彰结对帮扶困难村工作先进单位和优秀驻村干部"活动中被评为"先进帮扶单位"。

天津节水科技馆被中国科协评为 2017 年全国科普日活动优秀组织单位。

局排管处被中央精神文明建设指导委员会评

为第五届全国文明单位。

永定新河防潮闸管理所、南运河管理所被市政府评为天津市 2014—2016 年度绿化工作先进集体。

市水务局办公室被市委办公厅评为 2015—2016 年度天津市党委信息工作先进集体。

水文水资源中心离退休干部党支部被市委老干部局评为天津市第三批"五好"离退休干部党支部示范点。

排管处调度中心被市总工会授予 2016 年度天津市工人先锋号。

排管处工会被市总工会授予 2015—2016 年度天津市模范职工之家。

排管处第七排水管理所工会被市总工会授予 2015—2016 年度天津市模范职工小家。

2. 先进个人

局水资源处苏庆永、水保处李成被水利部评为全国水资源工作先进个人。

建管中心杨慧刚被市总工会授予 2016 年度天津市五一劳动奖章。

于桥处刘学军在市委组织部"表彰结对帮扶困难村工作先进单位和优秀驻村干部"活动中被评为"优秀驻村干部"。

局办公室马非凡被市委办公厅评为 2015—2016 年度天津市党委信息工作先进个人。

北三河处张建超、北大港处柴润水、于桥处肖源鸿、永定新河防潮闸管理所董少波被市政府评为天津市 2014—2016 年度绿化工作先进个人。

局审计处刘瑞芳、排管处姬毅梅被市内部审计协会评为天津市内部审计先进工作者。

局办公室王永强、宣传中心何睦被中国水利报社评为 2017 年度水利新闻宣传工作先进站长，防汛抗旱处尹雅清被评为先进特约记者。

局财务处客立业被市财政局评为天津市 2017 部门预算编制工作先进个人。

供水处王春燕被市总工会授予 2015—2016 年度天津市优秀工会工作者。

永定河处朱军被市总工会授予 2015—2016 年度天津市优秀工会积极分子。

（党建办　编办室）

教 育 培 训

【概述】　2017 年，为全面贯彻落实局党委扩大会议精神，建设高素质的天津水务人才队伍，按照天津市人力社保局对三类岗位人员培训内容及学时要求，分单位、分专业、分岗位组织开展了形式多样的培训班。组织开展了天津市水务行业职业技能竞赛。

【继续教育】　完成 2016 年度全局专业技术人员继续教育证书验证工作。对 2017 年专业技术人员和技术工人继续教育工作进行了部署。按期保质保量完成了水务职工继续教育网络平台公需课程上线工作；召开了局属各单位、各区水务主管部门及各涉水集团公司关于水务职工继续教育工作的座谈会，广泛征求水务职工继续教育和网络平台建设的意见建议，推动水务职工继续教育工作更好开展。结合市人社局关于开展专业技术人员继续教育专业科目学习指南归集发布工作，研究确定水务行业继续教育专业科目内容，加强水务行业继续教育专业课程规划工作。加强水利专业课程视频录制、编制和题库建立等工作。

2017 年，全局职工各类培训共计 15685 人次，其中参加市公需课程培训 2714 人次、参加局属单位举办的培训班 11611 人次、参加局机关各处室举办的培训班 1360 人次。2017 年 1 名公务员参加初任培训并考核合格。

9 月，落实《天津市财政局关于做好我市 2017 年度会计人员继续教育工作的通知》要求，举办全局财务人员继续教育培训班，局机关和局属单位共计 130 余人参加。培训重点讲解了资产管理在单位内部控制中的重要性，分析了资产管理的工作流程、主要风险及控制措施，强调了单位资产管理内部控制对组织分工、岗位设置、岗位职责、不相容职务分离、归口管理等工作的要求。

10月，举办2017年市水务局新入职人员培训班，此次培训共76名新职工参加。培训围绕业务工作，邀请办公室、水政处、人事处和宣传中心有关负责人就水资源现状、水利工程概况、政务公开、公文格式与写作、信息编发、保密知识常识、依法行政等方面进行详细讲解；围绕职业道德素养建设，通过政务礼仪讲解、集体活动交流等形式，详细介绍近年水务工作发展情况，帮助新入职职工尽快找准自身定位，树立认真做事、勇于担责的工作作风。培训还对新入职职工比较关心的个人发展方向、薪酬待遇、职称晋升等问题进行答疑解惑。

11月，举办2017年天津市水务统计年报培训会，各区水务局、局属各单位、局机关及调水办部分处室、水务集团分管统计工作负责人和统计工作人员共120余人参加了培训。此次培训总结了2017年水务统计工作，布置2017年统计年报任务和2018年水务统计重点工作，讲解培训各项统计报表制度；对《中华人民共和国统计法》《中华人民共和国统计法实施条例》等统计法律法规进行了深入解读，并结合案例对统计违法违纪行为、统计法律责任追究等进行了细致的讲解。

11月，举办局属事业单位面试考官培训班，局属27个事业单位的人事工作分管领导、人事部门负责人和相关工作人员共83人参加。培训班是在事业单位公开招聘政策改革、用人单位自主招聘权扩大的发展形势下开展的一项重要工作，是提升公开招聘工作质量的必然要求，也是建设一支专业化面试队伍的客观需要。培训班邀请市人力社保局、市人才考评中心、人事处负责公务员考录工作的主要负责人和高校的高级讲师进行授课，内容包含中国考试制度发展史、事业单位公开招聘面试考试政策解读、面试考试测试要素、评分技术和案例分析等重要内容。

12月，举办2017年水务行政审批工作培训交流会，局属有关单位、局机关有关处室，各区审批局、水务局及滨海新区4个功能区有关部门负责人共计110余人参加。此次培训为市水务局与各区审批、水务部门在业务衔接、沟通交流方面提供了平台。

12月，举办安全生产监督管理培训班，局机关有关处室、局属各单位、各区水务局负责安全生产、工程建设、工程运行有关职工70余人参加。培训邀请水利部和市公安消防局有关专家授课，培训主要包括当前安全生产面临的形势任务、安全生产领域改革发展意见、安全生产法律法规、消防安全及灭火逃生知识、生产安全事故隐患排查治理方法、安全生产标准化达标创建等内容。

【技能比武】 根据《市水务局关于举办天津市水务行业职业技能竞赛的通知》（津水人〔2017〕11号）要求，市水务局成功举办"2017年天津市水务行业职业技能竞赛"。本次竞赛设河道修防工、水文勘测工、城镇污水处理工和排水管道工4个工种。安静利、杨国宝、邓华强、刘冬、李磊、沈洪娜6名职工获一等奖，王旭阳、段建龙、李中义、赵强、刘凯、生悦6名职工获二等奖，曹健、邓龙斌、贾小赛、李万珍、张延贺、马鑫6名职工获三等奖，授予获得一等奖的安静利等6名职工"天津市水务行业技术能手"称号。按照《水利部关于公布第五届全国水利行业职业技能竞赛全国决赛结果的通知》（水人事〔2017〕466号）精神，北三河处安静利、于桥处张学利分别获得河道修防工全国决赛第11名和第17名，排管处刘健获得泵站运行工全国决赛第28名。

（人事处）

综 合 管 理

行 政 管 理

【概述】 2017 年，行政管理工作始终紧紧围绕市委、市政府决策部署和全局中心工作，在局党委的正确领导和各处室的大力支持下，全体职工不忘初心、锐意进取、奋力拼搏、主动作为，行政能力建设进一步增强，有力保障了全年各项目标任务的完成。

【公文管理】 2017 年，全局共计收文 5219 件，制发公文 1224 件，网上发送文件 3800 件，为领导及时送呈待办，包括待阅公文、各种材料和信息等约 15000 件。全年用印 4300 件，加盖公章 4.5 万份。按规定时限落实批示要求，对市领导来的批示件做到件件有回音，从不误时，不压件，共向市政府报送津水报 154 件，专报市领导材料 158 件，其他文件 420 件。

【档案管理】 2017 年，接收整理文书档案 5453 件，全年网上查阅档案共 4210 人次，7000 余件，纸制文件查阅 180 人次，200 余件。

工程档案管理系统上线运行，实现工程档案的数字化收集、存储、借阅等管理功能，满足对在建工程档案阶段性报送、跟踪监督及已建工程档案信息化管理利用的需求，整体提升了水务工程档案管理水平，并与局办公综合系统、文书档案管理系统共同搭建起更加完善全面的档案管理平台。

按照市档案局相关要求，结合全局档案信息化工作实际，积极开展机关数字档案室建设工作，于 8 月初通过市档案局组织的测评，成为天津市首家市级机关数字档案室示范单位，进一步提升了市水务局档案信息化工作水平。

完成档案评估复验工作，其中 20 个单位达到了一级。按照水利部要求，组织全市水务系统 36 家单位开展了水利档案网上统计、复核和报送工作，完成 2017 年天津市全国水利档案统计任务。

4 月，中央环保督察组进驻天津，按照督察组要求，局办公室组织局机关相关处室和局属有关单位共报送 8 批次 765 份文件，每批次文件局办公室均严格按照档案整理要求进行整理，并在规定时间内完成报送工作。中央环境保护督察工作结束后，局办公室在第一时间开展资料整理工作，所有纸质资料与电子文件均已整理归档。

在现有档案室不能满足档案存放要求的前提下，新增一处档案库房。新档案库房建设参照《档案馆库房建筑设计规范》要求，从有利于安全管理、方便工作出发，在合理设计的基础上，配备了密集架、防磁柜、展示柜等必要的设施设备。2017 年 12 月档案库房已经完成建设，2018 年正式投入使用。

【督促检查】 2017 年，分解推动国家部委、市重点工作、局重点工作 550 余项，其中每月重点督查督办 496 项，创建了目标、责任、措施、结果 4 项督查清单。有明确量化指标任务的，均按时完成；需要长期坚持持续推动的，均取得了阶段性进展。按时向市政府报送20项民心工程、市领导关注推动水务重点工作和督查进展情况90余件；落实市、局两级领导批示和调研检查部署事项百余件。做好市政务督查系统接收转办、反馈报送市政府常务会、市长办公会议定事项等40余项工作。推动落实局党委扩大会议重点工作任务62项，中期推动工作42项。

【建议提案办理】 2017年，承办建议提案83件，采纳率为93.5%，办理量和采纳率均达到历年最高。其中全国人大代表建议1件，即萧玉田"关于妥善安置取缔潘家口水库网箱养鱼后库区人民生活，支持库区后续产业发展情况的建议"（第9142号）；市人大建议42件，市政协提案40件，其中由市水务局主办46件，会办37件；列入市重点督办的建议提案2件：陈树新代表"关于加大生态补水 促进天津水系循环的建议"（人大1256号）和刘瀚锴委员"关于加强饮水资源管理，确保城市饮水安全的建议"（政协0222号）。其他内容主要集中在水环境治理保护、水资源配置管理、城市供水安全、农村水利建设以及自来水、排水管网改造等方面。在各承办单位的共同努力下，市水务局建议提案均按质、按量、按时答复落实，代表满意率为100%。在办理工作中，局党委书记孙宝华等局领导主动听取、走访、回应代表委员意见建议，督促落实，确保落实到位。局长办公会对建议提案办理工作进行专题研究部署，明确每件建议提案的分管局领导、办理处室分管领导及具体承办人员；落实"走访落实情况报告"制度，与代表委员沟通率100%，面商率达到76%；将各单位办理工作纳入局绩效考核范围。在市水务局主办的建议提案中，43件列入采纳落实，采纳率为93.5%。

【信访工作】 2017年，接待处理来信来访161项、228件次，同比增加127%、140%，来局机关上访112件次、229人次，同比增加160%，同时缠访闹访和重复访次数明显增多，处置难度加大。来信来访已办结117项、正在办理中9项、不予受理35项，办结率94.4%，及时答复率100%。全年未发生大规模群访、进京非正常上访以及极端上访事件，特别是第十三届全运会和十九大期间，实现了"北京不能去，天津不能聚"的政治目标。局党委把信访维稳"第一责任"与发展"第一要务"同部署、同推动、同落实，全年共研究部署信访维稳工作7次。落实"战区制、主官上"要求，建立局领导接访下访处访制度，与局属事业单位签署信访责任书，明确各级信访维稳责任主体，层层传导压力、层层压实责任。按照"谁分管、谁负责"的原则，建立长期未能得到解决、闹访缠访严重的重点难点信访积案清单，实行局、处领导包案制度，采取"一案一策、专人专策"方式全力推动积案化解。局党委全年共3次布置重点信访积案20项，截至年底，已化解三和铁制品有限公司水费纠纷信访问题、东部污泥处置厂违建拆除信访问题等12项，其余8项均取得一定进展，力争2018年上半年实现"案结事了，清仓见底"的目标。建立矛盾纠纷隐患排查常态化工作机制，狠盯重要会议、活动、节假日等关键时间节点，定期组织开展全方位排查，实现无盲区、零死角。建立动态管理台账，做到实时更新和监测，及时预警研判，提前化解矛盾。

【水务信息】 2017年，编发《水务信息》769期、《水务情况通报》26期，累计向市委、市政府、水利部办公厅报送政务信息417篇，其中反映防汛抗旱、城市供排水、水务工程建设等重点工作信息300余篇，贯彻落实中央、中纪委、市委、市纪委、市级机关工委全面从严治党决策部署类信息近百篇。全年被市委办公厅采用信息63条，被市政府办公厅采用56条，为上级领导指导天津市水务工作提供了参谋服务。

（局办公室）

【新闻宣传和舆论监督】 2017年,围绕贯彻党的十九大精神、重点水务工程建设、防汛减灾、水环境治理、最严格水资源管理制度和农村水利建设等6方面宣传重点,累计组织集中宣传报道26次,主要内容包括贯彻落实党的十九大精神、保障全运会水环境质量、汛前准备情况及应对突发强降雨、全面推行河长制、中心城区水环境综合治理、于桥水库水源保护、纪念"世界水日""中国水周"、引江通水三周年等选题,会同市政府新闻办召开2017年防汛工作新闻发布会,安排局领导参加天津人民广播电台"公仆走进直播间"防汛专题节目和委办局长年终访谈特别节目,以及天津政务网"政务访谈"防汛专题节目,配合天津市主流媒体做好京津冀协同发展战略三周年、"2017年津沽环保行""喜迎十九大——砥砺奋进的五年"系列报道的采访工作,累计在15家中央驻津及本市主流媒体刊登(播发)天津市水务工作相关报道317篇。坚持发挥政务新媒体作用,局门户网站完成改版,全年推出8个专题页面,累计对外发布信息1339条,访问量突破110万;全年累计通过局政务微博推送博文近800条,完成全面推行河长制、防汛应急抢险、纪念水日水周等多个专题微博报道,微博粉丝量增长至62800人以上,完成政务微信运行筹备及入驻"津云"客户端相关工作。依托水务舆情监控平台,多渠道收集到反映天津市水务工作的负面舆情14件,督促相关业务单位对反映问题进行调查并通过书面或口头形式反馈当事人,确保问题件件有回应。

(宣传中心)

【政府信息公开】 2017年,累计公开涉水政府信息685件,涉及规划、计划、人事、科技、水资源等17个方面,加强红头纸质文件报送工作,全年向市档案馆、图书馆和市行政许可服务中心报送红头纸质文件2000余份,为不方便登录互联网的社会公众查询涉水政府信息提供了方便。认真做好依申请公开工作,全年共受理依申请公开39件,均已依法依规处理,主动电话沟通申请人,对内容不明确的申请进行补正,协调申请指向的业务部门,指导提供公开素材,切实满足了社会公众对涉水政府信息的申请需求。

【应急管理】 2017年,下发《局2017年应急管理重点工作》《天津市水务局应急预案管理办法(试行)》,编制《市水务局风险隐患分析报告》,组建全运会组委会保障部供水排水协调组,派驻专人负责,组织局属单位参加"全运会供用电保障综合应急演练",完成市应急办视频指挥系统市水务局对接建设工作。

印发《天津市水务局反恐怖工作预案》,编制《局2017年反恐培训工作方案》,召开局反恐怖工作领导小组工作会议,启动十九大期间水务反恐"战时"督导检查工作,组织开展市水务系统涉恐隐患排查整治专项行动,举办2017年局反恐演练、局综治保卫干部培训。

开展2017年水务综治(平安水务建设)集中宣传活动,组织开展2017年防灾减灾日宣传活动,举办2017年局应急避险科普宣教两期讲座、"气象与防汛专家座谈会"、《天津市实施〈突发事件应对法〉办法》培训班,深入开展第二个反恐宣传周活动。

【绩效考评】 2017年,实现全局范围内绩效考评全覆盖。组织编制了2017年度局属各单位绩效管理重点工作考评指标和2017年度机关各处室、市调水办各处绩效管理重点工作考评指标,修订《2017年度局属单位绩效管理考评细则》和《2017年度机关各处室、市调水办各处绩效管理考评细则》。确定了局属各单位、机关各处室业务工作实绩、日常工作和党的建设考评指标。在实施绩效管理过程中,不断加强过程在线监控和台账式管理,实时掌握一手进展情况,及时帮解各单位在绩效管理中遇到的难题,督促检查任务指标按计划节点完成。年终,经全面考评,局党委研究决定,授予基建处、设计院、防汛抗旱处、农水处、建管中心、于桥处、北三河处、隧洞处共8个单位

"2017 年度局属单位绩效管理考评先进单位"荣誉称号；授予办公室、党群处、巡察办、工管处共 4 个处室"2017 年度局属单位绩效管理考评先进处室"荣誉称号；授予西青区水务局、宝坻区水务局和武清区水务局"2017 年度区水务业务工作考核先进单位"荣誉称号。

（局办公室）

【年度考核】 2017 年，按照市委组织部、市人力社保局《公务员考核规定（试行）》和《市委组织部市人力社保局关于做好 2017 年事业单位工作人员年度考核和竞聘上岗及处分情况统计工作的通知》（津人社办发〔2017〕311 号）等文件精神，对机关公务员、调水办公务员和事业单位工作人员进行了年度工作考核。机关公务员和调水办公务员参加考核 113 人，优秀等次 19 人，占参加考核公务员总数 16.8%；各事业单位参加考核 3713 人，优秀等次 568 人，占参加考核人数的 15.3%。

（人事处）

安 全 监 督

【概述】 2017 年，市水务局坚持"事故就是隐患，隐患就要处理"的理念，不断增强安全生产红线意识，全面推进水务安全建设，安全生产形势持续稳定向好，全年无生产安全责任事故发生。

【安全标准化建设】 按照《关于印发水利行业深入开展安全生产标准化建设实施方案的通知》《水利部办公厅关于开展水利安全生产标准化评审工作的通知》和《水利部办公厅关于开展农村水电站安全生产标准化试点工作的通知》要求，天津市三家水利水电总承包一级施工企业和一家水电公司已全部通过水利部安全生产标准化审查。

按照《天津市水利二、三级安全生产标准化评审实施细则》，组织三次水利安全生产标准化建设宣贯培训，聘请水利部安全标准化专家对项目法人、工程管理、施工企业、农村水电站四种单位标准化评审工作进行了解读。组织水务施工企业、水管单位开展了二级、三级水利安全生产标准化评审工作，已完成天津市引滦工程于桥水库管理处 1 家水管单位和天津市武清区水利建筑工程公司、天津市滨海新区塘沽水利工程公司、天津市金龙水利建筑工程公司、天津市源禹水利工程有限公司、天津市宝泉水利建筑工程有限公司、天津市大港水利工程公司、天津市海拓水利工程有限公司 8 家施工企业的达标创建工作。

【安全生产监督管理】 2017 年，修订完善局属单位 2017 年安全生产责任书相关内容，明确年度安全生产目标任务，组织局属单位的一把手进行签订，同时督促局属单位将工作目标进行层层分解和落实，全局共签订安全生产工作目标责任书 5902 份，其中局与局属单位签订 26 份，局属单位与基层单位（科室）签订 366 份，基层单位与班组签订 549 份，班组与职工签订 4961 份。形成了安全生产齐抓共管、分级负责的工作格局。

按照《天津市水务局安全生产考核细则》和《2017 年度局属单位安全生产考核标准》，成立安全生产考核小组，对局属单位安全生产工作进行年终考核。在各单位自查的基础上，考核小组通过自查、现场检查、查看资料、综合评比相结合的方式进行综合考评。考核结果全部为合格。

按照《水利部关于进一步加强水利安全生产应急管理提高生产安全事故应急处置能力的通知》要求，修订《天津市水务局生产安全事故应急预案》等综合及专项预案，并按规定到海委等部门进行备案。督促局属单位明确应急指挥机构、建立应急救援队伍、强化安全事故预警和应急救援机制，完善安全生产应急预案体系，保持与局预案的衔接。年内指导局属单位开展了灭火逃生、硫化氢中毒救援等安全生产应急演练。推行安全应急处置卡。将工程设施设备和办公区可能发生的危险事件进行预设，逐一明确应急处置措施，张贴在设施设备醒目位置，使职工易学、易懂、易操作，极大提高职工的应急处置能力。

落实《城市水务安全建设实施方案》，细化《供水安全建设工作方案》《城镇排水安全建设工作方案》《防汛安全建设工作方案》《水环境安全建设工作方案》《工程建设安全建设工作方案》《河库运行安全建设工作方案》《出租房屋（场地）安全建设工作方案》7 个专项安全建设工作方案，将目标任务、措施和责任分工进行细化分解。开展专项检查、推动责任落实、加强专项监管、行业监管，工作推动方面到位。按照市安委会要求，每月报送安全天津建设相关工作进展情况。

建立安全生产网格化管理制度，实现了安全检查常态化、制度化、标准化。建立由一级网格、二级网格、三级网格和网格员组成的安全生产管理网格体系，按照职责分工，实行分级监管，做到横向到边、纵向到底，无盲区、全覆盖，形成安全监管的整体合力。检查内容涵盖了水务行业安全生产所有内容，包括：工程运行类（泵站、水库、水闸、堤防、排水管道、排水河道、管理设施等）、在建工程类（基建工程、专项和日常维护工程、其他水务工程）、消防安全类（消防、用电、燃气、危险化学品等）、其他类（水文水环境监测、勘察设计、交通安全等）。实行报告制度，局属各单位每周向局安委会办公室报送安全生产网格化管理工作周报表，同时抄报各业务主管部门；一级网格和二级网格单位每月向分管局领导和安委会办公室报送安全生产网格化管理工作月报表和情况说明；安委会办公室向局党政主要领导和分管安全生产的局领导每周报送统计信息，每月报送一次综合情况。

【安全隐患排查治理】 2017 年针对不同时段、重点部位环节，在全市水务系统组织开展了安全生产隐患大排查大整治、预防硫化氢中毒专项治理、危险化学品安全综合治理、汛期安全生产大检查、交通安全大检查、水利工程建设安全生产大检查、水利行业电气火灾综合治理、新一轮安全生产隐患大排查等 8 次目标明确、内容具体的安全生产大检查和隐患排查治理活动。主要采取专项检查、重点抽查、日常巡查、突击检查等形式，持续开展水利安全生产专项整治，及时排查整改事故隐患。对查出的隐患和问题，认真建立隐患台账，及时下达整改指令，跟踪督办整改效果，确保每项隐患整改到位，有效防范了安全事故的发生。2017 年全局共出动检查人员 9000 人次，累计检查工程和单位 978 个。

【安全生产教育培训】 2017 年按计划组织形式多样的安全教育培训，培训内容涉及《中华人民共和国安全生产法》《天津市安全生产条例》《安全生产领域改革发展意见》宣讲、水利工程建设"三类人员"安全生产管理、安全常识、消防知识、防范知识、应急救援、逃生自救技能等，共有 150 余名局属单位和区（县）水务局分管领导、安监干部参加了学习和培训。按照市安委会统一部署，开展了"安全生产月"宣传活动，开展了安全生产征文、摄影、宣传咨询、演讲等活动。

【内部安全保卫】 2017 年，联合引滦治安分局、机关服务中心全年共组织 4 次全局范围定期内保检查，重点节假日春节、五一、十一和全运会、十九大期间对局属各单位进行了安全保卫检查，重点检查责任制落实情况、专兼职人员到位情况、应急预案、重点部位保卫等方面，发现的问题及时督促整改，并进行了复查。

（安监处）

治 安 管 理

【概述】 2017 年，完成党的十九大、"一带一路"国际合作高峰论坛、第十三届全运会、市第十一次党代会等安保维稳任务，加快推进"四项建设"，把天津市水务公安保卫工作做到严之又严、细之又细、实之又实，确保全市人民喝上安全之水、健康之水和放心之水，忠实履行好"海河号"航船护卫工作，发挥服务职能，实现"四个在身边"工作目标。

【维护社会稳定】 2017年，配合、指导协调全市水务系统单位做好重点人员群体稳控工作，及时处置河北省迁西县大黑汀村村民影响引滦入津调水安全等多起案事件。采取集中培训和召开会议部署方式对《中华人民共和国反恐怖主义法》《天津市供水行业反恐怖工作标准》《天津市反恐怖防范管理规范》等法律法规进行推动部署，将法规政策落实到具体行动中，组织召开反恐领导小组会议7次，组织召开现场推动会议2次，组织反恐培训班1次。开展对重点水利工程、城市居民区二次供水等重点领域的涉恐隐患排查整治，落实重大工程、二次供水设施反恐防范措施，开展日常督导检查72次。成立战时督导检查组，开展战时"对抗式"督导检查26次，排查涉恐隐患19处，均已整改。组织开展全局范围反恐演练2次，指导各单位开展演练15次，有效提升各单位反恐防范及应急处置水平。

开展对于桥水库水上治安秩序清理、天水大厦火灾隐患整治等专项行动。2017年，接报警152起，查处各类案事件19起，逮捕1人，拘留8人，破获涉毒案件1起，强制戒毒1人，社区戒毒2人。排查治安隐患、火灾隐患65处，整改65处，下达整改通知书2份，逐个部位完善治安、火灾隐患治理方案和处置预案，确保隐患治理到位、遇突发情况处置到位。重新梳理辖区出租房屋数量，对辖区67处出租房屋以及租户逐一登记备案，落实出租房屋治安、消防安全检查制度，加大对出租户、流动人口治理，每季度开展出租房屋排查，年内排查流动人口500余人次。强化危爆物品管控，重点开展散装汽油、易制毒化学品管控专项行动，对辖区内4家单位储存、使用易制爆危险化学品单位逐一落实了备案制度，制定易制爆危险化学品管理规定，落实管控措施。

【执法能力建设】 2017年，实现分局技防平台对分局一级、二级反恐防范目标全覆盖，多管齐下，不断推进全警信息化采集应用，加大对所属派出所信息化基础建设投入，更好地服务实战应用。

强化民警网上网下情报信息搜集掌握和预警工作，加强情报信息预警能力培养。全年向市公安局报送各类情报信息33条，被采纳30条，及时预警王子发、温惠静及西青区八里台村村民多人集访苗头信息，有力维护政权稳定和国家安全稳定。

【民警队伍建设】 2017年，深入开展思想政治教育活动，从学习党章党规和党的路线方针政策入手，把全警思想行动统一到中央、市委和公安部各项部署要求上来，结合民警队伍思想和工作实际，开展不作为不担当问题专项治理、"三学三比"专项教育、"抓养成强警风树形象"专项教育活动，组织开展"两学一做"常态化主题系列教育活动，引导广大民警自觉从讲政治、讲大局的高度观察处理问题，从思想上真正明确"为谁执法、为谁服务"，进一步增强依法执法、公正执法、和谐执法的自觉性。

扎实推进巡视整改工作，组织开展了市委巡视一组开展巡视情况反馈意见的整改落实工作，配合市局巡察组开展了对分局巡察工作。围绕市委巡视组反馈的突出问题，围绕分局确定的整治重点，以政治整改为重点，深入开展违反中央八项规定精神和"四风"问题、加强基层党建工作、规范执法行为等系列专项整治，认真开展自查自纠，主动深入整改，确保专项整改落实到位。把巡视整改工作作为推动各项工作的重要抓手，突出问题导向，从严压实责任，抓紧抓实查纠整改，确保以巡视整改的实际成效，推动公安工作迈上新台阶。

落实公安机关人民警察《内务条令》《着装管理规定》，完善各项内务管理制度规定，建立健全领导问责、警示谈话、督导检查、"四种形态"等工作机制，使各类苗头性、倾向性问题早发现、早预防，坚决杜绝民警队伍违法违纪问题发生。不定期对各部门和民警执行警务纪律、内务正规化等情况进行检查，强化检查监督考核，规范民警职业养成。

（水务治安分局）

修 志 工 作

【概述】 2017年，完成《天津市志·水务志》120余万字送审稿的编纂工作，组织召开复审会，经专家评议，同意通过复审。至12月底，完成《天津市志·水务志》中的部分章节的修改完善工作。完成《津南区水务志》《大港区水务志》出版印刷。完成《北辰区水务志》《武清区水务志》的三审校核工作。完成《宝坻区水务志》初稿研讨会及评审会。编辑出版了《天津水务年鉴（2017）》。

【续志工作】 2017年，完成南水北调章节的编纂任务，核实修改了引黄应急工程、科技信息化、机构、人物、附录等篇章内容。完成《天津市志·水务志》120余万字送审稿的编纂工作，天津市地方志编修委员会办公室和市水务局共同组织召开《天津市志·水务志》复审会，市地方志办公室主任关树锋，主管局领导、市调水办专职副主任张文波出席并讲话。会议由水务局副总工刘学功主持，局编办室主任丛英介绍志书编纂过程及主要内容，天津社科院研究员罗澍伟、天津师范大学教授谭汝为、海委副总工李彦东等有关专家参加了复审会。经专家评议，一致认为《天津市志·水务志》（送审稿）观点正确，篇目合理，资料翔实，符合《地方志书质量规定》，同意通过复审。会后，编辑印发《志鉴工作专刊》约2.5万字。至12月底，完成《天津市志·水务志》中的大事记及第1~6篇章的修改完善工作。

各区水务志编纂工作。完成《津南区水务志》《大港区水务志》三审四校工作，由中国水利水电出版社出版发行。完成《北辰区水务志》《武清区水务志》的三审校核工作，对存在的问题进行修改完善。

7月，组织召开《宝坻区水务志》初稿研讨会。12月初完成对《宝坻区水务志》稿件修改完善工作，12月19日宝坻区水务局报送《关于对〈宝坻区水务志〉（送审稿）进行评审的请示》。

2018年1月5日，水务志编纂委员会在宝坻区水务局组织召开评审会。经专家评议，一致认为《宝坻区水务志》观点正确，篇目合理，资料翔实，符合《地方志书质量规定》，同意通过评审。

3月底，将《静海县水务志》初稿的审阅意见反馈给撰稿人。经多次协调督促静海区水务局修志进度。12月15日，区水务局召开《静海县水务志》编纂工作会议，制定出完成修志任务的时间表。

【年鉴编纂】 2017年年初，下发《关于做好2017年天津水务年鉴编纂工作的通知》。3月中旬，各编纂单位陆续上报年鉴稿件，编办室针对上报稿件进行组稿，并下发《关于2017年天津水务年鉴条目编纂情况通报》，督促尚未交稿的单位抓紧时间上报稿件。按照局领导要求，《天津水务年鉴》计划公开出版，与多家出版社联系，经局领导同意，与天津人民出版社签订了图书出版合同。稿件经过三审四校，于8月底，天津人民出版社印出样书。9月13日，组织召开《天津水务年鉴（2017）》评审会，主管局领导、市调水办专职副主任张文波出席，并对做好年鉴编纂工作提出要求。经专家评审，同意通过评审。至2017年年底，完成约80万字的《天津水务年鉴（2017）》编纂工作，由天津人民出版社首次公开出版。

9月31日，《天津水务年鉴》（2017年卷）评审会

按照市委党史研究室《中共天津工作》的编纂要求，完成了《中共天津工作》2015年、2016

年卷中的天津水务工作总结和大事述要，共1.6万字。于3月30日上报市委党史研究室。

参加了海委组织的《海河年鉴》编纂工作培训会，按要求完成了约3.9万字的天津水务条目。另外，按要求完成1.3万字的《中国水利年鉴》和1.2万字的《天津年鉴》中市水务局所承编的天津水务条目编写工作，经局领导审核后上报。

【中国大百科全书条目编纂】 2017年年初参加水利部大百科培训会，按要求进一步修改稿件并报水利部。4月12日，稿件通过水利部复审。10月11日，收到《关于进一步做好〈中国大百科全书〉（第三版）水利学科地方水利分支编写工作的通知》。按通知的要求补充了农村饮水安全的内容，经局领导审核后，10月18日反馈水利部，现已通过出版社终审。11月7日，中国水利学会召开大百科全书第三版水利学科地方水利分支审查会，水务志编办室主任丛英作为审查专家参加会议，完成部分省水利分支的修改任务。

（编办室）

后 勤 管 理

【概述】 2017年，机关服务中心紧密围绕局党委年初确定的工作思路和目标，积极发挥后勤保障作用，不断提高工作效率，全面提升机关后勤管理水平，确保了局机关各项工作的顺利开展。

【节能减排】 2017年，建立健全节能减排工作机制，对《天津市水务局节水管理制度》《天津市水务局能耗管理办法》《天津市水务局办公用品管理制度》等规定进行修改，细化了管理内容，为全面落实节能理念，奠定了坚实的制度保障。市水务局积极响应机关事务管理局的统一部署和要求，开展"公共机构节能宣传周"活动，积极派遣机关能源管理和运行人员参与市机关事务管理局统一组织的节能岗位培训活动，对新的移动能源资源消耗统计管理系统进行了培训，并督促局属处

级公共机构及其所属科级公共机构进行了能源资源消耗统计网络基础数据的报送工作。

【办公用房管理】 2017年，按照市机关事务管理局《党政机关办公用房建设标准》，市水务局进行了三次办公用房复查，核实机关及局属单位办公用房信息，办公用房复查无超标现象，信息全面准确。局属各单位安排专人负责，按照标准对办公用房进行长效整改，对办公用房用途更改及时上报，对各单位办公用房信息及时更改。全局办公用房复查结果零超标，办公用房相关信息及时存档。

【消防安全管理】 2017年4月，制订2017年消防安全工作计划，逐级签订《消防安全责任书》共计70份。制定《火灾处置预案》《各重点部位岗位责任制》《消防监控室岗位职责》《微型消防站标准化管理规定》《消防重点部位档案》和《消防监控室工作考核细则》等一整套安全制度，使安全工作真正做到有章可循、有据可依。6月，结合"安全生产月"，举办"局机关夏季消防安全知识讲座"，邀请市消防协会讲师来市水务局开展消防安全知识讲座，并进行了实地灭火演练。11月9日，开展了"119"消防安全宣传日宣传活动，现场设立了消防宣传点，集中摆放了8块消防安全知识展板、悬挂消防安全宣传标语横幅5幅、指导安保特勤人员如何正确佩戴空气呼吸器，发放了消防安全宣传册和传单260余份，接受广大干部职工咨询，同时就如何正确使用灭火器进行了讲解。

消防设施设备维护保养。对机关各楼层和过道上设置的消火栓和配备的灭火器等消防设备进行全面检查，对部分老化的水带及水枪进行更换，在6月和10月对全部灭火器进行换药及更新并淘汰一批水基型灭火器。按照消防安全维保协议，对局机关固定消防设施设备全面进行3次安全检查和维护保养，在党的十九大期间对局机关消防设施设备进行了1次全面消电检检测，确保消防设施完整有效。对局机关大楼、变电室、配电室、泵

房及重点部位的消防设施设备电气线路进行检查；联合消防维保单位对局机关消防监控室内消防联动系统（火灾报警系统、机械防排烟系统、消防给水系统、消防应急广播系统）和远程控制的消防设备（烟感探测器、声光器、消火栓报警按钮、防排烟排风口、应急广播喇叭）等进行全面远程联动测试，排查故障，确保消防系统完好有效；联合物业对局机关及老干部处厨房进行了可燃气体检测（燃气炉灶、阀门、管道和老干部处燃气热水器）等，经检测均属正常无有泄漏。

全年组织消防安全大检查 30 次，开展今冬明春火灾防控工作和夏季消防安全专项检查活动，召开 6 次消防安全专项部署推动会议，对 118 家出租单位及化学危险品单位登记造册，建立台账。全年对各单位检查达 46 家次，闸所泵站检查 86 家次、出租单位安全检查 164 家次，发现及整改隐患362 件，下发隐患整改通知书 16 份，指导和督促各单位落实火灾隐患整改。

【交通安全】 2017 年，加强局机关机动车辆和驾驶员管理规章制度的落实，坚持每月对驾驶员进行培训学习和考核。完成中央环保组来津督导期间密集用车的车辆服务保障，完成"全运会"期间车辆驾驶服务任务。开展事故隐患排查治理。签订交通安全保证书，全年安全行车 9 万多千米无事故。

【公车治理】 2017 年，汛期制定了防汛应急车辆调度预案，严格按照公车使用管理制度进行调度。做好全局事业单位公务用车制度改革后续工作，对保留车辆建立了管理档案，对机关车辆落实喷涂标识等标准化管理措施。在重要节日期间，联合驻局纪检组对局属各单位的公务用车管理情况进行专项检查。

【公务用车管理】 2017 年，完成市水务局事业单位车改实施方案并上报市公车办，完成车改后车辆信息录入上传工作。改革后共保留公务用车 453辆，其中特种专业技术和必要的业务用车 449 辆，班车 3 辆，机关后勤服务用车 1 辆。取消公务用车69 辆，并与市产权交易中心的车辆办理了交接工作，按照规定的程序进行公开拍卖处置。完成排管处 37 辆新购特种专业车审批手续。下发了《事业单位网上车辆审批流程办法》。重大节日前下发局属单位《关于加强节日期间公务用车管理的通知》，加强车改后车辆专项使用和节日封存车辆，配合驻局纪检组对部分事业单位进行了节日封存车辆检查。

【局办公楼设施改造】 对局机关院区 600 平方米的破损路面进行了改造；对机关前后楼外檐定期清洗，围墙护栏进行了维护；建成信访接待室、纪检约谈室；对院区地下管网进行了排污疏通；对西院墙进行了除险加固；对年久老化的地下车库顶棚、自行车棚进行了加固改造；对局机关各处室的用电线路进行了改造，消除了用电安全隐患；对办公楼楼道进行粉刷，楼道地面铺设卷材地板。

（机关服务中心）

党 建 工 团

干 部 工 作

【概述】 2017 年组织工作紧紧围绕局党委的重点工作任务，认真落实全市组织工作会议部署，落实全面从严治党要求，做好处级领导班子和处级干部调整工作，推进从严管理监督干部日常化常态化，牵头抓好人才队伍建设，提升统战工作水平，秉持坚持原则、认真负责的工作理念，不断提高组织工作科学化水平，为加快推进水务事业改革发展、实现"六能"目标提供组织保障。

【市水务局负责人】

天津市水务局党委成员：

书　记：孙宝华（4 月 14 日任，津党任〔2017〕70 号）

副书记：景悦（6 月 17 日免，津党任〔2017〕135 号）

委　员：张志颇　李文运　李树根（2 月 28 日免，津党组〔2017〕61 号）
　　　　杨玉刚　张文波　赵　红

天津市纪委驻水务局纪检组：

组　长：赵　红

天津市水务局行政领导成员：

局　长：景　悦（7 月 25 日免，津人发〔2017〕22 号）

副局长：张志颇　李文运（挂职）　李树根（2 月 28 日免，津党组〔2017〕61

号）　闫学军

总工程师：杨玉刚

副巡视员：刘长平　唐先奇　梁宝双　杨建图

天津市南水北调工程建设委员会办公室：

专职副主任：张文波

【局机关处室及局属单位负责人变化情况】

2017 年 2 月 10 日，津水党任〔2017〕2 号文件：

天津市水文水资源勘测管理中心（天津市地下水资源管理办公室）吴宗华退休。

天津市引滦工程于桥水库管理处王相佐退休。

2017 年 3 月 15 日，津水党任〔2017〕3 号文件：

马信不再担任天津市供水管理处副处长、党总支委员职务，退休。

2017 年 3 月 17 日，津水党任〔2017〕4 号文件：

赵树茂不再主持天津市北大港水库管理处、天津市大清河管理处行政工作。

冯永军任天津市大清河管理处处长。

周潮洪任天津市北大港水库管理处处长。

2017 年 3 月 30 日，津水党任〔2017〕5 号文件：

免去刘洪兴天津市引滦工程潮白河管理处副处长、党委委员职务。

免去邢占岑天津市引滦工程尔王庄管理处副处长、党委委员职务。

免去张建新天津市南水北调王庆坨管理处副处长、党总支委员职务。

免去崔海涛天津市南水北调王庆坨管理处副处长、党总支委员职务。

2017年5月9日，津水党任〔2017〕8号文件：

张迎五不再担任天津市供水管理处党总支书记、党总支委员、处长职务，退休。

2017年5月18日，津水党任〔2017〕9号文件：

赵天佑任天津市水务局（天津市引滦工程管理局）组织处处长、局党校常务副校长。

杨国彬任天津市供水管理处党支部委员、党支部书记、处长（试用期一年），免去其天津市水文水资源勘测管理中心（天津市地下水资源管理办公室）副主任、党委委员职务。

穆怀明任天津市水务局（天津市引滦工程管理局）办公室（党委办公室）调研员。

肖承华任天津市水务局（天津市引滦工程管理局）工程管理处（水库移民管理处）调研员，免去其天津市水务局（天津市引滦工程管理局）工程管理处（水库移民管理处）副处长职务。

肖琳娜任天津市水务局（天津市引滦工程管理局）办公室（党委办公室）副主任（试用期一年）。

苑可菲任天津市水务局（天津市引滦工程管理局）水政处（法制室、执法监督处）副处长（试用期一年）。

刘海辰任天津市水务局（天津市引滦工程管理局）党委巡察组副组长（试用期一年）。

许光禄任天津市南水北调工程建设委员会办公室计划财务处副处长（试用期一年）。

元绍江任天津市水务局（天津市引滦工程管理局）计划处副调研员。

夏冰任天津市水务局（天津市引滦工程管理局）财务处副调研员。

刘战友任天津市防汛抗旱管理处副处长（试用期一年）。

刘静任天津市水务基建管理处副处长（试用期一年）。

黄立强任天津市水务局（天津市引滦工程管理局）机关服务中心副主任，免去其天津市水文水资源勘测管理中心（天津市地下水资源管理办公室）副主任职务。

程道君任天津市水务局信息管理中心副主任，免去其天津市防汛抗旱管理处副处长、党总支委员职务。

屈永强任天津市水利勘测设计院党委副书记，免去其天津市水利勘测设计院副院长职务。

傅建文任天津市水文水资源勘测管理中心（天津市地下水资源管理办公室）副主任（试用期一年）。

蔡杰任天津市水务工程建设交易管理中心副主任，免去其天津市水务局信息管理中心副主任、党总支委员职务。

秦继辉任天津市引滦工程于桥水库管理处副处长（试用期一年）。

刘宏领任天津市海河管理处副处长（试用期一年），免去其天津市水务局（天津市引滦工程管理局）工程管理处（水库移民管理处）副调研员职务。

郭江任天津市水务工程建设管理中心（天津市水务职工培训中心）副主任（试用期一年），免去其天津市水利勘测设计院党委委员职务。

免去李跃科天津市引滦工程于桥水库管理处副处长、党委委员职务。

2017年5月18日，津水党任〔2017〕10号文件：

侯佳任天津市水务局（天津市引滦工程管理局）财务处副处长（试用期一年），免去其天津市水务基建管理处副处长职务。

穆浩学任天津市水务局（天津市引滦工程管理局）党委巡察办副主任（试用期一年），免去其天津市水务局（天津市引滦工程管理局）机关服务中心副主任、党总支委员职务。

2017年6月26日，津水党任〔2017〕11号文件：

杨宪云不再担任天津市水务局（天津市引滦工程管理局）副总工程师、天津市排水管理处总工程师、党委委员职务，退休。

刘志达不再担任天津市海河管理处党总支副书记（正处级）、委员职务，退休。

2017 年 7 月 10 日，津水党任〔2017〕12 号文件：

刘威任天津市水务局（天津市引滦工程管理局）水政处（法制室、执法监督处）处长，任职时间从 2016 年 6 月 30 日计算。

李悦任天津市水务局（天津市引滦工程管理局）水土保持处处长，任职时间从 2016 年 6 月 30 日计算。

赵岩任天津市水务局（天津市引滦工程管理局）水资源管理处（节约用水管理处）副处长，任职时间从 2016 年 6 月 30 日计算。

曹素华任天津市水务局（天津市引滦工程管理局）人事劳动处副处长，任职时间从 2016 年 6 月 30 日计算。

张凤云任天津市水务局（天津市引滦工程管理局）组织处副处长，任职时间从 2016 年 6 月 30 日计算。

贾翔任天津市水利科学研究院副院长，任职时间从 2016 年 6 月 30 日计算。

何广庆任天津市水务工程建设管理中心（天津市水务职工培训中心）副主任，任职时间从 2016 年 6 月 30 日计算。

2017 年 7 月 21 日，津水党任〔2017〕13 号文件：

孟祥和任天津市海河管理处党总支委员、党总支书记、处长，免去其天津市排水管理处党委书记、委员职务。

免去黄力强天津市海河管理处党总支书记、党总支委员、处长职务。

2017 年 7 月 31 日，津水党任〔2017〕14 号文件：

张绍庆任天津市水务局（天津市引滦工程管

理局）政策研究室主任，任职时间从 2016 年 7 月 19 日计算。

王立义任天津市水务局（天津市引滦工程管理局）工程管理处（水库移民管理处）处长，任职时间从 2016 年 7 月 19 日计算。

刘德胜任天津市水务局（天津市引滦工程管理局）水土保持处调研员，任职时间从 2016 年 7 月 19 日计算。

2017 年 8 月 21 日，津水党任〔2017〕15 号文件：

王志华不再担任天津市水政监察总队党支部书记、党支部委员、队长职务，退休。

唐广鸣不再担任天津市永定河管理处（市水务局物资处）党委书记、委员职务，不再主持天津市水务局物资处行政工作，退休。

2017 年 9 月 15 日，津水党任〔2017〕16 号文件：

佟祥明不再担任天津市水务局（天津市引滦工程管理局）科技信息管理处处长职务，退休。

2017 年 9 月 28 日，津水党任〔2017〕17 号文件：

隋涛任天津市水务局（天津市引滦工程管理局）规划设计管理处处长，任职时间从 2016 年 9 月 2 日计算。

纪俊松任天津市水务局（天津市引滦工程管理局）规划设计管理处副处长，任职时间从 2016 年 9 月 2 日计算。

陈菁任天津市南水北调工程建设委员会办公室计划财务处处长，任职时间从 2016 年 9 月 2 日计算。

宁云龙任天津市水务工程建设管理中心（天津市水务职工培训中心）党总支书记、主任，任职时间从 2016 年 9 月 2 日计算。

张洋任天津市水务局信息管理中心副主任，任职时间从 2016 年 9 月 2 日计算。

卢家胜任天津市大清河管理处（北大港水库管理处）纪委书记，天津市大清河管理处副处长，任职时间从 2016 年 9 月 2 日计算。

2017 年 10 月 17 日，津水党任〔2017〕18 号文件：

胡汉桥不再担任天津市水务局物资处副处长、天津市永定河管理处（市水务局物资处）党委委员职务，退休。

2017 年 11 月 28 日，津水党任〔2017〕19 号文件：

李惠英不再担任天津市水利勘测设计院党委书记、院长职务，退休。

2017 年 12 月 8 日，津水党任〔2017〕20 号文件：

杨应健不再任天津市水务局（天津市引滦工程管理局）水资源管理处（节约用水管理处）二级调研员，退休。

【干部队伍建设】 2017 年，局党委共调整处级干部 41 人次。其中提拔 15 人，交流轮岗 8 人，免职 6 人，退休 12 人。16 名试用期满处级干部经考核合格正式任职。

开展职务与职级并行制度试点。非领导职务干部完成职级套改，4 名副巡视员套改为二级巡视员职级，10 名调研员套改为二级调研员职级，10 名副调研员套改为四级调研员职级。

干部考核。2016 年，局机关处级公务员 60 人（含市调水办 8 人，驻局纪检组 2 人），参加年度考核 44 人，考核优秀等次 9 人，其他参加考核人员均为称职等次。局属 29 个事业单位，共有处级干部 120 人，参加年度考核 105 人，考核优秀等次 18 人，不确定等次 1 人，其他参加考核人员均为合格等次。

【干部交流】 2017 年，干部交流轮岗 8 人次。局属单位之间交流 4 人次，分别如下。

2017 年 5 月 8 日，津水党任〔2017〕9 号文件：

黄立强任天津市水务局（天津市引滦工程管理局）机关服务中心副主任，免去其天津市水文水资源勘测管理中心（天津市地下水资源管理办公室）副主任职务。

程道君任天津市水务局信息管理中心副主任，

免去其天津市防汛抗旱管理处副处长、党总支委员职务。

蔡杰任天津市水务工程建设交易管理中心副主任，免去其天津市水务局信息管理中心副主任、党总支委员职务。

2017 年 7 月 21 日，津水党任〔2017〕13 号文件：

孟祥和任天津市海河管理处党总支委员、党总支书记、处长，免去其天津市排水管理处党委书记、委员职务。

局机关、局属单位内部轮岗 2 人次，分别如下所述。

2017 年 5 月 8 日，津水党任〔2017〕9 号文件：

赵天佑任天津市水务局（天津市引滦工程管理局）组织处处长、局党校常务副校长。

屈永强任天津市水利勘测设计院党委副书记，免去其天津市水利勘测设计院副院长职务。

局属单位调任至局机关 2 人次，分别如下所述。

2017 年 5 月 8 日，津水党任〔2017〕10 号文件：

侯佳任天津市水务局（天津市引滦工程管理局）财务处副处长（试用期一年），免去其天津市水务基建管理处副处长职务。

穆浩学任天津市水务局（天津市引滦工程管理局）党委巡察办副主任（试用期一年），免去其天津市水务局（天津市引滦工程管理局）机关服务中心副主任、党总支委员职务。

（组织处）

【党员队伍管理】 制定并下发《机关党员学习制度》到机关各党支部，明确学习内容和要求以及监督检查办法。每季度向全局各级党组织下达必学、选学内容，并结合"两学一做"常态化制度学习教育实践活动，下达学习讨论题目并提出要求，内容包括学习党的十九大精神、"四个意识"主题宣讲、中央巡视工作条例、市第十一次党代会精神、中纪委副书记杨晓超讲话、优秀党员黄大年、廖俊波事迹等。组织多种形式的参观、观看警示纪录片等活动。根据市委市级机关工委批复，向局属各单位下达了2017年度发展党员计划53个，完成全年发展党员工作。完成水务集团党委划归国资委组织关系整建制转移工作。完成290名党员组织关系个别转移工作。春节前夕，组织完成2017年度困难党员重点关怀帮扶对象申报及春节困难党员慰问金发放工作，帮扶困难党员重点关怀帮扶对象141人，发放困难补助16万元。"七一"和十九大召开期间，组织开展了2次慰问困难党员、困难群众活动，对生活困难党员、长期患病、重病党员和特困群众共计143人进行了走访慰问。其中生活困难、长期患病、重病党员94人，帮扶因病致贫的特困群众49人。局领导班子成员带队慰问了退休干部中的长期患病党员和重病党员。

（党建办）

【帮扶困难村镇（街）】　2017年6月，市水务局完成结对帮扶困难村蓟州区渔阳镇桃花寺村和宝坻区口东镇新寨村、西河口村各项验收指标，累计投资1358万元，完成沟渠清淤、低洼农田改造、新建桥涵、村民饮水灌溉工程等建设项目16个，推进美丽村庄建设，达到"六化"建设标准，让农民群众切实感受到了结对帮扶的效果，全面完成结对帮扶困难村工作，综合评价均达标。截至2017年6月，桃花寺村年人均可支配收入由1.6万元提高到2.2万元，村集体年收入由15万元提高到36万元；西河口村年人均可支配收入由1万元提高到2.1万元，村集体收入由10.5万元提高达到20万元；新寨村年人均可支配收入由8000

元提高到2.1万元，村集体收入由7万元提高达到20万元。2017年8月，市水务局被评为市帮扶困难村工作先进帮扶单位，驻桃花寺村工作组组长刘学军被评为市优秀驻村干部，驻新寨村、西河口村工作组组长陈玉国被评为宝坻区帮扶先进个人。9月，市水务局按照市委统一部署，开始新一轮结对帮扶困难村驻村工作组的派驻工作，永定河处成立帮扶工作组李强任组长进驻宁河区东棘坨镇高景、艾林两个困难村开展帮扶工作。

【干部教育】　2017年，市水务局发挥"网上党校"作用，为引滦工管处等基层单位增设了"天津市党员干部现代远程教育终端"。排管处第九排水管理所和永定河处永定新河防潮闸管理所党支部被评为市委市级机关工委党建示范点。为提升基层党建工作科学化水平，研制开发"党建通知反馈统计归档管理系统"，市级机关工委引进使用，并由市级机关工委作为党建创新成果展示活动案例推荐到中央国家机关工委。

全年共选派34人次参加市委组织部和其他培训机构集中培训（见下表）。配合市委组织部干部专题研修班，共选派17名处级干部参加。开展干部内训工作，组织处级干部进修班3期，共计170人参加了为期3天的轮训。处级领导干部学习贯彻党的十九大精神专题培训班1期，167人参加。举办1期发展对象培训班，共计43人参加培训；举办1期新党员培训班，共计41人参加培训；举办1期党务干部、党支部书记培训班，共计93人参加培训。举办1期青年后备干部培训班，共计78人参加培训，举办1期党外干部学习贯彻党的十九大精神专题培训班，共计37人参加培训。

2017年市水务局选派干部培训情况统计表

干部职务	培训机构	培　训　课　程	人次	培训时间
局级	市委组织部	第一百零二期局级干部进修班	1	近2个月
局级	市委党校	第三期学习贯彻党的十八届六中全会精神专题班	1	3天
局级	市委组织部	第一期学习习近平总书记系列重要讲话精神专题班	1	3天

续表

干部职务	培训机构	培 训 课 程	人次	培训时间
局级	市委党校	第二期全面推进从严治党专题班（宣传工作专题）	1	3 天
局级	水利部	水利领导干部领导力和执行力提升专题培训班	1	3 天
局级	市委组织部	第二期习近平总书记治国理政新理念新思想新战略专题研讨班（京津冀协同发展专题）	1	3 天
局级	市委党校	第三期全面推进从严治党专题班（党风廉政专题）	1	3 天
局级	市委党校	第一期习近平总书记治国理政新理念新思想新战略专题研讨班（依法治市专题）	1	3 天
局级	市委组织部	重特大自然灾害预防、处置与恢复重建研讨班	1	10 天
局级	市委组织部	生态文明建设专题研修班	1	3 天
局级	市委组织部	第四期学习习近平总书记系列重要讲话精神专题班	1	3 天
局级	水利部	水利部水资源管理培训	1	3 天
局级	市委组织部	"城市建设发展"专题研讨班	1	3 天
局级	市委组织部	党的理论教育专题班（马克思主义经典著作专题第 2 期）	1	3 天
局级	市委组织部	第四期习近平总书记治国理政新理念新思想新战略专题班（创新驱动发展战略专题）	1	5 天
局级	市委组织部	第五期习近平总书记治国理政新理念新思想新战略专题班（深入推进供给侧结构性改革专题）	1	5 天
局级	市委组织部	第六期习近平总书记治国理政新理念新思想新战略专题班（维护安全稳定专题）	1	3 天
局级	市委组织部	第七期习近平总书记治国理政新理念新思想新战略专题班（城市风险防范和处置专题）	1	3 天
局级	市委组织部	局级干部进修班 105 期	1	近 2 个月
局级	市委组织部	党的十九大精神专题培训班	11	5 天
处级	市委组织部	第五期全面推进从严治党专题班（组织工作专题）	1	3 天
处级	市公务员局	天津市第二十五期处级女领导干部研修班	1	近 1 个月
处级	市委组织部	中青年干部培训班（第 53 期）	1	4 个月
处级	市委组织部	供给侧结构性改革研讨班	1	5 天

（党建办　组织处）

【人才管理】　2017 年，局人才工作全面落实《市水务局关于加强人才工作的若干意见》，切实推进人才强局战略实施。分管局领导先后深入黎河处、隧洞处等单位就加强人才队伍建设进行专题调研。局组织处赵天佑、张凤云、史丹等撰写的《市级政府工作部门推动处级以下干部培养性交流工作初探》被中共天津市委组织部评为 2017 年度全市组织工作调研成果一等奖。多次召开人才队伍建设政策研究座谈会和人才工作领导小组例会，就进一步推进局 131 科技人才工程（即 10 名学科带头人，30 名中青年优秀科技人才，100 名青年科技骨干）建设进行了讨论和征求意见。

水科院"人工潜流湿地水处理技术创新团队"被天津市人才工作领导小组评为天津市 2016 年度"131"创新型人才团队。水科院水环境研究所李金中被天津市人才工作领导小组评为"天津市 2012 年度'131'创新型人才培养工程第一层次人选"。

（组织处　水科院）

组 织 工 作

【概述】　2017 年，以全面贯彻落实党的十九大精神为指导，深入学习习近平总书记系列重要讲话精神，按照市委和局党委决策部署，突出全面从严治党主线，紧紧围绕服务水务中心工作、推动水务事业改革发展，大力加强基层党的建设和精神文明建设，严肃党内政治生活，充分发挥群团组织作用，促进全局党建工作全面上水平。

【基层党组织建设】　2017 年 6 月进行全局党内半年统计、12 月完成全年统计，完成全局党组织结构图绘制和更新工作。全部完成 2017 年全局基层党组织换届选举工作，除水务集团整建制转走，全局一共按期换届 140 个基层党组织。完成党建工作年度考核指标的修订工作，结合"两学一做"学习教育，对基层党的组织生活提出了进一步规范要求，并加大日常检查抽查力度。组织完成 2017 年度党组织和党员承诺工作，全局共有 172 个党组织公开进行了承诺，承诺事项达 962 件次，全局 2284 名在职党员 100% 按要求进行了承诺，承诺事项达 8158 件次。

【基层党建巡查】　2017 年，局党委制订《双转双查双促方案》，局领导带队对局属各单位党组织和局机关党委进行党建和中心工作专项检查。成立党的建设工作督导组，根据各专项工作要求，开展日常督导和重点工作提示。

【机关党建】　2017 年，切实履行机关党建责任，全面落实党支部书记一岗双责，确保"两手抓、两手硬"。局领导班子成员严格落实双重组织生活制度，以普通党员身份参加支部"三会一课"和组织生活会。建立天津市水务局水政处党支部、水资源处党支部、行政许可处党支部和巡察办党支部，隶属天津市水务局机关党委，同时撤销水资源水政党支部和巡察办临时党支部。根据《中国共产党章程》《中国共产党基层组织选举工作暂行条例》有关规定，组织 22 个党支部按时完成换届工作。印发《机关党员学习制度》和《关于严肃党内政治生活的通知》，对支部落实"三会一课"制度进行量化和规范。加强痕迹管理，做好各项活动归档工作，将开展活动的计划、内容、活动方式、参加人员、通知、活动照片等资料收集归档。加强推动检查。以分组督查的形式，对机关各支部落实"三会一课"制度情况进行了检查推动。积极开展警示教育。组织开展了"以案释纪明纪 严守纪律规矩"主题警示教育宣传月活动。期间，先后组织观看警示教育片、查摆问题专题组织生活会、身边案教育身边人、签署廉洁自律承诺书、"回头看"大讨论和党章党纪党规集中测试等 7 次具体活动。

【"两学一做"学习教育活动】　编制印发《开展"维护核心、铸就忠诚、担当作为、抓实支部"主题教育实践活动》，做好局党委专题学习会、书记孙宝华讲专题党课等重要会议的组织工作。做好局党委一专题、二专题、三专题交流研讨会的组织工作，组织开展了局党委领导班子及成员"两学一做"专题组织生活会自查，规范局领导参加双重组织生活会，局领导到联系点调研和督导推动。部署组织全局各级党组织开展书记和党员干部讲党课、各专题研讨、"五好党支部"创建等学习教育规定动作。为全局基层党组织和党员购置了必学、选学书籍和党徽，编制了党员应知应会口袋书。做好学习教育阶段性总结报告和信息的起草上报及局"两学一做"学习教育常态化制度化进展情况的统计上报和局学习教育信息的编发工作。举办了牢固树立"四个意识"专题讲座，组织开展了全局党员及党员领导干部知识竞赛。印发学习教育通知18件，结合局党的建设工作督导组，督导推动局属各单位党组织、机关党委严格按照局学习教育实施方案开展工作和督促局属各单位、机关党委完成"两学一做"常态化、制度化自查工作，推动全局学习教育扎实深入开展。

（党建办）

【"双万双服"工作】 2017年2月4日，市委、市人民政府召开天津市"双万双服"活动暨2017年20项民心工程动员部署会，动员部署万名干部帮扶万家企业，服务企业，服务发展。会后，按照《天津市2017年"双万双服"活动工作方案》（津党发〔2017〕6号）的要求，市水务局组建了市工作十一组和局服务组。其中市工作十一组由局副巡视员唐先奇任组长，9名成员分别来自基建处（后调整为市南水北调办综合处）、农水处、北大港处、海堤处、排管处、水文水资源中心、海河处（后调整为供水处）、永定河处，负责指导和推动静海区的帮扶工作；服务组由局副巡视员唐先奇任组长，9名成员分别来自规划处、计划处、水资源处、工管处、排监处、防汛处、供水处、农水处、海河处（在工作过程中，视实际需要增加水保处、许可处、科技处、财务处），负责协调解决企业提出的市水务局职责范围内的问题。成立局"双万双服"活动办公室，为市工作十一组和局服务组的日常办事机构，工作人员分别来自市南水北调办综合处、供水处、排管处、水文水资源中心，实行集中办公。

督导推动静海活动。工作组通过实地走访、政企互通服务信息化平台上跟踪、日常沟通等形式与静海区政府、区活动办、区专项帮扶办、乡镇园区工作组等保持联系，会同区活动办深入21个乡镇园区及企业调研摸排、宣讲政策，协调督促市有关部门解决驻静海区企业提出的问题，作

为市督查组成员参加对静海区活动开展情况的实地督查，督导推动静海区落实"双万双服"活动各项工作。静海区驻区企业在政企互通服务信息化平台上共提出问题555条，按时解决率和企业满意率均为100%。

线上线下开展服务。线上，由专人负责政企互通服务信息化平台的登录运行，对企业提出的问题在规定时限内接办、转办和回复。线下，有关部门积极与企业对接，摸清实情，提出切实可行的解决方案，并在解决问题后回访企业。对于线下受理的企业提出的问题，也纳入帮扶体系，抓紧解决、按时回复、全部回访。活动开展期间，线上承办答复或协调督办企业提出的问题5件，涉及企业复产、污水排放、取水许可、行业标准制定、特许经营服务价格调整等方面；线下接办静海区活动办、河北区活动办转交的问题5件，涉及秸秆利用、地下水取用、污水处理厂建设、污水排放等方面。

走访帮扶包联企业。按照市政府关于三级领导包联企业的工作部署，局服务组由组长、副巡视员唐先奇带队，完成了对市水务局领导包联企业宝泉水利建筑工程有限公司、创业环保集团股份有限公司、中交天航滨海环保浚航工程有限公司3家企业的两轮走访，共收到企业提出的涉及职工落户、业务拓展、职工培训、汛期污水水量调度、污水处理服务费欠款、污水处理特许经营单价调整、污水处理厂建设项目审批与资金筹集、排水口门设置、污泥处置、政府和社会资本合作等方面的问题12件。其中市水务局解决7件，协调市公安局、市财政局、市建委、市合作交流办、蓟州区水务局衔接解决5件。企业对办理结果均表示满意。

归集整理政策措施。按照市审批办的统一安排，归集整理了水务系统有关行政许可和公共服务的政策措施80项，其中包括社会资本参与水务工程建设、取水许可、再生水利用等企业和群众关注的事项，经相应的审核和解读后形成"政策包"上传到"天津政策一点通"网络平台，并适

时更新，为企业和群众提供信息服务。

（双万双服办公室）

【党组织生活】 结合开展"维护核心、铸就忠诚、担当作为、抓实支部"主题教育实践活动，扎实推进"两学一做"学习教育常态化制度化，全局基层党支部借助"党建云平台"，定期上传支部工作，加强痕迹管理，做好各项支部活动归档工作。每季度向局属各单位党组织下发学习及督导通知，结合"双责双查双促"活动，局领导对全局各党支部"三会一课"制度情况进行检查推动。结合党的十九大精神，认真查摆问题，利用好批评与自我批评的武器，认真开好 2017 年度领导干部民主生活会和 2017 年度支部组织生活会。

（党建办）

【双责双查双促】 为落实全面从严治党主体责任和监督责任，2017 年市水务局开展了"双责双查双促"活动，"双责"是指各级党组织和领导干部落实既要组织推动水务中心工作完成和水务事业发展，又要抓实党建工作的双重责任；"双查"是指对各单位、各部门重点工作的完成情况，全面从严治党主体责任和监督责任的落实情况进行全面检查；"双促"是指落实从严治党主体责任与推进重点工作互相促进，齐抓共促两不误。按照《关于开展"双责双查双促"活动的安排方案》要求，各单位、各部门每月末均进行了一次自查；局级领导结合分管工作，按照一岗双责要求每季度末组织了一次检查；局党委已于 2017 年 7 月下旬和 2018 年 1 月中旬带队五个督导组对各单位党建工作开展和重点工作完成情况进行了全面检查，落实了全面从严治党与水务重点工作同部署、同落实、同检查、同考核，并将活动开展和检查情况形成总结，向局党委会进行了专题汇报，切实推动了各单位主体责任落到实处。

（局办公室）

思想政治工作

【概述】 2017 年，以推进"两学一做"学习教育常态化制度化为主线，深入学习宣传贯彻党的十九大精神为重点，狠抓党风廉政建设，认真开展政工专业职称评审推荐工作，积极参与各种评优活动，思想政治工作取得良好效果。

【政工队伍建设】 制定并下发《市水务局 2017 年政工专业职称评审工作的安排意见》。加强全局政工人员队伍建设，加强继续教育学习培训、政策理论培训和政工业务培训，全年共培训 100 余人次。开展高级政工职称的评审和推荐工作，评审 16 人，推荐 10 人，10 人通过认定；开展中级政工职称的评审和认定工作，成立中级政工职称评审委员会，评审 15 人，通过 11 人；开展初级政工职称的认定工作，通过认定 1 人。组织政工师进行"以考参评"和网络继续教育学习，组织政工论文的征集。开展政工职称评定调研工作，形成调研报告。参加天津市 2015—2016 年度政工职评工作先进个人评选，刘海辰被评为 2015—2016 年度政工职评工作先进个人。

【精神文明创建】 加强社会主义核心价值观学习宣贯，在机关办公楼电子显示屏和会议楼显著墙体播放展示社会主义核心价值观。组织全局干部职工参加第十三届全运会开幕式，配合全运会组委会扎实做好各项工作，在全局营造喜迎全运会的良好氛围。组织推荐 2015—2017 年天津市文明单位、天津市第五届道德模范、第五届全国文明单位和第八届全国水利文明单位工作和全国"最美水利人"网上投票工作。

（党建办）

保 密 工 作

【概述】 2017 年，市水务局扎实做好保密工作。

局党委高度重视保密工作，局党委会上传达学习中央保密委和天津市保密工作会议精神，研究全局贯彻落实意见。调整机构，完善制度，制定印发了《天津水务计算机使用安全保密规定》，并对局属各单位保密机构、保密干部和保密人员进行统计。局保密委及时传达学习上级文件精神，研究部署各项保密相关工作。开展各项保密检查，防止失密泄密问题的发生。

【组织推动】 2017年，局保密委全年共召开4次会议，传达学习上级文件精神，研究部署2017年保密工作、审定业务平台上网信息，研究开展保密法宣传周活动的意见和关于加强和改进保密工作的措施办法。局保密办、局计算机安全保密工作组通过召开局保密工作会议、印发文件等形式，对年度保密工作、保密自查自评、保密法宣传周、开展计算机专项检查等项工作进行安排部署。根据人事变动和工作需要，调整了局保密委，并对局属各单位保密组织机构、保密干部和计算机安全保密管理人员进行统计。结合工作实际，制定印发了《天津水务计算机使用安全保密规定》，并将市国家保密局、天津海关联合转发的国家保密局、外交部、海关总署联合印发的《国家秘密载体出境保密管理规定》以局保密委文件转发至各单位、各部门。

相关工作。完成45个单位2016年度事业单位法人年度报告书保密审查和信息公开审查等工作。按照市委保密办、市国家保密局的文件要求，开展了机关、单位互联网门户网站保密检查，并将开展情况上报。组织开展全局保密自查自评工作，并将情况上报，做好市国家保密局对市水务局的专项保密督查。调整了控沉办定密责任人和入港处保密要害部位管理单位。为涉密计算机安装了安全保密屏保。针对计算机检查存在的问题，举一反三，在全局组织开展了计算机专项检查。

【宣传教育】 在保密法宣传周期间，邀请水利部办公厅秘书处（保密处）的领导做保密专题讲座；

局保密办、人事处对机关借调、外聘人员进行保密知识培训，并与借调、外聘人员签订保密承诺书；通过局办公网短信平台发送保密宣传短信，在局办公网设置悬浮窗介绍有关保密知识；给各部门、各单位配发保密宣传教育材料，并准备《保密常识必知必会微课堂九讲》《手机背后的谍网》等保密教育光盘，供各部门、各单位开展活动。加强对新入职人员的保密教育。在局举办的2016年和2017年新入职人员培训班上，局保密办负责人为2016年新入职人员做了"保守国家秘密，人人有责"保密知识讲座，组织2017年新入职人员观看了《胜利之盾》《保密常识必知必会微课堂九讲》，通报了典型窃密泄密案件，对做好保密工作提出要求。根据市委保密办、市国家保密局的通知要求，在全局认真组织学习观看十二集大型文献保密纪录片《胜利之盾》。

【督促检查】 局保密办、局计算机安全保密工作组利用保密法宣传周、保密自查自评、开展计算机专项检查等时机，对局机关有关处室、局属有关单位进行检查，针对检查中发现的问题和薄弱环节，现场进行反馈，并督促其整改，防止失泄密问题的发生。

（保密办）

党风廉政建设

【概述】 2017年，市水务局机关党委、机关纪委持之以恒落实中央八项规定精神，扎实开展反腐倡廉教育和党风廉政建设工作，切实把组织建设、思想建设、作风建设贯穿于各项工作之中。

【警示教育】 召开党风廉政建设工作会议，签订党风廉政建设责任书，召开全局领导干部警示教育大会，部署机关各党支部组织党员开展结合牢固树立"四个意识"主题宣讲的会议精神，在局机关组织开展"以案释纪明纪 严守纪律规矩"主题警示教育宣传月，专题学习通报鉴戒阚兴起严重违纪违法案件的学习大讨论,以发生在市水务局的阚兴起案件为反面典型,以案为鉴、以案示纪、以案说理,对党员干部进行警示教育。组织局、处两级领导干部参观了"利剑高悬 警钟长鸣"警示教育主题展;开展多种形式的党风廉政建设和反腐败宣传教育活动,警示教育月组织党员干部收看《打铁还需自身硬》《警醒》《镜鉴》《警钟》等;查摆问题专题组织生活会、身边案教育身边人、签署廉洁自律承诺书、"回头看"大讨论和党章党纪党规集中测试等7次具体活动,促使机关党员进一步深化纪律规矩意识,时刻自省自警、自约自律。

【机关纪委】 加强对党的路线方针政策和市委重大决策部署执行情况的监督检查,严明政治纪律和政治规矩。按照中央和市委要求,在机关开展学习习近平总书记关于进一步纠正"四风"、加强作风建设重要批示,进一步查摆整改"四风"问题加强作风建设的工作。

加强机关纪委受理办理信访能力,规范处置问题线索,结合机关实际情况严格开展执纪审查安全自查自纠工作,全面排查执纪审查中存在的问题隐患。制定《市水务局机关纪委关于纪检监察信访举报宣传工作的实施方案》加强纪检监察信访举报工作宣传,向群众普及信访举报知识,扩大群众知晓度,明晰信访举报渠道,使群众能举报、懂举报、会举报,充分发挥群众监督作用,服务正风反腐工作。

【主体责任】 严格以上率下,当好从严治党"责任人"。2017年年初召开全市水务系统党风廉政建设工作会议,在全系统层层签订党风廉政建设主体责任书和纪检组织监督责任书,将党风廉政建设主体责任、监督责任落实到各级党组织和纪检工作部门及责任人。局属各单位向局党委签订主体责任书26份,区(县)水务局向局党委签订主体责任书10份,分管局领导与机关各处室、调水办各处签订主体责任书23份。局属各单位党组织与所属部门逐层签订责任书,班子成员分别与分管部门签订责任书。全局共签订党风廉政建设主体责任书371份、党风廉政建设监督责任书80份,党风廉政建设覆盖水务全系统。

局党委带头开展党的十九大精神、牢固树立"四个意识"、市第十一次党代会精神等宣讲,高质量召开领导干部警示教育大会、全面净化政治生态座谈会和肃清黄兴国恶劣影响、净化政治生态专题会,认真举办学习贯彻党的十九大精神专题培训班。

严格压实责任。成立了局党委全面从严治党领导小组;制订了局党委《落实全面从严治党主体责任和监督责任的意见》《落实全面从严治党主体责任的实施意见》《党组织主要负责人述责述廉办法》《主体责任检查考核办法》,制定了局、处两级领导班子、主要负责人和班子成员主体责任清单、任务清单、主体责任纪实手册,全面落实中央、市委全面从严治党的部署要求。

严格落实监督制度。局党委专题研究部署推动,主要负责人对照中央、市委关于全面从严治党的部署要求,带头落实中央和市委决策部署,第一时间传达学习中央和市委重要会议精神,研究贯彻落实具体措施,随时督促推动掌握进展情况,做到了事事有着落、件件有回音;每季度按时听取情况汇报,研究推动重点工作;对反映领导干部违纪违法的信访件亲自阅批,严肃执纪问责。领导班子其他成员在抓好自身主体责任落实的基础上,按规定每季度开展听取分管单位党风廉政建设工作情况汇报,研究推动各领域党风廉政建设重点工作,有力推动全局党风廉政建设持续深入。

积极践行"四种形态",特别是"第一种形态",抓早抓小防微杜渐,2017年全系统运用监督执纪"四种形态"处置总人数59人,其中运用第一种形态处理党员干部51人,坚决斩断腐败滋生蔓延的势头。自觉接受驻局纪检组监督,全力支持和配合驻局纪检组强化监督执纪问责,做到有案必查,有腐必惩。2017年,驻局纪检组共处置问题线索 45 件，其中立案审查 6 件、结案 6 件、给予党纪政纪处分 7 人，持续释放了从严执纪的强烈信号，持续推动党风政风向上向善。2017 年，共查处违反中央八项规定精神问题 2 件，涉及公款旅游、办公用房超标 2 类问题，立案审查 2 件，给予政纪处分 2 人，形成了有力震慑，达到了查处一案、教育一片、转变一方的目的，持续推动党风政风向上向善。重大事项主动接受驻局纪检组监督，为纪检组履行职责创造条件。

【述责述廉】 2018 年 1 月 31 日，市水务局召开 2017 年度处级干部述责述廉和基层党建述职评议会议，全面检查各部门、各单位主要负责人履行全面从严治党主体责任、个人廉洁从政和抓基层党建情况。局党委书记孙宝华听取述责述廉和基层党建述职报告并逐一点评，对下步工作提出明确要求。局党委委员、驻局纪检组组长赵红主持会议，局领导班子全体成员结合工作分工进行分块点评。局属单位党组织主要负责人，局机关各处室、调水办各处室主要负责人和部分"两代表一委员"、基层党员干部群众代表参加。

【作风建设】 2017 年，扎实开展不作为不担当问题专项治理和作风纪律专项整治。成立 2 个领导小组、制定 2 个实施方案，建立 2 本整改任务台账，对照市委、市政府提出的 12 + 10 突出问题，列出具体问题清单、责任清单、任务清单，扎实推进自查整改。将机关风纪问题作为本年度的工作重点，紧盯"四风"新表现、新动向，结合不作为不担当问题专项治理工作的开展，组织召开党风廉政建设大会，督促各单位做好贯彻落实。完成局属单位党组织和机关处室党风廉政主体责任书及局属单位纪检组织监督责任书的签署工作。2017 年，全局共查摆问题 300 余个，问责处理干部 7 人。

【廉政宣传教育】 2017 年，对隐形变异"四风"保持高压态势，在元旦、春节、清明、端午等重要时间节点，及时印发廉洁自律通知，发送廉政提醒短信，开展明察暗访；深入开展领导干部经济责任审计和重点水务工程廉政建设检查。

【纪检信访案件】 2017 年，按照"四种形态"要求，严格处置问题线索，把组织开展廉政谈话函询作为常态化工作手段，建立廉政谈话提醒工作制度，敢于善于开展谈话提醒，对群众有举报有议论、工作生活中有苗头性、倾向性问题的党员干部，做到提前介入、防微杜渐。

【纪检队伍建设】 2017 年，机关纪委干部时刻用党章规范自身的一言一行，确保在执行市委、局党委各项决策部署上令行禁止，自觉按照党的组织原则和党内政治生活准则办事。加强同纪检部门的沟通协作，探索建立机关纪委委员履职机制，积极组织机关纪委委员参与监督检查工作，根据法定职责敢于和善于行使监督执纪问责职能，强化机关纪检工作合力。

健全内控措施。认真贯彻市纪委市级机关工委的工作部署，落实情况报告制度和述职述廉制度，加强沟通、请示和报告，发挥工作效能。同时严格落实市级机关纪工委有关加强纪律审查工作、转变案件审理理念的工作要求和有关纪律规定，提高纪律审查规范性，用铁的纪律打造过硬纪检监察干部队伍，锤炼"严、细、深、实"的工作作风，促进监督责任落实。

（党建办）

【巡察工作】 2017 年，市水务局党委高度重视巡察工作，始终将巡察工作作为推进局全面从严治党工作的重要抓手，并实现了处级局属单位党组织巡察全覆盖。

组织机构建设。局党委高度重视巡察工作，全年共召开 4 次党委会听取巡察工作汇报。调整巡察工作领导小组成员。巡察工作领导小组成员进行了调整，由局党委主要负责人担任组长，分管党务的党委委员、副局长，以及驻局纪检组组长等两位局领导任副组长，巡察工作领导小组共召开4次小组会研究巡察工作。建立联席会机制。建立了由巡察办、财务审计、工程稽查等部门组成的联席会议工作机制，并召开了第1次联席会议，强化了信息共享与责任担当，对巡察发现的共性问题及时进行反馈。

制度规则建设。为深入完善巡察工作规则，明确工作程序，出台了《天津市水务局巡察工作联席会议制度》《天津市水务局党委巡察移交工作办法》，建立了《巡察相关制度汇编》，收录了中央、市委和局党委巡视巡察相关制度文件28部，为规范和指导巡察工作提供了重要依据，为确保巡察质量提供了坚强的制度保障。

强化落实整改。完成整改工作的6家被巡察单位党组织针对巡察问题共制定整改措施300余项，共新修订和完善内部制度70余项。同时，在4月和7月局党委下发《关于对照巡察问题开展专项整改的意见》和《局党委印发〈关于对照巡察问题深入开展专项整改的意见〉的通知》，要求各单位对照问题开展自查自纠，为确保整改工作落实落细，不走过场，将单位整改落实情况作为后续巡察内容之一，对未认真执行的将严肃追责问责。整改成效达到"标本兼治，举一反三"。

注重成果运用。严格按照局党委巡察工作部署开展工作，牢固树立和自觉践行"四个意识"，明确政治巡察定位，坚持问题导向，强化巡察成果运用。2017年，共开展了4轮巡察，共对16个局属单位党组织进行政治体检，其中6个局属单位党组织完成了整改工作。在第三轮、第四轮、第五轮巡察中，巡察组发现问题76个，向驻局纪检组移交问题线索15个。

巡察实现全覆盖。截至12月29日，随着第六轮巡察工作从各被巡察单位现场撤驻，2017年实现了对处级局属单位党组织巡察全覆盖，震慑效应不断扩大，监督作用得到切实发挥。

（巡察办）

工 会 工 作

【概述】 2017年，局工会在局党委和上级工会的正确领导下，全面完成全年目标任务，在工会组织建设、职工维权、职工素质工程建设、职工文化体育活动、帮扶救困等工作上实现新的突破。

【组织建设】 2017年，局工会系统直属单位工会25个，局机关工会1个；工会会员4038名，女性1315名；专兼职工会干部133人，其中女性67人；女工组织12个；工会主席和副主席持证上岗率100%。

政治理论学习。深入学习贯彻党的十九大会议精神和习近平总书记系列重要讲话精神，贯彻落实市委十届十次、十一次全会、全总十六届五次执委会精神，贯彻中央、市委和局党委党的群团工作会议精神，组织广大会员、广大工会干部把讲政治讲忠诚作为第一位要求，自觉增强"四个意识"，特别是核心意识、看齐意识；始终把保持和增强政治性、先进性、群众性作为工作着力点，紧密联系职工群众，将职工的利益作为出发点和落脚点。

基层工会建设。继续开展好"基层工会活力建设年"建设，局属各单位工会广泛组织开展形式多样、职工喜闻乐见的各种活动，在活动中充分发挥组织、引导、服务和维护职工合法权益的积极作用，切实提高基层工会的吸引力、凝聚力和影响力。北大港处、海河处、建交中心、防汛抗旱处、农水处五个单位进行工会组织换届改选工作。协助工会法人变更的单位完成三证合一的换证工作。

工会制度建设。严格贯彻落实《天津市水务局内部控制管理制度》，并要求基层单位工会建立完善自身内部控制管理制度。继续完善以"一清双亮六有五健全五上墙"为主要内容的基层工会组织规范化制度建设，各单位工会都完成了"五上墙"和工会干部"亮身份"工作。根据市总工会年初落实工会工作改革的要求，积极推进制度改革，已组织编写《工会小组学习制度》《天津市水务局工会基层经费管理使用办法》《天津市水务局职代会考评制度》《天津市水务局职工合理化建议活动和奖励办法》《天津市水务局职工书屋规范化建设标准》《天津市水务局职工之家建设规划分年实施计划》《天津市水务局职工文体骨干培训、辅导员制度相关政策》七项制度。

工会"建家"工作。继续加大基层工会建设、建家力度，健全工作机制，创新活动载体，加强阵地建设，开展了职工之家、职工小家建设工作调研，局工会对局属各单位的"建家"工作都给予了一定的支持。

工会财务经审工作。规范工会财务管理，严格按照《天津市基层工会经费收支管理办法》《天津市工会系统经费管理使用负面清单（暂行）》收好、管好、用好工会经费。做好"税务代收"工作。搞好本级工会财务自查工作，配合市总工会搞好工会财务检查工作。加强内审队伍建设，提高工会财务工作人员的业务水平。局工会经费审查委员会在市总工会2016年度工会经审工作规范化建设考核中获一等奖。

【职工维权】 民主管理工作。局属各单位均如期召开年度职工代表大会，如期开会率100%。

劳动保护监督工作。积极参与安全生产相关检查、推动和落实等活动，组织工会干部安全培训，选派1名工会干部参加全国安全生产监督员培训。指导搞好本单位的安全生产和劳动保护监督、检查工作，履行好工会安全生产和劳动保护监督职责。

女职工维权工作。进一步强化各级工会女工组织工作，完善女工工作制度，强化局工会女工委员会工作，组织女职工开展形式多样的活动，如女职工专项体检、女职工座谈会、保健讲座、庆祝"三八"妇女节、女职工征文活动等，为局属单位女职工配备女性杂志，均收到较好效果。

厂（处）务公开工作。各级工会组织严格落实好厂（处）务公开的监督工作，进一步加强制度建设，提升公开的效果，对该公开的事项及其公开形式、公开范围、公开内容都进行了有力监督，保证职工群众的知情权。

和谐企事业单位建设。进一步推进和谐企事业单位建设工作的制度化、常态化，建立健全相关制度、建设标准。

工会信访、劳动调解工作。完善工会信访接待工作机制和劳动争议调解工作机制，推进局属各单位劳动争议调解组织和机构建立工作，全局共建立劳动争议调解组织24个。

【素质工程】 2017年，推荐参评全市"五一劳动奖章"先进个人1名，工人先锋号1个，均被评定。在全局范围内开展2015—2016年度天津市水务局模范职工之家、模范职工小家、优秀工会工作者、优秀工会积极分子、优秀工会之友的评选、表彰活动，共评选出模范职工之家4个，模范职工小家15个，优秀工会工作者15人，优秀工会积极分子18人，优秀工会之友10人，并在此基础上推荐了市级模范职工之家1个，模范职工小家1个，优秀工会工作者1名，优秀工会积极分子1名。

劳动竞赛活动。局属各单位工会积极开展以"比技术创新、比科学管理、比又好又快、比安全生产、比团队和谐，创精品工程"等为主题的劳动竞赛活动；积极开展岗位练兵和技术比武活动。

合理化建议、技改技革、发明创造活动。积极开展职工技改技革、发明创造及合理化建议活动，发现和培养创新发明人才，鼓励来自基层一线职工的技术革新、发明创造和先进操作法。对全局技改技革、发明创造成果进行了总结、评比、推广和推荐。

职工思想教育工作。与局团委联合举办了"喜迎党的十九大·高举旗帜跟党走"主题演讲比赛，共有24名选手参加决赛，本次比赛评选出一等奖2人，二等奖4人，三等奖4人。委托水利书画院开展"喜迎十九大水务职工书画展"。

职工书屋创建。开展了"职工书屋"创建工

作调研，加大对基层书屋建设的投入和支持力度，对已建成的"职工书屋"配备了一定数量的图书。在全局的市级"职工书屋"推荐出 1 个参加全国"职工书屋"创争工作的评比活动。

【文化体育】 2017 年，建立和完善基层职工文化、文艺、体育活动室和职工健身房。对获得市级模范职工之家以及偏远基层一线单位配备了文化体育设备、器材。

基层文体活动。局属各级工会因地制宜地开展群众参与广、效果明显、易于组织实施的小型文化体育活动或兴趣小组活动，有的还聘请专门教练教授太极拳、瑜伽、舞蹈等。

文体骨干队伍建设。举办了演讲知识讲座；培训职工文化活动骨干；委托水利书画院开展职工培训和书画摄影展活动。

全局性文体活动。2017 年，开展了一系列全局性的文化体育活动。春节期间，各级工会均组织了不同类型的联欢活动，组织广大职工观看教育影片《邹碧华》。局机关也举办迎新春联欢会，局领导到场参加。根据局工会年初计划，成功举办了市水务局第三届职工运动会，分别举办了"排水杯"羽毛球比赛、"智慧水务杯"乒乓球比赛、"永定河杯"篮球比赛、"水文杯"台球比赛、"滦水杯"棋类比赛、"创新发展杯"牌类比赛、"廉政杯"游泳比赛、"水务基建杯"田径比赛 8 个项目的赛事。4 月，局工会组队参加了全国水利系统职工第四届"武引杯"羽毛球比赛，并取得优异成绩。五一劳动节期间，组织参加了市总工会举办的市五一嘉年华活动，在长跑比赛中，多名运动员获奖并取得了团体第五的好成绩。

为《全民健身实施纲要》的贯彻落实以及职工参与健身锻炼、展示才能提供良好环境。

在中国水利文学艺术协会举办的全国水利系统纪念红军长征胜利 80 周年书画作品展中，全局多个作品获奖，其中陆铁宝荣获美术类二等奖和优秀奖，蔡淳伊荣获美术类三等奖，陈卫清、赵考生荣获美术类优秀奖。

【帮扶解困】 局特困职工帮扶中心工作。局工会进一步加强了帮扶中心各项机制建设和管理工作，多方位筹集帮扶资金，有效的对局特困职工实现动态化、网络化管理，及时更新和维护困难职工基本信息，并将帮扶款及时发放到位。今年为全局在库困难职工及时发放了困难职工季度帮扶救助款，共计帮扶职工 147 人次。7 月，完成工会会员服务卡保费缴纳工作。全年共为 5 名大病及遭受意外职工申请了工会会员服务卡保障金，共计金额 42070 元。

"送温暖"工作。进一步完善"送温暖"工作机制，加大资金投入力度。春节期间，开展了入户慰问工作，共帮扶特困职工 67 人，局特困职工帮扶救助中心共募集和发放慰问金 10.9 万元，局属各单位及工会也匹配一定资金进行深入帮扶，整体投入较往年有较大幅度提升。

开展"金秋助学"活动，为 8 名困难职工子女完成学业提供资金 8400 余元。开展工会会员卡工作，为没有办理工会会员卡的同志进行补办，做好大病申请相关工作。共为 2 家单位的 5 名职工申请了职工保险合作社的保障金。

暑、汛慰问工作。暑、汛期，各级工会要搞好防暑降温的劳动保护和慰问基层职工活动。7 月上旬至 8 月中旬期间，局领导深入到局属各中层单位基层"一线"进行慰问，发放慰问金和慰问品共计 13.23 万元。

工会退管会工作。积极做好退管会日常工作，指导各级工会做好全局退休人员管理。为退休的市级劳模申请了离退休劳动模范荣誉津贴。

【工会改革】 印发《关于印发〈天津市水务局工会改革工作方案〉〈天津市水务局共青团改革实施方案〉的通知》（津水党发〔2017〕69 号），开展工会基层工作调研，全面推进工会制度改革，强化党的领导，坚定政治方向，发挥好党联系职工群众的桥梁纽带作用；密切联系职工，深入职工群众开展工会工作，切实解决脱离职工群众的突出问题，切实提高工会工作的效能。

（党建办）

共青团工作

【概述】 共青团天津市水务局委员会由王帅、张进、苏洞美、张权、韩钏、刘芳池6名职工干部组成，王帅任书记，下设基层团委1个，团总支5个，团支部56个，现有35岁以下青年903人，团员289人。2017年，共青团工作按照局党委的部署要求，紧密围绕水务中心工作，以落实全面从严治团要求为主线，牢牢把握"政治性、先进性、群众性"要求，积极构建"凝聚人心、服务大局、当好桥梁、从严管理"工作格局，团结带领水务青年为加快水务改革发展贡献青春力量。

【思想教育】 三季度，举办"喜迎党的十九大·高举旗帜跟党走"青年演讲比赛，局党校赵静静、海河处徐文轩获冠军，于桥处张进、排管处贾如、水文中心董瑞颖、设计院代春艳获亚军，排管处刘芳池、隧洞处王峥、建管中心高宏越、大清河处（北大港处）刘伟超获季军。11月，举办学习贯彻党的十九大精神宣讲报告会，邀请市级机关十九大精神宣讲团成员、海河处副处长车玉华为全局团员青年宣讲党的十九大精神。12月，以团支部为单位召开"践行新思想拥抱新时代"专题组织生活会。

【组织建设】 2017年3月15日，水务局下发《关于共青团天津市水务局机关支部委员会换届选举结果的批复》（津水团发〔2017〕1号）文件：同意新一届共青团天津市水务局机关支部委员会人员组成及分工。团支部书记：赵静静，组织委员：马非凡，宣传委员：郭敏姣。

2017年12月21日，水务局下发《关于共青团天津市引滦工程黎河管理处支部委员会换届选举结果的批复》（津水团发〔2017〕2号）文件：

同意新一届共青团天津市引滦工程黎河管理处支部委员会人员组成及分工。书记：孟颖，组织委员：刘峰，宣传委员：张伟鹏。

2017年12月21日，水务局下发《关于共青团天津市引滦工程管理处支部委员会换届选举结果的批复》（津水团发〔2017〕3号）文件：同意新一届共青团天津市引滦工程管理处支部委员会人员组成及分工。书记：吴双，组织委员：安兴华，宣传委员：李金洋。

2017年11—12月，完成市水务局出席共青团天津市第十四次代表大会代表选举工作。市水务局团委书记王帅出席共青团天津市第十四次代表大会。

【青年文体活动】 2017年3月，举办"学雷锋"主题实践和志愿服务活动，共组织33场次，参与青年近310人次。植树节期间，开展青年义务植树活动，参与青年290人次。"五四"青年节前后，举办"五四"青年节系列主题活动，共举办各类文体活动93场次，参与团员青年890人次。6月，组织水务青年参加了市委宣传部举办的"谈古论津"群众性主题展示活动。指导局篮球队开展适度的训练、比赛活动，全年活动30余场次。

【先进典型培训宣传】 4月，天津市引滦工程于桥水库管理处工程技术管理科被评为2017年度天津青年"创新创业创优"先进集体；天津市供水管理处张艺缤、天津市排水管理处曹辰、天津市防汛抗旱管理处孙甲岚、天津市北三河管理肖楠、天津市水务局机关王帅5名职工被评为2017年度天津青年"创新创业创优"先进个人。5月，于桥处张进作为青年代表在全市纪念中国共产主义青年团成立95周年座谈会上做典型发言。11月，局团委选送的"把脉江河、造福天津人民"青年志愿服务项目被评为全国青年志愿服务项目特别奖。12月，组织全局各级团组织开展市"争做新时代向上向善好青年"推荐工作。

【共青团改革】 印发《关于印发〈天津市水务局工会改革工作方案〉〈天津市水务局共青团改革实施方案〉的通知》（津水党发〔2017〕69号），开展共青团工作问卷调查，全面推进"突出共青团政治组织属性、改进团的管理模式和运行机制、建立面向基层重心下沉的工作方式、从严管理团干部"等各项改革措施落实落地。

（党建办）

老 干 部 工 作

【概述】 2017年，市水务局共有离退休人员3838人，其中离休30人，退休3808人（排管处退休2506人）；退休人员年龄结构：60岁以下466人，61~70岁2353人，71~80岁724人，81岁以上265人。党员727人。共有16个单位建有单独的离退休干部党支部，其中离休支部1个，退休支部10个，离退休联合党支部5个；有29个单位离退休党员纳入在职党支部；有288名退休党员将党组织关系转入所在社区。全局共有10个单位有离休干部30人，81~90岁的23人，91岁以上7人；女同志5人；局级4人，处级20人，科级及以下6人。全局共有离退休局级干部17人。

2017年，市水务局老干部处全面贯彻党的十八届六中全会和市委十届十次、十一次全会精神，深入学习贯彻党的十九大会议精神和习近平总书记系列重要讲话精神，特别是对全国老干部工作的重要指示，认真落实局党委扩大会议和市委老干部局会议精神，牢牢把握为党和人民事业增添正能量的价值取向，做到了政治上尊重、思想上关心、生活上照顾、精神上关怀老同志，充分发挥了离退休老同志在推进水务改革发展稳定中的独特优势和作用。

【落实中央文件精神】 深入学习贯彻习近平总书记对全国老干部工作重要指示和"双先"表彰大会精神。把学习贯彻习近平总书记重要指示和"双先"表彰大会精神作为当前和今后一个时期老

干部工作的首要任务，采取多种形式及时传达到每位老同志和老干部工作人员。依托手机短信、微信等新媒体，深入解读、持续宣传习近平总书记重要指示和会议精神，营造浓厚氛围。及时向离退休老同志发放印有习近平总书记对全国老干部工作重要指示的大红折页200余册。局党委制定印发了《关于进一步加强和改进离退休干部工作的意见》（津水党发〔2017〕56号），为做好老干部工作提供了保障。

【正能量活动】 以增添正能量彰显价值取向，开展迎接党的十九大和市第十一次党代会胜利召开系列活动，充分发挥离退休老同志的政治优势、经验优势、威望优势，组织引导老同志为中央、市委、局党委的战略部署点赞、为好声音喝彩、为工作大局凝心聚力。先后组织开展了"畅谈十八大以来变化 展望十九大胜利召开"征文、"建言十九大"等主题活动，近3000名老同志积极参与；组织415名离退休老同志参与了"听党话 跟党走"知识竞答活动；开展了"党章党规记于心，知行合一见于行"学党章党规知识答题活动，老同志参与率达90%以上；组织参观卢沟桥、抗日战争纪念馆、大沽口炮台等爱国主义教育基地，观看冯家村党史纪念馆等，引导老同志不忘革命初心，永葆政治本色。

持续开展"展示阳光心态、体验美好生活、畅谈发展变化"为主要内容的正能量活动，鼓励老同志通过"学、看、议、讲、做、选"等形式，交流心得体会，他们谈时代要求，比政治本色，谈发展变化，比阳光心态，谈美好前景，比奉献精神，深化了学习效果。

【落实各项待遇】 以政治引领为根本，认真落实老干部政治、生活待遇，加强离退休干部思想政治建设和党支部建设。完成党的十九大和市第十一次党代会代表候选人初步人选的推荐工作。坚持老干部阅读文件、参加重要会议和重大活动、参观学习、通报情况等制度，全年向老同志通报

人事变动情况、重大水务信息和局重点工作完成情况 8 次，副局长张志颇向老同志通报了局党委扩大会议情况、今年重点工作任务，并做了牢固树立"四个意识"宣讲。组织离退休干部、党员学习党的十九大会议精神，采取多种方式组织老同志及时收听、收看十九大报告，进行十九大精神宣讲，制作宣传展板 7 块，发放辅导材料、学习笔记本 345 册。

开展"维护核心、铸就忠诚、担当作为、抓实支部"主题教育实践活动，推进"两学一做"学习教育常态化制度化，组织党员集中学习 11 次，对高龄老党员、老干部和长期患病的老同志上门送学 20 次，发放《离退休干部党支部学习参考》150 册，《习近平总书记系列重要讲话读本》《习近平谈治国理政》等理论学习书籍 900 余册，学习笔记本 230 册，制作宣传展板 5 块。

开展"四个一"活动，抓好理论武装。把学习贯彻习近平总书记重要指示和会议精神与学习贯彻十八届六中全会精神结合起来，采取集中研读、座谈讨论、专题辅导、送学上门等方式，引导老同志切实增强"四个意识"。深化"五好"党支部创建工作，严格执行"三会一课"、党支部"主题党日"、组织生活、党费收缴等制度，注重把思想政治工作、从严教育管理落实到每个党支部，选配党性强、威信高、身体好、经验丰富、乐于奉献的离退休干部党员任党支部书记，落实离退休干部党支部书记的工作补贴。完成老干部处党总支和 3 个党支部换届选举工作。

坚持领导干部联系老干部工作制度，实行分级联系和重点联系相结合，在春节、十一、七一等重要节日集中走访慰问，日常慰问做到了老同志有病必访、有事必访、有困难必访。坚持离休干部"三个机制"，确保离休费和由单位支付的各项费用按时足额发放，离休干部医药费做到"双月清"，全年全局离休干部共发生医药费 297.66 万元。完成全局离休干部、退休局级干部、退休正高级专业技术干部和局机关老同志的体检工作；

为 3 位年届 90 岁和 6 位年届 80 岁的老同志祝寿，把组织的关爱及时送到老同志身边。

坚持为老同志办实事、做好事、解难事。能够与老同志保持经常性的联系，及时了解和掌握老党员老干部特别是生活困难老同志的思想动态和合理诉求，开展了"夏送凉爽、冬送温暖"活动，共走访慰问老党员、生活困难党员和群众 67 人次，为 27 名老同志发放困难补助 4.5 万元。坚持做好重要节日各项福利待遇的发放工作。认真落实离休干部无固定收入配偶和遗孀各项照顾服务措施。

【老干部活动中心】 以阵地建设为依托，丰富老同志精神文化生活，扩大参加活动范围，增加活动内容，让更多的老同志共享水务发展成果，坚持活动中心长期对老同志开放，每周活动人数 60 余人次，积极为老同志开展活动提供方便与服务，为老同志"教、学、乐、为"提供支持和保障，努力营造老同志乐于参与、便于参与的活动氛围。开展了"迎庆十九大胜利召开"主题活动，通过文艺演出、诗文创作、书画摄影等多种形式，让老同志老有所教、老有所学、老有所乐、老有所为，支持老同志上好老年大学，鼓励老同志上网、用网，建立了党支部工作微信群；组织老同志参观局重点水利建设工程，感受水务事业日新月异的发展变化，让老同志享受充实幸福的晚年生活。在市委老干部局组织的"畅谈十八大以来变化展望十九大胜利召开"征文活动中，引滦工管处退休干部赵彩撰写的《巩固发展"十八大"伟大成果 迎接党的"十九大"胜利召开》获得个人二等奖，水利设计院退休干部任铁如撰写的《不忘初心 继续前进 祝愿我市水务工作在经济发展新常态中再创佳绩》获得个人三等奖。

（老干部处）

统 战 工 作

【概述】 2017 年，局统战工作紧紧围绕水务中心工作，以健全完善统战基础性、战略性工作为重点，积极搭建建言献策平台，为加快水务改革发展营造了良好氛围。

【民主党派】 2017年年底，市水务局共有民革水务局支部、民盟水务局支部、九三学社水务局支社三个民主党派基层组织，共有65名民主党派成员，其中民革9人，民盟11人，民建6人，民进1人，农工民主党8人，致公党13人，九三学社16人，台盟1人；正高级职称6人，高级职称46人；全国人大代表、民革天津市委会副主委水利支部主委1人；民盟市委委员、民盟中青年委员会副主任委员、民盟监督委员会委员1人；九三学社市委会科技委委员1人。

指导有关单位做好民主党派人才推荐工作，完善基础数据库工作。2017年3月，协助市委统战部做好局党外处级干部基本信息核对工作。

2017年12月，局党委举办局党外人士培训班，培训民主党派人士代表、无党派人士代表37人。

（组织处）

【侨务、民族工作】 截至2017年年底，市水务局共有归侨、侨眷18人，其中归侨5人、侨眷13人。共有少数民族职工164人，其中满族89人、回族61人、蒙古族11人、侗族1人、白族1人、彝族1人。

（人事处）

各 区 水 务

滨海新区水务局

【概述】 2017 年，深入贯彻落实水利改革发展工作，加快推进水务工程建设，增强城乡供水保障能力，成功应对自然灾害。认真处理各种用水信访问题。组织处理来自区委、区政府、市区信访办、8890 便民热线、北方网、政务网等多渠道的供水信访件 187 件，办结率 100%，处理国家环保督查信访派遣单 1 件；处理举报信 2 件；处理公民申请政府信息公开事项 1 项；继续实施老旧小区管网改造工程，涉及城市居民 26779 户；按照《天津市最严格水资源管理制度考核管理办法》及新区政府印发的《最严格水资源管理制度实施方案》文件精神，确定滨海新区"三条红线"考核目标，并迎接了国家实行最严格水资源管理制度考核组的考核。

【水资源开发利用】 2017 年，滨海新区地表水总供水量 3.1589 亿立方米；地下水供水量 0.4444 亿立方米；非常规水源供水量 2.0530 亿立方米，其中深度处理再生水供水量 0.1624 立方米，粗制再生水供水量 1.4017 亿立方米，雨洪水利用量 0.1432 亿立方米，淡化海水供水量 0.3457 亿立方米。

完成地下水压采任务。编制了《滨海新区 2017 年地下水用水户压采工作方案》。按照市局下达压采目标工业 334 万立方米，农业 110 万立方米的要求，全年累计完成压采任务工业 378 万立方

米，农业 120 万立方米，超额完成了压采任务。

对区管地下水取水许可进行全面清查。向各街镇、各功能区、相关委办局转发《市水务局关于印发天津市地源热泵系统管理规定的通知》等地下水相关文件。向各功能区、各街镇、建投集团下发《区水务局关于进一步加强地下水监管的通知》，要求按照环保督察反馈意见，做好地下水监管工作，严厉打击非法凿井违规取用地下水行为。下发了《关于办理 2017 年度取水许可延展的通知》，要求各用水户按照规定到滨海新区水务局及审批局办理相关手续。

结合"散乱污"企业用水整治和农业用机井普查，印发执行《关于进一步加强地下水监管的通知》，对各功能区、街镇、相关单位取用地下水行为进行自查自纠。经查，全区在册机井 1901 眼，未注册机井 323 眼，向各街镇下达违法取水处罚告知书 63 份，对查出的 28 眼非法井进行了查封。印发了《关于做好封存备用机井管理工作的函》，由各街镇、功能区、机井产权单位对封存备用井建立台账并报区水务局备案。对天化、大港地区、汉沽农业等 49 眼废井进行了回填，其中汉沽区域 29 眼，大港区域 20 眼。全年征收水资源费 2189 万元。

【水资源节约与保护】

1. 节水管理

根据市发展改革委和市节水办联合下发的《天津市 2017 年城镇用水节水计划》，将下达给滨海新

区的 2017 年度用水节水计划总量分配到各区域，并要求各区域将此指标分解给本区域非居民用水户，并按照《天津市节约用水条例》及《天津市计划用水管理办法》的有关规定实施考核。2017 年收取累进加价水费 739.6 万元。印发《滨海新区计划用水管理规定》，规范各区域的管理程序。统一计划用水管理模式，整合节水信息资源，开发建设《滨海新区节水信息管理系统》，实现滨海新区内各节水办和用水户的信息网络化管理。

2017 年 11 月 23 日，天津市节水型区县创建工作专家复查组，对滨海新区进行了节水型区县复查评审，后经节水型区县创建活动评定领导小组会议评定通过复查。完成节水型小区创建工作，涉及 18 个小区 25392 户，节水型小区覆盖率提高 6.8 个百分点，达到 31.3% 。完成北塘热电厂、北疆电厂等 5 家节水型企业（单位）初审上报，涉及水量 3515 万吨（其中海水 2589 万吨），节水型企业（单位）的覆盖率增加 5 个百分点，达到 52% 。

建立大沽化工股份有限公司、天津碱厂等 49 个工业用水大户和公共服务用水单位的重点监控名录，配合市节水办开展在线监测系统建设。

2. 控沉管理

2017 年，完成市级绩效考核指标中的地面沉降考核，指标为平均年地面沉降量控制在 22 毫米以内，最大年地面沉降量控制在 96 毫米以内，未超标。

加强控制地面沉降管理工作，下发地下水管理、控沉管理文件 6 个，通过自查自纠加强地下水违法取水排查监管，并向市水务局上报了《滨海新区水务局关于开展地下水监管检查情况的报告》。为进一步压采地下水，滨海新区水务局对多个具备双水水源条件的企业下达限期停止开采地下水的通知。通过发放宣传册、购物袋及小饰品的方式对控制地面沉降进行广泛宣传，使市民更深入地了解地面沉降的成因、危害及防治。

为保证地面沉降监测的连续性，进一步完善监测巡查制度，对全区 500 多个控沉水基准点分季度进行巡查和维护，并在水准监测点旁设置警示牌，防止水准监测点遭到损坏。并对丢失和已破坏的设施进行拍照取证，及时上报、及时更换，确保数据的准确性。逐步完善全区控沉监测网建设，开展滨海新区地面沉降监测水准点属性分类调查工作，明确各水准点所标志的监测对象，提供准确、可靠的地面沉降数据。实施滨海新区地面沉降监测装置及预警系统工程，2017 年 12 月底开工建设。

通过工程转换水源，减少地下水开采，地下水压采方案稳步实施，共完成压采水量 378 万立方米，超额完成全年任务。滨海新区古林街农村饮水提质增效工程、海滨街农村楼房居民水表出户改造工程、田华里小区地下水水源转换工程、小王庄镇农村楼房居民水表出户改造工程已基本完工。

制定《滨海新区地面沉降治理工作实施方案（2018—2020 年）》，该方案已经编制完成且经过市水务局、市控沉办有关领导审核，通过了有关专家组成的专家组的评审，正在报区政府审核，待审核通过后印发并报市水务局备案。

【水生态环境建设】

1. 清水河道行动项目

根据《天津市 2017 年水污染防治实施计划（第一批）》及《天津市 2017 年水污染防治实施计划（第二批）》，涉及全区工程类项目 779 项，管理类项目 37 项。其中工程类项目已完工 415 项，尚未开工 364 项，完工率 53.3% ，未完工项目均为加油站更新改造工作，尽管新区已积极推动更新改造工作，但受加油站企业改造计划影响，各企业改造进度仍较为缓慢，完成全部加油站地下油罐改造十分困难。管理类项目 37 项均圆满完成落实。

2. 水污染防治工作

为切实做好滨海新区建成区内黑臭水体整治工作，区清指办将城排明渠黑臭水体治理工程列入《滨海新区清水河道行动 2017 年重点工作任务分工的实施意见》，治理方案采取管理措施和工程建设治理相结合，确保水体无黑臭现象发生。

大港石化产业园区污水管网改造工程将园区全部污水管道由地下开挖铺设改为地上架空铺设，铺设污水管线66.08千米，建设集水监控点2座，建设园区的排水水质监测系统，实现园区企业废水排放监管不间断、自动化、全覆盖、全控制。项目总投资10977万元，工程已于2017年5月完工并投入使用，实现向污水处理厂通水。

【防汛防潮抗旱】

1. 雨情、水情、潮情、旱情

2017年，全年共成功处置雷电、暴雨预警达30余次，风暴潮预警3次，启动防汛Ⅳ级应急响应6次，防潮Ⅲ级应急响应1次。

雨情。2017年汛期（6月1日—9月15日）全区降雨天数37天，其中塘沽地区降雨量395.6毫米（常年汛期平均440.3毫米），汉沽地区降雨量388.1毫米（常年汛期平均416.3.2毫米），大港地区降雨量362.3毫米（常年汛期平均395.5毫米），较常年汛期平均偏少。

水情。滨海新区未发生长时间大面积沥涝积水和海水上潮险情及财产损失情况。

潮情。共发生1次超警戒潮位，最高潮位为10月19日，潮高为4.92米（新港站）。

旱情。农村没有发生饮水困难和明显旱情。

2. 防汛责任体系

区委、区政府主要领导高度重视防汛工作，多次召开防汛专题会议，研究部署防汛防潮隐患整改和防汛准备工作。滨海新区防汛办相继组织召开3次防汛办公室工作会议，安排推动落实2017年防汛抗旱准备工作，同时制定《2017年防汛抗旱工作安排意见》，明确各项防汛工作任务。区、管委会、街镇等各级行政首长责任制均落实到位，建立和完善了工作责任制，层层签订了防汛工作责任书，把防汛责任落实到了每座工程、每处险工险段、每个单位、每个责任人。结合新区防汛工作实际，重新调整了各级防汛抗旱指挥

部组成人员，新增滨海—中关村科技园管委会为区防指成员单位，防汛职责任务覆盖全区，各项防汛抗旱工作顺利开展。

滨海新区防汛抗旱指挥部组成人员：

总指挥：	张 勇	区人民政府区长
副指挥：	王卫东	区人民政府常务副区长
	孙 涛	区人民政府副区长
	王庭俊	区军事部部长
	蒋凤刚	区政府秘书长、办公室主任
	李 浩	区建设交通局（区水务局）局长
	宋广长	区军事部参谋长
成 员：	王 盛	开发区管委会主任
	杨 兵	保税区管委会主任
	尹继辉	滨海高新区管委会主任
	沈 蕾	东疆保税港区管委会主任
	徐大彤	中新天津生态城管委会主任
	肖瑞捷	中心商务区管委会副主任
	王国良	临港经济区管委会主任
	金东虎	滨海—中关村科技园管委会执行主任
	孙家旺	区人民政府办公室副主任
	杨金星	区发展和改革委主任
	张桂华	区工业和信息化委副主任
	张凌霄	区商务委主任
	刘明成	区教育体育委主任
	聂满水	区公安局副局长
	任中胜	区民政局局长
	梁宣健	区财政局局长
	师武军	区规划国土局局长
	孙建山	区建设交通局（区水务局）副局长
	张秀启	区环境局局长
	陈良文	区农委主任
	李长春	区计生委主任
	祝照新	区安全监管局副局长
	宋俊生	区文广电局局长
	毛幼平	区国资委主任

吕江津	区气象局局长
李庆国	塘沽街道办事处主任
卢 盈	大沽街道办事处主任
王寿仓	杭州道街道办事处主任
王桂元	新北街道办事处主任
肖 辉	新河街道办事处主任
乔柏林	北塘街道办事处主任
李 峥	胡家园街道办事处主任
薛冬梅	汉沽街道办事处主任
宋金生	茶淀街道办事处主任
王连平	寨上街道办事处主任
丁金海	大港街道办事处主任
张 华	海滨街道办事处主任
窦克栋	古林街道办事处主任
李 静	新城镇人民政府镇长
张金友	杨家泊镇人民政府镇长
耿庆辉	中塘镇人民政府镇长
刘志利	小王庄镇人民政府镇长
孙玉坤	太平镇人民政府镇长
卢 伟	天津港（集团）有限公司总裁
郑玉昕	滨海建投集团总经理
张维忠	天津长芦海晶集团董事长
曹新建	中国海洋石油渤海石油管理局局长
胡 翔	天津新港船舶重工有限责任公司总经理
周敬东	天津电力公司滨海供电分公司总经理
邓映峰	中国移动天津滨海分公司总经理
毛致周	中国联通天津滨海分公司总经理
赵贤正	中石油大港油田分公司总经理
李永林	中石化天津分公司总经理
王国华	中石化第四建设公司总经理
杨俊强	神华国能天津大港发电厂有限公司总经理
朱逢民	天津市国投津能发电有限公司总经理
李祯祥	天津长芦汉沽盐场有限责任公司董事长
蒋宇银	天津市农工商津港公司总经理
赵振旗	天津港南农场场长
梁啟华	天津市板桥强制隔离戒毒所所长

指挥部下设办公室，负责各项日常工作，办公室设在区建设交通局（区水务局），办公室主任由书记、局长李浩兼任，常务副主任由副局长孙建山担任，副主任由区政府办公室、区财政局、区建设交通局（区水务局）有关部门负责人担任。

3. 防汛预案

为有效应对水旱灾害，新区在预案的编制落实上狠下工夫，结合上年防汛工作暴露出来的问题，进一步修订完善防汛、防潮、防台风、抗旱等21项应急预案和保障预案，包括防洪预案、防潮预案、排涝预案、蓄滞洪区运用预案、分洪道运用预案、应急抢险方案、后勤保障预案、水库度汛方案、街镇（村）预案、水利工程度汛计划和方案等，这些预案依据河流的来水情况、海潮增水情况、降雨情况、防洪防潮排涝工程的状况、保护对象的重要程度等，对各有关的工作职责进行了明确，完善了预警预报、响应机制以及各项保障措施。

4. 召开防汛抗旱工作会议

区委、区政府主要领导高度重视防汛工作，多次召开防汛专题会议，研究部署防汛防潮隐患整改和防汛准备工作。6月15日，滨海新区召开防汛抗旱工作电视电话会议，深入贯彻习近平总书记关于防灾减灾工作重要指示精神，认真落实全市防汛抗旱工作会议的部署要求，动员全区上下真抓实干、担当作为，切实把新区防汛抗旱工作抓紧抓实抓好。市委常委、滨海新区区委书记张玉卓出席并讲话。

5. 防汛物资、抢险队伍

及时调整充实了区防指防汛抢险专家组、抗旱专家组，组织落实了9000人的区级民兵防汛抢险队伍，制定了军地联合防汛工作方案，明确了军地联动防汛抢险机制和保障措施，落实了115人的应急救援分队。定点集中储备了移动泵站、发电机、照明车等38类价值2100万元的区级防汛抢险物资和600万元的抗旱物资。组织各管委会、街（镇）、驻区大企业按照属地管理、分级负责的原则，组织落实了本级专业抢险队948人、群众抢险队伍9857人，储备了600万元的防汛抢险物资，以保证抢险需要。在今年汛期抢险过程中全区各级抢险队伍充分发挥了战斗堡垒作用。

6. 防汛检查

滨海新区各级防汛部门、责任单位按照区防指的部署安排，认真规范有序地开展不同层次的防汛大检查和防汛专项督查，完成西七里海、团泊洼蓄滞洪区，沙井子行洪道居民财产登记核查。着重对河道、堤防、海堤、涵闸、排涝泵站、排水管网等重点工程进行重点检查，并针对检查中暴露出的海堤破损、口门损坏、排水泵站设施老化损坏、河渠管网淤积、闸涵损坏问题隐患，积极落实维修、整改及防抢措施。在各单位自查整改的基础上，区防办重点对在建水利工程、隐患整改情况及安全度汛准备情况进行了全面督促检查，并从重点工程险工险段处置、预案修订、防汛物资储备、河渠管网清障和清淤疏浚等方面进行督促落实。

7. 城乡排沥

加快区内排沥河道综合治理工程，完成汉沽北排干、茶淀排干共16.94千米河道治理工程。推进老城区41项排水设施改造治理工程，解决塘沽、汉沽、大港老城区积水问题，完成老城区7座市政排水泵站的提升改造及兵营路、建设路、海滨大道等道路管网新建改造工程，其余工程正在稳步推进。同时，认真开展排水泵站及配套管线设施的维修保养，完成市政及国有排水泵站维修100余座，清淤疏通老城区排水管网近500千米、收水井

4.5万座。在高质量完成市政管网清淤的情况下，与街镇、居委会进行工作联动，着重对小区排水管网出口与市政管网接口进了重点清掏疏通，加大集市、饭店、早点摊等区域收水井的清掏频次，保证排水出水通畅。随着这些防汛工程的投入运行，滨海新区防灾减灾能力得到了进一步提升。

8. 协调水库蓄水

为切实做好水库蓄水工作，增加滨海新区抗旱水源，区防汛办积极协调上级水源调度部门，充分利用大雨和潮白新河、永定新河上游来水的时机，适时拦蓄上游来水，为滨海新区中型水库补充水源，实现雨洪沥水资源化。

9. 防汛防潮除涝工程

紧紧围绕为滨海新区"三步走"发展战略提供水安全保障这一主题，不断推进防汛防潮除涝工程建设。配合市水务局加快推进海河口泵站、永定新河二期治理、潮白新河治理等重点防洪工程建设，加快区内排沥河道综合治理工程，完成汉沽北排干、茶淀排干共16.94千米排沥河道治理工程；实施排水除涝设施提升改造，完成大王甽泵站等6座泵站提升改造工程；加强农田水利建设，新建、改造扬水站点11座，治理坑塘83座59.87公顷，清淤沟渠115条133千米，更新改造农用桥闸涵55座，铺设低压管道40.78千米，改善节水面积115.33公顷，改善灌排面积1061.33公顷，这些防汛抗旱工程的投入运行，滨海新区防灾减灾能力得到了进一步提升。

【农田水利】 横沟节制闸新建工程：该项目概算总投资423.46万元，项目建议书、能评、环评、实施方案均已批复，并于2017年8月16日完成施工招标，10月开工建设。水务设施中小修工程：该项目计划总投资2000万元，按照区域分别编制项目建议书或实施方案，其中塘沽排灌处、大港排灌站、汉沽排灌站2017年度水利工程维修项目完成项建、能评、环评批复，项目立项总投资765.86万元，实施方案上报区审批局，于2017年8月批复。

2017年全面推进滨海新区小型水利工程管理体制改革工作，编制完成《滨海新区小型水利工程管理体制改革实施方案》，并由区政府下发各相关部门、街镇，遵照执行；成立了滨海新区小型水利工程管理体制改革工作领导小组，按照实施方案，对全区区级以下管理的小型水利工程共2141项（包括小型水库2座、小型水闸527座、小型农田水利工程1489座、农村饮水工程123处），全部明晰工程产权，落实管护主体和责任，并按2017年计划完成"两证一书"发放、登记工作。

【水土保持】 完成2016年度水土保持治理工程建设，同时完成资金的审计工作。2017年水土保持生态治理工程12月底完成工程建设。完成《滨海新区2018年小苏庄村水土保持生态治理工程实施方案》的编制工作，其治理面积34.5平方千米，总投资408.8万元。市水务局于2017年9月18日对此方案批复，核定投资369.05万元。配合海委及市水务局开展新开工大型生产建设项目水土保持监督检查的工作。根据区审批局2015年以来审批的建设工程项目水土保持方案报告内容，督促有关企业按照编制方案开展此项工作并及时催缴水土保持补偿费。全年收取2.44万元。

【工程建设】 滨海新区中塘镇截污改造工程：该项目总投资3444.86万元，于2016年3月开工，2017年1月完工。汉沽北排干治理工程：该项目总投资2835.31万元，于2016年4月开工，2017年2月完工。茶淀排干治理工程：该项目总投资942.13万元，于2017年3月开工，10月完工，主要工程内容为清淤、土方开挖、堤防填筑等。滨海新区古林街污水管网配套工程：该项目总投资7758.28万元，于2016年3月开工，2017年6月完工。板桥河护坡工程：该项目计划总投资442.16万元，项目建议书、能评环评、实施方案均已批复，并于2017年9月16日完成施工招投标，已于11月开工。塘沽水循环水闸维修工程：该项目计划总投资138.91万元，已完成项目建议

书、能评、环评、实施方案及投资计划批复，并于2017年10月19日完成施工招投标。大港地区水系连通工程：该项目计划总投资1276.96万元，项目建议书、能评、环评、实施方案已批复，正进行施工图审查及招标控制价的编制工作。

落实农村移民直补资金：2017年起，滨海新区移民直补资金由区财政自筹安排。经与区财政局沟通，于5月资金落实，并已下达用款计划。2015年移民和2015年移民增补项目：2015年度北大港水库库区及移民安置区基础设施项目共计5项，投资752万元。2015年度北大港水库库区及移民安置区基础设施增补项目共计8项，投资1250万元。2017年6月20日，两项工程通过市移民处组织的档案专项验收。6月27日，市移民处组织专家和相关部门领导对2015年移民项目和2015年移民增补项目进行了竣工验收，工程验收为合格。2016年北大港水库移民项目，总投资1440万元，涉及4个街镇11个项目，全部为道路硬化工程，于2017年3月6日开工建设，2017年9月完工。2017年北大港水库一期移民工程总投资1544万元，涉及4个街镇14个项目，包括2个泵站重建和12项道路硬化工程。该工程于2017年1月批复，6月10日开工建设，在施工过程中出现项目调整变更已编制方案，经市水务局批复并按要求办理相关手续，2017年12月已完成90%。2017年北大港水库二期移民及2018年工程：已完成项目法人组建和备案，工程项目的选取，设计招标及实施方案编制、上报工作，计划总投资2648.63万元，建设工程15项，涉及5个街镇15个行政村。待市水务局批复后进行工程前期准备工作。

【供水工程建设与管理】

1. 供水工程建设

实施城市老旧小区供水管网改造工程，完成户管改造188千米，改造26779户，更换水表32416组，涉及95个老旧住宅小区。

实施农村饮水提质增效工程和农村楼房水表出户工程，完成窦庄子村、沙井子村等8个村和海

滨街阳光小区、鑫泰小区等 14 个小区楼房供水改造，惠及农村居民 16473 户。

2. 供水行业管理

2017 年上半年累计处理供水信访件 187 件，回复率 100%；处理国家环保督查信访派遣单 1 件；处理举报信 2 件；处理公民申请政府信息公开事项 1 件。下发了《关于由供水企业统一管理居民住宅二次供水设施的通知》《关于开展滨海新区居民二次供水设施安全大检查的通知》，会同区卫计委对二次供水设施进行抽查，抽查结果比较满意。办理二次供水清洗消毒合格证 78 件，验收二次供水设备竣工项目 24 个，核发备案证 24 件。

【排水工程建设与管理】

1. 污水处理设施建设

2017 年滨海新区污水处理厂建成 33 座，总处理规模为 76 万立方米每日，平均运行负荷率为 68%，全年处理污水约 1.9 亿立方米，2017 年城镇污水处理率 94.5% 以上。2017 年区财政支付污水处理费约 1.5 亿元。

2. 排水设施管理

2017 年，投资 1500 万元，完成提升改造市政泵站 2 座（大东泵站、港船泵站），确保排水设施完好率 95% 以上。2017 年核拨泵站、排水养管经费 4200 万元；污水处理厂提标改造工程完成投资 51373 万元；雨污分流管网改造工程，完成投资 28000 万元，完成塘沽、大港旧城区合流制地区雨污分流 28.897 千米管线铺设。按照市水务局要求及时上报建设进展情况，同时积极推进项目建设，确保了年度计划完成。

滨海新区建成运营的污水处理厂 32 座，污泥产生量每天 500 吨左右。新区政府对污泥处置工作高度重视，积极与市水务局和环保局密切配合，研究制定加强污泥处置管理制度，在市水务局大力支持下率先执行污泥处置五联单制，对污泥处置实施了有效监管。同时，对各污水处理厂的污泥处置合同实行备案制。

再生水管理工作。积极推进再生厂建设，开工建设南排河临港再生水厂。努力提高深度处理再生水利用量，实现污水资源化利用。2016 年深度处理再生水利用量预计为 1100 万吨左右。

【水政监察执法】 2017 年共发现制止违规开挖河道滩地 1 次、河道内筑埝 1 次、违规建房 1 次，共下达督办单及通知函 20 余件，拆除违章建筑物约 2000 平方米，清理违章圈占堤埝约 10000 平方米。清除塘沽河道管理范围内的 40 余处生活垃圾、废弃物和拆违后的建筑垃圾。对所有河道内违章拦河网和拦河坝进行摸底汇总，对相关街镇下达了《关于汛前对河道拦河网具、拦河坝拆除的告知函》，要求街镇在汛前拆除拦河网、拦河坝，确保度汛安全；对相关人员下达整改通知 20 余份，清理河道网箱网具、地笼 80 余处。集中开展农村水环境问题及建成区黑臭水体检查治理工作。排查共覆盖 25 个街镇，排查点位 174 个，排查出存在问题点位 16 个。完成排水口封堵治理 28 个，交通口门封堵治理 41 个。2013 年统计的 99 个排污口门，已全部治理完毕；及时发现并制止水资源管理、违法用水有关水事违法行为共计 90 余起。积极配合街镇做好辖区内"散乱污"企业用水排查和断水工作，对各街镇涉及改变取水用途及无取水许可证自备井违法取用地下水的行为向各街镇下达了《关于未经批准擅自取用水资源的告知书》，共计 63 份。

【河长制湖长制】 按照党中央、国务院和天津市关于全面推行河长制的统一部署，滨海新区各级领导高度重视，组织体系逐步完善，属地责任进一步落实，初步建立党政主导、属地负责、分级管理、部门联动、全民参与的河湖管理保护长效机制。

2017 年 7 月 12 日，区委办、政府办印发《天津市滨海新区全面推行河长制实施方案》（滨党办〔2017〕27 号），并在新区政务网上向社会公开，实施范围包括 18 个街镇、5 个功能区。截至 2017 年 8 月 1 日，全区 18 个街镇、5 个功能区全部印发出台《全面推行河长制工作方案》，全部在滨海新区政务网、微信公众号等媒体上向社会公开。区级方案河湖名录纳入市、区管河道47条、水库5座（河道长度520.831千米，水库占地面积183.73平方千米）。街镇（功能区）级方案河湖名录纳入沟渠、景观河等530条，水库、坑塘、景观湖等395座（沟渠、景观河长度1015千米，水库、坑塘、景观湖占地面积62.62平方千米）。

2017年12月26日，滨海新区全面推进河长制工作顺利通过市级年终考核验收。

1. 机构设置

区河长办设在区建设交通局，抽调7名专职工作人员，落实工作经费20万元。各街镇（功能区）级河长办均已指定牵头部门，确定专人负责河长制工作，滨海新区已建立起区、街镇（功能区）、村三级河长制组织体系。明确区级河长4人（含总河长）、街镇（功能区）级总河长23人。在街镇（功能区）级方案中明确街镇（功能区）级河长53人，村级河长147人。市、区管河湖共设立公示牌120块，街、镇管河湖共设立公示牌726块。

2. 制度制定

经区政府常务会议审议通过，区河长办2017年12月7日印发10项配套工作制度，23个街镇（功能区）配套制度已全部印发。

3. 河湖管理

在区级工作方案中，将河长制8项任务进行了细化分解，逐条确定了牵头部门、配合部门和责任部门，确保河长制各项任务有人管、管得好、上水平。

从2017年11月23日，开始滨海新区大排查工作。11月30日副区长孙涛主持召开区级河长会议，重点推动滨海新区河湖水环境大排查大治理大提升行动。截至2018年3月29日，全区已排查河道577条、湖库50个、坑塘524个，发现问题543处，已立知立改问题120处，全部纳入问题清单，并每周报市河长办。

2017年8月5日开始，区委书记张玉卓作为新区总河长带头开展巡河工作，截至2017年年底，张玉卓、杨茂荣、孙涛、郎东四位区级河长共巡河17人次，对北大港水库、北塘水库、钱圈水库、海河、荒地排河、城排明渠等市、区管河湖进行了巡视检查。区河长办于11月24日印发《关于开展河长巡河工作的通知》，要求街镇（功能区）级河长每周巡河，村级河长每天巡河。目前经统计街镇（功能区）级河长巡河212次。

4. 河湖保护

新区2017年河湖巡视检查、河道保洁、水政执法由下属的四家河道管理单位负责（大港、汉沽、塘沽河道管所及塘沽排灌管理处），区河长制考核办设专职检查员2名，每天巡视检查河道，建立微信群，每天通报情况，发现问题立即整改。

建立了水环境举报事项处置台账，对8890便民热线、微博、电话举报等事项及时处置。

年度绿化目标和实施方案由区环境局、区农委负责实施，涵盖滨海新区建成区和农村的河湖绿化工作。2017年主要在永定新河南北两岸完成了36.4万平方米的绿化，以及在独流减河南岸完成了40万平方米的绿化。

5. 监督考核

针对街镇（功能区）级河长制推进工作，区水务局组织两次检查活动，对街镇（功能区）工作方案出台情况、公示牌建立情况进行了检查，区级河长孙涛、郎东分别对大港区域河长制推动情况进行了专项检查。区河长办按照市河长办的要求完成了自评估工作。2017年12月11—15日，区河长办（区建交局）组成4个督导组，对23个街镇（功能区）级河长制推进情况进行了督导检查。

【队伍建设】

1. 机构设置

天津市滨海新区建设和交通局机关内设19个处室：办公室、组织人事处、财务处、政策法规处、综合计划处（规划设计处）、安全生产监督管理处、工程建设处、房地产开发与建筑节能处、公用事业处（基础设施配套办公室）、建筑管理处（抗震办公室）、客运管理处、货运管理处、水运管理处（地方海事处）（航道处）、防汛抗旱和防潮管理处、水政水资源处（区水政监察大队）、水务工程处、排水管理处、市政公路处、人防处（地震处）。区建设和交通局第一分局、区建设和交通局第二分局、区建设和交通局第三分局为区建设和交通局的派出机构，承担指定区域建设、交通运输、水务、人民防空和防震减灾工作。其级别与区建设和交通局内设机构级别相同。

（1）区国防动员委员会交通战备办公室设在区建设和交通局。

（2）区供热办公室设在区建设和交通局。

（3）区防汛抗旱指挥部办公室设在区水务局，承担区防汛抗旱指挥部的日常工作。

（4）区水务局加挂区节约用水办公室的牌子。

（5）区政府人民防空办公室又是区国防动员委员会的办事机构。战时职责按中央军事委员会、国家国防动员委员会有关规定执行。

2. 局领导班子

党委书记、委员、局长：李浩

党委委员、副局长：周云明　李中成　刘培基
　　　　　　　　　　孙建山　王海燕

纪检组组长、党委委员：卢文青

3. 人员编制

2017年年底，滨海新区建设和交通局及第一分布、第二分布、第三分局行政编制数285名，实有182人，其中局机关88人。局机关中有博士学位1人，研究生学历31人，大学本科学历54人，专科学历2人。事业编制数2529名，实有1542人。高级职称人员61人（正高级4人，副高级57人），中级职称人员167人，初级职称人员372人。

2017年局机关有1人退休，第一分局有2人退休，第二分局有2人退休，第三分局有1人退休。

（赵　燚）

东丽区水务局

【概述】　2017年，强力推进水污染防治工作，通过生态修复方式整治建成区黑臭水体，深化工业企业污染源治理，加快城镇污水处理设施建设和改造，完善水环境监测网络，推进加油站地下油罐更新改造，开展规模化畜禽养殖场粪污治理，全区水生态环境明显改观。全面推行河长制，建立区、街、村三级河长制组织体系，加强对河道、沟渠的长效管理，为2018年全面实施河长制奠定坚实基础。完成防汛抗旱任务，扎实开展汛前准备，顺利完成除险加固工程，积极应对汛期降雨，全区沥水及时排出，未造成淹泡损失，同时，积极协调各街道做好抗旱调水、春灌工作。统筹推进排水设施建设，扎实推进新立泵站改建工程，有序推进东河泵站更新改造工程前期工作。加强农田水利基本建设，改善了农村灌排水条件，提升了水环境质量，促进了农村经济社会的和谐发展。落实最严格水资源管理制度，严格水资源开发利用，积极推动节水型社会建设，不断提高水资源管理和保护能力。坚持依法行政，认真抓好水政执法工作，深入开展水法律法规宣传普及，有效维护了正常的水事秩序和良好的水环境。加强精神文明及干部队伍建设，全面提升水务队伍的素质与能力，确保各项工作任务圆满完成。

【水资源开发利用】　2017年，东丽区地下水用水总量826.73万立方米，比上年减少77.12万立方米。区水务局落实最严格水资源管理制度，严格控制水资源开发利用红线。严格执行水资源费征收标准，以经济杠杆调节地下水开采量，征收率为100%。2017年12月1日按照市水务局、市地税局等相关部门的要求，及时将地下水用户相关信息移交区地税局，为水资源费改税工作顺利开展做好保障工作。加强机井管理，维修机井40眼。做好用水计量工作，切实抓好地下水监测，加强地下水用水户管理，取用地下水的企事业单位装

表率100%，定期巡查计量设施并做好维护工作，确保其正常运转。推进地下水压采和水源转换工作，通过铺设自来水管线完成6家企业的水源转换工作，共铺设管线0.89千米。开展控制地面沉降预审批工作，对辖区内新申请取水的用户进行预审，实施控沉一票否决制，全年全区新增取水许可2家，均为市转户。加大水行政执法力度，严格处理私打井、无证取水等水事违法行为，维护和谐用水环境，规范用水市场秩序，净化用水环境。

【水资源节约与保护】 2017年，区水务局坚持"保护优先、全面节约"的原则，积极推动节水型社会建设，提高水资源保护能力。严格控制用水效率红线，按照市节水办下达的年度用水节水计划，完成用水指标核定工作，核定用水户306家，分配用水指标971.05万立方米，全年未发生超计划用水现象。加强对全区用水户的巡查力度，严格按照用水指标监督用水户用水情况，督促用水单位计划用水、节约用水。完成3个节水型单位（天津丰田合成有限公司、天津市东丽区供热站、天津市东丽区和顺幼儿园）、4个节水型居民生活小区（万科金域华府蓝庭馨苑小区、景欣苑小区、丽霞里小区、金鑫园小区）的创建工作，于10月20日通过节水型企业（单位）、小区专家评审组的验收。开展水平衡测试，全年共完成3家企业的水平衡测试工作。积极组织宣传活动，利用"世界水日""中国水周""节水宣传周"等契机，深入社区、学校、企业、广场等，通过宣讲节水法律法规、节水常识以及发放宣传材料、悬挂宣传横幅、展示宣传展牌等方式，提高群众的节水意识，全年共计发放宣传材料5600余份。

【水生态环境建设】 2017年，区水务局坚持管治并重，牵头抓好水污染防治工作，扎实做好全面推行河长制工作，全区水生态环境较之以前明显改观。

1. 水污染防治工作

整治建成区黑臭水体，区水务局在2016年完成东减河、新地河治理任务的基础上，2017年全面启动西河、西减河、东河、月西河4条二级河道黑臭水体治理，由于新立、金钟两条污水主管线建设工作未能按期完成，区水务局与多家环保公司研究探讨后，制定了《西河等4条二级河道黑臭水体治理方案》，其生态修复工作通过政府购买服务的方式进行公开招标，择优选取有环保工程资质和治理业绩的5家公司进行生态修复治理，中标单位通过浮萍打捞、曝气充氧、生态浮床和生物菌剂投放等多种手段，增加水体扰动、加强生物菌群驯化，水体水质逐步改善，经有资质监测单位连续监测，6条二级河道已经达到消除黑臭的水质标准。加快城镇污水处理设施建设和改造，完成天津钢管公司污水处理厂提标改造项目，规模为2.4万吨每日，达到天津市《城镇污水处理厂污染物排放标准》（DB 12/599—2015）规定。深化工业企业污染源治理，完成东丽湖污水处理厂自动监测系统安装。完善水环境监测网络，新开河—金钟河北于堡断面、永金引河特大桥断面、月牙河满江桥断面3个监测站全部建设完成。推进加油站地下油罐更新改造工作，全区境内共38个加油站167个地下油罐，截至2017年年底，已完成9个加油站39个地下油罐的更新改造工作，达到天津市规定的完成率。完成兆呈蛋鸡场和正祥德畜牧养殖场的粪污治理工作。

2. 推行河长制工作

2017年，东丽区积极响应党中央、国务院关于全面推行河长制的重大决策部署，认真按照市委、市政府的具体工作安排，紧密结合全区工作实际，扎实做好全面推行河长制各项工作。在全区上下的共同努力下，区、街、村三级河长制组织体系全面建立。2017年，出台区级、街级河长制实施方案和相关配套制度，公布各级总河长、河长名单，设立河长公示牌，制定河长巡河制度、会议制度、信息报送制度等13项配套制度，全面启动"一河（湖、坑）一档、一河（湖、坑）一策"编制工作，开展监督检查和考核评估工作。2017年，全区6条二级河道和 88 条主要街村干支渠被纳入水生态环境考核范围，实行量化打分，考核结果向区委、区政府进行汇报。

3. 深化河道、沟渠长效管理

2017 年年初，为迎接中央环保督察，区水务局安排工作小组对全区一级、二级河道及街村沟渠排污口门及卫生情况进行地毯式排查，摸清底数，建立台账，形成《关于东丽区水环境建设存在问题的报告》和《关于东丽区街、村渠道水环境存在问题的报告》，两份报告分析现状、指出问题、提出措施，为有效开展治理、深化河长制落实、建立长效机制提供了保障。区水务局督促各街道投入大量人力物力，全面排查封堵排污口门，集中清整疏浚辖区河道、沟渠，累计清整沟渠 162 千米，清理垃圾 4.9 万立方米。加强巡查监管考核力度，将水生态环境考核纳入区城市管理考核范围，督促街道不断健全完善长效管理机制，有效维护巩固水环境综合治理成果；持续强化整改落实，全年共接到社会监督电话及网民留言 60 余起，及时协调有关部门调查整改群众反映的水环境问题，做到了项项有整改、件件有回复；持续加强二级河道水循环调度，认真做好河道排水、调水工作，努力改善河道水质，全年二级河道补换水 11 次，调水量 501 万立方米。

【水务规划】 2017 年，修订《东丽区水务发展"十三五"规划》，切实增强发展规划的科学性、前瞻性和导向性；编制完成《东丽区水系连通规划》，为提高东丽区水系连通循环能力奠定基础；配合市水务局及市建委编制了《天津市再生水利用规划（2016—2030 年）》《天津市"十三五"城镇污水处理及再生利用设施建设规划》《水利风景区发展规划》等规划。

【防汛抗旱】

1. 雨情

2017 年，东丽区有效降雨天数为 25 天，全年平均降雨量 475.9 毫米。汛期 6—9 月，平均降雨量 355.6 毫米，为上年同期降雨量的 70.9%，为多年平均降雨量的 81.2%。6 月平均降雨量为 62.5 毫米，7 月平均降雨量为 98.7 毫米，8 月平均降雨量为 194.4 毫米，9 月平均降雨量为 0.3 毫米。

2017 年汛期，全区共出现 4 次强降雨：8 月 5 日，平均降雨量 30.3 毫米，最大降雨量出现在华明街，降雨量达 41 毫米；8 月 8 日，平均降雨量 61.1 毫米，最大降雨量出现在金钟街，降雨量达 75 毫米；8 月 11 日，平均降雨量 27 毫米，最大降雨量出现在小汾闸，降雨量达 49 毫米；10 月 9 日，平均降雨量 59.8 毫米，最大降雨量出现在金钟街，降雨量达 66 毫米。

2. 防汛

（1）组织结构。

加强组织推动，落实防汛责任制。建立健全区、街、村三级防汛组织管理机构，全面落实以行政首长负责制为核心的各项防汛责任制，组建了以区长为指挥，主管防汛抗旱副区长、主管农业副区长、区武装部部长为副指挥，有关单位、相关河系处及驻区重点企业等 53 个单位为成员的防汛抗旱指挥部，明确了责任人以及各成员单位的职责任务。区防汛抗旱指挥部于 6 月 9 日组织召开了防汛动员会议，全面部署全区防汛工作。

区防汛抗旱指挥部成员如下：

指　挥　孔德昌（区长）

副指挥　陈友东（常务副区长）

　　　　李洪艳（副区长）

　　　　尹学斌（区武装部部长）

指挥部下设办公室，办公室设在区水务局，办公室主任由区水务局局长张玮兼任。

（2）防汛预案。

修订完善预案，提高应急处置能力。针对近年来强降雨应对过程中暴露出的预案问题，在及时了解掌握国家和天津市防御洪水方案及洪水调度方案、防洪抗旱条例、抗旱预案的基础上，按照市防办要求，结合东丽区实际，区防办进一步完善了《东丽区防汛预案》《东丽区行洪河道抢险与农村除涝分预案》《东丽区城区排水分预案》《东丽区防汛物资保障分预案》《东丽区城镇易积水居民区危房群众安置实施方案》《东丽区东丽湖防汛调度分预案》《东丽区电力保障分预案》《东丽区军地联合防汛工作方案》8项预案，明确了责任人、抢险措施和保障措施，建立了预警响应机制、协调调度机制，制订了联合调度方案，提高预案的科学性和可操作性。各街道及有关单位进一步修订完善了本部门的防汛预案，在全区形成统一指挥、统一领导、上下联动、协调有序的防汛应急预案体系，确保防汛抢险高效有序进行。

（3）防汛物资。

落实物资储备，提高防汛抢险能力。落实了临时泵58台套、移动排水泵车5台套、发电机6台套、应急灯65盏、编织袋15.5万条、木桩115立方米、铁锹1380把、铅丝3175公斤、抢险铁笼60个、救生衣1886件等20余种防汛物资储备，所有物资登记造册，明确专人管理，并做好检修维护，确保随用随调。

（4）抢险队伍。

全区组建了有3000人的民兵防汛抢险队伍，525人的应急营、50人的医疗救护分队、200人的现役军人防汛抢险队伍、30人的防汛抗旱应急抢险指导队、10人的机电抢修专业队，能及时参加防汛抢险。东丽湖及各街道等有关单位组建抢险小分队，负责本单位抢险自救工作。为提高防汛抢险实战能力，全区多次举办了不同层面的防汛培训演练。6月5日，组织开展了由区防汛抗旱指挥部各成员单位主管领导、各街道主管领导、武装部部长、水利站站长及水务系统技术骨干等80余人参加的东丽区防汛抢险培训班。7月12日，区防办组织武装部、驻区部队和各街道相关人员开展了防汛重点地形军地联合查勘活动，查勘了一级河道堤防责任段、险工险段和重点水利工程设施，落实防抢责任、措施。7月20日，区防办组织开展了城区应急排水演练，区应急办、水务局、建委及各街道参加。7月24日，在无瑕街无瑕泵站举办了由区应急办、武装部、各街道、驻

区部队及水务局防汛抢险技术骨干约80人参加的防汛抢险实战演练，针对漫溢、管涌、堤坡渗水等常见险情，演练了搭设土袋子堤、搭设反滤围井、铺设堤防防渗层等抢险技术，提高了应急抢险能力，达到了演练的目的。

（5）防汛检查。

开展汛前检查，及时消除安全隐患。区委书记尚斌义、区长孔德昌、副区长李洪艳等区领导多次分别带队对街、村、城区、园区、新市镇、驻区企业、大项目、危险品仓库等重点区域、重点设施进行防汛安全检查，指导工作开展；区防办分项检查，就责任制落实、队伍物资、河道堤防、排水设施等进行检查，实行检查人员签字制度，梳理存在问题，落实解决措施；开展水利行业安全生产大检查，区水务局对泵站、涵闸、河道及各街、村水利设施进行拉网式安全大检查，排除安全隐患。对各街道、管委会、园区及有关单位进行了全面自查，落实了各项防汛措施。汛前检查为全区安全度汛奠定坚实基础。

4月10日，市水务局副巡视员梁宝双带领城市排水组检查东丽区防汛工作，听取了东丽区城区防汛排水工作汇报。11日，市调水办专职副主任张文波带领专家组检查永定河系防汛工作，听取了东丽区防汛工作汇报。13日，市水务局副巡视员杨建图带队检查海河系防汛工作，听取了东丽区防汛工作汇报。6月28日，市防指成员、市水务局副巡视员唐先奇带领市发展改革委、市水务局相关人员检查东丽区防汛工作，检查组一行现场检查了海河大堤堤顶路现状、海河魏王段破损石墙和张贵庄污水处理厂东减河出水口等点位，并听取了东丽区有关防汛工作的汇报。8月3日，市水务局副巡视员杨建图带队检查东丽区海河险工险段，听取了东丽区防汛抢险工作汇报。

（6）防汛管理。

完善了《东丽区水务局防汛工作规程》，明确了防汛工作职责、抢险工作制度、人员上岗响应机制、防汛物资管理与调拨制度，加强了防汛工

作规范化建设，提高了防汛工作效率。组织人员对防汛指挥中心水雨情系统、视频监视系统等各系统进行检修维护，共完成检修调试3个视频会议系统、37路视频监视系统、12座雨量站、13座水位站、10座泵站运行监控站，确保指挥中心正常运行。配合海河处完成海河和金钟河清障工作，确保海河和金钟河行洪畅通。根据区防指成员单位人员调整，完善了东丽区防汛通信网络，保证了通信畅通。

科学合理调度，积极应对强降雨。2017年汛期，根据气象部门预报，按照预案要求，东丽区先后5次启动了防洪Ⅳ级预警响应。区领导高度重视强降雨防范应对工作，并多次作出重要批示，区防办坚持第一时间向成员单位下发市、区领导有关指示和要求，各单位及时启动应急预案，人员上岗到位，按照职责分工全力做好各项防范工作；各有关单位坚持24小时值班和领导带班制度；区防办加强与市防办、气象部门的联系，全面掌握和报告水雨情，做好河道、泵站、涵闸的指挥调度，及时了解有关部门和各街道防汛应对情况，加强对下穿通道、易积水片区等点位的巡视巡查，保持与有关部门的沟通协调，全面做好应急排水、隔离封闭、警力值守等应对措施。全区沥水及时排出，未造成淹泡损失。

3. 抗旱

全面落实各级抗旱领导责任人和工作职责，加强抗旱服务组织建设，指导全区抗旱工作。做好东丽区春季抗旱情况统计分析，按时上报抗旱情况统计报表。积极组织协调各街、乡做好抗旱调水、春灌工作，共完成冬春灌3333.33公顷，为春耕生产创造了良好的墒情条件。

【农业供水与节水】 近年来东丽区大量引进并推广防渗渠道、低压管道、微喷灌等节水灌溉技术，截至2016年年底，全区高效农业节水灌溉面积为1280公顷。根据调查摸底情况，并结合全区农田开发利用实际，经研究确定，2017—2020年，东丽区不再开展新增高效节水灌溉项目建设。全区全年农业用水量共749.06万立方米。

【村镇供水】 东丽区建立健全农村供水安全长效管理机制，不断提高应急处置能力；切实抓好机井运行管理工作，不断加大日常巡查力度，强化机井的日常维修养护及安全监管，对各机井是否实行工作人员24小时值班、是否实行专人看护等情况进行检查，确保农村供水、饮水安全。全年农村生活地下水用水量为503.67万立方米。

【农田水利】 2017年，全区清淤、疏浚河道、渠道151千米，改造泵站1座，共完成土石方7.5万立方米、混凝土1.07万立方米，进一步改善了农村灌排水条件，提升了水环境质量，促进了农村经济社会的和谐发展。

【水土保持】 2017年，区水务局组织开展水土保持专项执法检查和水土保持法贯彻实施情况专项检查，成立东丽区水土保持专项执法检查领导小组，制订专项检查工作方案，对全区开发建设项目水土保持方案制度落实情况进行了全面检查，并有效监督建设单位开展水土流失监理、监测工作，保护生态环境。开展水土保持宣传，通过发放宣传资料、当面宣传讲解等方式，向广大群众及建设单位宣传水土保持法律法规，提高了公众的水保意识。

【工程建设】 除险加固工程。积极争取资金1166.13万元，完成了海河左堤大郑段500米、扬场段810米、上翟庄段600米，共1910米浆砌石护坡及挡墙治理以及海河左堤4千米、永定新河右堤1.9千米堤顶路硬化5项工程建设，消除了防洪安全隐患，完善了防汛减灾体系，为全区安全度汛提供了保障。工程于2017年3月1日开工，6月15日完工。

水系连通循环工程。为更好地实现二级河道水系连通循环，提高水体循环流动能力，进一步改善水体水质，2017年，新建津滨河节制闸1座，投资 941.93 万元；组织实施东河—东减河连通工程，投资 4061.18 万元，截至 2017 年年底，已完成河道开挖 2.3 千米。东河和中河于 2016 年连通（中河即西减河南段），此项工程全部完成后，可实现东减河和西减河两大水系连通。

二级河道绿化提升工程。为提升全区河道景观效果，改善水生态环境，2017 年对东河、东减河 2 条二级河道河岸进行绿化提升，投资 1980.88 万元，完成绿化面积 17 万平方米，岸绿水清的生态美景逐渐呈现。

2017 年，区水务局加强水利工程建设管理工作，对区管工程严格落实四制，按照建设程序要求，完成工程建设各个阶段工作；强化质量与安全监督，建立健全质量管理体系和安全生产管理体系，全力做好监督、稽查、管控等工作，确保工程无质量和安全事故发生；强化扬尘治理，与各工程签订《水务工程扬尘污染治理目标责任书》，对各项目制定《扬尘污染治理实施方案》《扬尘污染管理制度》《重污染天气应急预案》，成立检查小组，设专职控尘员，加强日常巡查，并按照"六个百分之百"要求落实控尘措施，确保施工符合环保要求。

【排水工程建设与管理】　推进新立泵站改建工程实施。为满足新立新市镇及周边地区约 6.81 平方千米的排水需求，计划对新立泵站进行原址拆除重建，设计流量为 22.4 立方米每秒。工程于 2017 年 9 月开工，截至 2017 年年底，工程建设正在有序推进，桩基施工已经完成，出水闸底板正在施工，预计 2018 年汛前具备通水条件，确保汛期发挥作用。

推进东河泵站更新改造工程前期工作。为满足蓟汕联络线及军粮城新市镇二期的排水需求，计划启动实施东河泵站改造工程建设，设计排水流量 15 立方米每秒。截至 2017 年年底，该项目完成立项、规划选址、土地预审、可研、初设审批，相关招投标手续正在进行。

区水务局注重排水泵站规范化管理，不断完善运行管理机制，泵站各项规章制度上墙，与安全生产工作相结合，加强对泵站运行情况、值班情况等的日常检查，切实做好泵站防火、防盗工作，严格执行高低压设备管理的相关规定，及时做好各类设备维修维护工作，确保各泵站安全运行，保障汛期排水安全。

【科技教育】　2017 年，区水务局有序开展科技兴水及培训教育工作。明确科技及信息化责任部门和人员，制定相关管理制度、工作计划、工作措施和任务，加强信息化系统维护工作，确保系统安全运行。深入开展科技周宣传活动，围绕"科技强国 创新圆梦"的主题，结合自身职能，重点就防汛、河长制、节水知识等向有关单位和人员进行宣讲，提高公众的灾情应对能力和节水保水意识，为汛期群众的生命财产安全提供了保障，为广泛动员公众积极参与水环境治理与水资源保护营造了氛围。组织参加以"水环境、压采区农业灌溉"为主题的技术交流讲座，干部职工对"全市农业灌溉持续发展、清洁安全的水及水下沉积物基准"等内容有了更深刻的了解。组织事业单位职工参加天津市专业技术人员和管理人员继续教育网络培训，组织公务员参加网上学法用法考试，提升干部职工的业务水平和综合素质，为更好地开展工作奠定基础。组织开展消防安全、交通安全、水利工程安全生产等专题知识讲座，深入开展安全警示教育，不断提升干部职工的安全意识和防范能力。组织全系统干部职工撰写学术论文参加天津市水利学会 2017 年交流年会评选活动，张雅飞撰写的《提升防汛应急管理工作的探讨》、王海涛和郑凯撰写的《一体化污水净化系统在入河排污口门污水治理中的应用》、韩跃辉撰写的《水文水资源建设项目管理存在的问题及对策分析》获优秀论文奖。

【水政监察】　2017 年，区水务局全面推行依法行政，严格依法行使行政职权，履行行政管理职责，坚持"法无授权不可为，法定职责必须为"，严格实行行政执法人员资格管理制度。加强执法巡查，明确执法流程，严格执行河道日常巡查记录制度，全年共开展各类水行政执法巡查308次，出动执法人员639人次，处理各类水事违法行为10起，有效维护了正常的水事秩序和良好的水环境。开展水法宣传，以“世界水日”“中国水周”“综治宣传月”“城市节水周”“12·4法制宣传日”为契机，深入社区、学校、企业、广场等，通过散发宣传材料、悬挂宣传横幅、展示宣传展牌、开展专题讲座等宣传方式，对《天津市节约用水条例》《天津市实施〈中华人民共和国水土保持法〉办法》等水法律法规和河长制有关内容、节水常识、防汛知识等进行广泛宣传，提高了群众的法制意识、节水意识和环保意识。

【工程管理】

1. 河道堤防闸涵管理

东丽区界内有市属一级行洪河道4条段，分别为海河、新开河、金钟河、永定新河，总长61.5千米。市管二级河道5条段，分别为北塘排水河、外环河、月牙河、小王庄河、张贵庄河，总长63.2千米。区管二级河道8条段，分别为东减河、西减河、新地河、月西河、东河、西河、津滨河、二线河，总长89.6千米。88条主要街村干支渠，全长162.612千米。全区有水闸323座。

2017年，东丽区结合全面推行河长制工作，加强对河道、堤防、闸涵的巡视检查、维修养护和监管考核。区市河管理所、东减河管理所、西减河管理所安排专门人员坚持每天不间断反复巡查，严格执行河道日常巡查记录制度，对发现的环境卫生、口门排污、堤防损坏、私搭乱建等各类问题及时处理，有效维护了正常的水事秩序和良好的水环境。为切实发挥考核的激励作用，东丽区将河渠考核纳入了全区城市管理考核范围，区河长办每月对全区纳管河道沟渠进行严格考核、量化打分，并依据考核成绩对各街道（功能区）进行排名，形成河道水生态环境考核月报，上报区总河长、河长及区委督查室。同时，区河长办将每月检查中发现的问题及主要扣分点制作成视频资料，在每月河长制工作会议中播放通报，督促各街道（功能区）有针对性地做好整改落实，并不断健全完善河渠长效管理机制。

2. 水库管理

新地河水库管理所落实各项安全工作制度，严格推进管理考核机制。全面落实水利设施操作运行管理规定、设施养护标准和岗位责任制等方面要求，制定了《水库日常管理规范》《水库防汛抢险应急预案》《水库调度运用预案》等一系列制度和安全应急预案。2017年，完成了库区内4座涵闸及启闭机的检修，及时排查堤防安全隐患。同时认真贯彻落实“河段长制”工作，强化水环境质量目标管理。按照“控源头、清河道、重监管”的要求，做好日常巡查，落实河道清障、岸坡绿化和河面保洁等日常管护工作。为落实生态文明建设，改善水库内水体质量，本年度举行4次增殖放流活动，有效补充了库区的滤食性鱼类，对于改善水环境、防止水体富营养化以及形成完整的水生生态链将起到重要作用。

结合东丽湖区域防汛工作实际，为确保区域安全度汛，水库按照时间节点完成了相关机电设备的检修，按照上级部门调度指令，汛期开启各泵站，共计1200余台时，蓄排水1080万立方米，实现了安全度汛的目的，为区域内人民生命财产安全提供了保障。加强对水库各项水利设施和违规行为的日常巡视，全年进行库区巡查千余次，查处违法违规捕鱼事件450余次，对游人夏季游泳、冬季上冰等危险行为进行劝阻，避免了安全事故的发生。

【河长制】 2017年，东丽区积极响应党中央、国务院关于全面推行河长制的重大决策部署，认真按照市委、市政府的具体工作安排，印发河长制实施方案，建立区、街、村三级河长制组织体系，出台相关配套制度，强化监督检查和考核评估，健全河湖管护长效机制，河长制管理各项基础工作全面夯实。

1. 印发实施方案

2017 年 6 月，区河长办编制完成《东丽区全面推行河长制实施方案》，经区委、区政府审议通过，已印发。11 个街道和 1 个功能区结合区级方案和各自工作实际，编制完成街级河长制工作方案。全区 4 条一级行洪河道、5 条市管二级河道、6 条区管二级河道、88 条主要街村干支渠、17 个城市景观湖泊、1 座中型水库、1200 公顷坑塘全部纳入河长制管理范围。

2. 建立组织体系

完成河湖河长分级分段设置。依据《东丽区全面推行河长制实施方案》，东丽区已建立起区、街、村三级河长组织体系。区委书记任总河长；区长担任 4 条一级河道（海河、金钟河、新开河、永定新河）及市管其他河道（外环河、张贵庄河、小王庄河、北塘排水河、月牙河）的河长；常务副局长担任新地河、东减河、月西河的河长；主管副区长担任西河、西减河、东河的河长；各街道（功能区）由党委书记担任街级总河长，主任担任河长；各村由党支部书记、村长担任村级河长。区级河长名单于 2017 年 10 月 12 日在《天津日报》东丽专刊向社会进行公告，街、村级河长名单已在东丽政府网站进行公示，172 块河长公示牌已全部设立。

成立河长制工作领导小组。为做好东丽区全面推行河长制工作，成立由区委书记任组长、区长任常务副组长、常务副区长和主管副区长任副组长，各成员单位主要负责人任成员的东丽区河长制工作领导小组。领导小组主要职责是：全面贯彻落实中央和市、区有关部署要求，推进河长制管理制度建设，部署河长制管理任务和目标，监督考核相关措施落实情况，统筹协调河长制工作中遇到的重大问题。

组建各级河长制办公室并挂牌。区级河长制办公室设在区水务局，办公室主任由区水务局局长担任，常务副主任由区水务局主管副局长担任，副主任由相关委办局分管负责人担任。区河长办

共有 9 人。在区河长办推动下，完成组建东丽区 11 个街道和 1 个功能区河长制办公室。

3. 配套制度

依据《东丽区全面推行河长制实施方案》，东丽区制定印发了会议制度、考核办法、工作责任追究暂行办法、奖励办法、信息报送制度、信息共享制度、验收制度、工作联络员、专家咨询制度、督察督办制度、社会监督制度、新闻宣传制度、河长巡河制度 13 项河长制工作相关制度及管理办法。各街道（功能区）参照区河长办制定的 13 项制度，全部出台了街级河长制工作相关制度。

4. 监督检查和考核评估

扩展考核范围。2017 年，东丽区将 6 条区管二级河道和 88 条主要街村干支渠全部纳入水生态环境考核范围，区河长办每月实行量化打分，并将考核结果向区委、区政府汇报。实施联合督查，为确保东丽区全面推行河长制工作顺利实施，区河长办会同区委督查室，对 11 个街道和 1 个功能区河长制工作开展情况进行督查，针对督查中发现的问题，区河长办对相关责任单位下发了 6 份督办单和 1 份整改通知，督促其整改落实。开展社会监督，为进一步推动东丽区河长制工作，区河长办分别于 2017 年 9 月上旬和 10 月中旬邀请东丽区政协委员、人大代表，对河长制工作进行监督检查，广泛听取各位代表、委员对东丽区河长制工作提出的意见建议；及时办理回复群众反映的河湖水环境问题，全年共处理社会监督电话及网民留言 60 余起；聘请社会监督员对东丽区河渠坑塘进行监督，随时向区河长办反馈情况。完成街级河长制验收工作，区河长办会同 8 个成员单位，邀请有关专家对东丽区 11 个街道和 1 个功能区的河长制工作进行验收，对验收中发现的问题逐一督促指导整改落实，确保了东丽区全面推行河长制工作顺利通过市河长办考核。

5. 健全机制

各级河长认真履职尽责，全区各级总河长、河长高度重视河长制工作，及时组织召开河长

制工作会议，按要求开展河长巡河，深入现场查问题、做安排、提要求、促整改，推动河长制和水环境治理保护工作有效开展。强化巡查监管，建立河长制工作微信群，对随时发现的垃圾、口门排污等问题通过微信群第一时间督促责任单位落实整改，极大提高了整改速度，推进了各部门协调联动，提高了保洁标准，水环境改善取得实实在在的效果。强化考核抓手，为切实发挥考核的导向、激励和约束作用，东丽区将水生态环境考核纳入了全区城市管理考核范围，区河长办每月对6条区管二级河道和88条主要街村干支渠保洁情况进行严格考核、量化打分，并依据考核成绩对各街道（功能区）进行排名，考核结果以视频形式向区政府汇报，督促街道不断巩固完善长效管理机制。深入开展河湖水环境大排查行动，按照市河长办关于开展河湖水环境大排查大治理大提升的要求，区河长办组织召开河长制会议，部署大排查工作，明确分工，落实责任，顺利完成河湖水环境集中排查行动，相关数据已上报市河长办，常态化排查继续不间断进行。

【水务改革】 2017年，区水务局根据水利部、财政部《关于深化小型水利工程管理体制改革的指导意见》要求，按照区内现有水利工程信息，充分利用水利普查成果，全面细致地开展了区级及以下管理的小型水利工程调查摸底工作，摸清纳入改革的小型水利工程管理现状，编制《东丽区小型水利工程管理体制改革实施方案》，并经区长办公会审议通过。9月21日，区政府办公室下发《关于印发〈东丽区小型水利工程管理体制改革实施方案〉的通知》（东丽政办〔2017〕29号），文件中明确成立了小型水利工程管理体制改革工作领导小组。

【精神文明建设】 加强公民思想道德建设，培育践行社会主义核心价值观。积极推进社会主义核心价值观学习教育实践具体化、系统化，将社会主义核心价值观学习内容列入中心组学习计划，加强对党员干部的理想信念教育、国情教育和形势政策教育，大力弘扬民族精神和时代精神，不断提升党员思想道德水平，让社会主义核心价值观深入人心；开展"四德"教育和诚信教育，不断提高干部职工的道德品行修养；开展"讲文明、树新风"文明礼仪、文明服务、文明旅游、文明交通、文明祭扫等主题活动，在机关显著位置设立了6块公益广告宣传板，引导职工自觉养成文明健康的生活方式和良好的行为习惯。开展社会宣传和志愿服务活动。通过设立宣传栏、电子显示屏、宣传海报等方式，做好迎庆宣传贯彻党的十九大社会宣传工作；深入开展学雷锋志愿服务活动，在天津志愿服务网上建立了学雷锋志愿者服务队，全系统志愿者注册率达到100%，全年组织开展"迎全运做文明有礼天津人"学雷锋志愿服务活动12次，结合工作实际，组织开展义务劳动、义务植树活动，清理河道垃圾，绿化美化堤岸。切实抓好创建全国文明城区工作，加强水环境、水资源管理，着力构建与全国文明城区相适应的水安全保障体系。开展"我们的节日"系列活动，挖掘各种重要节庆日、纪念日蕴藏的丰富资源，因势利导开展社会主义核心价值观教育。开展道德讲堂活动，积极宣传先进典型事迹，组织开展"诚信公民""道德模范"和"东丽好人"评选表彰活动，号召广大干部职工向先进典型学习，真诚做人、守信做事，做正能量的传递者、社会主义核心价值观的实践者。

【队伍建设】

1. 局领导班子成员

党委书记：张庆国

党委委员：张 玮 康振红 第朝阳 赵凤宽 朱长会

局 长：张 玮

副局长：康振红 第朝阳 赵凤宽 魏 鹏（9月任）

2. 机构设置

局设 11 个机关科室和 6 个基层单位。

机关科室：党委办公室、行政办公室、人事科、财务审计科、工程建设管理科（加挂东丽区水利工程建设质量与安全监督站牌子）、水务科、水管科（加挂水土保持科牌子）、防汛抗旱科、排水管理科、水政监察科、节约用水科。

基层单位：天津市东丽区东减河管理所、天津市东丽区西减河管理所、天津市东丽区市河管理所、天津市东丽区地下水资源管理中心（加挂东丽区控制地面沉降管理中心牌子）、天津市东丽区水利工程建设管理中心、天津市东丽区水务建设开发中心。

3. 人员结构

2017 年，东丽区水务局在职人员 171 人，其中局机关 29 人（公务员 28 人，工人 1 人），基层单位 142 人。全局人员按学历分：本科及以上学历 136 人，大专学历 10 人，中专学历 9 人，高中及以下学历 16 人。按职称分：工程系列 51 人，其中副高级工程师 4 人、工程师 16 人、助理工程师 31 人；会计系列 5 人，其中会计师 2 人、助理会计师 3 人；统计系列 3 人，其中统计师 2 人、助理统计师 1 人；政工师 5 人；馆员 1 人。按年龄结构划分：35 岁及以下 69 人，36～45 岁 52 人，46～54 岁 22 人，55 岁及以上 28 人。全系统离退休职工 154 人。

4. 先进集体和先进个人

东丽区水务局被东丽区委、区政府评为东丽区 2016 年落实社会治安综合治理目标责任书优秀达标单位。

东丽区水务局防汛抢险突击队被团区委评为青年突击队。

朱长会被区综治委评为东丽区 2015—2016 年度社会治安综合治理先进工作者。

代伟杰被团区委评为 2016 年度优秀团员。

杨莉被团区委评为 2016 年度优秀青年志愿者。

（王书侠）

西青区水务局

【概述】 2017 年，按照西青区区委、区政府的总体工作部署，深入贯彻党的十八大和十八届三中、四中、五中、六中全会精神，以习近平总书记系列重要讲话精神和对天津工作提出的"三个着力"的重要要求为纲为元为总遵循，牢固树立创新、协调、绿色、开放、共享的五大发展理念，认真落实市委、市政府和区委、区政府水利工作部署，践行"绿水青山就是金山银山"的绿色发展理念，突出发挥水务规划建设引领作用，大力实施"清水河道"行动，深入落实"河长制"管理，水生态环境显著提升。坚持开展民心水利工程建设，水利工程投入达 0.8 亿余元，水利基础设施建设不断完善。

【水资源开发利用】 2017 年，西青区实施最严格水资源管理制度，明确制定水资源开发利用控制、用水效率控制、水功能区限制纳污"三条红线"的年度目标，推动经济社会发展与水资源水环境承载能力相适应。3 月，西青区在天津市 2016 年度实行最严格水资源管理制度考核中取得优秀等级。2017 年，西青区用水总量控制在 1.78 亿立方米以内，全年共计征收水资源费 203 万元。

1. 地下水管理

对全区 60 家区管地下水用水户的 71 眼机井进行考核，计划用水量为 87.59 万立方米，考核率达 100%，计量设施完好率达到 98% 以上；对超计划用水单位实行累进加价制度，全面完成年度用水指标压采计划，深层地下水开采量控制在 56.1 万立方米以下。不断加大巡查力度，严厉打击非法打井行为，通过举报监督平台查处 1 起非法取用地下水案件，并依据水法相关规定进行了处罚。

2. 取水许可

根据市水务局《取水许可和水资源费征收

管理条件》，不断强化取水许可管理，依据审批权限变更，积极与西青区审批局协调沟通，规范了西青区取水许可申请、延展及变更等程序，初步完成全区内51户取水户的许可证换领工作。

3. 控沉管理

编制下发《西青区2017年控制地面沉降专项治理工作的通知》，将年度考核任务指标分解到各街镇，全面推动控制地面沉降工作。将开挖超过5米基坑疏干排水控制地面沉降备案工作纳入控沉管理日常工作内容。积极协调水科院相关部门编制符合西青区实际的地面沉降防治措施的方案，已完成方案初稿。

4. 地下水动态观测

及时掌握全区深层地下水位的实时动态，定期对区内30眼观测机井水位进行日常观测，在1月底将2016年度的监测动态数据编制成地下水动态年鉴手册，作为地下水动态数据的参考依据。

5. 调蓄水源

2017年汛末，全区共计存蓄地表水6727万立方米。其中鸭淀水库蓄水1477万立方米，一级河道蓄水4000万立方米，二级河道蓄水1150万立方米，深渠及坑塘蓄水100万立方米，为2018年春季农业生产备足水源。

【水资源节约与保护】 按照建设绿色城市、海绵城市、智慧城市的工作要求，不断加强节约用水管理工作。3月底前完成了756户自来水用户2017年度用水计划指标核定工作，11月底前完成了40户新增自来水用户指标核定工作并按月考核，对超计划用水单位严格累进加价收费，收取率达90%以上。

按照《关于下发西青区2017年水平衡测试计划的通知》，2017年计划完成15家月用水量1000吨以上规模企业的水平衡测试工作，截至12月底完成11家。

3月23日，组织召开了"西青区节水业务培训暨节水型单位授牌仪式"，对2016年市级节水型企业、单位、社区进行授牌表彰，以典范引领的模式，引导各用水单位、企业、社区开展节水新技术应用。会上，宣讲节水法规和相关政策，并邀请北京杰诚盛源有限公司、天津安邦科技有限公司、碧水源净水科技（天津）三个厂家的技术人员进行了节水新技术、新知识讲解，加强各企业、单位对科技节水的认识，有效推广节水新技术应用，实现社会效益和经济效益双赢。

投资175万余元，实施了杨柳青镇政府和区农业大楼节水器具改造及直饮水设备尾水回收节水示范项目改造工程。杨柳青镇政府节水改造工程于5月开工，12月底竣工并完成验收，区农业大楼节水改造项目于11月开工，12月底完成施工工作，待组织验收。

10月，组织召开了"2017年度节水型企业（单位）、社区评审验收工作会议"。天津长飞鑫茂光缆有限公司、西青区卫生和计划生育委员会、瑞欣家园、万科四季花城、西青区质监局、天津恒兴机械设备有限公司、红杉花苑、顺通家园、天安数码城、天津山海关豆制品有限公司、天津海程塑料制品有限公司、假日盈润园、恒益隆庭社区、松江城社区、津滨时代社区、李七庄街水利服务中心、辛口镇水利服务中心共4家企业、5家单位、8个社区通过了节水型企业（单位）、社区评审验收。截至12月底，西青节水型企业（单位）覆盖率达到52%以上，节水型社区覆盖率达到50%以上。

投资85.5余万元，实施西青区节水主题公园建设，工程于9月动工。截至12月底，全部建成并完成验收。

【水生态环境建设】

1. 水污染防治

按照《中共天津市委办公厅、天津市人民政府办公厅印发〈关于"四清一绿"行动2017年重点工作的实施意见〉的通知》（津党厅〔2017〕20号）及《天津市2017年水污染防治实施计划

（一、二批）》要求，西青区牵头负责任务共 213 项，其中工程类任务 11 项（不包括加油站地下油罐任务）（表 1）、管理类任务 4 项、加油站地下油罐改造任务 198 项（表 2）。截至 12 月底，共完成 46 项，其中工程类 10 项、管理类 4 项，加油站地下油罐改造 32 项。未完成 167 项，包括工程类 1 项（市政府已同意从 2017 年计划中剔除）、加油站地下油罐改造 166 项。

（1）工程类项目建设。

大寺污水处理厂提标改造工程，投资 6800 万元。截至 12 月底，工程全部完工，处理规模达 6 万吨每日。该工程完成后主要承担西青开发区、大寺镇、王稳庄镇全部和李七庄街、精武镇、张家窝镇部分污水处理。

天津市圣西联华畜禽养殖有限公司和天津市万盛畜牧养殖专业合作社 2 家养殖场治理工程，投资 221 万元。截至 12 月底，均已完工。累计建设污水收集沉淀池、污水生化处理池 3000 立方米；建设具有防雨功能的堆粪棚 200 平方米；建设粪污处理设施周边路面硬化 390 平方米；增建安全防护设施护栏；购置污水处理池的配套设备等。

西青区节水主题公园建设，投资 85.5 余万元。至 12 月底，通过建设宣传标志牌、张贴宣传画，营造了全民参与，共同节水爱水护水的良好社会氛围。

东场引河、南丰产河及程村排水河 3 条（段）轻度黑臭水体河道治理工程，投资 1400 余万元。至 12 月底，通过实施河道清淤、管网建设、管网清淤及口门治理等措施，主要污染源基本得到控制和消除。经过公众评议和水质监测，达到了住建部要求的初见成效标准。

子牙河—当城桥、中亭河—大柳滩泵站桥、卫津河—纪庄子桥 3 个地表水水质自动监测站建设，投资 450.3 万元。至 12 月底，完成建设任务。

东场引河泵站重建工程。由于项目市级补助资金未能落实，无法审批投资计划及开展招投标工作，市政府已同意西青区将该项目从 2017 年计划中剔除，待市级资金落实后实施。

（2）加油站地下油罐改造。

计划完成 198 个地下油罐改造任务，截至 12 月底，投资 900 万元，完成 32 个地下油罐改造工程。

（3）管理类项目。

大成万达（天津）有限公司的清洁化改造项目，投入 95 万元，主要对污水处理设备进行更新，于 10 月完成验收。

按照市环保局实施排污许可核发工作的部署要求，协助市环保局完成 2 家火电、7 家造纸企业的排污许可证核发工作；10 月底前，根据市环保局计划安排，区审批局、环保局紧密配合对全区 3 家钢铁、1 家水泥企业如期核发排污许可证。截至 12 月底，要求对 13 个行业完成核发，经过筛查确定 8 家企业满足核发要求，于 12 月底完成排污许可证的核发。

环评总量审批工作（对涉及有新增污染物产生的建设项目的审批）。2017 年严格落实总量审批制度，实施新增总量的倍量替代原则（消减量是新增量的一倍以上），截至 12 月底，共核发建设项目（环评报告认定）152 个。

加强涉水工业企业监管。组织西青区涉水工业企业达标排放专项检查，重点对造纸、制药、印染、洗涤、金属表面处理、电子、食品加工等行业废水排放情况进行现场检查和监测。开展专项行动检查 44 次。区环保局依法对 3 家排放水污染物超标的单位实施了行政处罚，其余单位污水处理设施正常运行，污水达标排放。按照《天津市人民政府关于印发天津市水污染防治工作方案的通知》（津政发〔2015〕37 号）和《天津市涉水工业企业严格达标排放专项检查工作方案》的有关要求，2017 年，开展了西青区涉水工业企业达标排放专项检查工作，并按照市环保局的要求对 10 家"黄牌"涉水工业企业的责令整改决定及处罚决定均已实施公示。

表1　　　2017 年水污染防治实施计划年度任务完成情况表（工程类任务）

细化分类	项目分序号	区级项目名称	建设内容（成果或指标）	项目数量	已完成 (√)	已验收 (√)	未验收 (√)
环外各区城镇污水处理厂提标改造	3-2-15	大寺污水处理厂	6 万吨每日	1	√		√
规模化畜禽养殖场粪污治理工程	6-9	天津市圣西联华畜禽养殖有限公司	粪污治理工程	1	√		√
	6-10	天津市万盛畜牧养殖合作社	粪污治理工程	1	√		√
推进节水主题公园建设	14-1	建成西青区节水主题公园	1 座	1	√	√	
黑臭水体治理工程	15-11	东场引河	4.39 千米，配套管网建设，整治效果评估	1	√	√	
	15-12	程村排水河	5.65 千米，控制界外污水排放、清理河道底泥，整治效果评估	1	√	√	
	15-13	南丰产河	2.37 千米，排水口门治理，整治效果评估	1	√	√	
新建、升级改造地表水水质自动监测站40个。对建成的40座水质自动站做好运行维护	22-23	子牙河当城桥断面	新建水质自动监测站	1	√	√	
	22-24	卫津河纪庄子桥断面	新建水质自动监测站	1	√	√	
	22-25	中亭河大柳滩泵站桥断面	新建水质自动监测站	1	√	√	
中心城区水环境提升工程	23-13	东场引河泵站工程	泵站排水和取水规模均由 8 立方米每秒分别扩大为 20 立方米每秒和 10 立方米每秒。2017 年度完成投资 2000 万元	1			
各类项目数小计				11			

表2　　2017 年水污染防治实施计划年度任务完成情况表（加油站地下油罐改造任务）

项目分序号	项目名称	建设内容（成果或指标）	项目数量	已完成 (√)	未完成 (√)	是否有整改计划 (√)	备注
20-3-157	达荣站 1 号油罐	加油站地下油罐更新为双层罐或完成防渗池设置工作	1	√			无验收要求

续表

项目分序号	项目名称	建设内容（成果或指标）	项目数量	已完成（√）	未完成（√）	是否有整改计划（√）	备注
				完成年度任务情况			
20-3-158	达荣站2号油罐	加油站地下油罐更新为双层罐或完成防渗池设置工作	1	√			无验收要求
20-3-159	达荣站3号油罐	加油站地下油罐更新为双层罐或完成防渗池设置工作	1	√			无验收要求
20-3-160	达荣站4号油罐	加油站地下油罐更新为双层罐或完成防渗池设置工作	1	√			无验收要求
20-3-161	福华1号油罐	加油站地下油罐更新为双层罐或完成防渗池设置工作	1	√			无验收要求
20-3-162	福华2号油罐	加油站地下油罐更新为双层罐或完成防渗池设置工作	1	√			无验收要求
20-3-163	福华3号油罐	加油站地下油罐更新为双层罐或完成防渗池设置工作	1	√			无验收要求
20-3-164	福华4号油罐	加油站地下油罐更新为双层罐或完成防渗池设置工作	1	√			无验收要求
20-3-165	华苑1号油罐	加油站地下油罐更新为双层罐或完成防渗池设置工作	1	√			无验收要求
20-3-166	华苑2号油罐	加油站地下油罐更新为双层罐或完成防渗池设置工作	1	√			无验收要求
20-3-167	华苑3号油罐	加油站地下油罐更新为双层罐或完成防渗池设置工作	1	√			无验收要求
20-3-168	华苑4号油罐	加油站地下油罐更新为双层罐或完成防渗池设置工作	1	√			无验收要求
20-3-173	津同路1号油罐	加油站地下油罐更新为双层罐或完成防渗池设置工作	1		√	√	
20-3-174	津同路2号油罐	加油站地下油罐更新为双层罐或完成防渗池设置工作	1		√	√	
20-3-175	津同路3号油罐	加油站地下油罐更新为双层罐或完成防渗池设置工作	1		√	√	
20-3-176	津同路4号油罐	加油站地下油罐更新为双层罐或完成防渗池设置工作	1		√	√	
20-3-177	津同路5号油罐	加油站地下油罐更新为双层罐或完成防渗池设置工作	1		√	√	
20-3-178	津同路6号油罐	加油站地下油罐更新为双层罐或完成防渗池设置工作	1		√	√	
20-3-190	中国石油天然气股份有限公司天津销售分公司西青华晨加油站1号油罐	加油站地下油罐更新为双层罐或完成防渗池设置工作	1		√	√	

项目分序号	项目名称	建设内容（成果或指标）	项目数量	完成年度任务情况			备注
				已完成（√）	未完成（√）	是否有整改计划（√）	
20-3-191	中国石油天然气股份有限公司天津销售分公司西青华晨加油站2号油罐	加油站地下油罐更新为双层罐或完成防渗池设置工作	1		√	√	
20-3-192	中国石油天然气股份有限公司天津销售分公司西青华晨加油站3号油罐	加油站地下油罐更新为双层罐或完成防渗池设置工作	1		√	√	
20-3-193	中国石油天然气股份有限公司天津销售分公司西青华晨加油站4号油罐	加油站地下油罐更新为双层罐或完成防渗池设置工作	1		√	√	
247	天津市西青区资利加油服务有限公司5个油罐	加油站地下油罐更新为双层罐或防渗池设置工作	5		√	√	
248	壳牌华北石油集团有限公司杨柳青加油站5个油罐	加油站地下油罐更新为双层罐或防渗池设置工作	5		√	√	
249	春畅6个油罐	加油站地下油罐更新为双层罐或防渗池设置工作	6		√	√	
250	城华站4个油罐	加油站地下油罐更新为双层罐或防渗池设置工作	4		√	√	
251	高达站5个油罐	加油站地下油罐更新为双层罐或防渗池设置工作	5		√	√	
252	合兴站1个油罐	加油站地下油罐更新为双层罐或防渗池设置工作	1		√	√	
253	花园5个油罐	加油站地下油罐更新为双层罐或防渗池设置工作	5		√	√	
254	金凯4个油罐	加油站地下油罐更新为双层罐或防渗池设置工作	4		√	√	
255	津港站4个油罐	加油站地下油罐更新为双层罐或防渗池设置工作	4		√	√	
256	精强站5个油罐	加油站地下油罐更新为双层罐或防渗池设置工作	5		√	√	
257	李七庄站5个油罐	加油站地下油罐更新为双层罐或防渗池设置工作	5	√			无验收要求
258	龙泉4个油罐	加油站地下油罐更新为双层罐或防渗池设置工作	4		√	√	
259	芦北口上行1个油罐	加油站地下油罐更新为双层罐或防渗池设置工作	1	√			无验收要求
260	芦北口下行1个油罐	加油站地下油罐更新为双层罐或防渗池设置工作	1	√			无验收要求

项目分序号	项目名称	建设内容（成果或指标）	项目数量	完成年度任务情况			备注
				已完成（√）	未完成（√）	是否有整改计划（√）	
261	荣乌5个油罐	加油站地下油罐更新为双层罐或防渗池设置工作	5		√	√	
262	松江站4个油罐	加油站地下油罐更新为双层罐或防渗池设置工作	4		√	√	
263	天塔站4个油罐	加油站地下油罐更新为双层罐或防渗池设置工作	4		√	√	
264	西嘴站3个油罐	加油站地下油罐更新为双层罐或防渗池设置工作	3		√	√	
265	小孙庄加油站5个油罐	加油站地下油罐更新为双层罐或防渗池设置工作	5		√	√	
266	辛口站4个油罐	加油站地下油罐更新为双层罐或防渗池设置工作	4		√	√	
267	鑫桥上站5个油罐	加油站地下油罐更新为双层罐或防渗池设置工作	5		√	√	
268	杨柳青站5个油罐	加油站地下油罐更新为双层罐或防渗池设置工作	5		√	√	
269	杨楼5个油罐	加油站地下油罐更新为双层罐或防渗池设置工作	5		√	√	
270	运达站4个油罐	加油站地下油罐更新为双层罐或防渗池设置工作	4		√	√	
271	津涞路5个油罐	加油站地下油罐更新为双层罐或防渗池设置工作	5		√	√	
272	中北4个油罐	加油站地下油罐更新为双层罐或防渗池设置工作	4		√	√	
273	天津市西青区青港加油站5个油罐	加油站地下油罐更新为双层罐或防渗池设置工作	5	√			无验收要求
274	中国石油天然气股份有限公司天津销售分公司简阳路西加油站4个油罐	加油站地下油罐更新为双层罐或防渗池设置工作	4		√	√	
275	中国石油天然气股份有限公司天津销售分公司西青津津洋加油站5个油罐	加油站地下油罐更新为双层罐或防渗池设置工作	5		√	√	
276	中国石油天然气股份有限公司天津销售分公司西青区辛口加油站5个油罐	加油站地下油罐更新为双层罐或防渗池设置工作	5		√	√	

续表

项目分序号	项目名称	建设内容（成果或指标）	项目数量	完成年度任务情况			备注
				已完成（√）	未完成（√）	是否有整改计划（√）	
277	中国石油天然气股份有限公司天津销售分公司西青华鑫加油站 4 个油罐	加油站地下油罐更新为双层罐或防渗池设置工作	4		√	√	
278	中国石油天然气股份有限公司天津销售分公司西青区奥深加油站 5 个油罐	加油站地下油罐更新为双层罐或防渗池设置工作	5		√	√	
279	中国石油天然气股份有限公司天津销售分公司西青华奥加油站 5 个油罐	加油站地下油罐更新为双层罐或防渗池设置工作	5		√	√	
280	中国石油天然气股份有限公司天津销售分公司西青京福加油站 4 个油罐	加油站地下油罐更新为双层罐或防渗池设置工作	4		√	√	
281	中国石油天然气股份有限公司天津销售分公司西青电建加油站 5 个油罐	加油站地下油罐更新为双层罐或防渗池设置工作	5		√	√	
282	中国石油天然气股份有限公司天津销售分公司西青津西六埠加油站 4 个油罐	加油站地下油罐更新为双层罐或防渗池设置工作	4	√			无验收要求
283	中国石油天然气股份有限公司天津销售分公司西青前园加油站 4 个油罐	加油站地下油罐更新为双层罐或防渗池设置工作	4	√			无验收要求
284	天津市西青区元通加油服务有限公司 5 个油罐	加油站地下油罐更新为双层罐或防渗池设置工作	5		√	√	
285	壳牌华北石油集团有限公司津淄公路大寺加油站（停歇业）5 个油罐	加油站地下油罐更新为双层罐或防渗池设置工作	5		√	√	
286	天津市西青区武石加油站（停歇业）3 个油罐	加油站地下油罐更新为双层罐或防渗池设置工作	3		√	√	
287	芥园西道站 5 个油罐	加油站地下油罐更新为双层罐或防渗池设置工作	5		√	√	
各类项目数小计			198				

2. 清水河道行动

按照区委、区政府《关于西青区"四清一绿"行动2017年重点工作的实施意见》的要求，在完成市级清水河道行动建设任务的同时，西青区自加压力，计划完成775项清水河道行动工程任务，

2017 年 12 月底，已完成 378 项，完成占比 48.7%。包括畜禽养殖户 29 家（任务全部完成），沟渠治理 12 条（共 13 条，剩 1 条为中北镇阜春河），农村坑塘治理 7 个（任务全部完成），工业企业治理 310 家（共 688 家，剩 378 家），合流制

居民小区改造 10 个（共 18 个，剩 8 个），工业园区改造 3 个（共 7 个，剩 4 个），管网盲区建设 7 片（共 13 片，剩 6 片）。具体情况详见表3。

表3   **2017 年清水河道行动任务完成情况表**

序号	街 镇 名 称	计 划 任 务	完成数	完成总任务百分比/%
1	张家窝镇（21 项）	工业企业治理 21 家	21	100
2	杨柳青镇（61 项）	工业企业治理 33 家	33	93.4
		工业园区治理 1 个	0	
		污水管网空白区建设 9 个	6	
		沟渠治理 3 条	3	
		坑塘治理 3 个	3	
		畜禽养殖户治理 12 家	12	
3	李七庄街（10 项）	工业企业治理 6 家	4	80.0
		合流制小区改造 4 个	4	
4	辛口镇（161 项）	工业企业治理 149 家	97	65.8
		合流制小区改造 2 个	0	
		污水管网空白区建设 1 个	0	
		沟渠治理 1 条	1	
		畜禽养殖户治理 8 家	8	
5	西营门街（21 项）	工业企业治理 7 家	5	61.9
		工业园区治理 1 个	0	
		合流制小区改造 8 个	3	
		沟渠治理 1 条	1	
		坑塘治理 4 个	4	
6	精武镇（251 项）	工业企业治理 231 家	112	50.6
		工业园区治理 4 个	2	
		合流制小区改造 2 个	1	
		污水管网空白区建设 2 个	1	
		沟渠治理 3 条	3	
		畜禽养殖户治理 9 家	9	
7	大寺镇（12 项）	工业企业治理 8 家	1	33.3
		工业园区治理 1 个	1	
		合流制小区改造 2 个	2	
		污水管网空白区建设 1 个	0	
8	王稳庄镇（237 项）	工业企业治理 233 家	37	17.3
		沟渠治理 4 条	4	
9	中北镇（1 项）	沟渠治理 1 条	0	0
	合计		775	378 48.7

3. "河长制"工作

2017年,西青区认真贯彻落实中央和天津市关于"河长制"工作的精神和要求,编制印发了《西青区全面推行河长制的实施意见》,在全区10个街镇全面实行"河长制"管理,同时各街镇印发出台街镇级河长制方案,建立起区、街镇、村三级河长制组织结构,形成了科学的河道水生态环境管理体系;成立了区河长制办公室,全面负责西青区河长制工作,定期组织河长办联席会议,推动河长制各项工作任务开展,督促街镇将河道属地管理和长效养护落到实处。完善了配套制度,将河长制相关的13项制度印发至各责任部门及各街镇,保障了河长制工作开展的系统化和规范化,以及管理机制的长效化。深化区河道水环境考核,突出水污染源头治理,将47条(71段)河道、干渠纳入考核名录,包括3条一级河道、18条(段)二级河道及26条街镇级河道和干渠。区河长办每月对街镇进行业务考核,形成"河道水环境考核情况月报",上报区政府,通报各街镇。加强巡查检查,区水务局成立巡查队伍,坚持全天候对河道进行巡查督查,发现问题及时处理、及时报告,实现了工作运转的科学化、规范化和常态化。

【水务规划】 2017年,为完成全国控沉规划目标,推动西青区落实主体责任,根据国土资源部、水利部关于贯彻落实《全国地面沉降防治规划(2011—2020年)》《天津市控制地面沉降管理办法》和《关于实施控制地面沉降分区管理的意见》通知精神,编制完成《天津市西青区地面沉降治理工作实施方案(2018—2020年)》。通过实施方案的编制与实施,促进水资源优化配置、高效利用和节约保护工作,科学指导地面沉降治理工作的开展和有关治理工程的实施。

编制《西青区"一河一策"实施方案》,其中陈台子排水河、津港运河、中引河、南引河、总排河、西大洼排水河、南运河、丰产河、自来水河、东西排总河、大沽排水河11条河道的"一河一策"方案基本制定完成。

按照科学构建布局合理、功能完善、工程优化、保障有力的河渠水系连通体系的规划目标,完成《西青区水系连通规划》送审稿编制工作,规划将针对目前水系连通尚不完善的河道进行疏通,对影响水系连通的建筑物进行拆除、重建,同时新建一些建筑物以利调度。

【防汛抗旱】

1. 雨情

2017年,汛期(6月1日—9月15日)全区平均降雨量351.97毫米,具有降雨频繁、雨量不均的特点,较常年同期偏多4.47毫米。6月平均降雨量50.92毫米,7月平均降雨量151.85毫米,8月平均降雨量145.8毫米,9月平均降雨量3.4毫米。其中8月9日,西营门街降雨130.8毫米,为本年单日最大局部降雨。汛期,全区共计排除沥涝7404万立方米,防汛形势总体平稳。

2. 防汛

(1)组织机构。

建立以区长为核心的区级防汛抗旱指挥部,西青区防指与街、镇、村、开发区、相关单位层层签订防汛责任书,落实三级防汛责任,促进了以行政首长负责的快速反应机制不断完善。

2017年防汛抗旱指挥部组成人员:

指　　挥:陈绍旺　西青区区长
常务副指挥:方　伟　西青区副区长
副　指　挥:范树合　西青区武装部部长
　　　　　　张晓辉　西青区政府办公室主任
　　　　　　时迎春　西青区农经委主任
　　　　　　高广忠　西青区水务局局长

区防汛抗旱指挥部在西青区区委、区政府和市防汛抗旱指挥部的领导下,行使政府防汛指挥和监督防汛工作的职能,负责组织、指挥全区的防汛工作,其日常工作由防汛抗旱指挥部办公室承担,设在区水务局,由区水务局局长高广忠任办公室主任。为更好地应对防汛突发情况,汛前对全区各成员单位进行有效分工,成立了信息宣传组、气象组、水情组、调度组、抢险组、转移安置组、通信组、物资组、财务组、保卫组、交通运输组、生活保障组，12个工作组在区防办统一协调调度下共同承担防汛抗旱工作责任。

（2）防汛预案。

按照"安全第一、常备不懈、以防为主、全力抢险"的工作方针，西青区防办立足早谋划、早部署、早准备、早安排的原则，抓实《西青区2017年防汛预案》及《西青区2017年防洪抢险分预案》《西青区2017年农村除涝分预案》《西青区2017年重要二级河道调度分预案》《西青区2017年东淀蓄滞洪区运用分预案》《西青区2017年建成区排水分预案》《西青区2017年东淀蓄滞洪区阻水坝埝紧急拆除分预案》《西青区2017年接收静海区转移群众分预案》《西青区2017年防汛抢险物资保障分预案》《西青区2017年鸭淀水库调度运用及防抢分预案》《西青区2017年防汛通信保障分预案》《西青区2017年防汛交通保障分预案》《西青区2017年防汛公路抢险分预案》12项分预案。全区各街镇、村及成员单位按照市防办的统一要求，密切配合，按职责共同承担防汛抗旱工作，分别按照防汛职责，修订了部门、街镇、村、园区、居住社区、蓄滞洪区等有关防汛预案。涉河工程建设单位编制了工程度汛应急预案，为安全度汛应急处置工作提供了科学、有效的预案保障。

（3）防汛物资储备。

区防办投资103万元采购防汛抢险车、冲锋舟等6类35种防汛物资，并与销售商签订了防汛物资代储协议，各街镇、开发区结合各自实际，筹备了168部防汛车辆，储备应急水泵，备足了各类防汛物资。

（4）防汛抢险队伍建设。

区武装部、水务局协调组建了4支区级抢险队伍3438人，各街镇、开发区建立了由综合执法队员、民兵、群众等人员组成的街镇级防汛抢险队伍11支5038人。各支队伍结合防汛任务组织开展了多种形式的防汛抢险技术培训和演练，区防办组织区防汛专业技术开展了防汛应急设备操作技术培训、组织街镇分管防汛工作街镇负责人和水利服务中心主任及专业技术人员，开展了防汛预案及防汛业务指示培训；各街镇、开发区结合自身防汛工作特点，以街镇为单位开展了防汛业务培训和抢险演练，进一步增强了区各级防汛抢险队伍的实战能力。

（5）蓄滞洪区监管。

区防办指导辛口镇、杨柳青镇制订了转移安置工作方案，修订完善了相关预案，开展东淀居民财产核实登记，落实了68部车辆，保障群众安全转移，落实了施工队伍、机械做好阻水坝埝、分洪口门扒除准备。

（6）隐患整改。

各街镇、开发区及有关成员单位结合2016年"7·20"强降雨暴露的问题和汛前存在的薄弱环节，制定了整改措施，明确了责任部门、责任人，倒排工期，狠抓落实。储备了应急排水设备，动用应急排水设备463台时，有效改善了易涝片区积水问题。实施大沽排水河堤防加固，卫津河、程村排水河、东西排总河清淤工程，启动黄家房子泵站更新改造、维修改造桥闸涵17座，消除了骨干河道、堤防、设施安全隐患。

（7）汛前排查。

按照市政府92次常务会精神和市防指有关工作要求，区防办组织有关委局和各街镇政府深入开展易积水片区排查及群众安置实施方案编制工作。经排查，杨柳青镇、中北镇、西营门街尚有10处易积水居民区，占地11.2万平方米，其中涉及平房和一楼住户1850户3276人，均不存在危房情况。为保障易积水片区群众安全度汛，西青区成立了以副区长方伟为组长，由民政局、房管局、水务局负责人为副组长，各街镇分管城建工作的负责人为成员的易积水居民区群众安置工作领导小组。按照行业管理和属地管理原则，对群众安置工作职责进行了明确分工，各街镇建立了重点户台账，细化、落实了转移安置工作部门、责任人、转移车辆和队员、安置地点、生活、医疗等保障措施，易积水片区应急排水预案等相关工作，为易积水片区群众应急转移安置工作做好各项准备。

（8）汛期检查。

6月8日，针对易积水片区应急排水工作和应急度汛工程建设情况，区政府组织开展了防汛工作检查，对杨柳青镇文昌道临时泵站、大寺镇大沽排水河应急除险工程建设等点位进行了现场检查。针对各成员单位防汛值班情况，区防办5次电话查岗，通过检查各单位严格执行24小时值班和领导带班制度，人员上岗值守情况良好。8月2日，区政府办公室、督查室、区防办联合开展防汛检查，分3组对10个街镇、开发区和16个相关委局防汛值班情况进行了现场检查。各单位组织指挥体系健全，主要领导在岗值守，重点岗位应急抢险人员落实到位，防汛通信系统畅通，抢险装备物资器材均已落实，总体情况较好。

（9）应对局地强降雨。

2017年汛期，共计启动5次Ⅳ级防洪预警，各成员单位严格按照应急预案及时启动响应，全力组织强降雨应对工作。8月9日凌晨，西营门街突降130.8毫米大暴雨，泰和工业园周边4平方千米平均积水深20厘米，区防办第一时间请示市防办，及时启动新东场泵站向子牙河应急排水，西营门街架设临时水泵11台套，出动抢险人员30人，经过一天一夜连续奋战，共计排除沥涝104万立方米，最大限度降低淹泡损失。

3. 抗旱

2017年春季，全区干旱少雨，区防办结合全区农业生产计划和水资源供水量情况，进行了配水分析，制订了抗旱预案。区、镇两级水务部门协调配合，充分利用区内地表水储备水源和中心城区水循环水源，联合运用各级河道、泵站、水闸等水利设施，组织调配6000万立方米优质水源，保障了全区农业的正常生产。

11月中旬至12月下旬，为配合静海区团泊水库生态补水，组织杨柳青、辛口镇进行子牙河沿河口门封堵，并采取有效措施，加强沿河管理，坚决杜绝输水期间的取水、排水行为，保证了此次生态补水护水任务的圆满完成。

【农业供水与节水】 2017年，西青区充分利用雨后径流和优质城乡沥水，做好区域内河道、水库、坑塘的蓄水保水工作。共调配各类农业水源约6000万立方米，完成各类农作物及时播种1.37万公顷，确保了3250.57公顷鱼池的正常投产，有效解决了张家窝镇、王稳庄镇、大寺镇农业生产和渔业养殖以及郊野公园生产用水难题。

【村镇供水】 2017年，西青区农村地下水总开采量为301万立方米，其中生活用水31万立方米、公共用水35万立方米、环境用水126万立方米、牲畜用水109万立方米。

【农田水利】 西青区以抓好水毁修复工程，发展高效节水灌溉农业为重点，大力开展农田水利基本建设。投资1470.84万元，完成2017年小型农田水利工程项目，新建、改造张家窝镇泵站2座，建设精武镇涵闸2座、泵站1座，改造节水工程126.67公顷。投资168.18万元，完成5座区属泵站、3座涵闸岁修工程，提高了防汛能力。投资95万元，开展北大港水库库区移民安置区建设，清淤东台子村现代农业产业园区北部主排水渠道252米；新建排涝流量为0.45立方米每秒的泵站1座；铺设电缆2条，长度1616米。

【水土保持】 开展水土保持日常巡查监督工作，全年协同区审批局开展黄家房子泵站水土保持方案审查1项，有效落实了"三同时"制度，并对黄家房子泵站建设工程实施持续水土保持监督检查，防范水土流失发生。

【工程建设】

1. 建设项目

2017年，西青区水务局投资19986.4748万元，完成东西排总河、程村排水河、卫津河、大沽排水河、黄家房子泵站的治理改造工程。

西青区东西排总河（镇南泵站至高泰路）清淤改造工程，总投资610.1066万元，对2.193千米河道进行清淤治理以及浆砌石边坡修复，工程于2017年3月16日开工，5月26日完工。

西青区程村排水河（于台闸至外环线）清淤改造工程，总投资428.4255万元，对0.8千米河道和1千米管涵进行清淤治理，工程于2017年3月16日开工，6月30日完工。

西青区卫津河（大寺新家园至蓟汕高速）清淤改造工程，总投资590.5927万元，对1.72千米河道进行清淤治理，新建涵桥1座，工程于2017年3月16日开工，2017年7月21日完工。

大沽排水河堤防加固工程，总投资8080.55万元，对大沽排水河堤顶进行加高加固，其中左堤加高加固12.34千米，左堤堤顶硬化为泥结石路面11.7千米，右堤加高加固5.55千米，拆除重建穿堤建筑物8座。工程于2017年6月28日开工，截至12月底，主体工程已完工。

黄家房子泵站更新改造工程，总投资2740万元，对黄家房子泵站进行原址拆除重建，设计排涝流量10立方米每秒，设计灌溉流量2立方米每秒。2017年5月16日开工建设，截至12月底，泵站主体工程完工。市水务局于2017年6月29日对该工程进行质量考核，考核结果为A类；于7月12日进行安全考核，受到好评；9月13日，水利部对黄家房子泵站进行了质量考核，工程质量受到了专家组一致好评。

中小河流治理重点县综合整治和水系连通试点天津市西青区独流减河截流沟大寺镇、王稳庄镇项目区为结转项目，总投资7536.8万元，工程于2016年7月8日开工，对独流减河截流沟21.215千米河道进行清淤、复堤加固、堤坡修整以及重建或新建沿岸建筑物，截至2017年12月底，主体工程完工。

2. 项目建设管理

（1）强化项目前期工作。

为确保西青区水利工程项目高效、顺利实施，通过公开招投标方式选择技术实力雄厚的设计单位，协调沟通当地政府，认真考察，实地踏勘，严格按相关规范和文件规定编制各阶段方案；同

时加强与区财政、发展改革委、环保等部门的协调沟通，及时提供所需材料；积极主动与上级主管部门沟通、协调，及时掌握项目申报进度、审查结果，认真整改工作中存在的问题和不足，形成前期工作合力，确保前期工作顺利推进。

（2）强化工程质量管理。

注重完善管理机制，强化落实主体责任，与各参建单位签订《质量终身责任承诺书》，对施工过程进行全方面动态管理。要求设计单位建立设计服务体系，负责工程技术交底，并派驻工地代表在施工过程中根据实际情况随时进行技术指导；要求监理单位建立质量控制体系，成立项目监理部，对工程施工进行动态监理，严格控制工程质量、进度等，对重要工序、重要部位实行旁站监理，对于不合格的工序责令其进行整改，合格后方可进行下一工序的施工，严把质量关；要求施工单位建立施工质量管理体系，现场成立项目经理部，按照技术交底、施工图纸组织施工，对施工放线、基础处理等重要部位施工严格把关。

（3）强化工程安全生产管理。

按照"安全第一，预防为主，综合治理"的指导思想，不断完善安全生产管理制度，与各参建单位签订《建设工程四方主体单位安全生产责任书》；针对工程特点开展安全岗前培训，重点进行硫化氢预防、施工机械、安全用电等方面的讲解，提高预防安全事故的意识与能力，有效防范各类事故的发生；对工程现场进行消防演练，要求各施工现场制订应急预案，责任分区分部位落实到人，增强作业人员突发险情情况下的应急反应及处理能力，有效控制险情中人身及财产损失。每月至少召开一次安全生产工作例会，要求施工单位做好安全隐患排查；同时对工程安全定期检查与不定期抽查，对检查发现的问题要求施工单位及时整改，做到对安全生产隐患整改闭合管理。

（4）坚持监管到位，确保资金使用安全。

为强化财务管理，西青区水利工程建设管理中心不断完善内部管理制度，做到资金收支专款专用，独立核算；加强合同管理，严格投资控制，

按照建设进度逐级审批、拨付工程款；不断强化建设资金监管，确保资金使用安全。

【供水、排水工程建设与管理】 2017年6月，结转完成2016年西青区水源转换工程，辛口镇27家区管地下水用水户完成水源切改，铺设输水管线11.9千米，封存、回填、转为观测井、消防备用机井42眼，压采水量约22.96万立方米（表4）。开展2017年度水源转换施工工作，截至12月底，完成43家区管地下水用水户水源切改，铺设输水管线15.49千米，封存机井41眼，转为消防井2眼（表5）。

2017年，西青区水务局认真制定污水处理费征收计划，全年共计征收污水处理费376万元。

表4　　　　西青区2016年地下水压采及水源转换机井封填台账

用水户名称	机井数/眼	封存/眼	回填/眼	转为监测井/眼	消防备用/眼	水量/万立方米
江南高尔夫	3	0	3	0	0	1.5154
飞龙橡胶	2	0	2	0	0	7.7269
中安药业	1	0	1	0	0	3.6098
精武镇郭村	1	0	1	0	0	0
梨园头粮库	1	0	1	0	0	0.0703
青华毛衣针	2	0	2	0	0	0.0230
鑫阔化工厂	2	1	1	0	0	1.1706
宏泽园工贸有限公司	1	0	1	0	0	0.4433
精武镇刘庄	1	0	1	0	0	0
天海制药	1	0	1	0	0	0
英特食品	1	0	1	0	0	0.0724
丰源公司	1	0	1	0	0	0.0557
下辛口电镀	1	0	1	0	0	0.1599
王庄子村委会	1	0	1	0	0	0.3901
水高庄工业园	1	0	1	0	0	1.0000
中奥沥青	1	0	1	0	0	0.6397
第六埠村委会	1	1	0	0	0	0.5000
昌盛塑料	1	0	0	0	1	0.3170
河北省水利工程局	1	0	1	0	0	0
康利搪瓷制品有限公司	1	0	1	0	0	0.6780
杰泰化工	1	0	1	0	0	0.3637
金利得织物	1	0	0	1	0	0.4594
新杰线缆	1	0	0	1	0	0.0461
万卉路变电站	1	0	0	1	0	0.1200
汪庄子变电站	1	0	0	1	0	0.0600
青凝候变电站	1	0	0	1	0	0.0156

续表

用水户名称	机井数/眼	封存/眼	回填/眼	转为监测井/眼	消防备用/眼	水量/万立方米
白滩寺变电站	1	0	0	1	0	0.0090
永平制冰厂	1	1	0	0	0	0.1315
广建染整	1	1	0	0	0	0.4725
天津市绍立化工厂	1	1	0	0	0	0.0427
天津市巨能药业有限公司	1	1	0	0	0	0.0991
天津市亿利达毛毡厂	1	1	0	0	0	0.0415
天津市六福针织有限公司	1	1	0	0	0	1.4263
华源石化石油有限公司	1	0	0	0	1	0.3465
振亚化工	1	1	0	0	0	0.3606
天津市长城化工有限公司	2	1	1	0	0	0.5951
合计	42	10	24	6	2	22.9617

表5　西青区2017年地下水压采及水源转换机井封填情况

用水户名称	机井数/眼	封存/眼	回填/眼	转为监测井/眼	消防备用/眼
辛口镇郑庄子2号井	1	0	1	0	0
精武镇固乐商砼	1	0	1	0	0
大寺镇南兴研磨材1号井	1	0	1	0	0
大寺镇南兴研磨材2号井	1	0	1	0	0
辛口镇木厂村	1	0	1	0	0
飞亚化工1号井	1	0	1	0	0
精武镇付村中学	1	0	1	0	0
精武镇孙庄子	1	0	1	0	0
精武镇闫庄子	1	0	1	0	0
天津师范大学第三附属小学	1	0	1	0	0
杨柳青镇东嘴村1号井	1	0	1	0	0
杨柳青镇东嘴村2号井	1	0	1	0	0
杨柳青镇西嘴村1号井	1	0	1	0	0
杨柳青镇西嘴村2号井	1	0	1	0	0
飞亚化工2号井	1	0	1	0	0
中北镇大梁庄工业园1号井	1	0	1	0	0
中北镇大梁庄村委会1号井	1	0	1	0	0
中北镇大梁庄村委会2号井	1	0	1	0	0
中北镇宾乐植物油	1	0	1	0	0

续表

用水户名称	机井数/眼	封存/眼	回填/眼	转为监测井/眼	消防备用/眼
中北镇西青外贸	1	0	1	0	0
中北镇谢庄村委会1号井	1	0	1	0	0
中北镇谢庄村委会2号井	1	0	1	0	0
中北镇恒星液压铸造	1	0	1	0	0
王稳庄镇小张庄村委会	1	0	1	0	0
王稳庄镇小张庄村委会2号井	1	0	1	0	0
王稳庄镇西兰坨铸造厂	1	0	1	0	0
王稳庄镇小张庄村委会3号井	1	0	1	0	0
王稳庄镇西兰坨村委会	1	0	1	0	0
杨柳青镇舟桥部队2号井	1	1	0	0	0
杨柳青镇舟桥部队1号井	1	1	0	0	0
辛口镇广健纺织	1	1	0	0	0
辛口镇六福针织	1	1	0	0	0
辛口镇金福针织	1	1	0	0	0
辛口镇下辛口纸箱厂	1	1	0	0	0
辛口镇郑庄子1号井	1	1	0	0	0
辛口镇小杜庄村	1	1	0	0	0
精武镇王庄子	1	0	0	0	1
精武镇小卞庄	1	0	0	0	1
杨柳青镇西嘴饮料厂	1	1	0	0	0
中北镇大梁庄工业园2号井	1	1	0	0	0
辛口镇岳家开村1号井	1	1	0	0	0
辛口镇岳家开村2号井	1	1	0	0	0
王稳庄镇西兰坨村农业设施	1	1	0	0	0
合　计	43	13	28	0	2

【科技教育】 2017年3月，以"世界水日""中国水周"为契机，深入杨柳青第三中学、天津山海关豆制品有限公司、天津鑫宝龙电梯集团有限公司、红杉花苑社区开展一系列节水宣传活动，并向活动参与人群讲解节水知识、节水小窍门等，使人们提高了节水意识，调动了全民参与节水的积极性。联合天津农学院水利工程学院开展了节约用水宣传活动，向学生们宣传天津市水资源现状及节约用水知识，培养大学生热爱水、珍惜水、节约水和保护水的意识。

5月"全国城市节水宣传周"期间围绕"全面建设节水城市，修复城市水生态"的主题与共青团西青区委员会联合举办了主题为"节水爱水护水 共创生态文明"的演讲比赛；深入到超市、村集市、学校、社区、企业开展一系列节水宣传活动，并利用报纸、电视台等媒体扩大宣传影响力。做好节水日常宣传，有针对性地宣传节水相关内容，全年共向各街镇、单位、学校、社区、重点商贸区发放宣传材料 20000 余份，手提袋、垃圾袋等宣传品 26000 余件。

深入贯彻落实区委、区政府转发的《区委宣传部、区司法局关于在公民中开展法制宣传教育的第七个五年规划（2016—2020 年）》（津西党发〔2016〕9 号）文件要求，全年组织水行政执法持证人员和街镇综合执法人员开展集中培训 2 次。结合水污染防治和水环境保护工作，重点对各街镇河道水环境综合管理人员召开了专题会议并进行培训。开展执法证件审验工作，共有水行政执法人员 75 人，其中部证持证人员 47 人，市证持证人员 46 人。

【水政监察】 2017 年，区水务局水政监察工作树立"依法行政"观念，做到年初有部署、有计划、有安排，年终有考核、有讲评、有奖惩。

严格依法行使行政职权，履行行政管理职责，认真落实行政执法情况报告、执法人员资格管理、行政执法情况专项说明、行政执法案卷管理等制度，按程序执法做到有措施、有痕迹，规范执法行为。严厉查处私自取用水行为。2017 年 3 月 30 日，对天津市津鲜农业科技有限公司未经许可取用地下水的行为实施罚款 20000 元的行政处罚；2017 年 3 月 20 日，对天津利南文化产业有限公司私设排污口门排放不达标水体的行为实施罚款 50000 元的行政处罚。全年无被行政复议机关、人民法院撤销、变更、确认违法的案件。

【工程管理】

1. 河道巡查检查制度

为了有效遏制水事违法行为的发生，及时发现并制止河道违法行为，维护河道健康生态，保障河道功能全面发挥，确保全区水事秩序正常有序。按照统一管理与分级管理相结合的原则，充分利用河道管理一所、河道管理二所对所辖区域内情况熟悉的优势，建立起河道日常巡查检查工作制度，实现了对河道问题的"早发现、早处理、早解决"。在水闸日常管理中开展经常性检查工作，检查方式分为 4 种：①外观检查，主要对水闸各部位、闸门、启闭机、丝杠、护栏等设施进行巡查；②定期检查，对水闸各部位及各项设施进行全面的巡查，定期检查于汛前、汛中、汛后各进行一次；③特别检查，当遭受特大洪水、风暴潮、强烈地震和发生重大工程事故时必须对水闸进行特别检查，由所组织专家进行；④提闸设备检查，对液压式提闸机、液压油管、套头等提闸设备及配件进行检查，排除故障隐患。

严格落实执法巡查责任主体。各单位主要负责人对河道日常巡查工作负总责，水政人员负责具体组织实施。科学制订巡查方案和巡查计划，规定巡查频次，建立详细的执法巡查档案，及时上报巡查发现的重大违法行为。强化河道日常巡查保障，及时解决日常巡查中遇到的问题。对可能发生水事违法行为的，有针对性地开展水法律法规宣传教育，防止违法行为的发生。对正在发生的水事违法行为，水政监察员应责令当事人立即停止。依法可按简易程序处理的案件，按简易处理程序当场作出处理决定；不适用简易程序处理的案件，应及时开展调查取证工作，依法依规进行处理。

2. 泵站运行管理

建立健全泵站系列管理制度，实现泵站运行、维护、管理的规范化操作。为区管泵站订立泵站运行操作规程（包括开泵前、运行中、运行后管理操作制度）、检修运行人员岗位职责、运行应急管理制度以及泵站维养人员工作制度。强化各项管理措施，狠抓制度落实，按照"事事有人做，人人有事干"的原则，细化岗位责任，明确责任追究，层层落实岗位目标责任，形成有序的管理格局。

加强日常维护保养，提高管理素质。本着"经常养护，随时维修，养重于修"的原则，做到经常打扫站区，保持机房清洁干净，保持设备无灰尘，启闭正常。定期检查电气设备情况，确保机组完好率100%、开机率100%。经常检查建筑物有无裂缝、启闭设备运行状况，对运转部件定期加油、止水密封，使制动装置运行可靠。电气设备动作正常，无漏电、短路现象，接地可靠。定期检查沿线建筑物，对建筑物位移、裂缝做好详细记录。做到每周一小查，每月一大查，雨天及时查，每查有记录，发现问题及时解决，确保工程安全，延长工程使用寿命。通过加强技术培训，努力开展岗位练兵，多层次、多渠道组织泵站工程全体人员尤其是一线操作人员进行电工基础知识讲座，加强泵站运行工与维修工的机械基础业务知识和安全知识培训，提高管理队伍中高级技工的比例。严格运行人员上岗证制度，通过培训考核，力争在较短时间内持证上岗率达100%。组织开展预防硫化氢中毒培训。通过学习培训，使广大干部职工业务技能和水平得到有效提高，具有独立处理应急突发事故的能力。

【河长制湖长制】 为全面贯彻落实中共中央办公厅、国务院办公厅《关于全面推行河长制的意见》（厅字〔2016〕42号），以全面推行河长制为契机，进一步加强区水生态环境管理和保护工作，按照《水利部环境保护部关于印发贯彻落实〈关于全面推行河长制的意见〉实施方案的函》（水建管函〔2016〕449号）和《天津市关于全面推行河长制的实施意见》（津党厅〔2017〕46号），结合区实际，制定《西青区全面推行河长制的实施意见》。

全区10个街镇（160个行政村）实行河长制。纳入河长制管理的一级河道3条75.58千米，即独流减河（43.7千米）、子牙河（23.4千米）、中亭河（8.48千米）；二级河道16条247.89千米，中心城区城市供排水河道4条12.3千米；街镇骨干河道及干渠56条193.5千米，村级沟渠194条274.5千米，农村坑塘71个168万平方米；中型水库1座（鸭淀水库），库容3360万立方米；渔业养殖场2866.67公顷。

1. 机构设置

建立区、街镇、村三级河长制组织体系，即区设置河长制工作领导小组（简称领导小组）和河长制工作领导小组办公室（简称河长办），设置区总河长、区级河长；街镇不设置领导小组和办公室，设置总河长、河长和村级河长及相应河长制主管科室，同时建立一支长效河湖管理队伍。

（1）领导小组的设置及职责。

领导小组组长由区委书记担任，常务副组长由区长担任；副组长由分管水务、环保、市容、农业的副区长担任；区领导小组成员由区委办局等22个单位主要负责人组成。

领导小组的职责：全面落实中办、国办《关于全面推行河长制的意见》和《天津市关于全面推行河长制的实施意见》文件精神，推进河长制管理制度建设，部署河长制管理任务和目标，监督考核相关措施落实情况，统筹协调河长制工作中遇到的重大问题。

（2）河长设置。

区委书记担任区总河长；区长担任一级行洪河道（独流减河、子牙河、中亭河）和市管城市供排水河道（外环河、纪庄子河、大沽排水河、陈台子排水河环内段、津港运河环内段、卫津河环内段）的河长；分管环保的副区长担任二级河道中供排水河道（陈台子排水河环外段、津港运河环外段、南引河、卫津河环外段、总排河、中引河、新赤龙河、西大洼排水河、洪泥河、南丰产河）的河长；分管农业的副区长担任起联通作用二级河道及部分供排水河道、水库（卫河、东场引河、南运河、丰产河、自来水河、程村排水河、改道河、东西排总河、鸭淀水库）的河长。区级河长（含总河长）4人。街镇级总河（坑塘）长由街镇党委书记担任。街镇级河长按流经辖区内河湖设置，由街镇行政领导担任，原则上主要行政领导担任区域内一级河道和主要二级河道河长，分管工业、环保、城建、农业、水务等工作的负责人担任二级河道及镇级以下河道河长。镇级河长 103 人。村级河长按流经辖区内河湖沟渠及坑塘设置，由行政村党政主要负责人担任。村级河长 160 人。

（3）河长办设置及职责。

区河长办设在区水务局，办公室主任由区水务局局长担任，区水务局一名副局长任常务副主任并主持日常工作，副主任由区环保局、区市容园林委、区农经委、区建委、区财政局分管负责人担任；办公室成员由选拔抽调专职人员组成，承担河长制具体的系统的工作。

河长办在领导小组和总河长的直接领导下开展工作，主要负责承担本区河长制实施的具体工作，制定管理制度和考核办法，组织推动河长制八项工作的落实，组织对各街镇和成员单位落实河长制工作情况的监督检查和考核，公布考核结果；承接市河长办部署的各项工作，配合市河长办对区级河长的考核。

2. 制度制定

为全面贯彻落实中央、国务院以及市委市政府关于全面推行河长制的决策部署，按照《水利部办公厅关于加强全面推行河长制工作制度建设的通知》要求，依据《西青区全面推行河长制的实施意见》，结合本区实践经验，区河长办制定完成《西青区河长制会议制度》《西青区河长制联席会议制度》《西青区河长制督查督办制度》《西青区河长制工作责任追究暂行办法》《西青区河长制信息共享制度》《西青区河长制考核办法（试行）》《西青区河长制工作联络员制度》《西青区河长制社会监督制度》《西青区河长制河长巡河制度》《西青区河长制新闻宣传制度》《西青区河长制信息报送制度》《西青区河长制验收制度》《西青区河长制专家咨询制度》。

3. 河湖管理与保护

按照中办、国办《关于全面推行河长制的意见》和《天津市关于全面推行河长制的实施意见》精神，贯彻落实河长制需抓好八项工作：①加强水资源保护，抓好工业、农业及城镇节水，加快推进再生水、回用水利用；②合理开发利用水资源，优化水资源配置，严格实行用水总量和用水效率双控，加强地下水管控，严格限制纳污；③加强水域岸线管理保护，依法划定河湖管理范围，加快河湖蓝线划定工作，严格水域岸线用途管理，严守生态保护红线；④加强防洪除涝安全建设，加强行洪河道管理，强化防汛抢险能力建设，加强蓄滞洪区管理，做好防汛除涝工作；⑤落实水污染防治行动计划，开展工业污染源防治、城镇生活污水治理、农业农村污染防治，落实排水许可制度；⑥加强水环境治理，制定实施水质达标方案，整治河湖黑臭水体，开展经济结构转型升级工作，完善水污染事件应急机制；⑦加强水生态修复，加强水系连通工程建设，加强生态水量调度管理，开展生态补水；⑧加强执法监管，全面梳理明晰涉河权责清单，建立联合联动执法机制。依据项目目标和内容，分子项内容，规定完成时限，具体落实到牵头单位和责任单位。

4. 督查指导及监督考核

河长会议制度。区、街镇级总河长每季度组织一次贯彻落实河长制工作例会，分析研究河长制工作开展情况，研究解决重大问题，部署下步主要工作；各级河长要围绕"一河一策"工作开展情况，不定期召开会议，分析解决突出问题。每次召开会议要有专题记录。

信息共享制度。建立河长制管理工作信息库，特别是河道基本信息、水质监测、河道基本建设、涉河建设项目审批、违章处理查询等公共服务和管理项目，要采取公开形式，方便各河长查询，分析研究解决影响河道水生态环境质量的问题。

信息通报制度。对全区落实河长制工作情况采取月通报、季度讲评、半年总结的方式，通报各河长落实河长制管理工作情况。同时，各街镇级河长要坚持每月一次的信息报送制度，重要工作及时报送。

问责与奖励制度。以考核评价结果为依据，对成绩突出的街镇级河长及村级河长和责任部门进行奖励；对任务完成不力的河长和责任部门进行问责；实行生态环境损害责任终身追究制，对因失职、渎职导致河湖环境遭到严重破坏的，依法依规追究责任单位和责任人的责任。

工作监察制度。区河长办坚持不定期督查，特是对中央和地方各级部门在检查、督导中发现的问题以及媒体曝光、公众反映强烈的问题整改落实情况，要及时跟进、及时督查。

社会监督机制。建立河湖管理信息发布平台，在河湖岸边显著位置竖立河长公示标牌，标明河长职责、河湖概况、管护目标、监督电话等内容，接受社会监督。聘请社会义务监督员对河湖管理保护效果进行监督和评价。

考核制度。以水质达标为目标，以落实八项任务为主要抓手，建立健全水生态环境管理保护差异化考核评价体系。将领导干部落实河长制管理工作情况纳入调任、提升和离任审计，审计结果及整改情况作为考核的重要参考。

5. 保障措施

区委、区政府、各街镇党委政府、各部门要把全面推行河长制作为推进生态文明建设的重要举措，切实加强组织领导，狠抓责任落实，各级党委政府和部门主要负责人是落实河长制管理工作的第一责任人。摸清区域内河道水环境的底数，建立问题清单、责任清单、任务清单和效果清单。各单位要细化责任分解责任，坚持谁主管谁负责、谁牵头谁协调，加强整改督办，对影响水生态环境问题较大的，要实行销号管理，做到压力层层传递、责任层层落实、任务层层分解、工作层层到位，形成齐抓共管的工作格局。将落实河长制工作情况纳入各街镇、各部门年度绩效考核。对问题突出、环境质量恶化、生态破坏严重的，以及落实河长制工作力度弱化、不担当不作为的单位和个人，由组织人事部门、纪检监察机关依法依纪严肃追究责任。要采取加强基础设施建设、完善现代科技和专业培训等有效手段，立足于西青区城市化建设目标，加强管理能力的提升。将河道水生态环境治理与管理纳入全区经济和社会发展计划，水生态环境治理、截污纳污、污水处理厂（网）建设和河道养护、保洁等所需资金均纳入政府财政预算。对河道日常保洁养护资金按照市河长办《关于印发河道水生态环境养护资金测算标准的通知》执行，由区河长办根据考核结果采取"以奖代补"方式补充街镇，各街镇要将镇村河道全部纳入财政预算，预算资金不得少于区级财政资金的 1 倍，资金保障情况作为一项考核的重要内容。通过聘请社会义务监督员、受理群众投诉上访、网上留言等方式及时发现工作中的问题和不足，充分发挥广大群众的监督作用，并将社会监督情况及处理结果纳入到业务考核与绩效考核之中。利用各级各类媒体，多角度、深层次、持久性宣传"河长制"管理具体内容、先进做法、典型经验和全社会保护水生态环境的责任，提高全社会对实行"河长制"管理的认识，增强全区人民的水生态环境保护意识，努力形成全社会关心支持水生态环境治理和管理的良好局面。

【水务改革】

1. 农业水价综合改革

2017 年，农业水价综合改革试点项目累计对杨柳青镇、精武镇和王稳庄镇相关地块实施农业水价综合改革工作，累计提升改造有效灌溉面积 160.67 公顷，按照计量设施 251 台套，投资 338.35 万元。完成对 81 座镇管小型水利工程和 237 座村管小型水利工程统计确权工作，合计发放"两证一书" 318 套。

2. 小型水利工程管理体制改革

2017 年，根据水利部、财政部《关于深化小型水利工程管理体制改革的指导意见》（水建管〔2013〕169 号）和水利部《关于开展深化小型水利工程管理体制改革试点工作的通知》（办建管函〔2013〕470 号）等文件的总体要求，在 2016 年基础上继续深化推进小型水利工程管理体制改革，明晰工程产权，落实管护主体和责任。

按照"谁投资、谁所有、谁受益、谁负担"的原则，结合基层水利服务体系建设、农业水价综合改革的要求，落实了小型水利工程产权 317 项，落实率达到 100%。其中二级河道 14 条

251.94 千米、重点闸涵 26 座，产权归区政府所有；干渠 29 条、部分支渠 5 条、部分干渠泵站 22 座及部分干渠闸涵 28 座，产权归所属地街镇政府所有；部分支渠 103 条、部分干渠闸涵 21 座、支渠闸涵 21 座、部分干渠泵站 19 座、支渠泵站 46 座、防渗渠道 3 处 12715 米、低压管道 9 处 19880 米、机井 16 眼，产权归村集体（农民用水者协会）所有。

严格依照《西青区小型水利工程管理体制改革实施方案》进度安排推进产权登记工作，目前全区所有小型水利工程产权确认统计工作及颁证工作均已完成。

为加强水利工程科学化、规范化管理，建立监督考核机制，于 2017 年 12 月底前完成西青区小型水利工程管护办法、管护标准、管护考核评比办法、管护经费筹措办法等一系列相关制度的制定工作，建立适应区情、水情与本地农村经济社会发展要求的小型水利工程管理体制和良性运行机制。

【水务经济】 2017 年，鸭淀水库管理处全年渔业及租赁收入 378 万元。其中延续大水面传统养殖模式，对外承包租赁费，收入 300 万元；为陈塘庄热电厂提供备用水源，收取备水费 72 万元；其他房屋租赁收入 6 万元，保证了鸭淀水库经济正常运行，为水库稳定发展打下了良好的基础。

【精神文明建设】 坚持开展"两学一做"专题教育活动，以十八届六中全会、十九大精神和习近平总书记重要讲话精神为指导，深入践行社会主义核心价值观，不断加强全局干部职工的社会公德、职业道德、家庭美德、个人品德四德教育，全面提升职工道德素质。2017 年，将水务工作实际和四德教育有效结合，举办道德大讲堂活动 5 次，对身边涌现出助人为乐、见义勇为、诚实守信、敬业奉献、孝老爱亲等优秀品德事迹进行有效宣传。

2017 年，西青区水务局结合全区水环境治理工作、为学习宣传贯彻党的十九大精神，建设社会主义法治文化，结合区水环境治理工作，普及水环境保护、节约用水等水行政法律法规。以"12·4"国家宪法日为契机，区水务局开展集中宣法活动，发放宪法、节约用水条例、《天津市河道管理工作条例》等宣传手册 2000 余份，环保袋 500 余个。同时，向广大市民介绍了区水环境治理工作进展情况，进一步普及环保、绿色、低碳的生态保护知识，号召广大居民群众从现在做起、从身边小事做起，依法维护自身权益，争当环保卫士，为营造和谐稳定、绿色健康、法律至上的社会环境贡献一份力量。

【队伍建设】
1. 局领导班子成员
党委书记：李振华
党委委员、局长：高广忠（12 月兼任一级调研员）
党委副书记：王绪忠
党委委员、副局长：张福彬（8 月免）
　　　　　　　　　张连启（兼鸭淀水库管理处主任）
调研员：任小宝　张福彬（8 月任）
副调研员：李玉敬　吴志焱
2. 机构设置
2017 年，西青区水务局机关内设 10 个职能科室：党委办公室、行政办公室、人事保卫科、财务审计科、农田水利科、工程规划管理科（天津市西青区水务工程建设质量与安全监督办公室）、水政监察科、地下水资源管理科、节约用水管理科和水环境保护科。

局属基层单位 9 个：河道管理一所、河道管理二所、津西水利排灌所、卫南水利排灌所、水利机井管理所、水利物资管理站、鸭淀水库管理处、水利建设管理中心及排水收费管理所。

3. 人员结构
2017 年，在册干部职工 287 人，其中公务员处级 8 人，科级及以下 22 人，工勤 1 人，事业编管理岗及专技岗 118 人，工人 138 人。

截至 2017 年 12 月 31 日，全局在册职工 287 人，其中研究生 14 人，大学本科学历 152 人，大学专科学历 44 人，中专学历 23 人，高中及以下学历 54 人。

全局有高级职称 3 人，中级 19 人，初级 42 人。

35 岁及以下 114 人，36 ~ 45 岁 52 人，46 ~ 54 岁 83 人，55 岁及以上 38 人。

共有退休职工 268 人，其中干部 94 人，工人 174 人。

4. 先进集体

天津市西青区地下水资源管理科被水利部授予全国水资源管理工作先进集体荣誉称号。

（宋福瑜）

津南区水务局

【概述】 2017 年，津南区水务局完成了跃进河泵站改造工程，启动邓岑子节制闸、盘沽涵洞建设工程，完成了 55 条农村沟渠的治理，完成北闸口镇翟家甸泵站拆除重建工程和双桥河东嘴泵站新建工程，实施小黑河、十八米河、咸排河、大沽排水河、先锋河 5 条河道绿化工程，实现了"河长制"管理全覆盖，清水河道行动顺利推进，超额完成水源转换工作，移送属于街镇综合执法管辖的水事违法行为 44 起，移交率 100%。

【水资源开发利用】

1. 地下水开采量

2017 年，地下水开采量为 856.7 万立方米，其中工业 118.13 万立方米，农业 84.91 万立方米，城乡生活 515.91 万立方米，生态及林牧渔副 137.75 万立方米。

2. 地下水资源管理

实行最严格水资源管理制度，强化水资源论证管理，严格地下水限采禁采管理。加强地下水取水许可管理，严格地下水取水许可审批，2017 年新打试验机井 1 眼。规范取水许可证的管理，完成 5 个村、1 家企业的取水许可证的延展、更新工作。完善机井远程计量监控系统改造，对 210 块远程计量水表进行了电池更新维护，确保水表正常运行。

按照《天津市地下水水源转换实施方案》的要求，区长刘惠代表区政府与市政府签订了津南区地下水压采工作目标责任书。2017 年，完成转换企事业单位 20 家，压采地下水量 34.64 万立方米，超额完成 2017 年水源转换 20 万立方米的任务。3 月 23 日，市压采办、市节水中心、市控沉办等相关单位派有关人员，对津南区 2016 年地下水压采工作进行考核，在听取了区节水办的相关汇报、随机抽查地下水的压采及水源转换情况后，对津南区地下水压采工作给予充分肯定。

严格地下水资源费征收工作，足额收取地资费及时上缴区财政。加强地下水动态监测工作。完成津南区 2016 年地下水动态监测年鉴整编和 2016 年度地下水整编工作。

【水资源节约与保护】

1. 节水工作

规范计划用水管理与考核。完善考核用水户管理台账，加强用水户超计划用水累进加价水费的征收力度，新纳管企业、单位 22 家，扩大节水考核覆盖率，加强节水管理。完成 11 家企业、单位的水平衡测试工作（比去年减少了 9 家，一是因为区政府补助投入资金少了；二是根据创建节水型企业、单位需要；三是根据用水单位诉求）。

组织开展节水型企业、事业单位、小区创建工作，完成天津市百奥生物技术有限公司等 10 家企业、事业单位、小区的创建工作。对小站第一小学、咸水沽第二中学等 6 所中小学、幼儿园实行了精确量化节水技术改造工程，该工程已验收并投入使用，年节水量达 25%。

3 月 15—17 日节水宣传周期间，组织八里台第三小学师生分三批共计 600 余人参观节水科技馆，并发放了节水宣传物品，取得了良好的宣传效果。除完成"世界水日""中国水周""节水宣传周"等常规宣传外，还参加了天津科技周、全国节能宣传周活动。深入咸水沽镇、小站镇、辛庄镇、双港镇等社区开展节水宣传，见下图。

1月2日，咸水沽镇新业里社区节水宣传活动（张欣　摄）

初步完成津南区节水宣传阵地设计工作。计划2018年在津南区海河故道建设节水宣传阵地，截至2017年年底，完成节水雕塑、节水宣传栏的设计工作。该基地占地面积约1000平方米，设有各类节水宣传展示吊牌8个，节水知识和节水宣传概况共计6组，主题科普宣传8组，并有2组宣传橱窗，以节水相关法律法规为主，最大限度地向游园锻炼的人们宣传节水科普知识和节水的重要性，除此还有生活、农业、工业三大类节水主题雕塑，同时将8组宣传走廊和4组连体教育宣传橱窗紧密连接起来。

2. 控沉管理

开展控沉点巡查工作。日常巡护组对辖区内的控沉点进行动态巡查，形成了控沉点动态巡查网络，有效地提高了控沉点的防损率。完成《天津市津南区地面沉降治理工作实施方案（2018—2020年）》的编制工作。与区审批局、区发改委、区建委等部门联合做好5米以下深基坑排水管理工作，使津南区地面沉降速率达到市控沉办的要求。

【水生态环境建设】　区水务局推进清水河道行动

工作。3月16日，津南区召开全区水污染防治工作专题会议。副区长陈波及区财政、督查办、政府办、美丽办、区清水河道行动分指挥部各成员单位主要负责人参加会议。全年完成污染沟渠治理55条，长度为45.626千米，涉及5个镇26个村。以津南区清水河道行动分指挥部的名义监督完成6个规模化畜禽养殖场治理工程；完成咸水沽污水处理厂、环兴污水处理厂应急提标改造工程；完成津南开发区祥和路、达海路雨污分流改造工程；完成46个加油罐改造工程；完成地表水水质自动监测站3座；完成10个建制村环境综合整治工作。

区水务局加强污水处理行业管理力度。全区有污水处理厂4家，分别为津南环科污水处理厂（处理规模3万吨每日）、双林污水处理厂（处理规模4万吨每日）、双桥污水处理厂（处理规模1.5万吨每日）、咸水沽污水处理厂（处理规模3万吨每日）。区水务局配合津南区建设与管理委员会对辖区内的污水处理厂进行管理，完善管理制度，指导各污水处理厂做好年度运营管理自查工作，每月按时完成辖区内污水处理厂运营状况及运行数据的上报工作。对各污水处理厂处理规模、出水标准、出水量及出水方向重新进行了摸底调查，为编制《津南区再生水利用规划》打下基础。

【水务规划】　2017年，严格按照《天津市津南区水务发展"十三五"规划》要求，完成2017年度各项建设任务。编制完成《天津市津南区地面沉降治理工作实施方案（2018—2020年）》，已上报区政府，等待批复。

【防汛抗旱】

1. 雨情

2017年，全年累计降水量427.8毫米，比上年同期（622毫米）少194.2毫米。其中1—5月累计降水量47.7毫米，比上年同期（59毫米）少11.3毫米；6—8月累计降水量288.2毫米，比上年同期（473.3毫米）少185.1毫米；9—12月累计降水量91.9毫米，比上年同期（89.7毫米）多

2.2 毫米。

2. 防汛

落实防汛责任制，细化分解责任。6月6日，区政府召开2017年防汛抗旱工作会议，深入落实以防汛抗旱行政首长责任制为核心的区、镇、村三级防汛责任制，及时调整各级防汛抗旱指挥机构，签订了责任书，细化分解责任，抓好层层落实，做到任务到人、责任到位。

区防汛抗旱指挥部成员：

指　挥：刘　惠（区长）

副指挥：陈　波（副区长）

　　　　王智毅（副区长）

　　　　蒋晓林（武装部部长）

指挥部下设办公室，办公室设在区水务局，办公室主任由区水务局局长刘太民兼任。

防汛预案。按照市防办要求，对《津南区防汛预案》《海河右堤防汛抢险分预案》《津南区大沽排水河防汛抢险分预案》等预案进行了重新编制和修订。对在建的水利工程制订了度汛预案，指导各镇、村编制修订简捷、明确、实用的防汛预案，制定各镇、村级的预警、转移、安置等安全措施，使区、镇、村三级防汛预案体系进一步完善。

防汛队伍和物资。完善了天津市机动抢险队第十一分队的编制，重新调整了津南区防汛抢险应急专家组成员，组建完成200人的民兵抢险队伍和一支400人应急抢险突击营。指导区供销社、运管局、民政局等相关单位备足各类防汛物资，落实大型移动式发电机3台、移动泵站泵车7台、冲锋舟9艘、编织袋和麻袋12万条、潜水泵39台、桩木200根、铁锨3000把、抢险帐篷8顶等物资。加强物资储备管理，做到"六落实"，修订完善防汛物资储备及调运预案，落实责任、严密巡查、精心维护，防止防汛物资资产损失。7月6日，区防汛办在海河大堤辛庄镇柴辛庄段及跃进河泵站院内，组织开展了2017年防汛应急演练，演习科目为封堵海河排水口门及调度移动发电机提供临时电源，区水务局防汛应急小组成员及辛庄镇防指部分人员参加演练，共计80余人，见下图。

7月6日，区防汛办组织开展防汛应急演练（田永　摄）

防汛检查。汛前，区防办组织区防指成员单位对各镇、街开展防汛检查工作，要求各相关单位全面排查薄弱环节，及时消除隐患。按照"汛期不过，检查不止"的要求，对辖区内河道堤防、泵站、闸涵等水利设施进行常态化检查，确保全区安全度汛。3月30日，区水务局局长刘太民、副局长孙文祥带队检查津南区排涝设施安全运行管理情况。4月13日，市水务局副巡视员杨建图、副总工程师杨宪云带领市防办、海河处、排管处、物资处等单位负责人，检查津南区海河段安全度汛准备工作。5月25日，由市水务局副局长闫学军，市政府督查室、市水务局相关部门负责人组成的市政府督查组，对津南区推行河长制工作和防汛排水准备工作进展情况开展督查。7月3日，由市农委、市水务局相关部门组成的检查组，对津南区防汛准备工作进行检查。7月18日，副区长陈波在区水务局主持召开了解决防汛排水薄弱环节推动会。

河道清障。汛前，执法人员对区内二级河道的违法违章情况进行查处和清理，累计出动执法人员110余人次，巡查车辆3台，清运车辆1台，民工70余人次，清除插网40件，地龙180余件，整治重点河道5条，清理河道总长度约26千米。

汛期值班。防汛安排值班人员平日不少于5人，公休日不少于7人，每天都有处级领导带班。

3. 抗旱

编制完成《津南区2017年春季农村抗旱形势

分析》，每周按时完成抗旱水源储备、春播种植进度、抗旱综合信息的统计上报工作。编制《2017年津南区水循环调度方案》，保障了津南区良好的水生态环境。协调市防办及海河处进行河道水系循环的同时，增加区二级河道引调水量，保证了春播春种和鱼池蓄水等农业生产的正常进行，共完成冬春灌溉 1330 公顷，为春耕生产创造了良好的墒情条件。

【农业供水与节水】 2017 年，全区全年农业用水量共 464.91 万立方米，其中地表水 380 万立方米，地下水 84.91 万立方米。加强农业节水设备的维护，利用高效节水技术，有效降低农业生产成本，促进农业逐步向高产、高效、节水、低耗的方向发展。

【农田水利】 2017 年，区水务局实施农田水利工程建设，重建翟家甸泵站及新建东嘴泵站，总投资 194 万元。翟家甸泵站项目：投资 99.25 万元，主要建设内容为拆除重建泵站 1 座，设计流量 1.0 立方米每秒，改善灌溉面积 80 公顷。东嘴泵站项目：投资 94.75 万元，主要建设内容为新建泵站 1 座，设计流量 0.77 立方米每秒，改善灌溉面积 40 公顷。

农村沟渠治理工程，总投资 358.93 万元。该工程共涉及双桥河镇、小站镇、八里台镇、北闸口镇、葛沽镇 5 个镇 26 个村，共计 55 条沟渠，总长 45.626 千米。工程于 2017 年 4 月 20 日开工，10 月 31 日完工。

【工程建设】 完成先锋排水河险工段堤防加固工程，总投资 77.76 万元。工程位于先锋排水河与秃尾巴河交汇处南侧、河道两侧以及海河教育园区天津大学北侧、先锋排水河改线段的北岸，主要险工段堤防进行加固，治理长度 1.47 千米。工程于 2017 年 2 月 28 日开工，3 月 30 日完工。

完成跃进河改造工程，总投资 450.87 万元。工程主要涉及新增回转式格栅清污机、临时排水系统、更新改造变配电设备及机电设备、更换门窗等。工

程于 2017 年 6 月 20 日开工，9 月 10 日完工。

完成邓岑子节制闸、盘沽涵洞、小黑河和十八米河等 5 条河道绿化工程的前期工作；完成继泰泵站和小营盘泵站的项目建议书的编制和盘沽泵站、南辛房泵站工程可研的编制工作。

【科技教育】 启动农村基层防汛预报预警体系建设。逐步建立并完善符合农村基层实际的雨情、水情、汛情预报预警体系和群测群防体系，重点建设：实时水雨情监测、预警、发布、上报、存储、查询、处理和共享等功能的区级监测预警平台，进一步提升津南区防汛抢险救灾综合能力。

区水务局贯彻《天津市专业技术人员和管理人员继续教育条例》，把继续教育工作落实到科室、基层和个人，对不同专业、不同人员制订继续教育计划和实施计划，组织分类学习、培训。3 月 24 日，区水务局举办水政执法骨干业务培训班，重点就如何做好水政执法和法制宣传等科目进行培训，70 余名执法人员参加。2017 年年底区水务局举办消防知识培训，邀请天津市防火中心消防专家前来授课，全局 100 余名干部职工参加。

【水政监察】 2017 年，做好水法律、法规的宣传活动。以"中国水周""世界水日"和"12.4"普法日为契机利用宣传站设置展板和水政执法人员现场讲解《天津市河道管理办法》及《天津市防汛抗旱条例》相关规定等形式，发放水法规宣传布袋 1700 个，纸杯 2300 个；《天津市河道管理条例》600 本；《中华人民共和国水法》宣传读本 500 本；水法宣传图册 2000 本；节水知识宣传册 1500 份；水土保持相关宣传材料 500 份，受众累计达到千人以上。

完善行政执法程序。建立水行政执法巡查制度，利用人工巡查、摄录监控、举报投诉等多种方式完成前期调查取证事前准备工作；制作了新版《津南区水务局行政执法职权运行流程图》，通过三步式执法程序（教育、整改、处罚）对整个现场执法进行事中管理工作；利用巡查记录、案

卷评查等方式进行事后监督工作。

联合执法工作与街镇综合执法移交工作。2016年移交涉水执法案例64起，当年已处理完毕57起，剩余7起于2017年全部处理完毕。2017年全年共计协助处理涉水违法行为5起，包括与海河教育园区园林部门共同对月牙河进行补种树木、与双桥河综合执法大队对于西泥沽养猪场违法取水进行封填机井6眼、与海河教育园区综合执法大队针对鲁能7号工地违法取水行为进行处理、与咸水沽综合执法大队针对益华里小区30号楼大众洗浴违法取水案件、与葛沽镇综合执法大队联合处理荣程钢铁旁工地违法取水案件；共计移送街镇综合执法移交违法行为44起，移交率100%。

队伍建设和信息报送。2017年购置20台执法记录仪，根据职能分工分发各科室、各基层单位（按照每4名执法人员配备一部执法记录装备的标准），实现了执法全过程记录制度的落实工作；2017年因工作调动向区法制办申请注销执法证件2个（其中1人执法证丢失已登报），执法证持证人员（含部证和市证）由75人变更为73人；定期向区美丽办和市水务局报送涉水"四清一绿"环保执法周报和月报；对执法监督平台与权责清单进行梳理，将之前的51项行政处罚职权变更为60项，使平台和权责清单内容一致，并及时录入平台，履职率达100%；按时向水利部水行政执法直报系统报送工作。

【工程管理】 河道、泵站管理权移交。8月17日，区水务局与葛沽镇签署协议，将十八米河、小黑河、十五米河3条河道的管理权由区水务局移交给葛沽镇政府。11月23日，将十米河泵站运行管理正式移交滨海新区。12月29日，区水务局与八里台镇签署协议，将西排河河道管理权由区水务局移交给八里台镇政府。

加大安全生产管理力度。年初制定了年度安全工作计划及安全检查实施方案。陆续制定并下发了津南区水务局《关于开展春季安全大检查实施方案》《关于开展预防硫化氢中毒事故专项治理实施方案》《安全生产隐患大排查大整治工作方案》等文件。定期上报安全生产工作周报表、月度总结。重点围绕区水务局建设施工、水务工程运行、办公用房、消防及交通安全情况进行排查。检查中，对区水务局监管的水利在建工程予以重点督查。按照上级部门的计划和要求，区水务局领导带队深入基层一线，全年累计开展各类安全检查36次，其中泵站8次、闸涵3次、在建工地17次、办公场所8次。累计出动检查人员180余人次。对相关人员进行安全教育培训3次。

【河长制】 为进一步加强津南区河湖保护管理工作，落实属地责任，健全长效机制，根据中共中央办公厅、国务院办公厅印发的《关于全面推行河长制的意见》《水利部环境保护部关于印发贯彻落实〈关于全面推行河长制的意见〉实施方案的函》（水建管函〔2016〕449号）和《天津市关于全面推行河长制的实施意见》（津党厅〔2017〕46号），结合实际，制定《津南区全面推行河长制的实施方案》。

1. 机构设置

成立河长制领导小组，设置河长制办公室。成立了以区委书记（区总河长）为组长，区长为常务副组长，其他区级河长为副组长，各成员单位一把手为成员的津南区河长制工作领导小组并下设办公室。办公室主任由分管副区长担任。河长制日常工作由区水务局牵头，从区水务局各科室抽调了9名职工组成了河长制办公室，办公场所和办公设备全部到位，挂河长制办公室门牌。

2. 制度制定

区河长办制定出《津南区河长制信息共享制度》《津南区河长制新闻宣传制度》《津南区河长制社会监督制度》《津南区河长制会议制度》《津南区河长制工作联络员制度》《津南区河长制督察督办制度》《津南区河长制验收制度》《津南区河长巡河制度》《津南区河长制信息报送制度》《津南区河长制考核办法》《津南区河长制奖励办法》《津南区河长制工作责任追究暂行办法》。

3. 河湖管理

全区共有 8 个镇、1 个街道办事处、173 个行政村。全区境内有市管河道海河、先锋排水河、大沽排水河、外环河共 4 条，总长度 75.83 千米；区管河道洪泥河、胜利河、月牙河、马厂减河、四丈河、双白引河、海河故道、石柱子河、幸福河、幸福横河、卫津河、双桥河、咸排河、跃进河、八米河、十米河共 16 条，总长度 172.84 千米；镇管干渠小黑河、十八米河、十五米河、东排干、秃尾巴河、西排河共 6 条，总长度 38.37 千米；村管支渠 294 条，总长度 193.27 千米；农村坑塘（含鱼塘）1565 个，总面积 4342.74 公顷，均纳入河长制管理。

2017 年，将 26 条河道全部纳入"河长制"管理范围（2016 年是 25 条，2017 年新增 1 条外环河），一级河道 4 条，二级河道 16 条，村镇级别沟渠 6 条，河（渠）考核长度达到 290.52 千米（先锋河多加 3.48 米的市管长度）。出台区级及镇级河长制实施方案，建立了监督检查、考核评估及河长巡河等 12 项长效管理机制。成立津南区河长制工作领导小组，设立区、镇、村三级河长共 253 名，其中区级河长 5 名，镇级河长 59 名，村级河长 189 名。设立三级河长公示牌约 214 块。

4. 河湖保护

津南区河长制实施方案中设置河湖保护八大任务，分别为加强水资源保护、合理开发利用水资源、加强河湖水域岸线管理保护、加强防洪除涝安全建设、落实水污染防治行动计划、加强水环境治理、加强水生态修复、加强执法监管。

开展"河湖水环境大排查、大治理、大提升行动"工作。2017 年 11 月 23 日以区委、区政府名义印发了《津南区河湖水环境大排查大治理大提升行动方案》，成立了以区委书记（区总河长）为组长的"三大"工作任务领导小组及河湖大排查队伍，全年区级总河长、区级河长巡河 12 人次、镇级河长巡河 168 人次。

5. 督导检查

为全面、及时掌握各街镇河长制工作开展情况，指导、督促各街镇落实河长制各项任务，保障河长制工作有序开展，充分发挥督导作用，根据《津南区河长制督察督办制度》（津南河长办〔2017〕2 号），特制定年度河长制工作督导检查方案。

6. 监督考核

"河长制"长效管理机制已建立。每月对 10 个镇级单位进行考核并逐月排名通报，将"河长制"考核结果与各镇年终考核挂钩。参照市河道水生态环境关于一级河道、二级河道养护测算标准，制定了"河长制"水生态环境养护标准，测算年度经费保障额度，用以奖代补的形式每月对水环境进行考核。

全年河长办根据对河道环境的日常监督检查，针对涉及河道违章建筑、堤岸垃圾等问题向各责任单位下发了整改通知 4 份，涉及河道水质污染、垃圾堆放、插网养殖等问题下发交办单 10 份。

【水务改革】 2017 年，深化小型水利工程管理体制改革相关工作，完成了全区范围内符合改革条件的小型水利工程的摸底调查及工程产权归属及产权确认，完成部分工程"两证一书"的印制工作，同时学习了宝坻区的先进经验，为津南区开展小型水利工程管理体制改革提供指导。

水管体制机制创新工作准备验收。按照《津南区河道管护体制机制创新试点实施方案》安排，经与区国土资源分局沟通，完成对河道堤防现状权属勘测，埋设了界桩，并且区国土资源分局发给区水务局红线图。截至 2017 年年底，涉及水管体制机制创新工作的资料均已准备完备。2018 年 4 月 25 日，由市水务局组成的验收委员会对本区开展了水利部河湖管护体制机制创新试点工作验收。

2017 年，区水务局根据《2017 年津南区农业水价综合改革实施计划》的相关要求，扎实推进农业水价综合改革，对双桥河镇西官房村、北闸口镇老左营村农业水价综合改革试点村农田灌溉泵站安装计量设施，配备完善水利工程，维修泵站 4 座，维修涵闸 27 座。通过农业水价综合改革的实施，加强了津南区农业节水设备维护，利用高效节水技术，有效降低农业生产成本，促进津南区农业逐步向高产、高增、节水、低耗的发展方向。

【精神文明建设】 2017年，区水务局深入学习宣传贯彻党的十九大精神。坚决贯彻落实习近平总书记关于在学懂弄通做实上下工夫的重要要求，将学习宣传贯彻十九大精神作为首要政治任务，在5个观看点积极组织174名党员干部群众集中观看十九大开幕式，组织专题研讨交流会。做好"两学一做"常态化制度化工作，组织书记讲党课14次，树立先进典型2人，认真完成学习笔记，组织好每个专题的研讨活动。

落实"一岗双责"。局党委认真落实主体责任，已召开了2次民主生活会，做好中心组每月学习制度，坚持党建和业务工作同部署、同谋划、同落实，坚决执行《水务局落实党委主体责任工作制度》和《水务局"三重一大"实施办法》，全年召开党委会36次，集体研究决定事项151项。

抓好党建基础工作。组织局系统120名在职党员每人捐款100元对20户困难群众进行慰问，开展了"双报到""双服务"活动和"五好党支部"创建工作。落实"三会一课"，党日活动制度，建立党员电子档案，认真完成党员统计、党员发展、党费测算及收缴工作等业务工作。组织支部书记培训3次，召开党务干部例会7次。

持续改善工作作风。建立工作台账制和项目清单制，深入开展不作为不担当问题专项治理和政府系统作风纪律专项整治，对照市委第十八巡视组的反馈意见进行认真整改，开展2016年度专题组织生活会和民主评议党员工作及其"回头看"工作，完成创建文明城区工作。

全面从严治党主体责任。局党委分别制定了全面落实从严治党工作方案，领导班子和班子成员签订责任书，建立了责任清单和任务清单。年初局党委与科室、基层单位签订了《党风廉政建设责任书》，局领导分别对分管科室和单位开展了警示性谈话。为了防止"四风"问题反弹，局党委对"三公消费"、办公用房、公车、工作纪律等执行情况进行督查。目前，全局干部职工遵守各项廉政制度的自觉性有了明显提高。

推进精神文明建设。完成了区水务局第八届工会换届选举工作，举办了水务系统"喜迎十九大·坚定不移跟党走"歌咏朗诵活动和十九大精神知识答题活动，经营好职工活动室，注意搞好职工文体、技能竞赛活动，在区妇联举办的"城建杯"妇女运动会中，取得手扑球第二名，五人踢毽第三名的好成绩。做好信息宣传报道工作，认真做好信访、维稳、计生、安全、群众等工作，全年上访、安全问题零发生。

【队伍建设】

1. 领导班子成员

党委书记：刘太民（3月调入）

党委委员：赵明显　朱庆兰　孙文祥　宁树明（12月调入）　翟永文（5月任区纪委派驻区水务局纪检组组长）　张子山（5月调出）

局　　长：刘太民（3月调入）

副 局 长：赵明显（调研员）　孙文祥　宁树明（12月调入，兼任津南水库管理处主任）　张子山（5月调出）

调 研 员：朱庆兰

副调研员：张文起

2. 机构设置

2017年，津南区水务局设10个内设机构和1个群众团体：行政办公室、党委办公室、人事保卫科、财务审计科、水政监察科（法制室）、农田水利科（地下水资源管理办公室）、节约用水办公室（控制地面沉降办公室）、防汛抗旱办公室、工程规划管理科（水务工程建设质量与安全监督办公室）、排水管理科和工会。

津南区水务局下设9个基层单位：津南区津南水库管理处、津南区水务局机关后勤服务中心、津南区排灌管理站、津南区河道管理所、津南区水务技术推广中心、津南区水利工程建设管理中心、津南区钻井施工服务站、津南区水利工程建设服务站、津南区二道闸水利码头管理所。

3. 人员结构

2017年，经区编委批准，核定区水务局公务员编制26人，机关工勤编制5人，其中局长1人，副局长3人，正副科长11人（含工会副主席1名）；核定所属事业单位编制共244人，设正副科长21人。截至2017年12月31日，全局在职职工180人。公务员26人，其中局长1人，副局长3人，调研员1人，副调研员1人，正副科长9人；机关工勤5人；所属事业单位干部职工149人，正副科长20人。

学历情况：研究生3人、大学本科104人、大学专科18人、中专10人、高中及以下45人。

年龄情况：35岁及以下68人、36~40岁16人、41~45岁34人、46~50岁27人、51~54岁11人、55~59岁24人。

职称情况：水利系列高级工程师16人、工程师25人、助理工程师14人；政工系列政工师9人，助理政工师3人；会计师1人，助理会计师5人。

2017年办理退休手续3人，开除1人，辞职1人，办理调动手续7人，招录事业单位干部4人，招募"三支一扶"2人。

4. 先进个人

徐德光获津南区2015—2017年度精神文明创建活动先进个人荣誉称号。

（刘海婷）

北辰区水务局

【概述】　2017年，按照保安全、惠民生、促改革、谋发展为目标，以水务工程设施建设管理为主要内容，开展水利工程建设、水环境治理和水资源管理工作。实施环外青光、小淀、西堤头镇和宜兴埠环外、北仓环外地区雨污分流改造，推进污水处理厂及配套管网建设，全区9个镇及科技园区总公司建立"河长制"管理机构，落实"河长制"长效管理机制，河道水生态环境明显改观；维修改造大张庄泵站和部分镇村泵站、农用桥闸涵，清淤干支渠，新建农田节水工程，防汛抗旱能力明显增强；实施工业企业、新居住区水源转换，加强水资源有偿使用管理，组织节水进企业、进镇村、进社区等宣传，节水型社会建设稳步推进。注重水务队伍建设，组织学习培训，落实责任，强化管理，完善措施，推动水务事业发展。

截至2017年年底，区界内一级河道7条，分别为北运河、永定河、永定新河、新引河、子牙河、北京排污河、新开河—金钟河，堤防长度143.3千米，堤防保护耕地面积34253公顷，保护人口70万人。

水利工程有：小（1）型水库2座。泵站171座，其中国有泵站39座（总排水流量438.02立方米每秒），包括由区水务局排灌所管理的环外泵站18座（总排水流量185.92立方米每秒；比上年少了汉沟泵站，划归镇村管理；堵口堤泵站划归海河处管理）；园区、居住区等属地管理排水泵站6座（总排水流量68.3立方米每秒）；海河处管理的外环河泵站4座（新开河左堤泵站、北运河泵站、子牙河泵站、堵口堤泵站，总排水流量12.7立方米每秒），永定河处管理1座（芦新河泵站，排水流量30立方米每秒）；市排管处排水七所管理的环内排水泵站10座（总排水流量141.1立方米每秒）；镇村小型泵站132座。小型污水泵站10座（排水流量8.76立方米每秒）。水闸200座，其中中型1座，小（1）型11座，小（2）型188座；机电井553眼，其中农用234眼，居民生活161眼，工业企业158眼。建成有效灌溉面积11110公顷，节水灌溉面积达到6847公顷，其中衬砌防渗渠道控制面积3373公顷，低压管道控制面积3350公顷，微灌120公顷。

【水资源开发利用】　引调地表水。2017年，全区引蓄北京排污河、永定河、北运河等入境水量

2800 万立方米，其中生态补水 1500 万立方米，农业灌溉 1300 万立方米。全年地下水用水总量 605.02 万立方米。再生水利用。由北辰区管理的 4 座污水处理厂，处理后粗质再生水共 3894 万吨，用于农业灌溉和生态用水，其中科技园区污水处理厂 1351 万吨，大双污水处理厂 1247 万吨，双青污水处理厂 1037 万吨，西堤头污水处理厂 259 万吨。市管北辰污水处理厂 3600 万吨。

【水资源节约与保护】

1. 节水宣传

结合全国节水宣传周、世界卫生日、节能宣传日和四下乡等宣传活动，围绕节水宣传主题，在集贤小学、集贤公园、工人俱乐部广场等公共场所组织节水宣传活动，通过现场摆设节水展牌、悬挂节水横幅、发放宣传资料、宣传节水手提袋、小手绢等形式，宣传节约水资源、保护水生态环境等内容，介绍节水常识、一水多用方法等，普及节水知识。

2. 节水型社会建设

创建市级节水型单位、节水型小区。2017 年申报北辰医院、北辰区集贤里中学、北辰区集贤小学 3 个节水型单位（企业）和东升里、辰兴家园、辰悦家园、民宜里、强宜里、富宜里、泰来东里、瑞达里、瑞康里共 9 个节水型小区。申报单位上报创建材料，经市节水专家组现场听取汇报用水管理情况，查看用水管理资料和用水设施、器具使用情况，评审已达标。

完成节水型城市复查。2017 年是节水型城市复查年，完成节水编制文件、2015 年和 2016 年节水宣传活动材料、照片、视频和 5 个典型企业、5 个典型小区节水情况材料收集整理，完成计划用水考核管理流程及案例等材料汇总，组织普东街红荔花园小区复查相关检查事项，市评审专家组复查合格。

3. 计划用水

2016 年年底，依据全区用水户用水情况，向市节约用水办公室申请 2017 年度企业用水指标。

2017 年年初，依据近两年企业用水情况和年度内分解用水计划申请，核定 188 家用水户用水指标，报送区审批局办理了用水指标。北辰区内被列入市重点监控单位、企业共 31 家，组织核查用水情况、节水器具使用情况，向市节水中心报送重点监控单位、企业核查月报表。对超计划用水单位分析原因，督促制定改进措施，提高用水指标的使用率，征收超计划用水累进加价水费。

4. 最严格水资源管理制度考核

完成提供市水务局水资源处考核 2016 年最严格水资源项目中用水效率部分资料，包括全部考核管理户的年用水量、计划用水考核率、节水型创建情况汇总表以及节水型居民小区覆盖率等。完成提供 2017 年国家考核最严格水资源考核项目中 2 个典型节水单位节水管理制度、措施等材料。市水务局抽取北辰区 2 个地下水用水企业和 2 个自来水用水单位参加考核，2017 年年底通过考核。

5. 地下水管理

根据《天津市地下水水源转换实施方案》总体安排，北辰区水源转换涉及全区 9 个镇 355 家企事业单位，新建输配水管线工程 91.1 千米，配套建设入户连接管线 97.4 千米，计划投资 5.05 亿元。

北辰区按照方案内容和要求，推动水源转换工程建设，期间，市水务局、北辰区政府分管领导主持召开多次推动会议。区水务局建立区审批局、规划分局、公路局和宜达水务、威立雅水业、华双水务 3 家供水企业工作协调例会制度，加强水源转换立项、审批、竣工和验收过程中相关部门协调工作。组织相关协调会议 40 余次，现场解决问题。制定出台《北辰区水源转换工程项目和资金使用管理办法》等多项规范性文件会议纪要和工程协议。

截至 2017 年年底，3 家供水企业共完成 37 家企事业单位水源转换，其中宜达水务完成水源转换 24 家、威立雅水业完成水源转换 10 家、华双水务完成水源转换 3 家。企事业单位水源转换改用自来水 147.42 万立方米。

地下水位监测。全区共有地下水位监测井 43

眼，通过"天津地下水水位考核及预警应用系统"可实时查询监测井水位数值、变化趋势及异常情况，有针对性地采取措施，降低地面沉降速率。落实最严格水资源管理制度，严把用水总量控制红线，加强机井管理和取用水计量管理。依据《中华人民共和国水法》《取水许可和水资源费征收管理条例》等相关规定加大执法检查力度，严厉查处私自打井及非法取用地下水行为。

机井管理。北辰区49眼设施农业井安装了计量设施；对区内企事业单位地下水用水户逐步安装远传计量设施，用水量可实时传送到"北辰区取用水户水量实时监控与管理系统"。为确保计量设施顺利运行，每年委托专门服务队伍对监控系统及远传计量设施进行巡检与维护。2017年，全年完成回填机井43眼。

水资源费征收。落实水资源有偿使用制度，发挥经济杠杆作用，优化水资源费在水资源合理配置作用，执行水资源费征收标准，工业用水户5.80元每立方米，全年征收水资源费974万元，征收率100%。

6. 控沉管理

北辰区地下水开采量长期处于超采状态，造成较大范围地面沉降，平均沉降速率一直偏大。为完成控沉规划目标，落实控沉主体责任，编制完成《北辰区地面沉降治理工作实施方案（2018—2020年）》，通过方案实施，促进沉降区沉降核心区水资源优化配置、高效利用和节约保护，科学指导北辰区地面沉降综合治理开展。

【水生态环境建设】

1. 中央环保督察整改工程

27平方千米污水管网空白区管网建设专项工程。该工程的依据为中央环保督察反馈意见第47项整改内容：北辰区约有污水管网空白区27平方千米，29个村庄和村级工业聚集区，污水直接排入周边水体，对其生态环境造成冲击。经调研、论证，编制《北辰区贯彻落实中央第一环境督察组督查反馈意见整改方案》：结合城镇化建设，对27平方千米污水管网空白区实施雨污分流管网建设。

引滦水源保护工作。根据市政府办公厅下发《关于进一步做好我市引滦水源保护工作的通知》和中央环保督查组反馈意见的要求（此项工作是天津市中央环保督察第57项内容），落实引滦水源保护工作。5—7月完成引滦明渠、暗渠和宜兴埠水源厂周边及沿线4条输水管道测绘。针对占压情况和整改思路，分别向市领导、市整改办和区领导、相关镇汇报10余次。完成向水务集团、市水务局上报，宜兴埠水源厂向市内输水的一条直径2米的输水管道改线的申请及批复工作。完成向市政府上报，小淀镇丰产河至宜兴埠水源厂2孔暗渠改线的申请及批复工作。经市、区两级整改办、区水务局和区政府领导反复讨论研究，征求相关单位的意见，编制完成《北辰区引滦水源综合治理工作方案》，方案中明确整改的时间表和路线图。

自2017年4月中央环保督察开始，区水务局与各镇街采取紧急措施，对污水水体恢复处理，完成17项水环境治理工程，分别是刘家码头村污水渠水体治理，刘安庄村南大沟及上支渠底泥治理，东马道口高架桥下沟铺设管网，宜兴埠镇2街8街9街地段明渠清淤，双口二村污水渠底泥治理，青光镇天籁湾污水渠、二十七顷排干渠底泥治理，青光羊圈和李家房子排水沟、王庄排水沟、温东西路边沟水体治理，温家房子排干渠南头治理11项，天穆村应急抢险养护工程、红光农场污水排放工程、李咀村污水沟工程、刘家码头村农地灌溉工程、二号泵站后铁道桥下明渠排水工程建设和外环河（北运河至子牙河段）换水6项，共17项水环境治理工程。

2. 雨污分流工程

2017年，对雨水、污水混流居住区实施分流治理，通过铺设管道，将原有管道作为污水管道实现两条管道分流。年内，完成小淀镇刘安庄及温家房子、西堤头片区、宜兴埠环外片区雨污分流工程，实施北仓镇环外片区和青光镇雨污分流工程。

3. 黑臭水体治理和水环境排查整改

完成黑臭水体治理 3 项，分别是天穆镇陈家洼南北渠、增产渠和宜兴埠南十排干渠。区水务局聘请天津市地质矿产测试中心化验水质 12 次，水质监测化验各项指标均符合规定值。

水环境排查整改。组织全区水污染点位排查，至 8 月，纳入市清水河道任务台账的问题点位 334个，其中列入市级任务 81 项，通过沟渠清淤、清理垃圾等工程措施，截至 12 月底，完成全部整改工作，并落实长效机制。

【水务规划】

1. 天津风电产业园与大张庄示范镇再生水规划

2014 年，华电天津北辰能源站项目入驻风电产业园，主水源采用北辰大双污水再生水厂的再生水，已完成选线规划方案。2016 年，北郊热电厂项目入驻风电产业园西侧，主水源采用北辰大双污水再生水厂的再生水。大张庄示范镇范围内规划有大张庄还迁区与出让区，还迁区已部分入住，出让区为园区蓝领公寓——栖凤小镇。伴随大张庄示范镇滚动开发、北辰开发区开发建设和企业入驻，使该区域用水量需求日益加大。

2017 年，为统筹开发综合利用再生水资源，区水务局委托天津市水利勘测设计院承担《天津风电产业园与大张庄示范镇再生水规划》的编制工作。通过工程建设和节水节能等措施，将大双污水处理厂处理后的出水经再生水厂深度处理后回用，用于城市杂用水与工业用水，实现产业区水资源的基本供需平衡，保障产业区经济的稳定发展。《天津风电产业园与大张庄示范镇再生水规划》包括总则、自然条件、再生水资源利用的意义、再生水规划、分期实施规划、节水节能、安全保障供应能力及措施 7 个主要部分。

2. 天津市北辰区水系连通规划（送审稿）

2017 年 8 月 15 日，天津市推进环境保护突出问题整改落实办公室印发《天津市贯彻落实中央第一环境保护督察组反馈意见整改任务清单及责任分工》，按照其第 46 项整改内容中"河流生态流量严重不足，水系循环联通不畅"的责任分工要求，解决北辰区河道渠系连通不畅等问题，委托天津市水利勘测设计院进行《北辰区水系连通工程方案》的编制工作。2017 年 12 月，完成制定送审稿。内容包括基本情况，水系连通现状、存在问题及必要性，规划总体思路，生态水源保障方案，河道水系连通规划，投资估算及实施计划安排，保障措施 8 个部分。2018 年 3 月中旬，上报市水务局规划处征求意见并批复。

【防汛抗旱】

1. 雨情

2017 年，北辰区平均降水量 676.5 毫米，全年降水总量 3.23 亿立方米，比上年偏多 8.87%，比多年（1981—2010 年）平均偏多 28.98%，属于偏丰年。

2017 年汛期（6—8 月），全区天气气候特点是：气温较常年略偏高，6—8 月均不同程度偏高；降水显著偏多，其中 6 月降水偏少，7—8 月降水偏多。6—8 月降水量为 523 毫米，比历年平均（308.0 毫米）偏多 7 成，降水时空分布不均，北仓站一日最大降水量为 130.9 毫米，出现在 8 月 9 日。6 月降水量为 54.5 毫米，比历年平均 66.9 毫米偏少 29.2 毫米。7 月降水量为 203.8 毫米，比历年平均 141.6 毫米偏多 62.2 毫米。8 月降水量为 264.7 毫米，比历年平均 128.1 毫米偏多 136.6 毫米。

汛期 6 月 21—25 日、7 月 6 日、7 月 18—19日出现三次大雨天气过程，7 月 21—22 日、8 月13—14 日出现二次暴雨天气过程，8 月 8—9 日出现一次大暴雨天气过程。其中 6 月 21 日夜间，北辰区开始降雨，并伴有雷电，截至 24 日 7 时，全区普降大雨，局部地区出现暴雨，最大降雨量在科技园东区监测点为 93.9 毫米，全区平均降雨量为 53.9 毫米，最大小时雨强为 38.2 毫米；7 月 6日白天至夜间，全区普降大雨，局部暴雨，全区平均降雨量为 44.9 毫米，最大降雨量在岔房子为62.2 毫米；8 月 8 日 7 时至 8 月 9 日 7 时，全区普降大雨，局部地区出现大暴雨，最大降雨量在北仓监测点为129.5毫米，其他街镇降雨量都在50毫米以上。

2. 前期准备

立足于防大汛、抢大险，依法落实以行政首长负责制为核心的防汛责任制，全面动员各区、各单位做好防汛准备工作。完成区防汛抗旱指挥部领导成员和防汛责任制调整，全区防指各成员单位落实部门责任制，组织本行业、本部门做好防汛准备工作，确保防汛责任纵向到底、横向到边，加强部门间、行业间的沟通联系，各司其职、各负其责，形成防汛合力。6月19日，北辰区召开2017年全区防汛抗旱工作会议。区委书记冯卫华、区长吕毅出席会议并讲话，冯卫华要求各单位真正重视防汛抗旱工作，坚持一级抓一级，把工作责任压紧压实，宁可十防九空，不可空防一次。

3. 防汛组织

2017年4月3日，北辰区防汛抗旱指挥部上报市防汛指挥部办公室《关于调整北辰区2017年防汛抗旱指挥部领导成员的报告》，调整北辰区防汛抗旱指挥部领导成员。

调整后的北辰区防汛抗旱指挥部领导成员：

指挥：吕毅　区长

常务副指挥：刘金刚　副区长

副指挥：胡学春　副区长

严木生　武装部部长

黄力强　海河管理处处长

王志高　永定河管理处处长

郭献军　区政府办公室主任

霍俊伟　区水务局党委书记

郑永建　区水务局局长

成员单位由各街镇和有关委局、有关单位组成，成员由各镇街和有关委局一把手组成。指挥部下设办公室，地点设在区水务局，办公室主任由区水务局局长郑永建兼任。

4. 防汛预案和应急处置

完善北辰区防汛抢险等13项预案，督促指导各镇街完成相应预案制定。对北辰区污水空白区核实调查，制定《北辰区污水处理空白区整改方案》，编制《北辰区城镇易积水居民区危房群众安置转移方案》。组织双口镇、双街镇、北仓镇、大张庄镇和西堤头镇以及三角淀、永定河、淀北三个蓄滞洪区居民财产登记核查，数据存档备案。

5. 防汛物资

汛前，检查代储物资仓库，各代储物资单位高度重视防汛物资储备工作，明确了工作职责，制订了抢险调运方案。本着防大汛需要，区政府投资240万元，购置木桩、钢管、帐篷、安全绳、斧头等防汛物资和移动泵车4台和移动泵车零部件。完成防汛视频测试点名和每周防汛电台测试等基础工作。

6. 防汛队伍

北辰区武装部组建3万人的防汛抢险队伍。由区防汛指挥部办公室会同区武装部及驻区部队联合勘察淀北分洪区分洪口门。组织防汛成员单位开展防汛抢险演练。

7. 防汛检查

区、街镇、开发区及防汛成员单位各级责任人深入一线，检查督促落实责任、工程、队伍、物资等。市防汛指挥部、市防汛指挥部办公室、区委、区人大、区政府、区政协等有关领导分别到排水泵站、河道和易积水片区检查，听取防汛准备情况汇报。市政府、市建委、市水务局、市交通运输委等领导到北辰区检查防汛工作，听取重点区域防汛准备和应急抢险措施情况汇报，查看易积水片区现状，部署防汛工作。

4月11日，市南水北调办公室专职副主任张文波等到北辰区检查防汛各项准备工作，听取重点区域防汛准备情况汇报。4月28日，副市长李树起率市建委、市水务局、市交通运输委等负责人到北辰区检查防汛工作，察看顺义道地区积水情况并听取防汛应急抢险措施等汇报。6月22日，区人大常委会副主任裴地及部分区人大代表视察武清河岔、郎园、南仓泵站等，听取防汛工作汇报。7月3日，市农委张建树等市防汛指挥部第三检查组成员检查郎园、南仓泵站，听取北辰区防汛准备工作情况汇报。7月4日，副区长刘金刚率队检查防汛工作，到朝阳楼小区、防汛物资仓库、韩盛庄泵站现场检查，听取防汛工作汇报，并要求做好防大汛、抗大涝各项准备。8月3日，市水务局总工程师杨玉刚等分别到北京排污河险工段检查工程运行情况，到小淀镇危房片区查看了群众安全转移情况并提出建议。

8. 抗旱

全面落实各级抗旱领导责任制和工作职责，加强抗旱服务组织建设，指导全区抗旱工作。做好北辰区春季抗旱情况统计分析，按时上报抗旱情况统计报表。全年未出现较大旱情，组织协调各镇运用二级河道抗旱调水，适时春灌、冬灌，为春耕生产合理调配水源，满足西堤头、双口、青光、大张庄、双街、小淀等镇的小麦、玉米、棉花、果树等农作物用水需求。

【农业供水】 2017年年初，地表水实有水量3400万立方米，其中水库蓄水950万立方米，河道、水柜等蓄水2450万立方米。全年从北运河、永定新河、北京排污河等调水2800万立方米，用于外环河三次生态补水400万立方米、区二级河道生态补水300万立方米和绿化用水，保障全运会期间水环境安全；用于双口、双街、大张庄、小淀、西堤头镇农业用水。

2017年，农业灌溉用水量1840万立方米，其中开采地下水260.52万立方米。生态用水1500万立方米（地表水）。

【村镇供水】 2017年年底，北辰区外环线外未拆迁56个村，人口15.62万人，饮用水源为地下水（经除氟设备处理后的桶装水）。全年地下水总开采量605.02万立方米，其中居民生活用水量244.21万立方米，工业企业用水量100.29万立方米，农业用水量260.52万立方米。

【农田水利】 2017年，完成建设村镇泵站3座、

农用桥涵闸5座，农田节水工程2项以及骨干渠道清淤5千米。

1. 镇村泵站、农用桥闸涵维修改造

泵站工程。大张庄镇下殷庄村设施基地泵站，投资92.4万元，排灌两用，泵站安装2台350毫米潜水轴流泵，一用一备，设计排涝流量0.6立方米每秒，改善灌排面积66.7公顷。青光镇青光村津霸公路排涝泵站，投资102.76万元，安装2台350毫米潜水轴流泵，一用一备，设计排涝流量0.6立方米每秒，排涝面积200公顷。双口镇中泓故道泵站，投资128.88万元，排灌两用，设计排涝流量0.62立方米每秒，安装2台350毫米潜水轴流泵，一用一备，自排自灌，排灌面积200公顷，改善灌溉面积200公顷。

桥闸涵维修。张献庄插花地过路涵，投资11.38万元，铺设直径1米预制混凝土承插二级管，涵桥宽4米，采用M10浆砌石砌筑护坡、护底，受益面积10公顷。张献庄插花地节制闸，由闸室、U形槽、护砌组成，双向止水双面镶铜铸铁闸门，闸门尺寸1.0米×1.0米。M10浆砌石砌筑渠道护底、护坡，受益面积10公顷，投资15.24万元。青光镇青光村永青渠七顷二节制闸，由闸室、混凝土管、斜降墙和护砌组成，采用双向止水铸铁闸门，闸门尺寸1.5米×1.5米，投资21.45万元，受益面积106.7公顷。青光村南干渠涵桥，铺设直径1.5米涵管，涵桥宽6米，长12米，受益面积约33.33公顷，投资38.75万元。大张庄镇小孟庄插花地涵桥，渠底双孔管道采用直径1米，涵桥宽6米，长20米，涵桥上下游各护砌5米，受益面积10公顷，投资25.29万元。

2. 农村节水工程

大张庄镇下殷庄艾成设施基地节水配套工程，投资65.2万元。项目位于津围公路东下殷庄，由灌溉管道和阀门井两部分组成，三级系统管网压力为0.63兆帕。铺设干管直径160毫米，长700米。受益面积13.3公顷。

西堤头镇季庄子村节水灌溉管道工程，投资

87.58万元。由900米预制混凝土承插Ⅱ级管和连通井、闸门与出口挡墙、宣传警示牌组成。干支管连接处设连通井及单向止水闸门，支管出口设八字斜降墙。受益面积40公顷。

3. 骨干渠道清淤

完成青光镇青光村东沟渠1.8千米和双街镇汉沟村2千米、柴楼村1.2千米骨干渠道清淤工程。工程规模：渠道上口宽10~15米，挖深2~3米，总投资50万元。

以上工程，2017年9月8日组织招投标，10月23日特许施工，12月底完成工程建设。

【水土保持】 2017年，北辰区行政许可服务中心批复8个工程建设项目水土保持方案报告书。项目包括天津农垦金安投资有限公司北辰区19、20地块一期、二期工程；北辰区二级河道部分涵闸维修工程、河道堤防养护及涵闸维修工程；北辰区外环河小淀镇新建排水涵闸工程；丰产河小淀地铁站段清淤工程；北辰区2017年小型农田水利工程；北辰区新区污水处理厂配套管网工程。

承建单位实行建设项目与水土保持"三同时"，制订建设项目水土保持方案，按照方案要求，加强工程建设监管和水土流失治理。

【工程建设】

1. 污水处理厂建设

双青污水处理厂扩建工程。扩建规模4万吨每日，出水执行天津市《城镇污水处理厂污染物排放标准》（DB 12/599—2015）中A级排放标准。扩建工程：2017年，完成工程图纸设计等前期工作，组织地上物清点核查及补偿工作。计划2018年年底完成主体建设。

大双污水处理厂提标、扩建工程。提标工程主要包括高密度沉淀池土方开挖、截桩、垫层混凝土、放线及钢筋制作和设备安装等，于2017年12月底全部完成，提标后处理污水能力4万吨每日，执行天津市《城镇污水处理厂污染物排放

标准》（DB 12/599—2015）中A级排放标准。扩建工程主要包括：2017年完成土地调规、项目备案、勘察设计、监理和施工招标，年底组织施工图设计和土地征转改造，计划2018年年初开工建设并完成主体建设。2017年内，制定大双片区再生水规划，利用大双污水处理厂提标扩建运行后出水为原水深度处理，同时对大双片区再生水管线统一规划建设。

北辰科技园区污水处理厂应急提标改造污水管道连通工程。该工程位于北辰区小淀地铁站附近，对原有排入丰产河污水管线切改，将污水接入新建应急污水处理厂，新铺设直径1000毫米污水管道556米，批复总投资758万元，来源为区财政自筹。工程已于2017年11月15日开工，12月31日完成施工。

2. 大张庄泵站扩建工程

该工程为原址拆除扩建，安装4台900QZB/100型潜水轴流泵、1台500QZB/100型潜水轴流泵，原排水流量3立方米每秒，提高到10立方米每秒。工程概算投资2210万元，其中市级投资884万元，区级投资1326万元。工程于2016年12月5日开工，2017年6月30日完成主体工程施工。

【供水工程建设与管理】 2016年，为提升全区农村供水质量和效益，按照市水务局有关要求，完成农村居民安全饮水设备情况调查摸底。2017年区财政批复资金546万元，实施农村安全饮水设备更新项目，更新供水站地下水除氟消毒设备，解决了大张庄镇李辛庄、小诸庄、张四庄、小马庄和双街镇汉沟、庞嘴、常庄子共7个村8300人的安全饮水问题。该项目于2017年5月15日开始设备安装，9月20日竣工验收。设备更新后形成的全部固定资产移交到各村。

为加强供水站规范化运行管理，促进村镇供水站形成良性运行机制，区水务局制定了《北辰区村镇供水站管理规定》，由各村按照规定管理。8月10日，组织安全饮水设备更新村操作人员安全饮水设备运行培训会。

【排水工程建设与管理】

1. 排水工程建设

西堤头片区雨污分流工程，投资估算9900万元。完成铺设直径300~1000毫米管道23.1千米，建污水泵站2座。工程于2015年11月开工，2017年11月竣工并完成验收。

宜兴埠环外片区雨污分流工程。投资6342.59万元。完成铺设直径400~800毫米管道39.6千米，新建污水泵站1座。工程于2015年11月开工，2017年8月竣工并通过验收。

小淀镇刘安庄和温家房子雨污分流工程，投资估算5229万元。铺设直径300~800毫米管道15.1千米，污水泵站1座。2016年7月施工，10月完工。2017年工程完成竣工验收。

北仓镇环外片区雨污分流工程。投资估算6633.84万元。该工程计划铺设管道10.2千米，工程于2016年3月开工，于2018年6月完成。

青光镇雨污分流工程。估算总投资9946.19万元。该工程计划铺设直径300~1000毫米管道20.58千米。工程于2017年5月20日开工，于2018年6月完成。

青光镇刘家码头污水管道工程，估算投资2872万元。铺设管道5.4千米，工程于2017年11月施工，于2018年6月完成。

以上工程建成后由北辰区水务局排水所负责日常管理，以片区为单位，组成管理小组，安排人员负责管道、检查井掏挖，设施维修、更新等。

2. 排水设施养护管理

区水务局排水所按照便于管理原则分区划片，依托排水泵站，建立办公班点，利于养护人员开展工作。在建立管理体系同时，建全管理制度，规范工作流程。按照市水务局工作标准，确保管道管理的各种文件、档案齐全，做到执法有据。

环内排水设施管理。环内分成三大片区，包括宜兴埠片区（东部片区），果园新村、天穆、北仓、集贤片区（中部片区）及瑞景、佳荣片区（西部片区）。管理工作包括设三个片区服务班点，为北仓片区班点，宜兴埠片区班点，刘园片区班

点。东部片区的管理机构设在宜鹏里，中部片区的管理机构设在大通绿岛，西部片区的管理机构设在刘园新苑。

完善措施。制订《排水设施临时养护工作流程》《排水设施切改工作流程》，保证设施养护管理的流程化、专业化、标准化；制作《城市排水设施移交备案表》，完善设施移交工作流程及所需文件表格；制作《临时排水许可申请表》，制定《排水设施疏通掏挖养护奖惩办法（试行）》，在制度上保障排水设施养护管理有序进行。

建立巡查队伍。三个片区聘请巡查管理人员12人，由劳务公司统一管理。巡查人员加强排水设施巡查管理，及时解决因排水设施缺失、损坏和堵塞造成雨污水跑冒问题。

日常管理。每个机构设置两名管理人员，接听群众来电来访，实施监督处理突发性排水问题效率和质量回访制，组织管道、窨井疏通掏挖养护，对破损井、无盖井更换和维修，对塌陷和不通畅管道维修更换。

环外污水管线管理。对每个检查井编号，检查井埋设明示标牌，制订管线疏通掏挖养护日常计划，按周进行具体实施。管护人员每天巡查，对出现的突发问题及时记录上报，及时维修整改，发现检查井污水跑冒和被占压破坏时及时报告，并及时制止。

完成调查双街工业区、双源工业区、双街居住区、刘安庄工业园等25片区域，共调查管道11.56万延米。更换各类检查井52座，疏通管道169万延米。新建各类检查井126座，维修各类检查井2559套，更换单盖461个。临时解决排水设施疏通掏挖各类检查井765座次；疏通管道8232延米。潜水员下井作业拆除各类管堵12处，封堵管道及口门32处，水下清淤97.2立方米。在顺义道等12个重点积水点位架设23台排水泵，组织一线排水设备到位，随时排水。

【科技教育】 2017年，贯彻《干部教育培训工作条例》《天津市专业技术人员和管理人员继续教育

条例》，对不同专业、不同人员制定继续教育计划和实施计划，组织分类学习、培训。把继续教育工作落实到科室、基层和个人，采取轮岗培训、集中培训、短期培训、网上学法和自学等形式，参加市水务局和区有关部门组织的规范、标准建设程序管理、党务政务管理和信息宣传写作培训，举办电工培训班，提高党政干部、专业技术和工勤技能人员素质。把接受继续教育与聘任、晋升技术职务挂钩。

局机关公务员30名，工人7名。参加培训总人次76人次，其中专题培训46人次，专门业务培训30人次，网上党政干部学习党政知识、法律法规知识，成绩全部优良。

基层站所管理人员62人，参加政治理论学习以及电工、设备操作等各类培训，参训人次174人次，其中政治理论127人次，专业知识47人次；专业人员参加继续教育人员38人163人次，人均50学时；工勤人员参加岗位技能培训35人182人次。11月9日，区水务局排灌所组织37名劳务派遣人员开展上岗安全教育。

【水政监察】

1. 永定新河清障

2017年5月6日、8月5日、8月16日，区河道管理一所联合永定河处等单位落实《中华人民共和国水法》《中华人民共和国防洪法》以及《天津市河道管理条例》的相关规定，租用两艘工作船和6名工人，清理永定新河阻水渔具，保障汛期河道畅通。

2. 水政执法

治理非法开采地下水资源行为。2017年查处天穆镇吴嘴村两处非法取地下水、大张庄镇朱唐庄村违法开采地下水、京塘二线东堤头收费站未经审批擅自凿井取用地下水、柳青家园建设项目未经审批违建项目非法取用地下水、天津市天方清真食品有限公司未经许可非法取用地下水、天津大海实业发展有限公司未经许可非法取用地下水等案件，并已全部结案，办结率100%。

拆除违章建筑。依法拆除西堤头镇东堤头村民违章建设彩钢结构养鸡场（永定新河右堤背水坡24+500处）。处理北运河汊沟村违章建设大棚违法案件1起。

配合中央环保督查组等治理"散乱污"企业。对北仓镇、青光镇、天穆镇、大张庄镇和开发区专项督查，调查水体环境198处，处理"散乱污"企业案件15件。在适时"两断三清"行动中，断水147家，回填自备井3眼。配合区整改办，组织审查190家企业的整改方案。

【工程管理】

1. 水库管理

永金水库管理所和大兴水库管理所由单位主要领导与管理人员签订岗位目标责任书，严格实行管理考核机制，按照操作运行管理规定、设施养护标准和岗位责任制度等方面加强工程管理，把设施养护、运行管理、值班保卫等作为考核内容，加强水库大堤巡视，注重泵站设备日常维护，确保泵站正常运行。利用现有条件，采取承包方式，从事养鱼活动，增加工程维护资金和管理经费。

永金水库安全鉴定。根据水利部《水库大坝安全管理条例》要求，2017年6—8月由天津泰来勘测设计有限公司先后完成外业测量、勘测取样、试验检测、数据计算以及成果分析等。9月4日，永金水库管理所邀请河北省水利水电勘测设计研究院、天津市水利勘测设计院的相关专业的专家对鉴定报告进行了仔细认真的评估，针对水库的兴利利用、金属结构的安全状况、大堤渗流及稳定方面提出了进一步评价要求，最终形成了鉴定结论：鉴定结果为大坝B类，需要加固维修，节制闸C类，拆除重建。

2. 泵站管理

全区国有区管16座排（灌）水泵站，严格按照有关规定运行管理。坚持"安全生产、预防为主"工作理念，坚持泵站运行人员每月一次集中例会，对泵站运行管理情况、安全情况等信息分析,月末集中上报到排灌所。平时,泵站操作人员做好泵站检修及管护,确保设施设备正常运行。排灌管理站设专职安检、电力技术人员对各泵站定期巡视,发现运行隐患及时处理。

3. 河道堤防及建筑物管理

落实"河长制"管理机制。7月31日,中共天津市北辰区委办公室、天津市北辰区人民政府办公室下发《北辰区全面推行河长制实施方案》通知,建立河长制工作体系。各镇、街、开发区全部实行河长制。区级总河长由区委书记担任,区级河长分别由区长及分管水务、环保、市容、农业的副区长担任。镇、街、开发区党委、党工委书记担任镇、街、开发区总河长。区级河长办公室设在区水务局,办公室主任由区水务局局长兼任。

堤防维修养护。完成子牙河左堤堤顶路面硬化工程,包括铁锅店段堤1863米,外环线上游段1250米,天平桥上游段1068米,宽5米。完成永定新河左堤常庄子段堤顶路面硬化1500米。完成永定新河左堤2千米处建设限宽墩及宣传牌设置,右堤(京山铁路至霍庄桥段)维修养护工程。

4. 建设管理

认真执行《天津市水利工程建设管理办法》,严格执行"四制"要求,各项工程建设建立了完整的质量保证体系和安全生产管理体系,工程资料齐全。农田小型水利工程建设执行《北辰区小型农田水利工程建设管理办法(试行)》,组织竞价,确定施工队伍,加强工程监督。

5. 安全管理

建立水利施工现场安全责任制,依据《北辰区城市水务安全建设实施方案》,加强安全隐患排查和安全生产检查。定期检查和抽查水库大坝、扬水站、行洪河道堤防、农村集中供水厂、污水处理厂等水利设施,对在建工程实行跟踪检查,发现隐患及时督促整改,确保水利建设和管理安全无事故。

【河长制】 按照市委、市政府工作部署和"美丽

天津"建设要求,立足北辰区基本情况,以全面推行河长制为新起点,以解决河湖突出问题为突破口,以保护水资源、防治水污染、改善水环境、修复水生态为抓手,构建管理、治理、保护"三位一体",责任明确、协调有序、监管严格、保护有力的河湖管理保护机制。2017年7月31日,中共天津市北辰区委办公室、天津市北辰区人民政府办公室印发了《北辰区全面推行河长制实施方案》(津辰党发〔2017〕27号)。实施方案包括总体要求、河长制组织工作体系、河长制办公室设置及职责、主要任务及职责分工、工作机制、组织保障六部分。

1. 机构设置

(1)区领导小组设置。

区领导小组组长由区委书记担任,常务副组长由区长担任,副组长由分管水务、环保、市容、农业的副区长担任,区领导小组成员由区政府办公室、区委组织部、区委宣传部、区委督查办、编办、法制办、发展改革委、工信委、公安北辰分局、财政局、规划分局、国土分局、科委、建委、环保局、市容园林委、农经委、水务局、综合执法局、卫计委、行政审批局、运管局、种植中心、养殖中心、各街镇和开发区管委会等单位主要负责人组成。

区领导小组的职责是:全面落实市河长制工作领导小组和市河长制办公室部署的工作任务,领导全区河长制工作,负责推进辖区河长制管理制度建设,部署河长制管理任务和目标,监督考核相关措施落实情况,统筹协调河长制工作中遇到的重大问题。

(2)河长设置。

区级总河长由区委书记担任,区级河长分别由区长及分管水务、环保、市容、农业的副区长担任,区级河长共8人。

镇、街总河长由镇、街党委、党工委书记担任。镇、街级河长按流经辖区内河流和辖区内湖库设置。流经辖区的市管河流由镇长担任河长;区管河、湖、水库,以及镇管坑塘沟渠由分管副

镇长（街道副主任）担任河长；没有河湖流经的街道，街道主任担任河长。镇级总河长16人，河长38人。

村级河（坑）长由行政村主要负责人担任，共126人。

总河长是辖区推行河长制管理的第一责任人，对辖区河湖管理保护负总责，负责辖区内河长制的组织领导、决策部署和考核监督。

区级河长是辖管河湖管理保护的直接责任人，负责落实市级河长的工作部署，组织做好防洪除涝工作，负责制定区管河湖"一河一策、一湖一策"方案，负责牵头推进辖管河湖突出问题整治、防洪除涝、水污染综合防治、河湖生态修复、河湖周边综合执法等河湖管理保护工作，协调解决实际问题，检查督导和考核镇、街级河长，区直责任部门履职尽责情况。

镇、街级河长是辖管河湖管理保护的直接责任人，承担辖区内所有河湖水库、干支渠、坑塘属地责任，负责落实区级河长的工作部署，负责组织区域内河湖的防洪、除涝、截污、治污、保洁、绿化、巡查、监管、执法和保护工作，负责制定并落实镇、街管河湖（含坑塘）"一河一策、一坑一策"方案，落实市、区河湖综合整治，负责对村级河（坑）长督导和考核。

村级河（坑）长是辖管河湖管理保护的直接责任人，负责落实镇、街级河长的工作部署，村级河（坑）长负责区域内河湖及坑塘沟渠的巡查、保洁、监管和保护工作，发现重大问题及时上报镇、街级河长。

2. 制度制定

北辰区河长制会议制度。河长制会议制度包括区级总河长会议、区级河长会议、区级联席会议、区河长制办公室工作会议。区级总河长会议原则上每年召开一次；区级河长会议原则上每年召开两次，根据需要适时召开；区级联席会议不定期召开；区河长制办公室工作会议原则上每季度召开一次，根据工作需要适时召开。

北辰区河长制工作督察督办制度。为全面、

及时掌握全区河长制工作进展情况，指导和督促区级责任单位、各镇（街、开发区）落实河长制履职，健全工作体制机制，确保政令畅通和河长制工作有效开展。河长制工作督察督办制度包括督察适用范围、督察主体及对象、督察内容、督察组织形式、督察整改、督察结果运用。

北辰区河长制河长巡查制度。河长制河长巡查制度包括巡查主体［区级总河长、区级河长、镇（街、开发区）级河长以及村级河长］、巡查范围、巡查频率、巡查内容、巡查方式、巡查记录和巡查处置等。

北辰区河长制工作督察督办制度。河长制督察制度（河长制工作区级督察，区河长制办公室负责组织、协调督察工作），包括督察适用范围、督察主体及对象、督察内容、督察组织形式、督察整改、督察结果运用。河长制督办制度（区河长制办公室负责组织、实施督办工作），包括适用范围、督办对象、形式及内容、督办要求、督办流程。

北辰区河长制工作联络员制度。为加强全区河长制工作，形成齐抓共管共治的工作格局，建立区级责任单位互联、互通、互动的工作联络员制度。包括联络员设置范围（区级河长制工作领导小组中的区级委办局成员单位各指派一名联络员）、联络员选派条件、联络员工作职责、联络员的管理。

北辰区河长制专家咨询制度。为推进北辰区河长制工作决策的民主化、制度化和科学化管理对涉及北辰区河长制工作专业性较强的重大决策事项，区河长制办公室根据工作需要建立咨询专家库，从大专院校、科研和设计院所、技术型企业等部门和单位中遴选合格的专家学者；专业领域包括水资源、水生态、水环境、水工程、防洪减灾、工业水处理、各种工业的生产工艺设计及管理、金融以及法律法规等；随着实际需求可向专家库中增补所需专家。核心专家组成员参与区总河长会议和区河长会议，因工作需要召开专家咨询会、论证会。

北辰区河长制验收制度。河长制验收制度包括验收范围、验收标准、验收内容、验收组织形式、验收时间、验收方式和程序等。

北辰区河长制工作考核问责和奖励暂行办法。河长制工作考核问责和奖励暂行办法包括总则、考核形式和内容、社会监督评价、考核综合评定、赋分权重、综合评定、结果运用、责任追究、奖励办法。

北辰区河长制信息报送制度。河长制信息报送制度包括遵循原则、报送信息内容、信息报送主体、信息报送程序、信息报送频次、信息发送范围、信息报送工作考核。

北辰区河长制信息共享制度。河长制信息共享制度包括信息公开、公开方式、公开频次、信息审核、通报范围、通报内容、通报方式、通报时间、共享范围、共享内容、共享途径。

3. 河湖管理

全区共有9个镇、7个街，126个行政村。区内有一级河道7条，分别为北运河、永定河、永定新河、新银河、北京排污河、子牙河、新开河—金钟河，总长度105.97千米；二级河道9条，分别为丰产河、郎园引河、永青渠、杨村机场排水河、永金引河、中泓故道、淀南引河、卫河、外环河，总长度126.56千米。水库2座，分别为永金水库、大兴水库，水面面积403公顷；景观湖2座，面积126.67公顷；镇村管理主干、支渠338条，总长度411.54千米；坑塘鱼池239座，水面面积1086公顷，均纳入河长制管理。

区级管理。在区河长制工作领导小组和区级总河长的直接领导下，区河长制办公室加强综合协调、政策研究、督导检查、考核考评、结果发布等日常工作；制定管理制度和考核办法；监督各项任务落实、组织开展对镇、街级河长制实施情况的考核，定期公布考核结果。检查督导和考核镇、街级河长，区直责任部门履职尽责情况。定期对区管排水河道堤岸进行全面巡查，及时修复和更新堤岸工程及附属设施，防止出现自然损坏、人为破坏及沿河各种宣传牌、标志牌、警示

牌破损、颜色脱落、字迹不清等。加大河道堤防和护堤内建房、开渠、打井、葬坟及开展集市贸易活动等监督管理，确保河道安全畅通。

镇、街、开发区级管理。抓好辖区内河流突出问题的专项整治、水污染治理、巡查保洁、生态修复工程的具体实施、保护河流通畅的管理工作，抓好具体问题的协调解决，检查督导村级河（坑）长履职尽责情况。负责落实区级河长的工作部署，负责组织区域内河湖的防洪、除涝、截污、治污、保洁、绿化、巡查、监管、执法和保护工作，负责制定并落实镇、街管河湖（含坑塘）"一河一策、一坑一策"方案，落实市、区河湖综合整治，负责对村级河（坑）长督导和考核。

村级管理。村级河（坑）长负责落实镇、街级河长的工作部署，村级河（坑）长负责区域内河湖及坑塘沟渠的巡查、保洁、监管和保护工作，发现重大问题及时上报镇、街级河长。

4. 河湖保护

依法划定河湖管理范围。组织划定区管河湖的管理保护范围，建立划界确权台账系统，2018年完成区管河湖管理保护范围划定工作，明确范围界限坐标位置，2020年完成区管河湖管理保护范围设立界桩以及标志牌工作。

河湖蓝线划定工作。组织开展区管河湖的蓝线划定工作，并于2018年年底前完成；严格落实河湖蓝线管理要求，规划及新建项目不得违规占用水域岸线。

严格水域岸线用途管制。组织开展区管河道岸线用途排查工作，适时掌握河道岸线动态变化和开发利用情况，及时发现和处置非法占用水域与岸线资源及设置河道障碍物等行为，对非法挤占的，依法限期退出；对历史遗留的挤占河湖问题，应落实属地责任制，由区政府组织制定清退规划和方案，限期治理；加强涉河建设项目管理，严格履行报批程序和行政许可。

严守生态保护红线。严格落实《天津市永久性保护生态区域管理规定》《天津市永久性保护生态区域考核方案（试行）》相关要求，对区管河湖

涉水永久性保护生态区域加强监督管理考核，已侵占的限期恢复，农业用地退耕还河还湖。

5. 督查指导

区河长制办公室对各镇（街、开发区）及相关部门河长制工作开展情况进行督查指导。

督查内容包括全面推行河长制工作方案制定情况、工作进度、阶段性目标设定、工作方案实施、特定事项或任务实施情况；区级总河长、区级河长批办事项落实情况，区级总河长、区级河长相关会议决策部署和决定事项的贯彻落实情况等；媒体曝光、公众反映强烈问题的整改落实情况。督查指导河长制年度任务推进落实情况，包括水资源保护、合理开发利用水资源、水域岸线管理保护、防洪除涝安全建设、水污染防治、水环境治理、水生态修复、执法监管等主要任务完成的情况。

全面督查原则上每年一次。每年根据河长制年度工作要点开展全面督查，制定督查方案，明确当年督查的主要内容、具体安排等，督查采取台账检查和现场检查相结合的形式。

专项督查根据需要不定期开展。专项督查为区级总河长、区级河长批办事项落实情况，区级总河长、区级河长等相关会议决策部署和决定事项的贯彻落实情况等，采取随批示、随督查的形式。

督查后形成报告，报区级总河长，并将督查情况反馈镇（街、开发区）河长制办公室。镇（街、开发区）河长制办公室应抓紧落实整改，并将整改落实情况于15个工作日内报送区河长制办公室。督查报告处置及整改落实情况作为考核和问责的重要依据。

2017年，结合中央环保督查，按照全市统一部署，制定了《北辰区河湖水环境大排查大治理大提升方案实施细则》，启动"三大行动"。发挥镇村河长和职能部门作用，对河湖水质、入河排污口、各类污染源、违法违规行为全面排查。到2017年年底，委托第三方检测沟渠水质69条、坑塘23个。排查问题点位204个，形成台账142个，立行立改解决68个，追溯污染源74处。建立问题清单、整改清单、任务清单、责任清单和效果清单，严格落实整改。

6. 监督考核

建立社会监督机制。建立河湖管理保护信息发布平台，通过主要媒体向社会公告河长名单、在河湖岸边显著位置竖立河长公示牌，标明河长职责、河湖概况、管护目标、监督电话等内容，接受社会监督。聘请社会监督员对河湖管理保护效果进行监督和评价。充分发挥各类主流媒体的舆论导向作用，引导社会各界关心、支持、参与水环境保护工作。

建立奖惩问责机制。以考核评价结果为依据，对成绩突出的河长及责任部门进行奖励；对任务完成不力的河长和责任部门进行问责，对未通过年度考核的，区有关部门将对相关单位负责人进行约谈，提出整改意见，督促落实整改；对因工作不力、履职缺位等导致未能有效应对水环境污染事件的，以及干预、伪造数据和没有完成年度目标任务的，要依法依纪追究相关监管部门和人员责任；实行生态环境损害责任终身追究制，对不顾生态环境盲目决策，导致水环境质量恶化，造成严重后果的领导干部，视情节轻重，给予组织处理或党纪政纪处分，涉嫌犯罪的，移送司法机关追究刑事责任，对已离任的也要追究责任。

【水务改革】

1. 事业单位改革

2017年7月25日，区水务局上报《区水务局关于事业单位名称变更和人员编制调整情况的请示》。9月28日，北辰区机构编制委员会下发《关于调整水务局所属事业单位机构编制事项的批复》，调整区水务局事业单位7个，登记规格相当于科级，其主管部门、经费形式等事项均不变，调整后事业单位7个，分别为天津市北辰区河道一所、天津市北辰区河道二所、天津市北辰区排灌所、天津市北辰区排水所、天津市北辰区水利工程建设服务中心、天津市北辰区水库运行综合服务中心、天津市北辰区农村水利技术推广站。

2. 组建水务综合执法大队

2017 年 9 月 28 日，北辰区机构编制委员会下发《关于组建水务综合执法大队的通知》，批复区水务局组建水务综合执法大队，规格为科级，负责区水务局赋予的水务领域行政执法工作。核定事业编制 16 名，其中队长 1 名，副队长 2 名。

3. 区水务局内设机构改革

2017 年 3 月 14 日，北辰区机构编制委员会下发《关于调整区水务局内设机构设置并核减行政编制的通知》，撤销区水务局内设的监察室，按照"编随事转"的原则，核减行政编制 2 名，调整后行政编制由 35 人减至 33 人，内设机构 10 个。

2017 年 8 月 30 日，根据区委办、区政府办《关于印发〈天津市北辰区承担行政职能事业单位改革实施方案案〉的通知》精神，批复区水务局上报《天津市北辰区水务局调整主要职责内设机构等机构编制事项的请示》。9 月 28 日，北辰区机构编制委员会下发《关于调整区水务局机构编制事项的批复》，增拨行政编制 12 名，由 33 名增至 45 名。根据工作实际需要，内设机构调整为办公室、党务人事科、财务审计科、水政科、排水监督管理科、水资源管理科、排水调水管理科、工程规划建设管理科、安全监督管理科和节约用水管理科 10 个职能科室。

4. 农业水价综合改革

为建立健全农业水价形成机制，建立农业灌溉用水总量控制和定额管理制度，提高农业用水效率，根据《国务院办公厅关于推进农业水价综合改革的意见》和《天津市人民政府办公厅转发〈天津市发展改革委、天津市农委、天津市财政局、天津市水务局关于推进我市农业水价综合改革实施意见〉的通知》精神，2017 年 7 月 3 日，区政府批复区水务局上报的《北辰区农业水价综合改革实施方案》，确定大张庄镇张五庄村和双街镇双街村为水价综合改革试点村。在试点村共安装 5 套计量设施、水表 230 块。计量设施、水表于 11 月 15 日开始安装，12 月 10 日完成。

5. 小型水利工程管理体制改革

为推进小型水利工程管理体制改革工作，明晰工程产权，落实管护主体和责任，根据水利部、财政部《关于深化小型水利工程管理体制改革的指导意见》和水利部《关于开展深化小型水利工程管理体制改革试点工作的通知》等文件总体要求，2017 年 7 月 10 日，北辰区政府批复区水务局上报的《北辰区农村水利工程体制改革实施方案》后，区水务局组织区管工程数量、规模等底数调查，至 8 月 28 日完成。编制完成《所有权证书》《使用权证书》《管护责任书》样本，明晰了工程所有权、使用权和管护责任。11 月底，将"两证一书"发放到河道一所、河道二所、排灌管理站、小淀水库管理所和大兴水库管理所。

【水务经济】 北辰区水务局 7 个基层单位全部为事业单位，由区财政全额拨款。大兴水库全年渔业总收入 30 万元，补偿库区占地费 20 万元，余款作为管理办公经费等支出；永金水库蓄水不足，未开展养殖工作。

【精神文明建设】 2017 年，按照《北辰区 2017 年精神文明建设工作要点》要求，制定《北辰区水务局 2017 年精神文明建设工作方案》，结合"两学一做"学习教育和"创建文明城区"系列活动，开展精神文明创建活动，推进文明和谐机关建设。

强化组织领导和机制保障。局党委确立了党委统领、支部主抓、领导带头、全员推进的工作机制，由局党委中心组按照"一岗双责"要求，共同负责，齐抓共管。同时，局机关科室和各支部负责人，在承担业务工作同时，承担精神文明的责任。完善《中心党组学习制度》等 13 项规章制度，推进全局精神文明建设，促进干部作风的转变，全局各项工作更加规范化，保证精神文明建设活动的顺利开展。

思想政治教育。结合"三问""四提高"大讨论、"两学一做"学习教育及"维护核心、铸就忠诚、担当作为、抓实支部"等活动，固化每月 10

日为主题党日活动。年内，机关支部获"2017年最佳主题党日作品"，局党委获2017年"两学一做"学习教育常态化制度化理论征文优秀组织奖，白金永获得"两学一做"学习教育常态化制度化理论征文三等奖，杜鑫获得"两学一做"学习教育常态化制度化理论征文优秀奖。利用"北辰水务"微信公众号、"党团在线""北辰排水"微信群等媒介，及时发布或转载学习资料93篇。

廉政文化和权力观教育。各支部组织党员观看《将改革进行到底》《辉煌中国》《不忘初心，继续前进》等纪录片，到西柏坡开展"不忘初心，牢记使命，牢记'两个务必'精神"活动。积极对接双联村姚庄子村、李辛庄村两委，协助做好帮扶服务工作。

法制教育。组织"世界水日"（3月22日）、"中国水周"（3月22—29日）宣传，参加"中国科技周""全国卫生日""宪法日"等法律法规宣传。在公务员学法用法方面，组织学习水法、水土保持法，不断完善学法和学法笔记本制度，公务员年度学法完成40学时。通过系列活动，提升了干部职工队伍整体思想理论水平和精神风貌。

【队伍建设】

1. 领导班子成员

党委书记：李作营（3月免）

霍俊伟（3月任）

副书记、局长：郑永建

副局长：赵学利 高雅双 仰 东

2. 水务机构

2017年年底，北辰区水务局机关设10个职能科室，即办公室、党务人事科、财务审计科、水政科、排水监督管理科、水资源管理科、排水调水管理科、工程规划建设管理科、安全监督管理科、节约用水管理科。8个基层单位：天津市北辰区河道一所、天津市北辰区河道二所、天津市北辰区排灌所、天津市北辰区排水所、天津市北辰区水利工程建设服务中心、天津市北辰区水库运行综合服务中心、天津市北辰区农村水利技术推

广站、天津市北辰区水务综合执行大队。11月24日，区水务局机关办公地点由京津路431号搬迁至北辰区果园南道5号。

3. 水务队伍

全局年末总人数171人。局机关工作人员37人，其中机关公务员30人，工人7人；按学历分：公务员中研究生4人，大学本科学历20人，大学专科学历5人，中专学历1人，工人高中以下7人；按年龄分：公务员35岁及以下8人，36～44岁4人，45～54岁13人，55岁及以上5人；工人45～54岁2人，55岁及以上5人。

事业单位从业人员134人，其中管理人员38人，专业技术人员60人，工勤技能人员36人。学历情况：研究生8人，大学本科学历66人，大学专科学历28人，中专及以下学历32人。按年龄分：35岁及以下61人，36～40岁9人，41～45岁11人，46～50岁17人，51～54岁17人，55岁及以上19人。专业技术职称：高级职称5人（高级工程师3人、高级政工师2人），中级职称29人（工程师14人、政工师15人），初级职称25人（助理工程师15人、助理政工师10人）。

4. 先进个人

王菲被北辰区总工会评为北辰区2017年优秀工会积极分子。

米媛媛被北辰区总工会评为北辰区2017年优秀工会工作者。

李向阳被北辰区总工会评为北辰区优秀工会之友。

（杨立赏）

武清区水务局

【概述】 2017年，武清区水务工作以水环境治理为中心，推进"河长制"实施，有效提高全区水务管理水平，不断提升服务质量。全年下达水务建设总投资6.22亿元，完成清水工程、农村水利基础设施建设、城镇供排水工程等，共完成河道综合治理4条，污水处理厂提标改造14座，更新改造国有扬水站3座，维修改造农用桥闸涵67座，

安装灌溉计量设施1000台套，压采水源277.07万立方米，新增节水灌溉面积2330公顷，新增供水管道18.86千米，中水管网59.722千米，排水管道2.4487千米。加强最严格水资源管理，严格计划用水管里，加强节水型社会建设，开展水资源论证2项，共征收水资源费1960万元，推行计量收费制度，全区总用水量32985万吨。编制完成《天津市武清区水系连通规划》。建立行政首长负责制，做好防汛准备工作，做到措施到位、物资到位、人员到位，防患于未然。

【水资源开发利用】 2017年，全区水资源总量2.06亿立方米，其中地表水资源量1.08亿立方米，地下水资源量0.98亿立方米。截至年底共有机井7079眼，其中工业井262眼，生活井804眼，农用井5931眼。全年全区入境水量2.3亿立方米，比上年增加0.26亿立方米。农田累计浇地66300公顷，其中麦田一水23400公顷，麦田二水6400公顷，冬灌白地6670公顷，冬灌麦田26730公顷。

2017年，城区污水处理厂达标出水3390万立方米，比上年多350万立方米，出水均达到了一级B或一级A标准，经处理后的出厂水全部排入北运河、北京排污河、九支渠。

【水资源节约与保护】 2017年，持续推进节水型社会建设，不断提高节约用水管理水平，调整了武清区节水型社会领导小组成员，更新了节水三级管理网络成员名单，实现了节水管理三级覆盖，通过节水型区县复查评审。严格计划用水管理，编制《武清区2017年度用水计划编制方案》。万元工业增加值取水量增至3.6立方米，全区计划用水考核户642户，与2016年年底相比，新增纳管户171户。全年自来水考核管理户中未发生超计划用水情况，计划用水考核率为95%。对城区节水型器具普及情况进行了调查，共抽查了47个社区470户居民家庭、76个企业（单位），抽查结果为节水型器具9675（个/套），城区节水型器具普及率达到100%。完成了对15

家用水户的节水执法检查，不断提高用水户的节水意识，完善用水管理制度。2017年共征收地下水资源费1960万元。

组织以"全面建设节水城市，修复城市水生态"为主题的系列活动，包括节水进校园、节水进社区等2次主题活动，发放宣传资料4000余份。

在"世界水日""中国水周"期间，在黄庄街泉鑫佳苑社区广场开展了"世界水日""中国水周"主题宣传活动，向群众宣传水法律法规、治水政策及涉水知识，发放水法律法规小册子300本、宣传材料800份、挂图80张、提兜小扇子等宣传品200个。

加大节水型社会创建力度，全面强化"三条红线"刚性约束。2017年共创建节水型企业（单位）5家，分别为天津鸿佳地毯有限公司、天津华电福源热电有限公司、天津市武清区人民医院、天津赛诺制药有限公司、信义汽车部件（天津）有限公司，全区累计达到48家，覆盖率52%；培育节水型居民小区3个，分别为亚泰澜景园小区、泉鑫佳苑小区、泉昇佳苑小区，全区累计达到23个，覆盖率53%。

完成了《河西务农业综合开发水资源论证》《利安隆（天津）实业有限公司更新机井项目取用地下水水资源论证报告》2份水资源论证工作，建设项目水资源论证率达到100%，取水许可比率达到100%。

区水务局配合水利部和市地资办，在区地资办安装一台套全自动水质观测仪，24小时全天候观测地下水水质，并通过无线传输，实时上传到水利部水质监测网；完成了13眼水质监测取样井的枯水期和丰水期的取样任务，并送交天津市水文检测中心检测化验。2017年5月4日，武清区地下水水质调查工作开始，共取水样612份，形成评估报告，直观取得各层地下水质量资料。

2017年，实施武清区地下水压采水源转换工程，对上马台和梅厂镇的企事业单位所有自备井水源实施水源转换，全年共转换水源21家企事业单位24眼机井，压采地下水277万立方米。在控沉重点区域高铁两侧查处违法打井5起。全年完成3个单位控沉预审工作，涉及高铁两侧1千米范围内的机井4眼机井，实行控沉一票否决制，按政策不予批准。组织完成116个控沉水准点的实地定位、普查工作；完成了2017年度9眼废井回填的施工和验收工作，有效地保护地下水。配合市地资办完成了2016年国家级观测井项目新打井和更新井的抽水试验工作，总计新打和更新观测井54眼。

【水生态环境建设】

1. 河长制管理

建立起区、镇（街道）、村三级河长组织体系。全区全部河道分段分级落实了河长、明确了责任。区级和全部36个镇（街）园区共明确区级总河长1名，区级河长3名，镇（街）园区级总河长、河长87名，村级河长1400名。2017年共安排河湖水环境治理与水生态修复管理资金4964.295万元，100%落实到位，全部专款专用于河道水生态环境治理和管理。

制定出台13项制度，已于2017年10月31日印发实施，并在区水务局政务公开网上进行了公示。11月25日，全区36个镇（街）园区全部以党、政形式印发出台了河长制工作制度，并上报区河长办备案。

制定并印发了《河长制督查督办制度》，建立了督查督办机制，成立了督导组，对全区各镇（街）园区全面推行河长制工作进行了督导检查。2017年，区河长办共进行了4次全面性的督查。其中，第一次是在8月，由区河长办组织，对镇（街）园区实施方案的编制进行指导培训，督促各镇（街）园区提高实施方案编制质量；第二次是区河长办分成2个督导组，对全部镇（街）园区的河长制"四到位"情况进行督导检查，并形成了督查报告，进行了全区通报；第三次是区河长办成立4个督导检查组，对各镇（街）园区开展水环境治理情况进行督导检查，大力推动水环境问题整改；第四次督查是要求全区各镇（街）园区对河长制"四到位"情况进行自评估，填写自查评分表。通过自查，进一步督促河长制工作落实。

2. 水生态文明城市建设试点验收工作

2013年，武清区被水利部确定为全国首批水生态文明城市建设试点，在区委、区政府高度重视下，将水生态文明建设作为增进公众水福祉、提升社会文明水平和增强城市可持续发展能力的重要抓手，按照"节水优先、空间均衡、系统治理、两手发力"的治水方针，组织编制了《天津市武清区水生态文明建设试点实施方案（2014—2016年）》，并印发实施。

试点期间，武清区以"加快科学发展，建设美丽武清"为主线，坚持节约优先、保护优先和自然恢复为主的方针，以新城区为核心区域，以"北运河""龙凤河"为贯通全区的轴线，按照"一核四区两带交叉"的总体布局，围绕水生态系统保护与修复、实施最严格水资源管理制度、水安全保障体系建设和"运河"水文化培育四大体系建设，不断加快水利发展方式转变，从制度建设及工程措施等方面统筹推进试点建设，较好地完成了各项建设任务。

通过水生态文明试点建设，武清区水生态环境质量有所改善，水安全保障程度大幅提高，涉水管理能力和水平进一步提升，水资源节约保护理念得到普及，为打造"京津之翼，生态武清"的生态宜居城市新形象奠定了基础，取得了较为显著的生态效益、社会效益和经济效益。

按照《全国水生态文明城市建设试点验收办法》，2017年4月，天津市水务局和武清区人民政府联合行文向水利部提出验收申请。

中国水利水电科学研究院组织成立武清区水生态文明城市建设试点技术评估组，于2017年6月28—30日对武清区水生态文明城市建设试点工作进行了技术评估。评估组通过现场查勘、听取汇报、查阅资料、质询评议和现场评分，一致认为：武清区符合全国水生态文明城市建设试点技术评估要求，符合开展行政验收条件。于11月22日，通过由市水务局和武清区政府联合组织的行政验收。

【水务规划】 2017 年,区水务局编制了《武清区水系连通规划方案》,利用现有河道的连通,通过新建闸涵、泵站及渠道清理等方式,结合《天津市永定河综合治理与生态修复实施方案》《北水南调西线完善规划》《龙凤河综合治理规划》等相关规划,提高河道蓄水能力,形成取排自由、调度有序、循环利用的水系连通循环系统,解决汛期水多、枯季水少,平衡生态用水、农业灌溉用水及汛期沥水的矛盾。该方案于 2018 年 2 月上报区政府审议,待审议通过后报市水务局备案并予以公布实施。

【防汛抗旱】

1. 雨情、水情

2017 年,全区全年降水 35 次,年平均降水量为 367.1 毫米,比多年平均降水量(449.2 毫米)少 82.1 毫米,比上年减少 162.3 毫米。降雨主要集中在 7 月和 8 月,与多年同期相比,主汛期降雨相对偏多,汛初、汛末降雨相对偏少,其中 6—8 月平均降雨分别为 61.9 毫米、119.9 毫米、185.3 毫米,分别比多年同期平均少 53.7 毫米、少 89.4 毫米、多 124 毫米;9 月无有效降雨。全区降雨最大的镇街是汊沽港镇,降雨量为 566.8 毫米;最小的是豆张庄镇,降雨量为 296 毫米。全年汛期发生 15 次超过 50 立方米每秒的洪峰过程,最大洪峰于 7 月 7 日 0 时出现在青龙湾减河土门楼闸,下泄流量 270 立方米每秒。

2017 年汛期,全区有 6 次强降雨过程,6 月 21 日出现一次强降雨过程,平均降雨量 21 毫米,最大降雨量 37.5 毫米,出现在河北屯镇;7 月 6 日出现第二次强降雨,平均降雨量 67 毫米,最大降雨量 122 毫米,出现在崔黄口镇;8 月 2 日出现第三次强降雨,平均降雨量 24.4 毫米。最大降雨量 88.7 毫米,出现在河西务镇;8 月 8 日出现第四次强降雨,平均降雨量 45.5 毫米,最大降雨量 108.5 毫米,出现在崔黄口镇;8 月 11 日出现第五次强降雨,平均降雨量 34.9 毫米,最大降雨量 67.4 毫米,出现在南蔡村镇;8 月 13 日出现第六次强降雨,平均降雨量 22.1 毫米,最大降雨量 50.8 毫米,出现在梅厂镇。

2. 防汛

防汛抗旱指挥部:

指 挥:戴东强(区委副书记、区长)

政 委:周惠军(区委副书记)

常务副指挥:张俊宝(副区长)

副指挥:李 明(副区长)

徐继珍(副区长)

李长城(区武装部部长)

王立山(区政府办主任)

刘振明(区农委主任)

杨来增(区水务局局长)

周 军(北三河处处长)

王志高(永定河处处长)

副政委:王宏奎(区武装部政委)

成员由武装部、公安局、交通局、气象局、供电公司、粮食局等 21 个相关单位主要领导组成,指挥部下设 10 个分指挥部和 1 个分滞洪区群众转移抢救指挥部,防汛办公室设在区水务局,主任由区水务局局长杨来增兼任。

防汛部署与检查。4 月 12 日,成立以区长为指挥,相关单位领导为成员的防汛抗旱指挥部,将各项防汛责任任务逐级分解,并层层落实到人。6 月 3 日,针对武清区新一轮人事变动情况,重新调整防汛抗旱组织机构。6 月 10 日,召开 2017 年防汛抗旱工作会议,分析防汛工作的重点和难点,并有针对性地进行了详细布置和安排。汛前对全区各镇街汛前准备工作进行了全面检查,重点检查 11 条行洪河道、21 条堤防、21 座闸涵、20 座泵站,在建涉水工程、"两区五园"、城区和各经济产业园区的水利设施,针对检查中发现的问题现场下达整改通知并确保所有问题在汛前全部整改落实到位,为安全度汛提供工程保障。汛期国有区管扬水站共开车 16063 台时,排水 14584 万立方米。

防汛预案。严格落实以行政首长负责制为核心的防汛责任制,为切实提高预案的科学性、实用性和可操作性，区防办按照市防办要求，于3月底完成了蓄滞洪区居民财产登记及社会经济调查工作，并上报市防办登记。根据市防办要求，依据调查数据重新编制了武清区防汛预案和武清区防汛材料，完善了防汛应急响应机制，层层落实各级防汛责任。完善了蓄滞洪区群众转移安置预案、抢险物资调运预案、分洪口门爆破拆除预案、河道防抢预案、农村除涝预案、城区排水预案等分预案，使得防汛应急处置有据可依。4月28日，按照市防指关于编制《城镇易积水居民区危房群众安置实施方案》要求，迅速安排部署防汛各成员单位对各辖区内的易积水低洼居民区进行再次排查，针对排查现状，编制了《武清区城区易积水居民区危房群众安置实施方案》，落实了在发生重大汛情时群众的转移安置地点及相关工作人员的任务分工，细化了城区各排水区域及排水出路。

防汛物资储备。汛前，按照防大汛的要求和分级储备的原则，采取专业储备和社会储备相结合的方式，完成区防办、区直单位、镇街和社会号料，四级防汛物资储备，共储备铅丝10吨，编织袋42.8万条，片石7070立方米，救生衣2990件，木材1.9万根，挖掘机、装载机、发电机等设备13台，橡皮舟5艘，冲锋舟2艘等应急抢险物资。完成防汛物资运输路线的勘察，并在此基础上，修订了物资调运预案，保证防汛抢险物资及时运到指定地点。

防汛抢险队伍及培训。汛前，按照"专群结合、军地联防"的原则，武清区分两个层次组建防汛应急抢险队伍：一是在天津市机动抢险队第四分队的基础上组建河道所、排灌站和水库3支专业抢险队伍，总人数68人，负责河道堤防、闸涵、泵站、水库等重要部位的防汛抢险工作；二是区武装部在全区组建5200人左右的基层干部民兵抢险队和1300人的部队抢险队，负责全区重点防洪设施的抢险。5月10日，区水务局开展了防汛抢险技术培训和实战演练，提高了全区应急抢险能力。7月11日，区人武部组织召开了"2017年武清区驻区部队防汛工作暨现地勘察部署会"，区防办、区武装部、驻区部队、消防武清支队及有关镇街的负责人和技术骨干等80余人参加培训。会后豆张庄防汛分部进行了应急抢险防汛专题演练，对堤防管涌、渗漏等险情的应急抢险进行了实际操练，提高了防汛抢险专业技术水平，又增强了实战能力，收到了良好效果。

防汛抢险实记。2017年8月12日凌晨至12日4时，武清区出现雷阵雨天气，截至12日7时，武清区降水已基本结束，全区平均雨量为34.9毫米，城区雨量54.2毫米，最大雨量为67.4毫米（南蔡村），达到暴雨量级的还有4个镇街，另有14个镇街达到大雨量级（武清区气象台发布）。城区和开发区出现了31处积水，深度5～40厘米，截至12日3点30分积水已全部排净。各镇没有积水情况。市政排水所出动防汛巡查车及抢险车45辆，参加防汛人员130人次。全区共计28个泵站开车，总台时为226.6台时，排水总量137.19万立方米（其中城区和开发区共25个泵站开车，排水台时194.6台时，排水量104.32万立方米，农村3个泵站开车，排水台时32台时，排水量32.87万立方米）。

防洪工程。配合市水务局实施天津市大黄堡洼蓄滞洪区工程与安全建设一期工程。实施了武清区2017年小型农田水利建设南排干渠、大寨渠清淤治理工程，治理长度共计5.33千米，其中南排干渠1.61千米（敖南村南至石各庄与陈咀交界），大寨渠3.72千米（西起杨王公路大寨渠首闸，东至鹿厂路），恢复渠道了过水能力及排涝功能，提高灌溉保证率，提升周边生态环境。

应急度汛工程。2017年应急度汛工程总投资498.44万元，包括应急度汛（大专项）工程、堤防岁修（小专项）工程、国有泵站排除安全隐患技术改造工程。应急度汛（大专项）工程，总投资115万元，完成了北运河新三孔闸更换启闭机、闸门工程。主要更换启闭机3台；钢闸门3扇。工程于2017年4月15日开工，6月15日完工。堤防岁修（小专项）工程，总投资 185 万元，完成了河道闸站日常维修养护、堤防巡视检查和维护养护，工程全年长期推进。国有泵站排除安全隐患技术改造工程：完成了区财政批复的 198.44 万元专项应急维修项目，主要包括完成了拾梅、南排干泵站拦污栅更新；东汪庄泵站西进水闸维修加固工程；北夹道、东汪庄泵站开关柜零部件更新；完成了王三庄泵站 1 台水泵大修等应急维修项目，为扬水站设备的安全、正常运行提供了保障。工程于 2017 年 3 月 1 日开工，6 月 15 日完工。

3. 抗旱

2017 年，全区降水量与多年平均值相比偏少，汛期最长无降雨日为 8 月 28 日至 9 月 15 日共 19 天。汛后，区防办积极做好调蓄水工作。全年全区入境水量 2.3 亿立方米，比上年增加 0.26 亿立方米。农田累计浇地 63200 公顷，其中麦田一水 23400 公顷，麦田二水 6400 公顷，冬灌白地 6670 公顷，冬灌麦田 26730 公顷。上马台水库积极发挥以蓄代排作用，汛前提闸为周边农业灌溉提供水源约 800 万立方米，浇地约 5 万亩次，汛期蓄水约 970 万立方米，为下一年春灌做好储备；五支扬水站春季为石各庄开车送水 548 台时，送水量 434 万立方米。

【农业供水与节水】 2017 年，武清区农田灌溉面积达到 64100 公顷，有效灌溉面积 60200 公顷，节水灌溉面积 57160 公顷，比上年新增 2330 公顷，占有效灌溉面积的 95%，其中防渗渠道 278 千米，控制面积 5740 公顷，低压管道 4372.38 千米，建成灌区 22 处（按乡镇分），其中万亩以上灌区 20 处。建成农用机电井 5996 眼，其中机电井配套 5996 眼，装机容量 55050 千瓦。

武清区 2017 年小型农田水利工程：①维修养护项目，总投资 420.59 万元，其中中央财政资金 400 万元，区级自筹资金 20.59 万元，主要对大王古镇和下伍旗镇的管道和出水栓进行更换，工程于 2017 年 12 月 3 日开工，12 月 30 日完工；②节水灌溉项目，总投资 483.54 万元，其中市财政补贴 460 万元，区级自筹资金 23.54 万元，主要对河北屯镇 3 个行政村安装了节水灌溉配套设施，工程于 2017 年 12 月 3 日开工，12 月 31 日完工。

武清区 2017 年灌溉计量设施改造工程。总投资 1244.83 万元，其中市财政补贴 1197 万元，区级自筹资金 47.83 万元。主要对河北屯镇、河西务镇、大王古庄镇和下伍旗镇共 51 个行政村的 1000 眼农用机井安装 1000 台 NF 智能控制柜，工程于 2017 年 8 月 18 日开工，12 月 31 日完工。

【村镇供水】 截至 2017 年年底，全年全区总供水量 4629.1893 万吨，其中引滦水供水量 2461.4955 万吨，地下水供水量 2167.6938 万吨。

武清水源分地下水和滦河水两种，城区运河水厂、河西水厂、泉兴水厂及部分建制镇、工业园区使用地下水；开发区卧龙潭净水中心、逸仙园水厂、上马台水厂和天津市自来水集团（北辰威立雅分公司）使用滦河水。城乡集中式供水工程共 197 处，其中城镇自来水厂 4 处，农村集中式供水工程 193 处。

水质检测中心对城区及镇街用水开展水质检测工作，通过日检和抽检相结合的方式对源水、出厂水及末梢水进行全程检测和监督，并及时受理用水户关于供水水质的投诉，及时完成对投诉水质的检测工作，为供水安全提供有效的支撑和保障。

2017 年度武清区农村饮水提质增效工程，经市水务局、市农委、市财政局《关于下武清区、蓟州区 2017 年农村饮水提质增效工程资金明细计划的通知》（津水计〔2017〕78 号，津财农联〔2017〕109 号）批复，总投资为 11820 万元（其中市级财政出资 5910 万元，区级自筹 5910 万元）。工程主要内容为：新建王庆坨水库至王庆坨引江水厂原水输水管线工程，新建王庆坨引江水厂至王庆坨镇、石各庄镇、陈咀镇、豆张庄镇、黄花店镇和汊沽港镇配水厂输水管线工程；新建王庆坨引江水厂至王庆坨西部旧镇区、西部 4 个村输配水管线并改造豆张庄镇豆张庄村、西柳行、西南行 3 个村村内管网；新建除氟设施 66 套；新开凿河西务镇北里庄水源井 1 眼，配套新建给水管道；新建石各庄镇原有石北配水厂至新石各庄配水厂配套输水管道，实现 144 个村、25.46 万人饮食提质增效。工程于 2017 年 7 月 1 日开工，12 月 31 日完工。

【农田水利】 2017 年，武清区农村水利建设以农田灌溉、排沥工程为重点，开展国有扬水站更新改造、农用桥闸涵维修改造。

国有扬水站更新改造工程。此为结转工程。2016 年，经市水务局、市财政局《关于下达北郑庄等五座国有扬水站更新改造工程资金明细计划的通知》（津水计〔2016〕151 号，津财农联〔2016〕164 号）批复，武清区有北郑庄泵站、清北泵站、泗村店泵站 3 座国有扬水站进行更新改造，总投资 9090 万元（其中北郑庄泵站 2650 万元，清北泵站 3380 万元，泗村店泵站 3060 万元）。3 座泵站于 2016 年 11 月开工，于 2017 年 6 月 30 日前试车通水，并在汛期发挥作用，其附属工程均于 2017 年 9 月底完工。其中清北泵站工程获得天津市水利工程优质（九河杯）奖，清北泵站和北郑庄泵站获市水务局颁发的"标准化文明工地"荣誉称号。

完成 2017 年农用桥闸涵维修改造工程，总投资 3406.5 万元，其中市财政补贴 2600 万元，区县自筹 806.5 万元。主要更新改造桥闸涵 67 座。工程于 2017 年 7 月 1 日开工，12 月 31 日完工。

【水土保持】 为严格落实《中华人民共和国水土保持法》《天津市实施〈中华人民共和国水土保持法〉办法》各项规定，武清区加大对水土保持情况监督检查力度，重点检查违反法律规定造成水土流失的情况、水土保持方案制度落实情况，生产建设活动造成水土流失治理情况，区水务局多次配合市水务局农水处完成港清三线输气管线等生产建设项目监督检查、宝北至南蔡双回 500 千伏输电工程水土保持方案的审查、武清大三庄节制

闸和狼儿窝闸除险加固工程水土保持设施竣工验收、双青（西郊）—吴庄Ⅱ回 500 千伏、双青（西郊）—北郊Ⅱ回 500 千伏输变电工程水土保持方案审查以及 2017 年海河流域大型生产建设项目水土保持监督检查等一系列工作；参与由市水务局组织的水土保持监督管理和检测工作推动会，为推动"天地一体化"监督管理工作打下坚实基础，推动水土保持监督管理工作全面开展。

水污染防治行动。2017 年水污染防治工程任务共涉及区水务局、区环保局、区畜牧水产中心、区农委 4 个牵头部门，武清区水污染防治办公室与相关水污染防治任务牵头部门进行了多次对接，全部按要求完成年度水污染防治任务。

污染源治理工程。完成了王庆坨污水处理厂、高村镇污水处理厂、天和城污水处理厂、泗村店污水处理厂 4 家企业自动监测系统建设。完成了 14 座城镇污水处理厂提标改造工程，处理规模 10.475 万吨每日，提标后污水处理标准达到天津市地方相应标准。农业畜禽养殖污染治理工程：完成 86 家规模化畜禽养殖场粪污治理工程。推进建制村环境综合整治：在 25 个建制村开展了生活污水处理设施建设，该项工程竣工后，实现了生活污水处理率 60% 以上的既定目标；推进村级污水处理设施建设：开展 24 个村污水处理设施建设，铺设管网 116 千米、新建污水处理设施 31 座、改造提升三格化粪池 6200 个。

水生态环境治理工程。实施黑臭水体治理工程：对列入全国地级以上城市黑臭水体名单的陆军支渠和空军支渠（总长 6.4 千米）进行治理，工程于 2017 年 10 月底完工。

水环境在线监测工程。加强水质自动监测站建设：完成龙河和龙北新河 2 处入境地表水水质自动监测站建设，并联网投入使用。

【工程建设】 2017 年，区水务局水务工程建设投资 30262.52 万元，包括污水处理厂提标改造工程、北运河郑楼段治理工程、陆空军支渠及机场外壕综合治理工程、地下水压采水源转换工程。

污水处理厂提标改造工程，总投资 1.7 亿元。改造任务涉及 14 座污水处理厂，分别为京津科技谷、大黄堡、泗村店、天和城、城关、京滨工业园、汉沽港、大良、石各庄、陈咀、电商园、福源及城区第二、第三污水处理厂进行提标改造，工程于 2017 年 9 月初进场施工，12 月底完成全部建设任务。

北运河郑楼段治理工程，总投资 6176 万元。为全面提升北运河整体景观效果，2017 年实施了京津塘高速公路桥至郑楼村 2.6 千米河道清淤及景观绿化工程。工程于 2016 年 11 月 22 日开工，2017 年 5 月底完工，转入日常绿化养管。

陆空军支渠及机场外壕综合治理工程，投资 4670 万元。治理河道 11 千米（含机场外壕），主要包括河道清淤、铺设截污干管、新建污水提升泵站、方涵改造等，工程已于 2017 年 10 月底全部完工，基本达到黑臭水体整改标准。

地下水压采水源转换工程，按照压采工程总体规划，至 2020 年，武清区深层地下水转换总量要达到 1335.6 万立方米。2017 年，地下水压采 277.07 万立方米，实施上马台、梅厂两个镇 21 家企事业单位地下水源转换，修建供水管道 15.01 千米，工程总投资 2416.52 万元，其中市级补助资金 769 万元，区自筹 1164.216 万元，供水企业自筹 483.304 万元。该工程 2017 年 8 月 15 日开工，2017 年 11 月底前已全部完工。

【供水工程建设与管理】 截至 2017 年年底，全区供水管道总长度 1424.82 千米，其中主城区 1199.80 千米、开发区 107.96 千米、逸仙园 22.64 千米、龙泉供水公司 41.22 千米、上马台镇 53.20 千米。比上年新增供水管网 113.28 千米，全部为主城区新增管网。武清城区中水管道总长度 477.06 千米，比上年新增 83.88 千米。

区水务局按照《天津市城市供水用水条例》和《天津市村镇供水用水管理办法》有关规定，加强对全区供水行业的监督管理；要求管网权属单位加强日常巡查巡视力度和应急处置能力；组织实施上级部门部署的供水工程，逐步完善全区供水网络。

【排水工程建设与管理】 武清城区排水管网汇水面积共计 56.54 平方千米。截至 2017 年年底，武清城区排水管网总长度约 415 千米，其中雨水管道 237.598 千米，污水管道 146.759 千米，合流管道 30.6431 千米，收水井 7898 座，检查井共 11162 座。城区共有泵站 18 座，其中纯雨水泵站 13 座，纯污水泵站 2 座，既有雨水又有污水的 3 座。

截至 2017 年，全区共有污水处理厂 36 座（其中有 2 座为预处理设施），其中城区 5 座，两区五园 7 座，建制镇 24 座，设计污水处理能力 26.175 万吨每日。区水务局对污水处理厂进行监督管理，保证污水处理厂正常运行。

【科技教育】 2017 年，区水务局采取专家授课、观看教育警示片、参观培训等多种形式，举办了预防硫化氢中毒培训 2 次、电气火灾消防安全培训 1 次、参观东丽区安全教育培训基地 1 次，开展专题培训活动 4 次，增强了全系统安全生产意识，提高了安全生产管理水平。开展党务工作人员培训 9 次，共集中培训 270 人次。全年参加武清区科级干部培训班 7 人，参加新录用工作人员培训班 4 人，参加村官培训 3 人，参加水务系统"七五"普法讲师团培训 1 人，参加区人力社保局等组织的培训 2 人。参加继续教育人员 123 人，累计学习人次 229 次，累计学时 3936 学时。

【水政监察】 2017 年，各基层单位根据执法任务需要，制定执法岗位责任制，按河系、区域配备执法人员，明确岗位责任、目标任务，对落实措施进行细化，同时把制定的年度执法巡查检查计划与岗位责任制相衔接，确保执法巡查检查到位、岗位责任制的落实。组织新申领执法证件人员 4 人参加市水务局组织的水政专业法培训考试；组织全区 75 名持有水政监察证件（部证）执法人员专业法律和公共法律知识注册培训考试。3 月 29 日，组织局属执法单位骨干参加了行政执法监督平台日常管理工作培训；4月20日，邀请市水政监察总队授课老师进行执法人员业务培训。

【工程管理】

1. 排灌站管理

排灌站汛前对每座泵站进行各种电气设备和土建设施的全面检查，严格执行24小时防汛值班和领导带班制度，密切关注雨、水变化，确保通信和信息系统畅通，根据汛情形势做好开车调度和行车记录收集汇总上报工作，切实做好应对强降雨的各项准备，全面排查消除防汛安全隐患。加强泵站环境治理，继续实行泵站环境卫生百分考核制度。加强职工人身安全、设备安全、交通安全、饮食卫生安全意识教育。各扬水站从防火、防盗、防止硫化氢中毒、防溺水淹亡等方面加强防范，加大巡查力度，消除安全隐患；每日要重点部位进行自查，尤其是保安器、灭火器、煤气罐。全年补充更新灭火器10个，配备救生衣100套，补充更新绝缘手套和绝缘靴。

2. 河道堤防闸涵管理

全区有市管一级河道4条，总长度184.8千米，王庆坨水库（在建），引滦明渠（武清段）长度2千米；区管二级河道7条，总长度82.91千米，下朱庄南湖水库（蓄水面积为138.67公顷），上马台水库（蓄水面积为361.67公顷）；镇（街）管联镇骨干渠道22条，总长度275.3千米，农村干支沟渠722条，总长度1803.4千米；农村坑塘1005座，总面积923.718公顷；农村鱼塘1820座，总面积3046.33公顷；大黄堡湿地，占地10465公顷；开放式景观湖15个，占地93.73公顷；"飞地"逸仙园，占地289公顷。上述河（湖）2017年均纳入河长制管理。其中纳入市"河长制"考核的河道共有20条段。

武清区水务局城市管理办公室和武清区河道环境管理办公室分别负责武清区城区内和城区外河道堤防日常管护、巡视、检查以及水面保洁工作。

为贯彻落实最严格水资源管理制度，加强入河排污口监督管理，严格入河排污口设置审批，按照市水务局《关于进一步加强入河排污口监督管理工作的实施方案》文件要求和区领导批示精神，区水务局于2017年11月13日制定并下发《武清区关于进一步加强入河排污口监督管理工作的实施方案》，按照方案要求于2017年11—12月组织各镇街开展了入河排污口全面排查工作。截至2017年年底，将排查结果上报市水务局。配合市水务局圆满完成了2017年最严格水资源考核中抽查的武清区7个排污口门的材料报送和现场准备工作。

完成河道堤防日常巡视检查。坚持依法行政，坚持分片巡查制度，制定具体的巡查线路，发现有违法涉水行为及时处理，堤防巡查人员对点位签到，系统管理员、手机端常规检查等工作及时完成，提高了河道巡查工作质量，全年处理河道水事违法行为10余起，并联合北三河处执法人员解决处理了多起严重违法建设项目，涉及非法打井11眼，保障了河道安全，办结率达100%。对一、二级河道堤防进行维护，包括除草、打药、林木砍伐更新、雨淋沟填垫及标志牌保护等，全年对北运河、北京排污河、青龙湾减河、永定河堤防树木进行打药消除病虫害4次，共计栽植树木1.2万株。

3. 水库管理

上马台水库为满足周边农田灌溉，2017年春季提闸放水共计800万立方米；积极落实各项汛措施，落实水库防汛安全责任制，制定了《水库防汛抢险应急预案》《水库调度运用预案》《安全调度规程》《泵站操作规程》《闸门和启闭机操作规程》《大坝安全管理应急预案》等一系列安全制度和预案；根据水库的调度规程，汛期及时关注天气预报，观察上游河道水位，及时向区防办反馈，随时听候区防办调度令，根据雨情、水情适时开车蓄水，从7月31日开车蓄水，至8月28日止，共开车991台时，蓄水约970万立方米。蓄水期间认真做好水质监测，在不影响防汛大局的情况下根据具体情况边蓄边放，大蓄小放，充分交换水体，以丰富库区水体的饵料。上马台水库管理处成立安全生产领导小组，制定《上马台水库安全生产责任制》《上马台水库安全生产责任追究办法》《上马台水库安全运行追究制度》《上马台水库库区安全巡查制度》《上马台水库关于捕捞作业的安全生产制度》《上马台水库车辆安全管理制度》《上马台水库库房管理制度》《食品安全责任制》《食品安全管理制度及操作规程》《上马台水库安全用电管理制度》等多项制度，明确各级安全生产责任人的分工，逐级签订《安全生产责任书》，使安全工作更加规范化、制度化，将安全责任制落实到实处，年内未发生任何安全事故。

4. 安全生产管理

2017 年，制定了《武清区水务局 2017 年安全生产工作要点》，对全年安全生产重点工作进行细化分解；与机关科室、基层单位签订了《安全生产责任书》《消防目标责任书》，持续紧抓安全生产责任落实明确；各级各岗人员安全职责，建立了岗位责任清单，实现管理无缝隙；组建了安全生产专家组，抽调 6 人为全局安全生产工作提供技术保障；全年共开展专项整治活动 17 次，组织检查 46 次，发现安全隐患 301 处，下发整改通知 42 份，整改通知由相关单位责任人亲自签收，并拍照留存实行闭环管理，及时追踪隐患治理进展情况，确保了隐患全部治理整改到位。

利用“安全生产月”，举办了“6·16”瑞丰广场宣传咨询活动、安全生产微信群“安全生产随手拍”活动以及网络安全知识竞赛活动，共发放宣传材料和小纪念品 320 份，现场解答群众关心问题 10 余件。

【河长制】 2017 年 7 月 5 日，《武清区关于全面推行河长制的实施方案》经区委、区政府同意并印发。全区 29 个镇（街）、8 个园区（含“飞地”逸仙园）及 638 个行政村实行河长制，全区内河湖（“河”指一级河道、二级河道、联镇骨干渠道、干支沟渠，“湖”指水库、开放式景观湖、坑塘、鱼塘）均纳入河长制管理。

以深化河长制为新起点，立足区情、水情，深入落实“美丽武清”建设工作部署，坚持问题导向，以解决河湖管理保护突出问题为突破口，以保护水资源、防治水污染、改善水环境、修复水生态为抓手，构建管理、治理、保护“三位一体”，责任明确、协调有序、监管严格、保护有力、公众参与的河湖管理保护机制，开创全区河长制工作新局面，为城镇防洪除涝安全、维护河湖生态安全、实现全区水环境根本性好转、建设“京津卫星城、美丽新武清”提供水环境保障。

建立区域与水系（主要河流）相结合的区、镇（街道）及园区、行政村三级河长组织体系，均设立总河长、河长。区级成立河长制工作领导小组（以下简称领导小组），并设立河长制办公室。

设置区领导小组，组长由区委书记王小宁担任，常务副组长由区委副书记、区长戴东强担任，副组长由副区长张俊宝、徐继珍担任，区领导小组成员由区委组织部、区委宣传部（常务副部长担任），区编办、区防汛办、区应急办、区发展改革委、区工经委、区建委、区市容园林委、区农委、区畜牧水产中心、区种植中心、区行政审批局、区水务局、区市场监管局、区环保局、区交通局、公安武清分局、区财政局、区规划局、区国土局、区林业局、区卫计委、区安监局、区统计局、区房管局共 26 个单位主要负责人及 24 个镇党委书记、5 个街道工委书记、8 个园区总经理组成。

区领导小组职责：全面落实《关于全面推行河长制的意见》，负责推进区河长制管理制度建设，部署区河长制管理任务和目标，监督考核相关措施落实情况，统筹协调河长制工作中遇到的重大问题。

区级总河长由区委书记王小宁担任。区级河长按辖区主要河流设置。辖区内市管北运河、青龙湾减河、龙凤河、永定河、王庆坨水库（在建）、引滦明渠（宜兴埠段）由区长戴东强担任区级河长；辖区内区管龙凤河故道、机场排河、下朱庄南湖水库由副区长张俊宝担任区级河长，中泓故道、龙北新河、凤河西支、龙河、狼儿窝引河、上马台水库、大黄堡湿地由副区长徐继珍担任区级河长。

区级河长制办公室受区级总河长、河长的直接领导，设在区水务局。区级河长制办公室主任由副区长徐继珍担任，常务副主任由水务局局长担任，副主任由水务局、环保局、市容园林委、农委、建委、国土局、财政局、畜牧水产中心、种植中心等分管负责人兼任。区河长制办公室职责：在区领导小组组长和总河长的领导下，承担本区河长制实施的具体工作，制定河长制管理制度和考核办法，监督各项任务落实，组织开展对各镇（街）及园区级河长的考核。办公室各成员单位按区河长制办公室总体安排，协同做好河湖管理保护、监督、考核等工作。

为贯彻落实党中央、国务院关于全面推行河长制的决策部署，按照《水利部办公厅关于加强全面推行河长制工作制度建设的通知》和市、区领导的批示要求，依据《武清区关于全面推行河长制的实施方案》，区河长办制定了《武清区河长制会议制度》《武清区河长制考核办法（试行）》《武清区河长制工作责任追究暂行办法》《武清区河长制奖励办法》《武清区河长制信息报送制度》《武清区河长制信息共享制度》《武清区河长制验收制度》《武清区河长制督察督办制度》《武清区河长制工作联络员制度》《武清区河长制专家咨询制度》《武清区河长制社会监督制度》《武清区河长制新闻宣传制度》《武清区河长制巡河制度》。

建立了考核评价机制、部门联动机制、河长巡查机制、河道水质监测通报机制、信息报送机制、奖惩问责机制和社会监督机制。

【水务改革】 2017年11月15日开始，配合区税务局进行武清区地下水资源费改征地下水资源税工作，对全区所有取水许可用水户的取水许可资料进行了填表与情况核对，并进行了分类统计，同时办理地下水资源取水许可档案资料交接工作，确保天津市水资源税改革试点工作在武清区的实施。

【水务经济】 2017年，上马台水库秋季打捞野生青虾、银鱼、蟹约2800余公斤，收入10万元；水库西堤两侧土地改造约46.67公顷，均种植水稻，通过平整土地、维修渠道、自育秧苗、打药除草、稻田地灌水拉荒、机器插秧、人工补秧，组织专业人员进行稻田地管理，收割、销售，稻谷总产量20万公斤，净收入约30万元。

【精神文明建设】 2017年，开展"两学一做"学习教育，将"两学一做"常态化、制度化，组织党委中心组学习19次，专题讨论9次，局党委班子成员到基层讲党课36人次，参加基层组织生活会7人次，组织党员学习6次，与机关各科室及各支部书记签订目标责任书41份。对7个基层党支部进行换届。

2017年开展的文体活动有：羽毛球比赛、手机摄影大赛、"永远的雷锋"参观学习活动、女职工维权知识竞赛等。组织全局职工参加区妇联组织的"义卖爱心存钱罐"活动，全局共购买爱心存钱罐283个，为"困难家庭救助专项基金"募集善款1.132万元；参加武清区关爱单亲困难母亲微心愿认领活动，认领微波炉3台、洗衣机9台、电饭锅3个，共计8942元。搞好困难职工送温暖及春节慰问活动，共走访慰问200人，发放慰问金17.168万元。

为认真贯彻落实区委第五次党代会及"两会"精神，为进一步推动保障女职工权益法律法规的学习和普及，促进保护女职工权益法律法规的贯彻落实，局机关及14个基层单位工会于3月积极开展了2017年度女职工维权行动月活动。

区水务局工会共组织约200名女职工认真学习了《天津市妇女权益保障条例》《女职工劳动保护特别规定》等相关法律法规知识，并对相关内容进行了闭卷答题竞赛，并组织女职工相互交流学法心得。全局女职工掀起了学法用法的高潮，营造了全局关心爱护女职工的良好氛围。

以学习贯彻党的十九大、十八届六中全会精神、天津市第十一次党代会、市委十一届二次全会精神，区第五次党代会、区委五届五次全会精神为契机，发放《习近平谈治国理政》《中国共产党章程》《习近平总书记系列讲话》《〈党章〉〈准则〉〈条例〉应知应会题目》手册等宣传学习材料4400余份。

【队伍建设】

1.局领导班子成员

党委书记：杨来增

党委副书记：李春发（7月免）

局　　长：李春发（8月退休）

　　　　　杨来增（8月任）

党委委员、副局长：邵士成　黄士福　陈国忠

党委委员：马宇平

正处级调研员：孙万国（3月调出）

副调研员：范继红　刘金香

副处级领导干部：陈美华

副处级干部：李云旺

2017年7月6日，中共天津市武清区委员会印发文件《关于窦立新等同志任免职的通知》（津武党任〔2017〕35号），免去李春发同志区水务局党委副书记、委员职务。

2017年8月30日，天津市武清区人民代表大会常务委员会印发文件《关于印发〈天津市武清区人民代表大会常务委员会决定任免名单〉的通知》（津武人发〔2017〕27号），免去李春发的区水务局局长职务，任命杨来增为区水务局局长。同日，中共天津市武清区委组织部印发文件《关于李春发、尤鑫栋同志退休的通知》（津武党组任〔2017〕11号），原区水务局党委副书记、局长李春发同志退休。

2.机构设置

（1）机关核减编制。

2017年2月，天津市武清区机构编制委员会办公室印发文件《关于区水务局行政编制调整的通知》（津武编办发〔2017〕17号），核减局机关行政编制4名，其中党委办公室1名、办公室1名、水资源管理科1名，财务审计科1名。核减后，机关行政编制确定为37名，其他机构编制事项不变。

（2）机构改革。

2017年8月，中共天津市武清区委办公室、天津市武清区人民政府办公室印发文件《中共武清区委办公室 武清区人民政府办公室 关于印发〈天津市武清区承担行政职能事业单位改革方案〉的通知》（武党办〔2017〕4号），根据国家有关法律法规和中央有关政策规定，承担行政决策、行政执行、行政监督等职能，完全或主要承担行政许可、行政处罚、行政强制、行政裁决等行政职权的事业单位，行政执法机构在全面清理职能的基础上规范管理，纳入下一步综合行政执法体制改革统筹推进。

（3）成立机构、单位名称变更。

2017年8月，天津市武清区机构编制委员会印发文件《关于组建天津市武清区水务综合执法大队的通知》（津武编发〔2017〕66号）。①组建天津市武清区水务综合执法大队，为区水务管理的综合执法机构，等级规格为科级，核定事业编制20人，其中队长1人，副队长2人，所需编制及职数由区编委调拨，主要职责为承担辖区内水务综合执法工作；②将区地下水资源管理站更名为区地下水资源服务中心，将其承担的行政执法职责划转至区水务综合执法大队，职责划转后，其主要职责为负责地下水资源评价、论证、保护、节约与利用；调整后，其他机构编制事项保持不变；③将区河道管理所（区防汛机构抢险队）更名为区河道所（区防汛机构抢险队），将其承担的行政管理职责划转至区水务局，具体职责由水政监察科承担，其行政执法职责划转至水务综合执法大队，职责划转后，其主要职责为承担河道、堤防、闸涵维护及防汛抢险相关工作；调整后，其他机构编制事项保持不变。

截至2017年年底，区水务局机关内设科室8个，分别为党委办公室、办公室、水资源管理科、

工程规划科、供排水管理科、节水科、水政监察科、财务审计科；局属事业单位13个，分别为天津市武清区河道所、天津市武清区排灌管理站、天津市武清区水务局上马台水库管理处、天津市武清区机井建设服务站、天津市武清区水利灌溉试验站、天津市武清区水利工程建设管理处、天津市武清区水利技术推广中心、天津市武清区地下水资源服务中心、天津市武清区水务物资供应服务站、天津市武清区河东自来水服务站、天津市武清区河西自来水服务站、天津市武清区市政排水所、天津市武清区水务综合执法大队。

3. 人员结构

（1）人员总体情况。

截至2017年年底，全局共有在职干部职工493人，其中按照人员身份划分：机关公务员35人，工勤8人，基层事业单位450人。按照年龄划分：30岁（包括30岁）以下27人，31～40岁80人，41～50岁235人，51～60岁151人；按照文化程度划分：研究生13人，大本128人，大专147人，中专24人，高中及以下181人。共有离休干部3人，退休（职）干部职工537人。

（2）人员增减。

2017年年内，机关考录公务员2人，选调生2人，事业单位公开招聘3人；机关调出公务员2人（1名调研员、1名科长），退休3人（1名局长、1名主任科员、1名副科长），事业单位退休22人。离退休（职）病故10人。招募"三支一扶"人员5人。人员划转：河道管理所选调5人到水务综合执法大队。

（3）专技人员结构。

截至2017年年底，全局具有专业技术职称人员共189人，已聘165人，其中高级工程师23人，工程师39人，助理工程师59人；高级政工师1人，政工师20人，助理政工师3人；高级会计师1人，会计师4人，助理会计师9人；经济师5人，统计师1人。

（4）科级干部调整。

2017年，科级任免8人、平职交流3人，其中机关4人，张书田任供排水管理科科长，免其水资源管理科副科长职；刘方任党委办公室主任，免其工程规划科副科长职；蒋晶晶任节水科科长，免其副主任科员职；崔永娣任财务审计科副科长，免其副主任科员职；事业7人，宋克亮任河道管理所所长，免其河道管理所副所长职；贡宏波任河道管理所副所长；姚雪亮任排灌管理站副站长；石建路任上马台水库管理处工程科科长（副科级）；张冬林任上马台水库管理处财务科科长（副科级），免其上马台水库管理处副主任职；张志强任上马台水库管理处经营科科长（副科级），免其上马台水库管理处副主任职；李甫玉任上马台水库管理处办公室主任（副科级），免其上马台水库管理处副主任职。

兼任下属事业单位领导1人，党委委员马宇平任水务物资供应服务站站长（兼）。

（5）专业技术职务聘任。

2016年12月31日聘任专业技术职务17人，其中高级工程师3人，石成、刘玉祥、刘春良；工程师4人，穆博、袁静、李琛、唐英浩；政工师1人，尤震霞；统计师1人，尚玉君；助理工程师8人，孙冉辉、刘英俊、杨龙岳、肖永宝、闫骏、房亮、张洪涛、刘洋。

（6）人才工作。

2016年度人才奖励4人，符合"四层次"人才1人，寇淑明（一级建造师）；符合"五层次"人才1人，赵汉文（取得符合急需紧缺目录专业—电气专业高级职称）；符合一次性奖励2人，李明刚（二级建造师）、唐英浩（取得硕士学位）。

2016年度鲲鹏工程骨干人才3人，王涛、李学奎、付会丹。

4. 先进集体和先进个人

（1）先进集体。

区水务局和区河道所被区安全生产委员会评为2016年度安全生产先进单位。

区水利建管中心被天津市水务基建管理处评为2016年度水务工程优秀项目法人。

河西自来水用户服务中心被区妇联评为2016

年度区级城乡妇女岗位建功先进集体。

区市政排水所被天津市团委评为天津青年"创新创业创优"先进集体。

（2）先进个人。

陈国放被共青团天津市委员会天津市青年志愿者协会评为2016—2017年度天津市优秀青年志愿者。

陈国放被区团委评为武清区优秀共青团员。

刘方被区团委评为2016年度武清区新长征突击手。

尤嘉妹被区妇联评为2016年度区级"三八"红旗手。

唐凤伟被区文明办、区妇联评为区级最美家庭。

周丽娜被区老干部局评为2016年度老干部工作先进个人。

赵德奎被区安全生产委员会评为2016年度安全生产先进个人。

潘学政被法治武清建设领导小组办公室评为区级2011—2015年普法依法治理先进个人。

（杜双双）

宝坻区水务局

【概述】 2017年，宝坻区水务局紧紧围绕区委、区政府下达的各项任务指标，不断强化水务职能，在农村水利工程、防汛抗旱、水资源管理、河道管理等方面取得一定成效。

完成宝坻区2017年农用桥闸涵维修改造工程，拆建新建农用桥65座，拆建新建闸涵9座；完成小型农田水利工程3项；完成方家庄镇等3个镇灌溉计量设施建设任务。开展水土保持工作，新建水源工程50处。

在汛前落实各级防汛责任制，修订完善各项防汛预案，加强防汛抢险队伍建设，组织开展了防汛抢险知识培训和军地联合防汛演练，完成各级防汛物资的储备冻结任务，成功应对6月21—24日和7月6—8日2次强降雨过程，确保宝坻区安全度汛。

加强取水许可管理，完成新增建设项目取水水资源论证3项，完成凿井施工方案审查和监督执行20件；加强地下水动态监测工作，完成2017年地下水水位观测点资料整理和数据传输工作；加强地下水开采控沉监督管理，完成2017年的地下水压采水源转换工程，压采地下水42.1万立方米。加强节水管理工作，全年共创建节水型小区4个，节水型企业（单位）21个，通过了节水型区县复查评审。

【水资源开发利用】

1. 地表水

宝坻区境内有6条一级河道，2017年汛期（6月15日—9月15日）上游来水总量5.702亿立方米，其中潮白新河3.4亿立方米，沟河、蓟运河1.14亿立方米，引沟入潮0.22亿立方米，青龙湾减河0.94亿立方米，北京排污河0.002亿立方米。潮白新河南里自沽蓄水闸汛期下泄总量3.65亿立方米。截至2017年年底，宝坻区蓄水总量1.65亿立方米，其中一级河道9600万立方米，二级河道700万立方米，干支渠3000万立方米，小水库200万立方米，坑塘3000万立方米。

2. 地下水

2017年，宝坻区共有机井4634眼，其中农田井3360眼，农村饮水井864眼，企事业单位用井410眼。2017年，全区地下水开采总量为6177.05万立方米，其中农田灌溉用水4864.99万立方米，农村生活用水1089.34万立方米，企事业单位用水222.72万立方米。

3. 雨洪水利用

为保证全区农业生产用水需求，针对水资源短缺的实际，汛期中，区防汛抗旱指挥部在认真执行市防指洪水调度方案的同时，制定了雨洪水利用方案，抓住有利时机按照以蓄为主、排蓄结合的原则，根据各地区不同情况（特别是黄庄洼水稻种植区），合理调控水位，尽量减少开车排沥，充分合理利用本地雨水资源，为全区工农业生产提供可靠水源、净化水源环境，节约扬水站开车电费开支。

【水资源节约与保护】

1. 地下水资源管理

加强地下水资源管理,制定了宝坻区控制地面沉降工作预审及地下水开采监督制度。严格执行水法及取水许可制度,对新增地下水用户全部实施取水许可论证制度,严格审批制度控制限采区地下水的开采,按照年度实施方案,2017年完成了48家企业的地下水压采工作。由开采地下水转换为地表水供水。加强企业计量设施管理,新装企业计量水表19块,更新水表24块。加强地下水动态监测,为提高地下水开采量统计调查的准确性,分别对生活用水45个村、农田灌溉30个村用水进行实测,专门记录开采数据,为地下水资源管理及控沉工作提供了有价值的基础数据,分别于2017年5月、9月开展2次地下水水质监测工作,进行水质分析26个。

2. 地表水资源保护

(1) 水环境管理。

全面提高二级河道重要节点、穿村段和清水干渠的精细化管理,督促16支专业管护队伍,对河道水面漂浮物、堤岸垃圾及时打捞清运,坚持长效管护,确保了河道整洁干净。坚持专人巡视检查二级河道、清水干渠和重点道路边沟截污纳污管理情况;及时调整闸涵口门运行状态,主动置换城区各河道渠道水体;保证了所管河道、渠道未发生黑臭水体污染现象;通过长效管理管护,确保了全区河道卫生环境的良好状态。

(2) 河长制管理。

2017年,编制完成了《宝坻区全面推行河长制实施方案》。在原有河长制办公室的基础上,又配备了新的工作人员,办公地点位于天津市宝坻区西城路1号。按照《市河长办关于规范设置河长公示牌的通知》(津河长办〔2017〕37号)要求,区河长办又重新设计了河长公示牌,11月底完成安装121块新的河长公示牌。创办《河长制

工作简报》,出台了《宝坻区河长制会议制度》《宝坻区河长制信息报送制度》《宝坻区河长制信息共享制度》《宝坻区河长制验收制度》《宝坻区河长制督查督办制度》《宝坻区河长制社会监督制度》《宝坻区河长制新闻宣传制度》《宝坻区河长制考核办法》《宝坻区河长制工作责任追究暂行办法》《宝坻区河长制奖励办法》《宝坻区河长巡视制度》11项制度。

定期考核河道水环境,在市河长办的督导和区水务局领导的全力支持下,区河长办协调河道所、排灌站考核组,强化了考核机制,统一考核标准,分工协作,认真完成了河道水环境考核工作。

3. 节水管理

(1) 计划用水管理。

根据市水务局2017年下达的"三条红线"目标任务(计划用水考核率不小于95%,新增计划用水考核户不少于50户)制订工作计划和措施。2017年确定计划用水考核户655户,比上年(582户)增加73户,全部下达了计划用水指标,考核率达到了95%以上。

(2) 节水型企业、小区创建。

2017年共创建节水型小区4个,节水型企业(单位)21个。截至年底,宝坻区共有节水型小区20个,覆盖率为50.46%(目标19%);节水型企业(单位)共计106家,覆盖率为52.2%(目标52%)。

通过节水型区县复查工作。2013年宝坻区创建成为节水型区县,根据《天津市节水型区县考核标准》(津节水办〔2014〕7号)的规定,节水型区县每4年复查一次,2017年为复查年份。复查考核指标共有基础管理指标、技术考核指标、鼓励性指标三大综合指标,具体分为18个子项,内容涵盖区内多个行业、部门。为做好复查工作,2017年4月,区节水办起草了节水型区县复查方案并上报区政府进行批复,7月组织区发展改革委、工信委、农委、财政局等相关部门共同整理节水型区县复查材料,8月由区节水办编制《节水

型区县复查材料汇编》，全面反映全区 4 年来节水工作取得的成绩。11 月 9 日顺利通过了专家组对宝坻区的节水型区县复查评审工作。

（3）节水技术改造。

通过计划用水考核管理，在现场巡查及水量核算中发现部分企业（单位）由于管道老化及用水设备简陋有浪费水的现象。区节水办及时对用水户进行宣传指导。通过争取财政支持，对宝坻区人民政府、区政协两家单位用水器具进行了提升改造，全部更换为科技含量较高的新型节水器具，达到了良好的节水效果。

（4）节水宣传。

按照住建部办公厅《关于做好 2017 年全国城市节约用水宣传周工作通知》的要求，区节水办于 5 月 14—20 日开展了以"全面建设节水城市，修复城市水生态"为主题的节水宣传活动。5 月 16 日，宝坻区第 26 个"全国城市节约用水宣传周"启动仪式在宝坻区潮白新河国家湿地公园举行，同时举行了宝坻区第三届"美丽宝坻、节水先行"节水杯健康跑活动，来自全区区直机关、部委及镇街的 600 多名选手作为节水宣传志愿者参与了健康跑活动。

园区宣传活动。为了提高宝坻区工业企业用水效率、加快节水技术改造步伐，节水办结合宝坻经济开发区管委会组织园区用水大户召开节约用水法律、法规宣贯会议。通过座谈活动，使用水大户更加了解节水工作的主要内容，了解当前节水技术和节水设备的研发成果，达到了既定的宣传效果。

善水园修缮工作。善水园作为全市第一批节水主题公园，于 2015 年在宝坻区窝头河旁建成，同时也是区内第一个关于节约用水的主题公园。建成后为宝坻区节水宣传建立了与百姓连接的桥梁。园内节水内容丰富，由于风吹日晒雨淋，园内雕塑等有不同程度的损坏。为焕发节水公园的活力，更好地展现节水宣传内容，2017 年 5 月初对公园整体进行修缮，更换橱窗宣传内容、石材清洗打蜡、钢制雕塑除锈喷漆等。

4. 控沉工作

制定了 2017 年度地面沉降防治工作计划，建立了宝坻区控制地面沉降工作预审及地下水开采监督制度；加强了地下水开采控沉监督管理，对本辖区内的地面沉降水准监测设施进行定期巡查。完成 2017 年地下水压采水源转换企事业单位 48 个，压采水量 42.1 万立方米。

【水生态环境建设】　2017 年，宝坻区全面加大水污染防治力度，通过工程治理措施及管理措施，有效改善全区水生态环境，构筑了与"美丽宝坻"相匹配的水环境体系。全年共 57 项任务，其中工程类 12 项，管理类 45 项。工程类治理措施：组织实施了河道绿化、淡水养殖池塘改造、引滦水源保护、重点水污染源自动在线监测系统建设、9 座污水处理厂提标改造、79 家规模化养殖场治理、110 个村级污水处理设施建设、25 个建制村环境综合整治、2 家企业污水处理设施建设、3 处地表水水质自动监测站建设、加油站地下油罐更新改造、地下水水源转换等工程。管理措施：涉及水污染防治、水资源保护措施、水生态健康保障措施、水环境风险控制措施、大力推进经济结构转型升级、强化管理保障措施 6 方面，按照实际要求已全部落实完成。各项投资总计 12.1 亿元。

【水务规划】　2017 年，完成了《生态环境保护方案》《宝坻区全面推行河长制实施方案》《宝坻区河系防汛抢险预案》《宝坻区除涝预案及蓄水调度方案》《宝坻新城（潮白河以北地区）给水系统规划》《宝坻区农村饮水提质增效规划》等规划的编制。

【防汛抗旱】

1. 雨情

2017 年汛期，全区平均降水量 500.3 毫米，比上年同期多 102.3 毫米。其中 6 月平均降水量为 87.5 毫米，7 月平均降水量为 230.2 毫米，8 月平均降水量为 182.6 毫米，9 月未降雨。

2017 共出现 3 次强降雨过程：6 月 21 日夜间至 24 日早晨，出现全区性强降雨天气，全区平均降水量为 69.8 毫米，最大雨量出现在郝各庄镇，雨量为 97 毫米；7 月 6 日白天至 7 日早晨出现全区性强降雨天气，全区平均降水量为 87.7 毫米，最大雨量出现在史各庄镇，雨量为 243.5 毫米；8 月 2 日白天至 3 日早晨出现全区性强降雨天气，全区平均降水量为 45 毫米，最大雨量出现在宝坻城区，雨量为 102 毫米。

2. 防汛

（1）区抗旱防汛指挥部。

政　委：孟庆松　区委书记

指　挥：毛劲松　区长

副指挥：边荣海　常委、常务副区长

　　　　陈秀华　副区长

　　　　陈忠杰　副区长、公安宝坻分局局长

　　　　王　辉　副区长

　　　　王志林　副区长

　　　　王智东　副区长

　　　　宋首文　副区长

　　　　温华战　武装部部长

　　　　周　军　北三河处处长

　　　　闫秀余　水务局局长

成　员：何建华　政府办公室主任

　　　　庞永安　农委主任

　　　　陈百永　发改委主任

　　　　吕　俭　商务委主任

　　　　郑　平　工信委主任

　　　　芮淑霞　建委主任

　　　　董凤伦　人防办主任

　　　　李文山　财政局局长

　　　　焦佩勇　公安宝坻分局政委

　　　　韩振廷　交通局局长

　　　　彭志强　粮食购销公司经理

　　　　杨占岭　新闻中心主任

　　　　王　宇　气象局局长

　　　　王连仲　卫计委主任

　　　　齐　宇　环保局局长

　　　　李树民　供销社主任

　　　　牛志轩　市场中心经理

　　　　毕长林　民政局局长

　　　　王　印　种植业发展服务中心主任

　　　　张玉梅　农业机械发展服务中心主任

　　　　张景富　教育局局长

　　　　杨文胜　安监局局长

　　　　王松林　房管局局长

　　　　周振亮　京津新城建管委会书记

　　　　范春辉　供电公司经理

　　　　王　靖　中国联通经理

　　　　郭玉红　电信公司经理

　　　　刘士启　中保财险经理

　　　　闫海涛　应急办主任

　　　　田会东　农委副主任

　　　　褚学江　水务局副局长

　　　　郭宝立　水务局副局长

　　　　王金星　水务局副局长

指挥部下设 1 室 12 组：办公室，气象组、水情组、调度组、抢险组、转移安置组、物资组、通信组、保卫组、交通运输组、生活保障组、财务组、信息宣传组。办公室设在区水务局，主任由区水务局局长闫秀余担任，常务副主任由王金星兼任，副主任由褚学江、郭宝立担任。

（2）召开防汛会议。

及时召开区防汛指挥部成员扩大会，传达市防指成员扩大会议精神，安排部署宝坻区防汛工作。以防汛行政首长为核心，全面落实了各级防汛责任制，全区各级领导根据各自的职责紧急行动，认真开展工作靠前指挥，各镇、街道各部门通力合作、密切配合工作扎实，做到了思想、责任、工程建设、组织、物资、蓄滞洪区管理、排水、抗旱保障措施八到位，保证了城区防汛工作的全面胜利。

（3）防洪除涝工程。

为确保安全度汛，宝坻区加大度汛工程建设力度，确保各项工程保质保量如期完工。2017 年，宝坻区安排度汛工程资金 600 万元，包括一、二级河道闸涵维修加固，33座扬水站预防性试验及土建维修，工程于6月底完工。2017年安排的大刘坡、黄白桥两座泵站更新改造工程，汛后已开始启动，于2018年6月完成。

（4）修订完善各项预案。

以市级防汛预案框架为依据，区防汛抗旱指挥部本着具体、实用、有效、操作性强、有针对性的原则，对区、街镇两级防汛预案进行修订完善。完善了响应内容、工作制度、专项分预案和保障预案，明确了水情、调度、抢险、物资、通信等各部门处置防汛突发事件的方案，强化预案间的衔接，建立了防汛组织间的上下联动、协调有序的运行机制，修订完善了《宝坻区大黄铺洼蓄滞洪区运用及群众转移安置预案》《宝坻区黄庄洼蓄滞洪区运用及群众转移安置预案》《宝坻区河系防汛抢险预案》《宝坻区除涝预案及蓄水调度方案》等各项防汛预案及应急预案、军地联合防汛预案，同时组织全区24个街镇编制完成了各街镇防汛预案，组织编制了宝坻新城、京津新城防汛排水预案，各街镇、各部门根据各自的职责和任务，保证了防汛各项工作有序开展。

（5）防汛检查。

为确保重点防洪工程设施安全度汛，区水务局按照《天津市一级河道小型穿堤涵闸防汛检查规范》明确责任分工，落实责任与任务，按照"谁检查谁签字"的方法，对防汛设施开展深入细致的大检查，做到"汛期不过检查不止"，对检查出的问题和隐患进行及时处理，对暂不能处理的问题制定了应急抢护方案。同时组织人员对河道堤防进行维护，补搭蓟运河土牛，疏通河渠，清除阻水障碍，清捞排沥河渠、扬水站站前和主要闸涵的杂草，为宝坻区防洪除涝工作奠定了坚实的基础。区委书记孟庆松、区长毛劲松多次带队深入行洪河道堤防、蓄滞洪区、排沥泵站、闸涵度汛工程工地及防汛重点部位，检查防汛准备的落实情况，现场指挥、部署工作。

（6）防汛抢险物资储备。

宝坻区防汛物资分市、区、街镇三级储备，区水务局代市防办储备片石2000吨、油毡30捆、自卸汽车5辆、推土机1辆。区防办于5月2日下发文件，要求区直有关部门和镇街做好防汛物资的冻结储备工作。其中区级物资包括编织袋36万条、彩条布5万平方米、铅丝20吨、砂石料500吨、木桩3030根，以及相应的运输工具等，确保防汛抢修物资及时调运到位，各街镇按照水利部《防汛物资储备定额编制规程》规定，冻结和储备了各种防汛物资。运输部门都建立了24小时值班制度，确保防汛物资调运及时。

（7）防汛抢险队伍。

落实了区民兵抢险队伍5.5万人、区直抢险一梯队、区直抢险二梯队和各镇街专业抢险队伍的组建，并对机动抢险队员进行防汛抢险技术综合培训，提高了防汛抢险能力。组建了扬水站机电、土建设施维修抢险队。建立健全了抢险队各项规章制度，明确责任，做好应急抢险准备。

成功举行防汛实战演练。6月16日区防汛指挥部在潮白河组织防汛抢险实地演习，演习科目包括河道堤防抢险、蓄滞洪区运用分洪后进行水域救护和打捞、扬水站机电抢险三项。针对宝坻区的实际情况，模拟河道行洪堤防出现渗漏、管涌、漫溢、滑坡、决口等险情，分别进行了防渗排体的铺设、砂石反滤围井的制作、抢搭子堤、打桩护坡、封堵决口等抢险方法的实际操作。模拟蓄滞洪区运用分洪后，为了保障蓄滞洪区内居民财产和人身安全，进行了水上救护实际演练。针对农田除涝时扬水站机电设备易发事故，进行了排除机组和开关柜机电险情故障的实际演练。从发现险情、接到任务、现场察看、制订方案到抢险操作，全体指战员反应灵敏、判断准确、作战迅速，圆满完成演练任务，进一步检验防汛预案的时效性和防汛应急抢险能力。

（8）农田除涝和城区排水。

由于多年运用，宝坻区农田排沥设施老化失修严重，为确保农田沥水及时排除，组织有关部门对排沥的泵站、闸涵和电力设施进行全面的检测维修，组织各镇街疏通了农田渠道的阻水障碍，清捞了渠道和扬水站站前杂草。

城区的排沥泵站设备老化，没有专用的排沥扬水站，城区排沥困难重重，为保证2017年汛期城区沥水能及时排除，区水务局及时组织区排灌站、区河道二所对城区排沥工程和设施进行详细检查维修，采取疏通管道、渠道，低洼易涝地段架设临时泵点等措施保证城区排水及时通畅。并根据城区的实际，制订汛期排沥应急预案，保证城区汛期沥水及时得以排除。

（9）蓄滞洪区防汛准备。

按照蓄滞洪区运用预案的要求，落实了指挥机构、抢险救生队伍、抢险物资；明确了责任人，落实了分洪扒口队伍和机械，做好了分洪扒口的各项准备工作；落实了蓄滞洪区围堤无堤段应急抢险措施；落实了蓄滞洪区群众转移和安置的通信报警、转移接收安置、生活保障、治安保障、医疗救助、人员返迁与善后；进行了蓄滞洪区居民财产登记等各项准备工作。

（10）科学调度。

汛期中市防指、区气象局及时发布预报预警，区防指全面掌握流域及全区雨水情，加强会商分析，科学判断，根据市防办调度令及时开启闸涵，升降橡胶坝，采取预泄措施降低河道水位，确保一级河道安全行洪。针对雨情预报，及时组织扬水站提前开车预降水位，安排落实城乡排沥措施，汛期中（6—8月）累计排除城乡沥水1.34亿立方米。在确保防汛安全的前提下，加强了雨洪资源利用，汛末累计调蓄水1.64亿立方米，保证了农业用水需求。同时，通过加强城区水体置换，改善了河道水环境。

3. 抗旱

区委、区政府对抗旱工作高度重视，及时召开抗旱专题会议部署抗旱工作。各有关部门、各镇街建立健全了各级抗旱机构，采取各种行之有效的抗旱措施，为抗旱工作提供了可靠保障。

针对春季阶段性干旱和农业用水高峰期，区水务局加大了调蓄水力度，确保农业用水需求。

密切关注各区域用水需求情况和水位变化情况，使各地区保持一个合理的蓄水位，做好调研，掌握好上游的水源情况，加强沟通协调，掌握抗旱工作的主动权。

【农业供水与节水】

1. 农业供水

宝坻区耕地面积76113公顷，其中麦田33333公顷，稻田20000公顷，大田和经济作物22780公顷。根据全区农业种植结构及城区环境用水情况，2017年春季全区地表水需水量为23200万立方米。小麦计划用水8000万立方米，春播作物播种需水1500万立方米，鱼池补水需水3700万立方米，水稻拉荒、插秧、缓秧需水10000万立方米。

2. 农业节水工程

宝坻区2017年规模化节水灌溉项目，总投资3650.6万元。项目位于宝坻区东南部的八门城镇及北部的朝霞街道和霍各庄镇，共26个行政村，总建设面积2011.6公顷，其中高效节水灌溉面积1644.33公顷，混凝土防渗管道节水面积367.27公顷。建设内容包括新建、拆建泵站4座，维修泵站1座，新打机井232眼，维修机井85眼，新接、更换钢筋混凝土管7638米，铺设PVC管道82.08千米。

【村镇供水】 2017年，为加强村镇供水管理，保障村镇供水用水安全，根据市供水处下发的安排部署，区地资中心于10月对宝坻区村镇供水工作进行了自查自评，并通过了市供水处的考核。完成了天津市宝坻区农村饮水工程现状与需求调查工作。

【农田水利】 2017年，农田水利基础设施建设包括农用桥闸涵维修改造工程、灌溉计量设施建设项目、小型农田水利工程等。

农用桥闸涵维修改造工程。工程一类费投资3761.48万元，建设内容为拆建新建农用桥65座，拆建新建闸涵9座，共计74座。工程于2017年8月开工，12月竣工。

灌溉计量设施建设项目。工程一类费投资692.51万元,项目涉及史各庄镇、牛道口镇和方家庄镇3个镇,建设内容为安装机井计量控制柜600台及相关配套设施。工程于2017年11月开工,12月竣工。

小型农田水利工程包括3项:小型农田水利建设计量设施配套改造项目、小型农田水利建设项目、八门城镇小型农田水利建设项目。小型农田水利建设计量设施配套改造项目,工程一类费投资268.91万元,主要建设内容包括拆除井房200座,铺架设电缆12174米,安装保护钢管1800米,更换井泵211台套,工程于2017年12月开工,12月竣工。小型农田水利建设项目,一类费投资371万元,主要建设内容包括新建泵点7座,新建防渗渠道3022米,新建井柱桥1座,管涵桥1座,涵闸1座,铺设微灌48.27公顷,新建管道穿渠建筑物2处,工程于2017年12月开工,2018年7月完工。八门城镇小型农田水利建设项目,主要建设内容包括铺设混凝土管道465米,修建节制闸4座,工程于2017年12月开工,12月竣工。

【工程建设】

1. 应急度汛工程

2017年投资438.11万元。建设内容为:对一级行洪河道闸涵及部分二级河道重点闸涵进行维修,对存在问题的扬水站配套闸涵进行机电、土建工程设施维修,其中排灌站建设项目分布6个灌区,分别为大口屯灌区、林亭口灌区、城关灌区、大钟灌区、大白灌区和王卜庄灌区,包含11座扬水站和9座闸涵;河道所建设项目包含橡胶坝和闸涵等6项内容,主要工程项目包括清淤、管理用房及主副厂房修缮、围墙更新、围墙大门更换、浆砌石修补、机架桥拆除重建、更换闸门及启闭机等。主要工程量包括土方工程9645立方米,石方工程595.9立方米,混凝土工程16.8立方米。工程于2017年6月开工,7月竣工。

2. 京津风沙源治理二期工程

2017年完成总投资553万元,建设内容为:

水源工程50处,包括新建扬水点10座;节水灌溉工程53处,包括灌溉管道32.198千米,灌溉面积159.93公顷。工程于2017年11月开工,12月竣工。

3. 农村饮水安全提质增效工程

工程总投资24000万元。共涉及6个街镇,建设内容包括新建加压泵站2座,铺设供水管网300千米,扩建东山水厂。管网工程于8月25日完成施工招标,东山水厂扩建工程于10月17日完成施工招标,2017年10月,各标段全面开工,截至2017年12月管网铺设工程全部完工,东山水厂扩建工程计划2018年年底完工。

4. 扬水站更新改造工程

2017年宝坻区扬水站更新改造工程包括黄白桥、大刘坡2座,工程总投资4380万元。

黄白桥泵站更新改造工程。工程总投资2560万元,设计流量15立方米每秒。主要建设内容包括主泵房拆除重建、副厂房拆除重建;新建压力水箱;管理用房拆除重建;站前闸、进水池、拆除重建;机电设备、水泵、闸门等金属结构更换。工程于2017年9月开工,2018年6月竣工。

大刘坡泵站更新改造工程。工程总投资1820万元,设计流量10立方米每秒。主要建设内容包括主泵房拆除重建、副厂房拆除重建、管理用房拆除重建;站前闸、进水池拆除重建;出水池维修加固;机电设备、水泵、闸门等金属结构更换。工程于2017年9月开工,2018年6月竣工。

5. 移民工程及后期扶持

尔王庄水库库区和移民安置区基础设施工程。总投资615万元。建设内容为:西杜庄村新建板桥1座、拆除板桥重建1座;黄花淀村新建水泥混凝土路1650米、新建农田灌溉U形渠道衬砌350米、渡槽1座、出水池1座及新增变压器1台、新增过路管8处;郑贵庄村新建水泥混凝土路450米、涵桥1座;于家埕村重建水泥混凝土路1857米;大白庄村新建水泥混凝土路970米;孙校庄村拆除重建板桥1座。工程于2017年6月开工,12月竣工。

水库移民后期扶持。2017年全区移民人口533

人。全年共发放移民直补资金 31.98 万元。宝坻区对移民直补资金严格执行专户管理，专账核算，封闭式管理模式，由指定银行将直补资金打入惠农"一卡通"存折，确保直补资金及时足额发放到移民手中。

【供水工程设施建设与管理】 2017 年，区水务局加大老旧小区供水管网改造力度。截至 12 月底，"老旧楼房、平房给水改造工程"实施方案、预算财政审批、招标已完成，正在施工。

7 月中旬，泉州水务自筹资金，组织更新超期水表，提高计量精度，减少"超水"现象的发生。至 12 月底，已更新水表 2637 块。8 月末，水厂启动二期工程联动调试。模拟正常供水流程，加氯加药，所有设施设备（如排泥泵等）全部投入调试，化验室全程跟踪监测，摸索新工艺下水处理规律。为提高宝坻新城应急供水保障能力，经市水务局批准，实施宝坻新城应急供水工程，将天津石化宝坻水源地的地下水送至泉州水厂，规模 5.6 万吨每日，已具备输水条件。

2017 年，供水管网配套涉及 5 个小区，铺设管网总长度 11560 米，工程总投资 638.52 万元。工程内容：瑞华园管道安装工程，管网长度 4560 米，投资 225.28 万元，工程于 2017 年 9 月开工，12 月竣工；玉都商业中心管道安装工程，管网长度 2530 米，投资 73.35 万元，工程于 2017 年 9 月开工，12 月竣工；宝镜檀香二期管道安装工程，管网长度 1980 米，投资 142.98 万元，工程于 2017 年 3 月开工，6 月竣工；润和佳园一期管道安装工程，管网长度 1660 米，投资 136.61 万元，工程于 2017 年 9 月开工，10 月竣工；提香轩二期管道安装工程，管网长度 830 米，投资 60.30 万元，工程于 2017 年 6 月开工，8 月竣工。

供水考核工作。区水务局高度重视供水管理工作，加强城镇供水规范化管理及村镇供用水管理，成立了以副调研员胡宇为组长的自查工作小组对全区供水工作进行自查自评，并针对自查中发现的问题进行监督整改，分别于 2017 年 7 月 20 日和 11 月 2 日通过了市供水处对城镇供水规范化管理工作及村镇供水用水管理工作的考核。

城镇供水管理。为确保供水安全，区节水办对水厂上报的日检结果进行分析，发现问题及时解决，并建立台账，不定期检查水厂原始台账记录。每季度向社会公示辖区内城市供水单位出厂水 9 项指标和管网水 7 项指标水质情况。

二次供水管理工作。对宝坻区 60 个二次供水设施单位，进行了全面监督检查。2017 年共出具清洗消毒证明 72 份；对宝坻区二次供水进行水质抽检，5 处居民小区及 4 处全运会接待酒店，水质合格率达到 100%。

村镇供水工作。2017 年全年共检测村镇供水抽检点位 62 个，其中联村 2 个，单村 60 个，合格率为 85%。为确保村镇饮用水水质安全，区水务局水质检测中心随机抽取 20 个村进行水质自检，合格率为 100%。全年村镇供水水质综合合格率达到了目标要求。

【排水工程设施建设与管理】 汛期，为确保城乡排水及时，区水务部门全力组织扬水站和城区泵站开车，排沥高峰时共有 33 座扬水站开车排沥，共 130 名职工昼夜坚守排水一线。

2017 年 4 月，城市管网由区建委转入区水务局，同时接管市政 8 座排水排污泵站。全年城区 8 座排水排污泵站（表 1）共开车 683 小时，排水 129.7 万立方米。同时，汛前在建设路西头设立临时排水泵点，缓解了汛期城区排水压力，保证城区居民正常出行和生命财产的安全。

【科技教育】

1. 科技

2017 年，继续实施科技兴农战略，积极向全区农村推广和宣传先进的节水灌溉新技术、新工艺，组织实施高效节水灌溉项目，灌溉计量设施建设项目，使农村的灌溉管理水平和生产能力不断提高，取得了显著的经济效益和社会效益。

表 1　　　　　　　　　　　宝坻城区排污泵站基本情况明细表

站名	所在河系	电动机			水　泵			变压器		控制排水效益面积/平方千米	建站日期	水泵出水口直径/毫米
		台数/台	单机/千瓦	单站/千瓦	台数/台	单泵/立方米每秒	单站/立方米每秒(立方米每小时)	台数/台	功率/千伏安			
窝头河	窝头河	4	130	370	2	1	3 (10602)	2	500	3.78	1998 年 6 月	700
			130									700
			55		2	0.5			160			400
			55									400
田场	革命渠	2	55	100	1	0.444	0.722 (2600)	1	160	0.44	1996 年 6 月	400
			45		1	0.278						350
大口巷	大口巷	1	22	22	1	0.33	0.33	1	100		2013 年 5 月	350
刘辛庄	革命渠	3	30	90	1	0.25	0.75	1	125 20		2005 年 6 月	
					1	0.25						
					1	0.25						
建设路	革命渠	2	30	60	1	0.33	0.67	1	80		更新 2016 年 7 月	
			30		1	0.33						
东环路		4	37		1	0.33	1.04	1	160		2013 年 5 月 2009 年 6 月	
			37		1	0.33						
					1	0.19						
					1	0.19						
通唐路铁路涵洞		3	22	66	1	0.19	0.6	1	50		2015 年 3 月	
			22		1	0.19						
			22		1	0.19						
南环路铁路涵洞		3	22	66	1	0.19	0.6	1	80			
			22		1	0.19						
			22		1	0.19						

2. 教育

组织全局干部职工进行法律知识培训，引导大家自觉增强法律意识，掌握法律知识，在法律的框架内开展工作。组织 12 位处级领导干部、17 名公务员参加领导干部网上学法用法考试，取得优异成绩；组织 528 名干部职工参加网上学法考试，达到了学习效果。

组织安全生产培训班 2 次。参加人员为机关各科室负责人、基层单位主要负责人、安全管理人员、河道所各管理段段长、排灌站各灌区主任、机电组长。通过培训，各参会人员对安全管理有了深入的了解，提升了各安全管理人员的安全管理能力和水平。组织《安全生产条例》知识答卷 1 次，活动范围为各基层单位、机关各科室，共分发试卷 140 份，答题正确率 98% 以上。同时，充分利用现代化的载体和手段，组织参加全国水利安全生产网络知识竞赛 1 次，参加人员达 159 人次，组织演讲比赛 1 次，使宣教形式更加丰富多样。

【水政监察】 2017 年，区水务局在加强自身法制建设的同时，结合水务工作职能，加大水法律法规的宣传力度，向全社会普及水法律法规知识。

开展水行政执法巡查。根据 2017 年年初制定的巡查计划，每次由两名或两名以上水行政执法人员组成巡查队伍，对巡查过程中发现的水事违法行为，依法采取措施予以制止，进行调查取证，立案查处。2017 年共处理水事违法案件 3 件，均为大气污染防治案件，2 件已结案，共计罚款 20 万元，1 件尚在法律程序中。

加强水政执法队伍建设。2017 年年底全局有行政执法人员 154 人（包括部证、市证），均经过培训、考核合格后持证上岗，并按照权责清单界定的执法权限开展执法活动。参加市水务局组织的"七五"普法讲师团、水政执法骨干培训各 1 次，提高水政执法队伍整体素质。

全年共组织开展安全生产大排查大整治、汛期安全生产大检查、预防硫化氢中毒专项治理、水务行业电气火灾综合治理、安全生产月、安全生产大检查活动 6 次，坚持排查、整改和复查验收

三位一体，明确专人一盯到底，确保按时限进度、措施整改到位，做到了全覆盖监督。共出动检查组 168 次，检查人员 771 人次，主管领导带队 148 次，检查局属各单位及其扬水站和各管理段 246 家次，发现隐患 235 处，下达整改通知书 59 份，均已整改完毕。

【工程管理】 宝坻区境内有一级河道 6 条，分别是潮白新河、蓟运河、青龙湾减河（含引青入潮段）、泃河、引泃入潮河、北京排污河；二级河道 8 条，分别是箭杆河、窝头河、鲍丘河、锈针河、青龙湾故道、百里河、午河、导流河；干渠 87 条，支渠 433 条；大黄堡洼、黄庄洼两个蓄滞洪区；国有扬水站 33 座（表2）。

宝坻区地表水总蓄水能力为 1.65 亿立方米，其中一级河道主要拦蓄工程包括潮白新河南里自沽蓄水闸和朱刘庄低水闸（最高蓄水位分别为 7.0 米和 8.0 米）以及青龙湾减河牛家牌橡胶坝（设计蓄水位 6.5 米），通过拦蓄潮白新河、引泃入潮、青龙湾减河汛末尾水。可用水量为 1.24 亿立方米。

表2　　宝坻区扬水站基本情况明细表

| 扬水站 | | 所在河系 | 建站年份 | 更新年份 | 电动机 | | | 水泵 | | | 变压器 | | 排沥水位/米 | 排咸水位/米 | 效益面积排/万亩 | 排沥标准/年 |
分类	站名				台数/台	单机/千瓦	单站/千瓦	台数/台	单泵/立方米每秒	单站/立方米每秒	台数/台	功率/千伏安				
城关灌区	大套	潮白河	2009	2009	4	355	1420	4	4.59	18.36	1	2500			17.2	3
					1	280	280	1	3.74	3.74						
	白龙港（2）	蓟运河	1977	2010—2011	8	165	1320	8	2.00	16.00	2	1800	1.8	0.3	11.24	5
	网户	蓟运河	1982	1982	3	95	285	3	0.80	2.40	1	560	2.3	1.63	0.53	20
	黄家集	引泃入潮	1975	2014—2015	4	220	880	4	2.00	8.00	1	1250	3.5	2.0	4.10	5
	郭庄	引泃入潮	1977	1977	3	95	285	3	0.80	2.40	2	320 / 180	4.0		1.31	5
王卜庄	胡各庄	潮白河	1974	1996	15	165	2475	15	2.00	30.00		3600	1.0	-0.5	10.70	10
	西河口	潮白河	1971	2013—2014	3	185	555	3	1.60	4.80	1	1600	1.9	1.2	2.60	5

续表

扬水站		所在河系	建站年份	更新年份	电动机			水泵			变压器		排沥水位/米	排咸水位/米	效益面积排/万亩	排沥标准/年
分类	站名				台数/台	单机/千瓦	单站/千瓦	台数/台	单泵/立方米每秒	单站/立方米每秒	台数/台	功率/千伏安				
大白灌区	京津新城	潮白河	2007	2007	6	355	2130	6	3.30	20.00	1	3150	0.55	0	14.57	10
	东老口（1）	青龙湾河	1975	1989	10	165	1650	10	2.00	20.00	1	2500	0.55	-2.0	5.91	20
	东老口（2）	青龙湾河	2005	2005	6	400	2400	6	3.30	20.00	1	3150			同一站联运	20
	大刘坡	青龙湾河	1972	2017—2018	4	280	1120	4	2.50	10.00	1	1600	1.0	2.3	4.59	10
大白灌区	里自沽	潮白河	1966	2015—2016	5	400	2000	5	4.00	20.00	1	3150		1.2	8.73	5
	八道沽	青龙湾河	1980	2000	8	165	1320	8	2.00	16.00	1	1800	2.1	1.4	6.63	20
	董塔	潮白河	1972	2002	3	165	495	3	2.00	6.00	1	750	1.7	1.0	3.32	10
	黄白桥	潮白河	1983	2017—2018	5	355	1775	5	3.00	15.00	1	2500	0.9		6.66	10
	闫皮	排污河	1975	2014—2015	7	260	1820	7	3.00	21.00	1	2500	1.5	-2.0	8.90	10
大钟灌区	宽江（1）	蓟运河	1964	2016—2017	5	280	1400	5	3.60	18.00	1	2400	1.0	0	14.25	5
	宽江（2）	蓟运河	1960	2015—2016	4	180	720	4	2.00	8.00	1	1000	1.0	0	同一站联运	
	宝芝	蓟运河	1974	1993	8	165	1320	8	2.00	16.00	1	1800	0.2	-0.2	7.25	10
	冯庄子	蓟运河	1966	2015—2016	5	400	2000	5	4.00	20.00	1	3150	1.0	-0.2	10.98	3
	李家口	蓟运河	1972	1972	5	55	275	5	0.50	2.50	1	560	1.1	0.4	1.26	3
林亭口灌区	张头窝	蓟运河	1973	2014—2015	8	280	2240	8	3.00	24.00	2	2500	0.2	-0.5	同八门城联运	3
	八门城	蓟运河	1967	2013—2014	4	250	1000	4	2.10	8.40	1	1600	0.2	-0.5	25.70	3
	箭杆河	蓟运河	1979	2008—2009	14	155	2170	14	2.00	28.00	4	3600	0.0	-0.5	6.86	20
	小辛码	潮白河	1975	2014—2015	10	180	1800	10	2.00	20.00	1	1250	0.25	-2.0	9.54	10
	老庄子	潮白河	1974	1991	13	165	2145	13	2.00	26.00		3600	0.1	-2.0	12.78	10
大口屯灌区	西老口	青龙湾河	1966	2013—2014	5	200	1000	5	2.00	10.00	1	1600	1.7	1.0	3.84	10
	菜芽庄	潮白河	1974	1999	10	165	1650	10	2.00	20.00		2400	0.8	-0.7	6.80	10
	小套	潮白河	1974	2009	7	155	1085	7	2.00	14.00	1	1800	2.2	0.7	5.31	10
	西十	青龙湾	1975	2012	6	210	990	6	2.00	12.00	1	1800	2.1	0.6	6.95	5

续表

扬水站		所在河系	建站年份	更新年份	电动机			水 泵			变压器		排沥水位/米	排咸水位/米	效益面积排/万亩	排沥标准/年
分类	站名				台数/台	单机/千瓦	单站/千瓦	台数/台	单泵/立方米每秒	单站/立方米每秒	台数/台	功率/千伏安				
大口屯灌区	牛家牌	青龙湾河	1983	2016—2017	5	576	2880	5	3.60	18.00	2	4800	1.01		7.91	10
	种田营	潮白河	1983	1983	4	480	1920	4	3.00	12.00	1	3200	2.36		6.08	5
	庞家湾	青龙湾	1981	1981	10	165	1650	10	2.00	20.00	1	2400	4.0	2.7	本区1.17香河33.23	10

大黄堡洼蓄滞洪为海河流域的北运河水系，设计蓄滞洪水位4.5米，分五区滞洪，宝坻区属于一、三、五区。全部滞洪量为9130万立方米。分洪口门为武清区狼儿窝分洪闸，设计流量430立方米每秒，设计标准为20年一遇，分洪水位8.1米。

黄庄洼蓄滞洪区滞洪水位4.5米，总面积353.745平方千米，蓄滞洪量46400万立方米。宝坻区面积332.275平方千米，耕地面积15965公顷，蓄滞洪量43200万立方米。黄庄洼采取分区滞洪局部控制原则，分为第一、第二两个滞洪区。分洪口门黄庄洼分洪闸，设计流量为1369立方米每秒，退水口门有张头窝退水闸和黄庄洼退水闸，设计流量分别为100立方米每秒和110立方米每秒，设计标准为5年一遇，分洪水位7.64米。

加强河道日常维护管理，落实了日常管理和维修养护岗位责任制，明确岗位职责，加强河道巡视工作，对所辖区域进行巡查并建立了巡查记录和台账，对堤防进行维修养护，做到了堤顶平整、堤坡平顺。

为改善河道水环境，宝坻区河道管理所开展了为期50天的河道水面清理整治行动。累计出动1000人次，动用船只100船次，清理水面漂浮物2500立方米，重点对潮白新河胡各庄橡胶坝上游段水面漂浮进行打捞，确保了宝坻区水环境质量。

为了保持2016年河道清网行动整治成效，建立水环境综合治理长效机制，河道管理所在黄庄洼分洪闸成立日常巡视小组，对沿河违章违建等一切造成水体污染和阻碍行洪的渔网渔具进行清除。

加强堤防的日常维护管理工作。9月12日，河道管理所专门召开潮白新河、青龙湾减河堤防打草工作安排部署会，清理潮白新河、青龙湾减河左右堤堤肩、堤坡打草、沿河倒伏树枝和倾倒的垃圾，共出动人员2000人次，清理堤防长度150千米。

2017年共巡视堤防228.987千米，累计清理垃圾5945立方米，堤顶填垫、堤坡整修，雨淋沟填垫累计消耗土方28377立方米，堤防养护达标。

【河长制】 2017年，编制出台了区、街镇两级实施方案。由区水务局牵头负责，结合宝坻区实际和区水务局"十三五"规划以及《宝坻区水污染防治行动实施方案》、"三条红线"考核指标，编制了《宝坻区全面推行河长制实施方案》。确定了水资源保护、合理开发利用水资源、加强河湖水域岸线管理保护、加强防洪除涝安全建设、落实水污染防治行动计划、加强水环境治理、加强水生态修复、加强执法监管8项主要任务，并将8项任务分解成35个子项，明确了责任部门。在编制过程中，多次就方案征求各方意见并修改完善。该方案经6月30日区政府第十五次常务会和7月14日区委常委会讨论通过后，以区委、区政府两办名义下发。

截至8月初，全区24个街镇及京津新城建管委、九园工业园区、天宝经济开发区河长制实施方案全部编制完成，8月中旬，街镇、园区级实施方案全部经过街道党工委、镇党委、园区党委审定并印发。

在市河长办对各区河长制实施方案评审中，区级和被抽检的2个街镇、1个园区级河长制实施方案全部合格。

明确河长制实施范围。根据《宝坻区全面推行河长制实施方案》，全区24个街镇及京津新城建管委、天宝开发区、九园工业园区和755个行政村全面实行河长制。全区境内市管一级河道6条总长度246.99千米；区管二级河道8条总长度163.43千米；城区清水干渠14条总长度40.19千米；街镇管干渠80条总长度658.50千米、支渠430条总长度1187.80千米；村管沟渠557条总长度418.00千米、坑塘（含鱼塘）5170座（面积5590.8公顷）均已纳入河长制管理。

1. 机构设置

按照《宝坻区全面推行河长制实施方案》安排，成立了区河长制领导小组。组长由区委书记担任，常务副组长由区长担任，副组长由分管市容、环保、农业、水务的副区长担任。区领导小组成员包括区委组织部、区委宣传部、区编委、区发展改革委、区工信委、区建委、区市容园林委、区农委、区公安局、区水务局、区环保局、区财政局、区国土资源局、区房管局、区畜牧水产中心、区林业局、区规划局、区综合执法局、天宝工业园区、九园工业园区及各街镇主要负责人。

区、街镇分别设立总河长、河长，京津新城及2个工业园区设立河长，行政村设立村级河长。区级总河长由区委书记担任，8名区级河长由区长、副区长担任；24名街镇级总河长由街镇党工委、党委书记担任，149名街镇级河长由街镇、京津新城及两个园区行政负责人担任；755名村级河长由行政村主要负责人担任。

区级和24个街镇以及九园工业园区、宝坻经济开发区、京津新城建管委总河长、河长全部在《宝坻报》向社会公告。

区领导小组下设河长制办公室，办公地点设在区水务局。办公室主任由区分管副区长担任，常务副主任由区水务局局长担任，成员由区环保局、区市容园林委、区农委、区建委、区国土资源分局、区财政局分管负责人担任。区河长制办公室设在区水务局，已落实10名工作人员，工作经费438万元，其中办公经费30万元已纳入区级财政。

2. 制度制定

按照《水利部办公厅关于加强全面推行河长制工作制度建设的通知》（办建管函〔2017〕544号）和市河长办进一步加快建立健全各项工作制度的要求，已编制完成《宝坻区河长制会议制度》《宝坻区河长制信息报送制度》《宝坻区河长制信息共享制度》《宝坻区河长制验收制度》《宝坻区河长制督查督办制度》《宝坻区河长制社会监督制度》《宝坻区河长制新闻宣传制度》《宝坻区河长制考核办法》《宝坻区河长制工作责任追究暂行办法》《宝坻区河长制奖励办法》《宝坻区河长巡视制度》11项制度，经区法制办审核和区政府同意，10月18日已由区河长制办公室印发。

各街镇、园区已全部编制街镇级《河长会议制度》《信息共享制度》《信息报送制度》《工作督查制度》《考核问责与激励制度》《验收制度》，6项制度全部经过各街镇、园区党工委或党委和街道办或镇政府及园区管委会联合印发。

3. 河道管理

按照属地管理原则，各街镇、村按照人口数量比例都成立了环境卫生清洁小组，负责村和河道环境卫生日常管理。一、二级河道以社会服务的形式，成立了专业化的日常养护队伍，全面实施了一、二级河道重要节点、穿村段和清水干渠的精细化管理。截至2017年11月底，一、二级河道和城区清水干渠已投入管护费300多万元。经区财政聘请第三方对"宝坻区2017年度河道水环境保洁管理服务项目"预算审核后，确定年度管护经费1256.02万元。

4. 督查指导

全面推行河长制后，为确保街镇级实施方案编制符合街镇河湖管理保护实际、内容完整，对河湖水环境具有较强的针对性、可操作性，街镇方案编制过程中，依据区实施方案任务分解项目，区河长办工作人员下到每个街镇，检查各街镇方案的编制情况，对照街镇存在的各类水污染问题、水功能区水质问题、防汛和蓄滞洪区、水环境管护、饮用水源地保护、地下水开采、农业用水、执法监管等情况，督导其必须纳入方案之中。各街镇方案形成初稿后，区河长办先行审阅，同时选择部分街镇的方案送水科院把关。

区级河长制 11 项制度印发后，区河长办以通知的形式，要求各街镇抓紧编制上级规定的 6 项制度，并通过实地抽查、微信、电话等适时督查编制情况，确保在限期内完成了制度编制。

在河长公示牌设立方面，区河长办督促街镇河长办加快进度，确保了 2758 块街镇级河长公示牌 11 月底全部安装完成。

5. 监督考核

按照水利部《全面建立河长制工作中期评估技术大纲》和市河长办《2017 年全市区级河长制验收工作实施方案》，区河长办将河长制工作分解成 28 个单项，形成《街镇级河长制验收赋分表》；成立 3 个督查考核评估小组，于 2017 年 12 月至 2018 年 1 月分区域对各街镇、园区逐项检查、评定分值；对不到位或存在问题方面要求相关街镇立即整改落实。考核评估对街镇落实河长制工作起到了很好的推动作用。

在实施河长制管理以来，不断完善考核监督机制，水环境专项考核分为一级河道考核组（河道所负责）、二级河道考核组（排灌站负责）和干支渠考核组（河道二所负责），每组 3 ~ 4 人，自备车辆。各考核组每月考核一次，现场目测水面漂浮物面积和堤岸垃圾的方量以及感官水质情况，考核后将结果统一报到河长办，由河长办评定当月考核成绩，上报区级河长；各位区级河长阅签

后，以政府平台网下发街镇级河长。需要整改的问题，河长办监督整改。

【水务改革】 宝坻区河湖管护体制机制创新试点范围为宝坻区河道管理二所管辖的 8 条区管河道（箭杆河、窝头河、鲍丘河、锈针河、青龙湾故道、百里河、午河、导流河），河道总长度达 148.78 千米。区水务局在 2017 年完善了"河长制"、政府购买公共服务等管护机制，落实了管护主体及经费，建立健全河道管护、线岸保护等规划管理制度，完成全部河道及水利工程的划界工作和重点水利工程的确权工作，完成《宝坻区建设项目占用水域管理办法》，构建完善的河道管护长效机制，维护河道健康，推进水生态文明建设。

【水务经济】 2017 年完成一次调资工作，调整增加了干部职工通信补贴和上下班交通补贴两项；完成了年度住房公积金、补充住房公积金调整工作；完成水利部布置的地方水利财务信息统计和财政专项资金执行情况统计上报工作；完成区财政局布置的超过规定年限出租资产整改工作，事业单位资产数据统计上报工作；完成中央环保督察环保专项资金使用情况上报工作；完成发展改革委布置的涉企行政事业性收费清查工作。

【精神文明建设】 共青团工作。开展了"两学一做"教育实践工作；以"学习习近平 做青春逐梦人"为主题开展专题讲座及征文比赛等特色活动；在团区委组织的 2017 年度"十杰百佳青年"评选工作中，宝坻区水务局 3 名青年干部获得殊荣；在团区委组织的团建优品汇项目的汇报评比工作荣获精品项目奖。

高度重视老干部工作。春节期间走访慰问老干部 52 名，发放慰问金 28400 元；积极推进落实老干部各项待遇，为 9 名离休干部遗孀发放生活困难补助；组织离退休老干部代表参观水利工程设施；扎实推进老干部学习教育活动，及时向老干部传达中央、市委和区委的有关文件精神；利用

探访、慰问和电话交流等方式，广泛征求老干部们的意见，充分发挥老干部的政治优势、经验优势。

【队伍建设】

1. 局领导班子成员

党委书记：崔连旺

党委副书记：何建华（1月调出）

　　　　　　闫秀余（1月调入）

党委委员：褚学江　郭宝立　王瑞文

　　　　　　王金星　胡宇（2016年12月任）

局　　　长：何建华（1月调出）

　　　　　　闫秀余（1月调入）

副 局 长：褚学江　郭宝立　王金星

工会主席：王瑞文

调 研 员：郝德坤（7月任）　何学勇

　　　　　　李宗国（2015年12月任）

副调研员：胡宇（2016年12月任）　戴洪

　　　　　　刘福军　汪波（2016年10月任）

局机关设8个科室：办公室、水政科、工程科、水资源科、财务科、审计科、政工科、水土保持科。（根据津宝党办发〔2011〕26号规定：区节约用水办公室设在区水务局，负责落实区政府关于节约用水的各项工作任务。新的三定方案津宝编字〔2015〕45号中，未提及宝坻区节约用水办公室机构设置和编制。）

基层单位共13个：宝坻区防汛抗旱管理站、宝坻区水利科技推广中心、宝坻区河道管理所、宝坻区排水监测站、宝坻区排灌管理站、宝坻区水利工程建设管理中心、宝坻区钻井施工服务站、宝坻区水利机械修配中心、宝坻区农业供水站、宝坻区地下水资源管理中心、宝坻区自来水管理所、宝坻区水务物资供应站、宝坻区河道管理二所。

2. 人员结构

2017年，宝坻区水务系统在职干部职工604人，机关职工37人，基层单位职工567人。其中机关正处级干部5人，副处级干部8人，科级干部12人，科员7人，工人5人；基层单位正科级干部15人，副科级干部26人，科员142人，工人384人。按学历分：研究生3人，本科156人，专科137人，中专22人，高中及以下286人。按年龄分：35岁及以下87人，36～45岁191人，46～54岁206人，55岁及以上120人。按职称分：高级工程师14人，工程师28人，政工师16人，中级会计师10人，中级统计师1人，助理工程师59人，助理政工师23人。离退休人员780人：其中离休人员6人，退休人员774人。

3. 人事管理

做好2017年度工资、人员年度统计工作；完成全年处级非领导人员及以下公务员平时考核工作；完成机关科室、基层单位、扬水站和管理段的考勤和绩效考核工作；每月上报量化考核工作；办理退休手续43人，办理丧葬补助7人，办理一次性抚恤金16人；完成机关事业单位通信补贴和上下班交通补贴核算工作。

4. 党务工作

区水务局着重强化党的组织建设，充分运用开展"维护核心、铸就忠诚、担当作为、抓实支部"主题教育实践活动这个有效载体，把学习宣传贯彻党的十九大精神、市十一次党代会精神作为"两学一做"学习教育的重要内容，组织理论中心组学习18次、支部党员大会132次、支委会139次、党小组会340余次，开展党委书记讲党课3次、支部书记讲党课52次、主题实践教育活动192次，完成16个党支部换届工作，发展预备党员8名，预备党员转正5名。

5. 先进集体和先进个人

天津市宝坻区水利工程建设管理中心被天津市水务局基建处授予天津市2016年度水务工程优秀项目法人荣誉称号。

刘汉富获天津市工程咨询协会颁发的2016年度天津市优秀工程咨询成果三等奖。

刘乃冰被天津市水利工程管理协会评为天津市水利工程优质奖（九河杯）获奖工程主要贡献人。

宋振荣被天津市水利工程管理协会评为天津

市水利工程优质奖（九河杯）获奖工程主要贡献人。

张桂永被宝坻区总工会授予宝坻区五一劳动奖章。

郭冬生被宝坻区总工会授予宝坻区五一劳动奖章。

薛广阔被宝坻区总工会授予宝坻区五一劳动奖章。

于明久被宝坻区总工会授予宝坻区五一劳动奖章。

芮志远被宝坻区总工会授予宝坻区五一劳动奖章。

李萍被宝坻区妇女联合会授予宝坻区 2016 年度"三八红旗手"荣誉称号。

李萍被共青团天津市宝坻区委员会授予宝坻区"优秀岗位能手"荣誉称号。

刘春玉被共青团天津市宝坻区委员会授予宝坻区"十佳青年志愿者"荣誉称号。

刘宁宁被共青团天津市宝坻区委员会授予宝坻区"十大优秀青年"荣誉称号。

刘宁宁被共青团天津市宝坻区委员会授予宝坻区"十佳青年新市民"荣誉称号。

王素梅被宝坻区委宣传部评为 2016 年度"感动宝坻人物"推荐工作先进个人。

于学旺被宝坻区人民政府信息科评为宝坻区政务信息工作先进个人。

刘立泉被宝坻区社会治安综合治理委员会评为宝坻区综合治理先进个人。

刘娜被宝坻区依法治区领导小组评为 2011—2015 年度普法依法治理学法用法先进个人。

（于兰凤）

宁河区水务局

【概述】 2017 年，宁河区水务局深入贯彻落实党的十九大精神，市十一次党代会及区委二届五次、六次全会精神，紧紧围绕生态优先，绿色发展的总体思路，以加快水利改革发展为主线，以落实最严格的水资源管理制度为重心，以强化作风建设为抓手，加强水务基础设施建设和管理体制机制创新，抓重点、破难点、创亮点，各项工作取得了一定成效，为全区经济社会发展提供良好的水务保障。

推进工程建设。完成北京排污河左堤 1000 米复堤等 3 项应急除险加固工程。完成年度小型农田水利竞争立项项目、规模化节水灌溉增效示范项目、中央农村水利发展资金项目、农用桥闸涵维修改造项目、灌溉计量设施改造项目。全力推进水环境建设，完成 2016 年结转项目中小河流综合治理和水系连通试点李老深渠等 4 个项目区工程；完成宁河区污水处理厂、桥北污水处理厂一期提标改造等工程。芦台桥北污水处理及再生回用二期配套污水、再生水管网工程将随桥北路网建设同步实施。

深化中央环保督察反馈意见整改落实，采取有力措施，坚决将整改工作落实到位，一改到底。按照市委、市政府制定的黑臭水体治理和玖龙纸业用水问题整改任务，截至年底完成全部整改内容。全面推行河长制。建立健全区、镇、村三级河长体系；成立河长制办公室，落实办公地点、人员、设备和工作经费；制订河长制工作方案，编制完成各镇（园区）实施方案，实现全区境内河湖管理保护全覆盖；制定印发河长制相关制度办法；完成了全部河长公示牌设置，加快推进河湖水环境排查，大力开展河道巡查，全面整治水环境。

扎实开展度汛准备，做到"组织、预案、队伍、物资、措施"五落实。科学调度水源，全年引调水源 1 亿立方米，为农业生产、七里海湿地保护提供有效水源保障。坚持实行最严格水资源管理制度，强化地下水资源管理，提高节水管理水平。全面提升城区供水服务质量，全年实现城区安全供水 1212.04 万立方米。加快排水设施建设，新建设计流量 16.5 立方米每秒的金翠路雨水泵站工程于年底前完成泵站主体工程。加强党建和精神文明建设，为完成各项工作奠定坚实基础。

【水资源开发利用】

1. 地表水

截至 2017 年 12 月底，境内有地上蓄水 1.56 亿立方米，其中一级河道 0.9 亿立方米，二级河道 0.16 亿立方米，深渠 0.4 亿立方米，坑塘 0.1 亿立方米，基本可以满足来年农业生产需求。

2. 地下水

2017 年地下水开发利用量 4655.30 万立方米，其中农村人畜、生活用水量 1192.46 万立方米，自来水厂开采量 1211.99 万立方米，农业灌溉用水量 1820.40 万立方米，城区工业用水量 340.96 万立方米，农村工副业用水量 89.49 万立方米。

【水资源节约与保护】

1. 地下水资源管理

加强地下水资源管理，严格执行凿井审批制度，除农业生活更新取用水井和重点项目建设取水井外，其他水井原则上一律不予审批。全年新打机井 9 眼，其中农村生活用井 8 眼，企事业生活用井 1 眼。报废机井 15 眼，其中农业灌溉井 6 眼，农村生活井 8 眼，企事业生活井 1 眼。全年共办理取水许可证延展 152 套，变更 71 套，新发 1 套；新增建设项目水资源论证 1 件；全年取水许可审批合规性审查 17 件。依法全额征收地下水资源费 2577.97 万元，水表计量率与水费征收率均达 100%。加强地下水动态观测，对全区 41 眼常规监测井实施地下水位观测，在枯、丰水位期对全区范围内 112 眼水井进行水位统测，共提供地下水位数据 224 个，采取水样 16 个，为地下水开采和管理提供科学的依据。编制《宁河区地下水压采水源转换工程实施方案（2018 年度）》；制订全区 2017 年度沉降控制工作计划；严格执行地下水取水工程地面沉降预审制度；强化深基坑控沉管理；建立地下水开采控沉监督机制，加强地面沉降监测设施维护，2017 年年底现存完好地面沉降水准点 61 处。

2. 节水管理

严格落实"三条红线"控制指标，加强计划用水、节约用水管理，对计划用水考核户按时下达用水指标，并按季度对其进行考核，对超计划用水累进加价收费。对 22 家重点用水单位实施了节水监控。3 月 22 日第二十六届节水宣传周期间，区水务局、区节约用水办公室以"全面建设节水城市，修复城市水生态"为主题，深入开展节水宣传教育活动。大力开展节水型载体创建活动，区图书馆、区青少年宫、区民政局、区交通局、宁河区芦台镇第三小学、国网天津宁河供电有限公司、天津药材集团宁河公司 7 家单位被评为节水型单位，沿河路居委会、商业街居委会、金华街居委会 3 个居民小区被评为节水型小区。

【水生态环境建设】 深化中央环保督察反馈意见整改落实，按照市委、市政府制定的黑臭水体治理和玖龙纸业用水问题整改任务，截至 2017 年年底完成全部整改内容。

针对黑臭水体治理问题，制订黑臭水体整治方案，完成董庄深渠、董庄引渠全长 7.5 千米河道黑臭水体治理任务。21 处排污口已实施截污；架设两台 300 型混流泵，将受污染水体排到污水管网，进入污水处理厂进行处理；安装并投入使用 38 台纯氧纳米生态修复设备，达到消除黑臭的目的，整改任务已完成。从 2017 年 10 月开始，委托第三方天津市水利科学研究院连续 6 个月的水质检测，保持水质持续达标。

针对玖龙纸业违法打井、违规取水问题，依法依规对玖龙纸业公司违法打井、违规取水进行经济处罚；玖龙纸业公司 12 眼机井全部封堵完毕；严格落实环评要求，就北疆电厂海水淡化供应达成协议，完成切换淡化水源工作，该公司生产以使用淡化海水为主水源，海水淡化使用比例平均值达到 85% 以上，同时用水情况向社会公开。完成全区内企业已建机井排查工作，排查无取水许可证机井共 220 眼，并全部完成封停整改。根据《天津市人民政府办公厅关于重新划定地下水禁采区和限采区范围严格地下水资源管理的通知》（津政办发〔2014〕52号），禁止地下水超采区内新增取用地下水，并严禁新增许可水量。

水环境治理工程进展顺利。日处理污水能力6万立方米的宁河区污水处理厂提标改造工程于2017年6月底完工；日处理污水能力1.2万立方米的桥北污水处理厂一期提标改造工程于2017年11月底全部完工，提标后两座污水处理厂出水水质均达到天津市地标A类标准。2016年结转项目中小河流综合治理和水系连通试点李老深渠、七里海乐善、齐小深渠、江洼口深渠4个项目区工程于12月底全部完工。芦台桥北污水处理及再生回用二期配套污水及中水管网工程，截至年底前中水管网已完成工程的22%、污水管网已完成18%，该工程将随桥北路网建设同步实施。

【水务规划】 根据《七里海湿地生态保护修复规划》《天津市湿地自然保护区规划（2017—2025年)》，按照区委、区政府的安排部署，组织编制《七里海湿地生态保护修复引调水源工程实施方案》，计划实施青污渠青龙湾故道、曾口河治理，还乡新河杨花橡胶坝移址重建、七里海南站重建，新建蓟运河李台橡胶坝，潮白河乐善橡胶坝、蓟运河苗庄橡胶坝更新改造共8项工程，工程计划于2018年启动实施，2020年全部建设完成。组织编制《宁河区水务发展规划》《宁河区水系连通规划》，通过河道治理、深渠清淤整治、泵站涵闸新建、重建以及供水、污水管网建设等工程措施，全面恢复和改善一、二级河道和骨干深渠功能，全面实现宁河区水系河网的贯通和水循环。同时配合市水务局编制《天津市宁河区村镇提质增效工程补充规划》。

【防汛抗旱】

1. 雨情

2017年汛期（6月1日至9月15日），区气象站观测雨量为256.4毫米，比常年同期（451.1毫米）偏少约4成。6月平均降雨量55.8毫米，7月平均降雨量41.9毫米，8月平均降雨量158.7毫米，9月未降雨。

6月20—24日连续降雨，累计降雨52.9毫米，最大降雨出现在丰台镇，降雨量113.1毫米，最小降雨出现在廉庄镇，降雨量31.6毫米，本次降雨虽总量不大，但23日上午芦台城区出现的短时强降雨，降雨量为19.8毫米，造成芦台城区低洼地带短时积水，积水深度约100毫米。区水务局于22日在华翠泵站架设临时排水泵2台，并开启城区全部排水泵站，最大限度降低城区低洼地带的淹泡时间，截至23日16时，城区积水全部排除，董庄、东扬、西扬、华翠、东大营5座泵站累计开车84台时，排除积水约60万立方米。桥北新区赵庄扬水站利用蓟运河水位低的有利时机，自流排除区内积水。

2. 防汛

防汛专项检查。汛前组织专业技术人员对全区一、二级河道堤防，穿堤建筑物，扬水站（点），蓄滞洪区进行全面细致检查，对工程现状进行调查、登记、拍照，重点对一级河道的穿堤建筑物进行普查、分类，对检查出的问题和存在的安全隐患，逐一落实了整改措施。

防汛工作责任制。建立健全防汛组织机构。调整了区防汛抗旱指挥部领导小组成员，落实了以行政首长负责制为核心的区、镇、村三级防汛责任制，同时，按市防办的要求，与清河农场、河北唐山市芦台经济开发区、河北唐山市汉沽经济开发区主动对接，把3个单位纳入区防指成员单位。

2017年宁河区防汛抗旱指挥部组成人员：

指　挥：夏　新　区长

副指挥：王东军　副区长

　　　　李顺喜　区政府办公室副主任（主持工作）

　　　　吕顺岭　区水务局局长

　　　　李旭东　区武装部部长

　　　　周　军　天津市北三河处处长

　　　　王志高　天津市永定河处处长

<table>
<tbody>
<tr><td>蒋洪波</td><td>清河农场生产处处长</td></tr>
<tr><td>莫祖江</td><td>唐山市芦台经济开发区副主任</td></tr>
<tr><td>成 员：焦 健</td><td>天津市宁河区发展和改革委员会主任</td></tr>
<tr><td>王 雷</td><td>天津市宁河区财政局局长</td></tr>
<tr><td>李福光</td><td>天津市宁河区农业委员会主任</td></tr>
<tr><td>董在成</td><td>天津市宁河区种植业发展服务中心</td></tr>
<tr><td>田书才</td><td>天津市宁河区畜牧水产业发展服务中心</td></tr>
<tr><td>李文军</td><td>天津市宁河区交通局局长</td></tr>
<tr><td>王伯生</td><td>天津市宁河区建设管理委员会</td></tr>
<tr><td>张相国</td><td>天津市宁河区民政局局长</td></tr>
<tr><td>王忠华</td><td>天津市宁河区经济开发区管理委员会主任</td></tr>
<tr><td>陈 仪</td><td>天津市宁河区贸易开发区管理委员会主任</td></tr>
<tr><td>王忠华</td><td>天津市宁河区商务委员会主任</td></tr>
<tr><td>刘仲伟</td><td>天津市宁河区供销合作社联合社主任</td></tr>
<tr><td>赵克政</td><td>天津市宁河区工业经济委员会主任</td></tr>
<tr><td>方玉田</td><td>天津市宁河区环境保护局局长</td></tr>
<tr><td>苗国栋</td><td>天津市宁河区新闻中心主任</td></tr>
<tr><td>王德义</td><td>天津市宁河区卫生和计划生育委员会主任</td></tr>
<tr><td>李春雷</td><td>天津市宁河区气象局局长</td></tr>
<tr><td>赵国悦</td><td>公安宁河分局副局长</td></tr>
<tr><td>朱宝昌</td><td>国网天津宁河供电有限公司</td></tr>
<tr><td>杨 宏</td><td>联通宁河分公司总经理</td></tr>
<tr><td>刘 鹏</td><td>电信宁河分公司总经理</td></tr>
<tr><td>吴国桥</td><td>移动宁河分公司总经理</td></tr>
<tr><td>郭 彪</td><td>唐山市汉沽管理区水务局</td></tr>
</tbody>
</table>

指挥部下设办公室，办公地点设在区水务局，办公室主任吕顺岭（区水务局局长）兼任，办公室副主任由唐立强（区水务局工委主任）、崔洪乐（区水务局防汛除涝科科长）担任。

编制防汛预案。修订完善《宁河区防汛预案》《行洪河道防抢预案》《蓄滞洪区运用及群众转移预案》《农村排涝预案》以及城区排水、通信等专项预案，提高了应急处置能力。

抢险队伍。全区共安排抢险人员3.5万人，其中突击抢险队员2800人。为提高应急抢险能力，落实了520人的水利应急抢险队，区水务局组建了60人的防汛机动抢险队，按照技术特长分为堤防闸涵抢险队和机械抢险2个专业小队。

抢险物资储备。采取水利专储、商业代储，指定建筑料场物资备用与群众号料相结合的办法。区水务局专储抢险用木桩697根、6米钢管546根、土工布4.8万平方米、编织袋21万条、片石2491立方米、救生衣700件、发电机13台、临时排水泵36台套。同时与贸易开发区木材市场、交通局砂石料厂、巨鹰编织厂号定了可随时调用的抢险物资。各镇根据险工险段所在位置，指定所在乡村就近储备一定的抢险物料，对易出险的建筑物提早进行封堵。

防洪工程。汛前完成了北京排污河左堤1000米维修加固、蓟运河左堤董庄500米挡墙拆除重砌、还乡新河右堤2000米应急度汛工程，提高了区域防洪能力。

3. 抗旱

全区抗旱工作，合理调配境内水源，及时掌握农业旱情、墒情；时刻关注水情、雨情，年内引调水源1亿立方米。为农业生产、七里海湿地用水提供有效保障。

【农业供水与节水】

1. 农业供水

2017年农田实际耕地灌溉面积38516公顷，农业用水11820.4万立方米。

2. 农业节水

天津市宁河区 2017 年小型农田水利工程竞争立项项目,工程批复总投资 523.46 万元,其中市级财政补助资金 481.13 万元,区自筹资金 42.33 万元,完成投资 523.46 万元。该项目共涉及宁河区东棘坨、廉庄、丰台、宁河、七里海 5 镇,主要建设内容包括拆除重建泵站 2 座,新建泵站 7 座,新建节水工程 2 项,新增节水灌溉工程面积 29.33 公顷,改善灌排面积 913.33 公顷。工程于 2017 年 9 月 28 日开工,12 月 10 日完工。

天津市宁河区 2017 年规模化节水灌溉增效示范项目,工程批复总投资 2840.94 万元,其中市级财政补助资金 2662.69 万元,区自筹资金 178.25 万元,完成投资 2840.94 万元。项目区分别位于宁河区东棘坨、廉庄 2 镇 8 村。主要建设内容包括新建灌溉泵站 26 座,安装潜水泵 73 台套,智能控制柜 73 台套,电磁流量计 73 台,泄水井 72 座,给水栓 4084 套,新增变压器 16 台套,铺设低压管道 228.88 千米,新增节水灌溉面积 1219 公顷,工程于 2017 年 9 月 30 日开工,12 月 30 日完工。

天津市宁河区 2017 年中央农村水利发展资金项目,工程批复总投资 1402.71 万元,其中中央农村水利发展资金 1300 万元,区自筹 102.71 万元,完成投资 1402.71 万元。主要建设内容包括新建灌溉泵站 24 座,安装潜水泵 24 台套,IC 卡智能控制柜 24 台套,电磁流量计 24 台,泄水井 24 座,给水栓 2125 套,新增变压器 8 台套,架设低压线路 7.87 千米,铺设低压管道 121.81 千米,新建项目公示牌 1 座等。新增节水灌溉面积 666.67 公顷。工程于 2017 年 9 月 22 日开工,12 月 10 日完工。

【农田水利】 2016 年冬至 2017 年春农田水利基本建设,计划总投资 29154.90 万元,实际完成投资 29257.14 万元,出动机械 24869 台班,投工 29.23 万个,完成土石方 122 万立方米。新建、维护扬水站 25 座、维修机井 7 眼,新修防渗渠道 5 千米,新建闸 5 座,维修闸 1 座,新建涵 49 座。新增节水灌溉面积 47.67 公顷,提高了农业综合生产和抗旱能力。

【工程建设】

1. 应急度汛维修加固工程

北京排污河左堤（71 + 000 ~ 72 + 000 段）维修加固工程,下达投资 254 万元,完成投资 254 万元。主要完成浆砌石 3910 立方米,土方开挖 6570 立方米,土方回填 3399 立方米。工程于 2017 年 4 月 1 日开工,6 月 5 日完工。

还乡新河右堤（0 + 000 ~ 2 + 000 段）堤顶硬化应急度汛工程,下达投资 156 万元,完成投资 156 万元。主要完成清基 2782 立方米,土方开挖 4172 立方米,二八灰土 3000 立方米,C20 混凝土路面 9600 立方米,土方回填 2298 立方米。工程于 2017 年 4 月 5 日开工,6 月 10 日完工。

蓟运河左堤董庄（1 + 000 ~ 1 + 500 段）挡墙拆除重砌应急度汛工程,下达投资 137 万元,完成投资 137 万元。主要完成土方开挖 9523 立方米,浆砌石 2015 立方米,土方回填 3992 立方米。工程于 2017 年 4 月 20 日开工,6 月 25 日完工。

2. 农村基础设施建设工程

天津市宁河区 2017 年灌溉计量设施改造项目,工程批复总投资 177.97 万元,其中市级财政补助资金 156.89 万元,区自筹资金 21.08 万元,完成投资 177.97 万元。该项目主要为丰台镇 17 个行政村 150 眼农用机井安装农田智能灌溉控制柜 150 套。工程于 2017 年 9 月 30 日开工,12 月 10 日完工。

天津市宁河区 2017 年农用桥闸涵维修改造项目,工程批复总投资 843.87 万元,其中市级财政补助资金 777.97 万元,区筹 65.90 万元,完成投资 843.87 万元。该项目涉及东棘坨、廉庄、宁河、板桥 4 镇,维修改造农用桥闸涵 31 座。工程于 2017 年 9 月 30 日开工,12 月 31 日完工。

【供水工程设施建设与管理】 城区主要供水生产设施包括正在运营的宁河区第一水厂、第二水厂、第三水厂、第四水厂 4 座水厂,设计日供水能力分别是 0.5 万立方米、1.0 万立方米、5.5 万立方米、1.5 万立方米；正在运营的桥北泵站 1 座，设计日供水能力 0.1 万立方米。4 座水厂和 1 座泵站占地总面积为 7.42 公顷。供水总面积为 18.21 平方千米，供水总人口 12.54 万人，居民总户数 42024 户，市政供水管网总长度 87.222 千米，小区内供水管网总长度 312.074 千米。

加强城区供水管理，强化供水服务标准化建设，全面提高服务质量。全年完成大修深井 15 眼，小修各类电气设备 51 次；更换水线 190 米，井管 41 根，更换软启动器 10 台等供水设备的维修维护，保障供水水压、水量和供水安全。安装电子远传水表 19872 块，完成日常维修及更换水表 3630 块；维修堵漏 211 处；维修截门 15 台；维修消防栓 22 台；补井盖 20 套；完成新接水工程 13 处；完成管网铺设 5566 米。全年共接到热线电话 6892 次，受理相关业务 13057 次，与用户签订供水协议 636 份，完成夜间售水服务 814 次。全年实现安全供水 1212.04 万立方米。出厂水质综合合格率、供水设备完好率、供水设施维修及时率及群众满意度均达 98% 以上。

加快推进宁河区地表水厂工程前期各项工作；与市水务局积极协调，推动潘庄工业园区、现代产业园区供水工程建设；宁河区市政消防栓工程已完成立项、可研批复；加强农村供水监管，按照市水务局要求，定期对水质进行抽检；完成饮用水水源保护区警示牌的设置。

【排水工程设施建设与管理】 负责城区排水泵站分别为芦台西泵站、芦台东泵站、东大营泵站、董庄泵站、赵庄泵站、金翠路雨水提升泵站（此站为临时泵站，已于 2017 年汛后拆除），这些泵站覆盖了芦台老城区、区经济开发区、区贸易开发区和桥北新区所辖区域。城区 6 座排涝泵站总装机 20 台套，总装机容量 3515 千瓦，总排水量 35.7 立方米每秒，机组完好率 100%，排涝面积 30 平方千米，年均排水量 2500 万立方米。年内实施新建设计流量 16.5 立方米每秒的金翠路雨水泵站工程，2017 年年底前完成泵站主体工程。

【科技教育】 2017 年，区水务局认真做好水利学会工作，在市水利学会的指导下，严格执行市水利学会的各项章程，积极组织会员们参加市水利学会组织的各项活动。2017 年，参加天津市机关事业单位人才培训网络学习的技术工人为 215 人；参加天津市专业技术人员继续教育培训网络学习的专业技术人员为 142 人；闸坝管理人员技能培训 41 人；安全生产知识培训 22 人；水利工程建设管理与质量安全培训 40 人。

组织参加市北三河处 2016—2017 年度水利工程管理专业技能培训，区河道管理所被评为集体综合成绩优异单位，区河道管理所杨军宁、李卫平、于桂利分别名列区河道组前三名，其中李卫平获得"北三河处 2016—2017 年度水利工程管理专业技能培训优秀学员"称号。

【水政监察】

1. 水政执法监察

加大执法巡查力度，全年共查处水事违法事件 32 起；移送上级河系处 25 起；配合宁河区潘庄镇政府强制拆除二级河道堤防上的违建房屋等 19 起；配合区畜牧水产发展服务中心清理二级河道大杨河圈养鱼案件 1 起。加强执法队伍规范化建设。进一步完善了各执法单位、水政监察员岗位责任制；强化水政监察人员培训，夯实执法基础。

2. 水法宣传

宁河区水务局充分利用"世界水日""中国水周"，围绕"全面落实河长制，推进生态文明建设"主题，集中开展水法宣传活动。发放《天津市实施〈中华人民共和国水土保持法〉办法》《最严格的水资源管理制度"三红线"》《天津市河道管理条例》等水法律法规宣传资料 1700 余份、发放宣传品 1800 余件；现场解答群众咨询 120 余人次。利用宁河水务微信公众平台发布水法宣传口号和节水知识。在宣传周期间，利用电子显示屏、政务微信公众号等平台宣传水法及水资源保护知识、防汛知识、节水常识。

【工程管理】

1. 闸坝、堤防

宁河区境内行洪河道共5条：蓟运河、还乡新河、潮白新河、北京排污河和永定新河，河道总长152.04千米，堤防总长275.60千米。二级河道共12条：西关引河、卫星引河、曾口河、还乡河故道、小新河故道、小新河、埋珠圈、大杨河圈、津唐运河、青污渠、青排渠和青龙湾故道，河道总长162.57千米，堤防总长306.38千米。全区有区管闸坝18座，其中闸涵15座，分别是丰北闸、西末闸、淮淀闸、乐善闸、田辛闸、造甲闸、西关闸、孟庄闸、船沽闸、张老闸、东白闸、俵口闸、大尹闸、东塘闸、杨建闸；橡胶坝3座，分别是潮白河橡胶坝、蓟运河橡胶坝、杨花橡胶坝。

加强河道闸坝日常管理，逐级落实岗位责任制，确保闸容站貌整洁、设备安全运行。安装了河道巡视巡查系统，加强堤防巡查，做到巡查全方位、无死角。严格落实河道巡视监督管理制度，全力保护河道堤防安全。深入开展水环境治理保护行动，全力开展河道"清网"行动，清除全区境内所有行洪河道中拦河渔具、违章建筑等，确保河道水环境安全。开展了城区水环境生态改善行动，历时69天对蓟运河右堤芦台大桥至大北路口段，重点清理河面浮萍水草及生活垃圾。共动用机动船32艘，小木船18艘，大型设备2台，运输车1台，人工230余人，累计打捞河道漂浮物2600余立方米。汛前高标准完成3项河道应急度汛工程。高质量完成河道岁修任务，重点对津唐运河节制闸更换2台螺杆式启闭机，安装2台高压配电柜和3台低压配电柜，5台闸门启闭控制箱；对张老仁闸新增了箱式变压器1台；对淮淀橡胶坝变台进行了更新。高度重视堤防绿化，在蓟运河、潮白新河、还乡新河、北京排污河及二级河道部分堤段新植更新苗木约5.2万株。

2. 泵站

宁河区共有14座区管泵站，分别是董庄扬水站、赵庄扬水站、江洼口扬水站、潮东扬水站、孙庄扬水站、杨富扬水站、淮淀扬水站、七里海南站、七里海北站、造甲扬水站、华翠提升泵站、芦台西泵站、芦台东泵站、东大营泵站。安装各类水泵70台套，总装机容量12245千瓦，设计排水能力135.7立方米每秒。

健全和完善泵站各项管理制度，严格泵站百分考核制度，坚持执行管理人员在岗巡视制度，年初与各泵站站长、各股室负责人签订目标管理责任书，调动了站管人员的积极性。汛前完成区管11座泵站和3座芦台城区泵站岁修、维修工作。做好泵站管理人员的技能考核和日常安全教育工作，举办泵站管理人员技能培训。开展春季、汛期、冬季安全生产大检查活动。投资70万元完成13座（不含杨富扬水站）区管泵站维修工程，确保机泵正常运行。全年累计开车1366台时，灌排水达9836万立方米。

【河长制湖长制】 2017年7月26日，宁河区区委、区政府印发《天津市宁河区全面推行河长制实施方案》（津宁党发〔2017〕28号），方案确定将全区范围内一、二级河道，湿地，景观湖，农村干支渠，农村坑塘全部纳入河长制管理；建立了区、镇、村三级河长体系；截至9月15日，各镇、园区全面推行河长制，实施方案全部按要求编制印发，区河长办组织邀请市水务局、市河长办等部门专家进行技术评审，依据评审意见进行了修改完善。10月26日，市河长办组织对区、镇级河长制实施方案进行了检查评审，评审结果为宁河区区级、镇级实施方案全部合格，并且宁河区岳龙镇实施方案被确定为全市涉农区编制范本。

1. 机构设置

全面分解落实了8大项任务，确保2017年年底前建立党政主导、属地负责、分级管理、部门联动、全民参与的河湖管理保护长效机制。

区、镇两级设立总河长，分别由区委书记、各镇党委书记担任，区、镇、村设立河长，分别由区长、分管副区长，镇长、分管副镇长，村党组织、村委会负责人担任；总河长、河长全部明确工作职责和分工。区级河长 8 人，镇级河长 94 人，村级河长 376 人。区全面推行河长制实施方案及区、镇级总河长、河长名单已在宁河政务网进行公告。

按照市河长办规范河长公示牌设置的工作要求，结合宁河区实际，已按标准、规范完成了全部河长公示牌设置工作，其中区级在一、二级河道，湿地设立公示牌 216 块，镇、村两级在干支渠、坑塘设立河长公示牌 1702 块。

区河长制办公室已明确设立，由区水务局在原有河长办的基础上从系统内部抽调落实 11 名工作人员，专职负责河长制日常事务性工作，并落实办公地点、设备和工作经费。按照区实施方案中规定的"区河长制办公室作为专职常设机构，岗位、工作人员参照市河长制办公室设置"，正在积极与区编办、财政局对接，研究确定岗位和人员设置，进一步完成区河长制办公室组建方案，报区领导小组审定，争取落实专职机构、人员编制。在尚未落实区河长制办公室机构、人员编制的情况下，经区政府批准同意，将区河长制办公室工作经费纳入财政预算。

镇级实施方案明确镇级河长制办公室全部明确挂靠在镇农业办、水利站等部门，已全部落实挂靠部门。

2. 制度制定

参照天津市河长制工作制度制定内容，经区政府第 13 次常务会议审议通过，区河长办制定并印发了中央和水利部明确要求的河长制会议制度、信息报送制度、信息共享制度、督察督办制度、验收制度、考核办法、责任追究暂行办法 7 项制度、办法。同时，根据工作需要，已制定印发了自选的社会监督制度、新闻宣传制度、联络员制度、奖励办法 4 项制度、办法。

3. 监督检查和考核评估

为进一步健全工作体制机制，确保政令畅通，保障河长制工作有序有效开展，建立并印发了河长制督察督办制度。区河长办对各镇、园区河长

制实施方案编制情况、河长公示牌设立、制度建设、水环境"三大行动"等情况开展了 3 轮专项督查。并接受河道水环境社会监督电话举报。

区委书记、区总河长王洪海，区长、区级河长夏新多次就全面推行河长制工作批示，区"四清一绿"行动攻坚战专题会议，对河长制工作进行部署，提出"建立健全河长制和坑长制体系，明确责任，压实任务，彻底整治黑臭水体和坑塘污染"。总河长王洪海，区级河长夏新，副区长李春、王东军、王伯生、刘玉顺、董绍英、赵春兴率领有关部门以不同方式组织开展巡河，各镇总河长、河长，各村河长按照要求认真落实巡河工作，各级河长在巡河过程中，注重发现河道管理保护方面存在的问题，协调、推动、组织落实整改。

按照全市的统一安排，结合宁河区实际，已启动"一河一策""一河一档"工作，按照河湖水环境大排查大治理大提升行动实施方案，全区加快推进河湖水环境排查，建立问题清单、目标清单、任务清单、措施清单、责任清单，摸清河湖底数和基本情况，实行台账管理，统一纳入区河长制办公室管理，针对不同河湖存在的主要问题，依据河长办计划印发的"一河一策""一河一档"编制大纲要求，制订治理方案并尽快组织实施。

4. 河湖管理保护成效

根据全市的总体部署及市河长办的具体要求，区河长制管理紧密结合河道水环境特点，深化落实河长制管理工作，坚持按照"水清、岸绿、景美"的目标，落实区、镇、村三级河长组织体系，各级河长履职尽责，充分发挥统筹协调作用，解决河道水环境治理与管理方面存在的问题，基本实现了联防、联治、联管。各镇按照计划雇佣河道专职保洁员 196 人，并由区河长办统一配发保洁服装、保洁工具、打捞船只及安全防护器具，积极组织开展以河道水环境清整、日常保洁管护、水体水质保护、截污治污、堤岸绿化维护为重点的河道水环境管理工作。

此外，在河道日常保洁养护的基础上，紧密

结合中央环保督察反馈意见整改落实、市政府农村水环境排查整改工作方案及区委、区政府城乡环境整治攻坚战部署，各级各部门多渠道筹措资金，用于河道水环境治理保护，大力开展河道水系环境治理，累计投入治理资金3000余万元，河道管理部门累计投入资金300余万元，用于河道堤防日常管理及河道堤防绿化维护等。

按照考核的相关规定，区河长办对各镇水环境管理情况进行监督考核，执行月报机制，依据市河道水环境监管平台发现的问题、群众监督举报、抽查检查发现问题对各镇河道卫生环境、感官水质、长效机制等进行综合评价，并印发考核月报。

【党建和精神文明建设】 推进学习型党组织建设。以学习习近平总书记系列重要讲话精神、党章党规、法律知识等为主要内容，加强党委中心组理论学习和党员学习教育工作。全年党委中心组集中学习17次，完成学习笔记及心得100余篇，全系统党员完成学习笔记170余册，7名领导干部完成年度学法用法网络培训。

深入开展"维护核心、铸就忠诚、担当作为、抓实支部"主题教育实践活动。深入学习宣传贯彻党的十九大精神。组织全体党员干部职工收听收看党的十九大报告，开展专题宣讲、讲党课、笔试答题和网络答题等活动，其中3人获"学习十九大精神网上答题"优秀个人奖，区水务局获优秀组织奖。

加强党组织建设和党员队伍建设。严格落实党建工作责任制，新增党委委员2名，加强党委班子建设，深入开展结对帮扶工作，做好服务群众联系社区工作。抓实"五好党支部"创建，着力破难题，补短板，认真查找与做"四个合格"党员的差距，引导党员时刻牢记党员身份，展示先锋形象。在全局开展11个党组织和235名党员基本信息采集工作，建立党员电子身份信息，录入全国党员管理信息系统。认真做好党员发展工作，新发展党员1名，按期转正5名。做好党组织关系

排查"回头看"工作；积极落实党内关怀帮扶机制，春节期间对5名困难党员进行走访慰问。2017年10月，东棘坨镇小芦村村委会赠送的"帮扶政策得人心，惠及百姓帮助村"锦旗1面。

扎实抓好党风廉政建设和作风建设。认真贯彻落实中央、市委、区委全面从严治党工作要求，坚持把主体责任扛在肩上、抓在手上，引导全局党组织和党员领导干部担当尽责。认真组织开展不作为不担当问题专项整治活动和"三比一树"活动，年初9个局属单位与局党委递交了党风廉政建设责任书，500余名干部职工签订了严肃工作纪律整顿工作作风承诺书。在春节、清明、五一、端午、中秋、元旦前夕，召开防腐倡廉警示教育会，严防四风问题反弹。组织学习《中国共产党党内监督条例》《关于新形势下党内政治生活的若干准则》等，成立水务局纠风督查领导小组和不作为不担当问题专项治理工作领导小组，组织明察暗访4次，发现基层单位不作为不担当问题2起，并给予该单位领导班子批评教育1次，全系统干部职工通过认真自查，共查找出不作为不担当问题54条，并均已制定整改措施。修订了《天津市宁河区水务局"三重一大"决策工作制度》，进一步完善《天津市宁河区水务局内部控制制度》。2017年给予党内处分5人，行政处分3人，告诫约谈2人，诫勉谈话1人，批评教育1人，警示提醒10人。

推进精神文明建设。结合纪念中国共产党成立96周年，帮助党员提高政治意识，开展书写重温入党誓词、参观平津战役纪念馆、网络安全法知识竞赛等活动，供水站安友刚获三等奖，区水务局获优秀组织奖。利用局党务工作交流、水务政务微信公众号在系统内部宣传弘扬正能量。同时发布正面微博、跟帖，做好网上舆论引导工作。积极开展水法律、供水节水、交通安全宣传等志愿服务活动，8人获文明交通优秀志愿者称号。全面贯彻落实区创建文明城区工作实施方案，及时完成2017年区创建文明城区迎检工作。

大力加强群团组织建设。组织开展全区水务

系统迎"五一"拔河比赛，组队参加区拔河比赛。春节期间，对11名特困职工和1名二类困难职工进行了帮扶慰问。6个局属单位的工会组织完成变更，建立工会委员会。对局属11个基层单位进行妇委会改建妇联工作，选举产生宁河区水务局妇女联合会第一届执行委员会班子成员。2名女职工在区妇联开展的"三八红旗手""巾帼建功标兵"评比活动中，获得区级荣誉。

【队伍建设】

1. 局领导班子成员

党委书记：张洪旺

党委副书记：吕顺岭（7月免）

党委委员（正科）：刘莉莉（11月任）

丁克滨（11月任）

纪检书记：胡庆勇（8月免）

局长：武文术（8月任）吕顺岭（8月免）

调研员：张淑英（3月免）

副局长：武文术（8月免）韩庆硕

工委主任：唐立强（8月行政撤职处分，享受正科级非领导职务）

副调研员：李昌海

2. 机构设置

2017年，局机关设10个职能科室，即行政办公室、党委办公室、财务审计科、人事劳资科、工程规划科、水资源科（节约用水办公室）、防汛除涝科（防汛抗旱办公室）、农田水利科、水政监察科（水政监察大队）、水土保持科；下设8个直属单位，分别是天津市宁河区地下水资源管理所、天津市宁河区河道管理所、天津市宁河区排灌管理站、天津市宁河区供水站、天津市宁河区机井服务站、天津市宁河区水务后勤服务站、天津市宁河区水利管理站、天津市宁河区水利工程建设管理中心及14个镇水利管理站。

3. 人员结构

全系统共1369人，其中在职职工560人，退休职工809人。局机关在职职工31人，其中行政编24人，工勤事业编7人；局直属基层事业在职职工469人；14个镇水利管理站在职职工60人。全系统共有10个基层党支部，共有党员235人。

全系统职工队伍中，硕士研究生1人，研究生4人，本科学历173人，大专学历120人，中专学历55人，高中及以下207人。各类专业技术人员198人，其中高级工程师20人，中级职称64人（工程师51人，会计师5人，经济师1人，政工师7人），初级职称114人（助理工程师84人，助理政工师7人，助理会计师5人，技术员18人）。

全系统各种技术工人总数为299人，其中高级工189人，中级工102人，初级工8人。

4. 先进集体和先进个人

宁河区水务局获天津市宁河区总工会、天津市宁河区体育局联合颁发的宁河区"迎全运 助发展 建功十三五"职工庆"五一"拔河比赛女子团体第一名、男子团体第二名的荣誉称号。

宁河区水务局获中共天津市宁河区委宣传部颁发的《网络安全法》网络知识竞赛优秀组织奖。

宁河区水务局获中共天津市宁河区委网络安全和信息化领导小组办公室颁发的"学习十九大精神网上答题"优秀组织奖。

宁河区水务局获宁河区妇女联合会颁发的"两学一做"知识竞赛三等奖（证书）。

么金铃获宁河区妇女联合会授予宁河区三八红旗手荣誉称号。

韩东获宁河区妇女联合会授予宁河区巾帼监工标兵荣誉称号。

王建民、常秀清、刘艳、徐晨光、朱金波、李顺生、吴春福、王磊获天津市宁河区精神文明建设委员会授予"文明交通优秀志愿者"称号。

周建刚、徐玉秀、鲁永红获中共天津市宁河区委网络安全和信息化领导小组办公室颁发宁河区"学习十九大精神网上答题"优秀个人奖。

（薄金慧）

静海区水务局

【概述】 2017年，静海区水务局认真贯彻落实党的十八大、十九大精神以及区委、区政府工作部署，大力推进民生水利重点项目建设，着力提升水利防灾减灾能力，加强水行政管理和依法治水，努力构筑保障民生、服务民生、改善民生的水利保障体系，提升防洪防汛能力和水平，全面推行"河长制""坑长制"，为建设美丽静海提供有力水务支撑。全年共启动实施 11 项水务工程，其中清水河道行动 6 项，重点水利工程 5 项，总投资 6.81 亿元。

【水资源开发利用】 2017 年，静海区的水资源开发利用工作按照"先生活，后生产"的原则，地下水优先满足农村饮水，农业灌溉重点保障设施农业用水，农业灌溉用水尽量使用地表水。2017 年水资源总量为 7860 万立方米（不包括水库蓄水），其中地表蓄水 3930 万立方米，地下水 3930 万立方米。水资源主要用途为工业生产用水 380 万立方米，城乡生活用水 2250 万立方米，农田灌溉用水 5230 万立方米（其中地下水 1450 万立方米）。

全区平均降水量 437.7 毫米，最大降水量 509.5 毫米（独流镇），最小降水量 366.0 毫米（大丰堆镇），超 450 毫米以上 5 个站、450 毫米以下 13 个站，各站降水时段分布极为不均且强度大，平均降水量比往年略偏少。2017 年静海区降水量统计情况见表 3。

表 3   **2017 年静海区降水量统计表**   单位：毫米

监测站＼月份	1	2	3	4	5	6	7	8	9	10	11	12	年累计降水量
静海			14.5	0	23.5	47.0	157.5	135.5	3.0	91.0			472.0
子牙			14.0	0	28.5	45.5	147.5	150.0	6.0	84.0			475.5
沿庄			17.0	0	30.5	43.0	128.0	167.0	6.5	84.0			476.0
陈官屯			8.5	4.5	35.0	63.0	84.0	142.0	5.0	80.0			422.0
双塘			11.0	0	20.5	45.5	125.0	127.0	3.5	81.0			413.5
台头			16.5	0	16.5	53.5	123.0	137.0	1.5	82.5			440.5
王口			14.0	0	21.0	87.0	87.5	118.0	3.0	95.0			425.5
梁头			16.5	0	19.5	41.5	132.5	126.0	2.0	94.0			432.0
中旺			8.5	0	18.0	51.0	72.5	188.5	4.0	83.0			425.5
蔡公庄			8.0	1.5	33.5	13.5	120.0	163.0	7.0	76.0			422.5
西翟庄			8.0	2.5	29.0	34.5	48.0	176.0	2.5	81.5			382.0
大丰堆			11.0	2.5	16.5	40.0	82.5	128.5	2.0	83.0			366.0
杨成庄			11.5	4.5	18.5	39.0	112.5	163.0	3.5	84.0			436.5
团泊			8.5	6.0	12.0	49.5	123.5	162.5	3.5	80.0			445.5
独流镇			14.5	0	18.0	53.5	200.0	124.5	1.5	97.5			509.5
良王庄			12.5	0	16.0	38.5	184.0	155.0	0.5	91.5			498.0
唐官屯			9.5	0	19.0	51.0	130.5	112.5	6.0	84.0			412.5
水库			6.5	0	12.5	19.0	72.5	217.0	2.5	94.0			424.0
合计			210.5	21.5	388.0	815.5	2131.0	2693.0	63.5	1556.0			7879.0
平均			11.7	1.2	21.6	45.3	118.4	149.6	3.5	86.4			437.7

生态引调水源。由于静海区 2017 年春季旱情严重，汛期降雨偏少，造成境内地表水源缺乏，为缓解静海区缺水现状，有效改善团泊水库和河道水体水质，区委、区政府高度重视，区水务局积极协调市防办、市水务集团、市水务局及有关部门，实施向团泊湿地引调生态水源。自 11 月 15 日 9 时于桥水库开始提闸放水，引调滦河水源经于桥水库通过引滦明渠至大张庄泵站，经大张庄泵站提水入新引河；通过新引河、北运河、子牙河到西河闸，经西青区子牙西河进入静海区境内（约 157 千米）。进入静海区境内后，分两条线路入团泊水库大邱庄泵站：一是经子牙河（独流减河进洪闸）至子牙河八堡泵站开车进入黑龙港河，通过黑龙港河、港团河至大邱庄泵站（约 58 千米）；二是由争光扬水站开车，经争光渠、互助渠、运东排干进入港团河（约 32 千米）同时至大邱庄泵站，由大邱庄泵站开车向团泊水库引蓄。为确保引水路线畅通，实施封堵子牙河、争光渠沿线口门、启闭沿河闸涵、维修扬水站和闸涵、排除境内引水渠道底水、实施河道清障及打捞输水河道漂浮物等工程，两条引水线路总长约 90 千米。此次引调滦河水在为团泊湿地补水的同时，对区内二级河道进行补水和置换，以改善静海区水环境和水体水质。

截至 2017 年 12 月 28 日，引滦入静向团泊水库湿地补水结束，八堡、争光扬水站共引调蓄滦河水源 6002 万立方米，其中团泊水库引蓄水源 4200 万立方米，河道补水 1802 万立方米。

【水资源节约和保护】

1. 地下水压采

按照《天津市地下水压采方案》工作要求，结合静海区地下水总体开发利用现状，完成开发区、团泊镇、大邱庄镇 30 家地下水用户的压采工作，回填机井 43 眼，压采深层地下水开采量 300 万立方米。

2. 地面沉降治理

编制了《2017 年静海区地面沉降防治计划》。对极值点周边进行现状调查，编制《2017 年静海区沉降极值点周边控沉专项治理方案》，对极值点周边 1 千米范围内 3 眼机井安装计量设施，加大地下水开采量的监督。同时，按照市控沉办要求，编制了《天津市静海区地面沉降治理工作（2018—2020 年）实施方案》。

3. 节水型系列创建

为了推动节水型社会创建工作，全面提高静海区节约用水管理水平，促进水资源可持续利用和水环境改善，积极推动节水型系列载体创建。通过深入企业、单位、社区进行走访调研，摸清情况，选取重点进行指导，2017 年共创建 16 家节水型企业（单位）、4 个节水型小区。同时指导 17 家企业（单位）完成了水平衡测试。

4. 计划用水

严格计划用水管理，在对计划用水单位指标认真核实的基础上，根据总量控制指标编制下达年度用水计划。通过核定用水计划指标，严格实施年计划、季考核、月指标的管理制度。执行超计划用水累进加价制度，使各用水户充分认识节水的重要性。2017 年城镇非居民生活用水考核户自来水用户 378 户，新增考核户 50 户；地下水用户 253 户，全年征收超计划累进加价水费 6.1 万元。

【水生态环境建设】 刘官庄污水处理厂中水回用工程于 2017 年 5 月 30 日投产运行。该工程一期设计规模 3000 吨每日，总投资 689 万元，出水供园林绿化、道路冲洗等市政杂用水及恒兴钢业等企业的循环冷却用水，填补静海区没有再生水的空白。

污水处理厂提标改造。积极推动并完成华静、开发区北区、天宇、大邱庄综合、北环、子牙园区等 6 座污水处理厂提标改造任务，提标总规模 9.5 万吨每日，总投资 2.6 亿元，出水提高到天津市新地标排放标准，进一步改善水环境质量。

污水处理厂建设。积极推动翰吉斯物流园、双塘高档五金制品产业园污水处理厂建设，新增污水处理能力0.8万吨每日。翰吉斯物流园污水处理厂土建及设备安装完成。双塘高档五金制品产业园污水处理厂土建完成60%。

大力推动污水处理厂入河排污口设置审批工作。完成北环污水处理厂，大邱庄综合污水处理厂，滨港铸造园污水处理厂，刘官庄污水处理厂，唐官屯第一污水处理厂，团泊东区污水处理厂、团泊西区污水处理厂，子牙园区污水处理厂共8座污水处理厂的入河排污口审批工作，并制作标准化入河排污口标志牌。

黑臭水体治理。完成前进渠（静文路—南外环）3.2千米黑臭水体治理工作（下图），完成清淤5.8万立方米，生态护砌1千米，截污管道2.7千米，污水处理站1座，处理能力为400吨每日，新建、修缮桥梁9座，生态浮岛1000平方米，植树2500棵等。自2017年5月委托天津市水利科学研究院进行效果评估，治理效果良好，各项指标均达到消除水体黑臭的标准，群众满意度92.3%。

4月29日，前进渠黑臭水体治理效果（陈浩 摄）

推动落实中央环保督察反馈意见整改任务。团泊西区污水处理厂调试运行，开发区北区、天宇、团泊东区污水处理厂负荷率提高到60%以上，取得阶段性成果。

污泥处置中心建设。推进大邱庄污泥处置中心建设，该项目处理规模300吨每日，年处置能力10万吨。截至2017年年底，污泥存储车间、生产检测车间、污泥处置车间主体已全部完工；主设备回转窑3套、烘干机2套、水磨除尘塔4套及高低压配电设施全部安装完成。并于12月26日调试运行，12月28日通过市整改办验收。正式运行后，静海区污泥（包括暂存污泥）将全部送往污泥处置中心进行资源化处置。

【水务规划】 为编制《静海水务中远期规划及近期实施计划》，从2015年年底至2017年年底，区水务局与AECOM公司工作人员多次进行现场调研，深入区直各部门收集资料，并到实地现场踏勘。规划编制过程中，先后10次向区主要领导、各相关部门及水务专家进行汇报并征求了各部门意见，于2017年11月底完成规划报告终稿，并上报区政府。

为加快做好环境保护突出问题整改落实督办工作要求，扎实推进水环境治理工作，区水务局编写《静海区水环境治理工作方案》，征求各相关单位意见修改完善后，经2017年10月12日区长办公会议审议并原则通过，经区政府审定后以区政府名义下发。

为全面落实市水务局要求各区抓紧编制水系连通规划，编制《静海区水系联通规划》。区水务局委托天津市水利勘测设计院编制《静海区水系连通规划》，初稿于2017年11月底编制完成，12月初在区水务局进行第一次内部联审，与会领导和相关科室单位提出修改意见。

【防汛抗旱】

1. 防汛

（1）雨情。

汛期6—9月，平均降水量316.8毫米，比上年同期（458.6毫米）降水量少30.9%，为多年平均降水量的79.2%。6月平均降水量45.3毫米，7月平均降水量118.4毫米，8月平均降水量149.6毫米，9月平均降水量3.5毫米。

汛期日最大降水量在7月6日（子牙镇），降水量为79.5毫米，未出现明显积水现象。

（2）汛前准备。

调整组织、落实责任制。根据3月7日市防汛抗旱工作视频会议的部署，由于2017年区政府人事变动较大，区防办及时调整了防汛抗旱组织机构，落实行政首长责任制，对区防汛指挥部成员进行了调整和充实，成立了以区长蔺雪峰任指挥的区防汛抗旱指挥部，并逐级建立了以行政首长负责制的乡镇、村防汛组织机构。同时，落实了河道、闸站、乡镇长行政首长责任制。

区防汛指挥部成立了11个防汛分部，落实了区级领导和工程技术人员包河系责任制，区领导包分洪洼淀责任制和分洪口门责任制，报请区政府批准后，上报市防办、大清河管理处。指挥部下设办公室，负责日常工作，办公室设在区水务局，主任由水务局局长孙立兼任（后调整为张德帅）。

区防汛抗旱指挥部成员：

指　挥：蔺雪峰（区长）

副指挥：刘　峰（常务副区长）

　　　　罗振胜（副区长）

　　　　于振江（副区长、公安静海分局局长）

　　　　周宝玉（区武装部部长）

　　　　张树青（区政府办主任）

　　　　刘才武（区农委主任）

　　　　孙　立（区水务局局长）

　　　　王　刚（区水务局党委书记）

　　　　冯永军（大清河处处长）

成　员：魏建军（区子牙循环经济产业区）

　　　　张培忠（区应急办）

　　　　林成芬（区发展改革委）

　　　　陈少刚（区团泊新城委）

　　　　刘振福（区经济开发区）

　　　　刘云绪（区林海循环经济示范区）

　　　　刘慧武（区统计局）

　　　　古建华（区建委）

　　　　王艳秋（区供销合作社联合社）

　　　　申　军（区供电有限公司）

　　　　刘建良（区种植业发展服务中心）

　　　　杨凤明（区畜牧水产业发展服务中心）

　　　　王润喜（区林业发展服务中心）

　　　　朱奎元（区交通局）

　　　　张子军（区国土资源分局）

　　　　王台博（区房地产管理局）

　　　　杨禄文（区粮食办）

　　　　刘西亭（区农业机械发展服务中心）

　　　　孔凡明（区财政局）

　　　　沈德军（区民政局）

　　　　姚　新（区文化广播电视局）

　　　　刘俊才（区新闻中心）

　　　　石玉坤（区环保局）

　　　　薛印旺（区人力资源和社会保障局）

　　　　王以铁（区卫计委）

　　　　李卫国（区安全生产监督管理局）

　　　　窦策伟（区气象局）

　　　　韩　滨（区团泊水库管理处）

　　　　律　斌（联通静海分公司）

　　　　张庆彬（预备役高炮四团三营）

　　　　刘植礼（静海火车站）

下设防汛分部：

大清河分部（驻台头镇）。

主　任：刘建良（区种植业发展服务中心）

副主任：季福强（区农业机械发展服务中心）

东淀分部（驻大清河河道所）。

主　任：刘西亭（区农业机械发展服务中心）

副主任：刘振东（区工业经委）

　　　　吴玉坤（河道管理所）

子牙河分部（驻子牙河河道所）。

主　任：林成芬（区发展改革委）

副主任：刘玉坤（区农委）

　　　　于继英（河道管理所）

马厂减河分部（驻马厂减河河道所）。

主　任：薛印旺（区人力资源和社会保障局）

副主任：张洪利（区种植业发展服务中心）

　　　　马建材（河道管理所）

独流减河分部（驻独流减河河道所）。

主　任：王润喜（区林业发展服务中心）

副主任：王喜来（区畜牧水产业发展服务中心）
　　　　杨　强（河道管理所）

南运河西钓台分部（驻南运河西钓台河道所）。

主　任：张子军（区国土资源分局）

副主任：刘庆尧（区农委）
　　　　张朝松（河道管理所）

南运河北五里分部（驻南运河北五里河道所）。

主　任：王艳秋（区供销合作社联合社）

副主任：王贺起（区人力资源和社会保障局）
　　　　王文刚（河道管理所）

黑龙港河分部（驻梁头镇政府）。

主　任：刘慧武（区统计局）

副主任：王永良（区林业发展服务中心）

子牙新河、青静黄分部（驻中旺镇政府）。

主　任：沈德军（区民政局）

副主任：陈　军（区审计局）

团泊水库分部（驻团泊水库管理处）。

主　任：韩　滨（区水务局）

副主任：王　松（区水务局）

城区分部（驻区建委）。

主　任：古建华（区建委）

副主任：马　杰（公安静海分局）
　　　　汪少营（区交通局）
　　　　王长征（静海镇政府）
　　　　殷忠刚（区水务局）
　　　　单　辉（区供销合作社联合社）
　　　　张志革（粮食办）

6月17日8时30分，区防汛抗旱指挥部召开了第一次成员（扩大）会议，会上由18个乡镇的乡镇长、子牙园区管委会主要负责人、开发区管委会主要负责人向区长蔺雪峰递交防汛工作责任书；主管副区长、防指副指挥罗振胜传达了市委、市政府召开的全市防汛抗旱工作会议精神，安排部署了静海区2017年防汛抗旱工作。

修订完善防汛预案。根据市防汛抗旱工作视频会议精神，区防办对2017年《关于蓄滞洪区分洪运用口门扒口预案的安排意见》《关于蓄滞洪区群众安全转移预案的安排意见》《静海区蓄滞洪区运用预案》《静海区蓄滞洪区阻水堤埝扒除预案》《天津市静海区防汛预案》（总预案）《天津市静海区洪水调度分预案》等10个分预案及各项规章制度进行了修改和完善，已经区政府批准并上报市防办。同时，认真做好乡镇、街（村）防汛预案编制修订和完善工作。

为贯彻落实4月23日92次市政府常务会议精神和区领导在市防指《关于编制〈城镇易积水居民区危房群众安置实施方案〉的通知》上作的重要批示"认真排查，不漏一处，全覆盖，确保按方案要求，落实到位"，区防办根据乡镇上报的方案，对各乡镇方案进行梳理汇总，形成了《静海区城镇易积水居民区危房群众安置实施方案》。5月16日报请区政府领导审定，并经区长办公会讨论通过，上报市防指。

为贯彻落实党中央、国务院领导关于防灾减灾救灾工作重要指示和对洪涝灾害防治工作提出的要求，尽快实现规划目标，适应经济社会发展要求，2018—2020年适当开展农村基层洪涝灾害调查评价，实施农村基层防汛预报预警体系建设，持续开展群测群防体系建设，以不断完善洪涝灾害防御体系，提高综合防御水平，满足经济社会发展的需求，结合本区实际，编制了《天津市静海区农村基层防汛预报预警体系建设实施方案》。

落实防汛抢险队伍。区防办积极与区武装部联系、沟通，组建了3万人的民兵抢险队伍。区防办按照市防汛抗旱工作视频会议要求，成立了65人的天津市防汛抢险应急救援队第九分队，并制定了抢险队工作预案和各项管理制度。为确保城区排水通畅，区水务局组织了80人的城区防汛排水突击队，分区片落实了责任人，明确任务和措施，调整了城区排水部门责任人，形成了城区排水部门联动机制，并制定了《天津市静海区水务局城区排水抢险预案》。依托天津海吉星农产品物流有限公司，组建了100人的防汛抢险应急预备队。

落实防汛抢险物资。按照市防汛指挥部防汛抢险物资要分级储备的要求，落实区级防汛抢险物资。为了满足防汛抢险需要，区政府投资 10 万元，采取企业和商户代储，付给企业或商户代储费的办法，代储木桩 1000 根、编织袋 5 万条、钢管 20 吨、砂石料 1000 立方米、铅丝网片 1000 片等防汛抢险物资，并已签订了代储协议；区防办专储物资。区防办储备了铁锹 600 把、救生衣 500 件、自吸泵 112 台、潜水泵 10 台、小橡皮艇 3 只、帐篷 10 顶、检井泵 1 台套、移动泵站 1 台套、应急照明灯具 16 台等防汛物资。为积极应对防汛抢险，区防办储备防汛抢险设备，包括发电机 4 台、冲锋舟 4 艘、机动船只 2 艘、移动式水泵抢险车 2 部、抢险指挥车辆 1 部等。区级防汛抢险物资实行挂牌制度，由区防汛指挥部统一调配。

（3）防汛检查。

按照市防办的要求，区防办本着"早检查、早发现、早处理"的原则，提前动手，认真开展汛前检查工作，做到"居安思危，未雨绸缪"。区防办从 2017 年 2 月开始，先后组织了 200 多名干部、职工，采取徒步方式，对河道堤防、闸站及水库大坝等防洪排涝设施进行了全面细致的检查，做到底数清、情况明。

对于汛前检查工作，各级领导非常重视。4 月 13 日，市防办对静海区防汛准备况进行了检查；5 月 24 日，市政府督查组对静海区防汛准备况进行了检查；6 月 11 日，区长蔺雪峰带领区防指部分副指挥，部分防指成员单位、有关乡镇的主要领导及区防办有关人员，对河道堤防、重点闸站、防汛物资储备情况等进行了防汛检查；6 月 24 日，副市长孙文魁对静海区防汛重点部位的闸站和堤防进行检查；6 月 30 日，市防指对静海区防汛准备情况进行检查。

2. 抗旱

早做准备。按照市防办要求，为做好静海区 2017 年抗旱工作，区防办参考历年抗旱预案和旱情受灾情况，制定了《天津市静海区 2017 年抗旱预案》，并结合静海区上半年旱情，于 5 月中旬做了《静海区当前抗旱工作情况汇报》。随后，为贯彻落实好 5 月 27 日国家防总指挥中心召开的抗旱

工作异地视频会议精神，区防办于 6 月 1 日印发《关于做好当前抗旱工作的通知》，下发至各乡镇。

在 2017 年的抗旱工作中，各乡镇充分发挥各级抗旱服务组织作用，积极组织抗旱专业技术人员深入田间地头，指导农民开展各项抗旱服务工作，统一调动现有抗旱设备、设施参与抗旱服务活动。同时，为准确地上报静海区旱情动态和作物受旱情况，区防办多次与区种植业服务中心沟通，了解农作物种植情况和受灾情况，并与市防办保持着密切沟通，随时上报旱情。

引调水源。区防办协调市水务局有关部门，采取内调、外引措施，共调蓄水源 7336 万立方米，其中内调水源 4804 万立方米，外调水源 2532 万立方米（大清河），为农业生产和渔业生产奠定了基础。

【农业供水与节水】 2017 年，静海区农田实际有效灌溉面积 4.27 万公顷，其中节水灌溉面积 3.16 万公顷，农田灌溉用水 5230 万立方米。灌溉计量设施改造工程，对静海区王口镇、陈官屯镇的 29 个行政村的 200 眼机井安装了用水计量设施。

【村镇供水】 2017 年，乡镇生活供水用水 1869 万立方米。静海区继续实施农村饮水提质增效工程，提升改造王官屯、唐官屯、大邀铺、高家楼、禅房、大黄洼、西双塘、沿庄、王口、尚码头 10 个水厂，增加反渗透设备、增容清水池和变压器；改造高家楼水厂 8 个村（小高庄、花园、高家楼、杨李院、王家楼、上三里、范庄子、八里庄）的村内管网。工程总投资 8435 万元。

【农田水利】 2017 年灌溉计量设施改造工程项目。2017 年 8 月 7 日，区水务局下达《关于天津市静海区 2017 年灌溉计量设施改造工程实施方案的批复》（津静水发〔2017〕26 号），批复建设总投资 238.70 万元。该工程的主要建设内容：对静海区王口镇和陈官屯镇的 29 个行政村共计 200 眼农用机井安装农田智能灌溉控制柜或物联网远传水表，

其中陈官屯镇的胡新庄村及高官屯村的 26 眼机井每眼机井配套农田智能控制柜 1 套，包含电磁流量计、智能控制器、钢制井盖、安全阀及玻璃钢柜体，柜体基座采用 C20 混凝土结构，尺寸为 1.2 米 ×1.2 米 ×0.2 米。其他 174 眼机井安装物联网远传水表。并对 134 眼机井配套安装压力罐。工程于 2017 年 9 月 18 日开工，2017 年 11 月 30 日竣工。

【水土保持】　2017 年，继续加大水土保持监督执法工作力度，不断提高水土保持监督执法能力建设。对全区大型开发建设项目深入现场，主动宣传新水土保持法，监督项目单位严格按照水土保持"三同时"制度进行施工管理，督促项目单位编制水土保持方案。全年共巡查新建项目 26 个项目，30 个项目完成水土保持方案编制，3 个项目完成水土保持设施验收，并通过区行政审批局的审批，征收水土保持补偿费 109.165 万元。

2017 年 9 月，市水土保持监测总站在市水务局主持召开了天津市生产建设项目监管示范项目验收会议。静海区确定生产建设项目试点以来，静海区将生产建设项目水土保持"天地一体化"作为重要内容之一，开展生产建设活动遥感调查，进行现场复核，将生产建设项目防治责任范围和活动状况矢量化并上图，掌握生产建设项目实际扰动情况与水土保持工作动态，通过全国水土保持监督管理系统进行数据管理、分析，实现生产建设项目扰动范围动态监督、检查、整改落实等情况信息及时上传和交换。生产建设项目"天地一体化"监管示范工作的开展，促进现代空间技术、信息技术与生产建设项目水土保持监督管理的深度融合，推进静海区水土保持监督管理的信息化和现代化进程。

【工程建设】　独流减河橡胶坝工程，总投资 8530 万元。主要工程量为：土方开挖 91674 立方米，土方回填 22674 立方米，钢筋 1537.15 吨，混凝土 28140 立方米，浆砌石 3242 立方米，坝袋 13530 平方米。该工程于 2016 年 11 月 22 日开工，2017

年 6 月 30 日竣工。建成后的独流减河橡胶坝见下图。

建成后的独流减河橡胶坝（李超　摄）

后屯泵站改扩建工程，总投资 2570 万元。设计流量 16 立方米每秒。主要工程量为：土方开挖 15789 立方米，土方回填 16307 立方米，钢筋 481.97 吨，混凝土 3608.31 立方米。该工程于 2017 年 3 月 20 日开工，2017 年 12 月 30 日竣工。

十槐泵站改扩建工程，总投资 2328 万元。设计流量 16 立方米每秒。主要工程量为：土方开挖 15512 立方米，土方回填 15155 立方米，混凝土 4958.05 立方米，钢筋 486.4 吨。工程于 2017 年 9 月 16 日开工，截至 2017 年年底，已完成工程量的 20%。

【供水工程建设与管理】　水厂续建工程，投资 180 万元。水厂续建工程方面，铺设供水管网，并入全区自来水供水管网，完成十一堡、胜利街、只官屯 3 个村铺设供水管道 251 千米，装分水器 188 个，受益群众 3509 人。

水厂更新改造，投资 29.6 万元。岳庄子至李靖庄主管网改造工程。因西双塘水厂供水范围大、楼房多，造成管网末端的杨学士、李靖庄 2 个村夏季供水困难，经区水务局农村自来水管理站开会研究决定对主管网进行改造。铺设 PE125 管道 4500 米，打穿越 220 米，安装 DN125 节门 2 个，有效改善杨学士和李靖庄村内供水情况。于 2017 年 6 月 17 日开工，7 月 28 日完工。

【排水工程建设与管理】 2017 年汛前，完成城区范围内排水管网的疏通、清掏任务，共疏通 DN200～DN2000 的雨、污管道 153.5 千米，清掏各类检查井 5721 座，收水井 2644 座，为保障城区排水和安全度汛创造了有利条件。

汛前对所辖的各个泵站设备进行了检修和维护，大、中修各类设备 40 台套，更换了 2 个泵站检修孔盖板及护栏，保证了汛期泵站的正常、安全运行。

为保证汛期管网的正常运行和设施完好，按照《天津市城市管理规定》的要求，强化城区排水设施的日常巡查、养护力度，壮大养护维修队伍，对发现破损、丢失的井盖、井箅等及时更换处理，全年共计维修检查井、收水井 126 个，更换井盖 114 套，井箅 134 套，并对群众反映的排水设施问题，做到及时查明原因及时予以处理。

【科技教育】 2017 年，静海区水务局加强职工干部培训，做好人才工作。做好干部培训工作。今年组织全体处级干部参加区委组织的领导干部学习十九大精神和十八届六中全会精神培训班。组织 5 名科级干部参加科级干部任职培训班。完成了公务员考录和事业单位招聘工作，录取公务员 2 名，选调生 1 名，招聘事业单位工作人员 4 名。组织全体专业技术人员和技术工人参加了专业技术人员和技术工人继续教育公需科目网上培训。

【水政监察】

1. 案件查处

2017 年，通过执法行动有效遏制了重点地区水事违法行为，为维护静海区水事秩序及环境保护发挥了积极有效的作用。全年共查处水事违法案件 32 件，其中落实国务院第一环保督察组转办案件 3 件，协调解决 6 件，立案查处案件 23 件（包括水资源案件 5 件、取用地下水案件 6 件、凿井案件 7 件、河道管理范围内建房案件 3 件、二次供水案件 1 件、排水案件 1 件）。其中行政处罚案件 8 件。

2. 执法平台建设

自 2015 年 6 月 4 日天津市执法监督平台建成以来，区水务局对所属的执法信息进行了全面的梳理，2017 年共梳理执法权限共 189 项。为更好地进行监督管理，按照区法制办要求，区水务局对所有执法人员信息和部分检查基础信息进行了录入，并将行政检查和处罚案件信息及时上传执法监督平台。

3. 执法下沉

根据《静海区关于开展乡镇综合执法工作的指导意见》要求，涉及取用水资源、河道违章建房、河道倾倒垃圾等 6 项水务管理处罚权事项，划转乡镇综合执法大队按程序行使处罚权。其中补救措施由水务行政管理部门提出具体要求，由违法当事人负责实施。截至 2017 年年底，已基本形成执法联动体制，主要做法为行政主管部门或者乡镇政府发现应当由对方查处的违法行为，及时告知有查处权的乡镇政府或者行政主管部门。有查处权的乡镇政府或者行政主管部门及时依法查处，并将处理结果通报发现违法行为的行政主管部门。2017 年，区水务局通过政务网向违章单位所在乡镇政府通报案件共 25 件。通过执法权限下沉实现了"一支队伍管全部"的综合执法体制改革，为静海区经济社会发展创造和谐、稳定、有序的社会环境奠定了基础。

4. 法制宣传

通过一系列形式多样的宣传活动，提高了全社会的水患意识、水环境保护意识和国家安全观念，为强化执法营造良好的氛围。

3 月 22 日，第二十五届"世界水日"和第三十届"中国水周"，在县城健身广场组织举办了大型宣传活动（见下图），活动现场腰鼓队表演、红色拱门矗立、红色氢气球、彩旗迎风飘扬。区水务局领导和宣传人员一起向现场群众发放宣传材料、纪念品并引导群众参观《中华人民共和国水土保持法》《天津市河道管理条例》等法律法规相关展牌。现场发放宣传资料、小册子 1000 余份，宣传品 3000 件，解答群众咨询 50 余人次。

"世界水日"及"中国水周"主题宣传（张哲 摄）

在"4·15"国家安全法宣传活动中，组织各单位执法人员进行国家安全法等宣传活动。

全运会期间，组织开展保护水环境"绿色全运法治同行"专项法治宣传教育活动，以深入贯彻落实"七五"普法规划，切实保障"迎全运百日会战"攻坚战，当好东道主，以环境优美、服务优良、安全有序、文明和谐的城市形象迎接第十三届全运会的召开。区水务局以举办全运会为契机，广泛开展与服务全运会相关的法治宣传教育活动，此次活动共计发放各类宣传材料500余份，宣传品千余件。

2017年12月4日是第四个国家宪法宣传日。区水务局共出动工作人员6人，车辆2台，在健身广场设立宣传台、悬挂横幅、出示宣传展牌6块，发放宣传资料、宣传册500余份，解答现场咨询10余件、现场200余名群众参加了活动。

【工程管理】

1. 泵站管理

2017年，做好24座国有扬水站（下表）汛前检查、维修工作，确保安全度汛。3月，对所辖扬水站进行了一次全面的摸底检查，编制出2017年扬水站维修计划和汛前检查报告，并及时上报。对部分重点站机电设备和土建设施等进行了汛前维修，尤其是对已接近瘫痪的迎丰、五堡2座扬水站进行重点检修，保证部分机组能够运行，以备应急之需。同时对钓台、小团泊、管铺头、良王庄、八堡、大邱庄等经常开车的重点站部分水泵

电机、开关柜等进行了大修更新，确保满负荷运行。汛前对可以运行的泵站全部进行了试动作，确保汛期设备能够正常安全运行。

2. 团泊水库管理

落实了库区、大洼闸涵维修养护经费21.1万元。安排专业人员对静海区内的23座闸涵、59个启闭机分批次进行了维修保养，护栏加固、除锈刷漆，节制闸基础涂料粉刷，共启闭水库周边闸涵300余次。

始终把堤防、闸涵安全和生态环境保护放在第一位，为库区所属闸涵安装的红外线摄像头定期保养清洁，做到对整个库区情况实时监控状态，发现险情及时上报，立即处理，避免大的事故发生。每天派专车专人对大堤堤防、闸涵及建筑物进行巡视，认真填写巡查记录。

为全面贯彻市、区防汛工作会议精神，落实"安全第一，常备不懈，以防为主，全力抢险"的防汛工作方针，建立健全了各规章制度，修订完善防汛抢险预案，认真落实责任制，并且水库成立了49人的防汛抢险队伍，组织相关人员进行防汛知识培训，提高应急处置能力。对已取得证书的11名快艇驾驶员近期安排进行针对性操作演练，并对6条快艇进行了维护保养。对移动电源车辆及发电机维修保养，保证启闭闸涵时迅速到位，确保水库安全度汛。

坚决贯彻《静海区永久性保护生态区域保护与修复规划》，取缔对外旅游服务项目。关闭旅游服务部，原有10名职工转岗，从事保卫和水上环保工作，并对其他企业船只进行严格管理。

加强对游玩、烧烤人员的管理，购买执法记录仪3台，并对库区和围堤实行常态保洁。2017年清理堤岸垃圾、水面漂浮物305余立方米。制作安装警示牌34块，设置封堵下堤路口拦网1100多米，有效保持了库区卫生环境整洁。

3. 河道干渠管理

加大河道水生态环境治理，特别是中央环保督察以来，加大了对河道水环境（河道水体颜色、有无异味、河道垃圾、水面漂浮物、沿河直排管）

2017 年静海区区国有扬水站基本情况表

序号	扬水站名称	管理单位（县乡）	位置名称 河流	位置名称 乡镇	扬水站类型	机组流量/立方米每秒	实际排水面积/万亩	机组台套	装机容量/兆瓦	泵型	设计水位/米 前池	设计水位/米 后池	泵池底板高程/米	灌溉（引水）水位/米 设计前池	灌溉（引水）水位/米 设计后池	灌溉面积 设计/万亩	水准基面
1	争光站	区	子牙河	独流镇	灌排	16.0	7.50	5	1.400	轴流泵	1.50	6.00	−1.30			6.00	08 大沽
2	良王庄	区	独流减河	良王庄	灌排	24.0	11.90	8	1.960	轴流泵	2.50	7.70	−3.05			4.00	08 大沽
3	迎丰站	区	独流减河	杨成庄	灌排	16.0	5.34	8	1.240	轴流泵			0			1.00	
4	管铺头站	区	独流减河	杨成庄	单排	18.6	8.11	6	1.980	轴流泵			−3.30				
5	团泊站	区	独流减河	团泊镇	单排	20.0		7	1.960	轴流泵			−0.40				
6	团泊洼站	区	青静黄	大港区赵连庄	单排	21.0	6.68	6	1.200	轴流泵			−3.00				
7	四党口站	区	马厂减河	蔡公庄	灌排	21.7	10.30	7	1.960	轴流泵	2.70	6.20	−3.05			0.90	
8	薛庄子站	区	马厂减河	唐官屯	灌排	18.0	11.70	5	1.650	轴流泵	1.00	6.60	−1.50			4.00	08 大沽
9	八堡站	区	子牙河	独流镇	灌排	21.7	7.17	7	2.310	轴流泵	2.40	8.00	−3.10			6.00	03 大沽
10	锅底站	区	子牙河	独流镇	单排	16.0	3.95	5	1.335	轴流泵							
11	城关站	区	南运河	静海镇	单排	20.0	9.56	5	1.360	轴流泵	2.35	6.05	−2.00	1.2	5		03 大沽
12	纪庄子站	区	南运河	陈官屯镇	单排	12.0	7.18	6	0.990	轴流泵			−3.05				
13	苗头站	区	子牙河	王口镇	单排	12.0	2.88	4	0.880	轴流泵	0.85	2.87	−3.50				08 大沽
14	王口站	区	子牙河	王口镇	单排	14.0	6.51	5	1.100	轴流泵	2.68	5.78	−1.20				03 大沽
15	郑庄站	区	子牙河	王口镇	单排	4.0	1.90	1	0.375	混流泵	0.50	4.40					
16	流庄站	区	子牙河	子牙镇	单排	10.0	4.65	5	0.825	轴流泵							
17	十槐站	区	青静黄	中旺镇	灌排	8.0	2.61	4	0.620	轴流泵	0	1.00				2.04	
18	大庄子站	区	青静黄	中旺镇	灌排	8.0	3.04	4	0.620	轴流泵	−1.20	1.20				2.00	
19	后屯站	区	青静黄	中旺镇	灌排	8.0	3.04	4	0.620	轴流泵						2.00	
20	五堡站	区	大清河	台头镇	单排	4.0	1.50	8	0.440	混流泵							
21	大邀铺站	区	子牙河	子牙镇	灌排	8.0	4.46	4	0.660	轴流泵							
22	大邱庄站	区	港团引河	大邱庄镇	排蓄	42.0		4	3.640	轴流泵	1.70	4.30	−3.70				08 大沽
23	钓台站	区	南运河	陈官屯镇	单排	14.1		6	0.960	轴流泵	3.10	6.34	−1.00				08 大沽
24	小八堡站	区	子牙河	独流镇	单排	4.0		2	0.310	轴流泵	−0.30	1.50					
合计						361.1		145	30.395								

的巡查上报工作。组织 10 人对南运河进行水环境常态化巡查并填报巡查记录，各河道分所每周两次巡查并填报巡查记录，巡查记录报区河长办。加强河道管理所大洼分所对区管河道水环境的巡查力度，对巡查发现的水环境问题及时报河长办并随时进行水环境应急调查。同时对全区已治理的 81 个河道排污口门进行不定期的巡查。安排 2 名专门保洁人员每天对独流减河右堤可视范围内进行保洁。清除独流减河、马厂减河河道垃圾 3050 立方米。在南运河十一堡船闸制作安装钢闸门 1 座。

加强河道执法巡查，全面加大河道巡查频率。全年共查处各种违章 299 起，其中一级河道 243 起，上报大清河处 243 起；区管干渠 56 起，其中巡查发现违章案件 39 起，当场处理 36 起；发现河道范围内违章建房 17 起，均移交相关乡镇处理。汛前配合大清河处对独流减河清障，清除拦河网具 3 处、阻水网具 56 套。11 月初对团泊水库湿地生态补水沿线清障，清除拦河网具 6 处、阻水网具 22 处。

4. 新建工程管理

建立扬尘控制监督管理备案制度。保证扬尘防治从源头抓起，严格把关，确保新开工工程做到各项管理措施到位。对于开工勘验中，防尘措施达不到技术要求的，一律不予办理施工许可，不得开工建设。共勘验新开工工程 13 项，现场勘验合格率 100%。实现了水务建设工地苫盖、围挡、洒水、路面硬化、扬尘 24 小时在线监测和远红外线监测管理全部达标。

【河长制湖长制】　为全面贯彻落实《中共中央办公厅　国务院办公厅〈关于全面推行河长制的意见〉的通知》（厅字〔2016〕42 号）精神，按照《水利部　环境保护部关于印发贯彻落实〈关于全面推行河长制的意见〉实施方案的函》（水建管函〔2016〕449 号）和《天津市全面推行河长制的实施意见》要求，结合静海区实际，2017 年 5 月 27 日，静海区委办、区政府办印发了《天津市静海

区关于全面推行河长制的实施意见》（津静党办发〔2017〕36 号），全区 6 条一级河道、38 条区管干渠、244 条乡村沟渠、2148 个坑塘、1 个水库全部纳入河长制管理，全面推行河长制工作在静海区正式启动。

1. 机构设置

静海区建立区域与水系（主要河流）相结合的区、乡镇（园区）、村三级河长组织体系。区、乡镇设立总河长、河长，村设立河长。区级河长（含总河长）5 人，镇级河长 42 人，村级河长 383 人。根据实施意见，成立静海区河长制工作领导小组（简称领导小组），领导小组组长由区委书记担任，区领导小组成员由 17 个区直单位及 18 个乡镇和 3 个园区、团泊水库等 39 个成员单位主要负责人组成，领导小组下设区河长制办公室，办公室设在区水务局，负责全区河长制日常工作。

2. 制度设定

按照市河长办要求，区河长办起草了《河长制工作考核制度》等 12 项河长制管理制度，通过征求区纪委、区法制办及河长制领导小组各成员单位意见，经区政府第 23 次政府常务会审议通过，区河长办下发《关于印发〈静海区河长制工作考核办法（试行）〉等十二项制度的通知》（静河长办发〔2017〕161 号）。

3. 河湖管理

2017 年 5 月，配合市水务局开展独流减河清障行动，确保行洪安全。8 月，协调静海镇清理南运河违建 3 处，全部拆除。12 月，协调良王庄乡政府、区交通局、综合执法局、市场监管局对独流减河右堤特大桥两侧非法经营摊位进行了清除，并对周边环境进行了清理，安装防护网 80 延米，彻底解决了当地非法占路经营问题。

4. 河湖保护

按照市河长办的统一部署，区河长办积极推动静海区开展河湖水环境"三大行动"，成立了静海区三大行动工作领导小组，制定了整改治理方案，建立了问题台账。针对排查出的问题，按照立知立改问题的要求，处置解决问题 316 个，包括

清理整治堤防破损或破坏 3 处、垃圾废料堆放 91个、入河排污口 20 个、水产养殖 1 个、违法建筑道路或设施 16 个、违法违规 1 个、污染性漂浮物2 个、畜禽养殖坑塘 168 个、农村废污水排放 3个、其他 11 个。

5. 监督考核

静海区河长办积极开展乡镇河长制管理督导检查，对发现的问题及时下发整改通知，对上级河长办下发的整改通知立即整改，效果显著。部分河长制信息分别在天津日报、北方网、大燕网等主流媒体、门户网站上发表，对静海区全面推行河长制工作起到了积极推动的作用。对群众反映的问题，积极协调相关单位及时处理，并及时反馈当事人，均得到满意处理。

【水务经济】　政府债务管理。为缓解水利工程建设资金紧张状况，经区有关部门批准，2015—2017年，区水务局下属的水利工程建设管理中心向北方国际信托股份有限公司、长安国际信托股份有限公司、中信银行天津静海支行、中国农业银行天津静海支行四家金融机构融资 6.577 亿元，用于水利工程建设。2017 年，区水务局需要偿还水利建设贷款资金本息合计 1.03 亿元（本金 0.6 亿元，利息 0.43亿元）。为防控债务风险，区财政局将还贷资金纳入2017 年区水务局预算，保证了按时足额还贷。

行政事业性收费。区水务局承担水土保持补偿费、地下水资源费、污水处理费（2017 年 1 月新增收费项目）3 项行政事业性收费职能。2017年行政事业性收费合计 8104.81 万元：水土保持补偿费收取 109.16 万元，地下水资源费收取5352.22 万元，污水处理费收取 2643.43 万元，全部上缴国库。

【水务改革】

1. 小型水利工程管理体制改革

按照天津市《深化小型水利工程管理体制改革实施方案》（津水农〔2014〕32 号）要求，静海区水务局编制了《静海区小型水利工程管理体

制改革实施方案》，经区政府 2017 年 4 月 15 日第8 次区长办公会议通过，以《天津市静海区人民政府关于印发静海区小型水利工程管理体制改革实施方案的通知》（津静海政发〔2017〕20 号）文件印发各乡镇人民政府及各有关单位。

对纳入本次改革的已建小型水利工程进行调查摸底，纳入本次改革的小型水利工程主要包括现有区管二级河道 38 条（总长 598.54 千米）、闸涵 153 座、泵站 23 座、农村集中饮水工程 30 处；镇管支渠 227 条、闸涵 198 座、泵站 34 座；村级管泵站 322 座、单村供水 50 处、机井 2138 眼，已经全部登记造册，见下图。

静海区小型水利工程"两证一书"（赵应明　摄）

按照"谁投资、谁所有、谁受益、谁负担"的原则，区管工程已全部确权，落实率达到100%。乡镇村管工程是逐乡镇确权落实，截至2017 年年底，静海区 18 个乡镇已确权落实 14 个乡镇。

2. 局办企业改革

按照区国资委清理行政事业单位办企业工作安排，完成了天津舒靖静水产养殖有限公司、天津市锦湖农业开发有限责任公司划转天津静泓投资发展有限公司的工作。

3. 水资源税改革

2017 年 6—11 月，地税静海分局开展了水资源税改革试点的调研工作，区水务局财务科和水政监察大队密切配合，查找近 20 年来的水资源费数据、资料，配合市、区地税局、财政局等部门

进行多次费改税调研，为12月顺利实施水资源税改革提供了有力支持。按照费改税的政策，水政监察大队自2017年12月起，停止收取水资源费，改由税务部门收取水资源税。

【精神文明建设】 深入开展"维护核心、铸就忠诚、担当作为、抓实支部"主题教育实践活动，推进"两学一做"学习教育常态化制度化。组织开展专题学习讨论。紧紧围绕学习贯彻党的十九大精神，与学习党章党规、学习系列讲话紧密结合起来，通过学思践悟、以知促行，进一步增强"四个意识"，组织党员认真研读《关于新形势下党内政治生活的若干准则》《中国共产党党内监督条例》，继续深入学习《习近平总书记系列重要讲话读本》《习近平总书记重要讲话文章选编》。组织党委中心组学习14次，组织党委领导班子开展3个专题交流研讨。每个支部开展学习讨论4次。组织党员和基层支部深入开展"八个自问"和"四查""四看"工作，建立经常性的"党性体检"机制，引导各级党组织和广大党员干部自觉把自己摆进去，直面问题，把身上的"病灶"找准、找实、找具体，抓实问题查改，修正错误、自我革命、自我提高，切实解决基层党建工作和党员队伍中存在的突出问题和短板瓶颈。

抓好党的十九大精神的学习。迅速进行学习部署。召开专门会议对学习十九大精神进行动员部署，采取党委中心组学习、党支部会、党员大会、党小组学习会等形式，以研读党的十九大报告和新党章为主要内容，组织党员干部原原本本、原汁原味学习好党的十九大精神。组织局领导班子成员和各基层支部书记深入基层单位和所在支部上党课，宣讲十九大精神。在组织学习的同时，加强宣传引导，组织各支部制作了十九大学习宣传专栏，悬挂宣传标语，深入宣传和解读党的十九大提出的政策方针和决策部署，组织党员通过撰写心得体会，关注"静海党员在线"微信公众号，参与"竞答"和"学习感言"等活动，增强宣传的吸引力和感染力，广泛吸引干部群众积极

参与，形成了学习贯彻党的十九大精神的浓厚氛围。同时组织处级领导干部参加区委举办的学习十九大精神研讨班。组织领导干部和组织人事干部完成了十九大精神、十八届六中全会和生态文明建设3个专题网上学习。

【队伍建设】
1. 局领导班子成员
党委书记：王　刚
党委副书记、局长：孙　立（回族，5月免）
　　　　　　　　　张德帅（9月任）
党委副书记、副局长：孟令国（正处级）
党委委员、副局长：刘敏贤（9月任，正处级）
　　　　　　　　　刘永保（4月撤职）
　　　　　　　　　殷忠刚　常子贺
党委委员、团泊水库管理处主任：韩　滨
副调研员：王新乡　姜连祥
　　　　　薄庆顺（5月撤职）
　　　　　岳继东（7月任）
团泊水库管理处副主任：黄世军　马俊鹏
正处级干部：李义刚（10月退休）
2. 机构设置
2017年，局机关设8个科室，即办公室、水政科（供水管理科）、农水科、规划设计科（水利工程建设质量与安全监督科）、财务科（审计科）、人事科、防汛科、水环境监管科。局属基层单位11个，即团泊水库管理处（正处级）、排灌管理站、河道管理所、水政监察大队、水利技术推广服务中心、机井服务站、水利工程建设质量与安全监督服务站、水利工程建设管理中心、农村自来水管理站、城区排水管理所、津海木制品总厂。
3. 人员情况
2017年招录大学生7人，其中选调生1人，调入3人，调出3人，退休18人（含津海木制品总厂1人），辞职2人。
截至2017年年底，全局在职职工总数375人，干部202人，工人173人，其中局机关33人，基

层单位 342 人。学历情况：研究生 4 人，大学本科 102 人，大学专科 122 人，中专及以下 147 人。专业技术职称情况：高级工程师 17 名，工程师 33 人（只统计在专技岗位上持有工程师资格证书的人员），政工师 2 人，经济师 2 人，助理工程师 50 人（只统计在专技岗位上持有助理工程师资格证书的人员），助理政工师 5 人；高级工 118 人，中级工 33 人。2017 年评任情况：评副高级工程师 1 人，工程师 3 人，助理工程师 3 人。

局机关：正处级 4 人，副处级 6 人，正科级 8 人，副科级 2 人，科员 6 人，试用期 3 人，工人 4 人。

团泊水库管理处：共计 83 人。其中干部 47 人，工人 36 人；工程师 3 人，政工师 1 人，经济师 1 人，副高级工程师 4 人。

排灌管理站：共计 79 人。其中干部 35 人，工人 44 人；工程师 4 人，副高级工程师 1 人。

河道管理所：共计 50 人。其中干部 22 人，工人 28 人；工程师 5 人，副高级工程师 4 人。

水政监察大队（地下水资源管理办公室）：共计 22 人。其中干部 14 人，工人 8 人；工程师 6 人，副高级工程师 4 人。

水利技术推广服务中心：共计 10 人，其中干部 7 人，工人 3 人。工程师 3 人。

机井服务站：共计 25 人。干部 10 人，工人 15 人；工程师 3 人，政工师 1 人。

水利工程建设质量与安全监督服务站：共计 3 人，干部 3 人；工程师 2 人。

水利工程建设管理中心：共计 22 人。其中干部 14 人，工人 8 人；工程师 6 人，副高级工程师 1 人。

农村自来水管理站：共计 20 人。其中干部 4 人，工人 16 人。

城区排水管理所：共计 22 人。其中干部 17 人，工人 5 人；工程师 1 人，经济师 1 人，副高级工程师 3 人。

津海木制品总厂：共计 6 人，全部为工人。

4. 退休人员

2017 年静海区水务局办理退休人员共 17 人，见下表。

2017 年静海区水务局办理退休人员表

姓名	性别	民族	出生年月	参加工作时间	退休时间	工作单位
高德珍	女	汉	1962 年 2 月	1985 年 7 月	2017 年 2 月	机关
李义刚	男	汉	1957 年 10 月	1974 年 2 月	2017 年 10 月	机关
杜国生	男	汉	1962 年 2 月	1980 年 7 月	2017 年 2 月	机井服务站
李学强	男	汉	1957 年 1 月	1976 年 12 月	2017 年 1 月	排灌管理站
梁金城	男	汉	1957 年 3 月	1976 年 12 月	2017 年 3 月	排灌管理站
刘友绪	男	汉	1957 年 4 月	1977 年 3 月	2017 年 4 月	排灌管理站
唐卫红	男	汉	1957 年 5 月	1978 年 7 月	2017 年 5 月	排灌管理站
田寿海	男	汉	1957 年 8 月	1994 年 3 月	2017 年 8 月	排灌管理站
邢新	男	汉	1957 年 9 月	1975 年 10 月	2017 年 9 月	排灌管理站
吕中森	男	汉	1957 年 9 月	1975 年 2 月	2017 年 9 月	排灌管理站
张展飞	男	汉	1957 年 6 月	1976 年 10 月	2017 年 6 月	团泊水库管理处
闫亚彬	男	汉	1957 年 8 月	1974 年 12 月	2017 年 8 月	团泊水库管理处
马秀华	男	汉	1957 年 11 月	1981 年 2 月	2017 年 11 月	团泊水库管理处
张兰英	女	汉	1962 年 5 月	1979 年 8 月	2017 年 5 月	水政监察大队
李宝芬	女	汉	1967 年 11 月	1991 年 11 月	2017 年 11 月	河道管理所
李瑞珍	女	汉	1967 年 12 月	1994 年 9 月	2017 年 12 月	河道管理所
刘文周	男	汉	1957 年 11 月	1976 年 12 月	2017 年 11 月	城区排水管理所

5. 先进个人和先进集体

（1）先进集体。

静海区水务局被静海区人民政府评为 2016 年度建议提案办理工作先进单位。

静海区水务局办公室被静海区委政法委评为社会治安综合治理先进单位。

静海区水务局农村自来水管理站农村饮水安全水质检测中心被静海区妇女联合会评为 2016 年度三八红旗集体。

（2）先进个人。

李洁家庭、曲静文家庭被天津市委宣传部、天津市妇女联合会评为天津市最美家庭。

殷忠刚被区委记三等功一次。

王境坤被静海区人民政府评为 2016 年度建议提案办理工作先进个人。

刘洋、李润被静海区妇女联合会评为 2016 年度三八红旗手。

孟令娟被静海区妇女联合会评为 2016 年度静海区文明家庭标兵户。

李银山被区委政法委评为社会治安综合治理先进个人。

（赵应明）

蓟州区水务局

【概述】 2017 年，蓟州区水务局在区委、区政府的正确领导下，紧紧围绕全区经济发展大局，坚持"绿水青山就是金山银山"的绿色发展理念，努力发挥职能作用，各项工作均取得了良好的效果。全年完成固定资产投资约 9.9 亿元，开工建设水利工程项目 15 个。完成城区供水任务 879 万吨，农村生活污水治理 150 处，继续实施于桥水库 22 米高程线以下各类设施拆除清理工作，深入开展"河长制""坑长制"管理，督促落实属地责任，巩固工程治理成果，确保全区水生态环境持续向好。

【水资源开发利用】

1. 地表水

2017 年汛期（6 月 15 日—9 月 15 日），蓟州区未出现大的汛情，地表水量为 500 万立方米。

2. 地下水

2017 年，全区有机井 9810 眼，其中农田井 8442 眼，企事业单位用井 1368 眼。2017 年地下水开采总量为 12779.03 万立方米，其中农村生活用水 2550.80 万立方米，农田灌溉用水 9147.80 万立方米，工业用水 28.61 万立方米，城镇生活用水 903.62 万立方米，生态环境与其他用水 148.20 万立方米。

3. 雨洪水利用

截至 2017 年年底，蓟州区蓄水总量 2448 万立方米，其中一级河道 690 万立方米，二级河道 460 万立方米，中型水库 1111 万立方米，小型水库 137 万立方米，干支渠 50 万立方米。

【水资源节约与保护】 2017 年，区水务局全面加强水资源管理工作，落实最严格水资源管理制度，严格用水总量控制，全区 2017 年用水总量控制在 1.8 亿立方米以内。严格把握取水许可审批管理标准，把好控沉预审、合规性审查、论证审查、取水工程验收、许可审批五个"关口"，保证合规性审查达 100%，建设项目水资源论证率达 100%。严格地面沉降监测设施行政检查。制定了蓟州区 2017 年地面沉降监测设施行政检查工作计划，明确了目标任务、检查内容和检查安排。截至目前，全区范围内地面沉降监测设施没有丢失、损毁情况发生，确保了监测数据的连续、完整。强化控沉预审制度，充分发挥控沉工作在地下水开发利用过程中的监督职能，执行控沉"一票否决"制度，对不符合控沉要求的地下水取水项目一律不予批准。截至 2017 年年底，共有 9 个取用地下水项目进行了控沉预审工作，全部通过控沉审核并已备案。完成蓟州区地面沉降治理工作实施方案编制工作。严格水资源有偿使用制度，按照规定的标准依法依量征收水资源费，征收率达 100%，保证非农业用水计量率和经营性设施农业计量率均达 100%。

以水政执法和节约用水工作为依托，认真开

展"散乱污"企业地下水取用水户整治工作，进一步规划地下水管理秩序，严厉打击私自凿井行为，共查处水事违法案件9件（加强巡查，没有立案案件），出动车辆42台次，人员168人次。

以"世界水日""中国水周"宣传活动为契机，举行大规模的节约用水和水法律法规宣传活动，在州河公园举行大规模的节水宣传活动，本次宣传现场接待群众1000余人次，共向群众发放宣传单及宣传手册3000余份、节水提示牌1000余个、节水宣传手提袋2000余个。开展了节约用水进校园活动。在蓟州区第一中学等中小学校开展了"全面建设节水城市，修复城市水生态"主题宣传，在中小学生中形成了"节约用水、从我做起"的观念，自觉养成节约用水的良好习惯。开展了节水进社区活动，利用社区、街道宣传栏张贴国家节水标志和节水宣传标语、口号、贴画、条幅等20余条，向社区居民发放节水宣传资料、科普读物和宣传画等1500余份，介绍节水小窍门，推广节水型的家用电器和卫浴产品，从而提高了全民节约用水、文明用水的意识。

【水生态环境建设】 2017年5月，区水务局推动完成开发区污水处理厂与上仓污水处理厂并网运行，8月实施上仓污水处理厂提标改造工程；改造完成合流制地区58处；农村生活污水治理150处；完成宾昌河、么河及三八水库尾闾黑臭水体治理，并开展效果评估；继续实施于桥水库22米高程线以下各类设施拆除清理工作，与市水务局对接落实补偿资金；对入库沟道进行治理，5月24日完成可行性研究报告批复，12月6日完成初步设计批复。11月制定西龙虎峪和出头岭两个镇的污水处理方案；为加强河道水环境综合治理，自2013年起开展河长制管理工作，2017年，按照中共中央办公厅、国务院办公厅《关于全面推行河长制的意见》和《天津市关于全面推行河长制的实施意见》要求，蓟州区在原有工作的基础上，对河长制工作做了进一步提升，5月31日制定《蓟州区全面推行河长制、坑长制实施方案》，明确工作

目标，落实属地责任，构建长效机制，深入开展河长制管理工作，确保全区水生态环境持续向好。

【水务规划】 2017年，区水务局编制完成《蓟州区城区污水处理厂污泥无害化处置工程实施方案》《天津市蓟州区水系连通规划》等7项重点水利工程规划方案，配合区相关部门完后了近70项规划及方案审查。2017年完成项目立项13个。初步制定2018年报批项目11个，充实项目库，为水务事业可持续发展奠定了坚实基础。

【防汛抗旱】

1. 雨情、水情

2017年，蓟州区全年降雨量668.6毫米，比上年偏多10.2毫米。汛期6月15日至9月15日，累计平均降雨量452.3毫米，比上年同期（累计平均降雨量434.6毫米）多17.7毫米，降雨时空分布不均，以局部暴雨、普降中到大雨为主。6月平均降雨量为60.3毫米，7月平均降雨量为160.9毫米，8月平均降雨量为228.7毫米，9月平均降雨量为2.4毫米。雨量站中，汛期最大累计降雨量出现在下营镇八仙山，为716.6毫米，汛期最小累计降雨量出现在杨津庄镇白庄子，为276.6毫米。汛期主要强降雨过程有3次，7月6日白天到夜间，全区平均降雨量为69.6毫米，最大值在侯家营镇，降雨量为184.3毫米；7月20日夜间至21日清晨，全区平均降雨量为22.4毫米，最大值出现在渔阳镇，降雨量为73.6毫米；8月2日夜间至3日清晨，全区平均降雨量为79.9毫米，最大值出现在下营镇八仙山，降雨量为165.8毫米。

2017年汛期，山区部分河道、沟道有少量产流，杨庄水库、赤霞峪水库、刘庄子水库3座水库有洪水入库，新房子水库、穿芳峪水库、刘吉素水库、官善水库、三八水库、郭家沟水库6座小型水库无洪水入库。平原、洼区河道、渠道水量不多，全区13座国有扬水站均未开车排水，水利工程设施未发生险情。

2. 防汛

（1）调整防汛指挥体系。

组织全区各镇乡、各有关单位，对蓟州区境内的行洪排涝河道、堤防、蓄滞洪区、水库、塘坝、闸涵、泵站、管道、通信设备和在建工程进行全面检查，成立了由区长廉桂峰任指挥的区防汛抗旱指挥部，下设城区、青甸洼蓄滞洪区、于桥水库、农村除涝、山区景区等5个分指挥部。

2017年蓟州区防汛抗旱指挥部机构成员：

指　挥：廉桂峰（区长）

副指挥：秦　川（常务副区长）

　　　　于　清（副区长）

　　　　孙连凯（副区长）

　　　　李　健（副区长）

　　　　刘海波（副区长）

　　　　滑永峰（区武装部部长）

　　　　杜学君（于桥水库处处长）

　　　　周　军（北三河处处长）

　　　　孟庆海（区水务局局长）

指挥部下设办公室，主任由区水务局局长孟庆海兼任，办公地点设在区水务局。

（2）防汛预案。

组织修订《蓟州区防汛预案》《行洪河道防汛抢险预案》《蓟州区山洪灾害防御预案》《防洪除涝预案》《青甸洼蓄滞洪区运用预案》等各项预案，编制了城镇易积水地区危房群众安置实施方案，完成了青甸洼蓄滞洪区财产登记核查工作。

（3）防汛物资储备。

各镇乡储备防汛抢险物资的最低标准为：沙子1000立方米，石子1000立方米，彩条布1000平方米，苫布200平方米，沿河、沿堤和有水库、塘坝的村，每村储备手电20只、木桩30根、铁锹50把、编织袋每人1条。

（4）防汛抢险队伍。

区水务局组建108人的防汛抢险专业队和60人的机动抢险队，区市容园林委、林业局、交通局组建158人的防汛抢险突击队，镇乡防汛抢险队伍主要以3万名民兵为主体，区武装部负责协调驻蓟部队参加急、难、险、重抗洪抢险救灾任务。

（5）防汛检查。

组织全区各镇乡、各有关单位，对全区境内的行洪排涝河道、堤防、蓄滞洪区、水库、塘坝、闸涵、泵站、管道、通讯设备和在建工程等重点防洪除涝工程设施进行了全面检查，安排部署了各项防汛工作，对城区易积水点位进行了排查，对区管水闸进行了维修维护，对国营排水站的机泵进行了检修和电气试验。

（6）防汛除涝。

根据区政府人员变动情况，按照一级抓一级，层层抓落实的原则，调整完善了农村除涝分指挥部，制定防汛除涝措施，修订完善了除涝预案。针对全区的3条一级行洪河道、12条二级河道、24条干渠、108座水闸、13座排水站、9座山区中小型水库等重点防洪除涝工程设施进行重点检查，确保河道、渠道行洪畅通。二级河道所、东洼闸管所、西洼闸管所等单位，对区管水闸进行了维修维护，力争在现有条件下确保农村除涝安全。

（7）防汛工程建设。

完成大仇庄、庞家场、梁庄子排水站更新改造工程及南河、漳泗河排水站迁建5座排水站的主体工程。

3. 抗旱

经蓟州区水务局沟通协调，市水务局批准蓟州区从于桥水库向东西两洼及州河调水200万立方米的申请，完成调水任务。在调水期间，蓟州区水务局下属的闸站管理单位积极开展巡视巡查，确保了水源合理调度。

【农业供水与节水】　2017年，蓟州区农业灌溉面积45937公顷，农业灌溉用水量9647.8万立方米，其中地表水灌溉用水量500万立方米，地下水灌溉用水量9147.8万立方米。

【村镇供水】　2017年，蓟州区农村人畜用水2550.8万立方米。继续实施蓟州区2017年农村饮水提质增效工程，工程分为配水管网部分和水源及输水线路部分，主要建设内容为新建别山镇及北小胡片区的杨津庄镇、下仓镇、下窝头镇的配水管网214.37千米，其中拉管49.02千米，实现该区166个村、12.74万人饮水提质增效。配水管网部分工程于2017年9月20日开工，截至年底，配水管网部分工程已完工，完成投资19290万元（配水管网部分工程）。铺设管道205.46千米。

【农田水利】　2017年，蓟州区农田水利工程，包括灌溉计量设施改造工程、小型水利工程建设项目、小型农田水利工程维修养护项目3大项。

灌溉计量设施改造工程，总投资480万元，该工程涉及蓟州区侯家营镇42个行政村、400眼农用机井，安装农田智能灌溉控制柜，完善区域内农田机井设施，提高农田灌溉保障率。2017年10月10日开工，12月31日完工。

小型水利工程建设项目，总投资866.55万元，此项目涉及下仓镇、出头岭镇、马伸桥镇、下营镇和西龙虎峪镇5个乡镇的20个地块中进行滴灌、小管出流、微喷带、微喷管+喷头等节水灌溉管网布设，灌溉建设面积238.17公顷，其中出头岭镇28.574公顷，马伸桥镇87.153公顷，下营镇18.667公顷，西龙虎峪镇33.56公顷，下仓镇70.2公顷。灌溉总面积238.127公顷。2017年10月18日开工，12月31日完工。

小型农田水利工程维修养护项目，总投资500万元，此工程涉及穿芳峪镇和孙各庄乡，工程建设内容为机井维修、更换井泵、更换PVC管道和钢管、水池防水及防渗渠道维修。2017年9月15日开工，11月9日完工。

【水土保持】　2017年，完成蓟县京津风沙源二期2016年、2017年水土保持项目。延续2016年风沙源工程项目，完成水源工程60处（包括中浅井12眼，水窖36座），节水灌溉工程96处（包括铺设塑料管道16200米，铺设铁管道10500米，修筑防渗渠道8880米），小流域治理4平方千米。2017年风沙源工程总投资987万元，完成水源工程64

处（包括中浅井13眼，水窖38座），节水灌溉工程92处（包括铺设塑料管道22140米，铺设铁管道12308米，修筑防渗渠道3250米），小流域治理4平方千米。

蓟州区生态清洁小流域建设试验示范项目，该项目位于天津市蓟州区黄土梁子小流域，根据试验示范区的情况进行水土保持措施配置，项目自2017年3月开工，于2017年12月完工并通过验收，完成投资30万元，共完成台地护砌110米（浆砌石181.5立方米），梯田整修3000平方米（干砌石192.5立方米），栽植水土保持植物124株。运用无人机技术对黄土梁子小流域进行航测，并完成三维模型制作。

【工程建设】　2017年，蓟州区水务局完成固定资产投资9.9亿元，其中重点水利建设工程15项。

蓟县城区沙河综合治理和生态修复工程，总投资18843.3万元，已完成投资1700.0万元，完成节制闸土建及设备安装、砌石护坡、泵站土建、引滦交通桥土建，河道开挖300米，坡脚挡土墙580米，人工湖自流管道下管170米。2017年4月30日开工。至2017年年底完成总工程量的10%。

于桥水库北岸穿芳峪镇污水管网工程，总投资8507.38万元，已完成投资7826万元，开工村庄24个，完工21个村庄，在建3个村庄，累计铺设管道138730米，建设检查井4268座，化粪池365座。2017年1月15日开工。至2017年年底工程完成总工程量的80%。

于桥水库北岸马伸桥镇污水管网工程，总投资9943.48万元，已完成投资9247.00万元，开工29个村庄，完工27个村庄，在建2个村庄，累计铺设管道171748米，新建检查井9677座，化粪池650座。2017年2月15日开工。至2017年年底完成总工程量的95%。

蓟县城区污水综合整治工程，实施南环路污水主管网工程（宾昌河桥至污水处理厂段），全长3.40千米，总投资5000.00万元，已完成投资216.93万元，完成州河公园至蓟州中学段2.02千米，蓟州中学至污水处理厂段需要穿过津蓟铁路，正在与铁路部门对接，办理过路手续，完成宾昌道、小尖道雨污分流改造，铺设管道1.10千米。2016年12月25日开工。至2017年年底完成总工程量的60%。

蓟县北部山区农村生活污水治理工程，总投资57068.33万元，已完成投资39075.00万元，累计开工93个村，主体完成70个村，累计铺设管道698千米，新建检查井20525座，化粪池17130座，建设设备站51座。

大仇庄泵站更新改造工程，总投资3040万元，拆除重建泵房、进水池、出水池，原进水闸改建为交通桥，新建进水闸，维修加固出水闸，更换立式轴流泵5台，安装回转式清污机3台，更换铸铁闸门3扇，更换主变压器1台，站用变压器1台。2016年10月开工，2017年10月完工。

庞家场泵站更新改造工程，总投资2818万元，拆除重建进水闸、前池、泵房，改建出水池，维修加固出水闸和自排闸，更换立式轴流泵4台，安装回转式清污机3台，更换闸门6扇。2016年11月开工，2017年12月完工。

梁庄子扬水站更新改造工程，总投资1040万元，拆除重建泵房、主副厂房及管理用房，拆除出水池，清整上游河道，新建进水闸、前池、出水压力水箱、出水箱涵及出水闸等，更新全部机电设备及金属结构。2016年10月开工，2017年12月完工。

漳泗河泵站更新改造工程，总投资2000万元，新建站前闸、前池、主泵房、出水池、排水箱涵、出口防洪闸，配置立式轴流泵4台，干式变压器1台，安装回转式清污机3台。2017年7月开工，2017年12月完工。

南河泵站更新改造工程，总投资1900万元，新建进水渠、进水闸、前池、泵房及检修间、后池、引水自流道、自流道涵闸、配电室及现地生产用房，配置立式轴流泵4台，安装回转式清污机3台。2017年7月开工，2017年12月完工。

京津风沙源二期工程2017年水利工程，总投资987万元，完成水源工程64处，节水灌溉工程92处，小流域治理4平方千米。2017年8月12日开工，2017年10月31日完工。

城区污水处理厂污泥无害化处置设施建设工程，总投资1950万元，2017年9—12月，完成投资700万元，工程已完成招投标，处理规模140吨每日的设备安装完毕。

农村饮水提质增效工程，总投资19290万元，该工程分为配水管网部分和水源及输水线路部分，2017年9月20日开工，截至2017年年底，配水管网部分工程已完工，完成投资19290万元（配水管网部分工程），铺设管道205.46千米。

小型农田水利工程维修养护项目，总投资500万元，涉及穿芳峪镇和孙各庄乡机井维修、更换井泵、更换PVC管道和钢管、水池防水及防渗渠道维修。2017年9月开工，2017年11月完工。

2017年小型农田水利建设工程，总投资866.55万元，此项目涉及下仓镇、出头岭镇、马伸桥镇、下营镇、西龙虎峪镇，建设内容为新建滴灌、喷灌、小管出流，灌溉总面积238.127公顷。2017年10月开工，2017年12月完工。

【供水工程建设与管理】　2017年，区水务局完成城区供水任务879万吨，维修管网800余次，维修水表711次，更换水表314个，维修及时率100%。坚持每日检测出厂水和管网水水质，保证出厂水水质和管网水水质综合合格率均达100%。完成康复里、西城根南道、府前街和裕兴里西4个老旧居民区、167户供水改造任务，共铺设供水管道3219米，更换水表178块。同时，结合新建小区建设步伐，不断拓展供水范围，新建供水管道7427.6米，安装水表10996块、消防栓43座。

【排水工程建设与管理】　2017年，区水务局全面排查城市排水系统，加大污水管网日常疏通清淤力度，坚决做到巡查管理到位，开通24小时服务电话，共接到群众反映问题39件，均及时处理答复完毕，保证群众满意率达100%。对城区所有排水管网彻底进行清掏、疏通，对受损管道进行修缮维护，共清掏检查井 6786 座、收水井 5799 座，更换检查井井盖 45 套，更换收水井井箅子 125 套，维修检查井 75 座、收水井 95 座，清掏排水沟及盖板涵 125 米，清掏雨水管道 600 米，清除垃圾杂物 2470 吨，保证城区井盖、井箅破损或丢失更换率达 100%，排水管道畅通率达 97% 以上。

【科技教育】 2017 年，区水务局围绕水务工程项目施工工作，完成建筑安管人员新取证 11 人、延期 4 人、注册单位变更 1 人、继续教育 78 人，水利安管人员新取证 21 人、延期 6 人，水利五大员（资料员、材料员、质检员、安全员、施工员）继续教育 47 人，建造师新继续教育 9 人、取证 1 人、变更 1 人、注销 1 人、重新注册 1 人，全国造价工程师变更 1 人，项目部七大员继续教育 25 人、新培训 10 人，特种工延期换证 20 人，乡企职称人员继续教育 9 人，工程师评定 2 人，天津市质量管理质量信得过班组培训 2 人，初级诊断师新培训 1 人。

【水政监察】 2017 年，区水务局加大水事规费征收力度，完善取水监管台账，安装取水计量装置，严格执行收支两条线，所收款额及时上缴同级财政，规范收费票据，截至 2017 年年底，共征收水资源费 827 万元，污水处理费 405 万元。行政执法监督平台运转良好，查处水事违法案件 6 件。初步完成涉企费改税前期信息整理录入。

2017 年，区水务局继续加大水政监察工作力度，全年查处水事违法案件 6 起，有效遏制水事违法行为频发势头。参与、配合区环保部门、于桥水库、渔阳镇政府和文昌街道办等有关职能部门联合执法检查。3 月 22 日 "世界水日" 当天，在州河公园开展大型水法宣传活动，进一步提高了水法律法规社会认知度。11 月 30 日，邀请市水政总队法制专家为全局 100 多名水政监察员进行专业法业务培训，使全局执法人员增长了业务知识，开阔视野，提高依法行政能力。安排专人负责行政执法监督平台日常运行，全年录入日常执法巡查信息 410 条，履职率达 95% 以上。加大水事规费征收力度，安装更换水表 22 块，加强取水行为动态监管，严格执行收支两条线，截至年底共征收水资源费 827 万元，污水处理费 405 万元，及时上缴财政，积极与税务部门沟通配合，做好水资源费改税衔接过渡工作。

【工程管理】 区水务局对蓟州区 3 条一级行洪河道、12 条二级河道、24 条干渠、108 座水闸、12 座扬水站、9 座山区中小型水库等重点防洪除涝工程设施进行全面检查，安排部署各项防汛工作，对城区易积水点位进行排查，对区管水闸进行维修维护，对国营排水站的机泵进行检修和电气试验。

1. 水库管理

杨庄水库 2017 年全年下泄量 4350.92 万立方米，其中溢洪道下泄量 2608.74 万立方米，输水洞下泄量 1742.18 万立方米。主动和库区周边镇、村领导沟通，摸清底数，统一思想，统一认识，促进水库各项工作的顺利开展。从 4 月 1 日开始组织管理处水政执法人员，统一着装全员上岗进行水面执法，对水库长达 12 千米的输水沿线及水库水面进行巡逻、检查，有效管控违反管理规定行为发生。成立领导小组，严格按照 "党政同责、一岗双责" 的要求，真正做到安全生产责任横向到边、纵向到底。

2. 泵站管理

蓟州区共有 12 座扬水站，分别是高庄子扬水站、秦庄子扬水站、咀头扬水站、白塔子扬水站、甘八里扬水站、大仇扬水站、庞家场扬水站、永安庄扬水站、三道港扬水站、漳泗河扬水站、南河扬水站、梁庄子扬水站。安装各种水泵 88 台套，总装机容量 17460 千瓦，设计排水能量 216.4 立方米每秒，庞家场扬水站、梁庄子扬水站正更新改造，南河扬水站、漳泗河扬水站正迁址重建。

健全和完善泵站各项管理规章制度，严格泵站百分考核制度，坚持执行管理人员在岗巡视制度，年初与各泵站站长签订责任书、与各站职工签订保证书。

完成 8 座扬水站的检修工作及永安庄扬水站的更新改造工程。确保机泵正常运行。本年度无开车记录，汛期没有发生事故，群众反映良好。

3. 河道管理

结合河道水生态环境管理制度，加强河道环境巡查，做好沟渠、河道堤岸清理工作。在州河、泃河、蓟运河、兰泉河 4 条河道堤防新植优质速生杨 6000 余株，改善了河道环境，新栽植林木全部落实了管护承包责任制，成活率 95% 以上。

4. 安全生产管理

2017 年，区水务局进一步落实安全生产网格化管理，牢固树立以人为本、安全发展的理念，本着"隐患就是事故，事故就要追责"的原则，狠抓安全生产各项工作。完善安全生产档案管理，健全安全生产各项规章制度及安全操作规程，建立工作台账，实行痕迹化管理。持续开展安全生产大检查，涉及供水安全、防汛安全、工程安全及危化品安全等多个领域，保持安全检查常态化，坚持开展不同领域不同时段的安全生产联查工作。深入开展隐患排查治理工作，严格按照"五落实"的要求，深入开展隐患排查治理，实行隐患排查治理"闭环管理"。加强安全生产考核管理，对全局各单位安全生产工作进行考核，考核成绩纳入年终单位考评，督促各单位牢固树立安全生产意识，坚决杜绝重大安全生产事故的发生，维护好水务事业安全稳定的发展环境。

【河长制湖长制】 蓟州区位于天津市最北部，地处京、津、唐、承四市之腹心。总面积 1593 平方千米，下辖 26 个镇乡、1 个街道办、2 个园区管委会，总人口 96 万人。辖区内既有山区、平原区，又有库区、洼区，总体地势北高南低，享有京津"后花园"的美誉。域内有州河、泃河、蓟运河 3 条一级河道，全长 171.9 千米；漳河、兰泉河、果河、黎河、么河、沙河、三八尾闾、引漳入州、引秀入沟、引辽入州、引秀入漳、辽运河共 12 条

二级河道，全长 160.2 千米；大型水库 1 座，即于桥水库，控制流域面积 2060 平方千米，设计库容 15.59 亿立方米，承担着引滦调蓄、向天津市区供水的重要任务，是天津市民的"大水缸"；中型水库一座，即杨庄水库，控制流域面积 296 平方千米，设计库容 2328 万立方米；山区小水库 8 座，总控制流域面积 69.4 平方千米，总库容 1421.3 万立方米；山区小塘坝 90 座，总控制流域面积 168.8 平方千米，总库容 407.6 万立方米；两个洼区（青甸洼、太河洼）总面积约 373 平方千米；农村坑塘 3069 个，沟渠 291 条，长度 912.4 千米。可以说，蓟州区地貌丰富、水系纵横，有着得天独厚的自然条件。多年来，区委、区政府坚持建设高水平中等规模现代化旅游城市的发展定位，特别是习近平总书记在党的十九大报告中提出"绿水青山就是金山银山"的发展理念后，把全面推行河长制工作，坚持绿色发展作为城市发展的目标。

1. 机构设置

2017 年 6 月 13 日，区委、区政府联合印发了《关于成立天津市蓟州区河湖管理工作领导小组的通知》（津蓟党〔2017〕33 号），组长由区委书记于立军担任，常务副组长由区长廉桂峰担任，副组长由副区长刘海波担任，区委办公室、区委组织部等部门主要负责人为成员。河长制办公室设在区水务局，办公室主任由区水务局局长担任，常务副主任由区水务局一名副局长担任，副主任由区环保局、区建委、区市容园林委、区农委、区财政局、区国土分局、区规划局分管负责人担任。

2. 制度制定

2017 年 10 月 9 日和 11 月 20 日先后印发了《区河长办关于印发蓟州区河长制会议制度等 6 项制度的通知》（蓟河长办〔2017〕88 号）和《区河长办关于印发河长制工作责任追究暂行办法等 3 项制度的通知》（蓟河长办〔2017〕91 号），主要制定了河长制会议制度、河长制信息报送制度、河长制信息共享制度、河长制督察督办制度、河

长制验收制度、河长制社会监督制度、河长制考
核办法、河长制工作责任追究暂行办法和河长制
奖励办法9项制度。建立健全考核评价、部门联
动、奖惩问责、社会监督等工作机制，建成了以
监督、考核、问责为主线，以联络员、社会监督、
信息宣传为驱动的河长制制度体系。

3. 河湖管理

建立了区、镇乡（街道、管委会）、村三级河
长制组织体系，全面实施河长制，区级总河长由
区委书记于立军担任，蓟运河、沟河、州河、果
河、黎河及于桥水库区级河长由区长廉桂峰担任、
其他二级河道区级河长由副区长刘海波担任。区、
镇乡（街道、管委会）设立镇级总河长、河长，
并设立了村级河长，各级河长分别负责本河段的
河湖水生态环境，并定期进行巡河。区级河长3
人，镇级河长90人，村级河长679人。实现全域
内河湖管理保护全覆盖，建立党政主导、属地负
责、分级管理、部门联动、全民参与的河湖管理
保护长效机制。

4. 河湖保护工作

开展河湖水环境问题排查和治理。按照《天
津市水务局关于开展河湖水环境问题排查工作的
通知》（津水保〔2017〕8号）要求，2017年4月
对河道、沟渠、坑塘和水库等开展了环境大检查。
并将问题梳理出问题清单，建立整改清单、任务
清单、责任清单和成效清单，及时将问题反馈属
地乡镇，督促其即知即改，逐一销号。

开展河湖水环境"三大"行动。按照《天津
市河湖水环境大排查、大治理、大提升行动方案
的通知》（津河长办〔2017〕52号）要求，制定
了《天津市蓟州区河湖水环境大排查大治理大提
升行动实施细则》，按照细则要求，对河湖水质、
入河口门污染、水面污染、环境垃圾污染、排水
设施污染、违法违规行为等开展全面排查。

5. 督查指导

区河长办一是结合月度考核结果对镇乡下达
整改通知，督促整改，并进行复查；二是开展日
常巡查，巡查的一般问题，立即督办，要求立知

立改；对较严重问题，区河长办对所辖镇乡下达
整改通知，限期整改；对严重问题提出整改方案
或制定整改计划，按计划完成整改任务；三是按
照河长制工作进度，制定督查计划，对街镇、管
委会开展督导检查工作，了解镇级河长办工作进
度，督促河长制相关工作的落实，指导河湖管理
中存在的问题，并协调解决跨镇域涉及河湖管护
的水生态环境问题。

6. 监督考核

2017年河长制全覆盖实施后，区河长办成立
专业考核组，负责26个镇乡、1个街道办、2个管
委会的考核工作。全区纳入河长制管理考核的河
道为一级河道3条，171.9千米；二级河道12条，
160.2千米；其他河道（二级管理）4条，56.3千
米；干渠26条，240.9千米；水库沟道30条，
131.6千米。共计75条河道沟渠，137条镇段，
760.9千米。

严格执行考核标准，对考核中堤岸水面环境
卫生不达标河段的镇乡下发整改通知，责令限期
整改，并对整改情况进行复查核实，逐一销号。
同时，加大社会监督力度，公开招聘44名河道水
生态环境义务监督员，建立全民参与的河湖管理
保护长效机制。

【水务改革】 2017年，区水务局牵头完成了蓟州
城区污水处理厂特许经营项目招标工作，中标人
为北京碧水源科技股份有限公司，中标的污水处
理价格为1.97元每吨。2017年8月23日，蓟州区
人民政府与天津蓟源水处理有限公司（中标人在
我区成立的项目公司）签订了《蓟州区城区污水
处理厂特许经营项目特许经营协议》和《蓟州区
城区污水处理厂特许经营项目污水处理服务协
议》，按照协议约定特许经营期30年，2018年保
底水量按4万吨每日计算，以后每年增加0.5万吨
直至达到6万吨满负荷运行，进一步推进了政事分
开、事企分开、管办分离，强化了公益属性，促
进了事业单位改革。

天津市蓟州区区委、区政府针对"蓟州区小

型水利工程管理体制改革"工作高度重视,成立了改革工作领导小组。区水务局制定了实施方案,建立小型水利工程"两证一书"(所有权证、使用权证、管护责任书)制度,并通过发放"两证一书",落实了小型水利工程产权,明确了工程管护主体和责任,建立科学的管理和良性运行机制,确保小型水利工程安全运行和效益充分发挥。提高了水资源利用率,提升了群众满意度。蓟州区按照市水务局的工作要求,截至2017年年底核实完成小型水利工程"两证一书"总数共9194处,其中小型水库8座、中小河流及堤防61处、小型水闸107处、小型农田水利工程8747处、农村饮水安全工程271处。完成小型水利工程"两证一书"发放6639处,占总工程量的70%左右。其余2555处预计2018年完成。

自2017年12月1日起,全市实施水资源费改税工作以来,区水务局积极与地税部门配合,围绕水资源税纳税人认定、取用水户入户核查、取用水量核定定等核心工作,多次与地税等部门建立联席对话机制,协调解决工作中遇到的难点和问题。为做好水资源费改税前期准备工作,按照文件要求,第一时间深入各企业细心讲解水资源税改革有关政策、耐心解答用户所反映的实际问题,保证取用水户第一时间纳入水资源税管理范围。同时,加强取水许可台账建设,切实做到取水许可底数清、情况明、不遗漏、全覆盖,有力保证了水资源费改税工作顺利实施。按照应收尽收的原则,对所有取用水户进行水量核定,由用水户现场拍摄水表读数照片进行网上核实确认,水政监察人员采取定期或不定期抽查方式进行现场核定取用水量,保证了水量核定工作全覆盖和准确率,为水资源税征收提供了基础依据。

【水务经济】 2017年,区水务局狠抓各项经济指标的落实,全年共完成固定资产投资8.9亿元。津津食品有限公司深挖自身潜力,保持了产业规模,全年完成工业产值2756万元,实现利润280万元,保障了水务经济强劲发展的良好势头。

【精神文明建设】 2017年,区水务局深入贯彻党的十八届六中全会、党的十九大习近平总书记系列重要讲话精神,按照市第十一次党代会和蓟州区第一次党代会部署要求,准确把握党风廉政建设和反腐败斗争形势,推进全面从严治党向重点领域深入,加大违规违纪行为查处力度,压紧压实主体责任,进一步加大问责力度,严厉整治不作为、不担当问题。按照区委统一安排,做好规定动作,组织开好民主生活会,落实"三会一课"制度,制定了《蓟州区水务局关于开展"忠诚教育计划"的实施方案》,开展"维护核心、铸就忠诚、担当作为、抓实支部"主题教育实践活动,推进"两学一做"学习教育常态化制度化。同时,全面推进水务系统内部不作为不担当问题专项治理活动,制定了《蓟州区水务局开展不作为不担当问题专项治理实施方案》,做到真管真严真担当,真查真纠真问责,铁腕整治不作为、不担当问题,引导党员干部讲政治、敢担当、合力干,始终保持积极向上的精神面貌和苦干实干的竞进态势,积极开展"学雷锋志愿服务月"活动,结合蓟州区水务局工作实际,对相关各项活动进行了周密部署和精心安排,对38个党支部开展活动分别进行指导,把每一项活动落实到个人,加强了对活动的领导,先后开展学雷锋义务植树活动、围绕绿化美化开展志愿服务活动、结对帮扶贫困学生、慰问孤寡老人、开展"居民用水宣传"活动,为推动水务事业蓬勃发展提供坚强保障。

【队伍建设】

1. 局领导班子成员

2017年,区水务局有副处级以上领导干部8人。

党委副书记、局长:孟庆海

党委书记、副局长:尹学军

副局长:郭 勇

总工程师:王会清

杨庄水库管理处主任:王永亮

纪检组长:檀雪英

工会主席：李长松

调研员：姜艳国 刘翠田（9月退）

副调研员：王俊岭（8月免）

2. 机构设置与人员结构

蓟州区水务局机关设8个科室，下属副处级单位1个，科级单位37个（2017年4月新成立天津市蓟州区国家湿地公园管理中心）。

2017年年底，全局共有在职干部职工680人。其中机关公务员32人，事业单位管理人员206人，专技人员311人（有双肩挑人员72人，既是管理人员，又是专技人员），工勤编制203人。

按照年龄划分：35岁及以下有123人，36～40岁有190人，41～45岁有130人，46～50岁有83人，51～55岁有80人，55～59岁有74人。按照职称划分：具有高级职称人员42人，其中高级政工师4人，高级工程师30人，高级会计师3人，高级经济师5人；中级职称人员131人，其中政工师34人，工程师64人，会计师5人，经济师27人，审计师1人；初级职称138人，其中助理政工师34人，助理工程师38人，助理会计师7人，助理经济师16人，员级职称43人。

按学历划分：研究生学历2人，本科学历209人，专科学历263人，中专学历88人，高中及以下学历118人。

3. 先进集体和先进个人

蓟州区水务局老干部科被区委组织部、老干部局评为蓟州区老干部工作先进集体。

蓟州区市政排水管理所被天津市蓟州区文明委评为蓟州区2015—2017年度文明单位。

夏贺明被市总工会授予天津市五一劳动奖章。

刘革辉被市委组织部、市委老干部局、市人社局评为天津市先进老干部工作者。

孟宪起、王洪齐、周彦超被市精神文明办评为2017年9月"天津好人"。

于学聪被区总工会授予蓟州区五一劳动奖章。

曹红杰、李阳被中共天津市蓟州区委办公室评为优秀民兵干部。

陈卫东被中共天津市蓟州区委办公室评为工作先进个人。

任小杰被中共天津市蓟州区委员会授予"天津市蓟州区第五批区级专业技术拔尖人才"称号。

（张爱静）

大 事 记

2017 年天津水务大事记

1月

1月8日 局党委副书记、局长景悦到引江向尔王庄水库供水联通工程现场检查指导工程建设情况，认真听取水投集团工程进展情况汇报，对下步工作提出明确要求。市调水办专职副主任张文波陪同。

1月18日 市水务局召开局属单位绩效管理考评年终汇报会，听取各局属单位2016年度绩效管理考评完成情况的汇报，对下一步工作提出明确要求，为各单位间互学互鉴提供了良好平台，促进了各单位管理水平的提升。副局长张志颀主持，局领导班子成员，机关有关处室主要负责人参加。

1月19日 市水务局组织召开天津市水利工程管理单位贯彻标准及达标创建工作推动会。会议全面解读水利部新修订的《水利工程管理考核办法》，总结分析天津市近年来创建国家级和市级水管单位取得成绩、存在问题及下一步工作安排，对通过市级达标单位予以表彰。局领导梁宝双出席并讲话，局工管处、排管处、引滦工管处、各河系处、各区水务局、水务集团等单位主要负责人及有关技术骨干参加。

同日 市水务局迎新春水务青年辩论赛半决赛、决赛在局机关举办。副局长张志颀出席并讲话，局办公室（党办）、政研室、水政处、党群处、信息中心负责人应邀担任评委。举办迎新春水务青年辩论赛是局团委落实习近平总书记系列重要讲话精神，繁荣青年文化生活，搭建青年拓展视野、锻炼自我、展示形象平台的一项具体举措。此次辩论赛经过紧张角逐，于桥处代表队获冠军，排管处代表队获亚军，水文中心代表队和黎河处代表队并列季军。

1月22日 市水务局召开2017年局党委扩大会议。会议深入贯彻落实党的十八届六中全会、全国水利厅局长会议和市委十届十次、十一次全会精神，总结2016年水务成绩，部署2017年重点工作。局长景悦主持并作重要讲话，副局长张志颀代表局党委作工作报告。局领导班子全体成员、水务集团分管负责人出席，局机关、市调水办全体处级干部，局属各单位、水务治安分局党政主要负责人及各区水务局局长参加。

1月24日 副局长张志颀主持召开党的十九大代表候选人预备人选推荐提名和市十一次党代会代表选举工作动员部署会，传达市委、市级机关工委有关指示和工作要求。机关党委、局属单位党委、水务集团党委有关负责人参加。

同日 局机关大楼干部职工迎新春联欢会在局多功能厅成功举办。局领导班子全体成员，局机关、市调水办、驻局大楼及附近单位干部职工共度联欢。共有来自不同部门（单位）的 18 个节目，多数源自于干部职工自编自创，充分展示了干部职工的文艺才干和精神风貌。

2月

2月6日 市水务局党委启动新一轮专项巡察工作。根据局党委巡察工作领导小组统一部署，局党委巡察一组、二组分别进驻防汛抗旱处、信息中心。

2月8日 市人大农业与农村委员会主任委员、市人大常委会农业与农村办公室主任张志方带队，专程到市水务局对接 2017 年度市人大常委会安排的涉水务工作，希望进一步加强沟通协作、相互支持配合，助推水务事业发展。市人大农业与农村委员会副主任委员董发来、市人大常委会农业与农村办公室副主任宋家明、局长景悦、副局长闫学军陪同。

同日 市水务局党委对水务集团进行绩效管理考评，听取水务集团绩效管理考核自评情况和巡视反馈意见整改情况汇报，查阅文件资料，对水务集团绩效管理工作给予肯定，对加快重点水务工程建设进度、提高供水服务效率、降低管网漏损率、加强信息报送和深入推进"两学一做"学习教育等工作提出希望和要求。副局长张志颇率局有关部门组成考评组进行考评，水务集团党委书记、董事长陈振飞，党委副书记、总经理韩培俊，党委常委、纪委书记李宗金出席考评会。

2月10日 市水务局组织召开行政许可工作动员部署会议。会议传达学习市委、市政府"双万双服"活动会议精神，按照市审批办在行政服务中心开展"作风大整顿、效率大提高"活动的要求，结合局党委扩大会议精神，不断夯实水务行政许可工作，明确了活动的主要任务和工作步骤，落实责任分工，并分解任务到具体单位和部门。

2月17日 局办公室党支部召开"两学一做"学习教育专题组织生活会，查摆党支部及党员自身存在问题，深入剖析问题根源，明确今后努力方向。局长景悦以普通党员身份参加局办公室党支部组织生活会，进行批评与自我批评，并对局办公室工作提出要求。

2月21日 市水务局召开 2017 年水务工程建设动员会，落实局党委扩大会议精神，安排部署全年水务建设任务，动员全市水务系统广大干部职工凝心聚力、锁定目标、攻坚克难、加快推进水务建设步伐，确保高标准、高质量完成全年水务建设任务。局长景悦出席并讲话，局总工程师杨玉刚主持，局领导张文波、闫学军、唐先奇、梁宝双、杨建图出席，局机关、市调水办有关处室、局属有关单位、水务集团有关部门负责人参加。

同日 市水务局召开天津市大中型水库移民工作座谈会。会上，听取各区 2016 年移民工作情况汇报，安排部署 2017 年工作任务。局领导梁宝双出席并对下步工作提出明确要求，市财政局有关部门负责人列席，局相关处室和相关区移民主管部门主要负责人参加。

2月23日 市水务局召开全市水务系统党风廉政建设工作会议，深入贯彻党的十八届六中全会和市委十届十次、十一次全会精神，全面落实中纪委十八届七次全会、市纪委十届六次全会和水利部党风廉政建设工作会议精神，总结 2016 年水务系统党风廉政建设和全面从严治党工作，部署 2017 年任务，动员全市水务系统各级党组织深入开展党风廉政建设和反腐败斗争，全面加强党的建设，全面从严治党，为天津水务事业健康发展提供坚强保障。局长景悦、市纪委驻局纪检组长赵红出席并讲话，副局长张志颇主持。局领导班子全体成员，局机关和市调水办处级干部，水务集团、各区水务局、局属各单位党政主要负责人和纪检组织负责人参加。

同日 市水务局召开全市供水管理工作座谈会。会议总结 2016 年供水管理工作，部署 2017 年行业重点任务，对各区 2016 年城镇供水规范化管理考核情况进行讲评，对迎全运会工作方案和 2018 年村镇供水工程维修养护项目资金申报等文件进行专题讲解。局领导杨建图出席并讲话，各区水务局及水务集团、滨海水业集团、天津市城镇供水协会主管负责人、部门负责人参加。

2月28日 市水务局与蓟州区政府联合召开于桥水库生态治理长效机制成员单位专题会议，安排部署2017年于桥水库及周边环境综合整治工作。局领导梁宝双、蓟州区副区长刘海波出席，局引滦工管处、于桥处和蓟州区有关单位及库区周边各镇主要负责人参加。

2月28日至3月1日 国务院南水北调办副主任蒋旭光率队来津检查天津市南水北调配套工程建设进展和运行管理情况。市调水办专职副主任张文波，水务集团董事长陈振飞、副总经理孙津陪同，市水务局、市调水办、水务集团有关部门负责人参加。

3月

3月3日 市水务局召开全市黑臭水体治理工作调度会。会议总结回顾2016年工作，传达2017年国家黑臭水体治理工作考核要求，部署本年度治理任务。局长景悦出席并讲话，副局长闫学军主持，相关区分管副区长和责任部门，局规划处、计划处、水保处、排管处、综合业务处主要负责人参加。

3月6日 市水务局召开落实市人大常委会年度涉水务工作推动会，副局长闫学军听取各部门工作落实情况汇报。水政处、规划处、水资源处、工管处、水保处、排监处、农水处、供水处、节水中心有关负责人参加会议。会上，各部门分别就下半年市人大常委会将要听取和审议的天津市农村饮用水安全专项报告的准备工作落实情况、市人大常委会开展天津市实施"河长制"情况调研前期准备工作落实情况、市人大代表有关再生水管理的建议提案办理情况、北大港水库功能定位基础资料准备情况以及《天津市城市供水用水条例》《天津市节约用水条例》有关条款修改的工作进展情况等进行详细汇报，在提出下一步工作思路的同时，明确时间节点和工作安排。

3月7日 市水务局召开2017年水污染防治工作会议。会上，听取2016年水污染防治工作完成情况和2017年水污染防治工作实施计划等工作汇报，副局长闫学军出席并讲话，对各单位工作给予肯定，对全年工作提出明确要求。局水资源处、水保处、排监处、局指综合业务处、防汛抗旱处、供水处、基建处、引滦工管处、水文水资源中心、节水中心有关负责人参加。

同日 市防汛抗旱指挥部办公室组织召开全市防汛抗旱工作视频会议。会议回顾总结2016年防汛抗旱工作，安排部署今年各项任务。市水务局局长景悦，局领导唐先奇、梁宝双，市防指成员单位、市水务局及城投集团、水务集团等部门负责人在市水务局主会场参加会议。各区分管防汛工作的副区长以及防指成员单位、各河系工程管理单位、市管大型水库管理单位负责人在17个分会场参加会议。全市参会人数近500人。

同日 市水务局批准成立重大公益性水务工程建设指挥部及其办公室，进一步调动局内外资源和力量，及时协调解决水务工程建设中的重大问题，加快推进公益性水务工程建设进度。

3月8日 海河流域防汛抗旱总指挥部（简称海河防总）秘书长、海委副主任翟学军率领海河防总防汛抗旱检查组检查天津市防汛抗旱防潮工作。检查组实地察看了青龙湾减河、大黄堡洼狼儿窝分洪闸、潮白新河里自沽节制闸、中新生态城防潮工程和海河河口泵站等防洪防潮重点工程，听取了相关单位负责人的汇报。市防办常务副主任、市水务局领导梁宝双，市防办、市水务局和武清区、宝坻区、滨海新区水务局等有关部门负责人陪同检查。

同日 市重大公益性水务工程建设指挥部办公室与市国土房管局土地资源处联合举办水务工程建设用地专题培训。市水务建管中心、排管处、水投集团、水利工程公司、振津集团、中铁十八局、利安集团有关负责人以及相关工作人员共40余人参加。

3月9日 市政协党组成员、副主席薛进文率

"京津冀水资源协同保护与利用"专题调研组到市水务局调研指导工作。调研组听取市水务局基本情况及京津冀水资源协同保护与利用工作开展情况汇报，就有关问题进行深入探讨，对下步工作提出希望。局长景悦出席，副局长闫学军就有关问题进行详细解答，局政研室、规划处、水资源处、防汛抗旱处、农水处、水文水资源中心、节水中心、水科院主要负责人参加。

3月9—24日 水利部建设管理与质量安全中心专家督查组到天津市督查海河右堤津南段、永定新河右堤北辰段、独流减河右堤静海段、洪泥河治理一期等河道工程运行管理情况。督查组一行实地察看工程现场并详细查阅了相关档案资料，重点从河道管理机构及人员配置、防汛责任制落实、确权划界及工程管护、涉河建设项目监管等14个方面开展督查。局领导梁宝双陪同，计划处、工管处、农水处、各河系（海堤）处、津南区水务局负责人参加。督查组对天津市河道运行管理工作给予肯定，认为天津市各类规章制度健全、考核严谨，河道运行和涉河项目建设能够规范管理，并且严格落实了防汛责任制度。

3月14日 市水务局召开开展作风纪律专项整治工作部署会，贯彻落实市政府专项整治方案的主要精神和市领导在动员部署会上的有关要求，制定《市水务局关于开展作风纪律专项整治方案》，对全局开展作风纪律专项整治工作进行部署。副局长张志颇部署工作，市调水办专职副主任张文波主持。局机关各处、调水办各处处级干部，局属各单位党政主要负责人、分管纪检工作负责人参加。

同日 市水务局召开安全生产暨工程质量监督、消防安全工作会议，总结全局2016年安全生产工作，对2017年安全生产、工程质量监督、消防安全工作进行安排部署。局长景悦出席并讲话，局总工程师杨玉刚主持，市调水办专职副主任张文波出席。局安委会成员单位、局属各单位、各区水务局、水务集团负责人，有关项目法人、施工单位、监理单位负责人参加。

3月17日 市人大农业与农村委员会主任委员、市人大常委会农业与农村办公室主任张志方主持召开水务立法工作座谈会，研究讨论对《天津节约用水条例》的修改建议，听取市水务局对市人大代表有关再生水管理建议提案办理情况的汇报。市人大常委会农业与农村办公室副主任宋家明、市水务局副局长闫学军出席。市人大常委会法工委二处、备案审查处，农业与农村办公室综合处，市水务局水政处、水资源处、节水中心及中水公司有关负责人参加。

3月19—20日 水利部副部长陆桂华率国家防总海河流域防汛抗旱检查组来天津市检查工作。检查组实地察看了蓟州区盘山塘坝、蓟运河小河口段河道，并在蓟州区召开座谈会议，听取了天津市防汛抗旱工作汇报。副市长李树起，市政府副秘书长李森阳，市水务局、市防办和蓟州区、宝坻区政府及水务局、防办等单位负责人分别参加了检查和座谈活动。

3月21日 为纪念第二十五届"世界水日"和第三十届"中国水周"，天津节水科技馆与天津市和平区昆明路小学联合举办"节水爱水从我做起"主题活动，双方完成节水教育社会实践基地牌匾递交，结成共建单位。天津节水科技馆、和平区少年宫、市一中等嘉宾代表和昆明路小学师生近200人参加。

3月22日 市水务局联合宝坻区政府在潮白河国家湿地公园举办纪念第二十五届"世界水日"和第三十届"中国水周"宣传活动启动仪式暨推进"河长制"经验交流活动。市水务局副局长闫学军、宝坻区副区长王志林出席，市水务局有关处室、局属有关单位、各区水务局、水务治安分局、水务集团以及宝坻区街镇相关负责人代表参加。此次活动标志着天津市纪念第二十五届"世界水日"和第三十届"中国水周"系列宣传活动正式启动。活动中，宝坻区、津南区水务局以及宝坻区宝平街道相关负责人就开展河长制工作进行了汇报交流，水务职工代表向全社会发出保护水环境倡议。水政执法人员向在场热心群众发放了宣传资料。活动结束后，参加活动的领导和各单位人员在印有宣传主题的布标上签名，并参观了宣传展牌及宝坻区生态文明建设工程。

3月30日 由市水务局、市发展改革委联合拟定的《天津市"十三五"水资源消耗总量和强度双控行动方案》经由市人民政府同意印发执行。《方案》明确了"十三五"时期水资源消耗总量和强度双控行动的总体要求、目标责任、重点任务和保障措施。

3月31日 副市长、市防指副指挥李树起赴红桥区、西青区、津南区检查防汛排水工作，实地察看团结路地道、大明道雨水泵站、罗浮路雨污水合建泵站、洪泥河生产圈泵站等防汛排水重点部位和在建工程。市政府副秘书长李森阳以及市建委、市水务局、市城投集团、水务集团、北京铁路局天津办事处，红桥区、西青区、津南区政府及水务局等单位负责人参加检查活动。

同日 市水务局召开水管体制改革十年总结座谈暨2017年工程管理工作会，落实局党委扩大会议精神，总结水管体制改革以来取得的成效，对管理过程中存在的问题进行座谈，同时部署2017年水利工程管理工作。局领导梁宝双出席并讲话，工管处、各河系处、海堤处、各区水务局有关负责人参加。

3月底前 局属各单位全部召开了2016年度职工（代表）大会，如期完会率100%。职代会质量较往年有所提升，各单位高度重视，职工代表换届选举与培训、职工提案征集落实等各项会前准备工作充分到位，会议议程严谨规范，总体质量较高，职工代表从单位发展大局出发，珍惜手中的投票权，在充分行使民主权利、维护职工合法权益的同时，更加注重维护好单位的整体利益，各项提案水平和被采纳率均有所提高。各单位领导班子尊重职工民主权利，认真落实和解释各项提案，支持鼓励职工代表参政议政，鼓舞了职工干劲，调动了职工工作的积极性。

4月

4月3—28日 局机关党委深入贯彻落实市级

机关2017年纪检工作会议部署和纪工委要求，组织开展了"以案释纪明纪 严守纪律规矩"主题警示教育宣传月活动。局机关、调水办机关全体党员参加活动。

4月6日 局长景悦检查指导中心城区二级河道清淤工程，深入津河、卫津河、陈台子河、复兴河施工一线，带头践行下基层强服务解难题活动。局领导梁宝双，局办公室、排监处、排管处负责人陪同。景悦强调，实施中心城区二级河道清淤工程是保障汛期正常排沥的主要措施之一，也是改善水生态环境、提升河道景观的有效手段。全运会在天津市举办，中心城区河道水环境成为重要的展示窗口，河道清淤工程要高质量完成。

4月7日 市水务局召开水务工程稽查领导小组会议，传达水利部2017年水利稽查工作安排意见和水利稽查座谈会精神，通报2016年水务工程稽查情况，研究确定2017年水务工程稽查项目。局领导刘长平主持并讲话，局水务工程稽查领导小组成员单位负责人参加会议。

4月8日 局长景悦到引滦工管处和于桥处调研指导工作，实地察看于桥水库入库河口湿地建设和水库水质情况，听取两单位2017年重点工作进展情况汇报，并对引滦水源保护工作提出要求。副局长闫学军、局领导梁宝双陪同，局办公室、水政处、水资源处负责人参加。

4月10日 副市长、市防指副指挥李树起赴北大港水库检查指导分库治理前期工作，实地察看北大港水库现状，听取水库治理规划编制等前期工作。局长景悦陪同，北大港处主要负责人参加。李树起指出，北大港水库是天津市一座大型平原水库，在防洪、滞洪、蓄水、供水方面发挥着重要作用，特别是在引黄济津缓解天津城市用水危机，促进社会稳定和经济发展方面做出了巨大贡献。下一步，北大港水库作为南水北调东线调水的调节水库，其作用和地位会更加突出。

4月12日 市人大农业与农村委员会主任委员、市人大常委会农业与农村办公室主任张志方带领市人大代表一行，深入万科东第项目再生水管网断点现场、富力津门湖澄澜花园小区及天津中水有限公司开展调研和座谈，深入了解天津市再生水利用情况和存在问题，推动市人大代表提出的《关于修改〈天津市城市排水和再生水利用管理条例〉的议案》办理。调研组一行实地察看了再生水管网连接情况及居民社区利用再生水情况，详细询问了再生水管网断头原因、再生水利用方式、供水规模、设施管理等具体问题。创业环保集团股份有限公司、中水公司负责人对企业运营、管网规划和建设以及下一步管网建设思路等进行了汇报。与会人员就市人大代表提出的再生水规划、建设、利用等有关问题进行了解答和讨论。市水务局副局长闫学军陪同，市人大常委会农业与农村办公室综合处、市水务局水政处、水资源处及创业环保集团公司、中水公司有关负责人参加。

同日　市水务局与水务集团联合召开于桥水库水源保护工作座谈会。与会人员实地察看了于桥水库水质情况，听取了近期于桥水库水质情况、尔王庄水库水质、明渠水质、水厂处理情况和相关部门工作开展情况汇报，对于桥水库水源保护工作给予肯定，一致认为于桥水库各项水质指标良好，符合地表水Ⅲ类标准，各水厂供水情况稳定。水务集团副总经理贾霞珍出席，局水资源处、防汛抗旱处、供水处、引滦工管处、水科院、水文水资源中心、于桥处、水务集团及滨海水业相关负责人参加。

4月14日　中共天津市委以《关于李清等同志任免职的通知》任命孙宝华为市水务局党委书记。

4月19日　市水务局召开牢固树立"四个意识"主题宣讲会，局党委书记孙宝华作主题宣讲。孙宝华以对党中央高度负责、对党和人民事业负责、对天津未来高度负责、对天津水务事业发展高度负责的鲜明态度，从理论和实践层面深刻阐述了牢固树立"四个意识"的重要意义、"四个意识"的深刻内涵和辩证关系，并对下步工作提出明确要求。副局长张志颇主持会议。局领导班子成员，局属各单位党组织主要负责人和局机关、市调水办、机关服务中心、信息中心党员共160余人参加。

4月20日　局党委书记孙宝华主持召开会议，听取人事处、组织处、党群处、老干部处、巡察办工作情况汇报，对下一步工作提出明确要求。副局长张志颇参加。孙宝华指出，水务工作是政治工作、发展工作、民生工作，需要强有力的班子来领导，需要高素质的干部来承担。工作路线确定之后，干部就是决定因素，水务系统的干部能不能具备高素质、爱岗敬业、担当尽责，与党务工作、政治工作、基础性工作密切相关。

同日　市水务局召开2017年全市水务系统反恐工作会议，传达全国反恐怖工作视频会议精神，对国内当前反恐形势进行分析，结合天津水务工作实际进行安排部署。市调水办专职副主任张文波出席并讲话，局反恐怖领导小组成员单位、反恐怖重点目标单位、水务治安分局有关负责人参加。

4月24日　市调水办专职副主任张文波主持召开专题会议，推动水务集团国有企业混合所有制改革工作，听取混改工作开展情况汇报，并提出明确要求。水务集团副总经理孙津，局财务处、水务集团相关部门负责人参加。

4月25日　市水务局和蓟州区政府联合召开于桥水库水源保护工作会议，通报一季度于桥水库水源保护工作开展情况和中央环保督察情况，对当前于桥水库水源保护工作存在问题进行座谈。局领导梁宝双、蓟州区副区长刘海波出席并讲话，引滦工管处、于桥处、水务治安分局，蓟州区政府办、库区办、水务局、农委、旅游局、环保局和相关乡镇主要负责人参加。

4月24—26日　局党委书记孙宝华先后到基建处、水文水资源中心、排管处调研，并对有关工作提出明确要求。局领导杨玉刚、闫学军、梁宝双分别陪同，局有关部门和单位主要负责人参加并汇报工作情况。

4月26日　国务院南水北调办副主任张野率

队来津检查南水北调中线天津干线防汛工作，并召开防汛工作座谈会。张野先后检查了天津干线出口闸和曹庄泵站的防汛预案制定、防汛值班巡查、防汛队伍建设、防汛物资储备，防汛演练、联防联控、应急抢险等防汛准备工作，现场听取了南水北调中线建管局天津分局和水务集团市南分公司关于工程防汛准备工作情况的汇报。副市长李树起陪同检查。市政府副秘书长李森阳，市水务局局长、南水北调办主任景悦，市水务局副局长张志颇、水务集团副总经理刘士阳、河北省南水北调办副主任宋伟陪同检查并参加座谈会。

4月27日 市河长办举办天津市全面深化河长制区级实施方案编制工作培训交流会，传达中办、国办《关于全面推行河长制的意见》精神，解读《天津市关于全面推行河长制的实施意见》重点内容，讲解各区全面推行河长制实施方案编写大纲及工作要点，明确下步实施方案制定的总体架构。副局长闫学军出席会议并讲话，局有关部门和单位负责人，市农委、市环保局相关部门负责人，全市16个行政区河长办或责任部门负责人及技术骨干共50余人参加。

4月27—29日 副市长、市防指副指挥李树起检查中心城区防汛准备工作情况，实地察看中心城区31处易积水重点地区和6处重点地道，现场听取相关部门和区的防汛准备情况汇报，对现存问题提出解决建议，就继续做好2017年天津市中心城区防汛工作提出要求。市政府副秘书长李森阳，局党委书记孙宝华、局长景悦、局领导梁宝双，市建委、市交委、市城投集团、市轨道集团及市内六区、环城四区负责人陪同检查。

4月28日晚 市水务局党委召开专题会议，传达贯彻中央第一环境保护督察组督察天津市工作动员会精神，通报局水环境自查自纠大检查活动开展情况，安排"五一"期间自查自纠检查活动，部署环境保护督察发现问题整改落实工作任务。

4月中旬至5月上旬 市水务局分三期举办2017年处级干部培训班，对全局处级干部进行集中培训。局党委书记孙宝华出席并讲授专题党课。培训以邓小平理论、"三个代表"重要思想、科学发展观为指导，认真落实全国党校工作会议精神，立足于加强干部队伍思想政治建设，为领导干部补钙壮骨、立根固本，着力培育政治坚定、为民服务、勤政务实、敢于担当、清正廉洁的好干部，提高领导干部运用理论指导实践的能力，为水务事业发展提供坚强保障。

5月

5月3日 中央环保督察组莅临市水务局检查指导工作。局党委书记孙宝华会见督察组一行，就环境保护相关问题与督察组进行探讨。副局长闫学军主持召开座谈会，汇报有关情况并接受督察组问询，机关有关处室、局属有关单位主要负责人和业务骨干参加。督察组现场调阅了相关文件资料，对污水处理厂建设运行、污泥处置、再生水利用、地下水压采和水源转换、城市建成区黑臭水体治理、河长制落实情况、施工扬尘管控等问题进行了详细质询。会上，闫学军汇报市水务局环保职能履行情况。市水务局深入推进清水河道行动，贯彻落实水污染防治行动计划，加强饮用水源地水源保护，全面推行河长制管理，取得一定成效。但也有面源污染依然存在、截污治污不够彻底、入境污染得不到控制、生态用水水量不足等问题，需要进一步加大水环境治理保护力度。

5月3—5日 局党委书记孙宝华调研指导机关政务和防汛供水科研工作。先后到海堤处、供水处调研，听取局有关部门和单位工作情况，并对有关工作提出明确要求。局领导张文波、梁宝双、杨建图分别陪同。

5月5日 住房和城乡建设部城市建设司有关负责人来津调研城市供水管理工作，就城市供水管网漏损控制、二次供水管理、水价成本等问题进行座谈。住房和城乡建设部城市建设司有关负责人在听取了天津市供水管网漏损控制、二次供水管理、老旧小区二次供水设施改造、供水企业成本等情况汇报后，对天津市供水管理工作给予充分肯定。局领导杨建图主持座谈会，局财务处、供水处和水务集团相关部门参加。

5月8日　市水务局召开中心城区及环城四区环境保水护水工作会议，通报当前城市供水和海河环境补水水源紧张形势，听取各有关单位排水口门管理和环境补水工作情况，对海河等河道计划用水和加强保水护水管理工作作出部署。局领导梁宝双出席会议，局工管处、防汛抗旱处、排管处、海河处及环城四区防办相关负责人参加。

5月8日、9日　局党委书记孙宝华于8日上午，在局机关听取安监处、机关服务中心、质量安全监督站主要负责人工作汇报。9日下午，到市调水办，听取调水办规设处、计财处、建管处、南水北调征迁中心主要负责人工作汇报。市调水办专职副主任张文波，局领导刘长平分别陪同；局有关部门和单位主要负责人参加。

5月9日　水利部水资源司副司长郭孟卓率国家最严格水资源管理制度考核组一行7人，对天津市2016年度最严格水资源管理制度落实情况进行检查。考核组现场检查了南开大学取水许可延展评估情况和尔王庄水库水质监测情况，听取了市水务局关于2016年度最严格水资源管理制度落实情况汇报，对天津市取得的成绩给予肯定，就有关问题进行质询。市政府副秘书长穆怀国出席汇报会，市水务局局长景悦、副局长闫学军陪同检查，市发展改革委、工业和信息化委、财政局、建委、环保局、农委、统计局负责人及静海、宁河两区水务局有关负责人参加。

5月11日　市委办公厅、市政府办公厅联合印发了《天津市关于全面推行河长制的实施意见》（津党厅〔2017〕46号）。在充分体现党中央《关于全面推行河长制的意见》精神基础上，按照市委、市政府工作部署和美丽天津建设的要求，明确构建管理、治理、保护"三位一体"的河湖管理保护机制，全面突出深化河长制管理，重点升位强化党政领导、健全完善组织体系、拓宽河湖管理范围，实现全覆盖，紧密结合天津市情水情，扩展河湖管护任务、构建长效机制、强化部门联动、严格考核问责，提出了操作性强的保障措施，为建设美丽天津提供水环境保障。

5月18日　市水务局、环保局组织召开2017年于桥水库蓝藻防控水质会商会议，听取水库近期水质、水草打捞和水源保护工作情况，与去年同期水质、水生物生长情况进行对比分析，并对2017年蓝藻生长趋势进行预测。市环保局副局长孙韧出席，海委水保局、滨海新区和蓟州区政府有关部门、水务集团、滨海水业公司、局属有关单位负责人参加。

5月19日　市水务局召开天津市大中型水库移民工作推动会，听取滨海新区、西青区、宝坻区、蓟州区四区相关部门2017年上半年项目实施情况汇报，推动督导2017年项目管理工作任务。局领导梁宝双出席并对下步工作提出明确要求，局移民处、相关区移民主管部门主要负责人参加。

5月19日、23日　局党委书记孙宝华先后调研指导农村水利工作。19日实地察看了武清区白古屯镇新房子村桥闸涵维修改造、白古屯村高效节水建设、农业水价综合改革试点及基层水利服务体系建设情况，宝坻区农村饮水提质增效泉州水厂扩建、里自沽扬水站更新改造、欢喜庄规模化节水建设及农村坑塘水系治理建设情况；23日在局机关听取农水处工作情况汇报，并对下步工作提出明确要求。局领导唐先奇陪同，局农水处领导班子成员、武清区及宝坻区两区水务局主要负责人参加调研或座谈。

5月22日　局机关党委、局属各单位党组织和水务集团党委分别组织党员干部收看了中国共产党天津市第十一次代表大会开幕式直播节目。据统计，4378名党员中3805人参加了集体收看活动，其他因病因事未能到场的党员和离退休党员通过电视、广播、网络等多种形式收听收看了开幕式直播实况。23日，天津日报电子版对市十一次党代会开幕式专题报道中，对市水务局组织党员集中收看情况进行了图片报道。

6月

6月2日 局党委书记孙宝华到大清河处调研指导工作，实地察看了九宣闸、洋闸、马圈闸、姚塘子泵站、十号口门调节闸和独流减河右堤，听取大清河处工作情况汇报，并对下步工作提出要求。局办公室、工管处、大清河处负责人参加。

6月2日、3日 水利部水资源司副司长郭孟卓一行6人来天津市调研七里海湿地保护情况，现场察看七里海湿地保护现状，并在市水务局进行座谈会。期间宁河区区委书记王洪海、副区长李春海、市水务局副局长闫学军陪同，宁河区区政府有关部门及市水务局规划处、水资源处负责人参加。郭孟卓要求，在工程畅通、合理送水的前提下，要找准水源、精准调度，确保供水目标有效实现，立足再生水利用解决七里海用水问题。要借力京津冀协同发展涉及的六河五湖综合治理与生态修复规划，提请国家启动七里海湿地保护和生态修复。要谋划好水资源整体布局，提高城市供水水源的储备能力，确保城市供水安全。要在做好各项基础工作的前提下，尽最大努力配合海委尽快完成滦河、蓟运河、潮白河水量分配工作。

6月7—9日 市水务局组织开展2017年第二批水利水电施工企业安全生产三类人员培训考核工作。本市水利水电施工企业安全生产三类人员共100余人参加。

6月12日 市长、市防指指挥张国清带队检查全市防汛工作，实地察看了海河二道闸、海河口泵站和海河防潮闸设施运行情况，了解全市水利工程布局，听取防汛防潮准备情况。市政府秘书长孟庆松，市政府研究室、市应急办、市水务局、海河下游局、滨海新区、津南区负责人参加检查。

6月14日 天津市召开防汛抗旱工作会议，市委书记李鸿忠、市长王东峰出席并讲话，副市长李树起主持，局党委书记孙宝华作了发言。

同日 市水务局召开党委会，传达贯彻全市防汛抗旱工作会议精神，部署下阶段重点工作。局党委书记孙宝华主持，局领导张志颇、杨玉刚、张文波、刘长平、唐先奇、梁宝双、杨建图出席，机关有关处室、局属有关单位主要负责人参加。会议指出，全市防汛抗旱工作会议体现出市委、市政府和市主要领导对防汛工作的高度重视。天津市面临的防汛形势对水务工作提出了更高要求，各部门各单位要高度重视，不折不扣、深入贯彻落实习近平总书记系列重要讲话精神，认真贯彻市委书记李鸿忠、市长王东峰在防汛抗旱工作会议上的讲话要求，按照市委、市政府决策部署，进一步深入研究，提高政治站位，强化责任担当，全面提高工作水平，全力确保天津市安全度汛和人民群众生命财产安全。

6月14—16日 市防办组织市级防汛抢险技术培训，特邀南水北调中线建管局副总工程师程德虎授课。局工管处、人事处、防汛处、物资处负责人，市防指抢险组成员、市防办抢险专家组成员、17支防汛抢险应急救援队和各河系处骨干技术人员共120余人参加。

6月15日 国网天津市电力公司董事长、党委书记钱朝阳一行到市水务局走访，就进一步加深双方合作，深入落实《关于共同推进防汛设施电源建设改造合作协议》，共同做好天津市防汛和电力设施保障等工作进行座谈。局党委书记孙宝华主持召开座谈会，局总工程师杨玉刚、局领导张文波出席，局工管处、排监处、市调水办建管处、防汛抗旱处、农水处、基建处负责人参加。

同日 按照局年度法治培训工作安排，副局长张志颇带领市水务局机关处室主要负责人和相关工作人员共30名职工，到和平区人民法院旁听行政案件庭审。开展旁听庭审活动是市水务局贯彻落实国务院和市政府关于加强和改进行政应诉工作、实现法治政府建设的又一项工作措施。此次旁听庭审在和平区人民法院的大力支持配合下，市水务局机关干部零距离接触司法审判，直面法律权威，通过法庭对原、被告进行身份确认、陈述诉讼请求、开展法庭调查、进行法庭辩论等环节，切实感受到行政机关的每一项具体行政行为都是可诉的，作出行政行为是否规范直接关系到行政诉讼结果，接受了令人印象深刻的法制教育。庭审结束后，和平区人民法院行政审判庭庭长张战华针对本案涉及的相关问题进行了"以案说法"，从"管辖权""行政复议"和"信息公开"三个方面进行了讲解，并通过多年审判工作实践的经验总结，对行政机关应当如何更好地规避行政风险、依法履行职责等提出了工作建议。

6月15—21日　水利部派出以孙宗海为特派员的一行7人稽查组，对天津独流减河宽河槽湿地改造工程进行了稽查。局领导刘长平、水务集团副总经理孙津出席，局相关处室、水务集团有关部门负责人参加。稽查组通过听取汇报、现场查勘、核查资料、沟通询问等方式对工程的前期与设计、建设管理、投资计划下达与执行、资金使用和管理、工程质量与安全生产管理进行全面稽查，形成稽查报告。在稽查反馈会议上，稽查组对稽查发现的问题，与市水务局、水务集团充分交换了意见。孙宗海对天津市江河湖库水系连通项目给予充分肯定，并提出了关于设计变更、质量检测、运管单位设置等方面的建议。

6月16日　市水务局联合市环保局组织召开关于建立全市污水处理厂运行监管会商机制的工作会议。市水务局领导梁宝双，市环保局总工孙韧，市水务局排监处、排管处，市环保局有关部门负责人参加。会上，两局原则通过了《天津市污水处理厂会商制度建议方案》，通报了2017年1—5月本市污水处理厂月监测以及提标改造进展情况，就加强污水处理厂监管工作的相关问题进行讨论。会议研究决定，建立水务、环保污水处理厂运行监管会商报告制度，加快推动水质监测成果共享和数据统一发布，通过联合执法、考核问责等形式加大对污水处理厂运行监管力度，不断改善本市水环境。

6月17日　中共天津市委以《关于付滨中等同志任免职的通知》免去景悦同志水务局党委副书记职务。

6月18日　北京市门头沟斋堂地区降雨6～10毫米，上游来水与本地短时强降雨共同作用，引发局地山洪泥石流，11人失踪，已找到5人。在网上得知此消息后，市水务局党委书记孙宝华立即召开紧急会议，研究做好各项防范工作：一是立即启动山洪灾害防御预案，市防办迅速将北京山洪灾害情况通报蓟州区防办，并定于6月19日晚派出工作组到蓟州具体指导山洪灾害防御各项工作，督促隐患排查、队伍建设、宣传教育、山洪系统运行维护等措施的落实，做好山洪预警、人员撤离等各项准备；二是深入开展防汛检查，6月19日，局党委主要负责人带队赴蓟运河、潮白新河、海河检查防洪工程建设和防汛设施运行情况，推动在建防洪工程进度，要求建设单位、工管单位强化工程建设和运行维护管理，确保工程汛期发挥效益；三是进一步落实防汛包保责任，在落实地方行政首长负责人的基础上，对市水务局防汛工作实行局领导分包责任制，将19条一级行洪河道、蓄滞洪区、水库和山洪灾害防范区分别划归各位局领导分工负责，相关处室提供技术支撑；四是密切关注水情、雨情，加强防汛值班值守，加强与气象等部门的沟通联系，随时掌握水情、雨情、工情，无雨当有雨防范，小雨当大雨防范，严防死守，确保人民群众生命安全；五是抓紧落实市防汛抗旱工作会议精神，按照市委书记李鸿忠、市长王东峰的讲话要求，落实防汛三级责任体系，深刻汲取北京门头沟斋堂地区山洪泥石流灾害教训，狠抓防汛组织、预案、队伍、物资、措施落实，确保全市安全度汛。

6月19日　局党委书记孙宝华先后到宝坻区和滨海新区，调研指导防汛工程建设情况，并对相关工作提出明确要求。局领导杨玉刚、张文波，水务集团副总经理孙津陪同；局有关部门和单位主要负责人参加。

6月20日　市水务局召开学习贯彻市第十一次党代会精神主题宣讲会，局党委书记孙宝华以"学习贯彻市第十一次党代会精神 推动水务事业又好又快发展"为题作主题宣讲。副局长张志颇主持会议，局领导班子全体成员出席，局机关、市调水办全体党员、局属各单位党政主要负责人参加。

6月21日 水利部海委副主任户作亮率国家防总工作组赴津，指导防汛抢险工作。市水务局副巡视员唐先奇以及市防办、市水务局、滨海新区等有关部门负责人参加。工作组听取了天津市强降雨应对工作汇报，实地察看了海河口泵站、海河闸、独流减河河口清淤和独流减河防潮闸，详细了解工程建设、管理及运行情况，以及针对此次强降雨的应对措施，对天津市防汛和强降雨应对工作给予充分肯定。户作亮指出，天津市委市政府高度重视防汛工作，全面贯彻国家防总防汛抗旱视频会议精神，防汛各有关单位准备工作充分，行动迅速，应对降雨措施得当。他强调，此次降雨强度大、范围广，要提高警惕、强化组织，确保防汛抢险各项措施落到实处。唐先奇表示，天津市防办将按照国家防总的要求，进一步加强巡视巡查，强化值班值守，做好上下游、左右岸以及流域和省市间的协调联动工作，做好防大汛、抢大险的各项准备工作。

同日 市水务局组织召开防汛会商会议，分析研判水情、雨情，部署强降雨应对工作。局党委书记孙宝华，局总工程师杨玉刚出席并讲话，市防办汇报了雨水情、应对准备和调度措施建议，水文水资源中心、排管处、农水处、工管处、基建处、建管中心分别汇报了水文测预报、排水除涝措施、河道清障和抢险准备、在建项目度汛准备等情况。

6月21—24日 天津市当年首次强降雨，自21日20时至24日7时，全市平均降雨49.5毫米，最大降雨量位于宁河区岳龙镇，雨量为139.2毫米。市区平均降雨39.7毫米，宝坻区、滨海新区、宁河区、北辰区、武清区5个区降雨超过50毫米，达到暴雨量级。全市降水总量5.2亿立方米，全部存蓄河道、水库、坑塘洼淀和农业补墒，全市农业旱情得到根本解决，生态缺水问题有效缓解。23日上午市区陆续出现5处短时积水，均在2小时内

排除。市区海河水位出现小幅上涨，24日8时海河二道闸上最高水位4.06米，处在景观水位控制标准之内。自21日20时至24日7时，海河流域平均降雨58.2毫米，北京市平均降雨91.9毫米。受流域较强降雨影响，21日20时天津市北部上游潮白河、北运河相继泄水，24日12时潮白河洪峰进入天津市，流量275立方米每秒，24日18时，市防指解除防洪IV级预警响应。截至25日8时，天津市上游来水7400万立方米，各河道沿海闸门未提闸泄水入海，入境水全部存蓄利用。海河流域上游及天津市一级河道水势平稳，未出现较大汛情，北部山区未发生山洪。

6月22日 市防指市区分部召开中心城区防汛工作推动会暨应急抢险实战演练。局党委书记孙宝华出席并观摩演练，对防汛实战演练给予肯定，传达市委书记李鸿忠对防汛工作的指示精神，对下步防汛排水工作提出明确要求。市交委副主任孙勤民、市容园林委副主任魏侠、市交管局副局长杨光、市水务局总工程师杨玉刚出席，市建委、市气象局、市电力公司、市内6区防办等单位相关负责人参加。演练模拟中心城区遭遇50~100毫米暴雨袭击，市防指市区分部紧急启动二级应急响应，各参演单位按照防汛预案要求随即启用排水设施并实时汇报雨情，为增强演练的实战性，此次演练在科目上设置了河北区民权门泵站断电抢修、梅江会展中心江湾路段塌管抢修等7个项目，涵盖了中心城区可能出现的各类险情。整场演练历时2小时，天津市防指市区分部通过防汛调度信息系统对气象、雨量、积水及排水设施运行情况进行实时监控，并对各演练点进行远程指挥调度，各参演单位按照操作规范开展泵站机电设备抢修、架设临时泵、井下作业及加固堤防等多项抢险作业，并按时完成科目演练。

6月23日 市水务局领导班子召开"维护核心、铸就忠诚、担当作为、抓实支部"主题教育实践活动第一专题交流讨论会，局党委书记孙宝华主持会议并讲话，局领导班子全体成员结合自身实际进行交流发言。

同日　副市长、市防指副指挥李树起返津后，第一时间赶赴市防指，主持召开防汛会商会议，紧急安排部署强降雨防御工作，听取市水务局关于强降雨防御工作的汇报和市气象局本次降雨情况及未来几天天气预报。市政府副秘书长李森阳，市防办、市区分部、农村分部、市防指各组负责人参加。李树起首先对各区各单位各部门前一阶段开展的积极有效应对工作表示充分肯定，并对大家的辛勤工作表示慰问，同时对继续做好下一步工作提出要求，强调要继续立足于防大汛、抢大险、救大灾，坚决克服麻痹思想和侥幸心理，全力确保人民生命财产安全万无一失。下午，李树起赴北三河系检查防洪工程，实地察看北运河上游防洪工程、潮白新河里自沽闸，详细了解上游地区及天津市河道雨情、水情、工情，并对做好防汛工作提出明确要求。市水务局和武清区、宝坻区、宁河区政府负责人参加。

6月24日　副市长、市防指副指挥李树起赴蓟州区检查防汛工作，实地察看了罗庄子镇泥河塘坝、下营镇防山洪转移安置点和于桥水库等防汛重点部位，现场听取了蓟州区、市水务局关于山洪灾害防御和于桥水库防汛工作的汇报。市政府副秘书长李森阳，市水务局和蓟州区政府、防办负责人参加。李树起对各单位积极做好山洪灾害防御和水库安全度汛工作给予充分肯定，强调指出，各级防汛部门要按照鸿忠书记提出的"宁可十防九空，也绝不可一次不防"要求，强化政治意识、大局意识、责任意识，狠抓预案措施落实，确保天津市安全度汛。

同日　副市长、市防指副指挥孙文魁赴大清河系检查防汛工作，实地察看独流减河、独流减河进洪闸、大清河和老龙湾节制闸等防洪工程设施及运行情况，对进一步做好防汛工作提出明确要求。市政府副秘书长穆怀国，海委下游局、市水务局和静海区委、区政府负责人参加。

6月26日　局党委以理论中心组学习（扩大）会的形式开展法治专题学习。针对当前行政机关作为被告的行政诉讼案件逐渐增多的问题，为进一步提高市水务局依法行政工作水平，提升行政机关处级领导干部行政风险防控和应对能力，邀请天津市第一中级人民法院行政审判庭副庭长、高级法官于洪群，做了题为《行政执法中应注意的问题》的法治专题讲座。局领导班子全体成员、局属单位党政正职干部、局机关和调水办全体处级干部参加学习。

6月27日　按照市防指统一部署，市商务委副主任刘东水率市防指第二检查组检查宝坻区、武清区防汛工作。检查组现场察看了宝坻区防汛物资储备、里自沽蓄水闸、牛家牌扬水站在建工程，武清区狼儿窝分洪闸、翠亨路雨水泵站、大黄堡洼安全建设在建工程，分别听取了组织推动、防汛预案、队伍演练、物资储备、措施落实等工作情况汇报。市商务委，武警天津市总队，市水务局，宝坻区、武清区政府及有关部门负责人参加检查。

同日　市水务局在海河处二道闸管理所举办首次安全生产现场教学培训，着力提升水务安监干部安全监管水平，推进新一轮安全生产隐患排查治理、汛期安全生产检查和电气火灾专项治理工作。培训分消防安全和机电安全两个专题教学组，对海河二道闸院区、控制室等10余处点位进行认真细致安全检查，逐项排查安全隐患。安全专家对两个教学组全程指导，并现场讲解安全知识点，详细解答学员提出的问题。局领导刘长平出席，并对下步工作提出明确要求。局工管处、人事处、安监处、机关服务中心、水务集团引滦潮白河分公司有关负责人和局属有关单位30余名安监干部参加。

6月27日、30日　按照市防指的统一部署，市民政局副局长率市防指第四检查组对西青区、静海区防汛准备工作进行检查。检查组现场察看了西青区大沽排水河除险加固工程、宽河泵站和杨柳青镇临时排水泵站，静海区于庄子泵站、城关扬水站和防汛仓库物资储备管理情况，听取了防汛准备工作情况汇报。市民政局，市规划局，市水务局，西青区、静海区政府及有关部门负责人参加。

6月30日 局党委书记孙宝华实地查勘重要湿地及北运河通航水源调蓄线路，现场检查了洪泥河生产圈泵站、万家码头泵站、团泊洼水库、子牙河分流井退水闸、北运河定福庄橡胶坝、狼儿窝分洪闸及潮白新河淮淀闸，听取七里海、大黄堡、北大港、团泊湖四个湿地水源调蓄和北运河通航水资源保障方案汇报，并对下步工作提出要求。局总工程师杨玉刚陪同，局办公室负责人和规划处、工管处、防汛处、设计院主要负责人参加。

7月

7月4日 0时，市水务局党委书记孙宝华迅速贯彻落实市委书记李鸿忠、市长王东峰分别做出的批示："要求加强值守，周密精准安排，全力做好防汛防灾防地质灾害工作，确保群众生命财产安全。"要求市水务局、市防办加强值班值守，密切关注雨情、水情，做好启动预警响应准备，提前落实降雨防御措施，确保安全平稳度过此次降雨。市防办启动防汛预案，向全市有关单位转发气象预报，并向市区分部、农村分部和蓟州区防指下发通知，要求市区分部全员上岗、提前部署排水物资设施，农村分部密切监视、组织做好降雨应对工作，蓟州防指安排工作组，加大隐患排查力度，确保人民群众生命财产安全，保障道路交通畅通和市民出行方便。4日6时，市防办召开防汛调度会，分析研判防汛排水形势，发布和落实各项防汛调度指令，全力做好强降雨防御工作。6日8时，市防指启动防洪四级预警，要求全市各级防汛部门立即上岗到位，及时启动应急预案，做好各项防御准备。6日14时，副市长李树起赶赴市防指主持召开防汛会议，安排部署强降雨防御工作。会后，市水务局党委书记孙宝华立即召开全市防汛视频会议，传达市领导指示批示精神，安排部署防汛排水工作。市防办第一时间向蓟州区、宝坻区、武清区派出7个工作组现场检查指导山洪灾害防御和防汛排水工作。

7月6日 市政府新闻办举行2017年防汛工作新闻发布会，通报天津市防汛工作情况。市政府新闻办联络处负责人主持，局领导梁宝双出席并向媒体介绍情况，局工管处、防汛处、排管处、农水处、海堤处负责人回答记者相关提问。新华社、中央电台、中国日报、人民网、中国水利报、天津日报、今晚报、天津电视台、天津电台、北方网、天津政务网、天津市官方微博"天津发布"等14家媒体参加。

7月11日 局党委书记孙宝华主持召开会议，听取规划处、设计院关于恢复河流湿地功能确保供水防汛安全单项方案的汇报，并对下步工作提出要求。局总工程师杨玉刚出席，局办公室、规划处主要负责人和设计院有关人员参加。

7月12日 市水务局与市规划局测绘院联合召开《天津市第一次全国地理国情普查公报》（征求意见稿）专题研讨会，详细沟通了解公报情况，就普查数据展开讨论。局规划处、工管处、防汛处、农水处相关负责人参加。本次地理普查采用"所见即所得"的普查方式，且统计时间与统计口径与水利部普查有所不同，故所得数据存在差别。

7月13日 国务院南水北调办征地移民司司长袁松龄率队来津，商谈南水北调中线工程天津干线天津市段工程永久征地土地证移交事宜。市水务局党委书记孙宝华会见了袁松龄一行，市调水办专职副主任张文波与袁松龄一行座谈。市南水北调办环境移民处、南水北调征迁中心负责人参加座谈。袁松龄对天津市南水北调办以及各参建单位多年来的辛勤付出和无私奉献表示感谢，对天津市征迁安置工作给予了充分肯定。

7月14日 武警天津市总队司令员鲍迎祥勘察天津市防汛地形。武警天津市总队副司令员陈世光、参谋长乔玉洲、副参谋长孙民，市防办常务副主任、市水务局副巡视员梁宝双，武警天津市总队机关、滨海新区支队、第6支队和市防办、市北三河系河道管理部门、宝坻区水务局负责人参加勘察活动。鲍迎祥一行实地勘察了蓟运河右堤张头窝段防汛地形，听取了天津市防汛基本情况汇报，并现场对武警部队承担的防汛抢险任务进行部署，明确了所属部队抢险兵力、职责分工和防汛抢险作战要求。

7月17日 局党委书记孙宝华调研中心城区防汛工作，检查推动中心城区排水、水环境管理和"双责双查双促"活动，实地察看了白堤路雨水泵站、汶水路临时泵站及全运村周边排水情况，听取中心城区防汛排水工程建设、水环境管理保护及排管处基层党建工作汇报，并对下步工作提出要求。局领导梁宝双陪同，局办公室、排监处、党群处、防汛处、排管处主要负责人参加。

7月17—25日 驻市水务局纪检组采取听取汇报、查阅档案资料的方式，分四组召开了驻在部门进一步落实监督责任推动会。会议由驻局纪检组副组长张书泽主持，驻局纪检组组长赵红出席会议并讲话。市水务局、市海洋局局属各单位36名纪检监察负责人和2名机关纪委负责人分别作了工作汇报。会议梳理盘点了各单位、各部门上半年落实监督责任工作情况以及特色亮点工作，研究部署了下半年工作。

7月18日 局党委书记孙宝华主持召开会议，研究湿地生态保护和水源保障工作，听取七里海、大黄堡、北大港、团泊湖湿地保护区生态水源保障工程方案汇报，并对下步工作提出明确要求。局总工程师杨玉刚出席，局办公室、规划处、设计院负责人参加。

7月19日 为贯彻落实中央保密办、市委保密办关于加强机关、单位借调、聘用等临时性工作人员保密管理要求，按照2017年《中华人民共和国保密法》宣传周活动安排，局保密办、人事处联合举办机关借调、外聘人员保密知识培训会。局机关有关处室、市调水办综合处、机关服务中心共60名借调人员和14名外聘人员参加。

7月21日 海委主任王文生率国家防总工作组指导天津市降雨防御工作，实地察看了郁江道泵站、越秀路临时泵站的运行情况，听取相关工作情况汇报，并对下步工作提出了明确要求。王文生对市水务局防汛物资及时到位、提前采取防

汛措施、雨后快速退水、积极保护水资源等方面工作给予了充分肯定。市水务局党委书记孙宝华与工作组就海河流域及天津的防汛工作情况进行沟通协商，表示将按照国家防总和水利部海委的要求，全力以赴做好洪涝灾害防御工作，确保全市安全度汛。局领导梁宝双陪同。

7月22日 副市长李树起检查推动南水北调市内配套工程，并召开现场办公会，研究解决配套工程项目难点问题，安排部署配套工程建设工作。市政府副秘书长李森阳陪同，市发展改革委、市规划局、市国土房管局、市环保局、市水务局、市交通运输委、市调水办、水务集团以及武清区、宝坻区、宁河区主要负责人及分管负责人参加。李树起先后检查了王庆坨超限检测站、水库泵站施工现场、武清供水泵站工程拟建现场和宁汉供水工程征迁节点宁河区东棘坨镇胡晋村养殖小区，在王庆坨水库工程项目部召开现场办公会，研究落实王庆坨超限检测站迁移、王庆坨水库工程征迁、水库水域部分规划手续办理、武清供水泵站工程前期手续、宁汉供水管线工程征迁等问题的解决措施。

7月24日 市调水办专职副主任张文波主持召开南水北调工程建设推动会，落实7月22日副市长李树起检查推动南水北调配套工程建设现场办公会要求，研究部署下一步南水北调配套工程建设工作。张文波强调，5月，国务院南水北调办、国家发展改革委、住建部、水利部四部委联合发文，要求"北京、天津要在2017年前全面完成配套工程建设任务"，并将此指标列入对天津市政府督导和考核的范围。从今年第三季度开始，四部委将开始对此任务进展完成情况进行督查，并将督查结果列入考核范围。市政府高度重视南水北调配套工程建设，7月22日，副市长李树起现场检查推动配套工程建设，针对存在的难点问题逐一研究，并提出解决措施，市各有关部门和各有关区政府均表态要大力支持。这些都为按期完成本年度配套工程建设任务创造了有利条件。

7月25日 市水务局召开于桥水库蓝藻防控

应对工作会议，检查了于桥水库蓝藻生长情况，听取了于桥水库水质情况、水库水生生物生长变化趋势、天津市城市供水情况及蓝藻防控应急等相关工作汇报，对下步蓝藻防控应对工作进行安排部署。局党委书记孙宝华出席并讲话，副局长闫学军主持，局领导梁宝双和市水务集团副总经理贾霞珍出席，局办公室负责人，水资源处、防汛处、引滦工管处、于桥处、水文水资源中心、供水处、水科院主要负责人，水务集团相关部门及滨海水业主要负责人参加会议。

同日 天津市第十六届人民代表大会常务委员会第37次会议以《天津市人民代表大会党务委员会关于决定赵飞等任免职务的通知》免去景悦同志市水务局（引滦工程管理局）局长职务。

7月26日 市水务局、市发展改革委组成工程验收委员会，共同研究海河口泵站工程机组启动验收工作。工程验收委员会根据水利水电建设工程验收规程的要求，察看了工程建设及机组设备运行情况，听取了工程建设管理、技术预验收、质量监督等工作报告，查阅了有关工程资料。局总工程师杨玉刚主持，市发展改革委副主任杜威出席，市发展改革委、市水务局有关部门负责人，工程项目法人及设计、监理、施工等单位负责人参加。会上，工程验收委员会认为海河口泵站机组启动平稳，运行稳定正常，各类电气设备及辅机设备运转正常，满足设计和使用功能，符合规范规程要求，通过技术预验收，同意通过海河口泵站工程机组启动验收。

8月

8月2日 局党委书记孙宝华主持召开专题会议，听取污水处理厂提标改造进展、再生水和海水淡化利用的情况汇报，并结合中央环保督察反馈意见，对下步工作和整改措施提出明确要求。副局长闫学军出席，局机关有关处室、局属有关单位主要负责人及水务集团有关部门负责人参加。

同日下午 市长、市防指指挥王东峰，副市长、市防指副指挥孙文魁到市防办召开会议，安排部署大暴雨防御措施和主汛期防汛工作。市政府秘书长于秋军，副秘书长杜翔和市应急办、市政府办公厅、市建委、市气象局、市交通运输委、市水务局和市内六区政府主要负责人参加。各涉农区主要负责人、市水务局相关单位负责人通过视频会议系统收听收看。

8月4日 市水务局召开2017年中期工作推动会，深入贯彻落实市第十一次党代会精神和鸿忠书记、东峰市长关于水务工作的一系列指示要求，总结前一阶段工作，分析研判水务面临的形势，部署下阶段重点任务。局党委书记孙宝华出席并讲话，副局长张志颇主持，局领导张文波、刘长平、唐先奇、梁宝双出席。局机关各处室、市调水办各处全体处级干部，局属各单位、水务治安分局党政主要负责人，各区水务局局长，水务集团分管负责人和有关部门负责人参加。

8月7日下午 市水务局迅速召开党委会，传达贯彻市委常委扩大会精神，审议水环境保护突出问题整改落实工作方案，研究部署中央环保督察问题整改落实工作。局党委书记孙宝华主持并讲话，局领导班子成员出席，机关有关处室、局属有关单位负责人参加。

8月8日 河南省移民办常务副主任李定斌率队来津学习考察南水北调中线一期天津干线天津市境内工程征迁安置验收工作。李定斌一行实地考察了天津干线出口闸和曹庄泵站工程运行管理，与天津市南水北调有关部门召开座谈会，深入了解南水北调中线天津干线工程征迁验收经验做法和天津市配套工程建设情况。座谈会上，双方就征迁验收工作遵循的政策、规定，验收的组织形式和验收程序，市、区级开展征迁验收工作的方式、做法，征迁验收项目的评定标准，征迁档案验收、专项设施验收以及资金管理验收等工作进行了深入交流。市调水办专职副主任张文波与李定斌一行进行座谈并陪同考察配套工程，水务集团副总经理张春善陪同考察。市调水办建管处、计财处，征迁中心、水务集团有关负责人参加。

同日 局党委书记孙宝华检查推动迎全运中

心城区河道水环境保障工作，实地察看海河吉兆桥段、外环河、卫津河、四化河、长泰河等重要河段水环境情况，现场观摩长泰河水环境治理工程，听取海河及中心城区二级河道水环境保障工作汇报，并对下步工作提出明确要求。副局长闫学军、局领导梁宝双陪同，局机关有关处室、局属有关单位主要负责人及分管负责人参加。

8月8—9日 8月20时至9日14时，受高空槽影响，天津市普降大到暴雨，个别站大暴雨，全市平均降雨量36.6毫米，最大降雨量位于北辰区北仓镇，雨量为130.9毫米，最大小时雨强位于北辰区北仓镇77.7毫米每小时。强降雨造成中心城区最多出现47处临时积水片，积水最深达500毫米，南口路等12处地道短时断交。截至8月9日14时，中心城区47处临时积水片已全部排净，12处断交地道全部恢复正常通行。全市没有发生洪涝灾情，境内一级行洪河道水势平稳，上游地区没有洪水入境，蓟州山区未出现山洪灾害。市防指于8月9日凌晨紧急启动防洪Ⅳ级预警响应。按照市委书记李鸿忠、市长王东峰、副市长李树起的要求，市防办连夜召开防汛调度会商会议，研判雨情水情工情，全市各级防汛部门紧急动员，全力以赴应对本轮强降雨。

8月10日 局党委书记孙宝华主持召开会议，专题研究天津市水资源统筹利用和保护规划，听取水利设计院关于规划思路汇报，并对下步工作提出要求。局总工程师杨玉刚出席，局办公室、规划处、水资源处、设计院主要负责人参加。

同日 局党委书记孙宝华带队检查中心城区水环境情况，实地处置海河富民桥段污染问题，全线查看外环河河道水环境和全运村周边长泰河蓝藻防控措施，对下步水环境治理保护工作提出明确要求。局总工程师杨玉刚陪同，局办公室、水保处、工管处、防汛处、海河处、排管处负责人参加。

8月15日 市水务局党委听取第四轮巡察工作情况汇报，研究部署第五轮巡察工作。局巡察组对引滦工管处、于桥处的专项巡察情况进行了

详细汇报。局党委书记孙宝华对巡察工作给予充分肯定，对各部门各单位党组织工作提出要求。

8月19日 局党委书记孙宝华带队检查中心城区河道水环境，实地查看复兴河、长泰河及外环河重点段水环境情况，并召开专题会议，听取中心城区河道水环境治理进展汇报，对全运会期间水环境保障工作提出明确要求。局领导梁宝双陪同，局办公室、工管处、水保处、防汛处、海河处、排管处主要负责人参加。

8月24日 局机关党委组织参观平津战役纪念馆举办的"钢铁长城强军梦——天津市庆祝中国人民解放军建军90周年主题展览"，共计70余名局机关、市调水办党员干部参加。展览共分9个部分、53个单元、400余幅历史图片及7个辅助场景，全景展现了人民军队的发展历程和历史功勋，开展党性教育和爱国主义教育，铭记历史、缅怀先烈、弘扬革命精神、激发爱国热情，弘扬主旋律、传播正能量，为迎接党的十九大胜利召开营造良好氛围。

8月29日 水利部农水司副司长王华带领督导检查组，对天津市开展2017年高效节水灌溉工程建设第二批督导检查工作，实地察看武清区农业综合开发高效节水灌溉项目、水价综合改革试点、基层水利服务体系项目和宝坻区高效节水灌溉建设项目，听取相关工作汇报，并对下步工作提出明确要求。市水务局领导杨建图陪同，市水务局、市财政局、市农委、市国土房管局相关部门和涉及高效节水灌溉工作的相关部门负责人，武清区、宝坻区水务局和农发办负责人参加。

9月

9月1日 市水务局举办"喜迎党的十九大·高举旗帜跟党走"青年演讲比赛。本次比赛分初赛和决赛两个阶段，层层筛选后推荐出24名选手参加决赛。经决赛激烈角逐，局党校赵静静、海河处徐文轩获冠军，于桥处张进、排管处贾如、水文中心董瑞颖、设计院代春艳获亚军，排管处刘芳池、隧洞处王峥、建管中心高宏越、大清河

处（北大港处）刘伟超获季军。

9月6日　市水务局组织召开人大代表、政协委员座谈会，听取建议提案办理落实情况，部署安排下阶段工作任务。市人大代表刘智、陈树新、吴艳、方嘉珂，市政协委员李金玲、李金胜，致公党、农工党、九三学社天津市主委会有关负责人，市人大常委会代表工作室副主任聂伦，市政协提案委副主任高峦，市政府办公厅建议提案处处长戴爽，市水务局党委书记孙宝华，局领导张文波、梁宝双，局有关部门负责人参加。

9月14日　副市长李树起带队检查于桥水库和南北运河水环境，实地察看了于桥水库、北运河武清段、北运河河北区带状公园段、南运河西青区万卉桥段水环境情况，听取水环境综合整治及河长制落实情况汇报，并对下步工作提出要求。市水务局、市农委负责人，河北区、西青区、武清区、蓟州区政府分管负责人参加。

9月15日　局党委书记孙宝华主持召开《巡视利剑》观后感交流学习座谈会，局领导班子成员集体观看专题片，相互交流学习心得体会，研究部署深化全面从严治党、推进水务事业加快发展工作。局领导杨玉刚、张文波、闫学军、唐先奇、梁宝双、杨建图参加会议，局办公室、组织处、党群处、驻局纪检组、巡察办主要负责人参加会议。

9月18日　局党委书记孙宝华主持召开专题会议，研究部署于桥水库综合治理工作，传达了9月16日副市长李树起检查于桥水库污染源的指示要求，听取了于桥水库综合治理思路举措，并对下步工作提出了明确要求。局领导杨玉刚、闫学军、梁宝双出席，规划处、计划处、水资源处、水保处、引滦工管处、隧洞处、黎河处、于桥处、设计院、水科院主要负责人参加会议。

9月18—19日　市政府第十三督查组到市水务局进行重点工作督查，通过召开座谈会、查阅资料、访谈干部、察看点位等形式，全方位检查水务局重点工作开展情况。市政府第十三督查组组长、市建委副主任翟家常带队，市调水办专职

副主任张文波汇报工作，局有关部门负责人参加。19日上午，局党委书记孙宝华专门召开局领导班子成员会议，传达贯彻落实9月18日全市维稳领导小组工作会议精神和市委书记李鸿忠讲话要求，要求全局上下高度重视、立即行动，全力做好水务安全维稳各项工作，以优异的水务成绩迎接党的十九大胜利召开。

9月22日　局党委书记孙宝华主持召开中央环保督察反馈问题整改落实推动会，听取整改任务落实情况汇报，部署在全局开展水环境大排查大治理大提升三大行动任务。局领导闫学军、唐先奇出席，局机关有关处室、局属有关单位主要负责人参加。

9月23日　天津市水务局第三届职工运动会暨"水务基建杯"田径比赛落幕，共24支代表队、300余名运动员参赛，由基建处具体承办。中国水利体育协会理事长陈祥建、秘书长蔡志强出席并讲话，副局长张志颀为大会致开幕词，市调水办专职副主任张文波致闭幕词，局副巡视员梁宝双主持闭幕式。本次运动会共设田赛10项、径赛17项，新增男子甲组100米、200米、女子甲组100米、铅球等赛事。本次田径赛中，北三河处、水科院、水利设计院、局机关、排管处、于桥处、北大港处、建管中心代表队分获田径比赛第一至八名，同时有5个项目产生了新的最高记录。

9月27日　市整改办督办检查第一小组负责人张春瑞率督办检查组一行3人，对市水务局落实中央环保督察反馈意见整改情况进行现场督办检查，听取涉水8项任务整改情况汇报，就有关问题进行现场询问，并提出指导意见。市水务局副局长闫学军参加汇报会，就进一步落实市整改办指导要求，加强涉水问题整改会后又提出明确要求。局规划处、水资源处、水保处、排监处、局指综合业务处主要负责人参加。

9月30日　市水务局领导班子召开"维护核心、铸就忠诚、担当作为、抓实支部"主题教育实践活动第二专题交流讨论会，局党委书记孙宝

华主持会议并讲话，局领导班子成员杨玉刚、张文波、赵红、闫学军、刘长平、唐先奇、梁宝双、杨建图参加，并分别结合自身实际作交流发言。

10月

10月18日 市水务局各级党组织集中收听收看习近平总书记在中国共产党第十九次全国代表大会上的报告。局党委班子成员带头收看，全局各级党组织分片组织集中收看，共组织集中收看51场次，参加收看的党员共2520人、群众共1370人。

10月23日 市人大常委会副主任张俊芳带队到东丽区调研全面推行河长制工作，全面贯彻落实党中央、国务院关于全面推行河长制的重大决策部署，进一步推进天津市河湖管理保护水平提升。实地察看新地河治污、水生态修复和东丽湖治水管水、管理保护等情况，听取东丽区政府和市水务局全面推行河长制实施情况汇报。市水务局副局长闫学军、东丽区人大常委会主任孙富霞、副主任龚振波、副区长李光华等参加调研。

10月24日 党的十九大胜利闭幕，市水务局党委书记孙宝华要求在全局范围内认真组织收看闭幕式特别报道。局党委班子成员、局机关全体党员干部集中收看，局属各单位党组织分别组织集中收看，共计收看51场次，退休党员由各支部组织落实以各种方式收看，参加收看的党员共2520人、干部群众共832人。

10月25日 市水务局党委班子成员、局机关全体党员干部集中收看新一届中央政治局常委与中外记者见面会，共设51个会场，组织全局2520名党员和957名干部群众收看，退休党员由各支部组织以各种形式观看。

10月31日 局党委书记孙宝华主持召开专题会议，听取中心城区二级河道水循环能力提升、积水片地区2018年治理项目及减少中小雨向一级河道排水调度方案汇报，充分肯定排水部门在防洪除涝、防灾减灾方面所做工作，并对下步工作提出明确要求。局总工程师杨玉刚，局领导梁宝

双出席，局办公室、规划处、排监处、排管处负责人及有关人员参加。

11月

11月1日 上午，局党委书记孙宝华深入宁河区结对帮扶困难村联系点东棘坨镇，听取镇党委工作汇报，实地调研对口帮扶工作情况，对结对帮扶工作提出明确要求。下午，与宁河区委区政府座谈对接水务工作，共同推进宁河水务工作扎实开展。宁河区区委书记王洪海出席座谈会，区长夏新全程陪同，区委常务、区委组织部长李春、副区长王东军陪同调研，区政协副主席、区水务局局长武文术汇报宁河区水务工作。局领导杨玉刚、张文波、闫学军出席，局机关处室、局属单位、市调水办相关部门主要负责人参加。

11月1—2日 水利部对天津市2017年高效节水灌溉工程建设开展第三批督导检查工作，实地察看宝坻区朝霞街道高效节水灌溉项目、宁河区中央农村水利发展资金项目和市级规模化节水灌溉等项目建设，组织召开市级和区级座谈会，听取相关工作汇报，并对下步工作提出明确要求。海委副主任翟学军带队，局领导唐先奇陪同，市水务局农水处、市发展改革委农经处、市财政局农业综合开发办公室、市国土房管局资源处等相关处室负责人，宝坻区、宁河区水务局和农发办负责人参加。

11月2日 局党委巡察组召开巡察工作动员部署会议，启动2017年度第六轮专项巡察工作。驻局纪检组组长、局党委巡察工作领导小组副组长赵红出席并讲话，组织处主要负责人宣布局党委对巡察组组长、副组长的授权决定，巡察办主要负责人部署具体巡察任务，被巡察的十个单位主要负责人及五个巡察组全体成员参加。

11月3日 为深入贯彻党的十九大精神和中央全面推行河长制的意见，经市人民政府批准，市河长制办公室印发《天津市河湖水环境大排查大治理大提升行动方案》，在全市域河湖水域持续深入开展水环境大排查大治理大提升"三大行

动",以保护水资源、防治水污染、改善水环境、修复水生态为主要任务,突出排查全覆盖,强化系统治理,力求显著提升水环境质量和面貌。

11月7日 局党委书记孙宝华主持召开局党委会,传达学习市委十一届二次全会精神,研究部署净化政治生态工作,对学习贯彻《实践论》《矛盾论》和习近平新时代中国特色社会主义思想提出明确要求。孙宝华指出,这次市委专门召开全会来传达贯彻十九大精神,是一个规定的动作、大的步骤,近期还要对处级以上的干部进行培训并组织市委的宣讲团到各区、各单位进行宣讲,同时也要求各个单位层层进行宣讲、培训。要按照市委的要求把上次党委会的安排部署抓好落实。

11月8日 国务院南水北调办副主任陈刚率队来津检查指导南水北调工作,实地检查了天津市部分配套工程运行管理和建设情况,以及天津分局运行调度及水质监测、检测等情况,并与天津市进行了座谈。副市长李树起、秘书长李森阳出席座谈会。市水务局党委书记孙宝华、市调水办专职副主任张文波、市财政局巡视员李伟桥、水务集团副总经理贾霞珍及市水务局、市调水办有关部门负责人参加。

11月9日 按照市水务局年度法治培训工作安排,副局长闫学军带队赴和平区人民法院,旁听一起当事人诉行政机关行政不作为的案件庭审。庭审结束后,主审法官进行"以案说法",针对在行政审判中人民法院对行政机关行政行为的审核重点,从职权依据、有无滥用职权或超越职权行为、事实与证据、法律适用和程序合法等五个方面进行剖析讲解,并通过对具体事例的分析,指导行政机关在实施行政管理中注意加强行政风险规避、依法履行工作职责。局水政处、人事处负责人,局属有关单位主管人事工作副处长和人事科科长共40名人员参加。

同日 全国水利博物馆责任与创新座谈会在杭州召开,发起成立"全国水利博物馆联盟",天津节水科技馆受邀加入,成为30家成员单位之一。会议讨论通过《全国水利博物馆联盟章程》,推选通过了联盟主任单位、副主任单位、联盟主任、副主任和秘书长,共同发表了《全国水利博物馆联盟杭州宣言》。

11月10日 市人大常委会副主任崔津渡带领市人大城建环保委负责人和部分市人大代表,视察天津市河道整治、建成区黑臭水体治理、水环境监测网络建设等工作情况,实地察看南运河整治、东场引河黑臭水体治理及海河三岔口自动水质监测站,听取工作情况汇报,对市水务局在水资源保护和水污染防治等方面所做工作给予肯定,就进一步加强水资源保护、修复水生态环境、再生水利用等工作提出建议。市水务局副局长闫学军,市环保局总工孙韧陪同,局水保处负责人参加。

同日 局党委召开学习贯彻党的十九大精神宣讲会,局党委书记孙宝华作宣讲报告。局总工程师杨玉刚主持,局领导班子成员出席,局机关、市调水办、局属各单位全体处级干部参加。孙宝华围绕党的十九大的主题和主要成果、习近平新时代中国特色社会主义思想、过去五年的历史性成就和历史性变革、中国特色社会主义进入新时代、中国社会主要矛盾的变化、两个一百年奋斗目标的战略部署、中国经济社会发展重大战略部署、坚定不移推进全面从严治党八个方面,进行了党的十九大精神宣讲。

11月12—15日 水利部安全生产监督管理考核组对市水务局2017年度安全生产监督管理工作进行考核,随机抽取宝坻区牛家牌、北三河处马营闸、水务集团尔王庄暗渠泵站等三个工程,实地察看现场,认真听取汇报,详细查阅材料,并提出反馈意见建议。14日,局党委书记孙宝华出席考核汇报会并致辞,局领导刘长平、梁宝双出席,机关有关处室、局属有关单位主要负责人参加。

11月14—17日 住建部组织专家对天津市城镇供水规范化管理工作进行考核,先后实地检查了宁河区、滨海新区供水单位,听取工作情况汇报,对天津市供水管理工作给予肯定。局领导杨建图陪同考核,供水处负责人参加。

11月15日 局党委书记孙宝华深入排管处宣讲党的十九大精神,局办公室、党群处负责人,排管处科级以上党员干部及20个基层单位党群部长140余人参加。孙宝华对排管处在防汛排水和保障全运会水环境质量等方面工作成绩予以充分肯定,并结合水务工作实际,从五个方面对学习贯彻十九大精神进行宣讲。

同日 市河长制办公室主任、市水务局党委书记孙宝华主持召开天津市河长制办公室工作会议,深入贯彻党的十九大精神和习近平总书记生态文明建设重要战略思想,全面落实市委、市政府关于全面推行河长制、持续改善水环境决策部署,安排部署在全市持续深入开展河湖水环境大排查大治理大提升三大行动任务。市河长制办公室副主任,市环保局、市市容园林委、市农委、市建委、市国土房管局、市财政局、市交通运输委、天津海事局主管部门负责人,各区政府分管负责人和区河长制办公室负责人,市水务局相关部门负责人参加。为确保"三大行动"深入开展、全市各区均已成立由区委、区政府主要领导任组长的"三大行动"领导小组,编制完成各区"三大行动"实施方案,人员队伍全部集结到位,全力开展各项工作。自11月三大行动开展至今,全市已累计排查河道893条、湖库121个、坑塘5287个,排查问题1005处、整改486处。

11月17日 市水务局办公室支部召开党员大会,集中学习党的十九大会议精神和习近平总书记"5·8"重要讲话精神、李鸿忠书记对党办工作提出的要求,以及副秘书长李森阳对落实分管市领导有关工作意见的部署。局党委书记孙宝华以普通党员身份出席,与支部党员交流十九大精神学习体会,对办公室工作提出明确要求。办公室支部全体党员和干部职工参加。

11月19日 "中华会计网校"杯天津市第三届会计人员职业技能竞赛决赛成功举办,市水务局进入决赛的8名选手。此次竞赛8月启动,市水务局高度重视并积极响应,组织全体会计人员参加"会计信息化知多少"有奖竞答,共计来自28个单位的82人成功报名晋级赛。经过第一赛程的竞技,市水务局共有5个单位的8名参赛选手脱颖而出进入决赛:郝凤春(北三河处)、芮江(北三河处)、刘然(于桥处)、潘新梅(于桥处)、彭程(排管处)、刘胜男(排管处)、杨薇(节水中心)、张岳(水科院)。此次竞赛,市水务局代表队获得团体一等奖和最佳组织奖,排管处彭程获个人二等奖,排管处秦利萍获2017年优秀会计学术论文三等奖。

11月20—24日 市水务局成功举办青年后备干部培训班,切实促进党的十九大精神在市水务局青年干部中落地生根,共有78名青年后备干部参加。此次培训使青年干部蓄积政治能量,吸收精神养分,拓展工作视野,主要体现在以下三个特点:一是寻根溯源讲解理论,重点加深对习近平新时代中国特色社会主义思想的理解;二是牢固树立政治意识,始终沿着中国特色社会主义道路砥砺奋进;三是昂然树起精神旗帜,引导青年干部不断提升适应岗位需要的能力水平。

11月22日 河西区副区长刘慧杰代表河西区委、区政府,向市水务局赠送"高站位顾全大局、讲担当支持全运"锦旗,感谢市水务局在全运会期间全力保障河西区排水安全、水环境安全所做的辛勤工作,对排管处及其排水五所、排水九所工作给予肯定。局领导唐先奇出席,局办公室、排监处、排管处负责人参加。

11月23日 按照市水务局党委中心组年度学习安排,市水务局举办局党委理论中心组学习法治专题讲座,拉开水务系统2017年国家宪法日活动的序幕。局领导班子全体成员,局机关和调水办全体处级干部,局属单位党政主要负责人参加。

11月24日 局党委书记孙宝华主持召开局党委会,传达天津市企业家工作会议、领导干部学习贯彻党的十九大精神专题培训班及市纪委召开的区纪委、派驻机构负责人会议精神,研究出租房屋处理意见和消防安全工作,并对有关工作提出明确要求。孙宝华强调,天津市企业家工作会议是在全国第一个召开的企业家工作会议，内容非常重要，形式也很新颖，市委书记李鸿忠高度重视，作了重要讲话，提出了明确要求。要认真贯彻落实市委、市政府要求，努力营造尊重企业家、支持企业家发展的浓厚氛围。

11月28日 局党委书记孙宝华主持召开专题会议，听取于桥水库前置库绿化提升、北水南调、中心城区一级河道排水工程、二级河道水循环能力提升等4个方案修改完善情况汇报，对有关工作提出明确要求。局领导梁宝双出席，局有关部门和单位负责人参加。

同日 市水务局在于桥水电公司开展2017年水务反恐应急演练。局领导刘长平出席并讲话，水务集团、安监处、水务治安分局负责人观摩，市水务治安分局民警、于桥派出所民警、于桥处抢险队员、于桥水电公司运行和维修人员共40余人参加。此次演练模拟于桥水电公司运行车间低压配电柜遭受恐怖分子袭击，造成部分设备损坏，影响安全输水工作。参演人员明确分工、默契配合，工程人员报警及时，及时抢修设备、恢复供水，民警反应快捷迅速，完成人员疏散、现场封锁、抓捕犯罪嫌疑人等任务。

11月29日 市水务局召开学习贯彻党的十九大精神、全面净化政治生态座谈会，增强"四个意识"，更加自觉地忠于核心、维护核心、捍卫核心，以钉钉子精神，持续深入推进净化政治生态工作，在全局营造风清气正弊绝的良好政治生态。局党委书记孙宝华出席并讲话。局领导张文波主持会议并传达《中共中央政治局关于加强和维护党中央集中统一领导的若干规定》《中共中央政治局贯彻落实中央八项规定实施细则》文件精神，局组织处、党群处、巡察办、许可处、黎河处、排管处、基建处作典型发言，局领导班子成员出席，局机关、局属各单位全体处级干部参加。

同日 市水务局处级领导干部代表20余人参加水利部学习宣传贯彻党的十九大精神的宣讲会。此次宣讲会推动学习贯彻党的十九大精神往实里走、往深里走，引导广大党员干部职工增强"四

个意识"，自觉维护党中央权威和集中统一领导，自觉在思想上政治上行动上同党中央保持高度一致，切实把广大党员干部职工思想统一到党的十九大精神上来，把力量凝聚到实现党的十九大确定的各项任务上来，激发水利干部职工奋力开创中国特色水利现代化新局面的澎湃动力。

12月

12月1日晚 市水务局连夜召开安全生产会议，深入贯彻落实市委书记李鸿忠关于"12·1"重大火灾事故指示批示精神和市政府安全生产工作会议精神，深刻汲取事故教训，安排部署全局新一轮安全事故隐患大排查大整治专项行动。局党委书记孙宝华主持会议并讲话，局机关相关处室、局属相关单位主要负责人参加。

12月3—7日 市水务局举办处级干部学习贯彻党的十九大精神专题培训班，对全局处级干部进行培训，深入学习贯彻党的十九大精神，共计170余名副处级以上干部参加培训班。5日，局党委书记孙宝华为培训班进行开班动员和专题辅导，副局长闫学军主持，局领导班子成员参加。7日，副局长张志颇进行结业讲话，局领导班子成员参加。此次培训班采取自学、专题辅导、观看纪录片、分组讨论等多种方式，确保专题培训取得实效。此次培训班体现三个特点。

12月4日 局党委书记孙宝华采取不打招呼、直奔现场的方式，先后到平山道天水大厦、丁字沽"古玩市场"、民权门装饰城等局属单位出租房屋（场地）暗访抽查消防安全情况，一路对消防安全工作提出明确要求。局办公室、安监处、机关服务中心负责人陪同。

同日 市水务局召开局属单位对外出租房屋（场地）民事诉讼相关法律咨询会，贯彻落实局党委书记孙宝华在市水务局安全生产会议上的指示要求及局党委决策部署，对各单位出租房屋（场地）案件逐一分析，并提出法律建议。机关有关处室、局属有关单位负责人参加会议。

12月5日 市水务局党委举办处级领导干部

学习贯彻党的十九大精神专题培训班，目的是深入学习领会习近平新时代中国特色社会主义思想和党的十九大提出的一系列新的重要思想、重要观点、重大论断、重大举措，进一步增强"四个意识"，加强理论学习，增强党性修养，提高能力素质，切实把思想和行动统一到党的十九大精神上来，用党的十九大精神武装头脑、指导实践、推动工作。局党委书记孙宝华出席并作开班动员和专题辅导，局领导班子成员和全局处级领导干部参加。

12月8日 局党委书记孙宝华主持召开河道水环境治理保护工作会，听取水污染防治实施计划、国考断面水质、中央环保督察反馈问题整改落实、市级河长制考核水质监测、河湖水环境大排查大治理大提升"三大行动""一河一策"实施方案编制和2018年环境调水等工作情况，并对下步工作提出明确要求。局领导闫学军、唐先奇、梁宝双出席，局有关部门和单位负责人参加并汇报工作情况。

12月8日 市水务局组织召开北疆电厂淡化海水配置方案及天津市淡化海水利用政策方案征求意见会。副局长闫学军主持并讲话，市发展改革委、市财政局、市水务局、滨海新区财政局、滨海新区水务局、水务集团相关部门和华泰龙公司负责人参加。市水务局和水务集团分别汇报了北疆电厂淡化海水配置方案及政策方案、北疆电厂一期淡化海水供市政用水补贴测算及统购统销方案。与会部门对配置方案和政策方案进行讨论，原则同意配置方案，市财政局、滨海新区财政局对政策方案补贴相关内容提出意见，其他部门基本认可政策方案内容。

12月11日 市水务局党委召开"深入肃清黄兴国恶劣影响、全面净化政治生态"专题会议，深入贯彻落实党的十九大精神和市委决策部署，进一步肃清黄兴国恶劣影响，深化全面从严治党，深入开展批评与自我批评，在全局营造风清气正弊绝的良好政治生态。局党委书记孙宝华主持会议并讲话，局领导班子成员参加。

同日 局党委书记孙宝华主持召开局属单位企业清理工作会议，听取相关部门及有关单位企业清理工作进展情况汇报，对各单位工作给予肯定，对下步工作提出明确要求。市调水办专职副主任张文波出席，局企业清理规范领导小组成员单位和有关单位主要负责人参加。

12月11—13日 市水务局举办安全生产监督管理培训班。机关有关处室，局属各单位，各区水务局负责安全生产、工程建设、工程运行有关职工70余人参加。此次培训邀请水利部和市公安消防局有关专家授课，培训主要包括当前安全生产面临的形势任务、安全生产领域改革发展意见、安全生产法律法规、消防安全及灭火逃生知识、生产安全事故隐患排查治理方法、安全生产标准化达标创建等内容。

12月13—15日 市水务局举办党外干部学习贯彻党的十九大精神专题培训班，全面落实党的十九大确定的各项任务，充分凝聚党外干部的智慧和力量，为水务工作做出应有的贡献。全局37名正科级以上党外干部参加。此次培训课程由组织处和党校精心安排，采取集中授课、观看大型纪录片、集体参观、集中讨论等方式，达到良好效果。

12月15日 市纪委第30考核检查组组长王丕河带队，到市水务局检查局党委落实全面从严治党主体责任情况。市纪委第30考核检查组副组长孟宪伟主持汇报会，局党委书记孙宝华汇报了2017年度落实全面从严治党主体责任情况，局领导班子全体成员，局机关和调水办处级干部、局属单位主要负责人参加。22日，组长王丕河带队到市水务局，反馈局党委落实全面从严治党主体责任检查情况，指出需要注意的问题，并对下步工作提出意见建议。局党委书记孙宝华代表局领导班子进行表态发言，局领导班子成员参加。

12月25日 局党委书记孙宝华主持召开局党委会，传达学习习近平总书记关于进一步纠正"四风"加强作风建设重要指示和市委通知要求，传达学习中央经济工作会议精神和市委常委扩大会议精神，通报市纪委对市水务局落实全面从严治党主体责任检查考核反馈情况，研究中央环保督察整改落实工作，审议城市供水水量调度计划，研究重点难点信访事项等工作，对有关工作提出明确要求。

12月26日 局党委书记孙宝华主持召开深化水务改革领导小组会议，总结2017年水务改革工作进展情况，分析存在问题，研究重点事项改革思路和相对集中许可权等工作，并对下步工作提出明确要求。局领导张文波、唐先奇、梁宝双、杨建图出席，局有关部门和单位主要负责人参加。

（局办公室　编办室）

水 务 统 计 指 标

2017 年水务综合指标（按区分）

水务建设投资计划执行情况简表

单位：万元

项目类型	投资计划										完成投资	占投资计划的百分比
	投资合计	资金来源										
		中央			地方							
		中央小计	中央预算内投资	中央财政专项资金	地方小计	市财政专项	局自筹	水投集团		区自筹		
								重点水务项目	南水北调项目			
总 计	660142	50749	912	49837	609392	306984	5896	36939	134844	124730		
其中：结转投资	134001				134001	18025	2376	22953	70964	19683		
新安排投资	526141	50749	912	49837	475392	288959	3520	13986	63880	105047		
一、建设项目投资	601738	50749	912	49837	550989	248580	5896	36939	134844	124730	469780	78%
1. 防洪项目	32435	600		600	31835	16486		13844		1505	32435	100%
2. 供水项目	163286	2166		2166	161120	23501	1407	1368	134844		102518	63%
3. 农村水利项目	159977	16086	912	15174	143891	81148				62743	148992	93%
4. 水环境治理项目	108056	21306		21306	86750	63834		21727		1190	50485	47%
5. 水利工程维修养护项目	18148				18148	16234	1914				17179	95%
6. 水资源日常管理与保护项目	19217	1400		1400	17817	16817	1000				18365	96%
7. 科研及信息化项目	5423	219		219	5204	3629	1575				4723	87%
8. 排水日常管理项目	21318				21318	21318					21285	100%
9. 其他项目	73876	8972		8972	64904	5613				59292	73798	100%
二、还息还贷资金	58403				58403	58403						

全市人口数、户数、乡镇数

地　区	常住人口/万人	户籍人口/万人			总户数/万户	乡镇数/个
			城镇	村		
天津市	1556.87	1049.99	731.43	318.56	385.62	127
市内六区	490.87	396.95	396.95		153.17	
滨海新区	298.42	131.46	114.54	16.92	49.34	5
东丽区	75.79	38.59	25.95	12.64	15.23	
西青区	85.09	41.40	35.21	6.19	15.32	7
津南区	89.11	46.28	37.52	8.76	16.69	8
北辰区	86.10	41.37	14.55	26.82	16.47	9
武清区	119.56	94.98	34.42	60.56	31.05	24
宝坻区	92.67	72.10	22.21	49.89	23.46	16
宁河区	49.39	40.20	14.55	25.65	14.64	14
静海区	79.03	60.09	9.48	50.61	22.26	18
蓟州区	90.84	86.57	26.05	60.52	27.99	26

农村产值、耕地及农作物播种情况

地区	农林牧渔业总产值/亿元	年末实有常用耕地面积/万亩	农作物播种面积/万亩	粮食作物播种面积	棉花播种面积	油料播种面积	蔬菜播种面积	其他
天津市	382.07	557.10	659.28	527.10	31.00	8.37	73.92	18.89

农 作 物 产 量

单位：万吨

地区	粮食产量	棉花产量	油料产量	蔬菜产量
天津市	212.27	2.50	1.26	269.61

水 库、水 电 站

地　区	已建成水库		大型水库		中型水库		小型水库		水电站	
	座数	总库容/万立方米	座数	总库容/万立方米	座数	总库容/万立方米	座数	总库容/万立方米	座数	总库容/万立方米
天津市	28	264635	3	223900	11	35254	14	5481	1	5800
滨海新区	8	67353	1	50000	4	15716	3	1637		
东丽区	1	1799			1	1799				
西青区	1	3360			1	3360				
津南区	1	2019			1	2019				
北辰区	2	1686					2	1686		
武清区	2	3467			1	2730	1	737		
宝坻区	1	4530			1	4530				
宁河区	1	2400			1	2400				
静海区	1	18000	1	18000						
蓟州区	10	160021	1	155900	1	2700	8	1421	1	5800

水 闸、泵 站

地区	水闸/座	大型	中型	小型	泵站/处	大型	中型	小型
天津市	3266	13	54	3199	3637	10	243	3384
市内六区	34		1	33	143		35	108
滨海新区	529	6	11	512	288	3	29	256
东丽区	325		1	324	145	2	24	119
西青区	92	3	1	88	157		19	138
津南区	312	1		311	144		16	128
北辰区	242	1	6	235	189	1	20	168
武清区	299		7	292	501		20	481
宝坻区	370	2	6	362	1061	3	31	1027
宁河区	631		3	628	640		16	624
静海区	289		9	280	229	1	20	208
蓟州区	143		9	134	140		13	127

注 1. 大型水闸为过闸流量≥1000立方米每秒的水闸，中型水闸为100立方米每秒≤过闸流量＜1000立方米每秒的水闸，小型水闸为1立方米每秒≤过闸流量＜100立方米每秒的水闸。

2. 大型泵站为装机流量≥50立方米每秒或装机功率≥1万千瓦的泵站，中型泵站为10立方米每秒≤装机流量＜50立方米每秒或0.1万千瓦≤装机功率＜1万千瓦的泵站，小型泵站为装机流量＜10立方米每秒或装机功率＜0.1万千瓦的泵站。

主 要 河 道 堤 防

单位：千米

地 区	堤防总长度	一级	二级	三级	四级	达标堤防长度	一级	二级	三级	四级
天津市	2163.966	388.651	865.346	159.050	750.919	988.111	245.734	520.960	38.0	183.417
市内六区	59.946		59.946			59.946		59.946		
滨海新区	431.721	172.412	194.059		65.250	202.724	56.365	81.109		65.250
东丽区	74.063	2.200	71.863			74.063	2.200	71.863		
西青区	74.829	57.356	17.473			74.829	57.356	17.473		
津南区	31.697		31.697			31.697		31.697		
北辰区	143.252	72.913	62.739	7.600		139.252	72.913	58.739	7.6	
武清区	319.504	45.870	137.584	136.050		135.137	19.000	85.737	30.4	
宝坻区	246.987		150.190	5.400	91.397	70.200		70.200		
宁河区	278.659	37.900	55.459	10.000	175.300	88.711	37.900	2.746		48.065
静海区	285.859		84.336		201.523	41.450		41.450		
蓟州区	217.449				217.449	70.102				70.102

注 主要河道堤防为全部一级河道堤防及黎河、淋河、沙河、新引河4条有防洪任务的二级河道堤防。

灌 溉 面 积

单位：万亩

地区	灌溉面积	耕地灌溉面积	林地灌溉面积	园地灌溉面积	实际耕地灌溉面积	节水灌溉面积	喷灌面积	微灌面积	低压管道输水灌溉面积	防渗渠道面积
天津市	490.78	459.92	20.80	9.43	416.40	353.14	6.74	4.33	255.77	86.31
滨海新区	30.17	29.36	0.54	0.27	11.43	12.00	0.01	0.55	9.48	1.95
东丽区	21.69	11.69	9.43	0.57	11.69	1.92	0.06	0.20	0.53	1.14
西青区	15.08	13.56	1.52		13.56	4.12	0.08	0.54	1.88	1.62
津南区	13.16	12.86	0.30		8.15	2.98	0.30	0.39	0.32	1.97
北辰区	19.15	16.67	2.48		16.67	10.50		0.21	5.25	5.04
武清区	96.15	90.30	2.85	3.00	89.96	85.74	3.17	0.26	82.32	
宝坻区	98.45	98.30	0.12	0.03	93.90	91.97		1.31	35.16	55.50
宁河区	57.77	57.77			51.88	33.51	0.66		23.76	9.09
静海区	66.09	66.09			55.91	49.34	2.18	0.38	42.93	3.86
蓟州区	73.10	63.34	3.57	5.56	63.27	61.07	0.29	0.50	54.15	6.14

万 亩 以 上 灌 区

地区	万亩以上灌区				三十至五十万亩灌区			
	处数	总灌溉面积/万亩	耕地有效灌溉面积/万亩	园林草等有效灌溉面积/万亩	处数	总灌溉面积/万亩	耕地有效灌溉面积/万亩	园林草等有效灌溉面积/万亩
天津市	80	287.80	281.39	6.41	1	41.80	41.78	0.02
滨海新区	12	20.67	20.34	0.33				
东丽区								
西青区								
津南区								
北辰区								
武清区	20	79.67	73.69	5.98				
宝坻区	6	78.19	78.17	0.02	1	41.80	41.78	0.02
宁河县	20	38.50	38.50					
静海县	18	65.68	65.68					
蓟州区	4	5.09	5.01	0.08				

水 土 保 持

单位：平方千米

地区	水土流失综合治理面积	小流域综合治理面积	新增水土流失综合治理面积	按措施划分					新增小流域综合治理面积	封禁治理保有面积
				基本农田	水土保持林	经济林	封禁治理	其他		
天津市	992.46	496.5	4.1	0.1	0.1			3.9	4	
滨海新区	90.99									
东丽区	14.39									
西青区	2.00									
津南区	4.17									
北辰区	9.84									
武清区	30.67									
宝坻区	25.10									
宁河区	13.70									
静海区	59.30		0.1		0.1					
蓟州区	742.30	496.5	4.0	0.1				3.9	4	

农村集中式供水工程、机电井

地区	农村集中式供水工程/处	千吨万人以上	千人以上	其他	机电井/眼	浅层地下水机电井	深层承压水机电井
天津市	1885	147	333	1405	34964	21108	13856
市内六区					115		115
滨海新区	156	26	56	74	2294		2294
东丽区	52	30	21	1	337		337
西青区	9	9			2038	1413	625
津南区	39		36	3	921		921
北辰区	94	7	49	38	438		438
武清区	187	31	66	90	7124	5258	1866
宝坻区	659		31	628	4691	3362	1329
宁河区	263	3	54	206	3428	15	3413
静海区	34	34			3675	1181	2494
蓟州区	392	7	20	365	9903	9879	24

注　1. 农村集中式供水工程按照规模划分,千吨万人以上为日供水规模≥1000立方米或设计供水人口≥10000人的农村供水工程,千人以上为设计供水人口≥1000人,且不属于千吨万人以上的农村供水工程,其他为20人≤设计供水人口<1000人的农村供水工程。

　　2. 机电井为井口井壁管内径≥200毫米的灌溉机电井和日取水量≥20立方米的供水机电井。

入 河 排 污 口

地区	入河排污口数量/个	按污水来源分					有水量监测的排污口数量	全年计量监测的废污水排放量/万吨
		污水处理厂排放	工业企业直排	市政直排	生活直排	其他		
天津市	67	63		4			58	72461
市内六区	1			1				
滨海新区	17	17					17	15172
东丽区	9	6		3			4	23509
西青区	2	2					2	15002
津南区	4	4					4	3571
北辰区	5	5					5	4409
武清区	9	9					9	2203
宝坻区	5	5					5	2392
宁河区	4	4					1	2112
静海区	10	10					10	2164
蓟州区	1	1					1	1927

降 水 量 、供 水 量

地区	降水量/毫米	供水量/亿立方米	地表水源供水量			地下水源供水量				其他水源供水量			海水淡化
			合计	外调水	当地地表水及入境水	合计	浅层水	深层水	地热水	合计	再生水回用	污水处理回用	
天津市	496.6	28.7403	20.2424	12.8207	7.4217	4.6085	2.7653	1.6398	0.2034	3.8894	3.0786	0.4651	0.3457
市内六区	490.7	4.9744	4.7819	4.7819		0.0679		0.0064	0.0615	0.1246		0.1246	
滨海新区	465.3	5.2718	3.3150	3.2907	0.0243	0.4716	0.1742	0.2505	0.0469	1.4852	1.0000	0.1624	0.3228
东丽区	479.1	1.0964	0.7094	0.6628	0.0466	0.1214		0.0861	0.0353	0.2656	0.2000	0.0656	
西青区	505.7	1.7383	1.2081	0.6102	0.5979	0.1577	0.0790	0.0704	0.0083	0.3725	0.3000	0.0725	
津南区	453.2	0.8706	0.4395	0.4015	0.0380	0.0911		0.0861	0.0050	0.3400	0.3000	0.0400	
北辰区	560.5	0.8633	0.4275	0.3587	0.0688	0.0858		0.0807	0.0051	0.3500	0.3500		
武清区	528.9	3.2985	2.1526	0.2633	1.8893	0.9559	0.5997	0.3329	0.0233	0.1900	0.1900		
宝坻区	490.1	4.2780	3.4691	0.1403	3.3288	0.6289	0.5051	0.1176	0.0062	0.1800	0.1800		
宁河区	450.4	1.7160	1.1375	0.1374	1.0001	0.4170	0.1123	0.3009	0.0038	0.1615	0.1386		0.0229
静海区	457.3	1.2119	0.5924	0.2144	0.3780	0.3195	0.0033	0.3082	0.0080	0.3000	0.3000		
蓟州区	588.0	1.6551	0.2434	0.1935	0.0499	1.2917	1.2917			0.1200	0.1200		
州河补水		0.6660	0.6660	0.6660									
团泊水库补水		0.6000	0.6000	0.6000									
北大港湿地补水		0.5000	0.5000	0.5000									

水 资 源 量 、用 水 量

单位：亿立方米

地区	水资源总量	地表水资源量	地下水资源量	地表水与地下水资源重复量	用水量	农田灌溉用水量	林牧渔畜用水量	工业用水量	城镇公共用水量	居民生活用水量	生态环境用水量
天津市	13.01	8.80	5.54	1.33	28.7403	9.5068	1.2131	5.5100	1.9536	4.1545	6.4023
市内六区	0.31	0.31			4.9744			0.8528	0.7284	1.4755	1.9177
滨海新区	1.31	1.31			1.0964	0.0750	0.0031	0.3444	0.1577	0.3162	0.2000
东丽区	0.26	0.26			1.7383	0.7029	0.2109	0.3208	0.2060	0.1851	0.1126
西青区	0.56	0.32	0.30	0.06	0.8706	0.0465	0.0135	0.1576	0.0657	0.2822	0.3051
津南区	0.19	0.19			0.8633	0.0912	0.0198	0.1770	0.0726	0.1527	0.3500
北辰区	0.53	0.32	0.22	0.01	5.2718	0.1239	0.0124	2.8721	0.4926	0.7300	1.0408
武清区	2.06	1.08	1.24	0.26	3.2985	2.2839	0.2721	0.1622	0.1117	0.2971	0.1715
宝坻区	2.09	0.96	1.47	0.34	4.2780	3.5136	0.3341	0.0263	0.0600	0.1640	0.1800
宁河区	1.12	0.90	0.26	0.04	1.7160	1.1821	0.0326	0.2098	0.0103	0.1426	0.1386
静海区	1.16	0.96	0.21	0.01	1.2119	0.5230	0.2279	0.1728	0.0348	0.1534	0.1000
蓟州区	3.42	2.19	1.84	0.61	1.6551	0.9647	0.0867	0.2142	0.0138	0.2557	0.1200
州河补水					0.6660						0.6660
团泊水库补水					0.6000						0.6000
北大港湿地补水					0.5000						0.5000

城市供水行业基本情况

指标名称	计量单位	指标值	指标名称	计量单位	指标值
供水管道长度	千米	18726	水厂个数	个	36
供水管道长度按管径分：			其中：地下水	个	15
1. ϕ<DN75mm	千米	4751	取水量		
2. DN75mm≤ϕ<DN300mm	千米	8124	地表水	万立方米	81235.62
3. DN300mm≤ϕ<DN600mm	千米	4275	地下水	万立方米	3095.00
4. DN600mm≤ϕ<DN1000mm	千米	1154	海水淡化	万立方米	3466.02
5. ϕ≥DN1000mm 以上	千米	422	生产		
供水管道长度按建设年限分：			综合生产能力	万立方米每日	423.70
1. 1949 年以前	千米	3	供水总量	万立方米	86591.24
2. 1949—1978 年	千米	843	用表户数	万户	443
3. 1978—2000 年	千米	4660	居民家庭	万户	429
4. 2000 年以后	千米	13220	用水人口	万人	917.65
供水管道长度按材质分：			行业服务		
1. 球墨铸铁管	千米	6250	管网漏水抢修及时率	%	99.98
2. 灰口铸铁管	千米	2073	入户维修及时率	%	100
3. 钢管	千米	520	社会评价		
4. 镀锌管	千米	265	人均日综合用水量	升	225.06
5. 塑料管	千米	8129	人均日综合生活用水量	升	129.82
6. 其他材质	千米	1489	人均日生活用水量	升	88.03

城市（县城）排水基本情况

指标名称	计量单位	指标值	指标名称	计量单位	指标值
排水管道长度	千米	21240	座数	座	47
排水管道长度按用途分：			处理能力	万立方米每日	290.5
1. 污水管道	千米	9964	处理量	万立方米	91469
2. 雨水管道	千米	9695	干污泥无害化处置能力	吨每年	21900
3. 雨污合流管道	千米	1581	干污泥产生量	吨	110247
已办理排水许可证的单位个数	个	278	干污泥无害化处置量	吨	110246
污水排放总量	万立方米	99719	其他污水处理装置情况		
污水处理总量	万立方米	92324	处理能力	万立方米每日	3.0
污水处理厂情况			处理量	万立方米	855

（计划处）

附　录

已修改规范性文件

《关于实行最严格水资源管理制度意见》〔2012 年 1 月 12 日津政办发〔2012〕1 号公布。根据 2017 年 12 月 27 日《天津市人民政府关于修改和废止"放管服"改革涉及行政规范性文件的通知》（津政发〔2017〕44 号）修改〕

《关于开展我市规划水资源论证工作方案》〔2012 年 10 月 31 日津政办发〔2012〕127 号公布。根据 2017 年 12 月 27 日《天津市人民政府关于修改和废止"放管服"改革涉及行政规范性文件的通知》（津政发〔2017〕44 号）修改〕

《关于我市围海造陆防潮工程建设与管理意见》〔2013 年 12 月 14 日津政办发〔2013〕111 号公布，自 2014 年 1 月 1 日起施行。根据 2017 年 12 月 27 日《天津市人民政府关于修改和废止"放管服"改革涉及行政规范性文件的通知》（津政发〔2017〕44 号）修改〕

《天津市计划用水管理办法》〔2014 年 3 月 8 日津政办发〔2014〕29 号公布，自 2014 年 5 月 1 日起施行。根据 2017 年 12 月 27 日《天津市人民政府关于修改和废止"放管服"改革涉及行政规范性文件的通知》（津政发〔2017〕44 号）修改〕

《天津市二次供水设施清洗消毒管理规定》〔2015 年 10 月 26 日市水务局印发，自 2015 年 11 月 1 日起施行。根据 2017 年 12 月 26 日《市水务局关于废止和修改部分行政规范性文件的通知》（津水规范〔2017〕1 号）修改〕

《天津市重要工程地面沉降专项监测技术规定（试行）》〔2015 年 8 月 13 日市水务局印发，自 2015 年 8 月 20 日起施行。根据 2017 年 12 月 26 日《市水务局关于废止和修改部分行政规范性文件的通知》（津水规范〔2017〕1 号）修改〕

批　示

市领导在九三学社天津市委"关于呈报《关于充分开发利用宝坻水源地的建议》的报告"（九三津专报〔2016〕5 号）上的批示（市政府办公厅 2017 年 1 月 3 日）

市领导在"市水务局市南水北调办关于解决天津市南水北调中线市内配套输配水工程修订规划增加资本金的请示"（津水报〔2016〕115 号）上的批示（市政府办公厅 2017 年 1 月 3 日）

市领导在"关于天津市清水河道行动水环境治理考核和责任追究办法（试行）的请示"上的批示（市政府办公厅 2017 年 1 月 6 日）

市领导在"市水务局关于报送 2016 年度新建大中型水库农村移民后期扶持人口登记成果的函"（津水函〔2017〕11 号）上的批示（市政府办公厅 2017 年 1 月 12 日）

树起同志在"市水务局关于全面深化改革河长制有关情况的报告"上的批示（市政府办公厅 2017 年 1 月 23 日）

市领导在"市水务局关于报送 2017 年大型水

库大坝责任人名单的请示"上的批示（市政府办公厅 2017 年 2 月 3 日）

树起同志在"市水务局关于对我市 2015—2016 年水利建设质量工作考核结果整改情况的报告"上的批示（市政府办公厅 2017 年 2 月 3 日）

市领导在"市水务局关于落实《'十三五'实行最严格水资源管理制度考核工作实施方案》有关情况的报告（津水报〔2017〕12 号）"上的批示（市政府办公厅 2017 年 2 月 3 日）

市领导在"水利部办公厅关于印发全面推行河长制工作督导检查制度的函"（办建管函〔2017〕102 号）上的批示（市政府办公厅 2017 年 2 月 10 日）

树起同志在市水务局"关于明确河道综合治理思路部署开展下一重点工作的情况报告"上的批示（市政府办公厅 2017 年 2 月 20 日）

市领导在"市水务局关于报请以市委、市政府办公厅名义印发《天津市清水河道行动水环境治理考核和责任追究办法（试行）》的请示"（津水报〔2017〕17 号）上的批示（市政府办公厅 2017 年 2 月 27 日）

市领导在"市水务局关于报送 2017 年天津市防汛抗旱责任人名单的请示"（津水报〔2017〕20 号）上的批示（市政府办公厅 2017 年 3 月 6 日）

市领导在"市水务局市环保局关于报请市人民政府调整海河流域天津市水功能区划的请示"上的批示（市政府办公厅 2017 年 3 月 11 日）

市领导在"市建委 市水务局关于解放南路地区海绵城市 PPP 项目相关工作的请示"上的批示（市政府办公厅 2017 年 3 月 14 日）

市领导在"市水务局关于成立天津市河长制工作领导小组的请示"上的批示（市政府办公厅 2017 年 3 月 16 日）

市领导在市政府督查室"关于全市防汛准备工作情况的督查报告"上的批示（市政府办公厅 2017 年 3 月 18 日）

市领导在"市水务局关于上报天津市 2017 年防汛抗旱工作安排意见的请示"（津水报

〔2017〕28 号）上的批示（市政府办公厅 2017 年 3 月 20 日）

市领导在"市水务局关于印发〈天津市清水河道行动水环境治理考核和责任追究办法（试行）〉的请示"（津水报〔2017〕34 号）上的批示（市政府办公厅 2017 年 3 月 21 日）

市领导在"市水务局关于调整天津市防汛抗旱指挥部及各分部成员的请示"（津水报〔2017〕22 号）上的批示（市政府办公厅 2017 年 4 月 1 日）

市领导在"市水务局关于天津市深化河长制工作方案相关问题协调情况的报告"上的批示（市政府办公厅 2017 年 4 月 6 日）

市领导在市水务局"市水务局关于贯彻落实市领导批示进一步做好全市防汛工作的报告"上的批示（市政府办公厅 2017 年 4 月 10 日）

市领导在水利部"'关于 2016 年度水利安全生产监督管理考核工作考核结果的通报'的表扬信"上的批示（市政府办公厅 2017 年 4 月 10 日）

树起同志在"市水务局关于建设'智慧防涝平台'的相关情况的报告"上的批示（市政府办公厅 2017 年 4 月 13 日）

市领导在"市水务局关于报送京津冀水污染联防联控建设工作方案的报告"上的批示（市政府办公厅 2017 年 4 月 13 日）

市领导在"水务局 国土房管局关于地面沉降区和海水入侵区地下水压采方案编制工作问题的请示（津水报〔2017〕43 号）"上的批示（市政府办公厅 2017 年 4 月 13 日）

市领导在"关于做好 2017 年重点湖库蓝藻水华防控工作的通知（环办水体函〔2017〕520 号）"上的批示（市政府办公厅 2017 年 4 月 22 日）

市领导在"市水务局关于中心城区积水地区防汛准备工作情况的报告"上的批示（市政府办公厅 2017 年 4 月 23 日）

市领导在"天津市财政局关于天津市南水北调中线市内配套输配水工程修订规划增加资本金

问题的请示"（津财基〔2017〕24号）上的批示（市政府办公厅2017年4月25日）

市领导在"国务院关于修改《大中型水利水电工程建设征地补偿和移民安置条例》的决定"上的批示（市政府办公厅2017年5月5日）

树起同志在"市水务局关于污水处理及河道水环境排查发现问题整改情况的报告"上的批示（市政府办公厅2017年5月15日）

市领导在"市水务局关于恢复成立天津市建设节水型社会领导小组的请示"（津水报〔2017〕51号）上的批示（市政府办公厅2017年5月17日）

市领导在政协天津市委办公厅"关于加强京津冀水资源协同保护与利用的建议"上的批示（市政府办公厅2017年5月21日）

市领导在市水务局 市南水北调办"关于拟请市人民政府与武清区宝坻区人民政府签订南水北调中线市内配套工程武清供水工程征地拆迁工作责任书的请示"（津水报〔2017〕62号）上的批示（市政府办公厅2017年5月23日）

市领导在"水利部办公厅关于加强全面推行河长制工作制度建设的通知"上的批示（市政府办公厅2017年6月6日）

市领导在"市水务局关于大沽河净水厂一期工程拟采用政府和社会资本合作（PPP）模式的请示"上的批示（市政府办公厅2017年6月10日）

市领导在市政府督查室"关于我市编制区级河长制实施方案情况的督查报告"上的批示（市政府办公厅2017年6月11日）

市领导在京津冀水协办"关于印发《京津冀区域2017年水污染防治工作方案》的通知"（京津冀水协办〔2017〕1号）上的批示（市政府办公厅2017年6月16日）

市领导在"市水务局关于2016年度地下水压采考核工作结果的报告"（津水报〔2017〕77号）上的批示（市政府办公厅2017年6月17日）

树起同志在"市水务局关于加强防汛和防山洪工作的报告"上的批示（市政府办公厅2017年

6月23日）

市领导在市水务局"关于天津市引滦水源保护领导小组成员变动的请示"上的批示（市政府办公厅2017年6月23日）

市领导在"市水务局关于报批《天津市水土保持规划（2016—2030年)》的请示"（津水报〔2017〕66号）上的批示（市政府办公厅2017年6月26日）

市领导在"市水务局关于印发《天津市"十三五"高效节水灌溉总体方案》的请示"（津水报〔2017〕82号）上的批示（市政府办公厅2017年6月26日）

市领导在"国家发展改革委关于组建永定河流域治理投资公司的指导意见"（发改农经〔2017〕1121号）上的批示（市政府办公厅2017年6月26日）

市领导在"财政部关于降低国家重大水利工程建设基金和大中型水库移民后期扶持基金征收标准的通知"上的批示（市政府办公厅2017年6月27日）

市领导在"市发展改革委市财政局市建委市水务局关于解放南路地区海绵城市PPP项目相关工作的请示"上的批示（市政府办公厅2017年7月2日）

市领导在市水务局"关于恢复河流湿地生态功能确保供水防汛安全的报告"上的批示（市政府办公厅2017年7月12日）

市领导在市水务局"关于天津市全面推行河长制有关制度的报告"上的批示（市政府办公厅2017年7月13日）

市领导在"水利部等关于印发《农村饮水安全巩固提升工作考核办法》的通知"上的批示（市政府办公厅2017年7月20日）

市领导在"市发展改革委市财政局市水务局关于降低非居民自来水价格实施意见的请示"上的批示（市政府办公厅2017年8月8日）

树起同志在政协市委办公厅"关于妥善解决超期使用自来水表问题的建议"（政协信息专报

第 17 期）上的批示（市政府办公厅 2017 年 8 月 11 日）

市领导在九三学社市委会"关于呈报'关于对蓟运河整体进行综合治理的建议'的报告"上的批示（市政府办公厅 2017 年 8 月 13 日）

市领导在市水务局"关于天津市东淀和文安洼蓄滞洪区工程与安全建设项目法人和运行管理单位的请示"上的批示（市政府办公厅 2017 年 8 月 18 日）

市领导在"市水务局关于对玖龙纸业（天津）有限公司违规使用地下水的调查报告"上的批示（市政府办公厅 2017 年 8 月 20 日）

树起同志在"市水务局关于印发天津市河长制信息报送制度等 8 项制度的请示"上的批示（市政府办公厅 2017 年 9 月 1 日）

市领导在"市水务局关于 2017 年环外各区污水厂提标改造工程进展情况报告"上的批示（市政府办公厅 2017 年 9 月 4 日）

市领导在"市水务局关于建成区黑臭水体治理工作有关情况的报告"上的批示（市政府办公厅 2017 年 9 月 6 日）

市领导在市水务局"关于中心城区纪庄子等四座污水处理厂特许经营单价调整意见的请示"上的批示（市政府办公厅 2017 年 9 月 15 日）

市领导在"市水务局关于全市防汛工作情况的报告"上的批示（市政府办公厅 2017 年 9 月 19 日）

市领导在市水务局"关于印发天津市河长制会议制度等 12 项制度的请示（津水报〔2017〕113 号）"上的批示（市政府办公厅 2017 年 9 月 25 日）

市领导在"市水务局关于蓟运河综合治理方案的报告"上的批示（市政府办公厅 2017 年 9 月 25 日）

市领导在市水务局"关于大运河等河道环境治理工作有关情况的报告"上的批示（市政府办公厅 2017 年 10 月 2 日）

市领导在市水务局"关于于桥水库综合治理方案的报告"上的批示（市政府办公厅 2017 年 10 月 9 日）

市领导在市水务局"关于落实南水北调配套工程建设资金的请示"上的批示（市政府办公厅 2017 年 10 月 15 日）

市领导在水务局"关于生态红线内建设水务工程项目的请示（津水报〔2017〕127 号）"上的批示（市政府办公厅 2017 年 10 月 30 日）

市领导在市水务局"关于报批《天津市河湖水环境大排查大治理大提升行动方案》的请示（津水报〔2017〕128 号）"上的批示（市政府办公厅 2017 年 11 月 1 日）

市领导在"关于印发《重点流域水污染防治规划（2016—2020 年）》的通知"上的批示（市政府办公厅 2017 年 11 月 3 日）

市领导在"市水务局关于地笼渔网清理工作情况的报告"上的批示（市政府办公厅 2017 年 11 月 27 日）

市领导在市水务局"关于报送加快实施引滦暗渠改线工程意见的请示"上的批示（市政府办公厅 2017 年 11 月 28 日）

市领导在"天津市财政局关于《于桥水库综合治理方案》和《天津市水资源统筹利用与保护规划》资金筹集问题的请示"上的批示（市政府办公厅 2017 年 12 月 7 日）

市领导在"市水务局关于将宝坻区老庄子等 3 座扬水站列入天津市农村国有扬水站更新改造工程专项补充规划有关意见的请示（津水报〔2017〕142 号）"上的批示（市政府办公厅 2017 年 12 月 7 日）

市领导在"市水务局关于报审天津市水资源统筹利用与保护规划的报告"上的批示（市政府办公厅 2017 年 12 月 8 日）

市领导在"市水务局报送的《于桥水库综合治理方案》"上的批示（市政府办公厅 2017 年 12 月 8 日）

市领导在《市水务局关于妥善解决超期使用自来水表问题的报告》上的批示（市政府办公厅

2017 年 12 月 13 日）

市领导在"关于印发 2016 年度实行最严格水资源管理制度考核结果的函（水资源函〔2017〕214 号）"上的批示（市政府办公厅 2017 年 12 月 16 日）

市领导在市财政局《关于 2017 年度我市南水北调水费补助资金筹集问题的请示》上的批示（市政府办公厅 2017 年 12 月 27 日）

市领导在市财政局《关于市水务局基本建设项目资金问题的请示》上的批示（市政府办公厅 2017 年 12 月 27 日）

市领导在市水务局《关于建议将污水处理厂出水管道改建、扩建项目纳入"天津市排水专项规划修编"的请示》上的批示（市政府办公厅 2017 年 12 月 29 日）

文魁同志在《市水务局关于协调未来科技城有关项目供水保障情况的报告》上的批示（市政府办公厅 2017 年 12 月 29 日）

市领导在市财政局"关于市水务局更换自来水表所需资金问题的请示"（津财建一〔2017〕68 号）上的批示（市政府办公厅 2017 年 12 月 30 日）

批 复

天津市人民政府关于海河流域天津市水功能区划报告的批复（津政函〔2017〕23 号 2017 年 3 月 17 日）

中共天津市委 天津市人民政府关于同意《关于七里海湿地生态保护修复规划（2017—2025 年）》等四个规划的批复（津党〔2017〕172 号 2017 年 10 月 2 日）

市编办关于设立天津市海河口泵站管理所的批复（津编办发〔2017〕50 号 2017 年 2 月 17 日）

市编办关于调整天津市引滦工程潮白河管理处等 9 个事业单位隶属关系的批复（津编办发〔2017〕239 号 2017 年 5 月 16 日）

市编办关于调整天津市大清河管理处机构编制事项的批复（津编办发〔2017〕462 号 2017 年 10 月 23 日）

市编办关于调整天津市引滦工程于桥水库管理处领导职数的批复（津编办发〔2017〕475 号 2017 年 11 月 9 日）

市编办关于设立天津市河长制事务中心的批复（津编办发〔2017〕534 号 2017 年 12 月 12 日）

市发展改革委关于批复中心城区水环境提升近期工程项目建议书的函（津发改农经〔2017〕25 号 2017 年 1 月 13 日）

市发展改革委关于批复迎宾湖水质改善工程项目建议书的函（津发改农经〔2017〕41 号 2017 年 1 月 19 日）

市发展改革委关于批复中心城区 2017 年二级河道清淤工程可行性研究报告的函（津发改农经〔2017〕49 号 2017 年 1 月 22 日）

市发展改革委关于批复永定新河防潮闸液压启闭机更新改造工程实施方案的函（津发改农经〔2017〕64 号 2017 年 1 月 25 日）

市发展改革委关于批复天津市宝坻区黄白桥泵站更新改造工程实施方案的函（津发改农经〔2017〕80 号 2017 年 2 月 8 日）

市发展改革委关于批复天津市宝坻区大刘坡泵站更新改造工程实施方案的函（津发改农经〔2017〕81 号 2017 年 2 月 8 日）

市发展改革委关于批复海河口泵站工程建筑部分设计变更报告的函（津发改农经〔2017〕93 号 2017 年 2 月 13 日）

市发展改革委关于批复中心城区 2017 年二级河道清淤工程初步设计的函（津发改农经〔2017〕96 号 2017 年 2 月 14 日）

市发展改革委关于批复天津市西青区黄家房子泵站更新改造工程实施方案的函（津发改农经〔2017〕116 号 2017 年 2 月 20 日）

市发展改革委关于批复迎宾湖水质改善工程实施方案的函（津发改农经〔2017〕145 号 2017 年 3 月 6 日）

市发展改革委关于中心城区广开四马路等 7 片

河流制地区市管排水设施雨污分流改造工程可行性研究报告的补充批复（津发改城市〔2017〕160号 2017年3月10日）

市发展改革委关于批复于桥水库大坝坝基加固工程项目建议书的函（津发改农经〔2017〕208号 2017年3月23日）

市发展改革委关于批复于桥水库放水洞除险加固工程实施方案的函（津发改农经〔2017〕209号 2017年3月23日）

市发展改革委关于批复蓟运河九王庄大桥—后鲁沽段治理工程项目建议书的函（津发改农经〔2017〕282号 2017年4月17日）

市发展改革委关于批复独流减河橡胶坝工程变更设计的函（津发改农经〔2017〕283号 2017年4月17日）

市发展改革委关于批复天津市南水北调中线市内配套工程北塘水库维修加固工程实施方案的函（津发改农经〔2017〕284号 2017年4月17日）

市发展改革委关于批复天津市南水北调中线工程市内配套工程武清供水泵站工程可行性研究报告的函（津发改农经〔2017〕293号 2017年4月19日）

市发展改革委关于批复引滦隧洞重点病害治理工程2017年实施段实施方案的函（津发改农经〔2017〕296号 2017年4月20日）

市发展改革委关于批复中心城区水环境提升近期工程月牙河口泵站改扩建工程可行性研究报告的函（津发改农经〔2017〕297号 2017年4月20日）

市发展改革委关于批复中心城区水环境提升近期工程大沽河净水厂一期工程可行性研究报告的函（津发改农经〔2017〕299号 2017年4月21日）

市发展改革委关于批复武清区2017年农村饮水提质增效工程—外管网部分实施方案的函（津发改农经〔2017〕321号 2017年4月30日）

市发展改革委关于批复中心城区水环境提升近期工程三元村泵站改扩建工程可行性研究

报告的函（津发改农经〔2017〕322号 2017年5月2日）

市发展改革委关于批复于桥水库大坝坝基加固工程实施方案的函（津发改农经〔2017〕355号 2017年5月15日）

市发展改革委关于批复天津市于桥水库大坝安全监测系统升级改造实施方案的函（津发改农经〔2017〕393号 2017年5月24日）

市发展改革委关于批复天津市南水北调中线工程市内配套工程宁汉供水泵站工程可行性研究报告的函（津发改农经〔2017〕394号 2017年5月24日）

市发展改革委关于批复中心城区水环境提升近期工程月牙河口泵站改扩建工程初步设计报告的函（津发改农经〔2017〕422号 2017年6月1日）

市发展改革委关于批复蓟州区2017年农村饮水提质增效工程—配水管网部分实施方案的函（津发改农经〔2017〕435号 2017年6月7日）

市发展改革委关于批复中心城区水环境提升近期工程三元村泵站改扩建工程初步设计报告的函（津发改农经〔2017〕453号 2017年6月13日）

市发展改革委关于批复中心城区水环境提升近期工程新建八里台节制闸等节点工程可行性研究报告的函（津发改农经〔2017〕455号 2017年6月13日）

市发展改革委关于批复宝坻区2017年农村饮水提质增效工程实施方案的函（津发改农经〔2017〕454号 2017年6月13日）

市发展改革委关于批复中心城区水环境提升近期工程复兴河口泵站工程可行性研究报告的函（津发改农经〔2017〕492号 2017年6月28日）

市发展改革委关于批复蓟运河口临时泵站应急度汛工程实施方案的函（津发改农经〔2017〕493号 2017年6月28日）

市发展改革委关于批复静海区2017年农村饮水提质增效工程实施方案的函（津发改农经〔2017〕535号 2017年7月17日）

市发展改革委关于批复中心城区水环境提升

近期工程雨水管道残留水及初期雨水治理一期工程可行性研究报告的函（津发改农经〔2017〕554号 2017 年 7 月 25 日）

市发展改革委关于武清区 2017 年农村饮水提质增效工程—王庆坨引江水厂建设工程项目建议书的批复（津发改农经〔2016〕583 号 2017 年 8 月 6 日）

市发展改革委关于批复中心城区水环境提升近期工程新建津河八里台节制闸等节点工程初步设计报告的函（津发改农经〔2017〕603 号 2017 年 8 月 10 日）

市发展改革委关于批复中心城区水环境提升近期工程复兴河口泵站工程初步设计报告的函（津发改农经〔2017〕620 号 2017 年 8 月 17 日）

市发展改革委关于批复天津市东丽区东河泵站更新改造（一期）工程可行性研究报告的函（津发改农经〔2017〕622 号 2017 年 8 月 17 日）

市发展改革委关于批复中心城区水环境提升近期工程雨水管道残留水及初期雨水治理一期工程初步设计报告的函（津发改农经〔2017〕645 号 2017 年 8 月 24 日）

市发展改革委关于批复引滦水环境监管平台建设项目建议书的函（津发改农经〔2017〕661 号 2017 年 9 月 1 日）

市发展改革委关于批复天津市大黄堡洼蓄滞洪区工程与安全建设武清区撤退路及北京排污河征迁设计变更的函（津发改农经〔2017〕662 号 2017 年 9 月 1 日）

市发展改革委关于批复黎河中上游河道监控及报警系统建设工程项目建议书的函（津发改农经〔2017〕663 号 2017 年 9 月 1 日）

市发展改革委关于批复于桥水库入库河口湿地南北库桥梁连接工程项目建议书的函（津发改农经〔2017〕664 号 2017 年 9 月 1 日）

市发展改革委关于批复引滦隧洞病害综合治理工程项目建议书的函（津发改农经〔2017〕665 号 2017 年 9 月 1 日）

市发展改革委关于批复独流减河宽河槽湿地

改造工程设计变更的函（津发改农经〔2017〕684 号 2017 年 9 月 6 日）

市发展改革委关于批复天津市武清区南夹道泵站更新改造工程实施方案的函（津发改农经〔2017〕743 号 2017 年 9 月 25 日）

市发展改革委关于批复天津市一级河道防汛路提升一期治理工程项目建议书的函（津发改农经〔2017〕744 号 2017 年 9 月 25 日）

市发展改革委关于批复北大港水库库区移民及安置区 2017 年二期及 2018 年度基础设施项目实施方案的函（津发改农经〔2017〕756 号 2017 年 9 月 28 日）

市发展改革委关于批复蓟州区于桥和杨庄水库库区和移民安置区 2017 年二期及 2018 年度基础设施项目实施方案的函（津发改农经〔2017〕757 号 2017 年 9 月 29 日）

市发展改革委关于批复宝坻区尔王庄水库库区及移民安置区 2017 年度二期及 2018 年度基础设施项目实施方案的函（津发改农经〔2017〕774 号 2017 年 10 月 11 日）

市发展改革委关于批复天津市城市应急供水工程变更设计的函（津发改农经〔2017〕851 号 2017 年 11 月 2 日）

市发展改革委关于批复外环河综合治理工程小孙庄泵站扩建工程变更设计的函（津发改农经〔2017〕867 号 2017 年 11 月 8 日）

市发展改革委关于批复迎宾湖水质改善工程变更报告的函（津发改农经〔2017〕955 号 2017 年 12 月 1 日）

市发展改革委关于批复津唐运河治理工程变更设计的函（津发改农经〔2017〕1033 号 2017 年 12 月 25 日）

市财政局关于批复 2017 年部门预算的通知（津财预指〔2017〕100 号 2017 年 2 月 9 日）

市财政局关于蓟运河中新生态城段治理工程竣工财务决算的批复（津财基〔2017〕8 号 2017 年 3 月 21 日）

市财政局关于 2009 年天津市州河右堤 R2 ＋

465～R26＋675 段治理工程竣工财务决算的批复（津财基〔2017〕9 号 2017 年 3 月 21 日）

市财政局关于蓟运河宁汉交界—李自沽闸段治理工程（津汉改线桥—李自沽闸段部分）竣工财务决算的批复（津财基〔2017〕10 号 2017 年 3 月 21 日）

市财政局关于 2009 年天津市州河右堤 R26＋675～R43＋262 段治理工程竣工财务决算的批复（津财基〔2017〕11 号 2017 年 3 月 21 日）

市财政局关于于桥水库水污染防治及水环境保护工程 2009 年项目竣工财务决算的批复（津财基〔2017〕12 号 2017 年 3 月 21 日）

市财政局关于金钟河防潮闸枢纽拆除重建工程竣工财务决算的批复（津财基〔2017〕13 号 2017 年 3 月 21 日）

市财政局关于北辰泵站更新改造工程温家房子泵站竣工财务决算的批复（津财基〔2017〕15 号 2017 年 3 月 27 日）

市财政局关于 2011 年天津市中小河流水文监测系统建设项目竣工财务决算的批复（津财基〔2017〕16 号 2017 年 3 月 16 日）

市财政局关于天津市北辰泵站更新改造工程淀南泵站项目竣工财务决算的批复（津财基〔2017〕17 号 2017 年 3 月 17 日）

市财政局关于北辰泵站更新改造工程永清渠泵站竣工财务决算的批复（津财基〔2017〕18 号 2017 年 3 月 27 日）

市财政局关于陈台子排水河（京华桥—陈台子泵站）段治理工程竣工财务决算的批复（津财基〔2017〕19 号 2017 年 3 月 27 日）

市财政局关于陈台子排水河（外环线十号桥—京华桥）段治理工程竣工财务决算的批复（津财基〔2017〕20 号 2017 年 3 月 27 日）

市财政局关于于桥水库周边水污染源近期治理工程（一期）竣工财务决算的批复（津财基〔2017〕21 号 2017 年 3 月 27 日）

市财政局关于果河上游堤岸应急加固工程竣工财务决算的批复（津财基〔2017〕22 号 2017 年 3 月 28 日）

市财政局关于北塘排水河山岭子泵站至永定新河入河口段治理工程（桩号 9＋800～11＋876 段）竣工财务决算的批复（津财基〔2017〕23 号 2017 年 4 月 10 日）

市财政局关于北塘排水河山岭子泵站至永定新河入河口段治理工程（桩号 5＋800～9＋800 段）竣工财务决算的批复（津财基〔2017〕26 号 2017 年 4 月 10 日）

市财政局关于北塘排水河山岭子泵站至永定新河入河口段治理工程（桩号 0＋000～5＋800 段）竣工财务决算的批复（津财基〔2017〕27 号 2017 年 4 月 10 日）

市财政局关于青龙湾减河（八道沽桥—大杨庄桥段）左堤应急加固工程竣工财务决算的批复（津财基〔2017〕28 号 2017 年 4 月 10 日）

市财政局关于天津市芦新河泵站除险加固工程竣工财务决算的批复（津财基〔2017〕29 号 2017 年 4 月 10 日）

市财政局关于新开河耳闸除险加固工程竣工财务决算的批复（津财基〔2017〕30 号 2017 年 4 月 10 日）

市财政局关于天津市 2011 年水土流失重点治理工程竣工财务决算的批复（津财基〔2017〕35 号 2017 年 4 月 27 日）

市财政局关于蓟县许家台基础设施项目水厂管理用房及附属设施工程竣工财务决算的批复（津财基〔2017〕38 号 2017 年 4 月 27 日）

市财政局关于蓟县 2013 年规模化节水灌溉增效示范项目竣工财务决算的批复（津财基〔2017〕39 号 2017 年 4 月 27 日）

市财政局关于蓟县 2012 年规模化节水灌溉增效示范项目竣工财务决算的批复（津财基〔2017〕40 号 2017 年 4 月 27 日）

市财政局关于蓟县城下村山洪沟险段治理项目竣工财务决算的批复（津财基〔2017〕41 号 2017 年 4 月 27 日）

市财政局关于中小河流治理重点县综合整治

和水系连通试点天津市蓟县辽运河别山镇项目竣工财务决算的批复（津财基〔2017〕41号 2017年4月27日）

市财政局关于中小河流治理重点县综合整治和水系连通试点天津市蓟县辽运河别山镇项目竣工财务决算的批复（津财基〔2017〕42号 2017年4月27日）

市财政局关于中小河流治理重点县综合整治和水系连通试点天津市蓟县漳河泗溜镇项目竣工财务决算的批复（津财基〔2017〕43号 2017年4月27日）

市财政局关于中小河流治理重点县综合整治和水系连通试点天津市蓟县么河泗溜镇项目竣工财务决算的批复（津财基〔2017〕44号 2017年4月27日）

市财政局关于天津市2013年水土流失重点治理工程竣工财务决算的批复（津财基〔2017〕45号 2017年4月27日）

市财政局关于天津市2012年水土流失重点治理工程竣工财务决算的批复（津财基〔2017〕46号 2017年4月27日）

市财政局关于同意市水务局所属天津市耳闸管理所开展资产清查工作立项的批复（津财会〔2017〕74号 2017年5月24日）

市财政局关于市水务局所属天津市引滦工程于桥水库管理处报废资产的批复（津财会〔2017〕117号 2017年9月6日）

市财政局关于同意天津市水务局所属天津市水利经济管理办公室出租房屋的批复（津财会〔2017〕159号 2017年10月18日）

市财政局关于天津市水务局所属天津市凿井行业协会脱钩工作（第二批）涉及资产清查结果的批复（津财会〔2017〕163号 2017年10月23日）

市财政局关于同意天津市水务局所属事业单位开展资产清查工作立项的批复（津财会〔2017〕195号 2017年12月21日）

通 知

市发展改革委关于下达中心城区2016年二级河道清淤工程2017年固定资产投资计划的通知（津发改投资〔2017〕72号 2017年2月3日）

市发展改革委关于下达大中型水库库区和移民安置区基础设施项目2017年固定资产投资计划的通知（津发改投资〔2017〕74号 2017年2月3日）

天津市财政局关于批复2017年部门预算的通知（津财预指〔2017〕100号 2017年2月9日）

中共天津市委关于李文运等同志任免职的通知（津党任〔2017〕26号 2017年2月9日）

市发展改革委关于下达中心城区老旧排水管网及泵站改造一期工程排水泵站供配电系统改造第一批工程2017年固定资产投资计划的通知（津发改投资〔2017〕119号 2017年2月15日）

市发展改革委关于下达中心城区广开四马路等7片合流制地区市管排水设施雨污分流改造工程2016年二期工程2017年固定资产投资计划的通知（津发改投资〔2017〕120号 2017年2月15日）

市发展改革委关于下达引滦水源保护工程黎河河道治理工程2017年固定资产投资计划的通知（津发改投资〔2017〕108号 2017年2月16日）

中共天津市委组织部关于李树根同志退休的通知（津党组〔2017〕61号 2017年2月28日）

市发展改革委关于下达静海区后屯、十槐村两座泵站改扩建工程2017年固定资产投资计划的通知（津发改投资〔2017〕174号 2017年3月16日）

市发展改革委关于下达中心城区2017年二级河道清淤工程2017年固定资产投资计划的通知（津发改投资〔2017〕175号 2017年3月16日）

市发展改革委关于下达宝坻区黄白桥、大刘坡两座泵站更新改造工程2017年固定资产投资计划的通知（津发改投资〔2017〕176号 2017年3月16日）

市发展改革委关于下达北郑庄等五座泵站更新改造工程 2017 年固定资产投资计划的通知（津发改投资〔2017〕177 号 2017 年 3 月 16 日）

市发展改革委关于下达西青区黄家房子泵站更新改造工程 2017 年固定资产投资计划的通知（津发改投资〔2017〕199 号 2017 年 3 月 20 日）

市发展改革委关于下达潮白新河治理工程乐善橡胶坝至宁车沽防潮闸段 2017 年固定资产投资计划的通知（津发改投资〔2017〕200 号 2017 年 3 月 20 日）

中共市委市政府关于印发《天津市清水河道行动水环境治理考核和责任追究办法（试行）》的通知（津党厅〔2017〕22 号 2017 年 3 月 24 日）

市发展改革委关于下达中心城区老旧排水管网及泵站改造一期工程泵站自动化及防汛信息系统升级改造工程 2017 年固定资产投资计划的通知（津发改投资〔2017〕257 号 2017 年 4 月 6 日）

市发展改革委关于下达蓟运河宝坻八门城—宝宁交界治理工程 2017 年固定资产投资计划的通知（津发改投资〔2017〕265 号 2017 年 4 月 7 日）

中共天津市委关于李清、孙宝华等同志任免职的通知（津党任〔2017〕70 号 2017 年 4 月 14 日）

市发展改革委关于下达中心城区广开四马路等 7 片合流制地区市管排水设施雨污分流改造工程雨污水混接点改造（一期）2017 年固定资产投资计划的通知（津发改投资〔2017〕294 号 2017 年 4 月 20 日）

市发展改革委关于下达赤龙河治理工程 2017 年固定资产投资计划的通知（津发改投资〔2017〕381 号 2017 年 5 月 19 日）

市发展改革委关于下达引滦隧洞重点病害治理工程 2017 年实施段 2017 年固定资产投资计划的通知（津发改投资〔2017〕399 号 2017 年 5 月 26 日）

市财政局关于拨付 2017 年中央财政农业生产救灾及特大防汛抗旱补助资金的通知（津财农指〔2017〕5 号 2017 年 5 月 26 日）

市财政局关于拨付 2017 年中小河流治理重点县综合整治和水系连通试点项目市财政补助资金的通知（津财农指〔2017〕6 号 2017 年 5 月 26 日）

财政部关于拨付 2017 年水利发展资金的通知（财农〔2017〕57 号 2017 年 6 月 12 日）

中共天津市委关于付滨中、景悦等同志任免职的通知（津党任〔2017〕135 号 2017 年 6 月 17 日）

市财政局关于拨付市水务局专项资金的通知（津财基指〔2017〕46 号 2017 年 6 月 29 日）

市财政局关于拨付市水务局南水北调中线市内配套输配水工程资金的通知（津财农指〔2017〕9 号 2017 年 6 月 30 日）

市人大常委会关于决定赵飞、景悦等任免职务的通知（津人发〔2017〕22 号 2017 年 7 月 25 日）

市财政局关于拨付 2017 年京津风沙源治理二期水利工程市财政补助资金的通知（津财农指〔2017〕11 号 2017 年 7 月 4 日）

市财政局关于拨付市水务局已故人员一次性抚恤金的通知（津财农指〔2017〕15 号 2017 年 7 月 10 日）

市财政局关于拨付 2017 年中央财政水利发展资金的通知（津财农指〔2017〕18 号 2017 年 7 月 20 日）

市发展改革委关于放开自来水建设工程建设费收费标准的通知（津发改价管〔2017〕547 号 2017 年 7 月 24 日）

市政府关于王丹萍、闫学军等任职的通知（津政人〔2017〕18 号 2017 年 7 月 24 日）

市财政局关于拨付 2017 年中小河流治理重点县综合整治和水系连通试点项目市财政补助资金（第二批）的通知（津财农指〔2017〕20 号 2017 年 8 月 1 日）

市发展改革委关于下达天津市于桥水库大坝安全监测系统升级改造 2017 年固定资产投资计划的通知（津发改投资〔2017〕599 号 2017 年 8 月 9 日）

市发展改革委关于下达于桥水库大坝坝基加固工程 2017 年固定资产投资计划的通知（津发改投资〔2017〕600 号 2017 年 8 月 9 日）

市发展改革委关于下达中心城区广开四马路等 7 片合流制地区市管排水设施雨污分流改造工程

2017 年一期工程 2017 年固定资产投资计划的通知（津发改投资〔2017〕703 号 2017 年 9 月 13 日）

市发展改革委关于下达中心城区广开四马路等 7 片合流制地区市管排水设施雨污分流改造工程先锋河调蓄池工程 2017 年固定资产投资计划的通知（津发改投资〔2017〕715 号 2017 年 9 月 19 日）

市发展改革委关于下达中心城区广开四马路等 7 片合流制地区市管排水设施雨污分流改造工程新开河调蓄池工程 2017 年固定资产投资计划的通知（津发改投资〔2017〕716 号 2017 年 9 月 19 日）

市财政局关于集中划拨 2017 年度工会经费的通知（津财行政〔2017〕40 号 2017 年 9 月 20 日）

市发展改革委关于调整水利工程建设交易服务收费标准有关问题的通知（津发改价管〔2017〕729 号 2017 年 9 月 25 日）

市财政局关于拨付市农业局等部门已故人员一次性抚恤金的通知（津财农指〔2017〕32 号 2017 年 10 月 18 日）

市财政局关于拨付市水务局中心城区市管河道专项应急治理项目资金的通知（津财农指〔2017〕38 号 2017 年 11 月 17 日）

财政部关于拨付 2017 年大中型水库移民后期扶持基金的通知（财农〔2017〕171 号 2017 年 11 月 20 日）

市财政局关于拨付 2017 年度外调水水费补助资金的通知（津财农指〔2017〕40 号 2017 年 11 月 23 日）

市发展改革委关于降低水利工程建设交易服务收费标准有关问题的通知（津发改价管〔2017〕942 号 2017 年 11 月 30 日）

市财政局关于拨付市农委等部门已故人员一次性抚恤金的通知（津财农指〔2017〕43 号 2017 年 12 月 4 日）

市财政局关于提前下达中央财政 2018 年水利发展资金预算指标的通知（津财农指〔2017〕48 号 2017 年 12 月 8 日）

市财政局关于调整有关区 2017 年项目支出预算的通知（津财农指〔2017〕49 号 2017 年 12 月 12 日）

市财政局关于拨付市水务局南水北调中线市内配套工程资金的通知（津财农指〔2017〕53 号 2017 年 12 月 19 日）

市财政局关于拨付市水务局中心城区污水处理服务费的通知（津财农指〔2017〕55 号 2017 年 12 月 19 日）

市财政局关于拨付 2017 年度外调水水费补助资金的通知（津财农指〔2017〕56 号 2017 年 12 月 19 日）

市财政局关于调整市水务局预算安排的通知（津财农〔2017〕128 号 2017 年 12 月 19 日）

市财政局关于拨付市水务局重点水务项目资金的通知（津财农指〔2017〕57 号 2017 年 12 月 20 日）

中央天津市委关于成立天津市河长制工作领导小组的通知（津党〔2017〕165 号 2017 年 12 月 20 日）

（局办公室）

索　引

说明：

1. 本索引采用主题分析索引方法，主题词词首按汉语拼音音序排列。

2. 主题词后的数字表示该题材所在的页码，a、b 分别表示在左栏、右栏。

3. 本年鉴的《综述》《重要文献》《各区水务》《大事记》《水务统计》和《附录》等栏目未作索引。

A

安全标准化建设	271a
安全供水监管	98a
安全监督	271a
安全生产	189a, 216b, 218b, 227b, 229b, 230b, 231a
安全生产监督管理	271b
安全生产教育培训	272b
安全隐患排查治理	272a
暗渠管理	209a

B

办公用房管理	275b
保密工作	285b
帮扶困难村镇（街）	281a
帮扶解困	291b
北大港水库管理	186b
北京排污河治理工程（狼儿窝退水闸至东堤头防潮闸段）	138a
北三河管理	177b
北塘水库管理	231a
泵站安全鉴定	244b

C

泵站管理	199a
泵站建设	229a
滨海新区供水泵站管理	201b
部市级科研项目	233b
财务	252a
潮白新河泵站管理	199b
潮白新河治理工程（乐善橡胶坝至宁车沽防潮闸段）	137b
曹庄泵站管理	266b
城区环境供水	96a
城市供水量	95b
赤龙河治理工程	149b
村镇供水量及水质	97a
村镇集中供水	97a

D

大沽排水河管理	114b
大气污染综合治理	156b
大清河管理	180a
大张庄泵站管理	200b
档案管理	268a

党风廉政建设　　　　　　　　268b
党员队伍管理　　　　　　　　280b
党组织生活　　　　　　　　　285a
地面沉降监测　　　　　　　　88b
电子政务系统运维与管理　　　248b
电子政务信息化建设　　　　　245b
地下水资源管理　　　　　　　80a
调度管理　　　　　　　　　　224b
调度计量管理　　　　　　　　192a
调度运行　　　　　　　　　　231b
调水安全管理　　　　　　　　226a
调水供水　　　　　　　　　　224a
东赵各庄泄洪闸除险加固工程　137a
督促检查　　　　　　　　268b，286b
独流减河宽河槽湿地改造工程　149a
队伍现状　　　　　　　　　　258b

E

二次供水管理　　　　　　　　98b
尔王庄泵站管理　　　　　　　200b
尔王庄水库管理　　　　　　　217a

F

防汛措施　　　　　　　　　　103a
防汛抗旱　　　　　　　　　　100a
防汛抗旱信息化建设　　　　　247a
防汛抗旱信息系统运维与管理　249a
防汛物资　　　　　　　　　　102a
防汛应急处置　　　　　　　　104b
防汛预案　　　　　　　　　　101b
防汛组织　　　　　　　　　　100b
防御风暴潮　　　　　　　　　107a
非常规水资源利用　　　　　　79a

G

干部队伍建设　　　　　　　　280a
干部交流　　　　　　　　　　280a
干部教育　　　　　　　　　　281b

工程管理　　　　　　　　　　160a
工程管理考核　　　　　　　　167a
工程管理审计　　　　　　　　255b
工程管理与考核　　　　　　　198a
工程监管　　　　　　　　　　225a
工程建设项目　　　　　　　　137a
公车治理　　　　　　　　　　276a
工会改革　　　　　　　　　　291b
工会工作　　　　　　　　　　289b
供水安全管理　　　　　　　　192b
供水管道管理　　　　　　　　210a
供水管理　　　　　　　　　　97b
供水行业节能降耗　　　　　　99b
供水水质监管　　　　　　　　98a
共青团工作　　　　　　　　　292a
共青团改革　　　　　　　　　293a
公文管理　　　　　　　　　　268a
公务用车管理　　　　　　　　276b
公务员管理　　　　　　　　　263b
工资福利　　　　　　　　　　263b
管道管理　　　　　　　　　　210a
规划设计成果　　　　　　　　127b
规划设计管理工作　　　　　　117a
国际合作与交流　　　　　　　245a
国家级科研项目　　　　　　　233a
国家及市级水管单位建设　　　171b
国有扬水站管理　　　　　　　114b
国有资产　　　　　　　　　　254a

H

海堤管理　　　　　　　　　　183a
海河管理　　　　　　　　　　176b
海河口泵站工程　　　　　　　150b
海绵城市建设　　　　　　　　94a
行业服务标准化　　　　　　　99a
河道保水护水　　　　　　　　168b
河道日常重点段管理　　　　　170a
河道巡视巡查　　　　　　　　168b

河道闸站管理　　　　　　160a
河库闸站防汛责任落实　　110b
合同管理制　　　　　　　154a
河长制工作方案　　　　　 88a
河长制管理　　　　　　　 87b
洪水调度　　　　　　　　107a
后期扶持相关规划编制　　190b
后勤管理　　　　　　　　275a
获奖项目　　　　　　　　130b

J

基层党建巡查　　　　　　283a
基层党组织建设　　　　　283a
基础设施建设项目　　　　190a
计划管理工作　　　　　　131a
计划用水　　　　　　　　 81b
机构编制　　　　　　　　257a
机构人员　　　　　　　　257a
机构调整　　　　　　　　223b
机关党建　　　　　　　　283b
机关纪委　　　　　　　　287a
纪检队伍建设　　　　　　288b
纪检信访案件　　　　　　288b
基坑备案制度　　　　　　 89b
技能比武　　　　　　　　267b
绩效考评　　　　　　　　270b
继续教育　　　　　　　　266b
蓟运河治理工程（宝坻八门城至宝宁交界段）
　　　　　　　　　　　　148b
监测评估　　　　　　　　190a
建成区黑臭水体整治　　　 87a
监督检查和考核评估　　　 88b
建设管理　　　　　153a, 220b
建设项目稽查　　　　　　157b
建设项目检查　　　　　　157a
建设监理制　　　　　　　154a
建设项目投资　　　　　　132a
建议提案办理　　　　　　269a

建章立制　　　　　227a, 228a
交接工作　　　　　227a, 228b
交通安全　　　　　　　　276a
教育培训　　　　　　　　266b
节能减排　　　　　　　　275a
节水灌溉工程　　　　　　113a
节水文化宣传　　　　　　 82b
节水系列创建工作　　　　 82a
节水型社会建设　　　　　 81a
经济责任审计　　　　　　255b
精神文明创建　　　　　　285b
警示教育　　　　　　　　286b
局办公楼设施改造　　　　276b
局机关处室及局属单位负责人变化情况　277b

K

抗旱统计　　　　　　　　111b
抗旱物资储备　　　　　　111b
考核工作　　　　　　　　226b
考核管理　　　　　　　　228a
科技服务　　　　　　　　244b
科技管理工作　　　　　　232b
科技节水　　　　　　　　 82a
科技信息化　　　　　　　232a
科学调度　　　　　　　　217a
科研项目　　　　　　　　233a
科研成果及获奖情况　　　237b
控沉管理　　　　　　　　 88b
控沉考核工作　　　　　　 89a
控沉预审制度　　　　　　 89a
控沉执法巡查　　　　　　 89a
控沉宣传　　　　　　　　 89b
库区封闭管理　　　　　　215b

L

廉政宣传教育　　　　　　288a
"两学一做"学习教育活动　283b
老干部工作　　　　　　　293a

老干部活动中心 294b
老旧排水管网及泵站改造工程 151b
绿化工作 169b
落实各项待遇 293b
落实中央文件精神 293a

M

民警队伍建设 273b
民主党派 295a
明暗渠道管理 202b
明渠管理 207b

N

南水北调调水供水 96b
南水北调工程 219a
南水北调天津市内配套工程 144a
南运河治理工程（津冀交界至独流减河段）
150b
内部安全保卫 272b
年度考核 271a
年鉴编纂 274b
农村除涝 111a
农村供水基础性工作 97b
农村坑塘污染治理 114a
农村骨干河道管理 114b
农村水利管理 113b
农村水利建设 112a
农村水利前期工作 112a
农村水利改革 115a
农村水利投入 112a
农村饮水 97a
农水科技推广 115a
农业旱情 111b
农业抗旱 111b
农用桥涵闸改造 112b

P

排水服务保障 91b

排水管理 89b
排水规划 90a
排水设施工程建设 91a
排水设施养护管理 91a
排水信息化建设 248b
排水信息系统运维与管理 250b
配套工程 224b

Q

其他财务管理 255a
其他审计工作 256a
企业监督管理 254b
前期工作 219a
抢险队伍建设 101b
前置库运行维护 216a
侨务、民族工作 295b
青年文体活动 292b
取水许可管理 80a
区域供水 95b
全运会水环境保障 85a
权责清单 64b

R

人才管理 282a
人力资源管理 262a
人员调配 263a
人事档案管理 264a
人物 264a
日常管理 186b
日常维护 212b，218b
日常维修养护工程 187a
日常巡查养护 227a，229a
入河排污口监督管理 84a

S

思想教育 292a
思想政治工作 285b
涉水价费 254a

涉河建设项目许可与监督	166a
审计	255a
市区河道保洁治理	166b
市水利学会活动	245b
市水务局负责人	277a
输水管道维修	210b
述责述廉	288a
"双万双服"工作	284a
双责双查双促	285a
水草治理	217b
水法治建设	58b
水法制宣传	60b
水功能区监督管理	84a
水管体制改革	160a
水环境保护	84a
水环境建设与管理	199a
水环境治理	214a, 218a
水库防汛	189a, 215b, 218b
水库工程建管	230a, 231a
水库绿化工作	187a
水库视频监控系统建设	188b
水库移民后期扶持	189b
水库移民项目实施效果	190b
水利风景区建设	167a
水利工程管理协会工作	159a
水利工程生态用地保护管理	166a
水利建设工程质量检测	156b
水利勘测成果	125a
水利科技成果推广	239a
水生态环境	84a
水生态文明试点建设	84b
水土保持监测	115b
水土保持监督管理	115b
水土保持宣传	116b
水土流失治理	115b
水文测验	74a
水文行业管理	77b
水文水资源	73a

水文业务培训	78a
水文站网建设	77a
水文重点工程项目建设	78a
水务工程建设行业管理	153a
水污染防治	87a
水污染事件应急管理	87a
水务体制改革	57b
水务统计	136a
水务信息	269b
水务业务管理平台建设	247a
水行政立法	59a
水行政执法	61a
水行政执法监督	61b
水源保护宣传	227b
水政执法	187a, 212b, 218a
水政监察规范化建设	63a
水质保护	228b
水质监测	75a, 187a, 212a, 217b
水资源管理	78a
水资源开发利用	78b
水资源论证	80a
水资源信息化建设	248a
水资源信息系统运维与管理	250a
素质工程	290b
隧洞管理	202b

T

天津市大黄堡洼蓄滞洪区工程与安全建设	138a
统战工作	294b
投资计划	220a

W

外部审计协调	256b
王庆坨水库管理	230a
网络信息安全与保障	250b
维护社会稳定	273a
维修工程	212b, 218a

维修工程项目管理 193a
委托管理 224b
文化体育 291a
污水处理及污泥处置 93a

X

西河泵站管理 228a
先锋河调蓄池工程 139b
先进典型培训宣传 292b
先进集体、先进个人 265b
项目法人制 154a
项目管理 225a
消防安全管理 275b
小型农田水利竞争立项建设项目 112b
小型农田水利维修养护项目 113b
信访工作 269a
新开河调蓄池工程 139a
新任局领导 264a
新闻宣传和舆论监督 270a
信息化管理 248b
信息化项目建设 245b
信息网络建设 226a, 228a, 230a
行洪河道工程维修维护 160b
行政复议和行政应诉 63b
行政管理 268a
行政许可 63b
蓄水供水 211b, 217b
续志工作 274a
蓄滞洪区安全建设 108a
宣传教育 286a
汛期水情 105b
汛期雨情 105a
巡察工作 288b
巡视巡查监管 225b

Y

验收管理 157b
扬水站更新改造 112b

洋闸维修及闸区环境提升工程 188a
一般农村水利建设项目 113a
依法节水 82a
依法行政考核 58b
移民安置和后期扶持 189b
引滦调水供水 96b
引滦工程管理 192a
引滦黎河管理 204b
引滦综合管理 192a
饮用水水源保护 81a
应急调供水 97a
应急度汛工程 108a, 188a
应急管理 270b
应急抢险 227b, 229b
永定河管理 171b
用水监控 83b
有形市场管理 154b
预决算管理 252a
预算执行审计 255b
于桥水库管理 211a
于桥水库入库河口湿地工程 151a
雨情、水情 73a
院士专家工作站 244b
原水供水 95a
运行管理 223a, 227a, 228b

Z

招标投标制 154b
政策研究 57a
征地拆迁 221b
政府信息公开 270a
政工队伍建设 285b
正能量活动 293b
政研成果 57b
治安管理 272b
职称评聘 262a
制度建设 88a
制度制定 233b

执法管理	91a	中央水利投资	135b
执法能力建设	273a	主体责任	287a
职工维权	290a	主要前期工作	117b
质量监督与安全生产	155a	专家学者	264b
知识产权	242b	专利项目	242a
重点工程项目设计审批	123b	专项工程	187b
重点规划的主要内容	118b	专项审计	255b
中国大百科全书条目编纂	275a	专项维修	227a，229a
中泓排洪闸除险加固工程	137b	资金监管	253a
中小河流重点县建设工程	113a	资金监管联席会议	256a
中小型水库管理	114a	组织建设	289b，292a
中心城区防汛排沥	109a	组织体系	88a
中心城区河道水体生态修复	86b	组织推动	57a，286a
中心城区河道水循环	86b	最严格水资源管理考核	79b
中心城区水环境提升近期工程	140b	作风建设	288a